全国BIM技能等级考试
一级考点专项突破及真题解析

祖庆芝 ◎ 主编

内 容 简 介

本书围绕全国BIM技能等级考试一级考点专项突破和经典真题解析展开，对中国图学学会组织的全国BIM技能等级考试一级考试往期试题进行分析，将全书分为十一个专项考点，即族；概念体量；标高轴网；柱和墙；幕墙和门窗；楼板、屋顶和天花板；室外台阶、散水、女儿墙和洞口；楼梯、栏杆扶手、坡道；明细表和图纸；渲染和漫游；综合建模，并针对每个专项进行建模思路详细讲解。每个专项考点最后精选了几道典型综合建模题作为案例，根据考试大纲规定的考点和题目的具体要求，完整地解析了建模流程和操作命令的综合使用，为读者梳理了知识点，以期帮助读者建立完整的BIM知识框架体系。

本书致力于帮助BIM行业初学者快速入门，特别是对于准备参加全国BIM技能等级考试一级考试的读者；通过本书的学习，读者可以快速掌握专项考点以及解题思路和建模步骤，有助于考取全国BIM技能等级考试一级考试证书。

本书可作为全国BIM技能等级考试一级考试培训教程，也可作为"1+X"职业技能等级证书和建筑信息模型（BIM）技术员培训教程系列教材之一。

图书在版编目 (CIP) 数据

全国BIM技能等级考试一级考点专项突破及真题解析 / 祖庆芝主编．—北京：北京大学出版社，2021.8

ISBN 978-7-301-32172-0

Ⅰ．①全… Ⅱ．①祖… Ⅲ．①建筑设计—计算机辅助设计—应用软件—资格考试—题解 Ⅳ．① TU201.4-44

中国版本图书馆CIP数据核字(2021)第074198号

书 名 全国BIM技能等级考试一级考点专项突破及真题解析
QUANGUO BIM JINENG DENGJI KAOSHI YIJI KAODIAN ZHUANXIANG TUPO JI ZHENTI JIEXI
著作责任者 祖庆芝 主编
策划编辑 赵思儒 杨星璐
责任编辑 赵思儒 范超奕
数字编辑 蒙俞材
标准书号 ISBN 978-7-301-32172-0
出版发行 北京大学出版社
地 址 北京市海淀区成府路205号 100871
网 址 http://www.pup.cn 新浪微博：@北京大学出版社
电子信箱 pup_6@163.com
电 话 邮购部010-62752015 发行部010-62750672 编辑部010-62750667
印 刷 者 三河市北燕印装有限公司
经 销 者 新华书店
889毫米×1194毫米 16开本 23印张 552千字
2021年8月第1版 2021年8月第1次印刷
定 价 75.00元

前言

PREFACE

本书针对全国BIM技能等级考试一级考试的各个专项考点编写，精选经典真题进行详细解析，帮助读者在掌握各个专项考点的基础上进行相应真题实战演练，进而顺利通过全国BIM技能等级考试一级考试！

想要预测考点，必须精研往期真题。计划顺利通过全国BIM技能等级一级考试的读者，只要把往期试题研究透彻，通过考试就不难。

本书知识点全面，语言通俗易懂。为了使软件命令更加容易理解、软件操作过程更加轻松，本书为每个建模步骤讲解均搭配操作界面截图与步骤注解，简洁明了，使每个建模步骤在操作过程中一目了然，大大减少了因文字描述带来的操作不明确等问题。专项考点讲解以及真题解析和真题实战演练均配备同步教学操作视频，读者通过扫描二维码，可以观看配套教学视频，跟随视频操作，轻松地掌握专项考点和建模思路。

本书主要特色如下。

1. 本书录制了250余个高清同步配套教学视频，有助于提高读者的学习效率。为了便于读者高效地掌握建模思路和步骤，本套视频最大的亮点就是针对每个题目、每个步骤进行了详细的讲解。这些视频通过扫码即可观看。

2. 本书提供了高清电子版试题，供读者下载学习，通过扫码即可获得。目前考试不再提供纸质试题，而是提供PDF电子版，所以读者在考前培训和学习时就要养成良好的看电子版试题的习惯，为此笔者提供了高清电子版试题。这些试题都是中国图学学会组织的专家们辛勤劳动的结晶，在此对他们的付出表示深深的谢意。

3. 本书免费提供每个案例以及所有真题的项目文件、族文件、样板文件、CAD文件（若有）等，通过扫码即可获得。

4. 本书在针对每个真题建模步骤的讲解过程中，把建模步骤进行了分解，通过在图片上注解的方式让读者（尤其是Revit初学者）知道每一个步骤应该如何操作；同时针对建模过程中某些不容易用文字表述的内容用图片的形式来展现，更加通俗易懂、简洁明了。

5. 本书前言后附有2021年7月进行的第十七期全国BIM技能等级考试一级考试真题及详解二维码，请读者自行扫描获取。

本书由漳州职业技术学院建筑工程学院祖庆芝主编。在编写过程中得到了漳州职业技术学院建筑工程学院叶腾院长、党总支康玉文书记等领导的大力支持和帮助，在此，向他们表示深深的感谢！还要感谢北京大学出版社责任编辑赵思儒女士在本书的策划、编写和统稿过程中所给予的大力支持和帮助！

本书在编写过程中参考了大量文献，在此谨向这些文献的作者表示衷心的感谢。虽然编写过程中以科学、严谨的态度，力求叙述准确、完善和精益求精，但由于编者水平有限，书中难免有疏漏和不足之处，恳请广大读者批评指正。

编者

2021 年 5 月

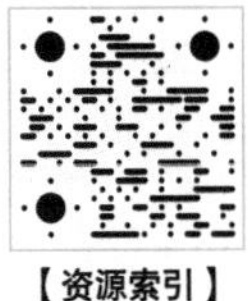

【资源索引】

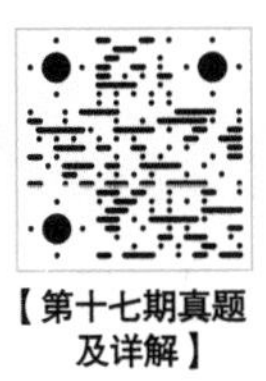

【第十七期真题及详解】

目 录

绪　　论　1

Revit 基础知识　9

第一节　Revit 基本术语　11
第二节　Revit 的用户界面、族和概念体量编辑器界面　15
第三节　视图基本操作、视图显示及样式　23
第四节　图元选择与图元编辑　27
第五节　Revit 文件格式　32

族　33

第一节　族　36
第二节　经典真题解析　51
第三节　真题实战演练　86

概念体量　87

第一节　创建面墙、面屋顶、面幕墙系统、体量楼层和面楼板　90
第二节　创建三维体量模型　95
第三节　经典真题解析　108
第四节　真题实战演练　120

标高轴网　121

第一节　标高　123
第二节　轴网　132
第三节　经典真题解析　143
第四节　真题实战演练　150

柱和墙　151

第一节　建筑柱　153
第二节　结构柱　156
第三节　墙体　162
第四节　经典真题解析　172
第五节　真题实战演练　181

幕墙和门窗　183

第一节　幕墙　185
第二节　门窗　192
第三节　经典真题解析　200
第四节　真题实战演练　203

楼板、屋顶和天花板　205

第一节　楼板　207
第二节　屋顶　217
第三节　天花板　225
第四节　经典真题解析　228
第五节　真题实战演练　236

8 室外台阶、散水、女儿墙和洞口 237

第一节 内建族 239
第二节 室外台阶、散水、女儿墙 242
第三节 洞口 250
第四节 经典真题解析 259
第五节 真题实战演练 259

9 楼梯、栏杆扶手、坡道 261

第一节 楼梯 263
第二节 栏杆扶手 280
第三节 坡道 287
第四节 经典真题解析 291
第五节 真题实战演练 295

10 明细表和图纸 297

第一节 明细表 298
第二节 图纸 302
第三节 经典真题解析 304
第四节 真题实战演练 304

11 渲染和漫游 305

第一节 渲染 306
第二节 漫游 308
第三节 经典真题解析 312
第四节 真题实战演练 312

综合建模　313

第一节　经典真题解析　316

第二节　真题实战演练　353

附录一　常用快捷键及自定义快捷键　355

附录二　参照平面　358

参考文献　360

INTRODUCTION

绪　论

思维导

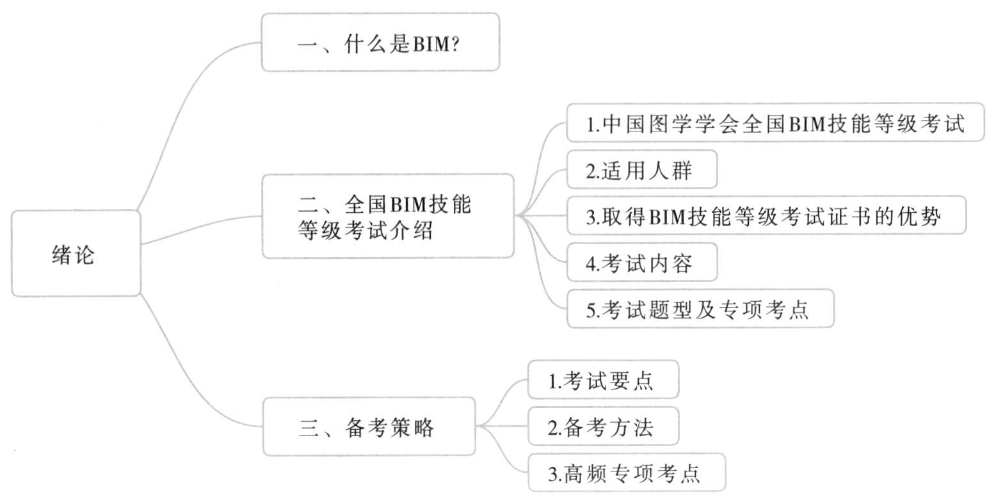

30 年前，CAD 应用成为建筑行业从纸笔画图到计算机绘图的一次技术革命，现在，BIM 应用也逐步成为建筑行业从二维向三维和协同工作方式的又一次技术革命。在建筑工程领域，融合了三维建模、专业应用软件、可视化、仿真、数据共享、数据交换等技术，遵循相关标准和系统工作准则的 BIM 应用技术，已经开始在一些大型复杂工程的设计和施工中应用。

一、什么是 BIM?

建筑信息模型（Building Information Modeling，BIM）是以三维数字技术为基础，集成了建筑设计、建造、运维全过程各种相关信息的工程数据模型，并能对这些信息进行详尽的表达，如图 0.1 所示。BIM 技术正在推动建筑工程设计、建造、运维管理等多方面的变革，将在 CAD 技术基础上广泛推广和应用。BIM 技

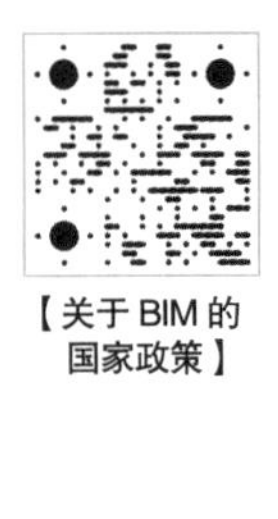
【关于 BIM 的国家政策】

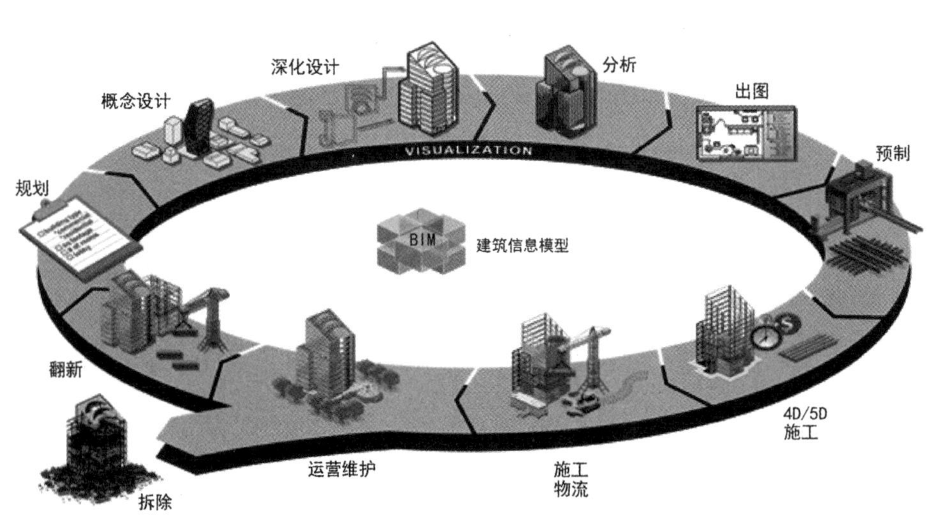

■ 图 0.1　建筑信息模型

术作为一种新的技术，对掌握这项新技术的人才有着越来越大的社会需求，正在成为我国建筑行业就业市场中的新亮点。

二、全国 BIM 技能等级考试介绍

随着国内大型建筑项目越来越多地采用 BIM 技术，BIM 技术人员成为建筑企业急需的专业技术人才。在 BIM 引领建筑业信息化这一时代背景下，中国图学学会本着更好地服务于社会的宗旨，积极推动和普及 BIM 技术应用，适时开展了 BIM 技能等级培训与考评工作。中国图学学会从 2012 年开始举办全国 BIM 技能等级考试，至今已经举办了 16 期。

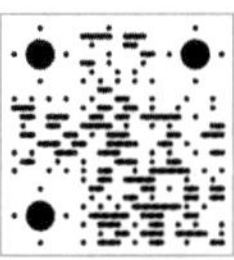
【证书样本】

全国 BIM 技能等级考试分为三级：一级为 BIM 建模师，不区分专业，能掌握 BIM 软件操作和基本 BIM 建模方法；二级为 BIM 高级建模师，根据设计对象的不同，分为建筑设计、结构设计、设备设计三个专业，能创建达到各专业设计要求的专业 BIM 模型；三级为 BIM 应用设计师，根据应用专业的不同，分为建筑设计、结构设计、设备设计、建筑施工、工程造价管理共五个专业，能进行 BIM 技术的综合应用。

通过考试可获得由中国图学学会颁发的《全国 BIM 技能等级考试证书》。此证书是目前 BIM 领域的权威证书，很多国内项目招标文件中明确将《全国 BIM 技能等级考试证书》的数量和级别作为考量企业 BIM 能力的标准。

1. 中国图学学会全国 BIM 技能等级考试

中国图学学会全国 BIM 技能等级考试，能同时满足最受企业认可、含金量高、具备一定难度的水平评价三个条件。

（1）中国图学学会 BIM 技能一级（具备以下条件之一者可申报本级别）：①达到本技能一级所推荐的培训时间；②连续从事 BIM 建模或相关工作 1 年以上者。

（2）报名时间：每年 3 月、9 月。

（3）考试费用：最高费用不超过 350 元。

（4）考试时间：一年 2 次，一般为 6 月、12 月的第二个周六举行。

（5）考试时长：180 分钟（3 小时）；上午 9：00—12：00。

（6）考试内容：软件实操。

（7）考试形式与注意事项：①上机操作；②无纸化考试，全部试题为加密电子版，开考时才可打开试卷；③不可携带纸笔，无须携带计算器，计算可在软件中进行；④迟到 15 分钟以上不得入场，开考 30 分钟内不得离场；⑤需携带准考证和身份证参加考试；⑥作弊者 0 分处理；⑦考生答卷需保存到指定的文件夹中。

（8）合格分数：全国 BIM 技能等级考试采用 100 分制，60 分及格的方式；证书会根据个人的分数标注有合格、优良、优秀等。

（9）成绩查询：考后 3 个月。

（10）证书发放：考后 6 个月。

（11）发证单位：中国图学学会。

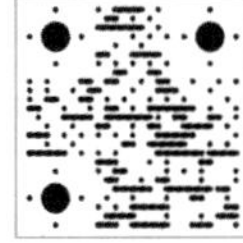
【BIM 证书编号查询方法】

（12）证书效力：BIM 证书唯一编号可在中华人民共和国人力资源和社会保障部教育培训网、中国图学学会官网查询；各企业人力资源和招标审核机构可查询以辨真伪。

（13）官网：http：//www.cgn.net.cn。

2. 适用人群

全国 BIM 技能等级考试适用人群如图 0.2 所示。

3. 取得 BIM 技能等级考试证书的优势

取得 BIM 技能等级考试证书的优势如表 0.1 所示。

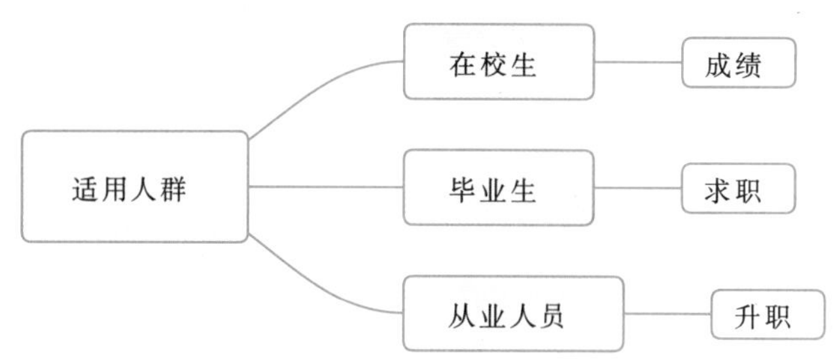

图 0.2　适合人群

表 0.1　取得 BIM 技能等级考试证书的优势

升职加薪利器	大型企业的敲门砖	从业能力认证	招投标加分项
国家强制各大型国企、央企等建筑工程公司组建 BIM 项目部，因此 BIM 从业者薪资待遇高	作为在校生，BIM 证书不但可以作为评定奖学金的加分项，还是毕业后进入大型企业的敲门砖	作为从业人员，拥有 BIM 证书不但有助于拥有高待遇的工作，还是快速加薪的关键条件	BIM 的等级证书的数量不但能证明企业 BIM 技术水平，还是目前国内 BIM 投标条件之一

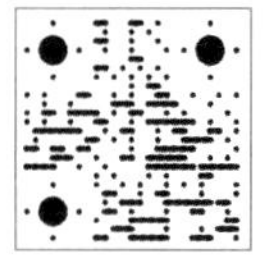

【考点权重图】

4. 考试内容

根据考试大纲，全国 BIM 技能等级考试一级考试内容如表 0.2 所示。

表 0.2　全国 BIM 技能等级考试一级考试内容

考评内容	比重 /%	技能要求	相关知识
工程绘图和 BIM 建模环境设置	15	系统设置、新建 BIM 文件及 BIM 建模环境设置	（1）工程制图国家标准的基本规定（图纸幅面、格式、比例、图线、字体、尺寸标注式样等）； （2）BIM 建模软件的基本概念和基本操作（建模环境设置、项目设置、坐标系定义、标高及轴网绘制、命令与数据的输入等）； （3）基准样板的选择； （4）样板文件的创建（参数、构件、文档、视图、渲染场景、导入 / 导出及打印设置等）
BIM 参数化建模	50	（1）BIM 的参数化建模方法及技能； （2）BIM 实体编辑方法及技能	（1）BIM 参数化建模过程及基本方法： ◆基本模型元素的定义； ◆创建基本模型元素及其类型； （2）BIM 参数化建模方法及操作： ◆基本建筑形体； ◆墙体、柱、门窗、屋顶、幕墙、地板、天花板、楼梯等基本建筑构件； （3）BIM 实体编辑及操作： ◆通用编辑，包括移动、复制、旋转、阵列、镜像、删除及分组等； ◆草图编辑，用于修改建筑构件的草图，如屋顶轮廓、楼梯边界等； ◆模型的构件编辑，包括修改构件基本参数、构件集及属性等
BIM 属性定义与编辑	15	BIM 属性定义及编辑	（1）BIM 属性定义与编辑及操作； （2）利用属性编辑器添加或修改模型实体的属性值和参数
创建图纸	15	（1）创建 BIM 属性表； （2）创建设计图纸	（1）创建 BIM 属性表及编辑，从模型属性中提取相关信息，以表格的形式进行显示，包括门窗、构件及材料统计表等； （2）创建设计图纸及操作： ◆定义图纸边界、图框、标题栏、会签栏； ◆直接向图纸中添加属性表
模型文件管理	5	模型文件管理与数据转换技能	（1）模型文件管理及操作； （2）模型文件导入 / 导出； （3）模型文件格式及格式转换

5. 考试题型及专项考点

笔者深度解析第一期～第十六期真题，将全国 BIM 技能等级考试一级试题题型及专项考点进行了剖析和总结，如图 0.3 和图 0.4 所示。

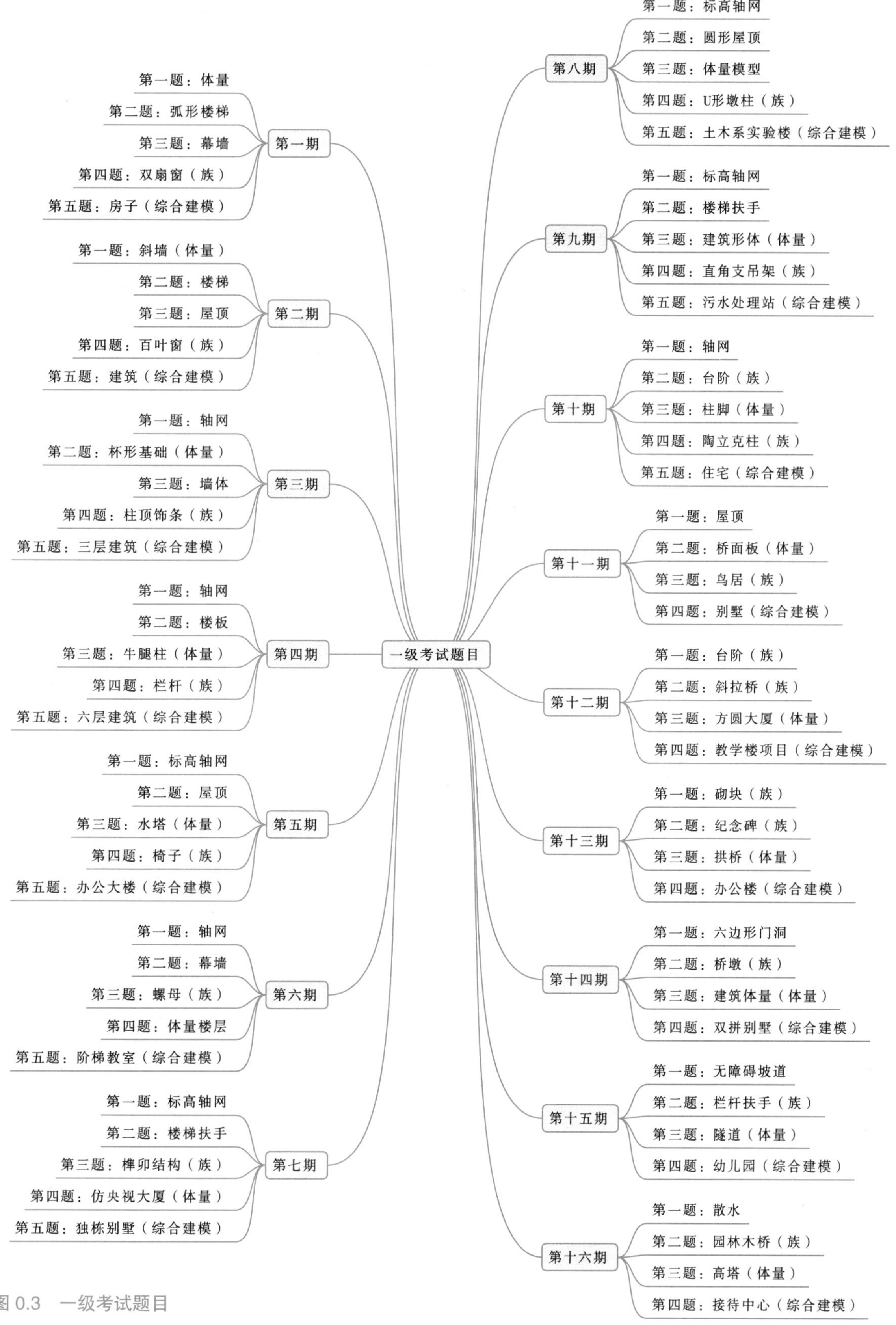

图 0.3　一级考试题目

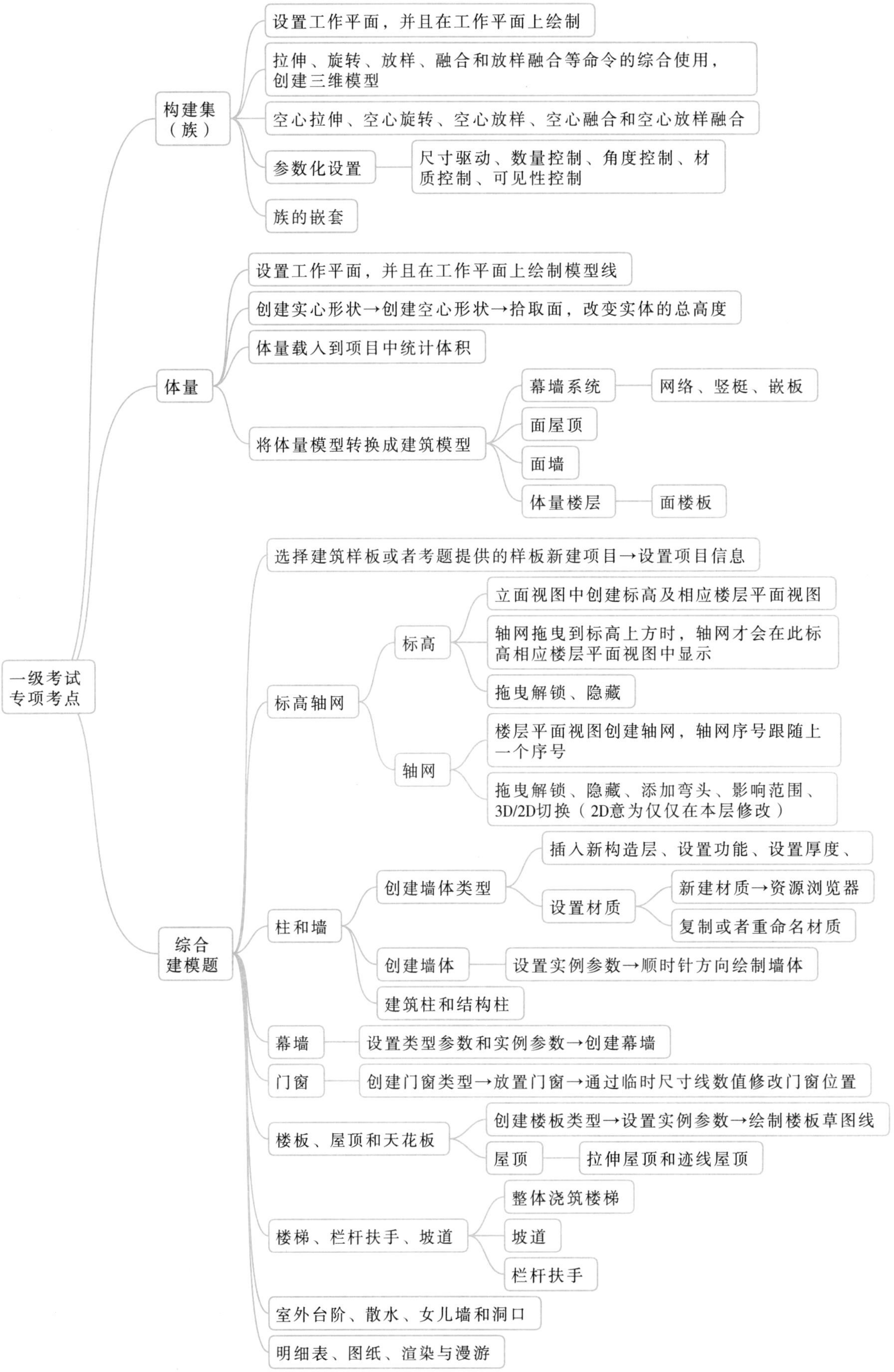

- 一级考试专项考点
  - 构建集（族）
    - 设置工作平面，并且在工作平面上绘制
    - 拉伸、旋转、放样、融合和放样融合等命令的综合使用，创建三维模型
    - 空心拉伸、空心旋转、空心放样、空心融合和空心放样融合
    - 参数化设置
      - 尺寸驱动、数量控制、角度控制、材质控制、可见性控制
    - 族的嵌套
  - 体量
    - 设置工作平面，并且在工作平面上绘制模型线
    - 创建实心形状→创建空心形状→拾取面，改变实体的总高度
    - 体量载入到项目中统计体积
    - 将体量模型转换成建筑模型
      - 幕墙系统
        - 网络、竖梃、嵌板
      - 面屋顶
      - 面墙
      - 体量楼层
        - 面楼板
  - 综合建模题
    - 选择建筑样板或者考题提供的样板新建项目→设置项目信息
    - 标高轴网
      - 标高
        - 立面视图中创建标高及相应楼层平面视图
        - 轴网拖曳到标高上方时，轴网才会在此标高相应楼层平面视图中显示
        - 拖曳解锁、隐藏
      - 轴网
        - 楼层平面视图创建轴网，轴网序号跟随上一个序号
        - 拖曳解锁、隐藏、添加弯头、影响范围、3D/2D切换（2D意为仅仅在本层修改）
    - 柱和墙
      - 创建墙体类型
        - 插入新构造层、设置功能、设置厚度、
        - 设置材质
          - 新建材质→资源浏览器
          - 复制或者重命名材质
      - 创建墙体
        - 设置实例参数→顺时针方向绘制墙体
      - 建筑柱和结构柱
    - 幕墙
      - 设置类型参数和实例参数→创建幕墙
    - 门窗
      - 创建门窗类型→放置门窗→通过临时尺寸线数值修改门窗位置
    - 楼板、屋顶和天花板
      - 创建楼板类型→设置实例参数→绘制楼板草图线
      - 屋顶
        - 拉伸屋顶和迹线屋顶
    - 楼梯、栏杆扶手、坡道
      - 整体浇筑楼梯
      - 坡道
      - 栏杆扶手
    - 室外台阶、散水、女儿墙和洞口
    - 明细表、图纸、渲染与漫游

图 0.4　一级考试专项考点

一级考试的图纸相对比较简单，主要涉及建筑形体的建模，一般不涉及构件细节。但是经过笔者对最近六期（第十一期～第十六期全国 BIM 技能等级考试一级试题）试题分析，发现如下规律：①考试所用图纸趋于多元并更加贴近现实；②考试题目由原来的五个题目变成四个题目；③最后一个大题（50 分）图纸逐年增多和复杂；④纯粹的简单指令操作题（比如标高轴网、楼梯等）趋向变少，综合应用趋多；⑤自第十五期试题开始出现关联题目，并且这个出题思路将会延续下去，在一定程度上增加了考试的难度；⑥大题分值大幅提升（由原来的 40 分提升至目前的 50 分）；⑦开始兼顾基础设施领域，所需专业知识面在扩展。

三、备考策略

俗话说“熟能生巧”，实操类技能提升没有捷径，只能靠练习。如果想要提高全国 BIM 技能等级考试通过的概率，就要有选择性地多做题，因此一定不能落下的就是往期真题！利用全国 BIM 技能等级考试一级考试真题作为案例进行 BIM 学习，是一种快捷的、针对性很强的学习方法。只要把往期一级试题研究透彻，顺利通过考试是没有任何问题的。通过做真题，你既能了解往期考题的命题规律，同时在练习中也会提升自己的建模速度及建模思维。

一级考试以建筑和族为主，重点练习体量、族和综合建模速度，熟悉路桥隧道等方面的题型。

如何将真题作为复习案例进行备考？笔者根据自己这些年的培训经验，把备考和应试策略给大家做一下分享。

1. 考试要点

（1）题型分析：一共 4 道题，其中 3 道小题，1 道综合建模题。

（2）时间分析：一共 180 分钟，建议综合建模题最少预留 60 分钟。

（3）作答分析：先快速做完熟悉的题目，后钻研有难度的题型。

2. 备考方法

（1）打造扎实基础，原理通畅，举一反三。

（2）勤练习，熟悉考试形式和环境。

（3）挑重点题型和高频考点着重练习。

（4）看书的配套教学视频 + 书 + 演练真题的学习方法。

3. 高频专项考点

（1）标高轴网（多层标高、常规轴网、复杂轴网）。

（2）墙体创建（常规墙体、复杂墙体）。

（3）幕墙创建（幕墙→幕墙网格→竖梃→幕墙嵌板）。

（4）楼板创建（常规楼板、复杂楼板）。

（5）屋顶创建（迹线屋顶、拉伸屋顶）。

（6）楼梯创建（构件楼梯、草图楼梯）。

（7）体量创建（体量工具、体量楼层）。

（8）参数化族（族工具使用、参数化族）。

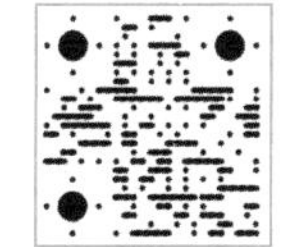

【全国 BIM 技能等级考试一级试题】

1 CHAPTER

Revit 基 础 知 识

思维导图

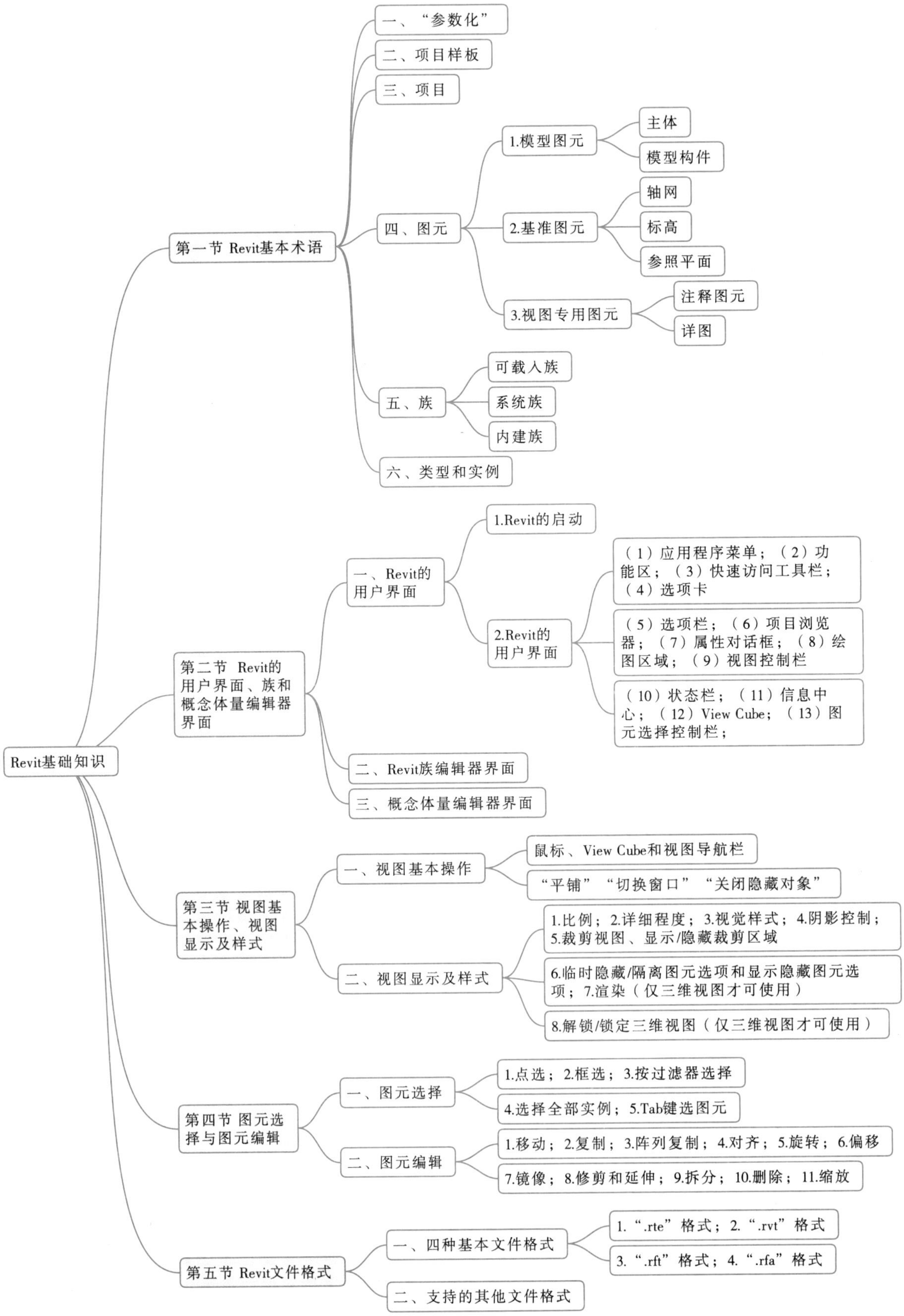

- Revit基础知识
  - 第一节 Revit基本术语
    - 一、“参数化”
    - 二、项目样板
    - 三、项目
    - 四、图元
      - 1.模型图元
        - 主体
        - 模型构件
      - 2.基准图元
        - 轴网
        - 标高
        - 参照平面
      - 3.视图专用图元
        - 注释图元
        - 详图
    - 五、族
      - 可载入族
      - 系统族
      - 内建族
    - 六、类型和实例
  - 第二节 Revit的用户界面、族和概念体量编辑器界面
    - 一、Revit的用户界面
      - 1.Revit的启动
      - 2.Revit的用户界面
        - （1）应用程序菜单；（2）功能区；（3）快速访问工具栏；（4）选项卡
        - （5）选项栏；（6）项目浏览器；（7）属性对话框；（8）绘图区域；（9）视图控制栏
        - （10）状态栏；（11）信息中心；（12）View Cube；（13）图元选择控制栏；
    - 二、Revit族编辑器界面
    - 三、概念体量编辑器界面
  - 第三节 视图基本操作、视图显示及样式
    - 一、视图基本操作
      - 鼠标、View Cube和视图导航栏
      - “平铺”“切换窗口”“关闭隐藏对象”
    - 二、视图显示及样式
      - 1.比例；2.详细程度；3.视觉样式；4.阴影控制；5.裁剪视图、显示/隐藏裁剪区域
      - 6.临时隐藏/隔离图元选项和显示隐藏图元选项；7.渲染（仅三维视图才可使用）
      - 8.解锁/锁定三维视图（仅三维视图才可使用）
  - 第四节 图元选择与图元编辑
    - 一、图元选择
      - 1.点选；2.框选；3.按过滤器选择
      - 4.选择全部实例；5.Tab键选图元
    - 二、图元编辑
      - 1.移动；2.复制；3.阵列复制；4.对齐；5.旋转；6.偏移
      - 7.镜像；8.修剪和延伸；9.拆分；10.删除；11.缩放
  - 第五节 Revit文件格式
    - 一、四种基本文件格式
      - 1.“.rte”格式；2.“.rvt”格式
      - 3.“.rft”格式；4.“.rfa”格式
    - 二、支持的其他文件格式

以建筑工程为代表的新型建造领域都是以 Revit 为核心，需要读者对 Revit 有更深层次的认知。全国 BIM 技能等级考试一级、二级、三级都是考核考生应用 Revit 软件的能力，因此掌握 Revit 软件操作是取得 BIM 技能证书，成为 BIM 人才的必备技能。

第一节 Revit 基本术语

要掌握 Revit 的操作，必须先理解软件中的几个重要术语，包括参数化、项目样板、项目、图元、族、类型和实例等。

一、参数化

参数化是 Revit 的基本特性。所谓“参数化”是指 Revit 中各模型图元之间的相对关系，如相对距离、共线等几何特征。Revit 会自动记录这些构件间的特征和相对关系，从而实现模型间自动协调和变更管理，例如，指定窗底部边缘至标高距离为 900mm，当修改标高位置时，Revit 会自动修改窗的位置，以确保变更后窗底部边缘至标高距离仍为 900mm。

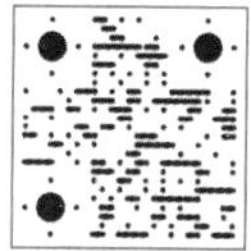
【参数化】

二、项目样板

项目样板是 Revit 工作的基础。Revit 项目样板文件为新建项目提供了模板，包括 Revit 视图样板、已载入的 Revit 族、已定义的设置（如单位、线型、线样式、填充图案、材质、对象可见性、文字、标注类型等）和几何图形（如果有需要，也会将标高、轴网等图形创建到样板文件中）。项目样板仅为项目提供默认的工作环境，在项目创建过程中，Revit 允许用户在项目中自定义和修改这些默认设置。

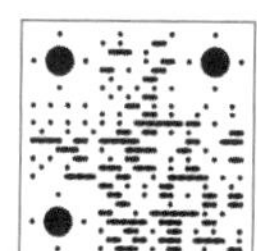
【项目样板】

新建项目必须先选择一个合理的项目样板文件进行绘制，这样一方面能提高工作效率避免不必要的重复工作，另一方面也能统一参与项目的人员进行标准化模型建制，方便项目的管理。

打开 Revit 的应用界面，如图 1.1 所示。在主界面中，主要包含项目和族两大区域。分别用于打开或创建项

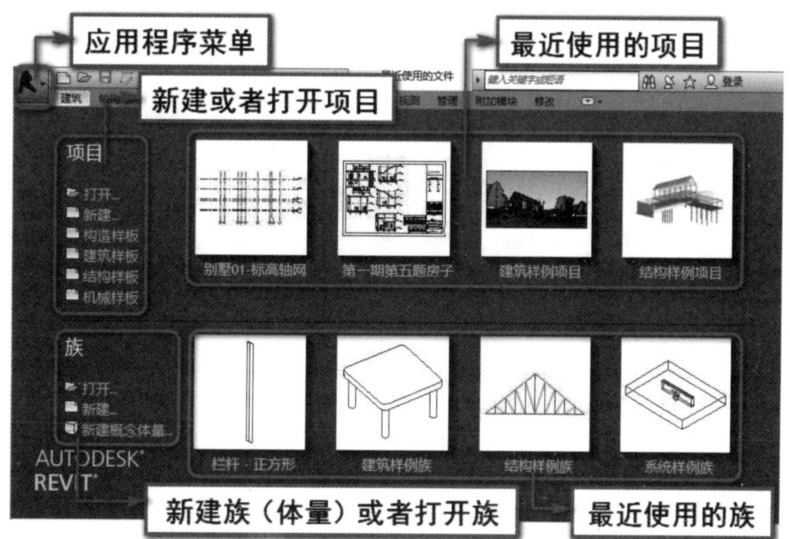

■ 图 1.1 Revit 的应用界面

目，以及打开或创建族。在 Revit 中，已整合了包括建筑、结构、机电各专业的功能，因此，在项目区域中，提供了构造样板、建筑样板、结构样板、机械样板等项目创建的快捷方式。单击不同类型的项目快捷方式，将采用各项目默认的项目样板进入新项目创建模式。

再学一招 ▶▶▶

单击 Revit 的应用界面左侧“项目”→“新建”按钮或者单击“应用程序菜单”下拉列表中“新建”→“项目”选项，将弹出“新建项目”对话框，如图 1.2 所示。在“新建项目”对话框中可以指定新建项目时要采用的样板文件，除可以选择已有的样板快捷方式外，还可以单击“浏览”按钮指定其他样板文件创建项目。在该对话框中，选择“新建”的项目为“项目样板”的方式，用于自定义项目样板。

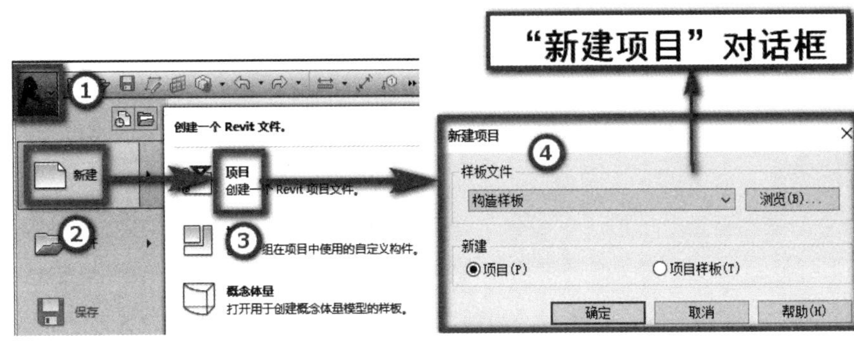

■ 图 1.2 “新建项目”对话框

三、项目

在 Revit 中，可以简单地将项目理解为 Revit 的默认存档格式文件，项目以“.rvt”的数据格式保存。

特别提示 ▶▶▶

“.rvt”格式的项目文件无法在低版本的 Revit 中打开，但可以被更高版本的 Revit 打开。例如，使用 Revit 2016 创建的项目文件，无法在 Revit 2015 或更低的版本中打开，但可以使用 Revit 2018 打开。

使用高版本的软件打开数据后，当数据保存时，Revit 将升级项目数据格式为新版本数据格式。升级后的数据也将无法使用低版本软件打开。

四、图元

Revit 包含三种图元，不同图元之间的关系，如图 1.3 所示。

1. 模型图元

模型图元表示建筑的实际三维几何图形，显示在模型的相关视图中。例如，墙、窗、门和屋顶是模型图元。Revit 按照类别、族和类型对图元进行分级，以窗为例，类别、族、类型三者之间的关系如图 1.4 所示。

而模型图元又分为两种类型。

（1）主体，在构造场地在位构建。例如，墙和天花板等。

（2）模型构件，除主体外其他所有类型的图元。例如，窗、门和橱柜等。

2. 基准图元

基准图元可帮助定义项目的定位信息。例如，轴网、标高和参照平面等。

（1）轴网：有限水平平面，可以在立面视图中拖曳其范围，使其与标高线相交或不相交。轴网可以是直线，也可以是弧线。

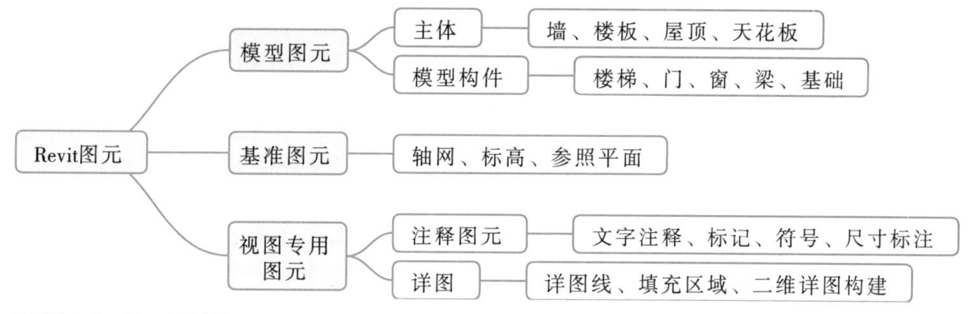

■ 图 1.3 Revit 图元

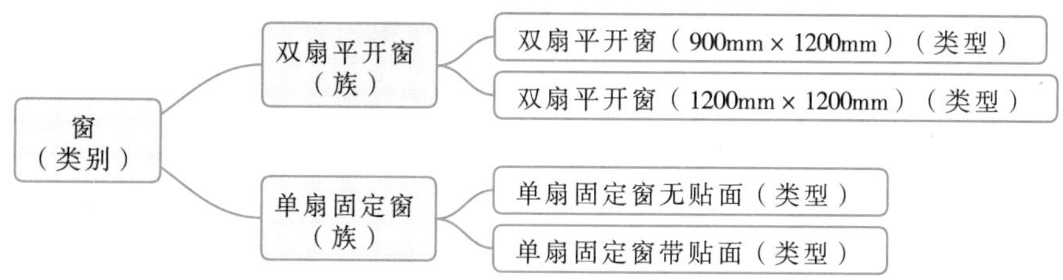

■ 图 1.4 类别、族、类型三者之间的关系

（2）标高：无限水平平面，用作屋顶、楼板和天花板等以层为主体的图元的参照。大多用于定义建筑内的垂直高度或楼层。要放置标高，必须处于剖面视图或立面视图中。

（3）参照平面：精确定位、绘制轮廓线条等重要辅助工具。参照平面对于族的创建非常重要，有二维参照平面及三维参照平面，其中三维参照平面显示在概念设计环境（公制体量 .rft）中。在项目中，参照平面能出现在各楼层平面和立面视图（或者剖面视图）中，但在三维视图中不显示。

3. 视图专用图元

视图专用图元只显示在放置这些图元的视图中，对模型图元进行描述或归档，如尺寸标注、标记和二维详图构件都是视图专用图元。

视图专用图元分为以下两种类型。

（1）注释图元，是对模型信息进行提取并在图纸上以标记文字的方式显示其名称、特性。例如，尺寸标注、标记和注释记号等。当模型发生变更时，这些注释图元将随模型的变化而自动更新。

（2）详图，是在特定视图中提供有关建筑模型详细信息的二维详图。例如，详图线、填充区域和二维详图构件等。这类图元类似于 AutoCAD 中绘制的图块，不随模型的变化而自动变化。

五、族

Revit 绘图有其自身独到之处，其中最重要的一个特点就是“族”。如果不理解族，就无法建族；无法建族，就无法深入使用 Revit。

族是 Revit 项目的基础。Revit 的任何一个图元都是由某一个特定族产生的（如一扇门、一面墙、一个尺寸标注、一个图框等），由该族产生的各图元均具有相似的属性或参数。例如，对于一个平开门族，由该族产生的图元都可以具有高度、宽度等参数，但具体每个门的高度、宽度的值可以不同，这由该族的类型或实例参数定义决定。

Revit 包含三种族。

（1）可载入族，是指能单独保存为“.rfa”格式文件的族类型，该类型的族可以载入到项目中，例如，门、窗、结构柱、卫浴装置等均为可载入族。Revit 提供了族样板文件，允许用户自定义任意形式的族。

（2）系统族，已经在项目中预定义并只能在项目中进行创建和修改的族类型（如墙、楼板、天花板等）。它们不能作为外部文件载入或创建，但可以在项目和样板之间复制、粘贴和传递。

（3）内建族，在项目中直接创建的族称为内建族。内建族仅能在本项目中使用，既不能保存为单独的“.rfa”格式的族文件，也不能通过“项目传递”功能将其传递给其他项目。

六、类型和实例

除内建族外，每一个族包含一个或多个不同的类型，用于定义不同的对象特性。类型用于表示同一族的不同参数（属性）值。如某个窗族“双扇平开 - 带贴面 .rfa”包含“900mm × 1200mm”“1200mm × 1200mm”“1800mm × 900mm”（宽 × 高）三个不同类型，如图 1.5 所示。

又如，对于墙来说，可以通过创建不同的族类型，定义不同的墙厚和墙构造。而每个放置在项目中的实际墙图元，则称为该类型的一个实例。Revit 通过类型属性参数和实例属性参数控制图元的类型和实例参数特征。同一类型的所有实例均具备相同的类型属性参数设置，而同一类型的不同实例，可以具备完全不同的实例参数设置。

总之，在 Revit 中，族的层级如图 1.6 所示。类别是建筑或结构构件，如门、窗、阳台、楼梯、坡道、扶手栏杆、散水、屋顶、墙、柱、梁、楼板等；族是对象的样式，如门窗的开启方式（推拉、平开）、柱的截面（矩形、圆）、墙的样式（剪力墙、填充墙）等；类型是具体的尺寸，如双扇平开门有 1200mm 宽、1500mm 宽等。

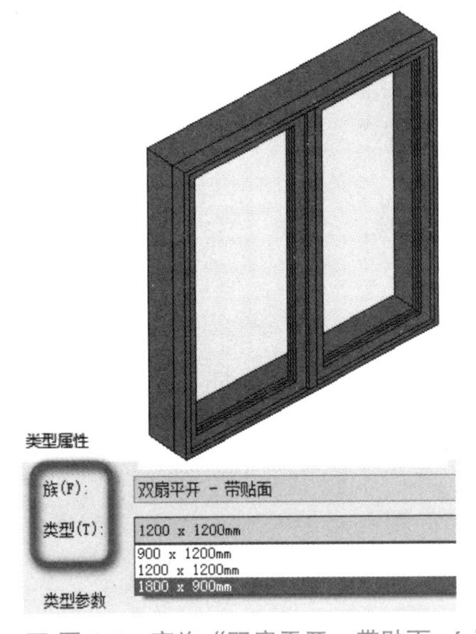

■ 图 1.5　窗族“双扇平开 – 带贴面 .rfa”

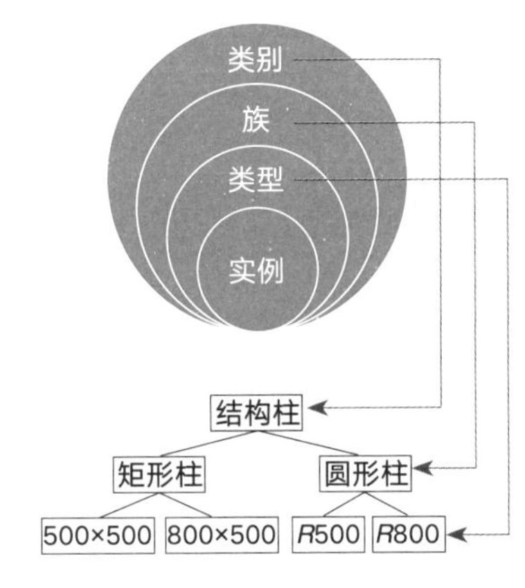

■ 图 1.6　族的层级关系

再学一招 ▶▶▶

建族时，建一个类型就可以了，出现其他的类型（尺寸），可以调整其尺寸以得到相应类型的构件。更改类型，就是更改尺寸，同一类型的尺寸都随之变化。更改族，就是更改对象的样式，项目中所有的族随之变化。

小贴士 ▶▶▶

学习 Revit 一定记住一句关键的话：“Revit 就是一个一个族堆起来的！”在 Revit 中核心操作就是建族。

第二节　Revit 的用户界面、族和概念体量编辑器界面

上一节中介绍了 Revit 的基本术语，接下来，将介绍 Revit 的用户界面、Revit 族和概念体量编辑器界面的相关知识。

一、Revit 的用户界面

1. Revit 的启动

Revit 是标准的 Windows 应用程序。可以像其他 Windows 软件一样通过双击快捷方式启动 Revit 主程序。

2. Revit 的用户界面

单击项目选项栏中的“建筑样板”按钮，直接进入用户界面，如图 1.7 所示。

Revit 采用 Ribbon 界面，用户可以根据自己的需要修改界面布局。例如，可以同时显示若干个项目视图，或修改项目浏览器的默认位置。

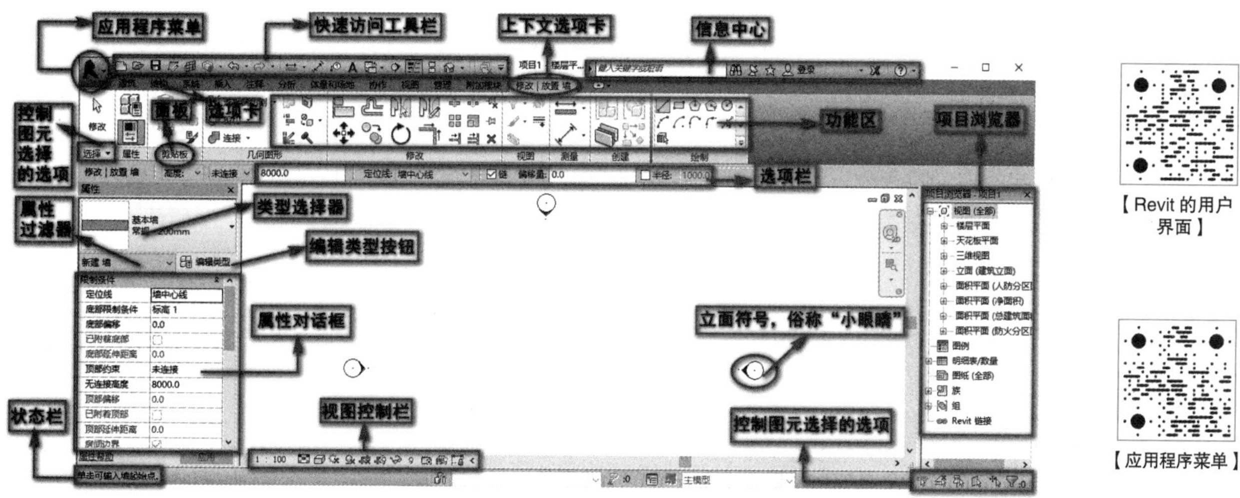

■ 图 1.7　Revit 用户界面

【Revit 的用户界面】

【应用程序菜单】

（1）应用程序菜单。

单击左上角“应用程序菜单”按钮，可以打开应用程序菜单列表，如图 1.8 所示。

“应用程序菜单”按钮类似于传统界面下的“文件”菜单，包括新建、打开、保存、打印、退出等。在“应用程序菜单”中，可以单击各菜单右侧的箭头查看每个菜单项的展开选项，并单击列表中各选项执行相应的操作。

单击“应用程序菜单”下拉列表右下角的“选项”按钮，可以打开“选项”对话框，单击“用户界面”→“快捷键”右侧的 自定义(C)... “自定义”按钮，可以打开“快捷键”对话框，如图 1.9 所示。同样可以单击“视图”选项卡→“窗口”面板→“用户界面”下拉列表→“快捷键”按钮，打开“快捷键”对话框。用户可根据自己的工作需要自定义出现在功能区域的选项卡命令，并自定义快捷键。

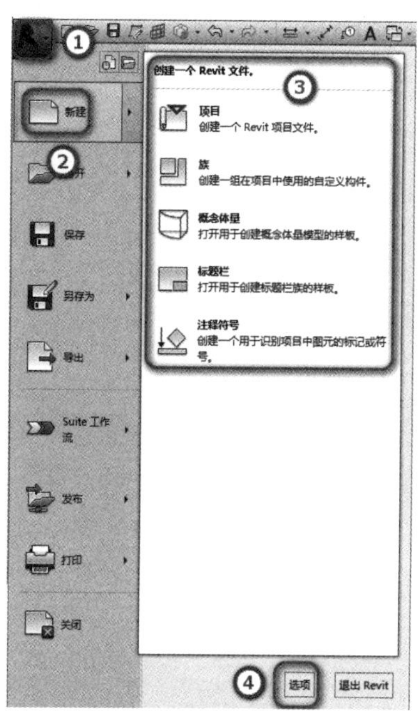

■ 图 1.8　应用程序菜单列表

小贴士 ▶▶▶

在 Revit 中使用快捷键时，直接按键盘对应字母即可，输入完成后无须输入空格或按 Enter 键。

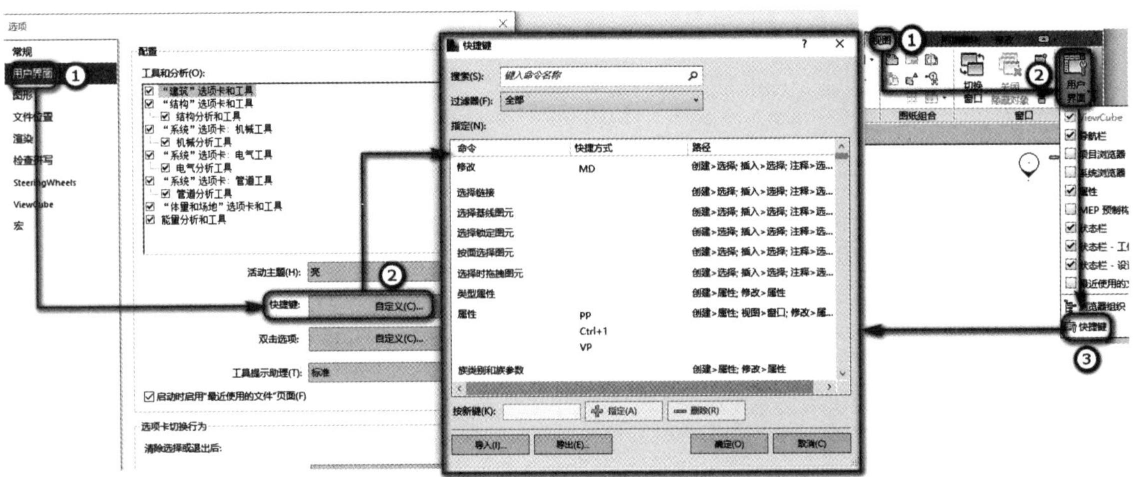

■ 图 1.9 “快捷键”对话框

（2）功能区。

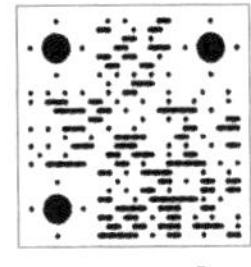
【功能区】

功能区提供了在创建项目或族时所需要的全部工具。在创建项目文件时，功能区显示如图 1.10 所示。功能区主要由选项卡、面板和工具组成。

单击工具按钮可以执行相应的命令，进入绘制或编辑状态。如果同一个工具图标中存在其他工具或命令，则会在工具图标下方显示下拉箭头，单击该箭头，可以显示附加的相关工具。与之类似，如果在工具面板中存在未显示的工具，则会在面板名称位置显示下拉箭头，如图 1.11 所示。

■ 图 1.10 功能区

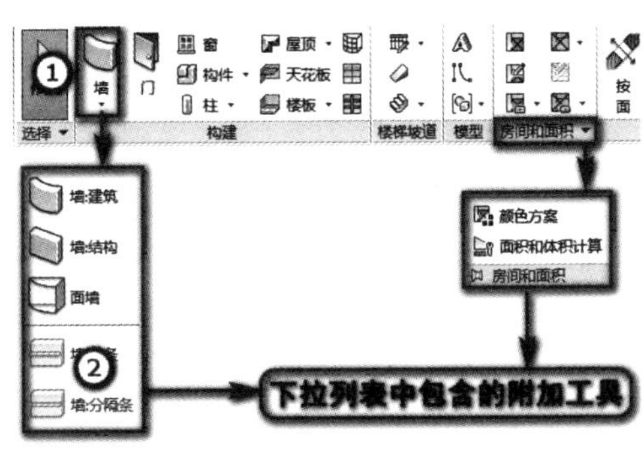

■ 图 1.11 下拉列表中包含的附加工具

再学一招 ▶▶▶

如果工具按钮中存在下拉箭头，直接单击该工具按钮将执行最常用的工具，即下拉列表中的第一个工具。

Revit 根据各工具的性质和用途，分别组织在不同的面板中。如果存在与面板中工具相关的设置选项，则会在面板名称栏中显示斜向箭头按钮。单击该箭头，可以打开对应的设置对话框，对工具进行详细的通用设定，如图 1.12 所示。

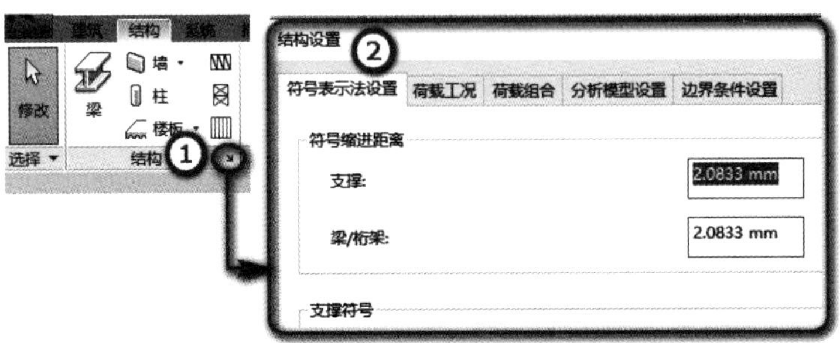

■ 图 1.12 单击“斜向箭头”，打开“结构设置”对话框

当鼠标光标停留在功能区的某个工具上时，默认情况下，Revit 会显示工具提示，对该工具进行简要说明，若光标在该功能区上停留的时间较长，则会显示附加信息，如图 1.13 所示。

（3）快速访问工具栏。

快速访问工具栏默认放置了一些常用的命令和按钮，可以自定义快速访问工具栏，取消选中以显示命令或隐藏命令。

可以根据需要自定义快速访问工具栏中的工具内容，根据自己的需要重新排列顺序。例如，要在快速访问栏中创建墙工具，如图 1.14 所示，右击功能区“墙”按钮，在弹出的快捷菜单中选择“添加到快速访问工具栏”，即可将“墙”及其附加工具同时添加至快速访问工具栏中。使用类似的方式，在快速访问工具栏中右击任意工具，选择“从快速访问工具栏中删除”，可以将工具从快速访问工具栏中移除。

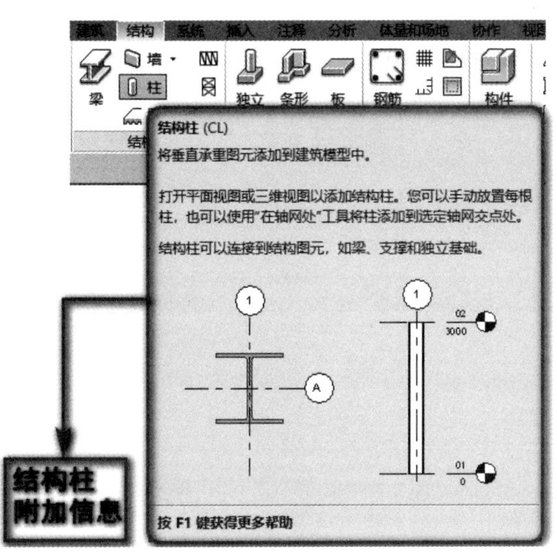

■ 图 1.13 “结构柱”附加信息

【快速访问工具栏】

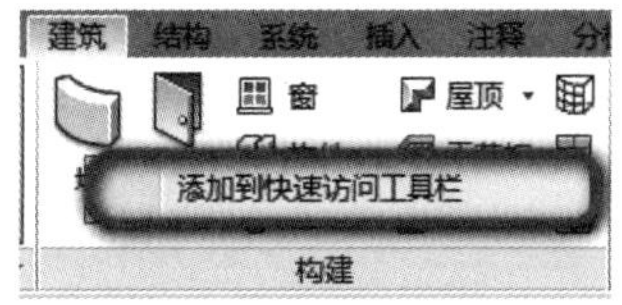

■ 图 1.14 将工具添加到快速访问工具栏

特别提示 ▶▶▶

选项卡上的某些工具无法添加到快速访问工具栏中。例如，修改选择楼板时在选项卡中的“编辑子图元”工具。

若要修改快速访问工具栏可在快速访问工具栏上单击“自定义快速访问工具栏”下拉菜单，选择“在功能区下方显示”，如图 1.15 所示。单击“自定义快速访问工具栏”下拉菜单，在列表中选择“自定义快速访问工具栏”选项，将弹出如图 1.15 所示的“自定义快速访问工具栏”对话框。使用该对话框，可以重新排列快速访问工具栏中的工具显示顺序，并根据需要添加分隔线。选中“在功能区下方显示快速访问工具栏”复选框也可以修改快速访问工具栏的位置。

（4）上下文选项卡。

当执行某些命令或选择图元时，在功能区会动态出现某个特殊的上下文选项卡，该选项卡包含的工具集仅与对应命令的上下文关联。

【上下文选项卡和选项栏】

（5）选项栏。

大多数情况下，选项栏与上下文选项卡同时出现或退出，其内容根据当前命令或选择图元变化而变化。

选项栏默认位于功能区下方。用于设置当前正在执行的操作的细节。选项栏类似于 AutoCAD 的命令提示行，其内容因当前所执行的工具或所选图元的不同而不同。图 1.16 所示为使用“墙”工具时，选项栏的设置内容。

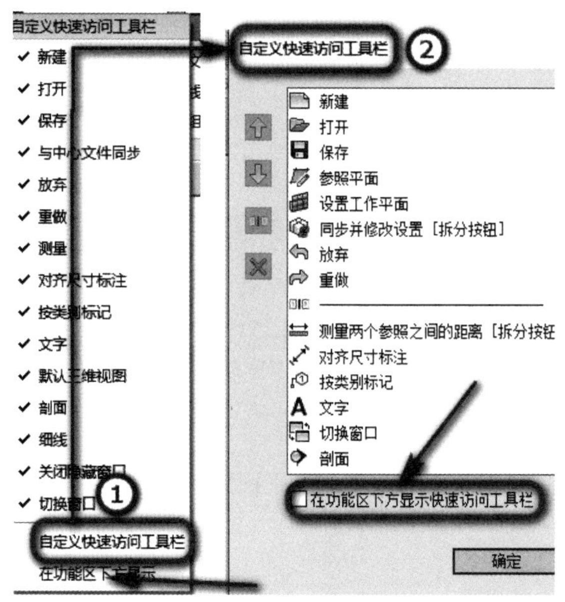

■ 图 1.15　调整工具栏显示顺序及快速访问工具栏的位置

■ 图 1.16　选项栏

小贴士 ▶▶▶

在选项栏上单击鼠标右键，选择“固定在底部”选项即可，根据需要将选项栏移动到 Revit 窗口的底部。

（6）项目浏览器。

项目浏览器用于显示当前项目中所有视图、明细表、图纸、族、组、链接的 Revit 模型和其他部分的逻辑层次。展开和折叠各分支时，将显示下一层项目。选中某视图后单击鼠标右键，打开相关下拉菜单，可以对该视图进行“复制”“删除”“重命名”和“查找相关视图”等相关操作。图 1.17 所示为项目浏览器中包含的项目内容。项目浏览器中，项目类别前显示“+”表示该类别中还包括其他子类别项目。在 Revit 中进行项目设计时，最常用的操作就是利用项目浏览器在各视图中切换。

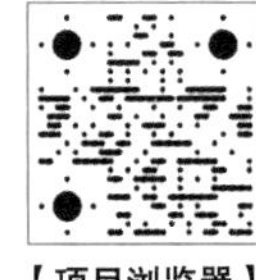

【项目浏览器】

小贴士 ▶▶▶

如果不小心关闭了项目浏览器，可以单击“视图”选项卡→“窗口”面板→“用户界面”下拉列表→“项目浏览器”选项，重新打开项目浏览器。

在 Revit 中，可以在项目浏览器对话框任意栏目名称上单击鼠标右键，在弹出的右键快捷菜单中选择“搜索”选项，打开“在项目浏览器中搜索”对话框，如图 1.17 所示，可以使用该对话框在项目浏览器中对视图、族及族类型名称进行查找定位。

（7）属性对话框。

Revit 默认将“属性”对话框显示在界面左侧。通过“属性”对话框，可以查看和修改用来定义图元属性的参数。“属性”对话框各部分的功能如图 1.18 所示。在任何情况下，按快捷键 Ctrl+1，均可打开或关闭“属性”对话框；还可以选择任意图元，单击“修改”选项卡→“属性”面板→“属性”按钮，打开“属性”对话框；或在绘图区域中单击鼠标右键，在弹出的快捷菜单

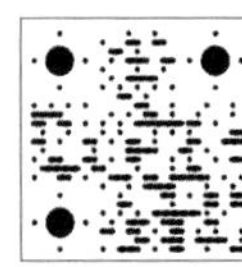

【属性对话框】

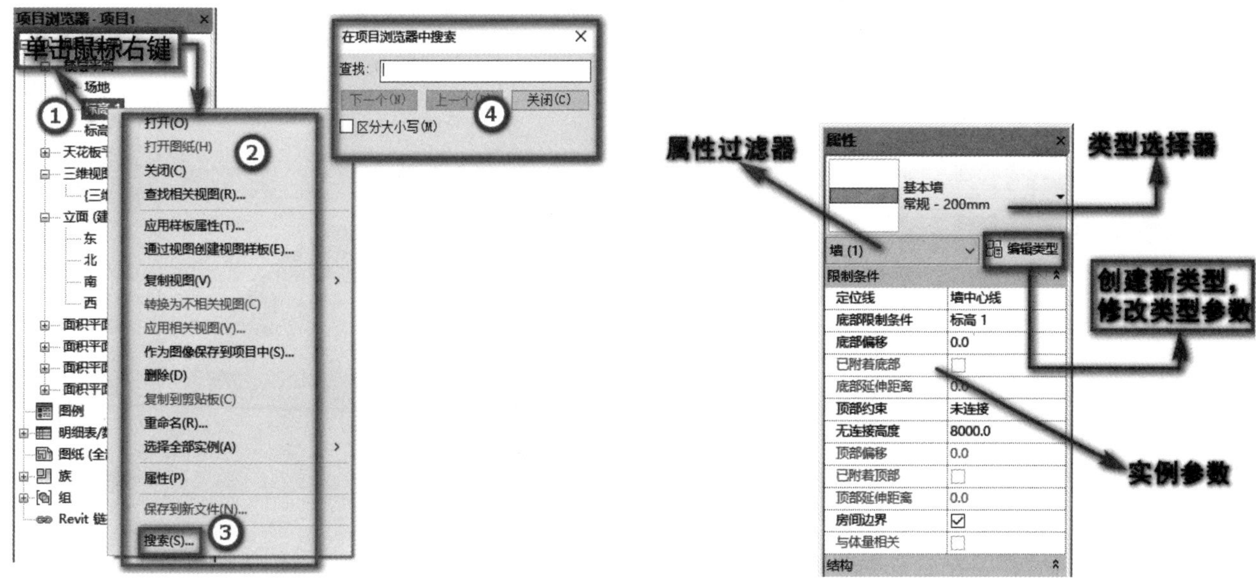

■ 图 1.17　项目浏览器

■ 图 1.18　属性对话框

中选择“属性”选项将其打开。可以将该“属性”对话框固定到 Revit 窗口的任意一侧，也可以将其拖曳到绘图区域的任意位置成为浮动面板。

当选择图元对象时，“属性”对话框将显示当前所选择对象的实例属性；当未选择任何图元对象时，则“属性”对话框上将显示活动视图的属性。

（8）绘图区域。

绘图区域显示当前项目的楼层平面视图以及图纸和明细表视图。在 Revit 中每当切换至新视图时，都将在绘图区域创建新的视图窗口，且保留所有已打开的其他视图。

默认情况下，绘图区域的背景颜色为白色。在“选项”对话框→“图形”选项中，可以设置视图中的绘图区域背景反转为黑色，如图 1.19 所示。使用“视图”选项卡→“窗口”面板中的“平铺”“层叠”工具，可设置所有已打开视图排列方式为平铺（图 1.20）、层叠等。

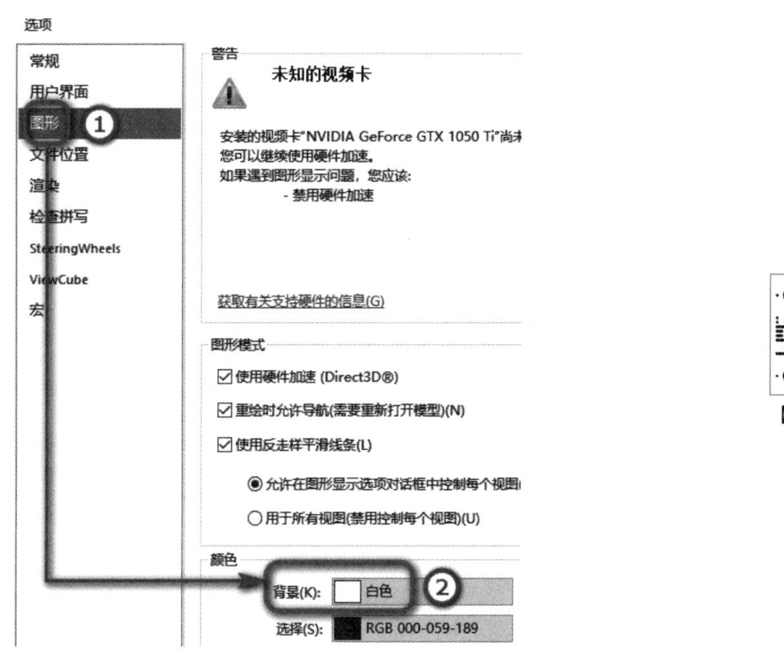

■ 图 1.19　设置背景颜色

【绘图区域】

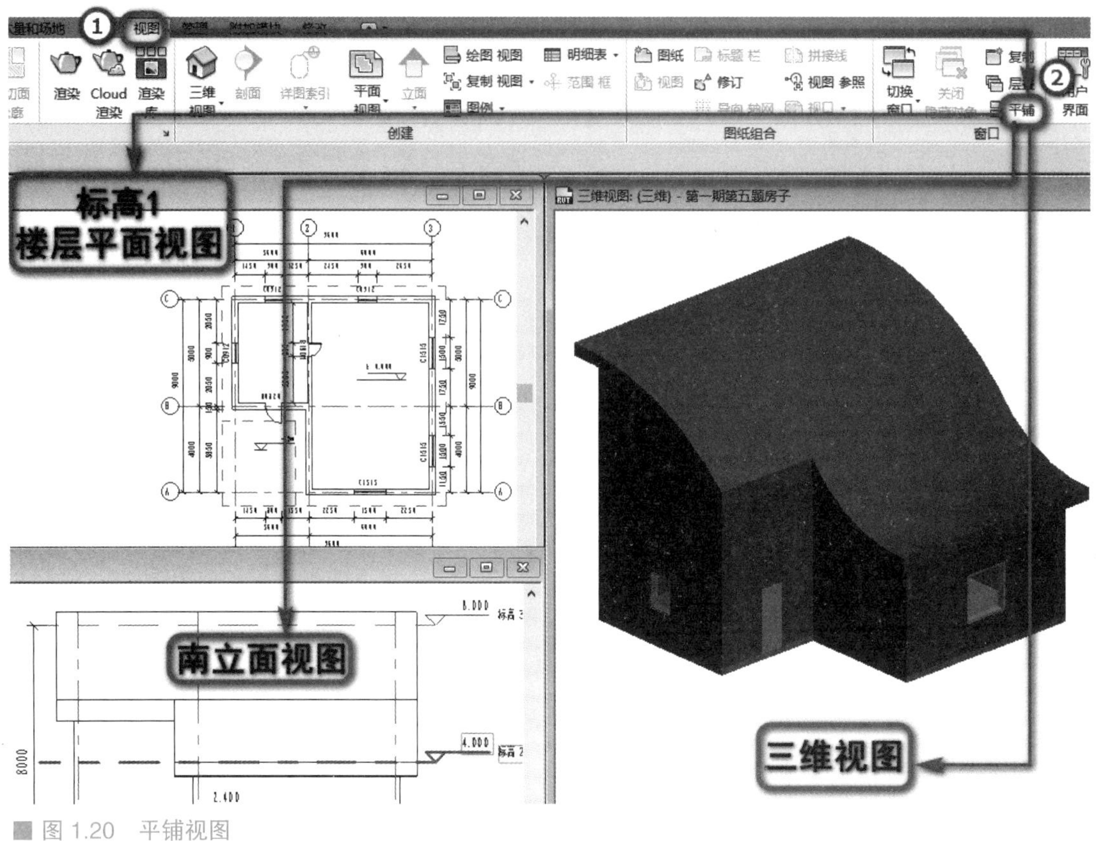

■ 图 1.20　平铺视图

（9）视图控制栏。

位于窗口底部，状态栏右上方，可以快速访问影响绘图区域的功能。视图控制栏的命令如图 1.21 所示，从左至右分别是：视图比例、视图详细程度、视觉样式、日光控制、阴影控制、裁剪视图、裁剪边界可视性、临时隐藏 / 隔离图元、显示隐藏图元等。稍后将会详细介绍视图控制栏中各项工具的使用。

【视图控制栏】

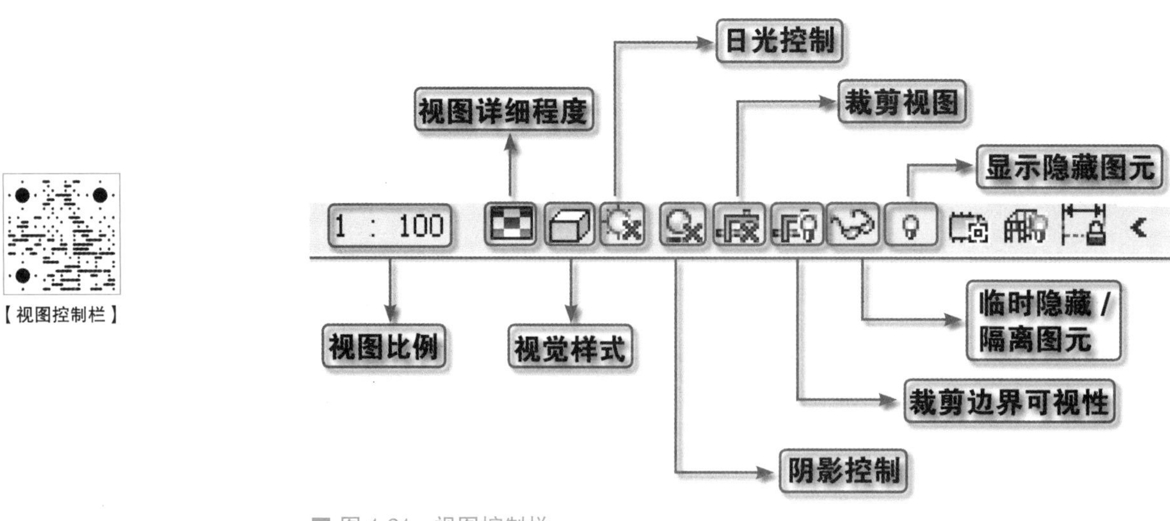

■ 图 1.21　视图控制栏

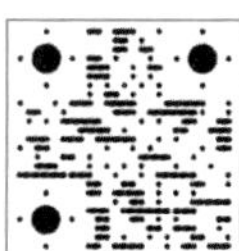
【状态栏、View Cube、图元选择控制栏】

（10）状态栏。

使用当前命令时，状态栏左侧会显示相关的一些技巧或者提示。例如，启动一个命令（如“复制”），状态栏会显示有关当前命令的后续操作的提示。

（11）信息中心。

Revit 提供了完善的帮助文档系统，以方便用户在遇到使用困难时查阅。可以随时单击“帮助与信息中心”栏中的 Help 按钮或按键盘 F1 键，打开帮助文档进行查阅。目前，Revit 帮助文档以在线的方式查看，因此必须连接 Internet 才能正常查看帮助文档。

（12）View Cube。

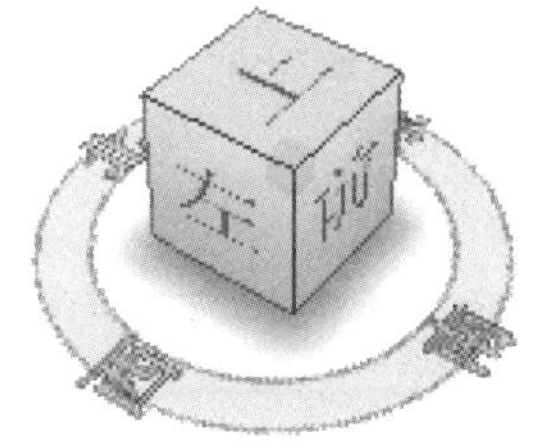

■ 图 1.22 View Cube

位于绘图区域右上角，如图 1.22 所示。用户可以利用 View Cube（视觉方块）旋转或重新确定视图方向。稍后将会详细介绍 View Cube 的使用。

（13）图元选择控制栏。

在功能区的“选择”面板，单击“选择”按钮，展开下拉列表，如图 1.23 所示。在下拉列表中可以通过选中选择链接、选择基线图元、选择锁定图元、按面选择图元及选择时拖曳图元复选框，控制它们处于开启状态或者关闭状态。图元选择控制栏的图标位于绘图区域的右下角，如图 1.23 所示。

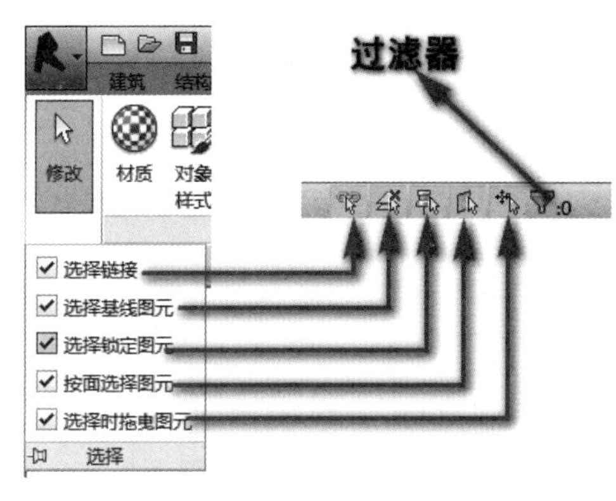

■ 图 1.23 控制图元选择的选项

① 选择链接：当希望能够选择链接的文件和链接中的各个图元时，可启用选择链接选项。链接的文件可包括 Revit 模型、CAD 文件等，可直接选择整个链接的文件及其所有图元，配合 Tab 键可选择链接文件中的单个图元。如果禁止了此项，在视图中将无法选择链接的模型图元。

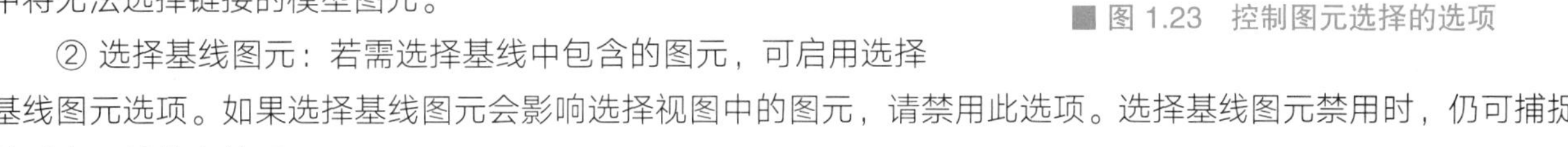

② 选择基线图元：若需选择基线中包含的图元，可启用选择基线图元选项。如果选择基线图元会影响选择视图中的图元，请禁用此选项。选择基线图元禁用时，仍可捕捉并对齐至基线中的图元。

③ 选择锁定图元：若需选择被锁定且无法移动的图元，可启用选择锁定图元选项。

④ 按面选择图元：当希望能够通过单击内部面而不是边来选择图元时，请启用按面选择图元选项。例如，启用此选项后，可通过单击墙或楼板的表面来将其选中。启用后，此选项适用于所有模型视图和详图视图，但不适用于视觉样式为“线框”的视图。禁用此选项之后，必须单击图元的边才能将其选中。

⑤ 选择时拖曳图元：启用选择时拖曳图元选项，可无须先选择图元即可拖曳。若要避免选择图元时意外将其移动，请禁用此选项。此选项适用于所有模型类别和注释类别中的图元。

小贴士 ▶▶▶

一般项目模型绘制时，往往禁止该命令，以避免选择图元时误将其移动。

⑥ 过滤器：当在视图中选择图元时，过滤器会显示选中图元的个数。

以上这些选项适用于所有打开的视图，它们不是特定于视图的。在当前任务中可以随时启用和禁用这些选项（如果需要），每个用户对于这些选项的设置都会被保存，且从一个任务切换到下一个任务时设置保持不变。

二、Revit 族编辑器界面

单击 Revit 应用界面“族”→“新建”按钮，在弹出的“新族 - 选择样板文件”对话框中双击合适的族样板后，便进入族编辑器界面，此界面与项目界面非常类似，如图 1.24 所示，其菜单也和项目界面多数相同，在此不再一一展开。

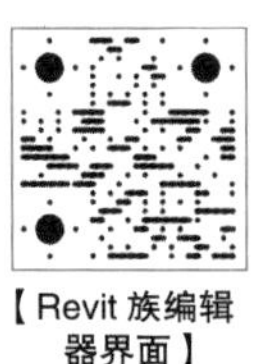

【Revit 族编辑器界面】

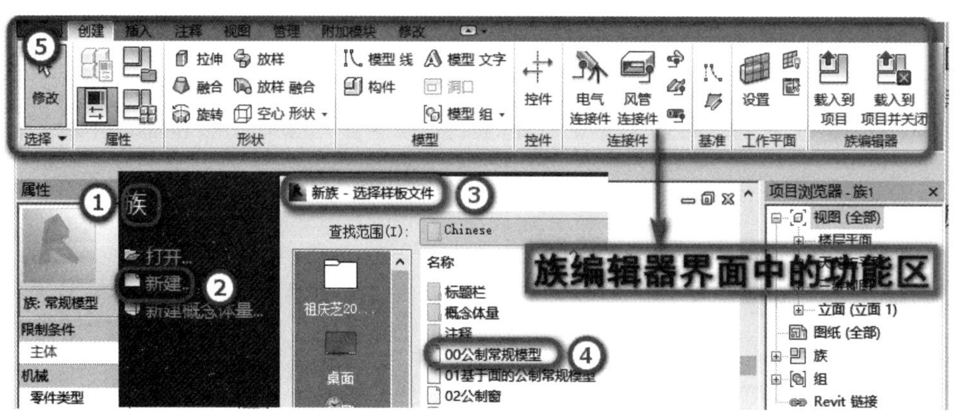

■ 图 1.24　族编辑器界面

特别提示 ▶▶▶

族编辑器是 Revit 中的一种图形编辑模式，能够创建并修改可载入到项目中的族。族编辑器界面会随着族类别或族样板的不同有所区别，主要是在“创建”面板中的工具及“项目浏览器”中的视图等方面会有所不同。

三、概念体量编辑器界面

单击 Revit 应用界面“族”→“新建概念体量”按钮，在弹出的“新概念体量 - 选择样板文件”对话框中双击“公制体量”后，便进入概念体量编辑器界面，该界面是 Revit 用于创建体量族的特殊环境。新建概念体量默认在 3D 视图操作，其形体创建的工具也与常规模型有所不同，如图 1.25 所示。

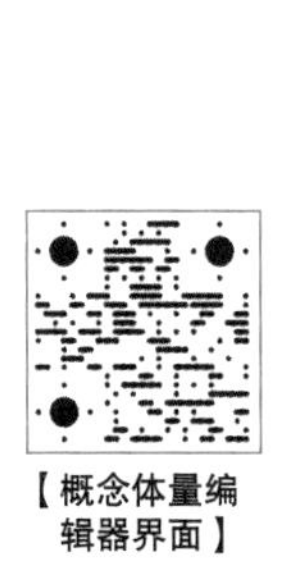

【概念体量编辑器界面】

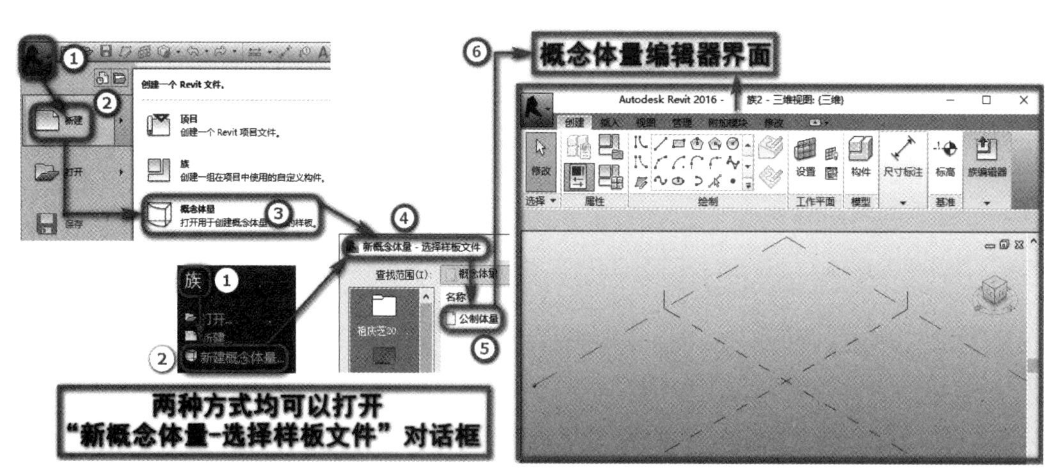

■ 图 1.25　概念体量编辑器界面

通过新建概念体量可以很方便地创建各种复杂的概念形体。概念设计完成后，可以直接将建筑图元添加到这些形状中，完成复杂模型创建。应用体量的这一特点，可以方便、快捷地完成网架结构的三维建模的设计。

再学一招 ▶▶▶

使用概念体量制作的模型不仅可以快速统计概念体量模型的建筑楼层面积、占地面积、外表面积等设计数据，还可以在概念体量模型表面创建生成建筑模型中的墙、楼板、屋顶等图元对象，完成从概念设计阶段到方案、施工图设计的转换。Revit 提供了两种创建体量模型的方式，即内建体量和体量族。

第三节　视图基本操作、视图显示及样式

上一节中介绍了 Revit 的用户界面、族和概念体量编辑器界面的相关知识，下面接着介绍关于视图基本操作、视图显示及样式的内容。

一、视图基本操作

可以通过鼠标、View Cube 和视图导航栏来实现对 Revit 视图进行平移、缩放等操作。在平面、立面或三维视图中，通过滚动鼠标中键可以对视图进行缩放；按住鼠标中键并拖曳，可以实现视图的平移。在默认三维视图中，按住键盘 Shift 键并按住鼠标中键拖曳鼠标，可以实现对三维视图的旋转。

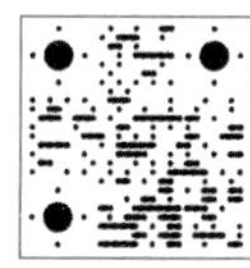
【视图基本操作】

小贴士 ▶▶▶

视图旋转仅对三维视图有效。

在三维视图中，Revit 还提供了 View Cube，如图 1.22 所示，用于实现对三维视图的控制。通过单击 View Cube 的面、顶点或边，可以在模型的各立面、等轴测视图间进行切换。按住鼠标左键并拖曳 View Cube 下方的圆环指南针，还可以修改三维视图的方向为任意方向，其作用与按住键盘 Shift 键和鼠标中键并拖曳的效果类似。

为更加灵活地进行视图缩放控制，Revit 提供了“导航栏”工具条，激活（或关闭）导航栏的方式，如图 1.26 所示。默认情况下，导航栏位于视图右侧 View Cube 下方，如图 1.27（a）所示。在任意视图中，都可通过导航栏对视图进行控制。

导航栏主要提供两类工具：视图平移查看工具和视图缩放工具。单击导航栏中上方第一个圆盘图标，将进入全导航控制盘（导航盘）控制模式，如图 1.27（b）所示，全导航盘将跟随鼠标指针的移动而移动。导航盘中提供缩放、平移、动态观察（视图旋转）等命令，移动鼠标指针至导航盘中命令位置，按住左键不动即可执行相应的操作。

小贴士 ▶▶▶

显示或隐藏导航盘的快捷键为 Shift+W 键。

导航栏中提供的另外一个工具为“缩放”工具，用于修改窗口中的可视区域。单击缩放工具下拉箭头，可以查看 Revit 提供的缩放选项，如图 1.28 所示。选中下拉列表中的缩放模式，就能实现缩放。在实际操作中，最常使用的缩放工具为“区域放大”，使用该缩放命令时，Revit 允许用户绘制任意的范围窗口区域，将该区域范围内的图元放大至充满窗口显示。

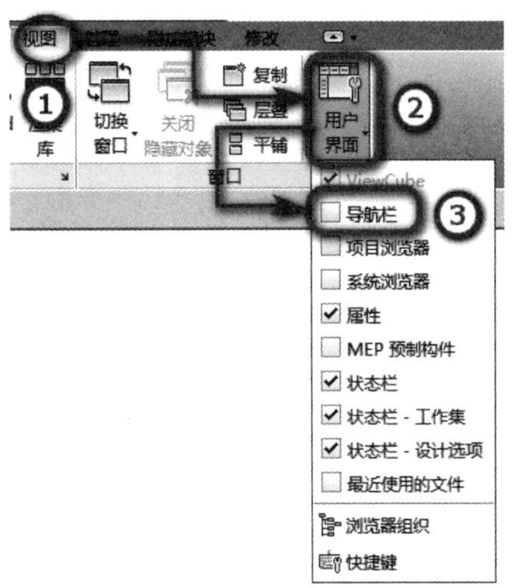

■ 图 1.26　显示“导航栏”方法

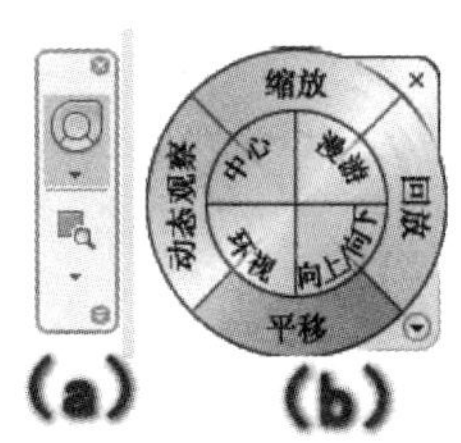

■ 图 1.27　导航栏

■ 图 1.28　区域放大

小贴士 ▶▶▶

区域放大的键盘快捷键为 ZR 键。

任何时候使用视图控制栏缩放列表中“缩放全部以匹配”选项，都将可以缩放显示当前视图中全部图元。在 Revit 中，双击鼠标中键，也会执行该操作。

除对视图进行缩放、平移、旋转外，还可以对视图窗口进行控制。前面已经介绍过，在项目浏览器中切换视图时，Revit 将创建新的视图窗口。可以对这些已打开的视图窗口进行控制。如图 1.29 所示，在“视图”选项卡的“窗口”面板中提供了“平铺”“切换窗口”“关闭隐藏对象”等窗口操作命令。

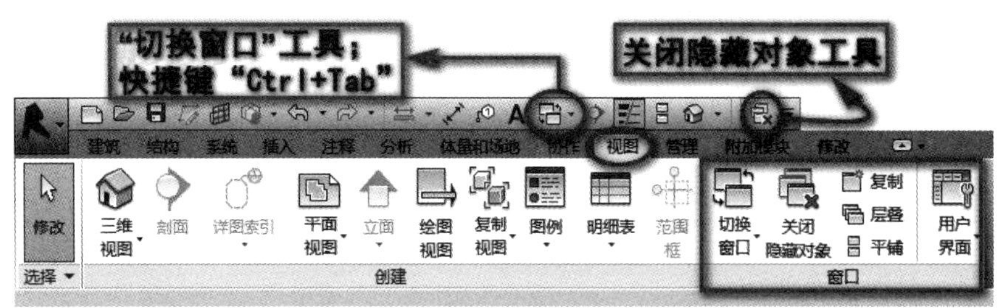

■ 图 1.29　窗口操作命令

使用“平铺”工具，可以同时查看所有已打开的视图窗口，各窗口将以合适的大小并列显示。在视图中进行切换时，Revit 将打开非常多的视图。这些视图将占用大量的计算机内存资源，造成系统运行效率下降。可以使用“关闭隐藏对象”工具一次性关闭所有隐藏的视图。

特别提示 ▶▶▶

“关闭隐藏对象”工具不能在平铺、层叠视图模式下使用。“切换窗口”工具用于在多个已打开的视图窗口间进行切换。

小贴士 ▶▶▶

窗口平铺的默认快捷键为 WT 键；窗口层叠的快捷键为 WC 键。

二、视图显示及样式

通过视图控制栏（图 1.21），可以对视图中的图元进行显示控制。

特别提示 ▶▶▶

由于在 Revit 中各视图均采用独立的窗口显示，因此，在任何视图中进行视图控制栏的设置，均不会影响其他视图。

1. 视图比例

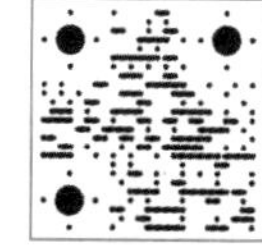
【视图比例、详细程度】

视图比例用于控制模型尺寸与当前视图显示之间的关系。如图 1.30 所示，单击视图控制栏“视图比例”按钮，在比例列表中选择比例值即可修改当前视图的比例。

特别提示 ▶▶▶

无论视图比例如何调整，均不会改变模型的实际尺寸，仅会影响当前视图中添加的文字、尺寸标注等注释信息的相对大小。Revit 允许为项目中的每个视图指定不同比例，也可以创建自定义视图比例。

2. 视图详细程度

Revit 提供了三种视图详细程度：粗略、中等、精细，可以在族中定义在不同视图详细程度模式下要显示的模型。Revit 通过视图详细程度控制同一图元在不同状态下的显示，以满足出图的要求。例如，在平面布置图中，平面视图中的窗可以粗略地显示为 4 条线；但在窗安装大样中，平面视图中的窗将精细地显示为真实的窗截面。

3. 视觉样式

视觉样式用于控制模型在视图中的显示方式。如图 1.31 所示，Revit 提供了 6 种显示视觉样式：“线框”“隐藏线”“着色”“一致的颜色”“真实”“光线追踪”。显示效果逐渐增强，但所占用的内存资源也越来越大。一般平面或剖面施工图可设置为线框或隐藏线样式，这样占用内存资源较小，项目运行较快。

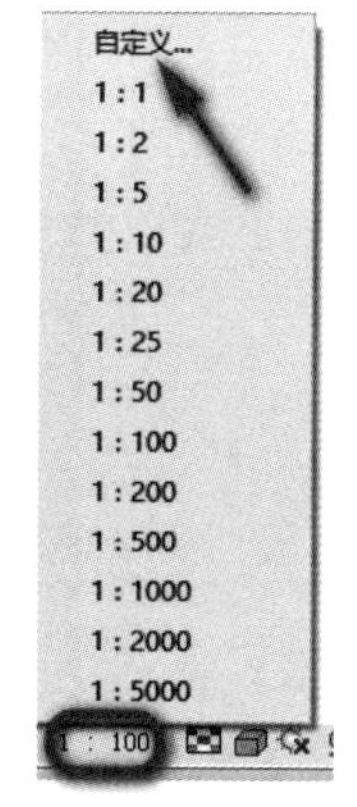

■ 图 1.30 视图比例

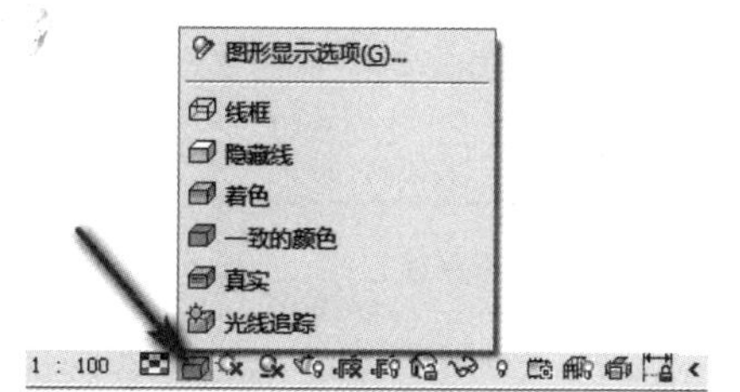

■ 图 1.31 视觉样式

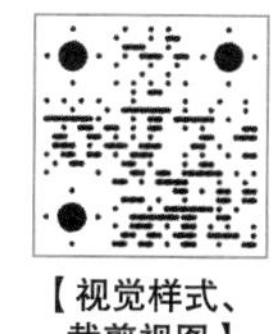
【视觉样式、裁剪视图】

“线框”样式是显示效果最差但速度最快的一种显示样式。“隐藏线”样式下，图元将做遮挡计算，但不显示图元的材质颜色。“着色”样式和“一致的颜色”样式都将显示对象材质定义中“着色颜色”中定义的色彩，“着色”样式将根据光线设置显示图元明暗关系，“一致的颜色”样式下图元将不显示明暗关系。“真实”样式和材质定义中的“外观”选项参数有关，用于显示图元渲染时的材质纹理。“光线追踪”样式是 Revit 2013 以后版本中新增加的视觉样式，将对视图中的模型进行实时渲染，效果最佳，但将占用大量的计算机内存资源。

4. 阴影控制

在视图中，可以通过打开 / 关闭阴影开关在视图中控制模型的光照阴影，增强模型的表现力。在日光路径按钮中，还可以对日光进行详细设置。

5. 裁剪视图、显示 / 隐藏裁剪区域

视图裁剪区域定义了视图中显示项目的范围，由两个工具组成：是否启用裁剪，是否显示剪裁区域。可以单击“显示裁剪区域”按钮在视图中显示裁剪区域，再通过启用“裁剪”按钮将视图裁剪功能启用，通过拖曳裁剪边界，对视图进行裁剪。裁剪后，裁剪框外的图元将不显示。

6. 临时隐藏 / 隔离图元、显示隐藏图元

在视图中可以根据需要临时隐藏任意图元。如图 1.32 所示，选择图元后，单击“临时隐藏 / 隔离图元”按钮，将弹出隐藏或隔离图元（类别）选项，可以分别对所选择图元进行隐藏或隔离。其中隐藏图元选项将隐藏所选图元；隔离图元选项将在视图隐藏所有未被选定的图元，也可以根据类别（所有与被选择的图元对象属于同一类别的图元）的方式对图元的隐藏或隔离进行控制。

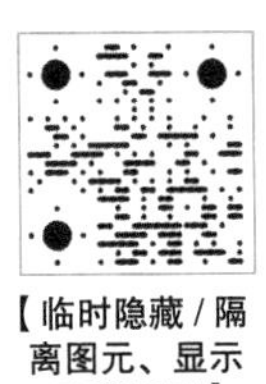

【临时隐藏 / 隔离图元、显示隐藏图元】

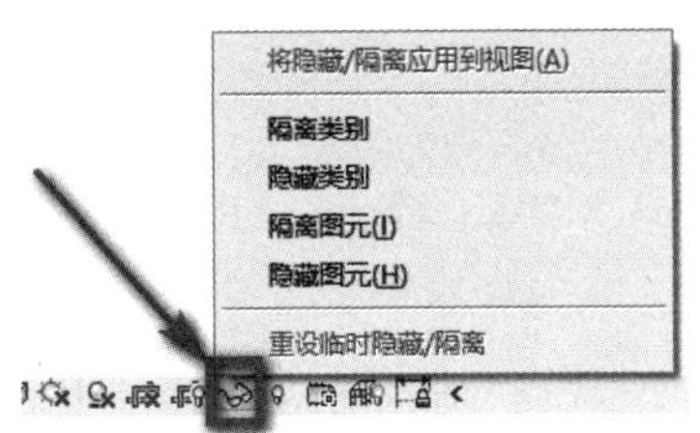

图 1.32　临时隐藏 / 隔离图元

所谓临时隐藏图元是指当关闭项目后，重新打开项目时被隐藏的图元将恢复显示。视图中临时隐藏或隔离图元后，视图周边将显示蓝色边框。此时，再次单击隐藏或隔离图元命令，可以选择“重设临时隐藏 / 隔离”选项恢复被隐藏的图元。或选择“将隐藏 / 隔离应用到视图”选项，此时视图周边蓝色边框消失，将永久隐藏不可见图元。

要查看项目中隐藏的图元，可以单击视图控制栏中“显示隐藏的图元”按钮，如图 1.33 所示。Revit 会显示彩色边框，所有被隐藏的图元均会显示为亮红色。

单击选择被隐藏的图元，单击“显示隐藏的图元”面板中“取消隐藏图元”命令（图 1.34）可以恢复图元在视图中的显示。注意恢复图元显示后，务必单击“切换显示隐藏图元模式”命令或再次单击视图控制栏中“显示隐藏的图元”命令返回正常显示模式。

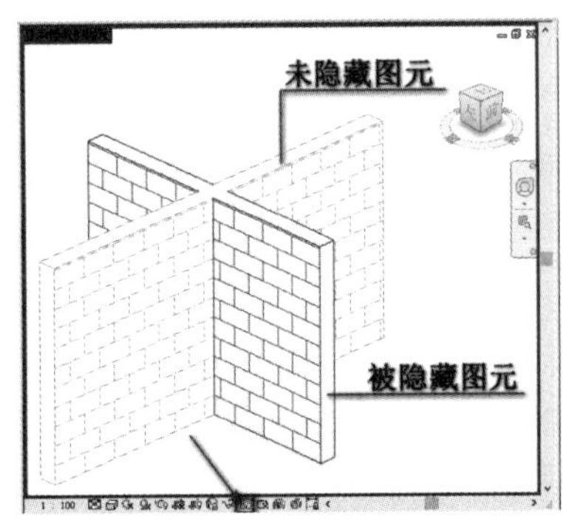

图 1.33　显示隐藏的图元

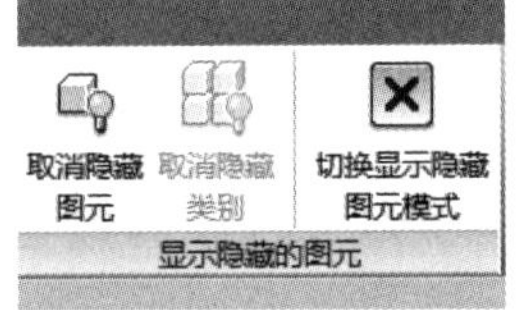

图 1.34　取消隐藏图元

再学一招 ▶▶▶

也可以在选择隐藏的图元后单击鼠标右键，在右键快捷菜单中选择“取消在视图中隐藏”子菜单中的“按图元”选项，取消图元的隐藏。

7. 渲染（仅三维视图才可使用）

单击该按钮，将打开渲染对话框，用于对渲染质量、光照等进行详细的设置。Revit 采用 Mental Ray 渲染器进行渲染。

8. 解锁 / 锁定三维视图（仅三维视图才可使用）

如果需要在三维视图中进行三维尺寸标注及添加文字注释信息，需要先锁定三维视图。单击该工具将创建新的锁定三维视图。锁定的三维视图不能旋转，但可以平移和缩放。在创建三维详图大样时，将使用该方式。

第四节　图元选择与图元编辑

一、图元选择

在 Revit 中，要对图元进行修改和编辑，必须对图元进行选择。在 Revit 中可以使用 5 种方式进行图元的选择，即点选、框选、按过滤器选择、选择全部实例、Tab 键选图元。

1. 点选

移动光标至任意图元上，Revit 将高亮显示该图元并在状态栏中显示有关该图元的信息，单击鼠标左键将选择被高亮显示的图元。

【点选】

再学一招 ▶▶▶

在选择时如果多个图元彼此重叠，可以移动光标至图元位置，按键盘 Tab 键，Revit 将循环高亮显示各图元，当要选择的图元高亮显示后，单击鼠标左键将选择该图元。

选择多个图元时，按住键盘 Ctrl 键，用光标逐个点击要选择的图元。取消选择时，按住键盘 Shift 键，光标点击已选择的图元，可以将该图元从选择集中删除。

2. 框选

按住鼠标左键，从右下角向左上角拖曳光标，则虚线矩形范围内的图元和被矩形边界碰及的图元将全部被选中。或者按住鼠标左键，从左上角向右下角拖曳光标，则仅有实线矩形范围内的图元被选中。在框选过程中，按住键盘 Ctrl 键，可以继续用框选或其他方式选择图元；按住键盘 Shift 键，可以用框选或其他方式将已选择的图元从选择集中删除。

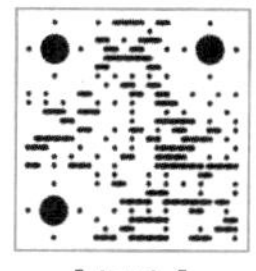

【框选】

3. 按过滤器选择

选中不同图元后，进入“修改 | 选择多个”选项卡，单击“选择”面板→“过滤器”命令，可在“过滤器”对话框中选中或者取消选中图元类别，可过滤已选择的图元，只选择所选中的类别，如图 1.35 所示。

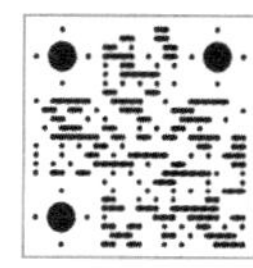

【按过滤器选择】

4. 选择全部实例

点选某个图元，然后单击鼠标右键，从右键下拉列表中单击“选择全部实例”→“在视图中可见”（或“在整个项目中”）按钮，如图 1.36 所示，软件会自动选中当前视图或整个项目中所有相同类型的图元实例。这是编辑同类图元最快速的选择方法。

要选择有公共端点的图元，可以在连接的构件上单击鼠标右键，然后单击“选择连接的图元”，能把这些同端点连接图元一起选中，如图 1.37 所示。

5. Tab 键选图元

用键盘 Tab 键可快速选择相连的一组图元，移动光标到其中一个图元附近，当图元高亮显示时，按 Tab 键，则相连的这组图元会高亮显示，再单击鼠标左键，就选中了相连的一组图元。

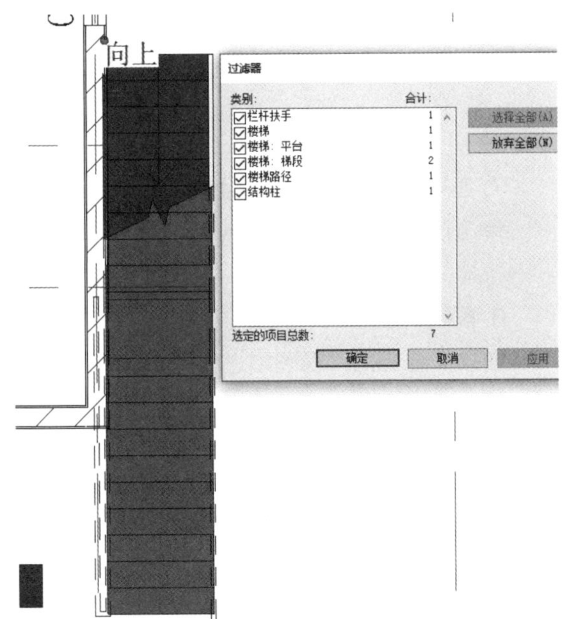

图 1.35 按过滤器选择图元

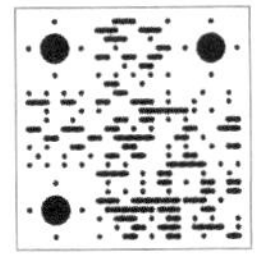

【选择全部实例】 【Tab 键选图元】

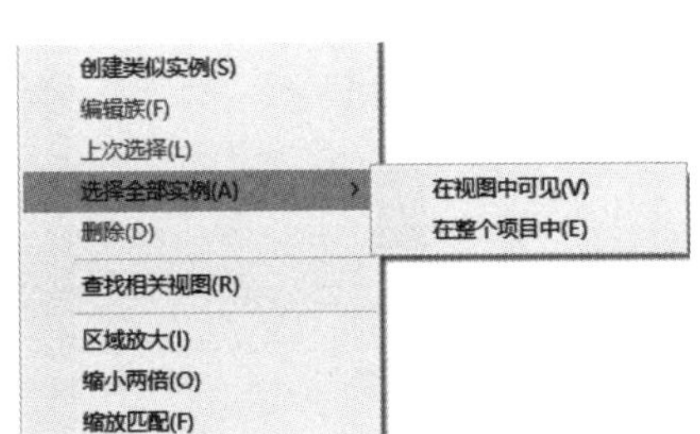

图 1.36 选择全部实例

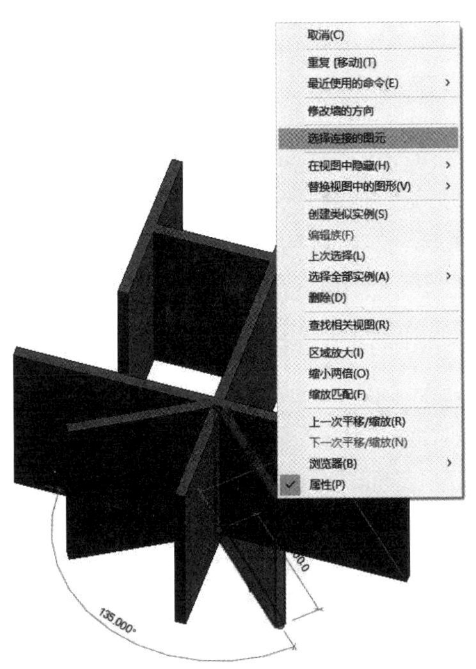

图 1.37 选择连接的图元

二、图元编辑

在功能区中的“修改”选项卡中提供了“移动”“复制”“阵列”“对齐”“旋转”等常用编辑命令，利用这些命令可以对图元进行编辑操作，如图 1.38 所示。

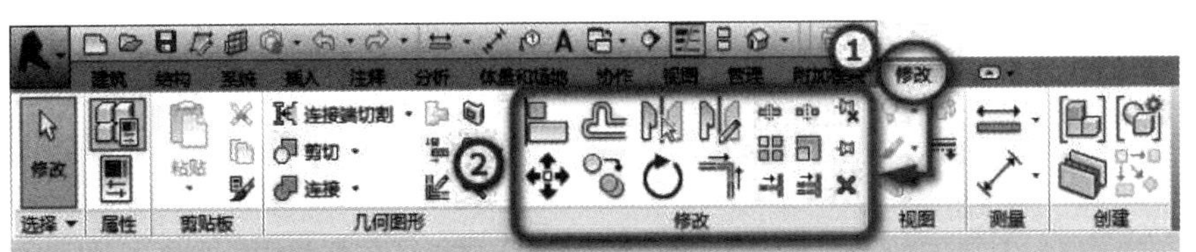

图 1.38 常用编辑命令

1. 移动

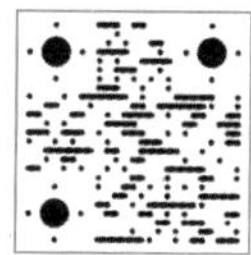
【移动、复制、阵列】

能将一个或多个图元从一个位置移动到另一个位置。移动的时候，可以选择图元上某点或某线来移动，也可以在空白处随意移动。

小贴士 ▶▶▶

移动命令的默认快捷键为 MV 键。

2. 复制

可复制一个或多个选定图元，并生成副本。点选图元使用复制命令时，选项栏如图 1.39 所示。可以通过选中“多个”选项实现连续复制图元。“约束”的含义是只能正交复制。结束复制命令时，可以单击鼠标右键，在弹出的快捷菜单中单击“取消”按钮，或者连续按键盘上的 Esc 键两次结束复制命令。

■ 图 1.39　激活“复制”命令时的选项栏

小贴士 ▶▶▶

复制命令的默认快捷键为 CO 键。

3. 阵列

用于创建一个或多个相同图元的线性阵列或半径阵列。在族中使用阵列命令，可以方便地控制阵列图元的数量和间距，如百叶窗的百叶数量和间距。激活阵列工具后，选项栏如图 1.40 所示。

■ 图 1.40　激活“阵列”命令时的选项栏

小贴士 ▶▶▶

阵列命令的默认快捷键为 AR 键。

特别提示 ▶▶▶

如选中选项栏中的“成组并关联”选项，阵列后的墙将自动成组，需要编辑该组才能调整墙体的相应属性；“项目数”包含被阵列对象在内的墙体个数；选中“约束”选项，可保证正交。

4. 对齐

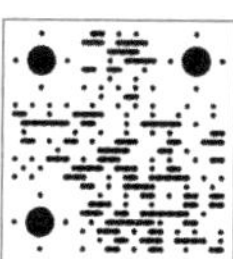
【对齐】

将一个或多个图元与选定位置对齐。图 1.41 所示为使用对齐工具时，须先单击选择对齐的目标位置，再单击选择要移动的对象图元，则选择的对象将自动对齐至目标位置。对齐工具可以以任意的图元或参照平面为目标，在选择墙对象图元时，还可以在选项栏中指定首选的参照墙的位置；要将多个对象对齐至目标位置时，选中选项栏中的“多重对齐”选项即可。

小贴士 ▶▶▶

对齐工具的默认快捷键为 AL 键。
选择对象时，可以使用 Tab 键精确定位。

5. 旋转

使用“旋转”工具可使图元绕指定轴旋转。默认旋转中心位于图元中心。移动光标至旋转中心标记位置，

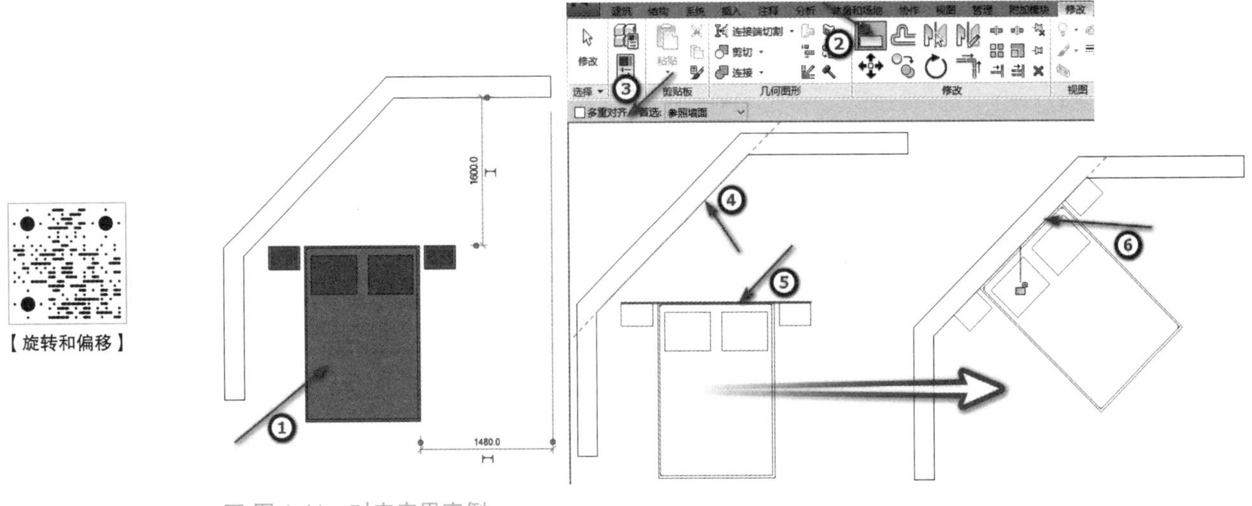

■ 图 1.41　对齐应用实例

按住鼠标左键不放将其拖曳至新的位置，松开鼠标左键可设置旋转中心的位置。然后单击以确定起点旋转角边，再单击以确定终点旋转角边，就能确定图元旋转后的位置。在执行旋转命令时，可以选中选项栏中的“复制”选项，以在旋转时创建所选图元的副本，而在原来位置上保留原始对象，如图 1.42 所示。

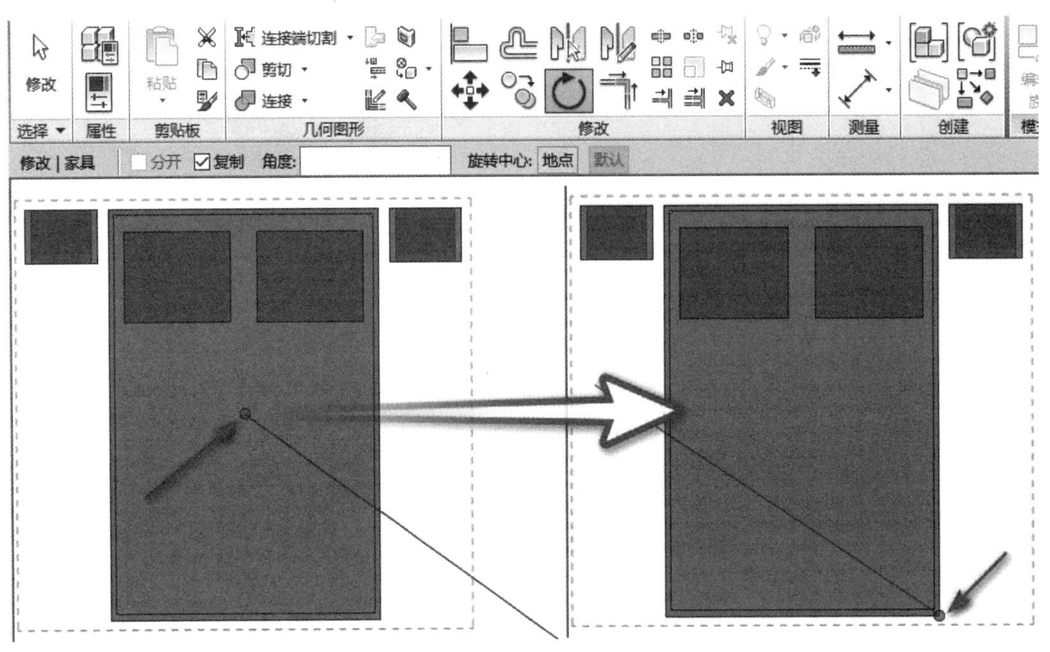

■ 图 1.42　旋转中心调整

小贴士

旋转命令的默认快捷键为 RO 键。

6. 偏移

使用偏移工具可以对所选择的模型线、详图线、墙或梁等图元进行复制或在与其长度垂直的方向移动指定的距离。可以在选项栏中指定拖曳图形方式或输入距离数值方式来偏移图元。不选中复制时，生成偏移后的图元时将删除原图元（相当于移动图元）。

小贴士

偏移命令的默认快捷键为 OF 键。

7. 镜像

“镜像”工具使用一条线作为镜像轴，对所选模型图元执行镜像（反转其位置）。确定镜像轴时，既可以拾取已有图元作为镜像轴，也可以绘制临时轴。“镜像拾取轴”即在拾取已有对称轴线后，可以得到与“原像”轴对称的“镜像”；而“镜像绘制轴”则需要自己绘制对称轴。通过选项栏，可以确定“镜像”操作时是否需要复制原对象。

8. 修剪和延伸

修剪和延伸共有三个工具，从左至右分别为“修剪 / 延伸为角”“单个图元修剪”和“多个图元修剪”，如图 1.43 所示。

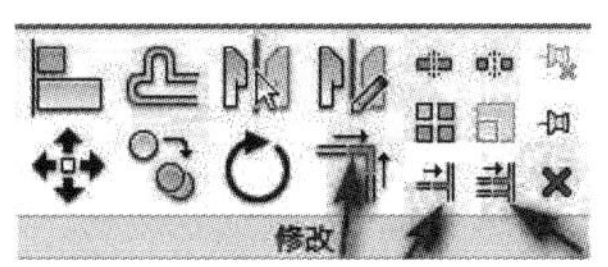

■ 图 1.43　修剪和延伸工具

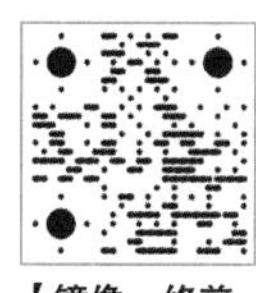

【镜像、修剪、拆分、删除、缩放】

小贴士 ▶▶▶

修剪 / 延伸为角命令的默认快捷键为 TR 键。

使用“修剪”和“延伸”工具时必须先选择修剪或延伸的目标位置，再选择要修剪或延伸的对象，如图 1.44 所示。对于多个图元修剪工具，可以在选择目标后，多次选择要修改的图元，这些图元都将延伸至所选择的目标位置。可以将这些工具用于墙、线、梁或支撑等图元的编辑。对于 MEP 中的管线，也可以使用这些工具进行编辑和修改。

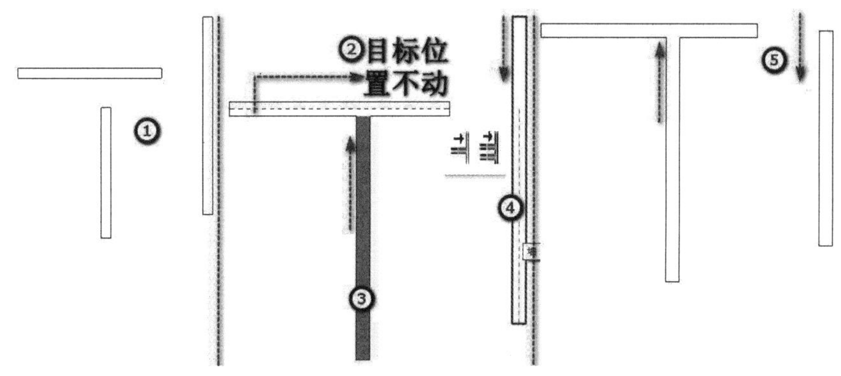

■ 图 1.44　修剪和延伸工具的应用实例

特别提示 ▶▶▶

在修剪或延伸编辑时，鼠标单击拾取图元的位置将被保留。

9. 拆分

拆分工具有两种使用方法：拆分图元和用间隙拆分。通过“拆分”工具，可将图元分割为两个单独的部分，可删除两个点之间的线段，也可在两面墙之间创建定义的间隙。

10. 删除

删除工具可将选定图元从绘图中删除，与用 Delete 键直接删除效果相同。

小贴士 ▶▶▶

删除命令的默认快捷键为 DE 键。

11. 缩放

以墙体缩放为例，选择墙体，单击“缩放”工具，选项栏如图 1.45 所示。有两种缩放方式：一种为“图形方式”，单击整道墙体的起点、终点，以此来作为缩放的参照距离，再单击墙体新的起点、终点，确认缩放后的大小和距离；另一种为“数值方式”，直接输入缩放比例数值，按 Enter 键确认即可。

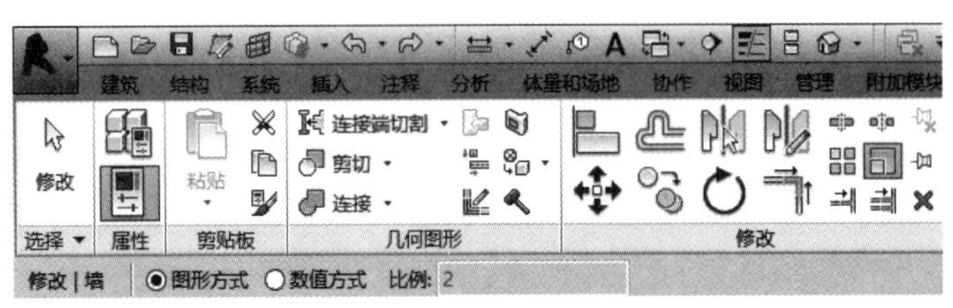

图 1.45　激活“缩放”命令时的选项栏

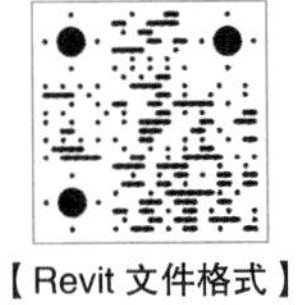
【Revit 文件格式】

第五节　Revit 文件格式

一、四种基本文件格式

（1）“.rte”格式:Revit 的项目样板文件格式，包含项目单位、标注样式、文字样式、线型、线宽、线样式、导入 / 导出设置等内容。为规范设计和避免重复设置，对 Revit 自带的项目样板文件根据用户自身的需求、内部标准先行设置，并保存成项目样板文件，便于用户新建项目文件时选用。

（2）“.rvt”格式：Revit 生成的项目文件格式，包含项目所有的建筑模型、注释、视图、图纸等项目内容。通常基于项目样板文件（“.rte”文件）创建项目文件，编辑完成后保存为“.rvt”文件，作为设计所用的项目文件。

（3）“.rft”格式：Revit 可载入族的样板文件格式。创建不同类别的族要选择不同的族样板文件。比如建一个门的族要使用“公制门”族样板文件，这个“公制门”的族样板文件是基于墙的，因为门构件必须安装在墙中。

（4）“.rfa”格式：Revit 可载入族的文件格式。用户可以根据项目需要创建自己的常用族文件，以便随时在项目中调用。Revit 在默认情况下提供了族库，里面有常用的族文件。当然，用户也可以根据需要自己建族，同样也可以调用网络中共享的各类型族文件。

特别提示 ▶▶▶

这四类文件不能通过更改扩展名来更改文件类型。要在理解文件具体类型的层面上，通过相应操作来得到需要的文件。

二、支持的其他文件格式

在项目设计和管理时用户经常会使用多种设计和管理工具来实现自己的意图，为了实现多软件环境的协同工作，Revit 提供了“导入”“链接”“导出”工具，可以支持“.dwg”“.fbx”“.dwf”“.ifc”“.gbxml”等多种文件格式。用户可以依据需要进行有选择的导入和导出。

通过本章的学习，读者基本了解了 Revit 软件的基本知识，为后续的专项考点学习做好了充分的准备，接着我们就开始学习专项考点——族的相关知识。

CHAPTER 2

族

思维导图

- 专项考点一 族
  - 第一节 族
    - 一、族的概念
      - 族的类别
      - 创建族的要素
        - （1）创建族（主要指标准构件族的创建）的流程
        - （2）族的创建要素
    - 二、族样板的选择
      - 1.定义
      - 2.族样板的内容
        - （1）预设参照平面和参照标高
        - （2）族类别和族参数
        - （3）预设构件和相关尺寸参数
        - （4）提示内容
    - 三、三维族的创建
      - 1.选择各种三维模型族样板可以创建各类建筑模型族
      - 2.创建三维模型族
        - （1）拉伸
        - （2）融合
        - （3）旋转
        - （4）放样
        - （5）放样融合
      - 3.创建空心形状
      - 4.实心形状的剪切
      - 5.空心形状的剪切
  - 第二节 经典真题解析
    - 第二期全国BIM技能等级考试一级试题第四题“百叶窗”
    - 第十期全国BIM技能等级考试一级试题第四题“陶立克柱”
    - 第十二期全国BIM技能等级考试一级试题第二题“斜拉桥”
    - 第十三期全国BIM技能等级考试一级试题第二题“纪念碑”
    - 第十五期全国BIM技能等级考试一级试题第二题“栏杆扶手”
  - 第三节 真题实战演练
    - 第一期全国BIM技能等级考试一级试题第四题“双扇窗”
    - 第四期全国BIM技能等级考试一级试题第四题“栏杆”
    - 第五期全国BIM技能等级考试一级试题第四题“椅子”
    - 第六期全国BIM技能等级考试一级试题第三题“螺母”
    - 第七期全国BIM技能等级考试一级试题第三题“榫卯结构”
    - 第八期全国BIM技能等级考试一级试题第四题“U形墩柱”
    - 第九期全国BIM技能等级考试一级试题第四题“直角支吊架”
    - 第十期全国BIM技能等级考试一级试题第二题“台阶”
    - 第十一期全国BIM技能等级考试一级试题第三题“鸟居”
    - 第十二期全国BIM技能等级考试一级试题第一题“台阶”
    - 第十三期全国BIM技能等级考试一级试题第一题“砌块”
    - 第十四期全国BIM技能等级考试一级试题第一题“六边形门洞”
    - 第十四期全国BIM技能等级考试一级试题第二题“桥墩”
    - 第十六期全国BIM技能等级考试一级试题第二题“园林木桥”

全国 BIM 技能等级考试一级考试中，专项考点——族的创建是必考内容，根据最近几期的真题来看，往往考两个题目，第一个题目占 10 分，第二个题目占 20 分。

专项考点数据统计

专项考点族数据统计表

期 数	题目	题目数量	难易程度	备注
第一期	第四题“双扇窗”	1	中等	参数化驱动
第二期	第四题“百叶窗”	1	困难	参数化驱动、嵌套族等均进行了考察
第三期	第四题“柱顶饰条”	1	简单	内建族
第四期	第四题“栏杆”	1	简单	
第五期	第四题“椅子”	1	困难	题量很大，细节很多
第六期	第三题“螺母”	1	简单	
第七期	第三题“榫卯结构”	1	简单	
第八期	第四题“U 形墩柱”	1	中等	技巧很多，重点考察放样工具
第九期	第四题“直角支吊架”	1	中等	重点考察放样工具
第十期	第二题“台阶”	2	简单	
	第四题“陶立克柱”		中等	重点考察旋转工具
第十一期	第三题“鸟居”	1	简单	
第十二期	第一题“台阶”	2	困难	识图是关键，重点考察旋转和放样工具
	第二题“斜拉桥”		困难	识图是关键，需了解桥梁基本知识
第十三期	第一题“砌块”	2	中等	
	第二题“纪念碑”		中等	
第十四期	第一题“六边形门洞”	2	中等	
	第二题“桥墩”		中等	
第十五期	第二题“栏杆扶手”	1	困难	与第一题“无障碍坡道”进行关联
第十六期	第二题“园林木桥”	1	困难	

说明：16 期考试中，专项考点族的题目共有 20 道，每期必考 1～2 道题，出题概率为 100%，故掌握专项考点族对于通过考试十分关键。

通过本专项的学习，掌握拉伸、融合、旋转、放样、放样融合的创建与修改。

第一节　族

一、族的概念

Revit 族是具有相同类型属性的集合，是构成 Revit 项目的基本元素，用于组成建筑模型构件，如墙、柱、门窗，以及注释、标题栏等都是通过族实现的。同时，族是参数信息的载体，每个族图元能够定义多种类型，每种类型可以具有不同的尺寸、形状、材质设置或其他参数变量。例如，"桌子"作为一个族可以有不同的材质和尺寸。

1. 族的类别

族的类别如图 2.1 所示。

图 2.1　族的类别

2. 创建族的流程和要素

（1）创建族（标准构件族）的流程：选择好族样板后，进入族编辑器创建基本形状，设置族参数，对族进行管理并根据需要运用到项目中。

（2）创建族的要素包括：族样板、族编辑器、族参数和族文件测试。

【族样板的选择、内容和族类别】

二、族样板的选择

1. 族样板的定义

创建族的第一步便要根据族类型选择族样板文件。族样板类似项目的项目样板，该样板相当于一个构件块，其中包含在开始创建族时及 Revit 在项目中放置族时所需要的信息。族样板文件的扩展名为“.rft”。

Revit 自带族样板十分丰富，因此在选择合适样板时需要考虑其分类、功能、使用方式等属性，如图 2.2 所示，我们可以在里面选择我们需要用的族样板。

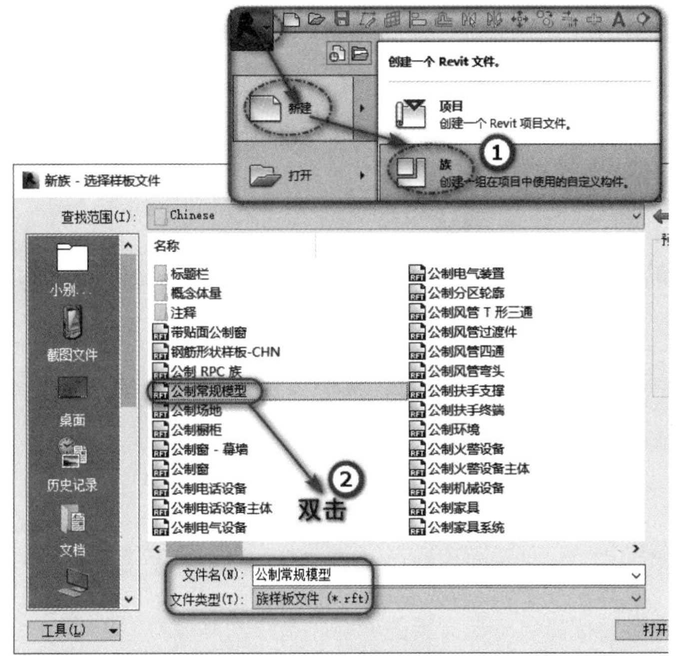

图 2.2　选择“公制常规模型”族样板

2. 族样板的内容

不同的族样板作为不同族的基础，族样板中预定义的默认参数和部分构件具有一定的共性，每个族样板都有默认的“族类别和族参数”，在每一个视图中都有默认的参照平面和参照标高；同时，具有特性的族样板根据自身的不同情况设有“预设构件”和“提示内容”等。例如，门、窗族样板预设了主图图元“墙”，并添加了洞口，同时还预设了门框和窗框及相关参数和尺寸标注，另外注释族里面预设了起提示作用的内容。具体操作步骤如下。

（1）预设参照平面和参照标高。以“公制常规模型”族样板新建族为例。进入 Revit 界面，单击软件左上角“应用程序”菜单→“新建”→“族”选项，选中“公制常规模型”族样板，单击“打开”按钮，如图 2.2 所示。软件自动启动标准族编辑器进入默认视图“参照标高”楼层平面视图，如图 2.3 所示。族插入点就是坐标原点，即中心（前 / 后）和中心（左 / 右）参照平面在编辑器界面（“参照标高”楼层平面视图）中的交点 A 就是族的插入点，通常情况不要去移动和解锁中心（前 / 后）和中心（左 / 右）参照平面。

在族样板中还预设了一些常用的视图，如图 2.4 所示，“项目浏览器”中的“楼层平面”“天花板平面”“三维视图”和“立面（立面 1）”，单击立面视图中的“前”“后”“左”“右”视图可以看见相应的参照平面和参照标高，如图 2.4 所示的前立面视图。

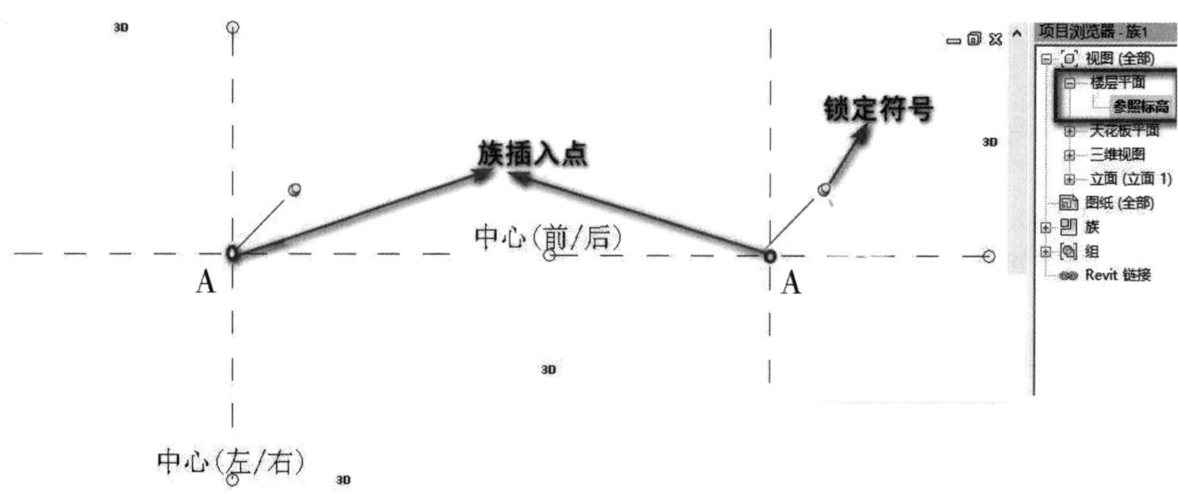

■ 图 2.3 族插入点

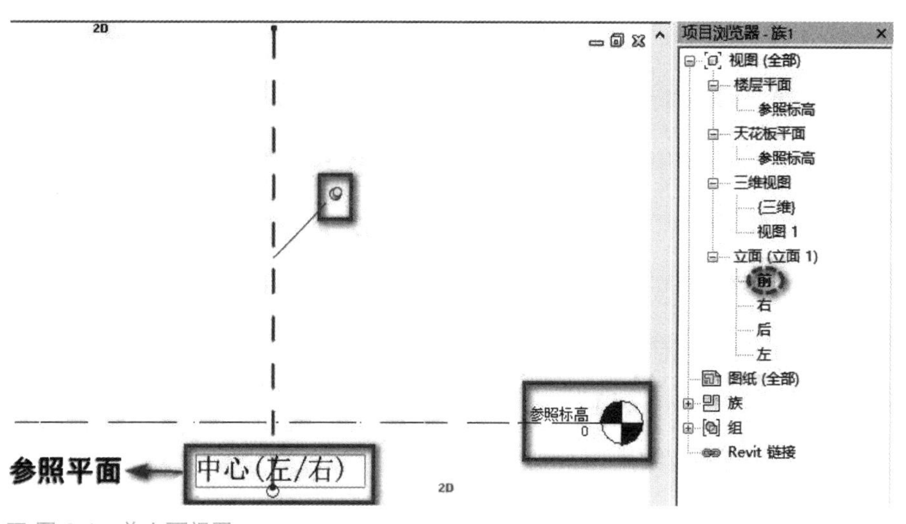

■ 图 2.4 前立面视图

族样板中的参照平面和参照标高用于定义族的原点，是绘制其他参照平面和创建几何模型的重要辅助工具，预设的参照平面都定义了名称和属性。

再学一招 ▶▶▶

① 如果用户想更改族的插入点，可以先选择要设置插入点的参照平面，在“属性”面板中选中“定义原点”复选框，如图 2.5 所示，这个参照平面就成为插入点所在平面。

② 如果用户想更改参照平面的类型，可以选择想要更改类型的参照平面，在“属性”面板中单击“是参照”右侧下拉列表选择相应类别，如图 2.5 所示。

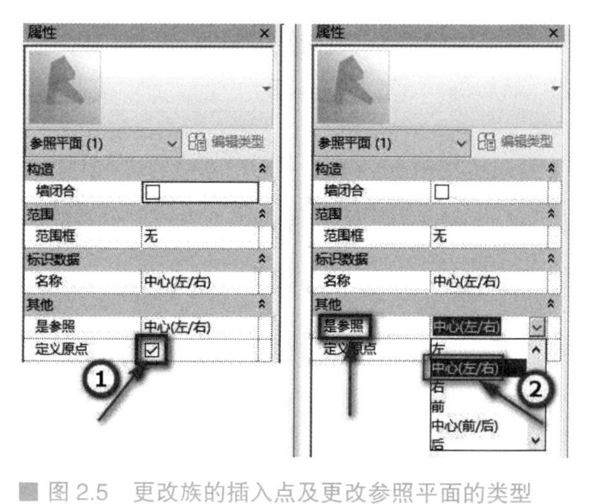

■ 图 2.5 更改族的插入点及更改参照平面的类型

（2）族类别和族参数。族样板都有默认的“族类别和族参数”设置，在新建的族中单击“创建”选项卡→“属性”面板→“族类别和族参数”命令，弹出“族类别和族参数”对话框，如图 2.6 所示，该设置决定了族在项目中的工作特性。

族类别：决定族的类型，不同的“族类别”设置会有不同的默认属性，例如，在对话框“族类别”中分别选择“柱”族和“家具”族，分别单击“确定”按钮后（图 2.6），单击“创建”选项卡→“属性”面板→“属性”按钮，如图 2.7 所示。

族参数：选择不同的“族类别”，其“族参数”也会有不同的显示，同样如图 2.7 所示分别选择“柱”和“家具”族类别，表现在属性中“其他”也是不同的，以“柱”和“家具”族为例，其中部分“族参数”的意义如下。

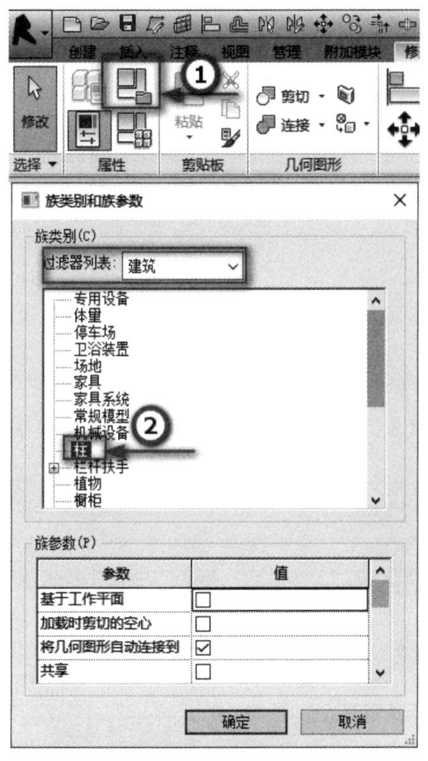

■ 图 2.6 族类别和族参数

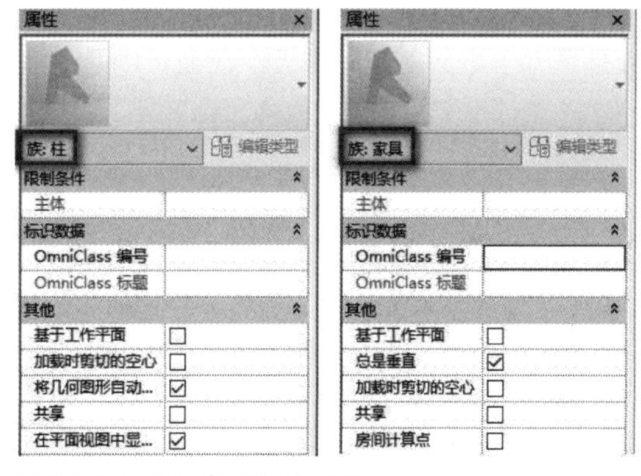

■ 图 2.7 “族类别”的属性

① 基于工作平面：通常不选中。若选中了该项，则该样板创建的族文件只能放置于某个工作平面或者实体表面，而不能单独放置。

② 加载时剪切的空心：若选中了该项，当族导入项目时，带有空心且基于面的实体能显示出被切割的空心部分。

③ 将几何图形自动连接到墙：若选中了该项，当柱族导入项目时会与同其相交的墙自动连接形成一个整体。

④ 共享：若选中了该项，当族作为嵌套族被载入另一个主体族中，这个主体族载入到项目后，嵌套族也能在项目中单独被调用。

⑤ 在平面视图中显示族的预剪切：若选中了该项，在项目平面视图中结构柱可以被剪切；否则，不管平面视图剖切高度如何，结构柱都将以族编辑器平面视图中指定的高度显示。

⑥ 总是垂直：选中该选项时，该族总是显示为垂直（90°），即使该族位于倾斜的主体上，如楼板。

（3）预设构件和相关尺寸参数。有些族样板根据自身族的设计特点，提高设计的效率，会预定义一些通用的基本构件和参数。下面以“公制窗 .rft”族样板为例进行简单讲述。

打开“公制窗.rft”族样板，分别进入“项目浏览器”中的“内部”和“右”立面视图并平铺窗口，从各个视图看“公制窗.rft”族样板，如图2.8所示，不仅设有族样板共有的参照平面和参照标高、默认的族类别和族参数，还添加了通用构件及其相关尺寸参数。

【预设构件和相关尺寸参数】

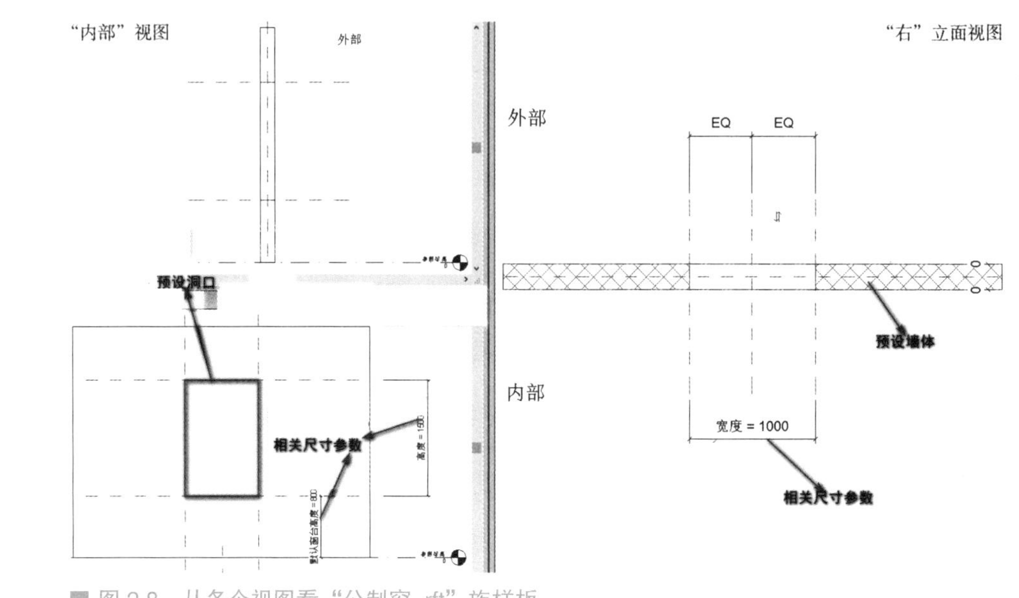

■ 图 2.8　从各个视图看“公制窗.rft”族样板

该样板是“基于墙的”公制样板，在项目中必须放置在墙体上，样板中预设了作为主体图元的墙体，并在墙体上添加了“洞口”，该预设洞口确定窗的形状和位置。

① 板中预设主体墙的厚度为200mm，用户可以通过“属性”对话框→“编辑类型”进行修改，但其厚度并不会影响项目中实际加载墙的厚度。

② 用户如果需要修改墙体上“洞口”的形状，可以选中洞口，单击“修改|洞口剪切”选项卡→“洞口”面板→“编辑草图”按钮进行修改。

③ 相关尺寸参数：用于提高建模效率创建的通用尺寸参数。“公制窗.rft”族样板预设了定义窗的相关尺寸参数，如图2.9所示。

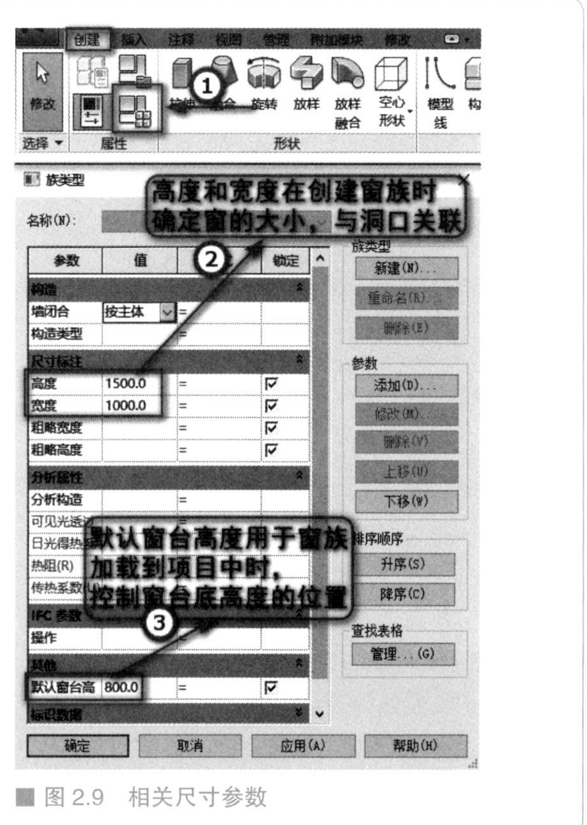

■ 图 2.9　相关尺寸参数

（4）提示内容。注释类族样板一般为了帮助用户了解该样板的基本用法及注意事项，会在绘图区域添加红色的文字提示，创建此类族时可以将提示文字删除。以“公制常规注释.rft”为例显示提示内容，如图 2.10 所示。

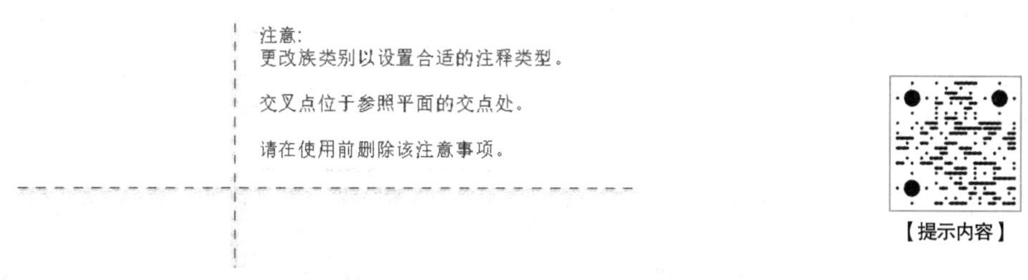

【提示内容】

■ 图 2.10　提示内容

三、三维族的创建

1. 创建建筑模型族

创建模型族的工具主要有两种：①基于二维截面轮廓进行扫掠得到的模型，称为实心模型；②基于已经建立模型的剪切而得到的模型，称为空心形状。

创建实心模型的工具包括拉伸、融合、旋转、放样、放样融合等创建方式；创建空心形状的工具包括空心拉伸、空心融合、空心旋转、空心放样、空心放样融合等创建方式，如图 2.11 所示。

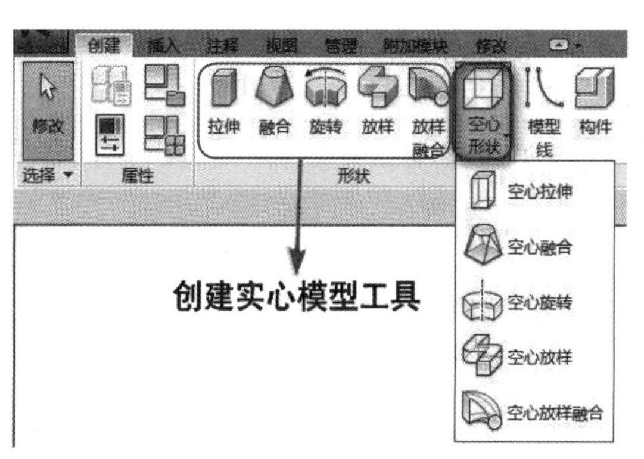

【实心模型与空心形状】

■ 图 2.11　创建实心模型和空心形状的工具

特别提示 ▶▶▶

在三维族编辑器界面中，“形状”面板中工具的特点是，先选择形状的生成方式，再进行绘制；然而在概念体量建模环境中，是先绘制，再“创建形状”。

2. 创建三维模型族

（1）拉伸。

拉伸是最容易创建的形状。拉伸工具是通过绘制一个二维封闭截面（轮廓）沿垂直于截面所在工作平面的方向进行拉伸，精确控制拉伸深度（或者通过“属性”对话框设置拉伸起点和拉伸终点）后得到的拉伸模型。

【创建拉伸模型】

步骤一：打开软件→在应用界面中单击“新建族”按钮→打开“新建 - 选择族样板文件”对话框→选择“公制常规模型.rft”族样板→单击“打开”按钮，进入族编辑器界面，系统默认进入“参照标高”楼层平面视图。

步骤二：单击“创建”选项卡→“形状”面板→“拉伸”按钮，进入“修改 | 创建拉伸”上下文选项卡，

选择“绘制”面板中的“直线”绘制方式，绘制一个二维轮廓，如图 2.12 所示。

步骤三：在选项栏设置“深度”为“1500.0”(或者在“属性”对话框“限制条件”下设置“拉伸起点：0.0；拉伸终点：1500.0”)，单击“模式”面板→“√”按钮完成编辑模式，如图 2.12 所示。

步骤四：在项目浏览器中切换到三维视图，显示三维模型，如图 2.13 所示。

步骤五：创建拉伸后，若发现拉伸厚度不符合要求，可以在“属性”对话框“限制条件”中重新设置“拉伸起点”和“拉伸终点”值，也可以在三维视图中通过选择拉伸模型，然后拖曳造型控制柄来调整其拉伸深度，如图 2.13 所示。

【拉伸和空心拉伸】

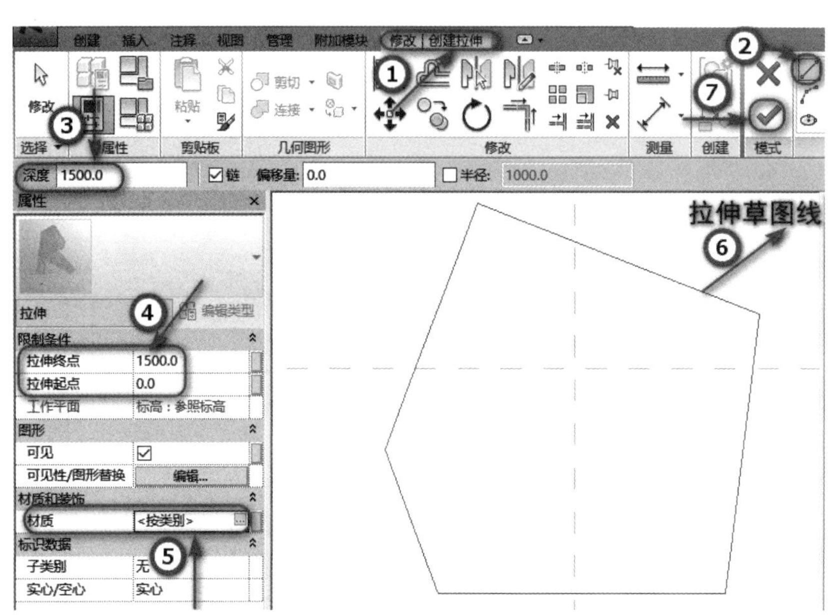

■ 图 2.12　绘制二维轮廓，设置拉伸深度

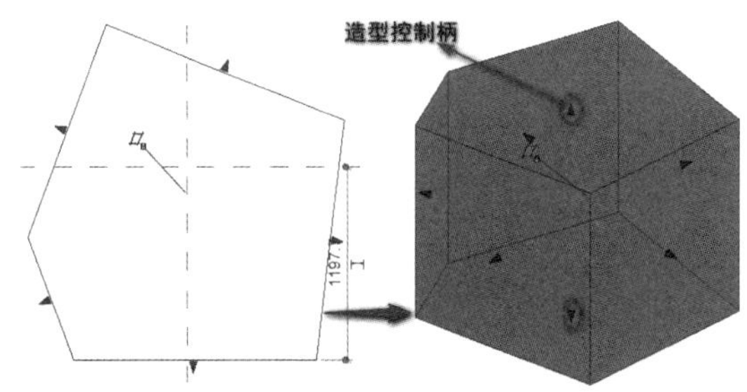

■ 图 2.13　选择拉伸模型，通过拖曳造型控制柄来调整拉伸深度

再学一招 ▶▶▶

创建空心拉伸形状有以下两种方法。

① 与创建实心拉伸模型思路相似，进入族编辑器界面，系统默认进入“参照标高”楼层平面视图；单击“创建”选项卡→“形状”面板→“空心”下拉列表→“空心拉伸”按钮，选择合适的绘制方式绘制二维轮廓，选项栏设置深度值，单击“模式”面板“√”按钮完成编辑模式。

② 先创建实心拉伸模型，选择实心拉伸模型，在“属性”对话框中，将“标识数据”→“实心/空心”下拉列表选项设置为“空心”，如图 2.14 所示。

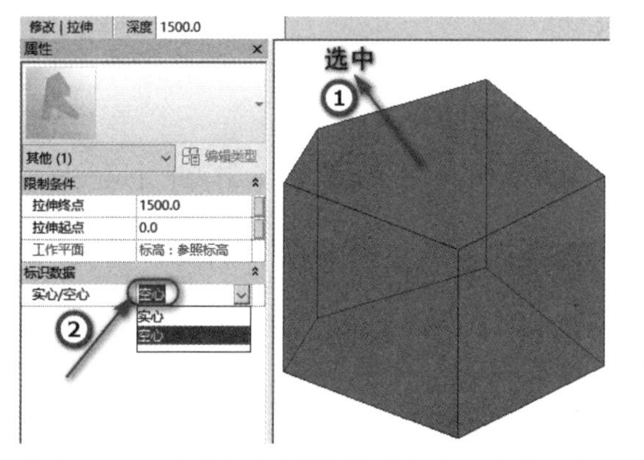

■ 图 2.14　将实心拉伸模型设置为空心拉伸形状

（2）融合。

融合工具适合于在两个平行平面上的形状（实际上也是端面）进行融合建模。融合跟拉伸所不同的是，拉伸的端面是相同的，而且不会扭转；融合的端面可以是不同的，因此创建融合时就要绘制两个截面图形。

【创建融合模型】

步骤一：打开软件→在应用界面中单击“新建族”按钮→打开“新建-选择族样板文件”对话框→选择“公制常规模型.rft”族样板→单击“打开”按钮，进入族编辑器界面，系统默认进入“参照平面”楼层平面视图。

步骤二：单击“创建”选项卡→“形状”面板→“融合”按钮，进入“修改|创建融合”上下文选项卡，选择“绘制”面板中的“矩形”绘制方式绘制一个矩形，如图 2.15 所示。

步骤三：单击“修改|创建融合顶部边界”上下文选项卡→“模式”面板→“编辑顶部”按钮，选择“绘制”面板中的“圆”绘制方式绘制一个圆，如图 2.15 所示。

【融合】

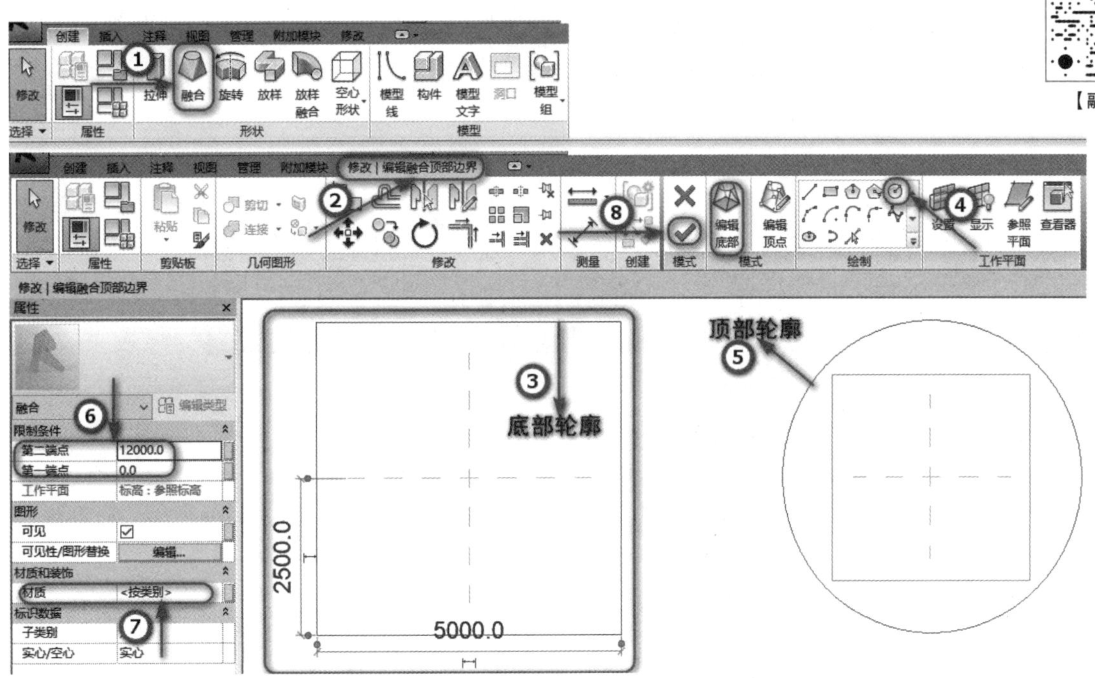

■ 图 2.15　绘制底部矩形和顶部圆，设置融合限制条件

步骤四：在选项栏设置“深度”为“12000.0”（或者在“属性”对话框“限制条件”下设置“第一端点：0.0；第二端点：12000.0”），单击“模式”面板“√”按钮完成编辑模式，如图 2.15 所示。

步骤五：在项目浏览器中切换到三维视图，显示三维模型。创建融合后，可以在三维视图中拖动箭头来改变形体的高度，如图 2.16 所示。

步骤六：从图 2.16 可以看出，矩形的四个角点两两与圆上 2 点融合，没有得到扭曲的效果，需要重新编辑一下圆形截面（默认圆上有 2 个端点），因此需要再添加 2 个新点与矩形一一对应。

步骤七：切换到“参照标高”楼层平面视图，选择融合模型，单击“模式”面板→“编辑顶部”按钮，进入“修改|编辑融合顶部边界”上下文选项卡，单击“修改”面板“拆分图元”按钮，然后在圆上放置四个拆分点，即可将圆拆分成 4 部分，单击“模式”面板“√”按钮完成编辑模式，如图 2.17 所示。

步骤八：在项目浏览器中切换到三维视图，显示三维模型，如图 2.17 所示。

（3）旋转。

旋转工具可以用来创建由一根旋转轴旋转封闭二维轮廓而得到的三维模型。通过设置二维轮廓旋转的起始角度和旋转角度就可以将模型进行旋转了。旋转轴若与二维轮廓相交则产生一个实心三维模型；当旋转轴与二维轮廓相离则产生一个圆环状的三维模型。

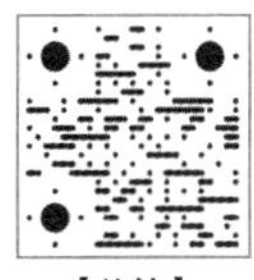
【旋转】

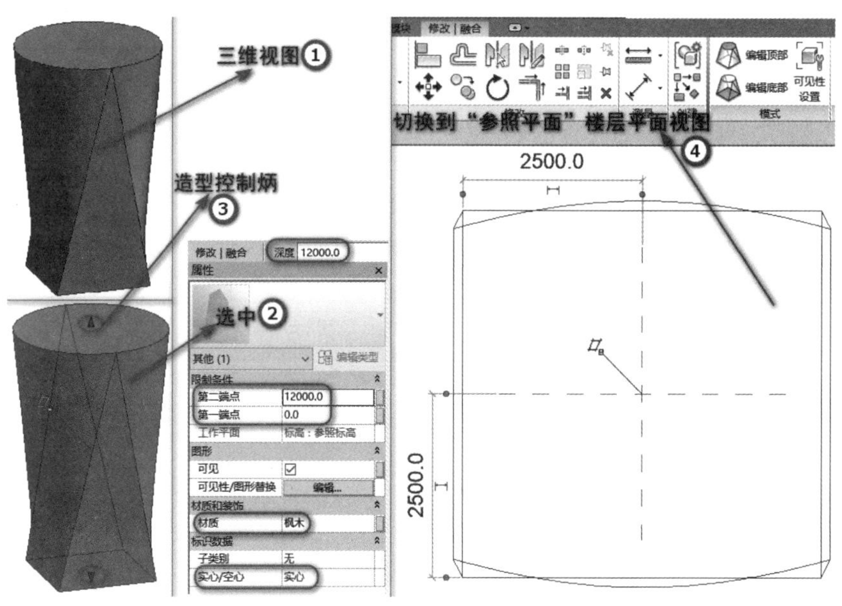

■ 图 2.16 融合模型

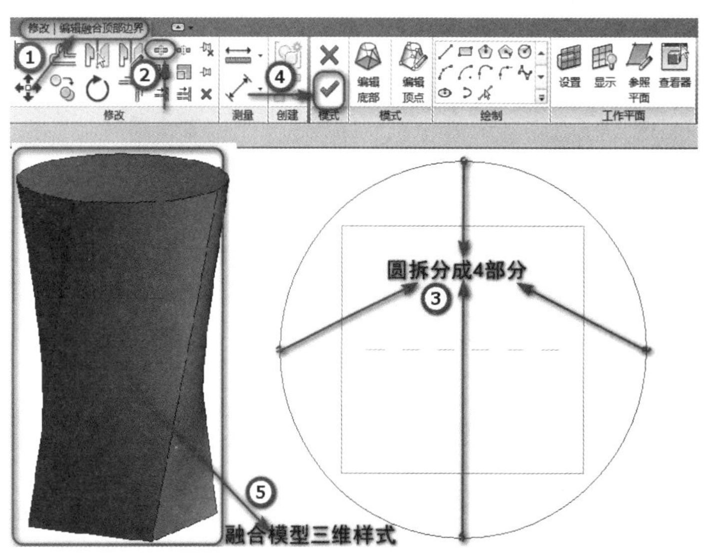

■ 图 2.17 编辑后的融合模型

特别提示 ▶▶▶

二维轮廓必须是封闭的，且必须绘制旋转轴。

【创建旋转模型 1】

步骤一：打开软件→在应用界面中单击“新建”按钮→打开“新族 - 选择族样板文件”对话框→选择“公制常规模型 .rft”族样板→单击“打开”按钮，退出“新族 - 选择族样板文件”对话框，软件自动进入“参照标高”楼层平面视图族编辑器界面。

步骤二：单击“创建”选项卡→“基准”面板→“参照平面”按钮，绘制新的参照平面，如图 2.18 所示。

步骤三：单击“创建”选项卡→“形状”面板→“旋转”按钮，自动切换至“修改 | 创建旋转”上下文选项卡，激活“边界线”按钮，如图 2.18 所示。

步骤四：单击“绘制”面板→“圆”按钮，绘制如图 2.18 所示圆。

步骤五：激活“轴线”按钮，单击“绘制”面板→“直线”按钮，绘制如图 2.18 所示旋转轴。

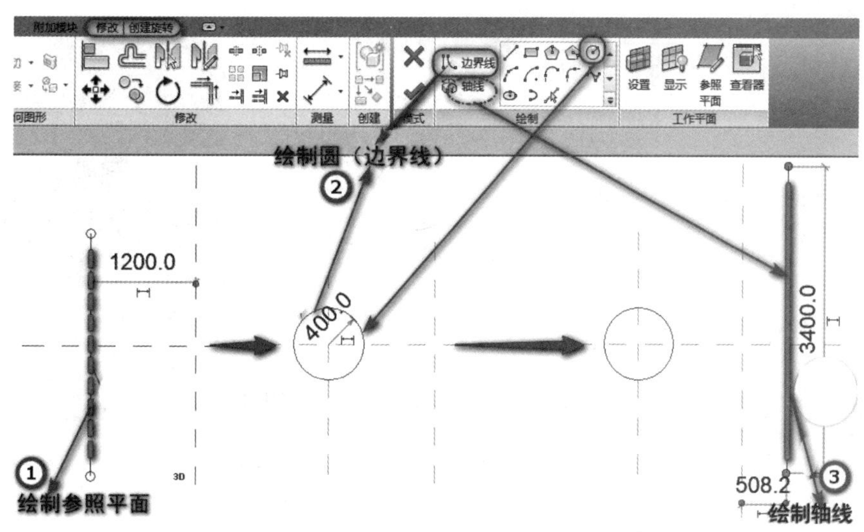

■ 图 2.18　绘制参照平面、边界线和旋转轴

步骤六：单击“模式”面板“√”按钮，完成旋转模型的创建，结果如图 2.19 所示。

【创建旋转模型 2】

步骤一：打开软件→在应用界面中单击“新建”按钮→打开“新族 - 选择族样板文件”对话框→选择“公制常规模型.rft”作为族样板→单击“打开”按钮，退出“新族 - 选择族样板文件”对话框，软件自动进入“参照标高”楼层平面视图族编辑器界面。

步骤二：切换到“前”立面视图，单击“创建”选项卡→“形状”面板→“旋转”按钮，自动切换至“修改 | 创建旋转”上下文选项卡，激活“边界线”按钮。

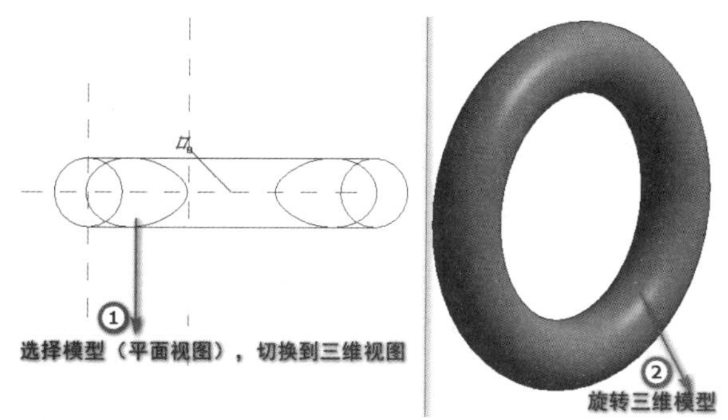

■ 图 2.19　创建的三维旋转模型

步骤三：单击“绘制”面板→“矩形”按钮，绘制如图 2.20 所示矩形。

步骤四：激活“轴线”按钮，单击“绘制”面板→“直线”按钮，绘制如图 2.20 所示旋转轴。单击“模式”面板“√”按钮，完成旋转模型的创建。

步骤五：同样的步骤，让旋转轴与二维轮廓之间有一定距离，单击“模式”面板“√”按钮，完成旋转模型的创建，结果如图 2.21 所示。

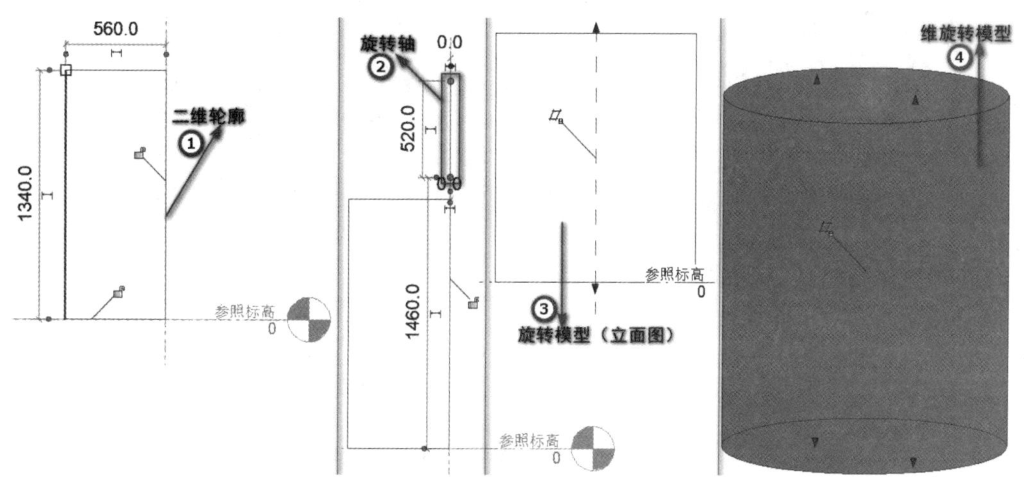

■ 图 2.20　绘制边界线和旋转轴，生成三维旋转模型（二维轮廓与旋转轴之间没有一定的距离）

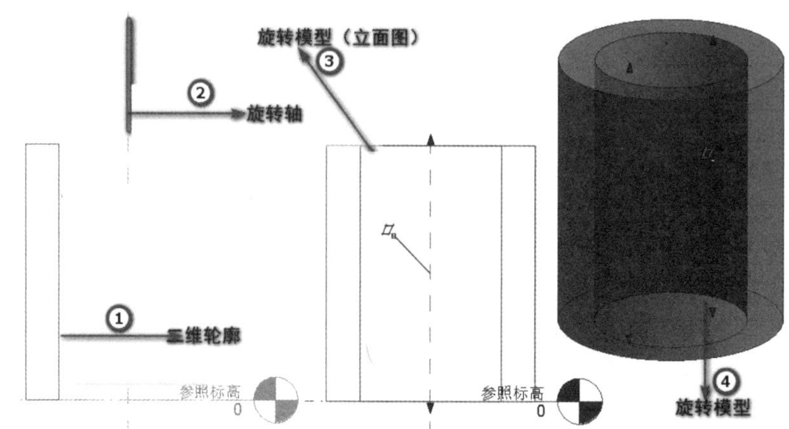

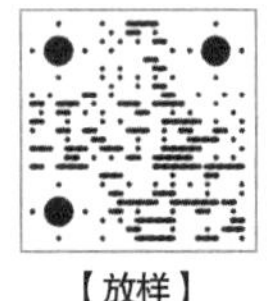
【放样】

■ 图 2.21　绘制边界线和旋转轴，生成三维旋转模型（二维轮廓与旋转轴之间有一定的距离）

（4）放样。

放样工具用于创建需要绘制或者应用轮廓并且沿路径拉伸此轮廓的族。要创建放样三维模型，就需要绘制路径和轮廓。路径可以是开放的或者封闭的，但是轮廓必须是封闭的。

小贴士

轮廓必须在与路径垂直的平面上。

【创建放样模型】

步骤一：打开软件→在应用界面中单击“新建”按钮→打开“新族 - 选择族样板文件”对话框→选择“公制常规模型 .rft”作为族样板→单击“打开”按钮，退出“新族 - 选择族样板文件”对话框，软件自动进入“参照标高”楼层平面视图族编辑器界面。

步骤二：单击“创建”选项卡→“形状”面板→“放样”按钮，自动切换至“修改 | 创建放样”上下文选项卡，如图 2.22 所示。

步骤三：单击“放样”面板中的“绘制路径”按钮，自动切换至“修改 | 放样 > 绘制路径”上下文选项卡，单击“绘制”面板→“样条曲线”按钮绘制路径，软件自动在垂直于路径的一个点上生成一个工作平面，单击“模式”面板“√”按钮，退出路径编辑模式，如图 2.22 所示。

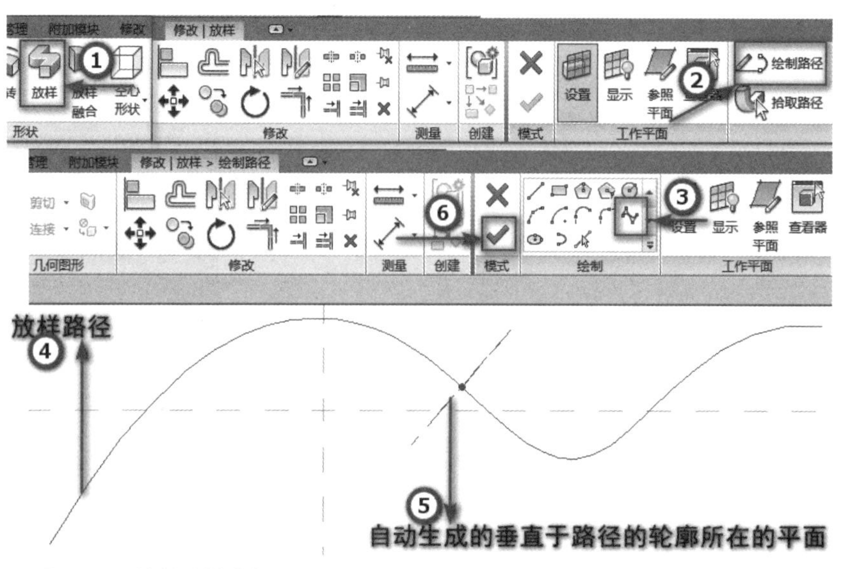

■ 图 2.22　绘制放样路径

步骤四：单击“编辑轮廓”按钮，在弹出的“转到视图”对话框中选择“立面：前”，视图中绘制放样轮廓，然后利用绘制工具绘制放样轮廓，如图 2.23 所示。

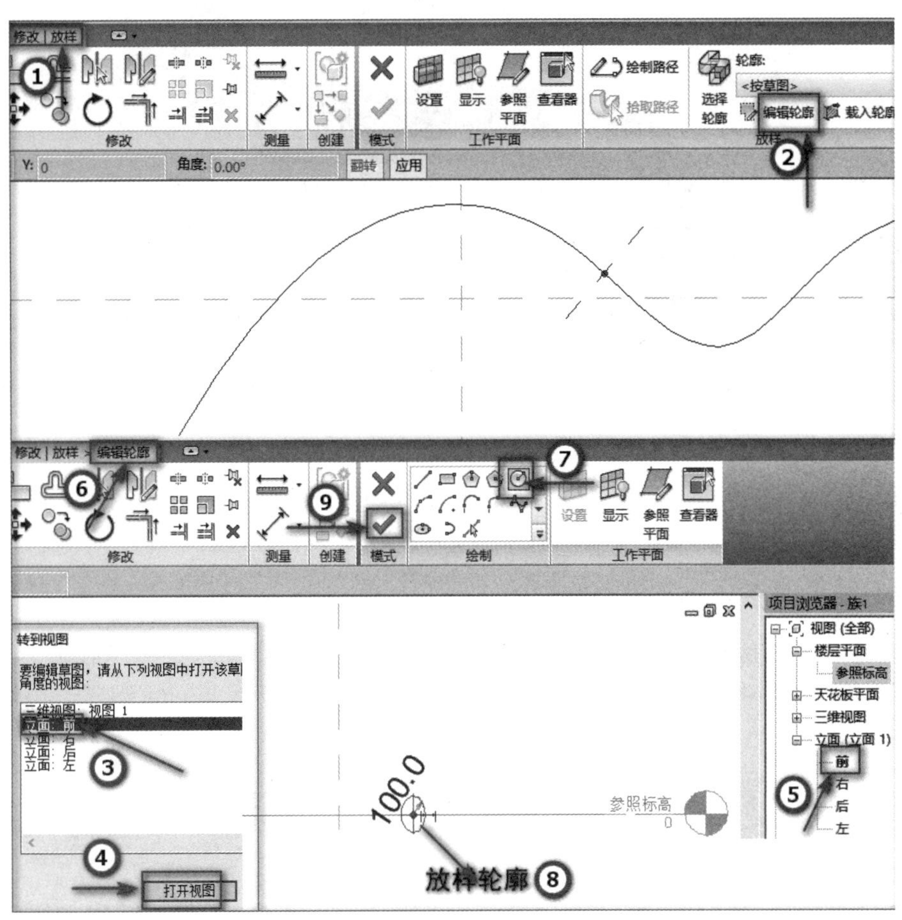

■ 图 2.23　绘制放样轮廓

特别提示 ▶▶▶

这里选择视图是用来观察绘制截面的情况，也可以不选择平面视图来观察。关闭此对话框，可以在项目浏览器中选择三维视图来绘制截面轮廓，如图 2.24 所示。

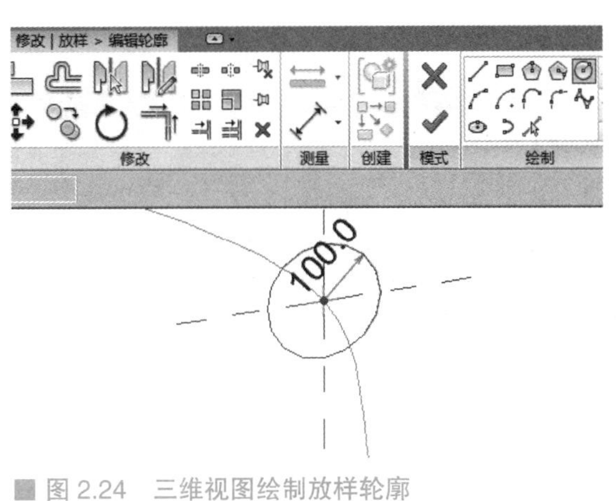

■ 图 2.24　三维视图绘制放样轮廓

步骤五：单击“模式”面板“√”按钮，退出轮廓编辑模式，完成放样模型的创建，结果如图 2.25 所示。

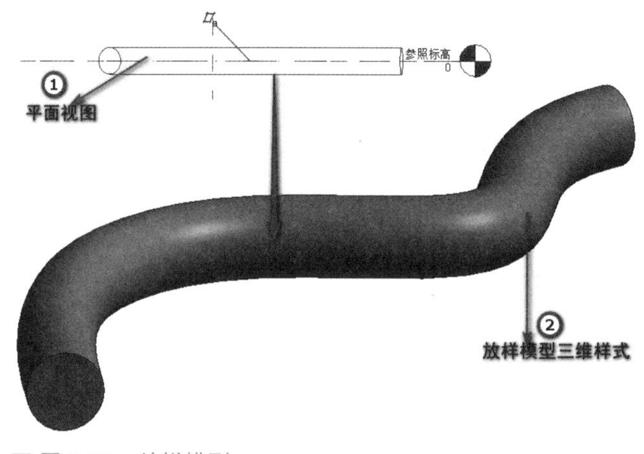

■ 图 2.25　放样模型

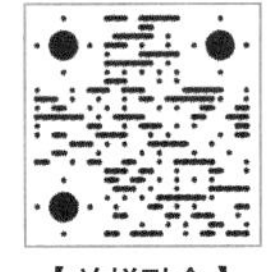

【放样融合】

（5）放样融合。

使用放样融合命令，可以创建具有两个不同轮廓截面的，并沿指定路径进行拉伸的放样融合模型，实际上兼备了放样和融合命令的特性。放样融合的造型由绘制或拾取的二维路径及绘制或载入的两个轮廓确定。

小贴士 ▶▶▶

可以载入之前已经绘制好的轮廓。

【创建放样融合模型】

步骤一：打开软件→在应用界面中单击“新建”按钮→打开“新族 - 选择族样板文件”对话框→选择“公制常规模型 .rft”作为族样板→单击“打开”按钮，退出“新族 - 选择族样板文件”对话框，软件自动进入“参照标高”楼层平面视图族编辑器界面。

步骤二：单击“创建”选项卡→“形状”面板→“放样融合”按钮，自动切换至“修改 | 放样融合”选项卡，如图 2.26 所示。

步骤三：单击“放样融合”面板→“绘制路径”按钮，自动切换至“修改 | 放样融合 > 绘制路径”选项卡，单击“绘制”面板→“样条曲线”绘制方式绘制路径，如图 2.26 所示，软件自动在垂直于路径的起点和终点

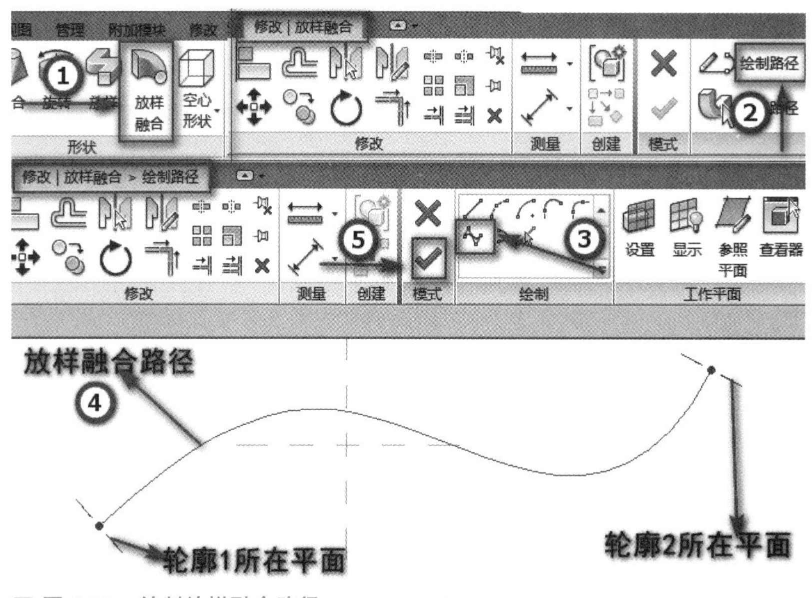

■ 图 2.26　绘制放样融合路径

上各生成一个工作平面，单击“模式”面板“√”按钮，退出路径编辑模式。

步骤四：激活“放样融合”面板→“选择轮廓 1”按钮，单击“编辑轮廓”按钮，在弹出的“转到视图”对话框中选择“三维视图：视图 1”视图中绘制截面轮廓，如图 2.27 所示；激活“放样融合”面板“选择轮廓 2”按钮，单击“编辑轮廓”按钮，在弹出的“转到视图”对话框中选择“三维视图：视图 1”视图中绘制截面轮廓，利用拆分工具将绘制的轮廓 2（圆）拆分成 4 部分，如图 2.28 所示，单击“模式”面板“√”按钮，退出轮廓编辑模式。

步骤五：再次单击“模式”面板→“√”按钮，完成放样融合模型的创建，结果如图 2.29 所示。

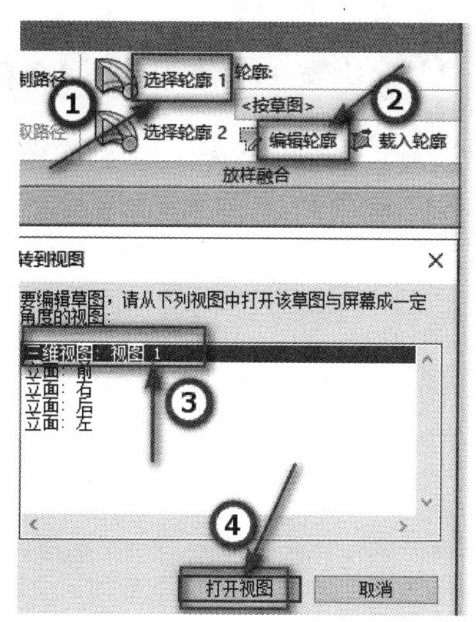

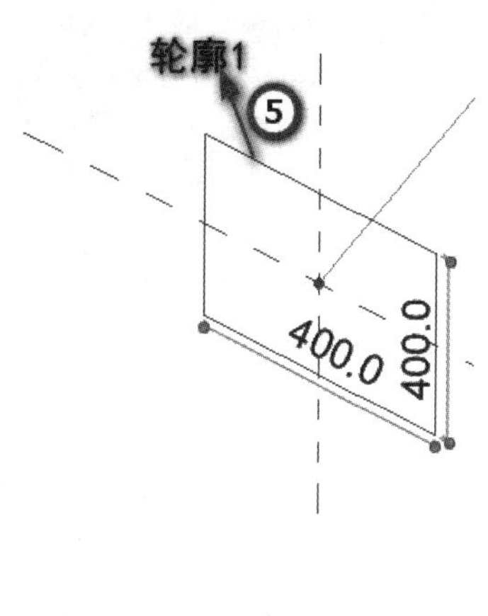

图 2.27 绘制轮廓 1

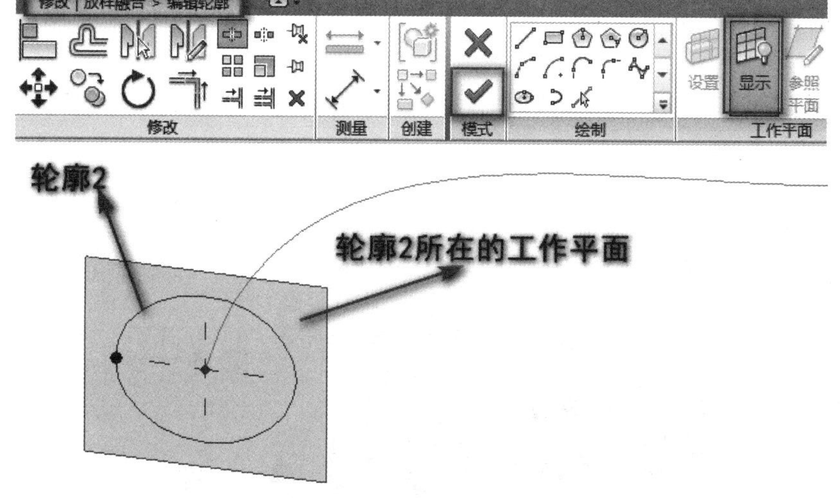

图 2.28 绘制轮廓 2

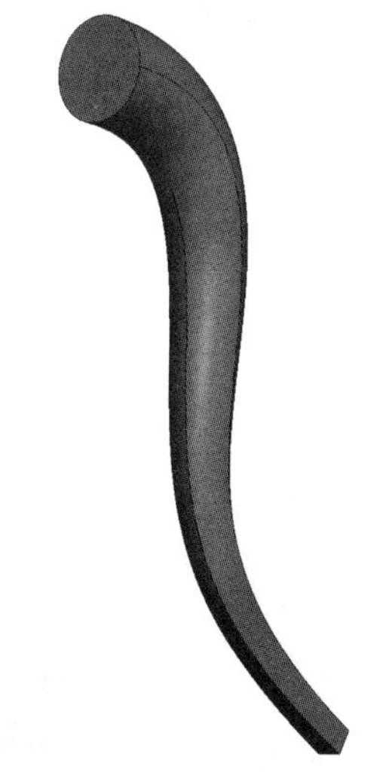

图 2.29 放样融合模型

3. 创建空心形状

空心形状的操作与实心模型的操作是完全相同的。实心和空心形状也可以相互转换，见“再学一招”中创建空心拉伸形状的第二种方法，如图 2.14 所示。

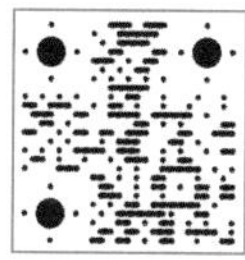

【创建空心形状】

4. 实心形状的剪切

实心形状和实心形状之间可以通过“修改”选项卡→“编辑几何图形”面板→“几何图形”下拉列表中的“连接几何图形”工具来实现连接（即删除重叠区域），如图 2.30 所示；“取消连接几何图形”可以将连接的几何图形分离。

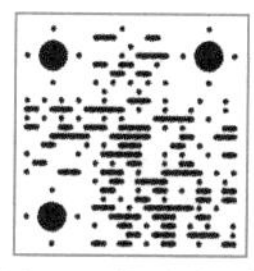

【实心形状的剪切】

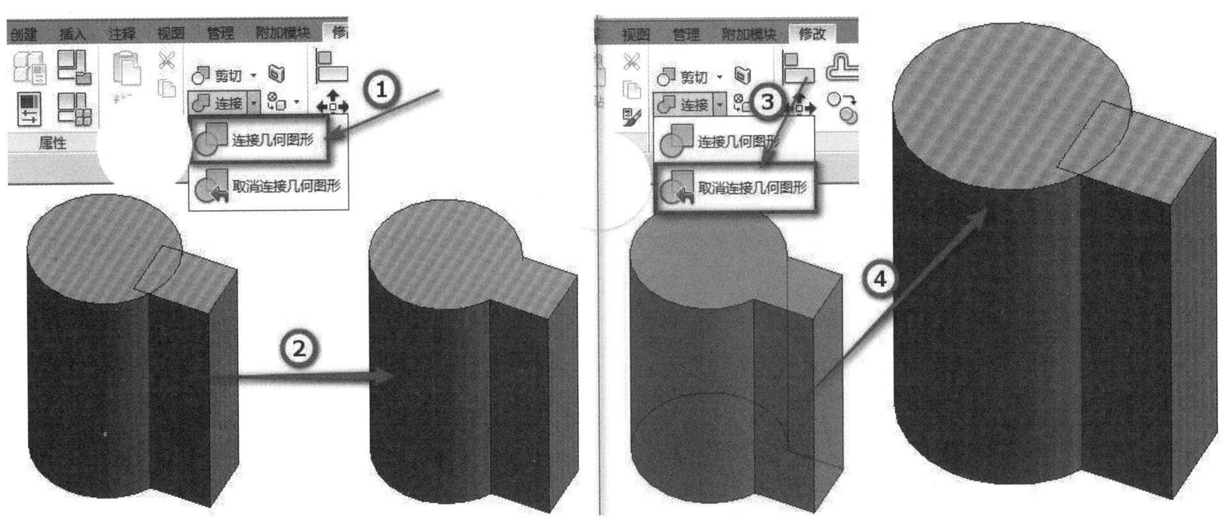

■ 图 2.30 “连接几何图形”及“取消连接几何图形”

5. 空心形状的剪切

不管几何图形是何时创建的，使用“剪切几何图形”工具可以拾取并选择要剪切和不剪切的几何图形。通常以空心形状剪切实心几何图形。

小贴士 ▶▶▶

空心几何图形仅影响现有的几何图形，若需要空心作用于稍后创建的实体上，则需使用“剪切几何图形”工具。

单击“修改”选项卡→“几何图形”面板→“剪切”下拉列表中的“剪切几何图形”按钮，选择所创建的空心几何图形，如图 2.31 所示，此时光标会改变形状。再选择已经创建的实心几何图形，即完成空心形状的剪切。

【空心形状的剪切】

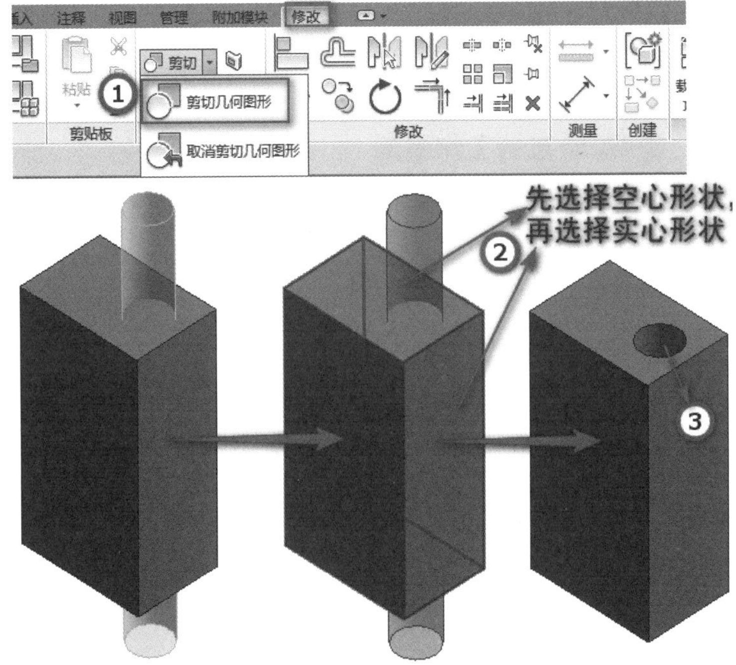

■ 图 2.31 剪切几何图形

第二节 经典真题解析

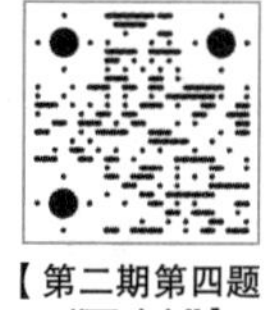

【第二期第四题“百叶窗”】

笔者根据考试经验，结合考试大纲要求，下面通过精选几期考试真题（族）的详细解析来介绍族的建模和解题步骤，希望对广大考生朋友有所帮助。

真题一：第二期全国 BIM 技能等级考试一级试题第四题“百叶窗”

根据给定的尺寸标注建立“百叶窗”构建集。

（1）按图 2.32 中的尺寸建立模型。

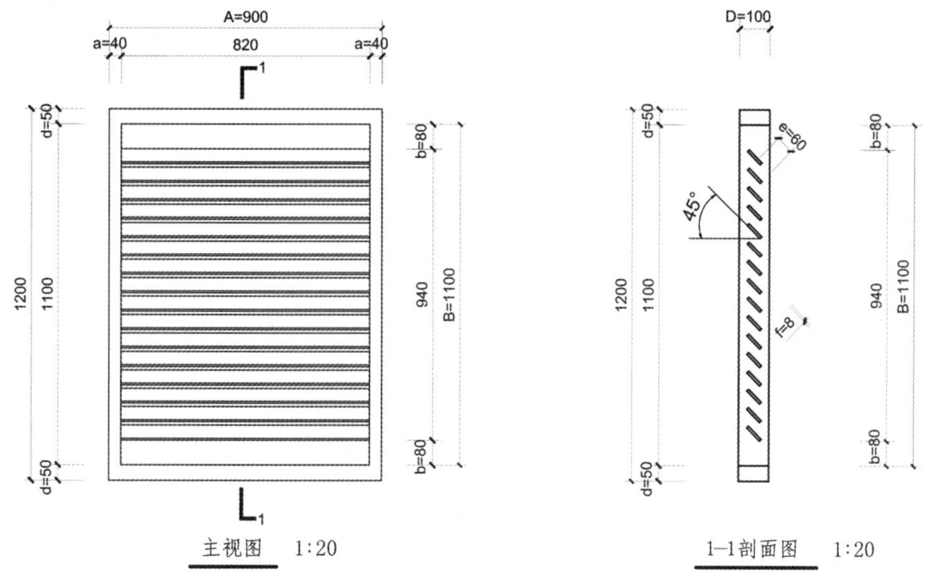

图 2.32 百叶窗

（2）所有参数采用图中参数名称命名，设置为类型参数，扇叶个数可通过参数控制，并对窗框和百叶窗百叶赋予合适材质，请将模型文件以“百叶窗”为文件名保存到考生文件夹中。

（3）将完成的“百叶窗”载入项目中，插入任意墙面中示意。

【建模思路】

本题建模思路如图 2.33 所示。

【建模步骤】

步骤一：打开软件，选择“基于墙的公制常规模型”族样板新建一个族文件，如图 2.34 所示。切换到“后”立面视图，绘制参照平面 1 和 2，并将其“EQ”（均分），对齐尺寸标注参照平面 1 和 2 之间的尺寸。选择尺寸标注，单击选项栏“标签”，在下拉列表中选择“< 添加参数 ...>”按钮，如图 2.35 所示。在弹出的“参数属性”对话框中确定参数类型为“族参数”，在参数数据下“名称”输入“A”，参数分组方式为“尺寸标注”，确定选中“类型”选项，单击“确定”按钮，退出“参数属性”对话框，A 参数即添加完成，如图 2.36 所示。

步骤二：绘制参照平面，进行对齐尺寸标注，同理添加参数“B”“a”“b”“d”“窗台高度”，如图 2.37 所示。

步骤三：单击“属性”面板→“族类型”按钮，弹出“族类型”对话框，修改各个参数数值，单击“确定”按钮，退出“族类型”对话框，如图 2.38 所示。

步骤四：单击“创建”选项卡→“模型”面板→“洞口”按钮，进入“修改 | 创建洞口边界”选项卡，单击“绘制”面板→“矩形”按钮，绘制洞口边界且与参照平面进行锁定，单击“模式”面板“√”按钮，完成洞口的创建，如图 2.39 所示。

- 第二期第四题“百叶窗”建模思路
  - 百叶窗族的创建
    - 选择“基于墙的公制常规模型”族样板新建一个族文件
    - 添加参数“A”“B”“a”“b”“d”“窗台高度”
    - 修改“族类型”对话框中各个参数数值
    - 洞口创建
    - 窗框的创建
      - 可见性设置、材质参数创建、添加参数“D”
      - 在“族类别和族参数”对话框中设置“族类别”为“窗”
  - 百叶的创建
    - 选择“公制常规模型”族样板，进入族编辑器建模环境
    - 添加参数“L”→放样路径的绘制→载入轮廓族→完成放样模型的创建
    - 复制创建新的放样轮廓族“百叶片轮廓”→添加类型参数“e”和“f”
    - 设置百叶的轮廓、可见性；设置百叶片的材质和百叶片的旋转角度
    - 载入到百叶窗族环境
  - 百叶载入百叶窗族环境后的操作
    - 添加“百叶片材质”“L”“e”“f”“百叶片旋转角度”关联性族参数
    - 在“族类型”对话框中，设置“L”参数值
    - 切换至“后”立面视图，将“百叶片”下边缘对齐至参照平面5且进行锁定
    - 切换至“后”立面视图，将“百叶片”左侧边界与参照平面6对齐且进行锁定
    - 切换至“左”立面视图，将“百叶片”对齐至中心（前/后）参照平面且进行锁定
    - 切换至“后”立面视图，以阵列方式创建百叶片，将最上面的一个模型阵列组1的边界与参照平面7对齐且进行锁定
    - “百叶片个数”参数添加，在三维视图中设置窗框和百叶的可见性
    - 绘制符号线，添加“双向水平和双向垂直控件”，以“百叶窗”为族文件名保存在考生文件夹中去
  - 任意绘制一段墙体，将“百叶窗”载入至项目中，放置在墙体上示意，切换到三维视图，查看插入墙体中的百叶窗三维模型

■ 图 2.33　第二期第四题“百叶窗”建模思路

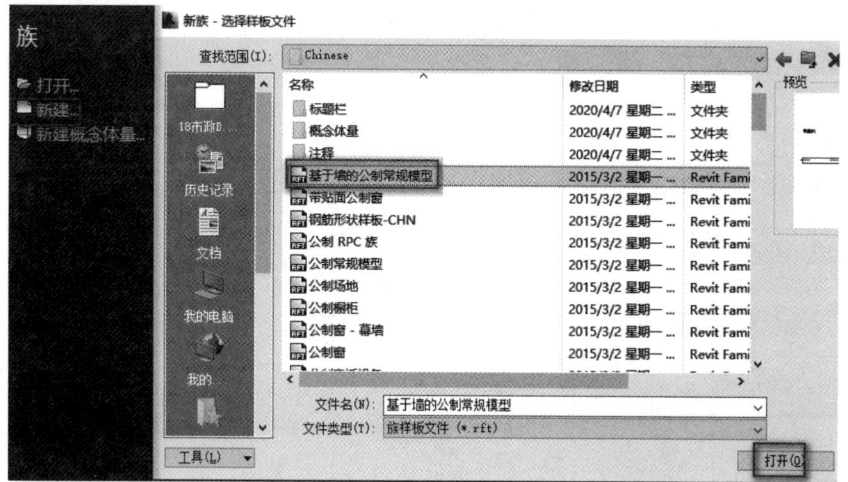

■ 图 2.34　选择族样板新建族文件

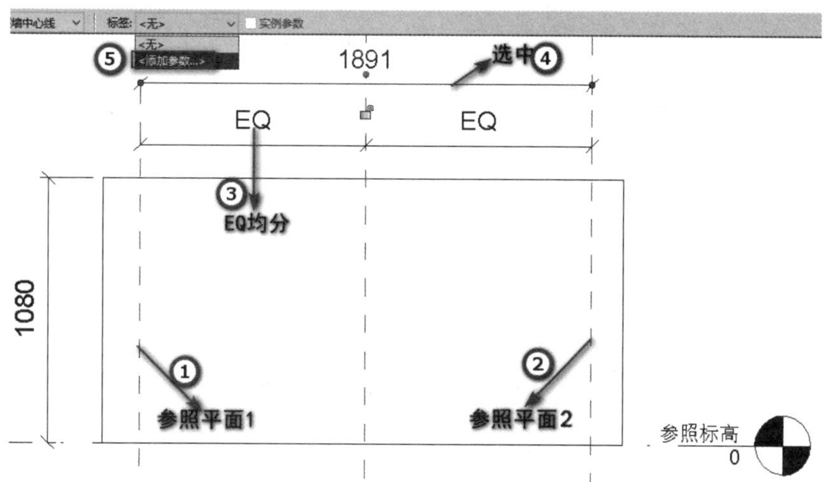

■ 图 2.35　绘制参照平面 1 和 2 并且将其“EQ”（均分）

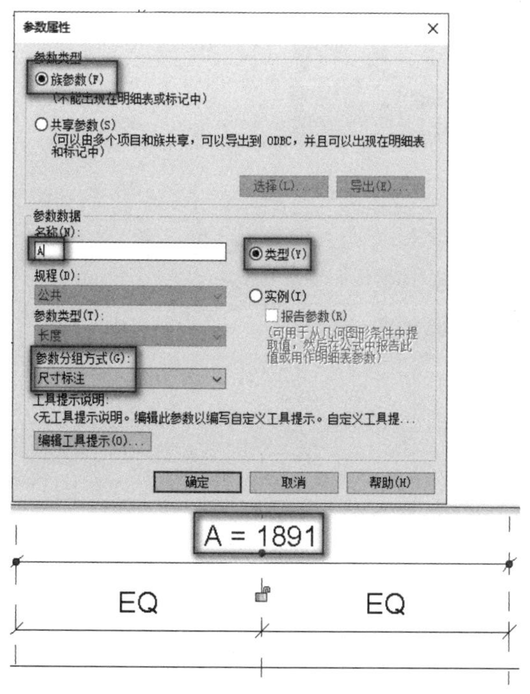

■ 图 2.36　添加参数“A”

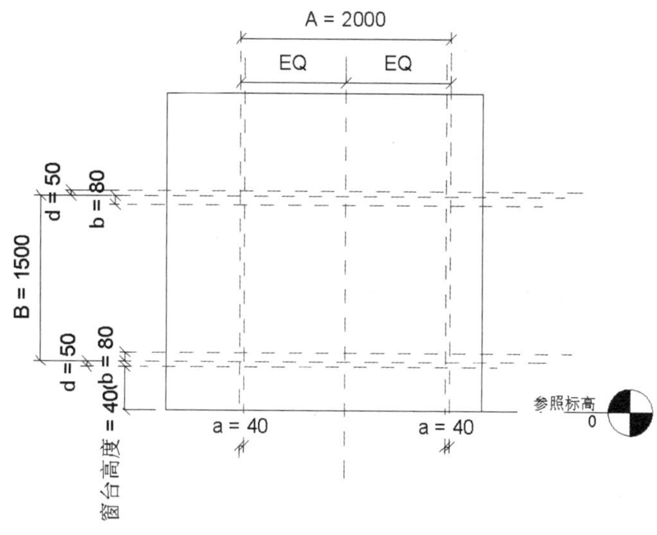

■ 图 2.37　添加参数“B”“a”“b”“d”“窗台高度”

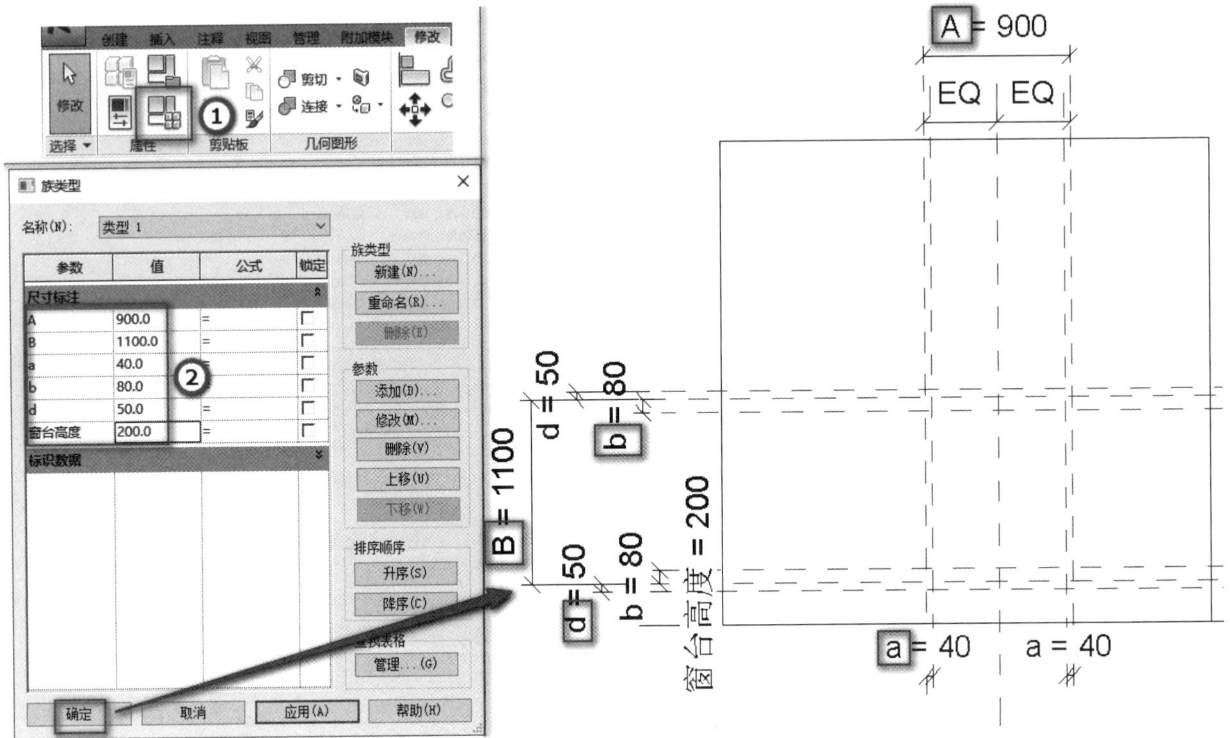

■ 图 2.38　族参数修改

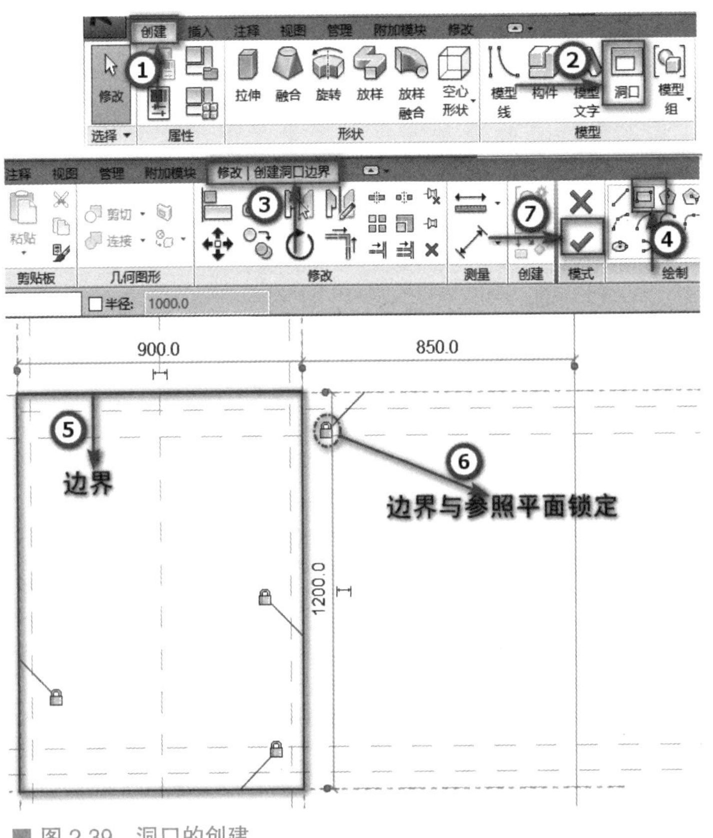

■ 图 2.39　洞口的创建

步骤五：单击“创建”选项卡→“形状”面板→“拉伸”按钮，进入“修改 | 创建拉伸”选项卡，单击“绘制”面板→“矩形”按钮绘制草图，将草图与参照平面进行锁定。单击“模式”面板“√”按钮，完成窗框的创建。当前窗框处于选中状态，单击左侧“属性”对话框“可见性 / 图形替换”右侧编辑按钮，在弹出的“族图元可见性设置”对话框中取消选中“平面 / 天花板平面视图”复选框。单击左侧“属性”对话框“材质和装饰”下“材质”右侧的“关联族参数”按钮，弹出“关联族参数”对话框，单击“添加参数”按钮，弹出“参数属性”对话框，在“参数数据”下“名称”文本框中输入“窗框材质”，连续单击两次“确定”按钮，完成“窗框材质”类型参数的创建，如图 2.40 所示。

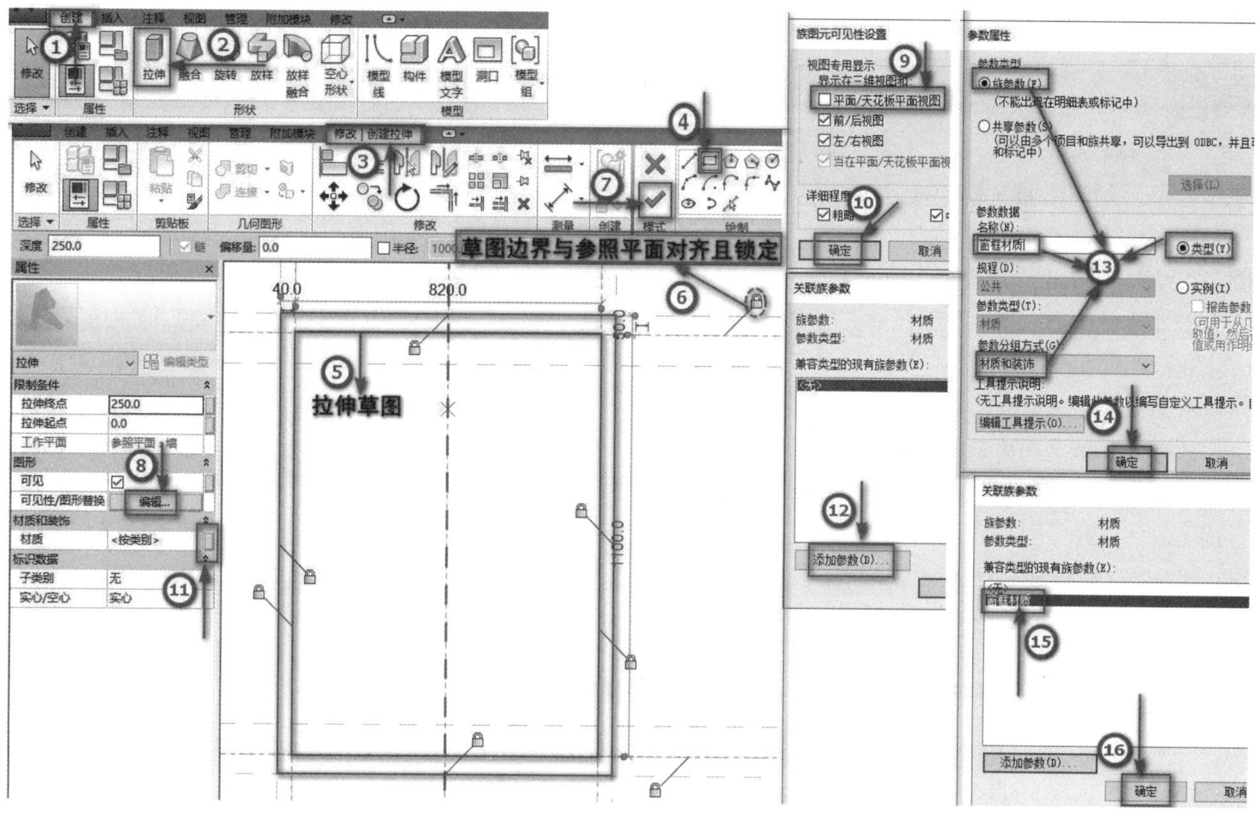

■ 图 2.40　创建窗框和“窗框材质”类型参数的创建

步骤六：单击“族类型”按钮，在弹出的“族类型”对话框中，设置“窗框材质”为“樱桃木”，如图 2.41 所示。

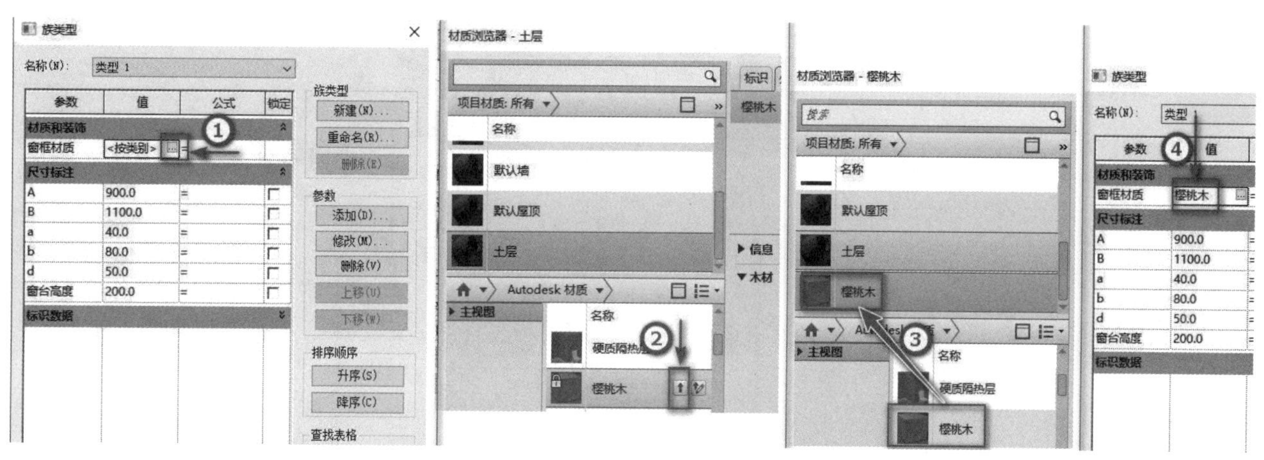

■ 图 2.41　设置“窗框材质”为“樱桃木”

步骤七：切换到“参照标高”楼层平面视图，绘制两个参照平面 3 和 4，并且将其“EQ”（均分）。

> **小贴士** ▶▶▶
>
> 标注时必须通过 Tab 键选择“参照平面：参照平面：墙：参照”，否则无法进行均分。

对齐尺寸标注参照平面 3 和 4 之间的尺寸，选择参照平面 3 和 4 之间的对齐尺寸标注，单击选项栏“标签”，在下拉列表中选择“< 添加参数 ...>”按钮，在弹出的“参数属性”对话框中设置“参数类型”为“族参数”，在“参数数据”下“名称”文本框中输入“D”，“参数分组方式”为“尺寸标注”，选中“类型”选项，单击“确定”按钮，退出“参数属性”对话框，即“D”参数添加完成。选中窗框，显示造型操纵柄，分别单击蓝色箭头“ ”将其拖动至两个刚刚绘制的参照平面上，并且进行锁定，如图 2.42 所示。单击“族类型”按钮，在弹出的“族类型”对话框中设置“D”为“100.0”。

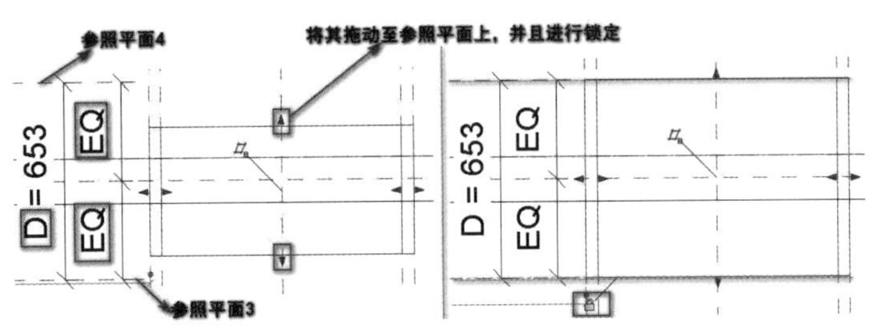

■ 图 2.42　设置窗框厚度参数

步骤八：单击“属性”面板→“族类别和族参数”按钮，弹出“族类别和族参数”对话框，确定“族类别(C)”下“过滤器列表”为“建筑”，在列表中选择“窗”选项，单击“确定”按钮，退出“族类别和族参数”对话框。以“百叶窗”为文件名保存到考生文件夹中。

步骤九：单击“应用程序”菜单→“新建”→“族”选项，选择“公制常规模型”族样板，进入族编辑器建模环境；切换到“参照标高”楼层平面视图，绘制参照平面，对齐尺寸标注，添加参数“L”。单击“创建”选项卡→“形状”面板→“放样”按钮，进入“修改 | 放样”选项卡，单击“放样”面板→“绘制路径”按钮，进入“修改 | 放样 > 绘制路径”选项卡。选择“绘制”面板→“直线”绘制方式绘制路径，单击“模式”面板“√”按钮，完成放样路径的绘制，如图 2.43 所示。

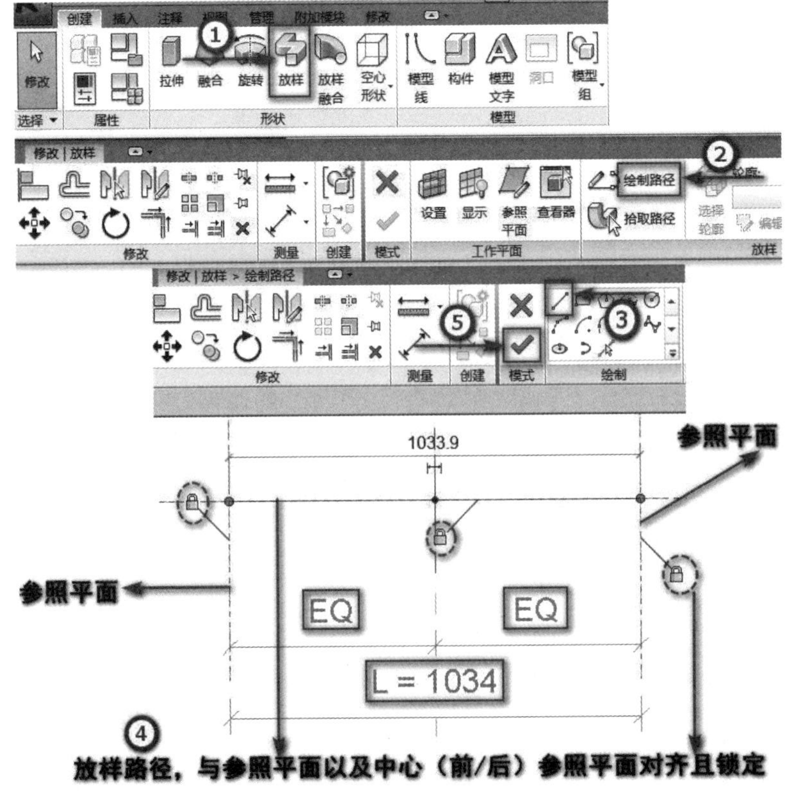

■ 图 2.43　放样路径的绘制

步骤十：单击“放样”面板→“载入轮廓”按钮，按照“轮廓→框架→混凝土→混凝土 - 矩形梁 - 轮廓”顺序载入轮廓族，选择轮廓“混凝土 - 矩形梁 - 轮廓：300×600mm”，单击“模式”面板“√”按钮，完成轮廓族的载入，如图 2.44 所示。

步骤十一：右键选择“项目浏览器→族→轮廓→混凝土 - 矩形梁 - 轮廓→300×600mm”的“类型属性”按钮，弹出“类型属性”对话框，复制并创建新的放样轮廓族“百叶片轮廓”，单击“类型属性”对话框中“尺寸标注”下“b”及“h”后面的“关联性”族参数按钮，添加类型参数“e”和“f”，如图 2.45 所示。

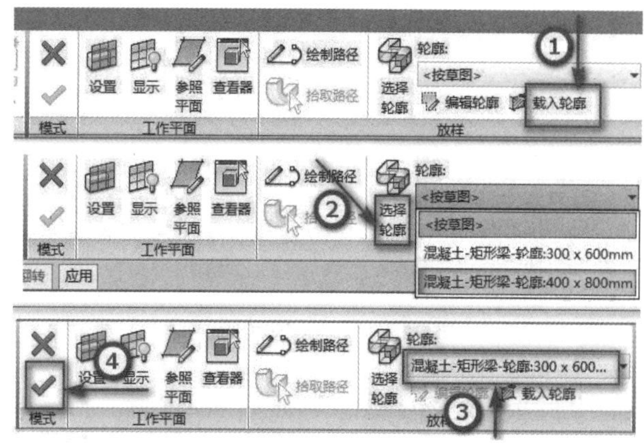

■ 图 2.44　轮廓族的载入

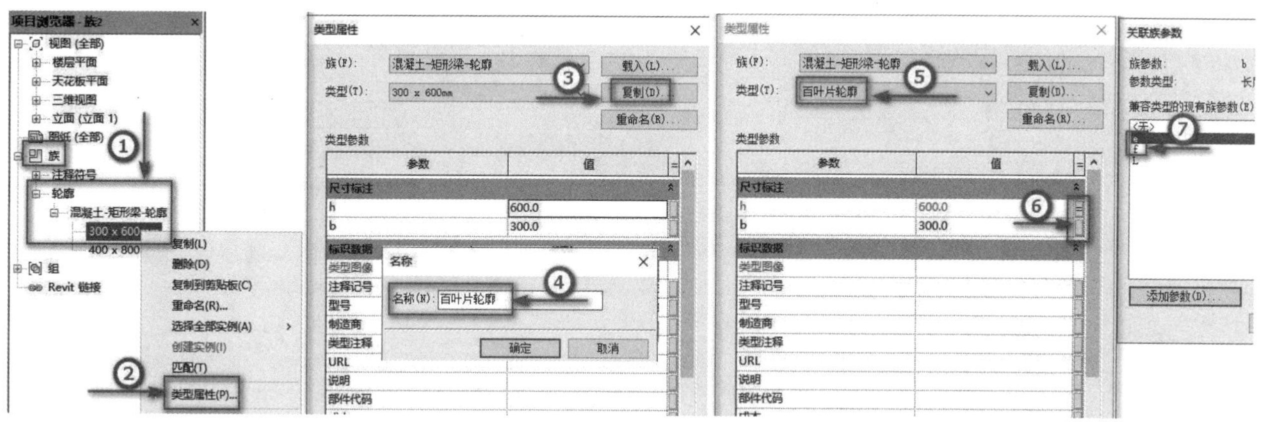

■ 图 2.45　添加类型参数“e”和“f”

步骤十二：切换到“左”立面视图，选择创建的百叶片模型，将左侧“属性”对话框中的“轮廓”设置为“混凝土 - 矩形梁 - 轮廓：百叶片轮廓”。单击“属性”对话框“可见性 / 图形替换”右侧“编辑”按钮，在弹出的“族图元可见性设置”对话框中选中“平面 / 天花板平面视图”复选框，添加“百叶片材质”关联性族参数和“百叶片旋转角度”关联性族参数。单击“族类型”按钮，在弹出的“族类型”对话框中，设置“百叶片材质”为“柚木”，“百叶片旋转角度”为“45.000°”，如图 2.46 所示。以“百叶片”为族文件名保存到考生文件夹中（此步骤可省略）。

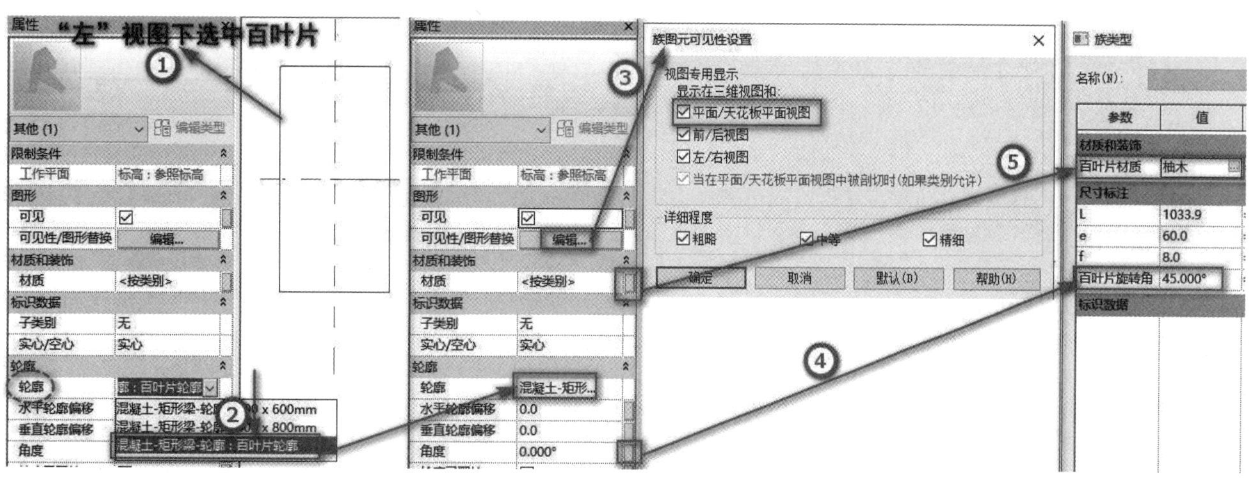

■ 图 2.46　添加“百叶片材质”关联性族参数和“百叶片旋转角度”关联性族参数

步骤十三：切换到“参照标高”楼层平面视图，单击“创建”选项卡→“族编辑器”面板→“载入到项目中”按钮，系统自动将视图切换至“百叶窗”族环境，将“百叶片”放置在“参照标高”楼层平面视图“窗框”旁边，如图 2.47 所示。

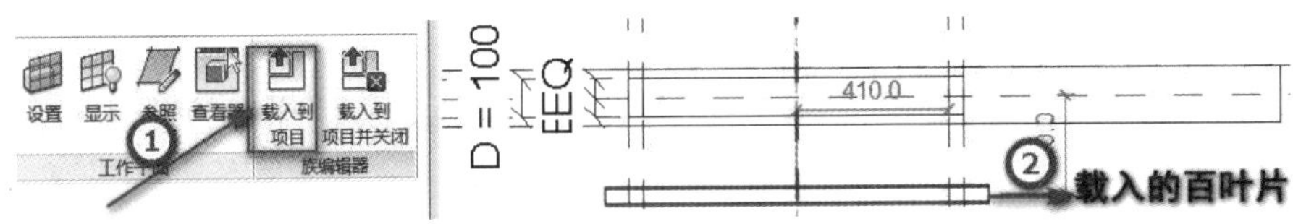

■ 图 2.47　载入百叶片

步骤十四：选中“百叶片”，单击左侧“属性”对话框→“编辑类型”按钮，弹出“类型属性”对话框，添加“百叶片材质”“L”“e”“f”“百叶片旋转角度”关联性族参数，如图 2.48 所示。

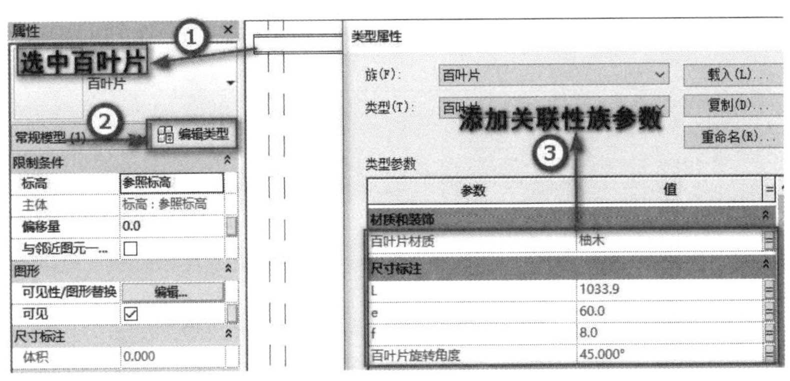

■ 图 2.48　添加关联性族参数

步骤十五：单击“族类型”按钮，在弹出的“族类型”对话框中，设置“L”参数值，如图 2.49 所示。切换至“后”立面视图，单击“修改”面板→“对齐”按钮，将“百叶片”下边缘对齐至参照平面 5 并且进行锁定，同理将“百叶片”左侧边界与参照平面 6 对齐且进行锁定，如图 2.50 所示。

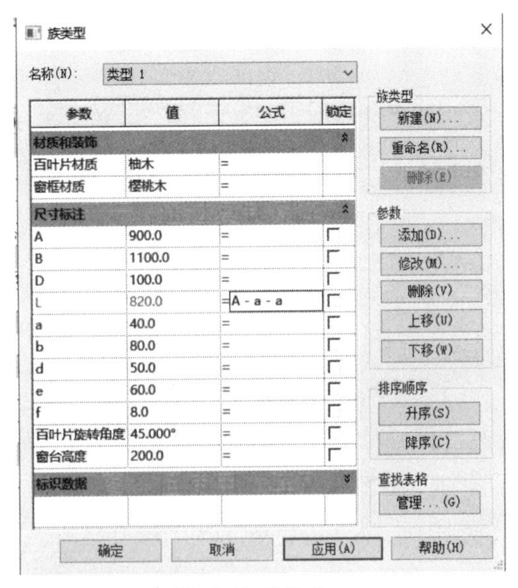

■ 图 2.49　设置“L”参数值

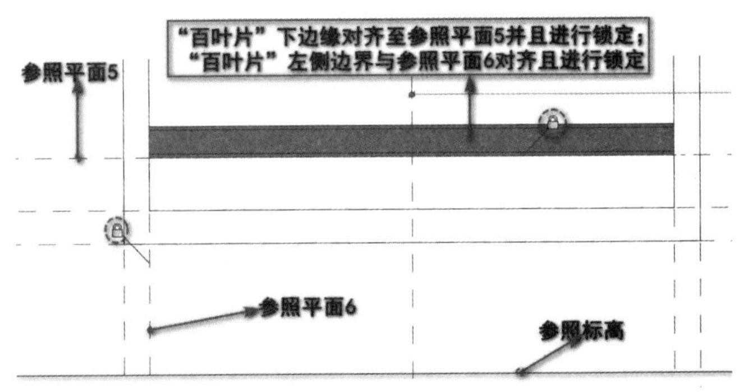

■ 图 2.50　将“百叶片”边界与指定参照平面对齐且进行锁定

步骤十六：切换至“左”立面视图，将“百叶片”对齐至中心（前 / 后）参照平面且进行锁定，如图 2.51 所示。

步骤十七：切换至“后”立面视图，选择“百叶片”，单击“修改”面板→“阵列”按钮，设置选项栏“项目数”为“18”，选中“最后一个”，同时选中“成组并关联”，单击“百叶片”最上边界作为阵列的起点，单击上边的参照平面 7 作为阵列终点，按键盘 Esc 键两次完成阵列。单击“修改”面板→“对齐”按钮，将最上面的一个模型阵列组 1 的边界对齐至参照平面 7 且进行锁定，如图 2.52 所示。

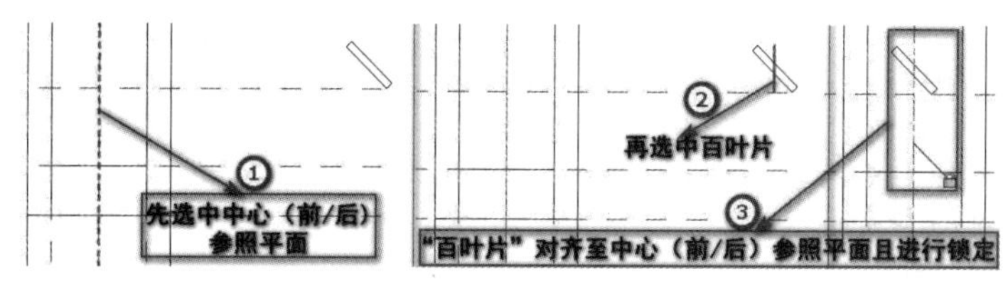

■ 图 2.51　将“百叶片”对齐至中心（前 / 后）参照平面且进行锁定

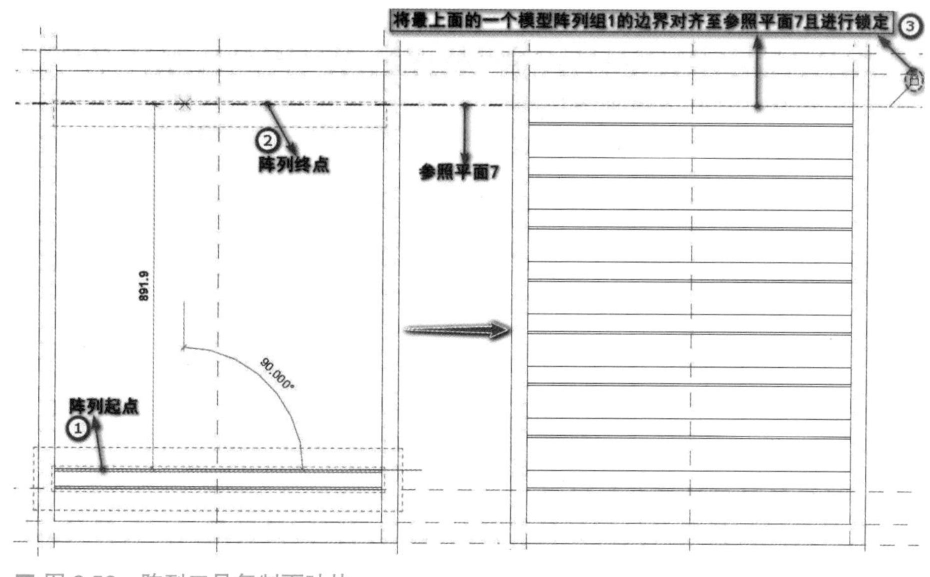

■ 图 2.52　阵列工具复制百叶片

小 贴 士 ▶▶▶

阵列时，由于选中了“成组并关联”选项，系统将阵列出来的模型自动命名为模型组 1。

步骤十八：选择模型组 1，通过键盘 Tab 键选中阵列个数尺寸，单击选项栏“标签”按钮，展开下拉列表，选择“添加参数”选项，弹出“参数属性”对话框，设置“参数类型”为“族参数”，在“参数数据”下“名称”文本框中输入“百叶片个数”，“参数分组方式”为“尺寸标注”，选中“类型”选项，单击“确定”按钮，退出“参数属性”对话框，即“百叶片个数”参数添加完成。单击“族类型”按钮，在弹出的“族类型”对话框中，查看添加的所有参数信息，如图 2.53 所示。

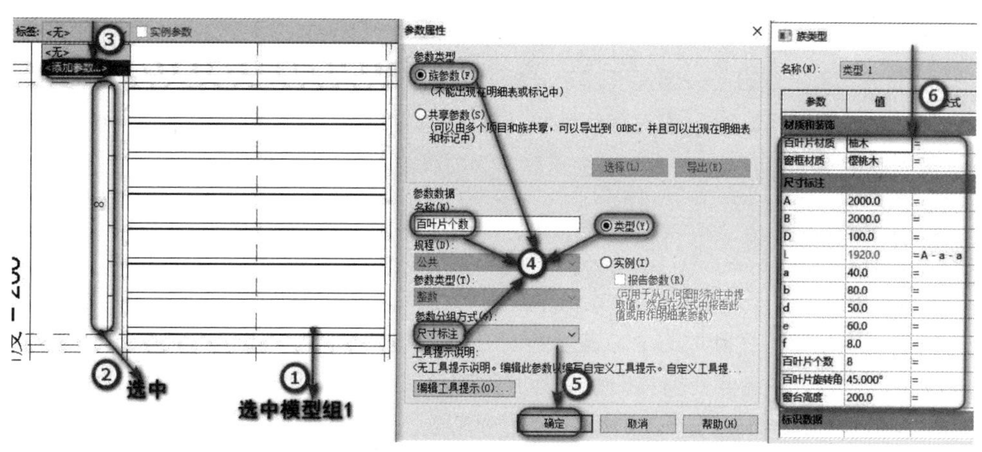

■ 图 2.53　添加“百叶片个数”参数

步骤十九：切换到三维视图，选中“窗框”，单击左侧“属性”对话框→“可见性/图形替换”右侧的“编辑”按钮，弹出“族图元可见性设置”对话框，不选中“平面/天花板平面视图”选项，单击“确定”按钮，退出“族图元可见性设置”对话框。如图2.54所示，选择模型阵列组1，单击“成组”面板→“编辑组”按钮，选择一片百叶片，单击左侧“属性”对话框→“可见性/图形替换”右侧的“编辑”按钮，弹出“族图元可见性设置”对话框，不选中“平面/天花板平面视图”选项，单击“确定”按钮，退出“族图元可见性设置”对话框。最后单击“编辑组”对话框“完成”按钮，退出“编辑组”对话框。

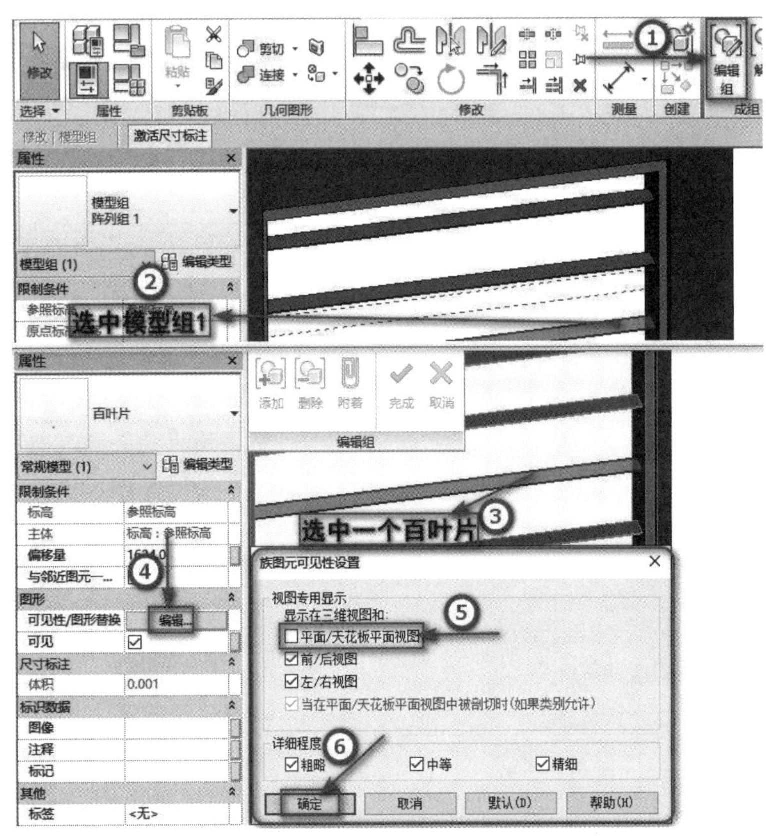

图2.54　设置百叶片、窗框在平面视图中的可见性

步骤二十：切换到“参照标高”楼层平面视图；单击“注释”选项卡→“详图”面板→“符号线”按钮，子类别选择“常规模型[投影]”选项。绘制两根平行于百叶窗宽度方向的符号线，对齐尺寸标注且进行“EQ”（均分），如图2.55所示。

步骤二十一：单击“控件”面板→“控件”按钮，添加“双向水平和双向垂直控件”，如图2.56所示。以“百叶窗”为族文件名保存在考生文件夹中。

步骤二十二：单击“新建按钮”→选择“建筑样板”选项，新建一个项目。切换到“标高1”楼层平面视图，任意绘制一段墙体，将“百叶窗”载入至项目中，放置在墙体上示意。切换到三维视图，查看插入墙体中的百叶窗三维模型，如图2.57所示。以“百叶窗示意”为文件名保存到考生文件夹中。

至此，本题建模结束。

【本题小结】

①正确选择合适的族样板；②注意正确识图，准确设置相关尺寸；③百叶窗与一般窗户在构造上不同，窗百叶片比较多，同时本题要求对百叶片的个数进行参数控制；④所有参数设置为类型参数（注意与实例参数的区别），对尺寸标注添加参数，需要使用“标签”添加参数；⑤窗框和百叶片通过实心拉伸创建；⑥绘制拉伸轮廓时注意与参照平面的锁定，同时又需要注意不要过度约束，避免出错；⑦本题创建过程中应该灵活应用参照平面、锁定、均分（EQ）等工具。

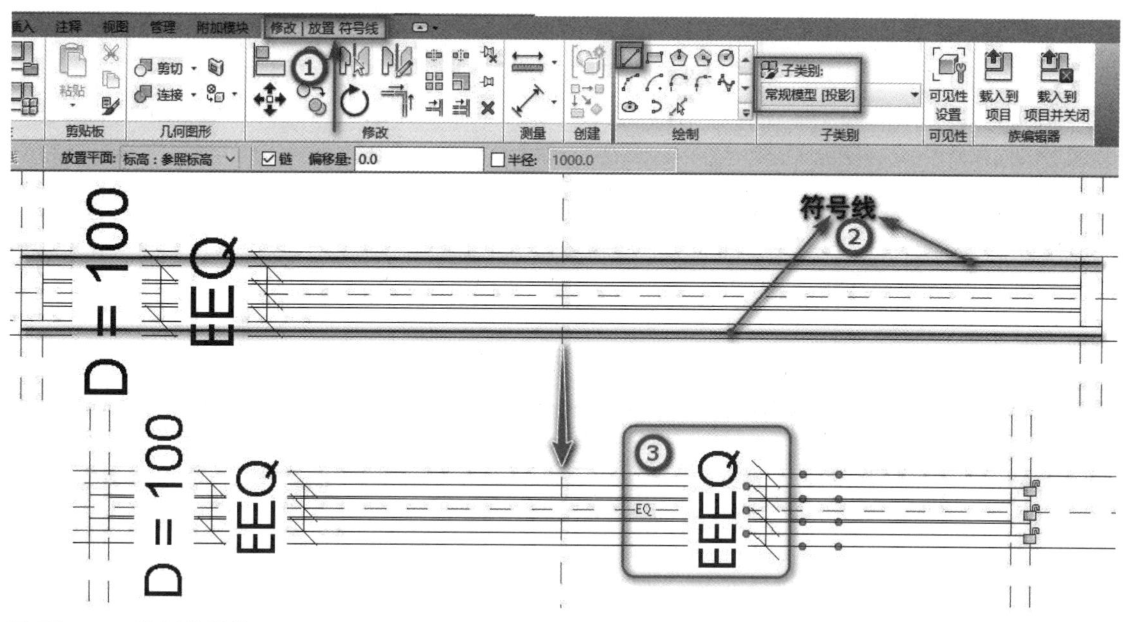

■ 图 2.55　绘制符号线

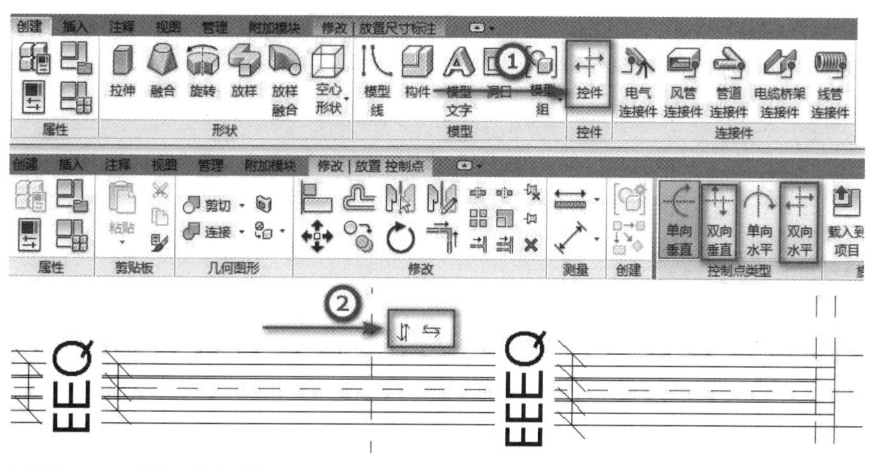

■ 图 2.56　添加“控件”

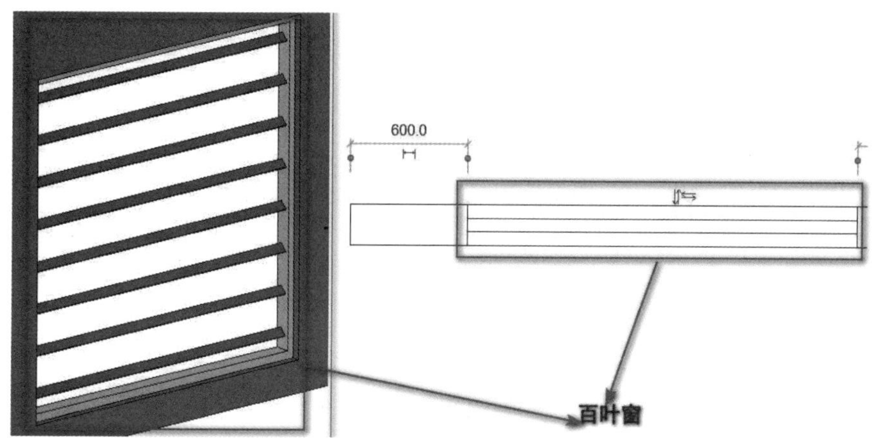

■ 图 2.57　将“百叶窗”载入至项目中

真题二：第十期全国 BIM 技能等级考试一级试题第四题“陶立克柱”

根据图 2.58 给定尺寸，用构建集形式建立陶立克柱的实体模型，并以“陶立克柱”为文件名保存到考生文件夹中。

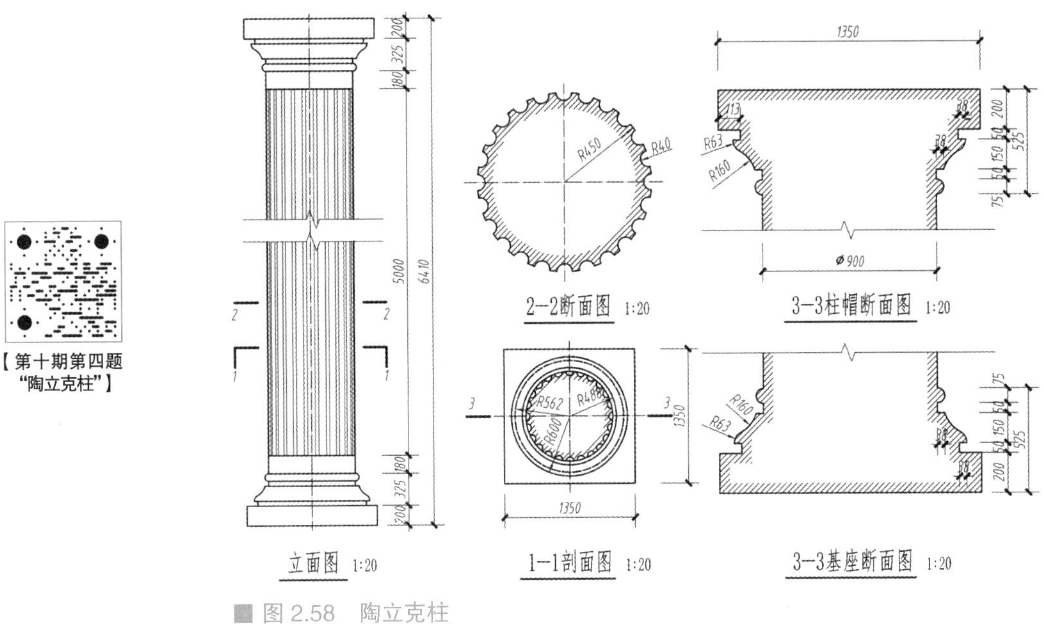

■ 图 2.58　陶立克柱

【建模思路】

本题建模思路如图 2.59 所示。

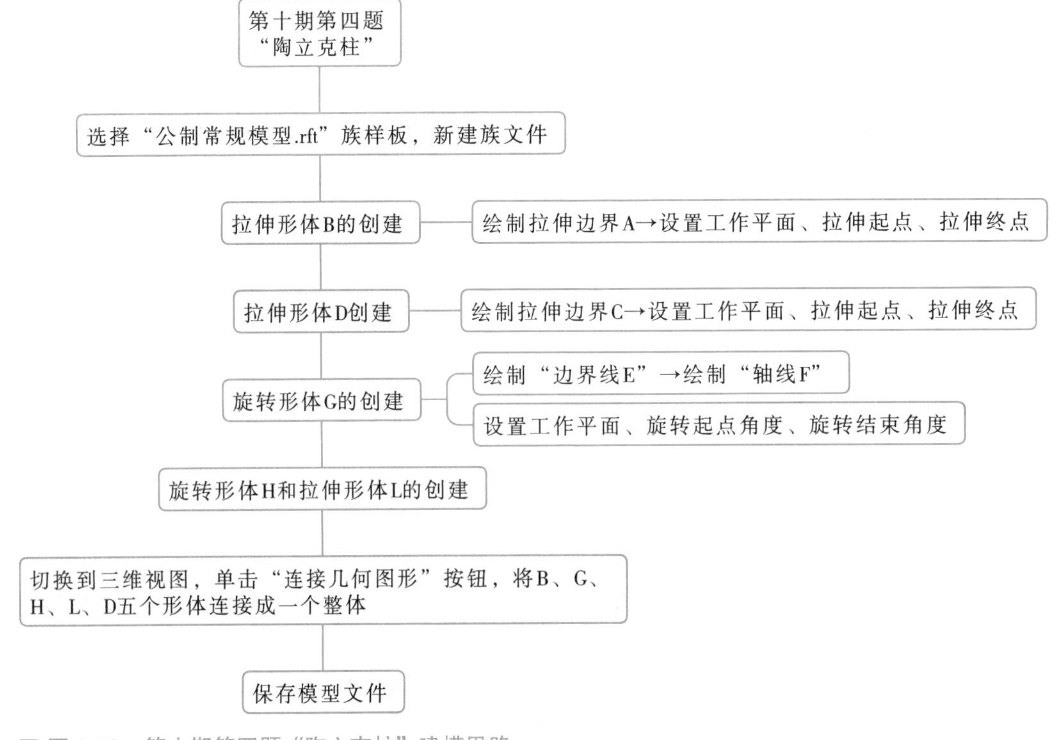

■ 图 2.59　第十期第四题“陶立克柱”建模思路

【建模步骤】

步骤一：打开软件，选择“族”→“新建”→“公制常规模型 .rft”族样板，新建族文件。

步骤二：切换到“参照标高”楼层平面视图，单击“创建”选项卡→“形状”面板→“拉伸”按钮，“矩形”绘制方式，绘制拉伸边界 A，如图 2.60 所示。设置左侧“属性”对话框→“限制条件”为“工作平面：标高：参照标高；拉伸起点：0.0；拉伸终点：200.0”，单击“√”按钮，完成拉伸形体 B 的创建。

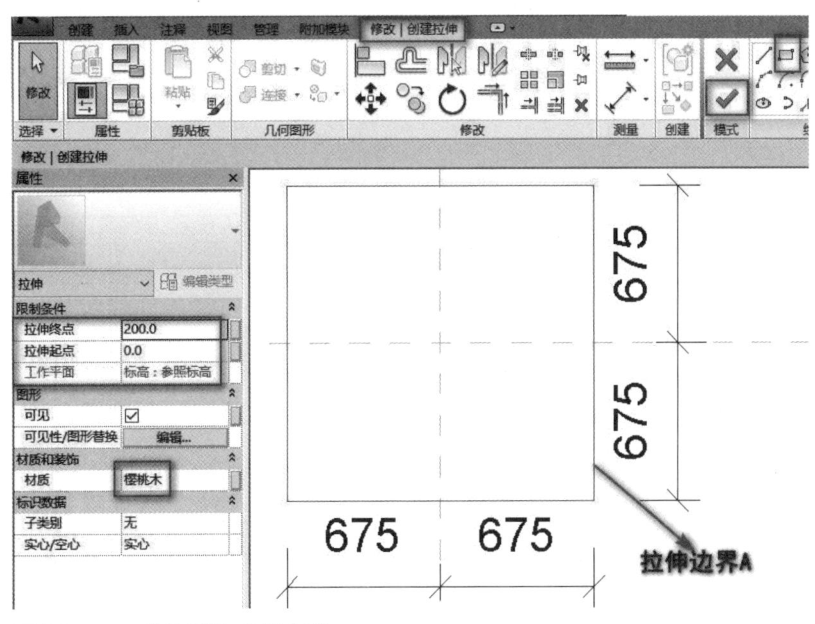

■ 图 2.60 拉伸形体 B 的创建

步骤三：切换到“参照标高”楼层平面视图，单击“创建”选项卡→“形状”面板→“拉伸”按钮，绘制拉伸边界 C，如图 2.61 所示。设置左侧“属性”对话框→“限制条件”为“工作平面：标高：参照标高；拉伸起点：705.0；拉伸终点：5705.0”，单击“√”按钮，拉伸形体 D 创建完成。

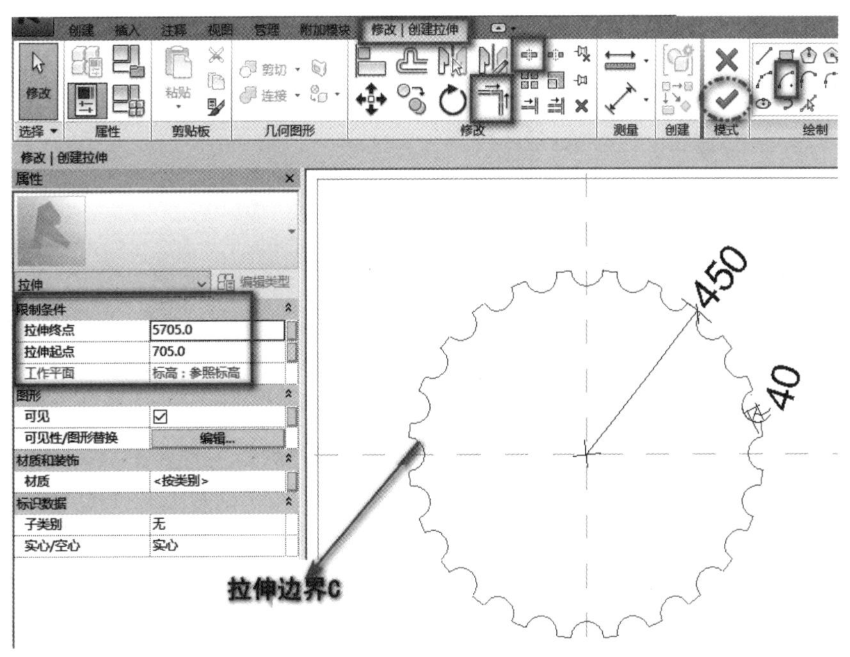

■ 图 2.61 拉伸形体 D 的创建

步骤四：切换至“前”立面视图。单击“创建”选项卡→“形状”面板→“旋转”按钮，进入“修改 | 创建旋转”选项卡。激活“绘制”面板→“边界线”按钮，绘制边界线 E。激活“绘制”面板→“轴线”按钮，选择“直线”绘制方式，绘制轴线 F。设置左侧“属性”对话框→“限制条件”为“工作平面：参照平面：中心（前 / 后）；起始角度：0.000°；结束角度：360°”，单击“模式”面板“√”按钮，完成旋转形体 G 的创建，如图 2.62 所示。

步骤五：同理，完成旋转形体 H 和拉伸形体 L 的创建。切换到三维视图，单击“几何图形”面板→“连接”下拉列表“连接几何图形”按钮，首先选择拉伸形体 B，之后在按住键盘 Ctrl 键的同时选择旋转形体 G、H 和拉伸形体 L、D，则五个形体连接成了一个整体，如图 2.63 所示。

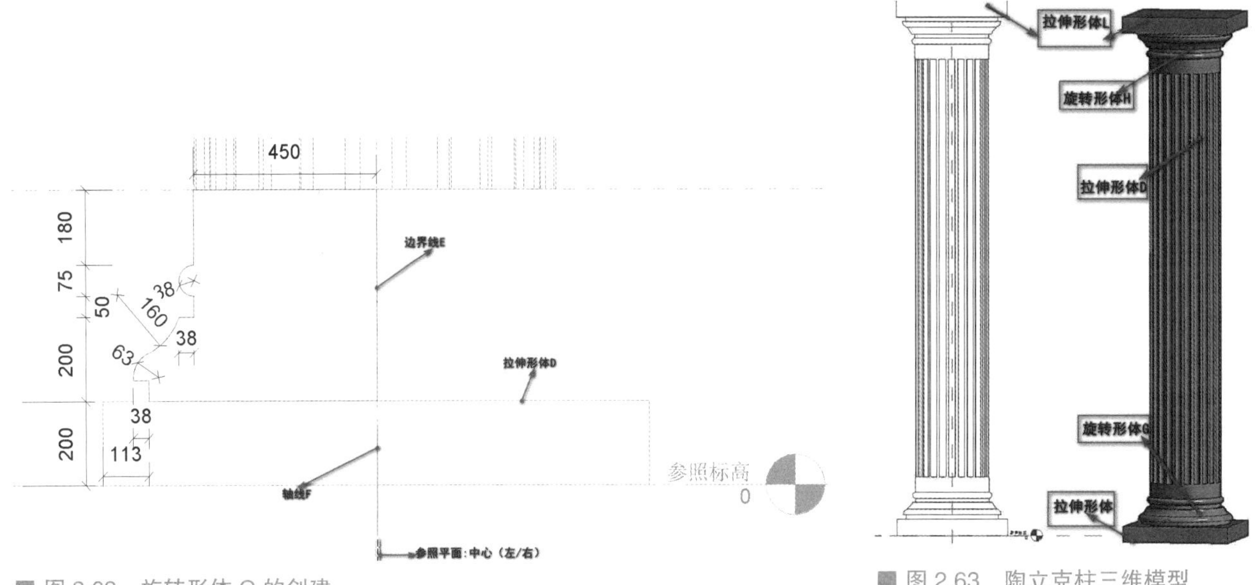

图 2.62 旋转形体 G 的创建

图 2.63 陶立克柱三维模型

步骤六：以“陶立克柱”为文件名保存到考生文件夹中。

至此，本题建模结束。

真题三：第十二期全国 BIM 技能等级考试一级试题第二题“斜拉桥”

根据图 2.64 给出的对称斜拉桥的左半部分的三视图，用构件集的形式，创建该斜拉桥的三维模型，请将模型文件以“斜拉桥 + 考生姓名”为文件名保存到考生文件夹下。题中倾斜拉索直径为 500mm，拉索上方交于一点，该点位于柱中心距顶端 5m 处。

【建模思路】

本题建模思路如 2.65 图所示。

【建模步骤】

步骤一：打开软件，选择“族”→“新建”→“公制常规模型”族样板，新建一个族文件。

步骤二：切换到“左”立面视图，单击“创建”选项卡→“形状”面板→“拉伸”按钮，“直线”绘制方式，绘制拉伸边界 A，如图 2.66 所示。设置左侧“属性”对话框→“限制条件”为“工作平面：参照平面：中心（左 / 右）；拉伸起点：-7500.0；拉伸终点：7500.0”，单击“模式”面板“√”按钮，拉伸形体 B 创建完成。

步骤三：切换到“左”立面视图。单击“创建”选项卡→“形状”面板→“拉伸”按钮，“直线”绘制方式，绘制拉伸边界 C，如图 2.67 所示，设置左侧“属性”对话框→“限制条件”为“工作平面：参照平面：中心（左 / 右）；拉伸起点：-3500.0；拉伸终点：3500.0”，单击“√”按钮，拉伸形体 D 创建完成。

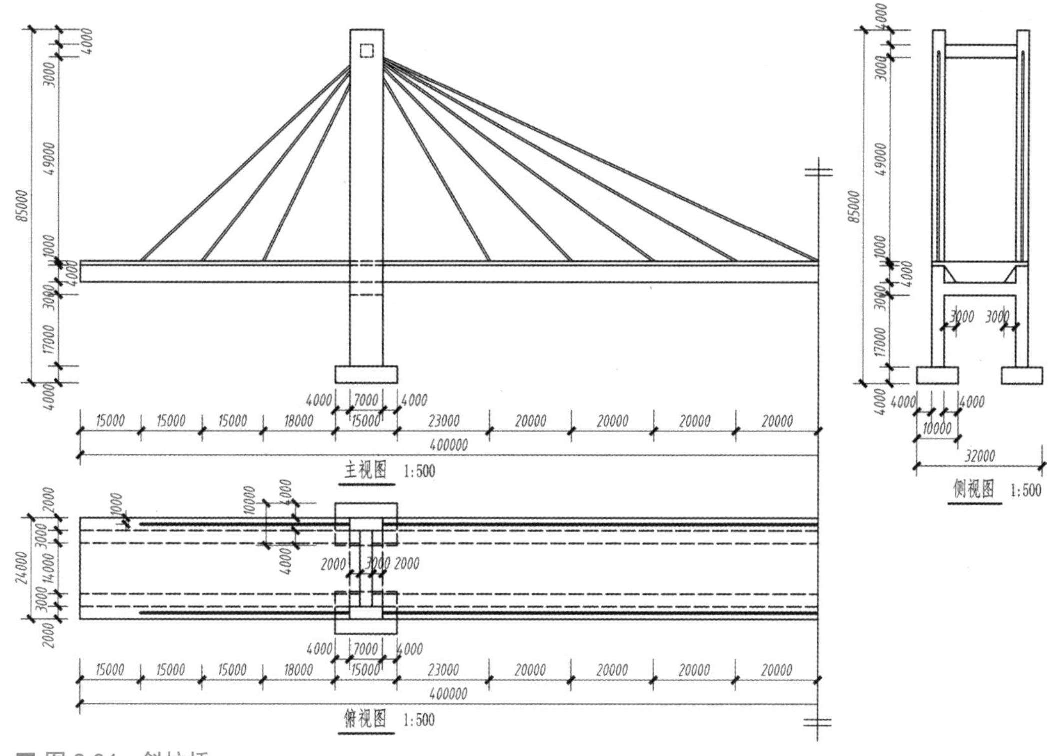

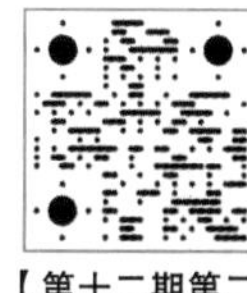

【第十二期第二题"斜拉桥"】

■ 图 2.64 斜拉桥

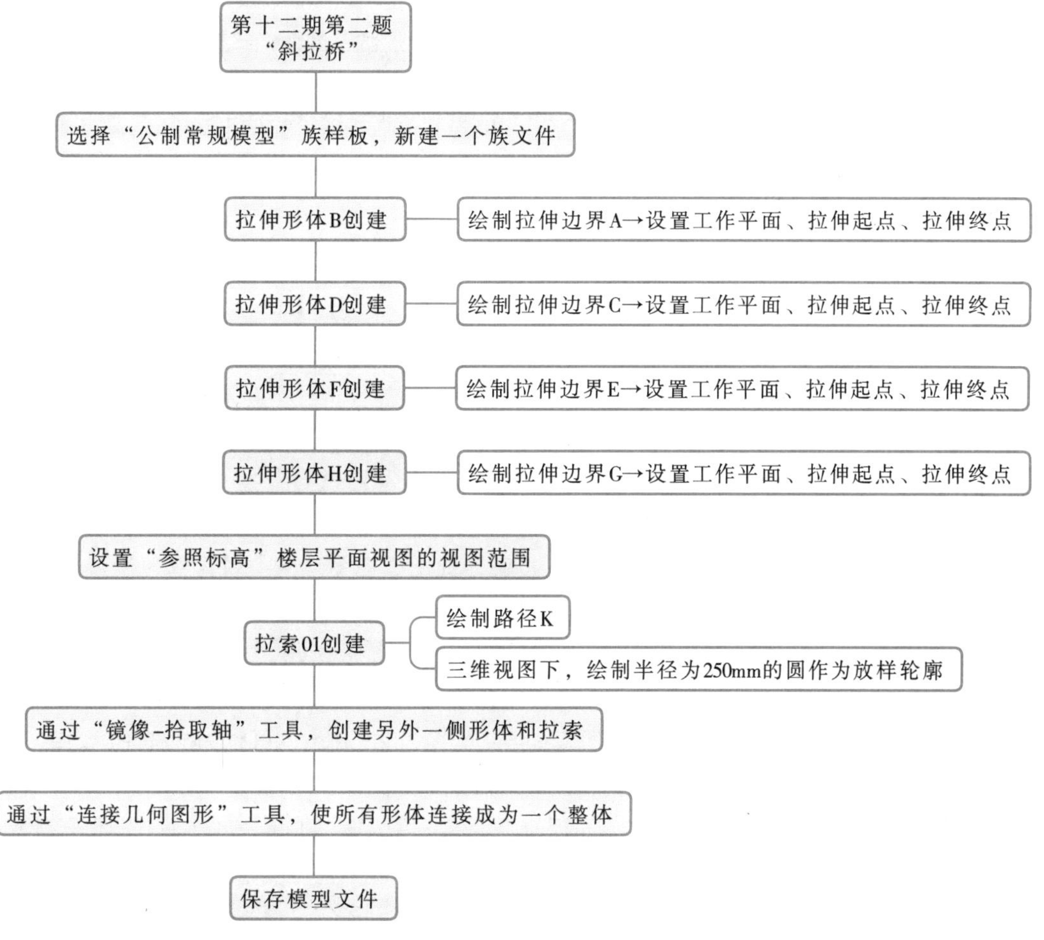

■ 图 2.65 第十二期第二题"斜拉桥"建模思路

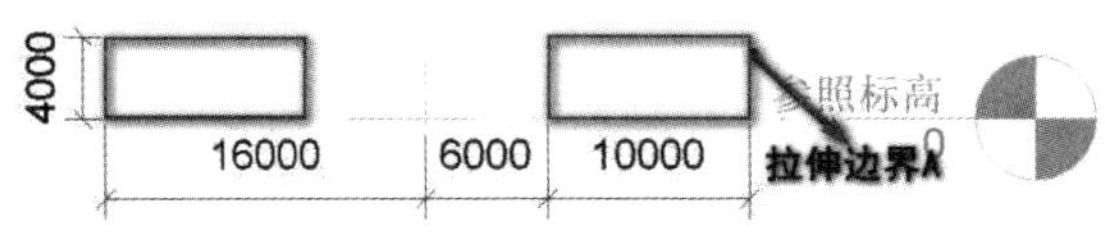

■ 图 2.66　拉伸形体 B 创建

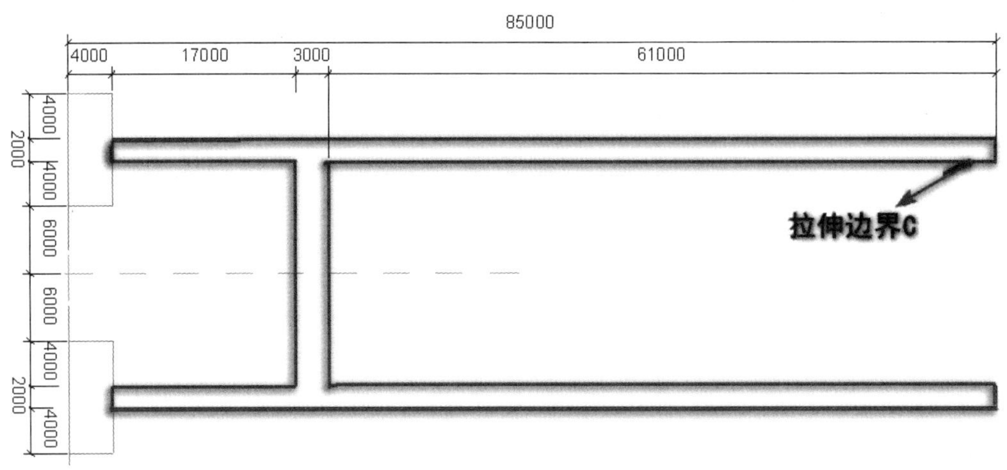

■ 图 2.67　创建拉伸形体 D

步骤四：切换到“左”立面视图。单击“创建”选项卡→“形状”面板→“拉伸”按钮，“直线”绘制方式，绘制拉伸边界 E，如图 2.68 所示。设置左侧“属性”对话框→“限制条件”为“工作平面：参照平面：中心（左 / 右）；拉伸起点：-70500.0；拉伸终点：110500.0”，单击“√”按钮，拉伸形体 F 创建完成。

步骤五：切换到“左”立面视图。单击“创建”选项卡→“形状”面板→“拉伸”按钮，“直线”绘制方式，绘制拉伸边界 G，如图 2.69 所示。设置左侧“属性”对话框→“限制条件”为“工作平面：参照平面：中心（左 / 右）；拉伸起点：-1500.0；拉伸终点：1500.0”，单击“√”按钮，拉伸形体 H 创建完成。

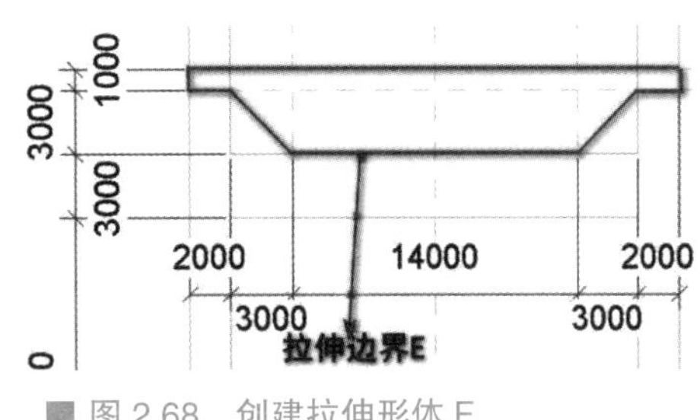

■ 图 2.68　创建拉伸形体 F

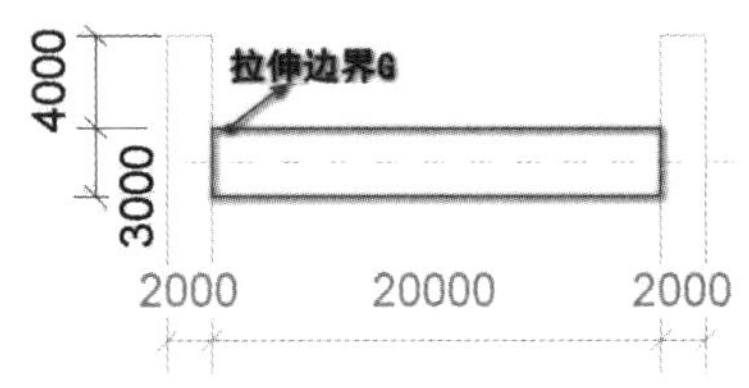

■ 图 2.69　拉伸形体 H 创建

步骤六：切换到“参照标高”楼层平面视图。单击左侧“属性”对话框→“视图”下拉列表“楼层平面：参照标高”。单击“视图范围”右侧“编辑”按钮，弹出“视图范围”对话框，设置“视图范围”对话框参数“主要范围顶：无限制；主要范围剖切面偏移量：50000.0”，单击“确定”按钮，退出“视图范围”对话框，如图 2.70 所示。

步骤七：设置“参照平面 1”作为工作平面，系统自动切换至“前”立面视图。单击“放样”按钮，进入“修改 | 放样”选项卡，绘制路径 K。在三维视图下，绘制半径为 250mm 的圆作为放样轮廓。单击“√”按钮，则拉索 01 创建完成，如图 2.71 所示。同理，创建其余拉索，如图 2.72 所示。

步骤八：通过“修改”选项卡→“修改”面板→“镜像 - 拾取轴”工具，创建另外一侧形体和拉索。再通过“连接几何图形”工具，使所有形体连接成为一个整体。

步骤九：将模型文件以“斜拉桥 + 考生姓名”为文件名保存到考生文件夹下。

至此，本题建模结束。

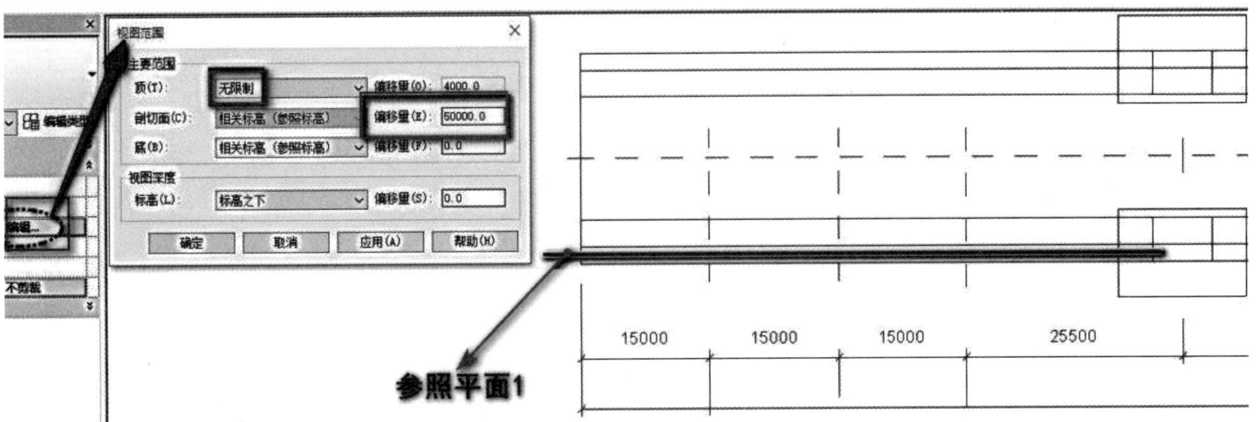

■ 图 2.70　视图范围设置

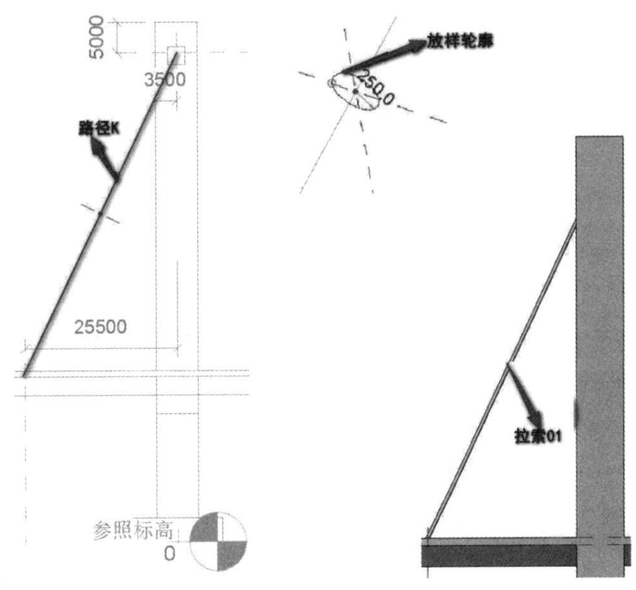

■ 图 2.71　创建拉索 01

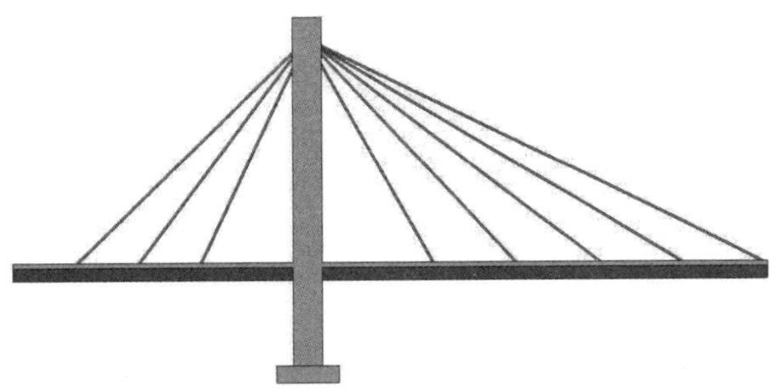

■ 图 2.72　斜拉桥三维模型（一半）

真题四：第十三期全国 BIM 技能等级考试一级试题第二题“纪念碑”

根据图 2.73 给定的投影图及尺寸，用构建集方式创建模型，请将模型文件以“纪念碑 + 考生姓名”为文件名保存到考生文件夹中。

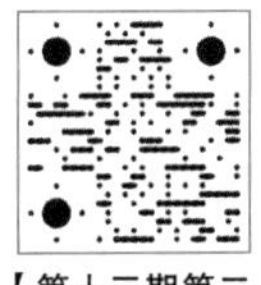

【第十三期第二题“纪念碑”】

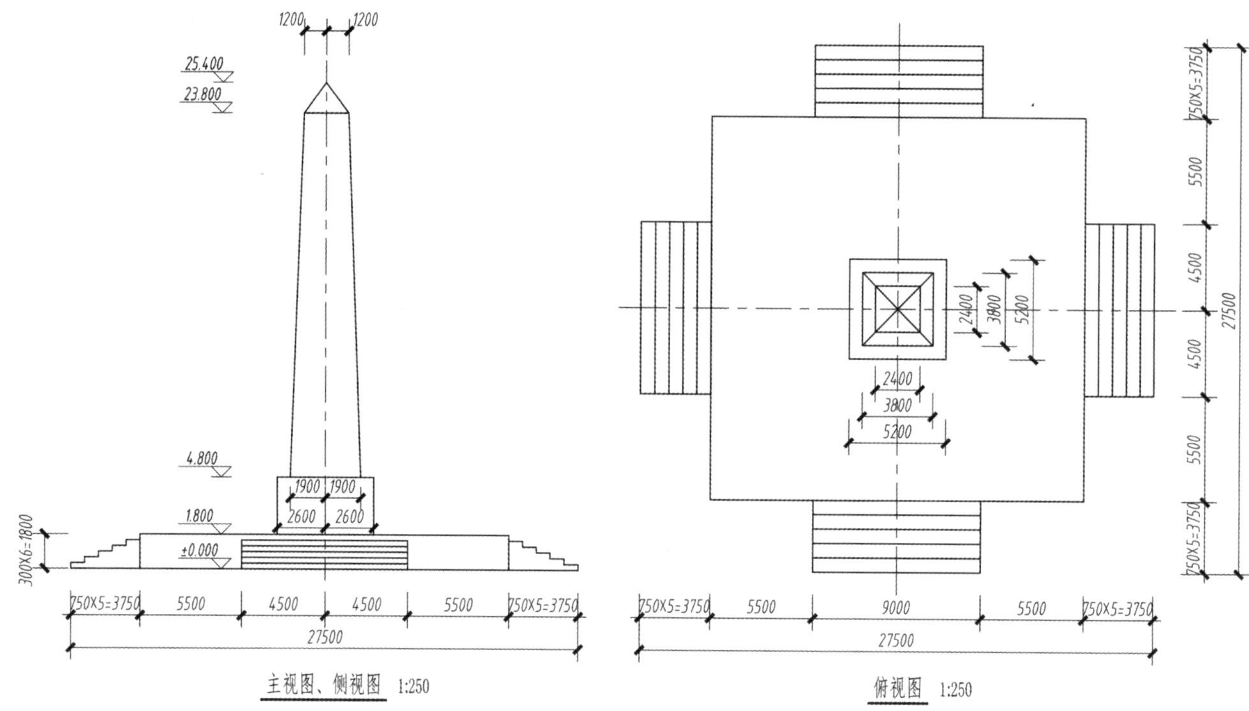

■ 图 2.73 纪念碑

【建模思路】

本题建模思路如图 2.74 所示。

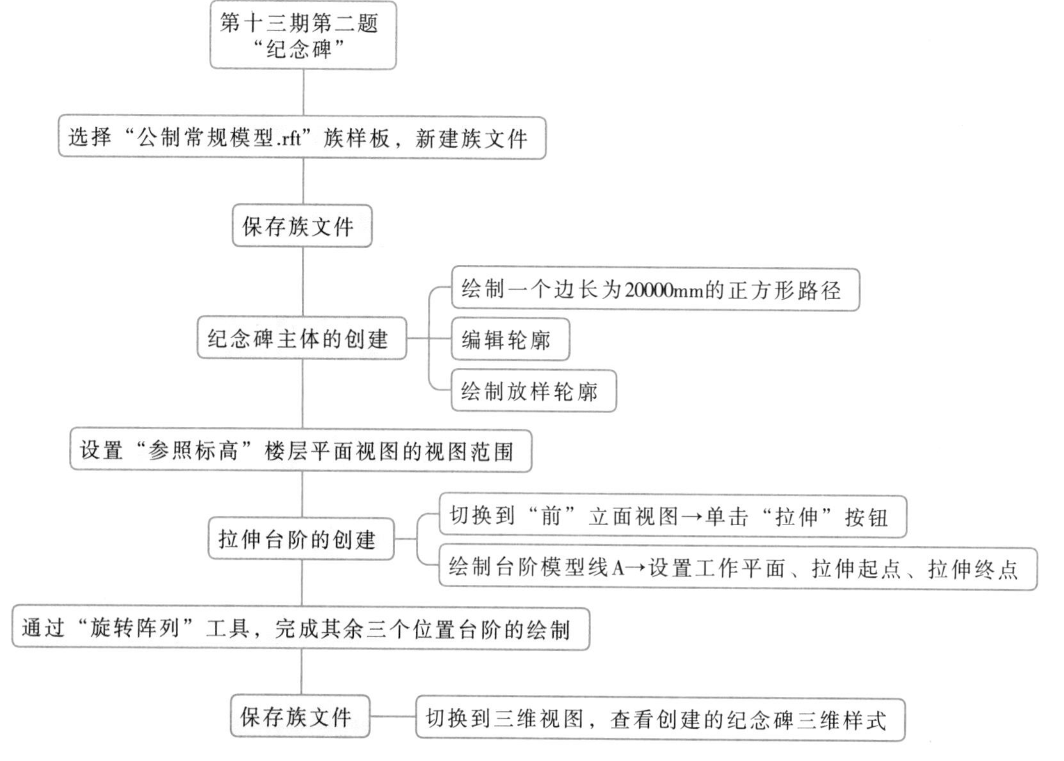

■ 图 2.74 第十三期第二题“纪念碑”建模思路

【建模步骤】

步骤一：打开软件，单击“族”选项卡→“新建”按钮，在弹出的“新族 - 选择样板文件”对话框中，选择“公制常规模型 .rft”族样板，最后单击右下角“打开”按钮，如图 2.75 所示。系统将自动切换到“参照标高”楼层平面视图。

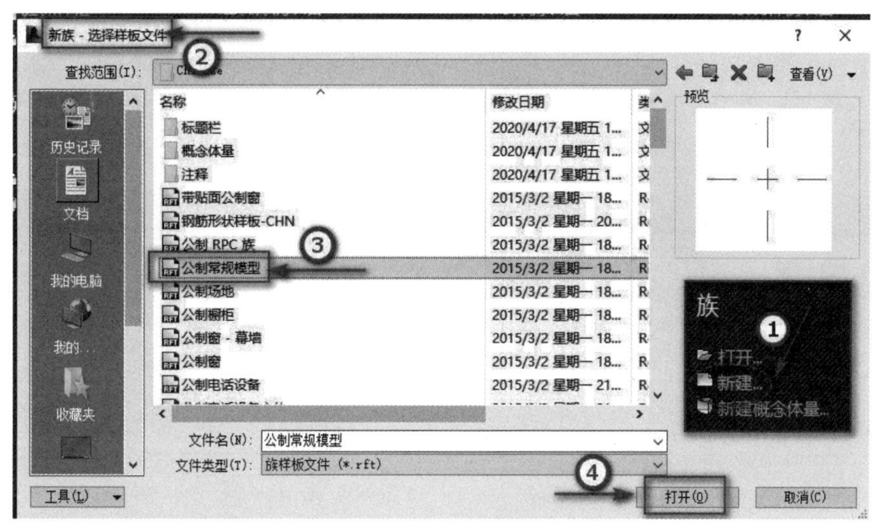

图 2.75　选择族样板

步骤二：单击顶部快速访问工具栏“保存”按钮，出现“另存为”对话框，文件名设为“纪念碑＋张三”，单击“打开”按钮，如图 2.76 所示。

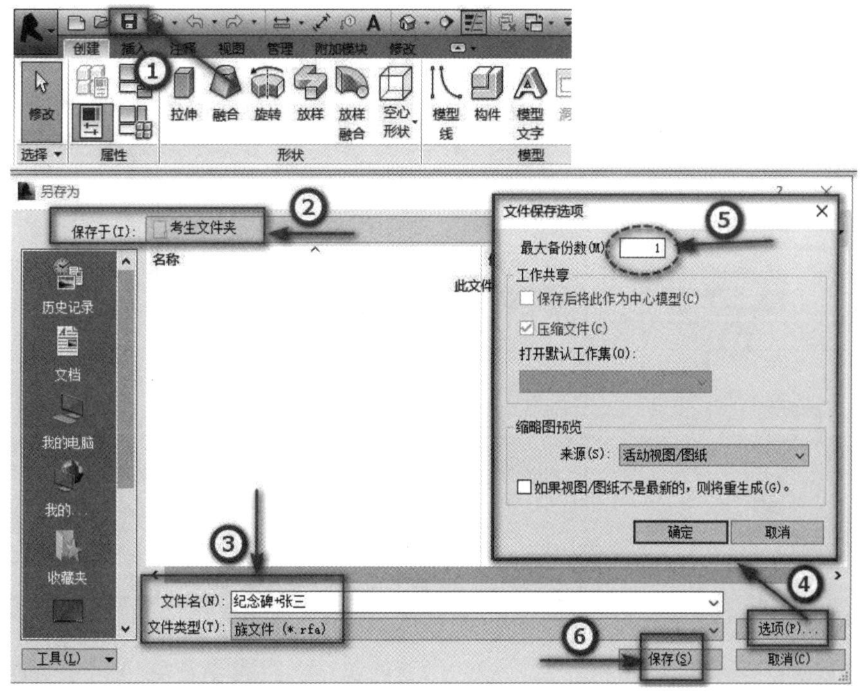

图 2.76　保存族文件

步骤三：切换到“参照标高”楼层平面视图，单击“创建”选项卡→“形状”面板→“放样”按钮，进入“修改 | 创建放样”选项卡。单击“放样”面板→“绘制路径”按钮，进入“修改 | 放样 > 绘制路径”选项卡，单击“绘制”面板→“直线”按钮，绘制一个边长为 20000mm 的正方形路径，单击“模式”面板“√”按钮，完成放样路径的绘制，如图 2.77 所示。

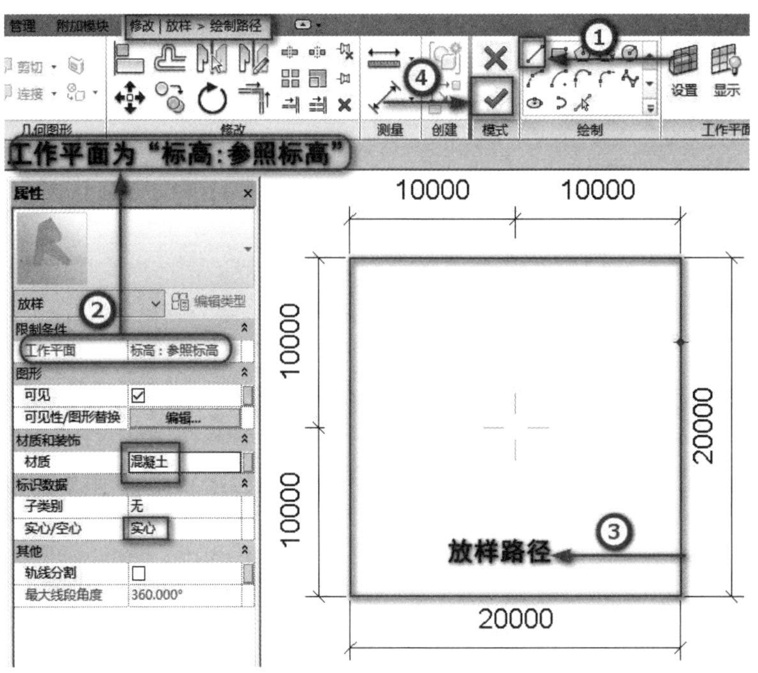

■ 图 2.77 放样路径的绘制

步骤四：单击"放样"面板→"编辑轮廓"按钮，进入"修改 | 放样 > 编辑轮廓"选项卡，在弹出的"转到视图"对话框中选择"立面：前"，单击"打开视图"按钮，系统自动切换到"前"立面视图，如图 2.78 所示。

步骤五：单击"绘制"面板→"直线"按钮，绘制放样轮廓，如图 2.79 所示。单击"模式"面板"√"按钮，完成放样轮廓的绘制，再次单击"模式"面板"√"按钮，完成纪念碑主体的创建。

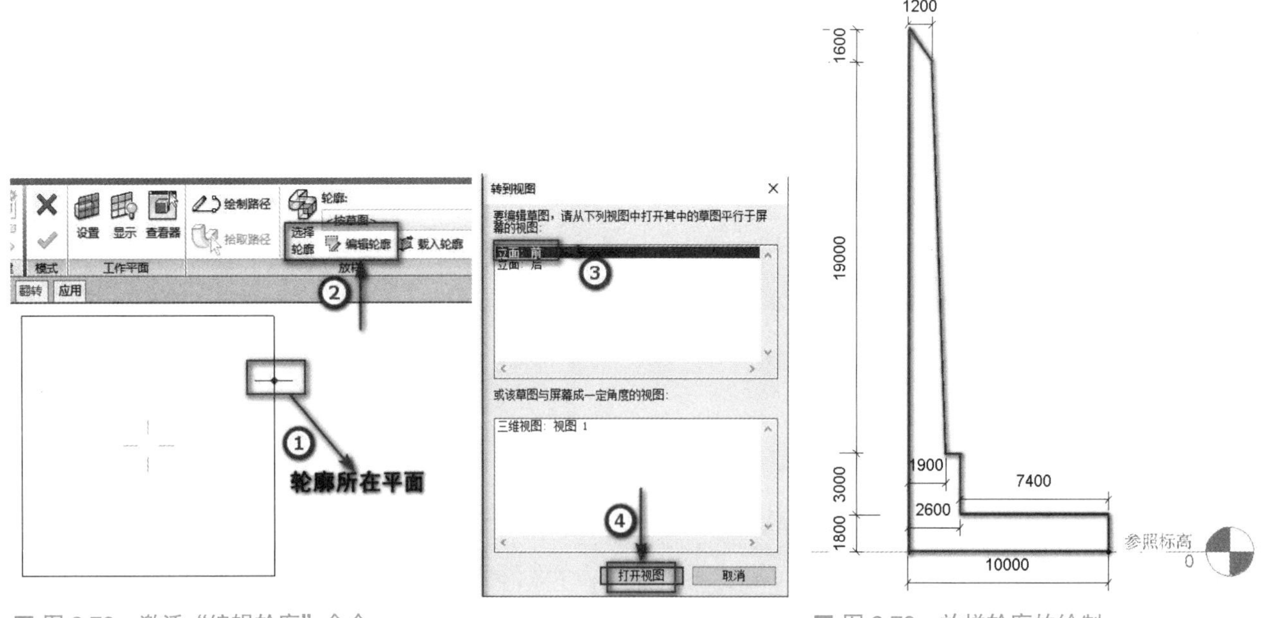

■ 图 2.78 激活"编辑轮廓"命令

■ 图 2.79 放样轮廓的绘制

步骤六：切换至"参照标高"楼层平面视图。单击"属性"对话框→"属性"下拉列表"楼层平面：参照标高"选项。单击"属性"对话框→"范围"选项组下"视图范围"右侧"编辑"按钮，在弹出的"视图范围"对话框中设置参数，如图 2.80 所示。

步骤七：切换到"前"立面视图。单击"创建"选项卡→"形状"面板→"拉伸"按钮，进入"修改 | 创建拉伸"选项卡，在左侧"属性"对话框中设置"拉伸起点：-4500.0；拉伸终点 4500.0；材质：砖，砖坯"，

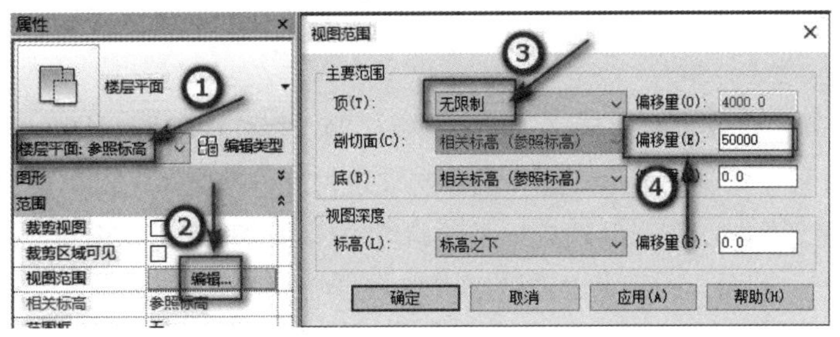

■ 图 2.80　设置“视图范围”

设置工作平面为“参照平面：中心（前 / 后）”，单击“绘制”面板→“直线”按钮，绘制台阶模型线；单击“模式”面板“√”按钮，完成拉伸台阶的创建，如图 2.81 所示。

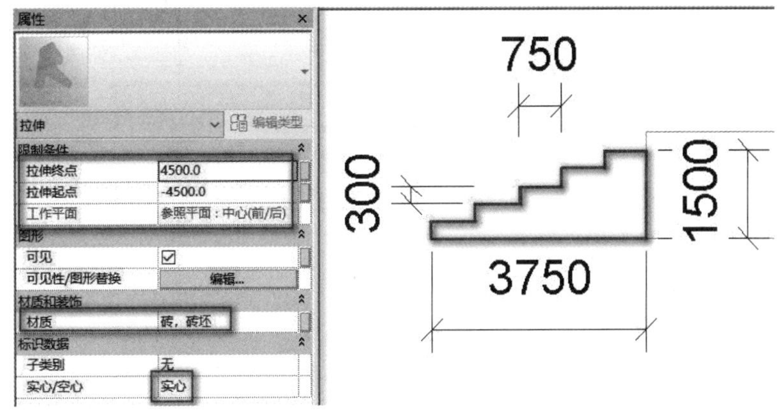

■ 图 2.81　拉伸台阶的创建

步骤八：切换至“参照标高”楼层平面视图。选择刚刚创建的台阶，通过“旋转阵列”工具，完成其余三个台阶的绘制，如图 2.82 所示。

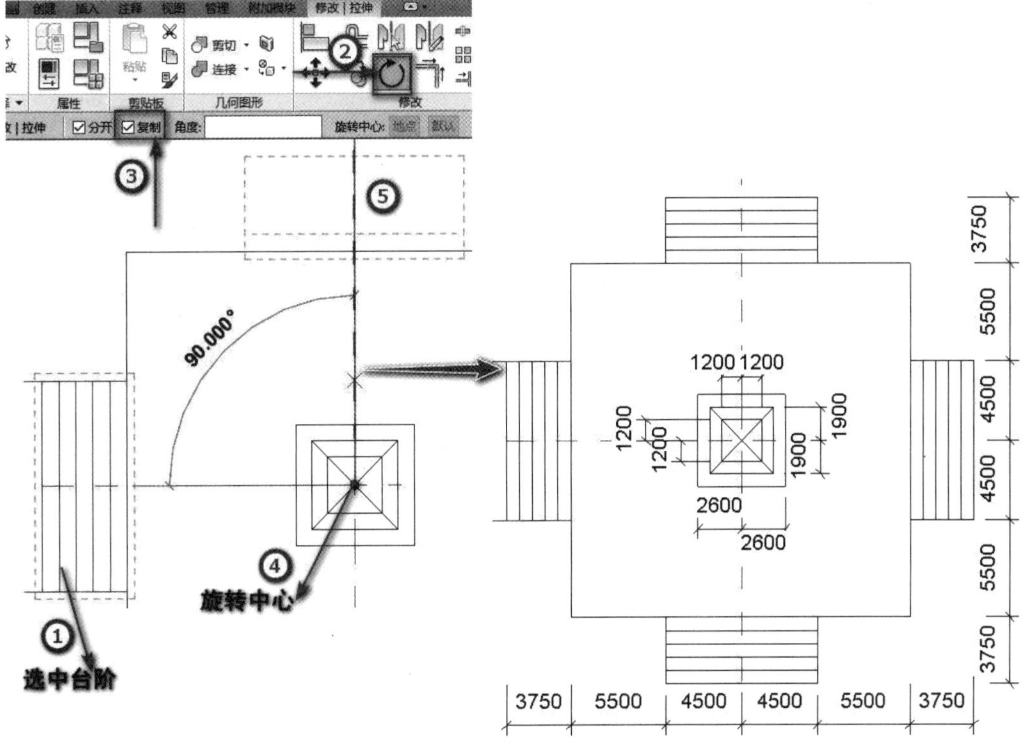

■ 图 2.82　“旋转阵列”工具创建其余三个台阶

步骤九：保存族文件。切换到三维视图，查看创建的纪念碑三维样式。

至此，本题建模结束。

真题五：第十五期全国 BIM 技能等级考试一级试题第二题“栏杆扶手”

根据图 2.83 给定尺寸建立无障碍坡道模型，墙体与坡道材质请参照 1—1 剖面图和 3—3 剖面图，地形尺寸自定义；根据图 2.84 给定尺寸，在已经建立好无障碍坡道模型的基础上用构建集方式创建栏杆扶手，材质为不锈钢，1—1 剖面、2—2 剖面、3—3 断面图的剖切位置详俯视图，未标明尺寸与样式不做要求；请将模型文件分别以“无障碍坡道 + 考生姓名”“栏杆扶手 + 考生姓名”为文件名保存到考生文件夹中。

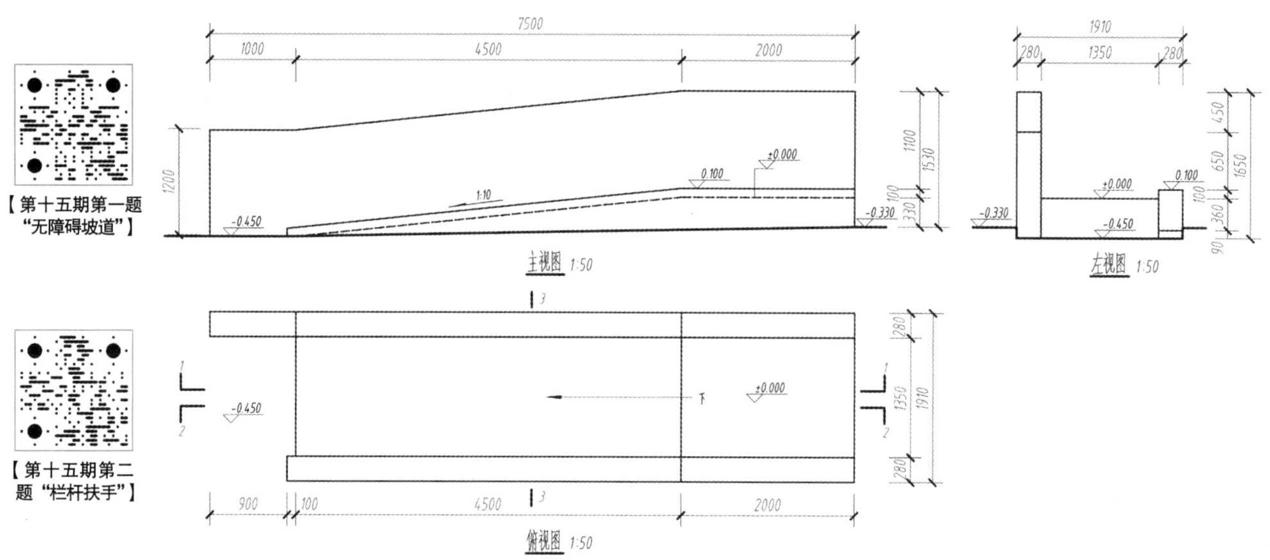

图 2.83　无障碍坡道

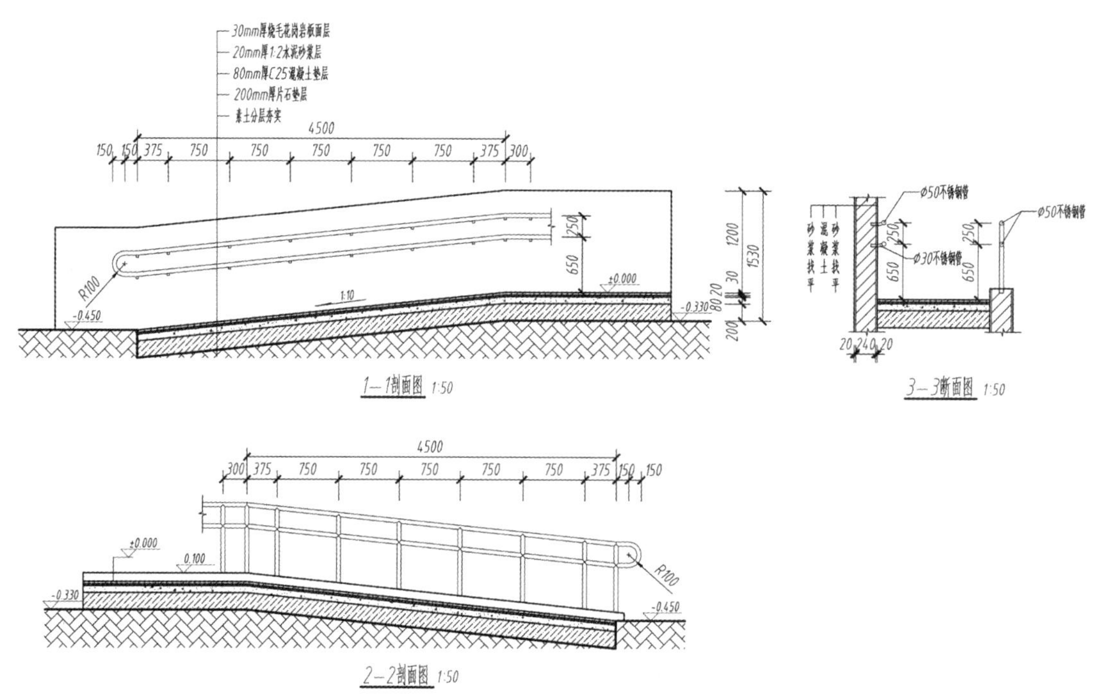

图 2.84　栏杆扶手

【建模思路】

本题建模思路如图 2.85 所示。

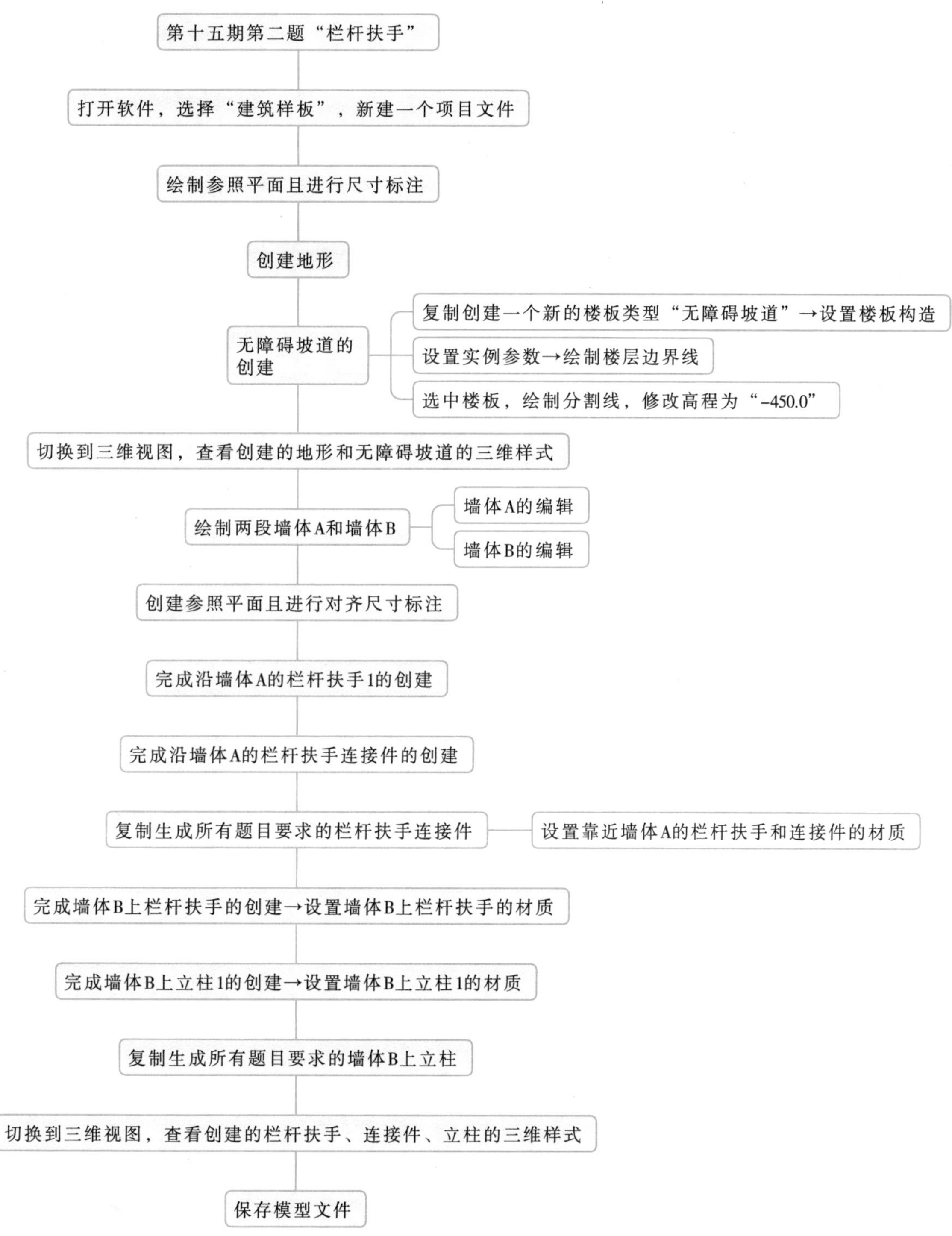

图 2.85　第十五期第二题“栏杆扶手”建模思路

【建模步骤】

步骤一：打开软件，选择“建筑样板”，新建一个项目文件。

步骤二：切换到“标高1”楼层平面视图，绘制参照平面且进行尺寸标注。

步骤三：切换到“场地”楼层平面视图，隐藏立面符号（俗称“小眼睛”）、测量点和项目基点，如图2.86所示。

图2.86 隐藏立面符号、测量点和项目基点

步骤四：单击“体量与场地”选项卡→“场地建模”面板→“地形表面”按钮。系统自动切换到“修改|编辑表面”选项卡，单击“工具”面板→“放置点”按钮，在选项栏中高程设置为“-450.0”，放置1、2、3、4点。在选项栏中高程设置为“-330.0”，放置5、6、7、8点。单击“修改|编辑表面”选项卡“表面”面板“√”按钮，完成放置点的操作，即地形创建完毕，如图2.87所示。

步骤五：选中地形，单击“属性”对话框→“材质”右侧“编辑”按钮，弹出“材质浏览器”对话框，右击“土壤-自然”→选择“复制”选项，将复制的材质重命名为“素土分层夯实”，在右侧“图形”面板下设置“截面填充图案”为“对角交叉线”。单击“确定”按钮，完成地形材质设置，如图2.88所示。

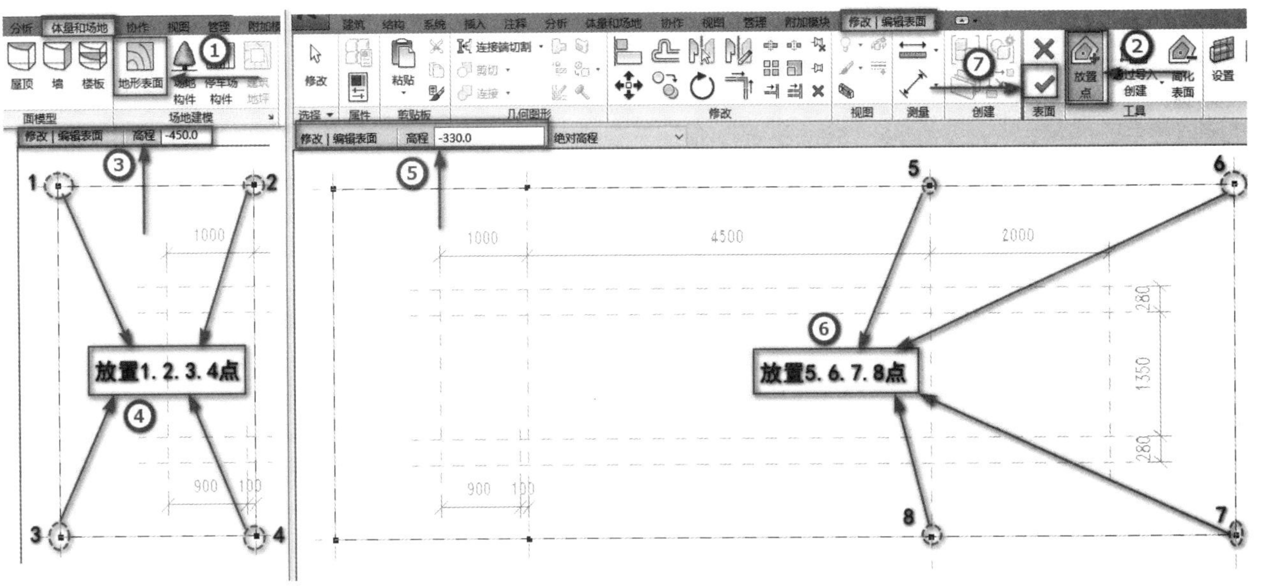

图2.87 地形创建

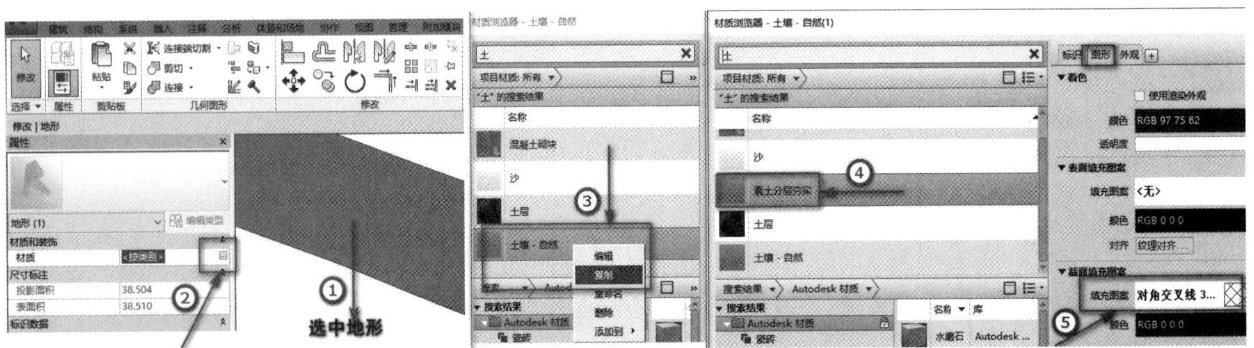

图2.88 设置地形材质

步骤六：单击“建筑”选项卡→“构建”面板→“楼板”下拉列表“楼板：建筑”按钮，单击“属性”对话框→“编辑类型”按钮，弹出“类型属性”对话框，复制并创建一个新的楼板类型“无障碍坡道”。单击“类型属性”对话框→“构造”选项组下“结构”右侧“编辑”按钮，在弹出的“编辑部件”对话框中设置楼板构造，如图 2.89 所示。

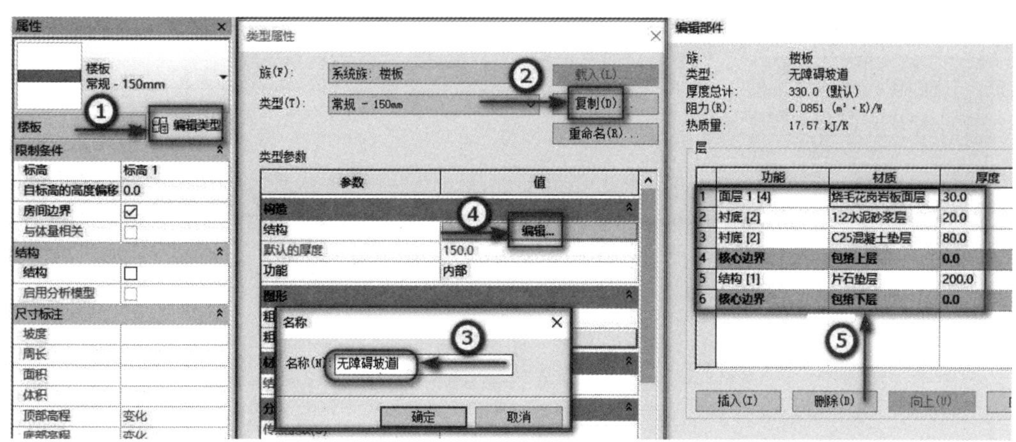

■ 图 2.89　设置楼板构造

步骤七：切换到“标高 1”楼层平面视图。确认左侧“属性”对话框中楼板的类型为“无障碍坡道”。设置“属性”对话框→“限制条件”为“标高：标高 1；自标高的高度偏移：0.0”，选择“矩形”的绘制方式绘制楼层边界线，如图 2.90 所示。单击“模式”面板“√”按钮，完成无障碍坡道的创建。

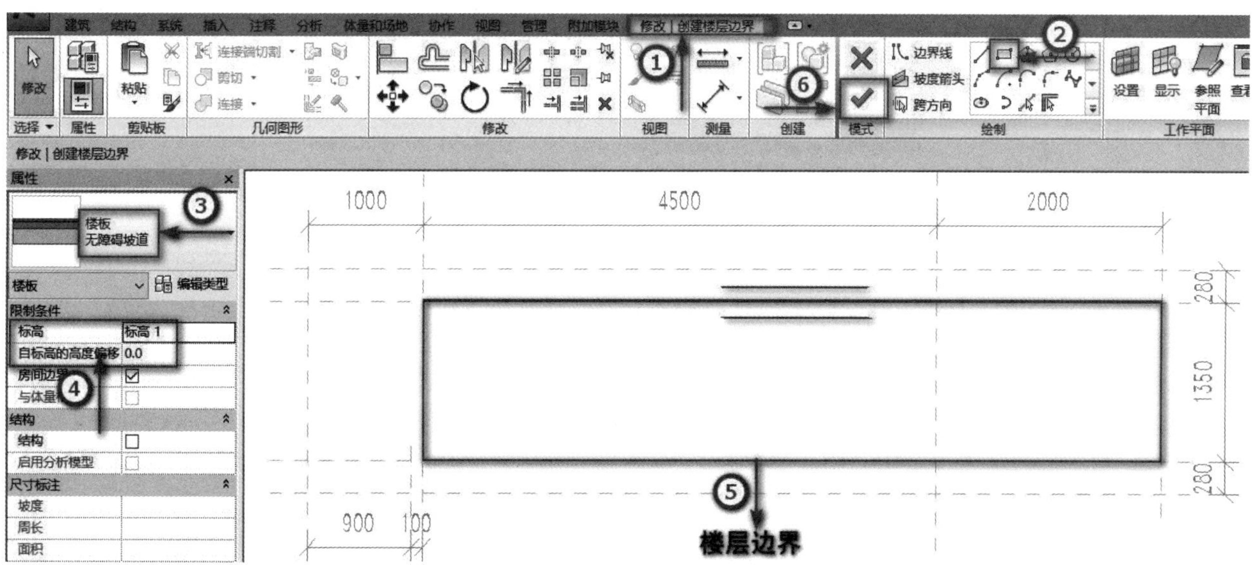

■ 图 2.90　无障碍坡道的创建

步骤八：选中楼板，单击“修改 | 楼板”选项卡→“形状编辑”面板→“添加分割线”按钮，绘制分割线。单击“修改 | 楼板”选项卡→“形状编辑”面板→“修改子图元”按钮，分别选择最左侧的两个点，修改高程为“-450.0”，如图 2.91 所示。

步骤九：切换到三维视图，查看创建的地形和无障碍坡道的三维样式。分别进行高程点和坡度标注，进而核对建立的模型是否正确，如图 2.92 所示。

步骤十：切换到“标高 1”楼层平面视图。单击“建筑”选项卡→“构建”面板→“墙”下拉列表“墙：建筑”按钮，切换到“修改 | 放置墙”选项卡。单击“属性”对话框→“编辑类型”按钮，弹出“类型属性”

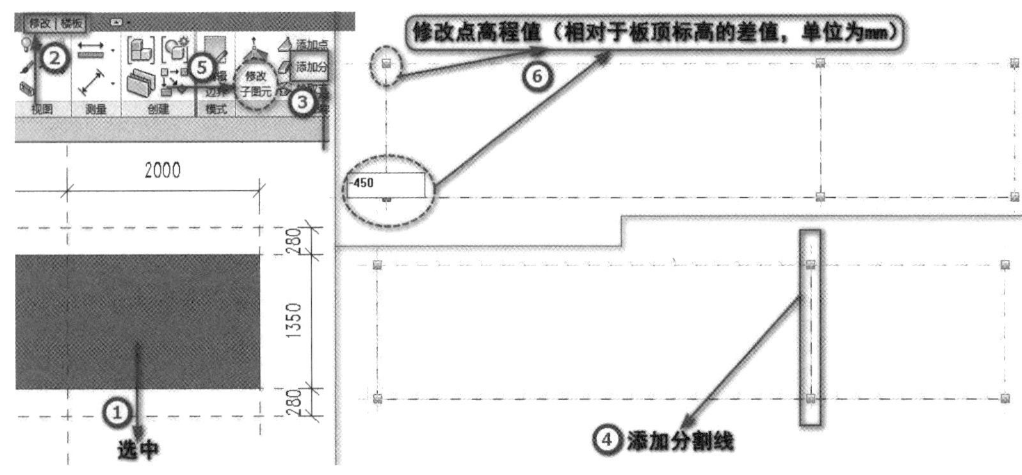

■ 图 2.91 无障碍坡道的编辑修改

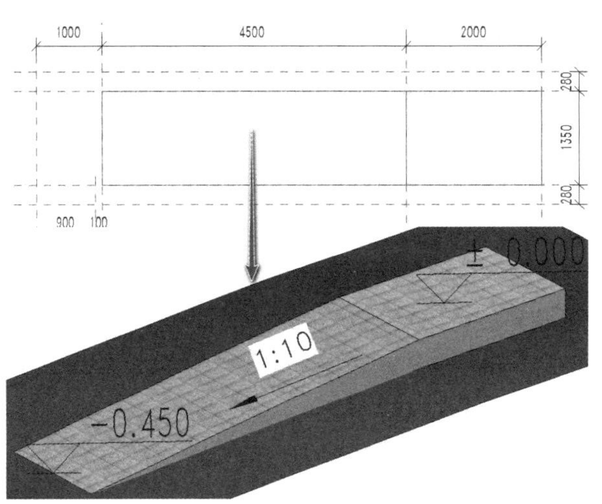

■ 图 2.92 地形和无障碍坡道的三维样式

对话框，复制并创建一个新的墙体类型“280 厚墙体”。单击“类型属性”对话框→“构造”选项组下“结构”右侧“编辑”按钮，在弹出的“编辑部件”对话框中设置墙体构造，如图 2.93 所示。

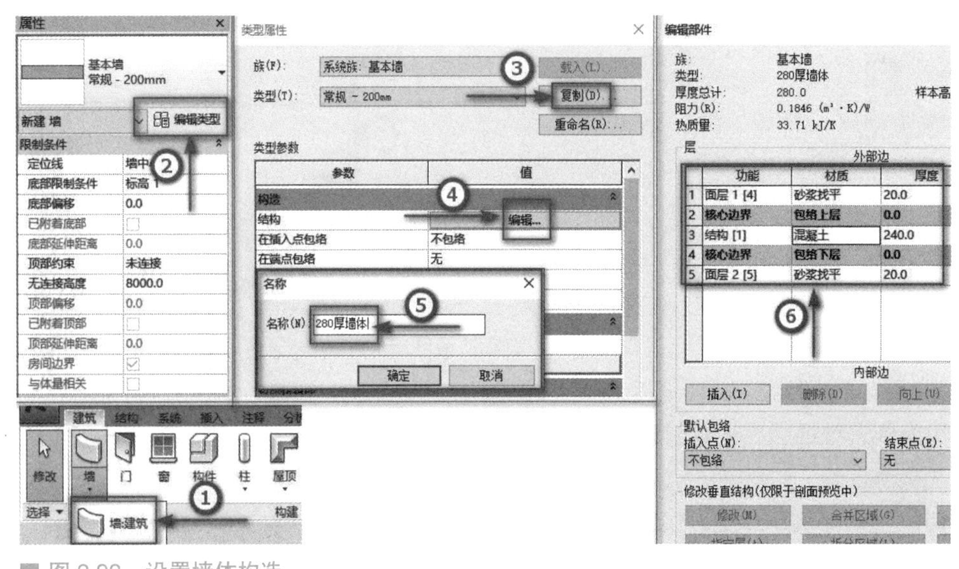

■ 图 2.93 设置墙体构造

步骤十一：确认墙体的类型为“基本墙 280 厚墙体”，设置左侧“属性”对话框中的“定位线：面层面外部；底部限制条件：标高 1；底部偏移：0.0；顶部约束：直到标高 2；顶部偏移：0.0”，如图 2.94 所示，沿顺时针分别绘制两段墙体 A 和墙体 B。

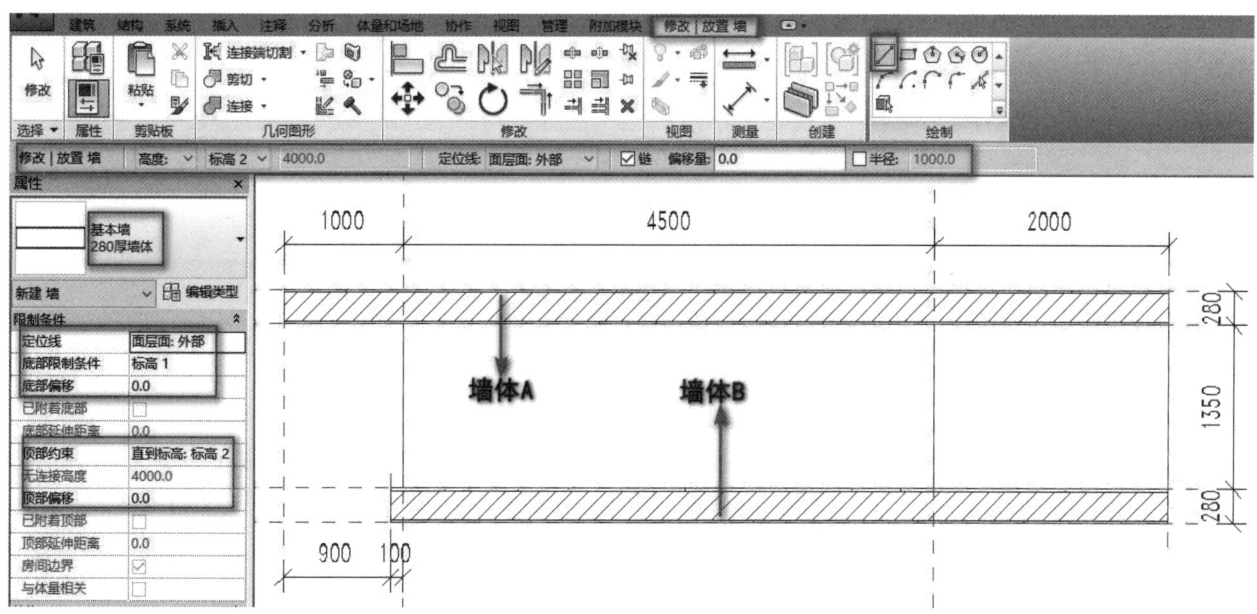

■ 图 2.94　绘制墙体 A 和墙体 B

步骤十二：双击墙体 A，在系统自动弹出的“转到视图”对话框中选择“立面：南”，单击“打开视图”按钮退出“转到视图”对话框，系统自动切换到“南”立面视图。单击“修改 | 编辑轮廓”选项卡→“绘制”面板→“直线”绘制方式，绘制墙体 A 轮廓，如图 2.95 所示。单击“模式”面板“√”按钮，完成墙体 A 的编辑。

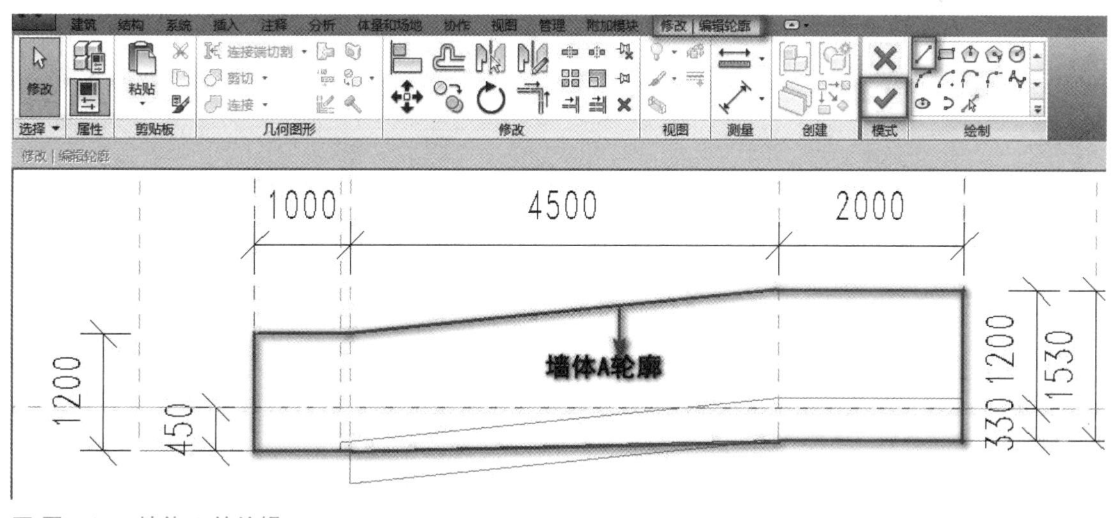

■ 图 2.95　墙体 A 的编辑

步骤十三：同理，完成墙体 B 的编辑，如图 2.96 所示。

步骤十四：切换到“南”立面视图。单击“注释”选项卡→“尺寸标注”面板→“线性尺寸标注”按钮，按照题目提供的“主视图”进行尺寸标注。单击“注释”选项卡→“尺寸标注”面板→“高程点”按钮，进行高程标注。单击“注释”选项卡→“尺寸标注”面板→“高程点坡度”按钮，标注坡度，如图 2.83 所示。同理切换到“标高 1”楼层平面视图和“西”立面视图，分别按照题目提供的“俯视图”和“左视图”进行注释，如图 2.83 所示。

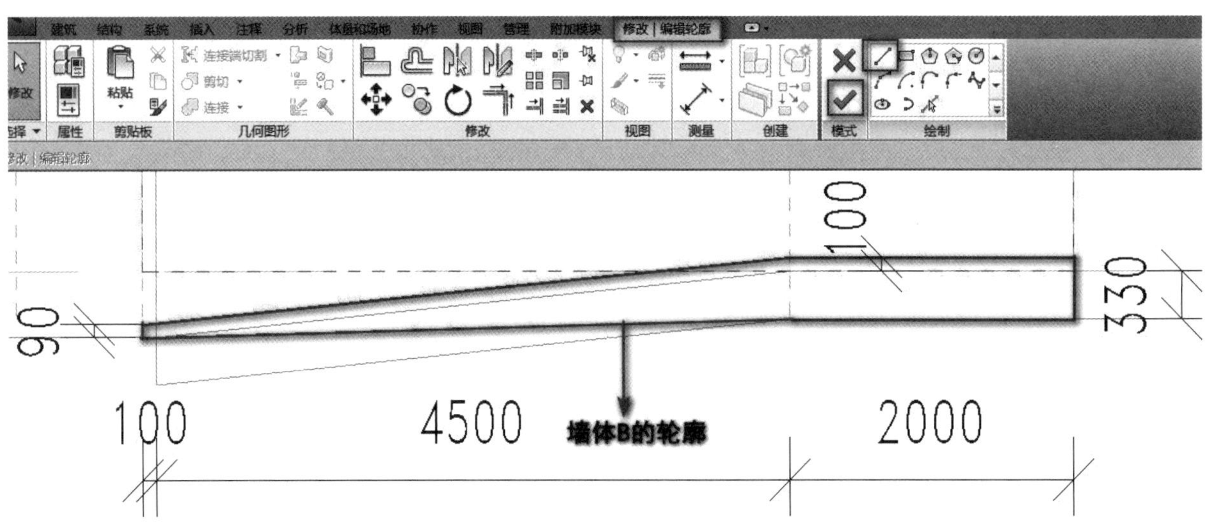

■ 图 2.96　墙体 B 的编辑

步骤十五：切换到三维视图，查看创建的无障碍坡道三维样式。将模型文件以“无障碍坡道 + 考生姓名”为文件名保存到考生文件夹中。

步骤十六：打开“无障碍坡道 + 考生姓名”，另存为“栏杆扶手 + 考生姓名”。

步骤十七：分别切换到“标高 1”楼层平面视图和“南”立面视图，创建参照平面且进行对齐尺寸标注，如图 2.97 和图 2.98 所示。

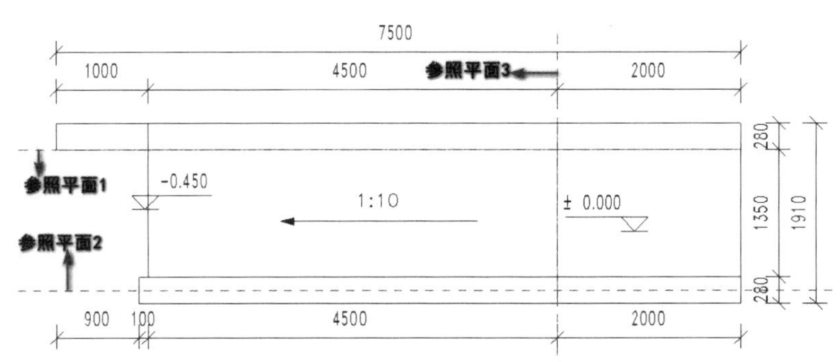

■ 图 2.97　“标高 1”楼层平面视图

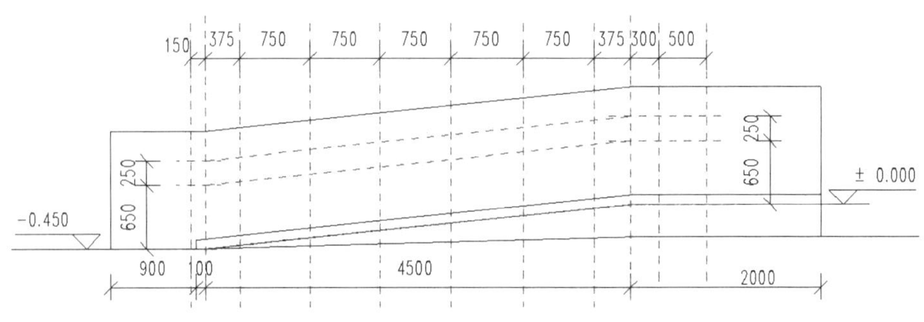

■ 图 2.98　“南”立面视图

步骤十八：切换到“标高 1”楼层平面视图。单击“建筑”选项卡→“构建”面板→“构件”下拉列表“内建模型”按钮，在弹出的“族类别和族参数”对话框中设置“族类别”为“常规模型”，单击“确定”按钮，在弹出的“名称”对话框中，名称不修改，直接单击“确定”按钮即可，如图 2.99 所示。

步骤十九：单击“创建”选项卡→“工作平面”面板→“设置”按钮，在弹出的“工作平面”对话框中选

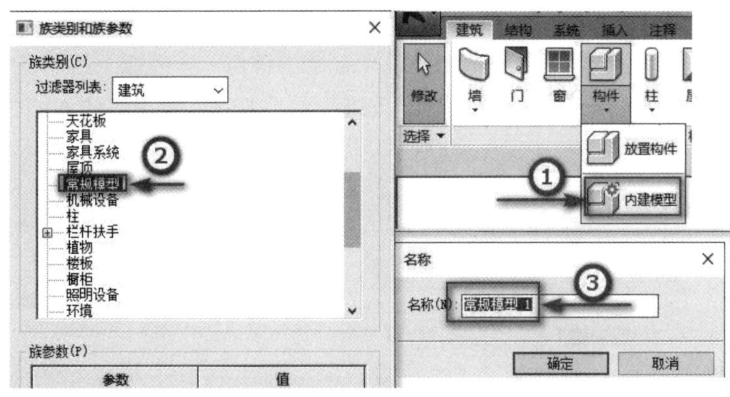

■ 图 2.99 “族类别和族参数”对话框

中“拾取一个平面”选项，单击“确定”按钮。拾取“参照平面 1”作为工作平面，在弹出的“转到视图”对话框中选择“立面：南”，单击“打开视图”按钮，系统自动切换到“南”立面视图，且进入“修改 | 放样”选项卡。

步骤二十：单击“修改 | 放样”选项卡→“放样”面板→“绘制路径”按钮，进入“修改 | 放样 > 绘制路径”选项卡，分别选择“绘制”面板→“直线”“起点 - 终点 - 半径弧”绘制方式，绘制放样路径，如图 2.100 所示。单击“模式”面板“√”按钮，完成沿墙体 A 的栏杆扶手 1 放样路径的绘制工作。

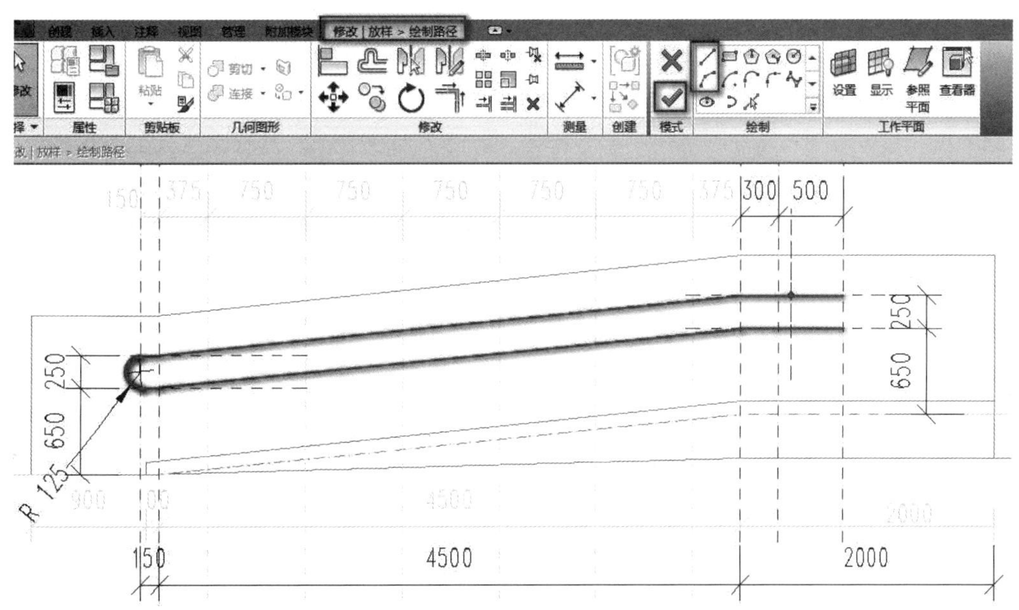

■ 图 2.100 沿墙体 A 的栏杆扶手 1 的放样路径

步骤二十一：单击“修改 | 放样”选项卡→“放样”面板“选择轮廓→编辑轮廓”按钮，在弹出的“转到视图”对话框中选择“立面：东”，单击“打开视图”按钮，系统自动切换到“东”立面图且进入“修改 | 放样 > 编辑轮廓”选项卡。绘制参照平面 4 且与参照平面 1 的距离为 75mm。选择“修改 | 放样 > 编辑轮廓”选项卡→“绘制”面板→“圆”绘制方式，绘制半径为 25mm 的圆形轮廓，如图 2.101 所示。单击“模式”面板“√”按钮，完成沿墙体 A 的栏杆扶手 1 放样轮廓的绘制工作。再次单击“模式”面板“√”按钮，完成沿墙体 A 的栏杆扶手 1 的放样工作。

步骤二十二：切换到“标高 1”楼层平面视图。单击“创建”选项卡→“工作平面”面板→“设置”按钮，在弹出的“工作平面”对话框中选中“拾取一个平面”选项，单击“确定”按钮。拾取“参照平面 3”作为工作平面，在弹出的“转到视图”对话框中选择“立面：西”，单击“打开视图”按钮，系统直接切换到“西”立面视图且

进入“修改|放样”选项卡。单击“修改|放样”选项卡→“放样”面板→“绘制路径”按钮，进入“修改|放样＞绘制路径”选项卡，分别选择“绘制”面板→“直线”“起点-终点-半径弧”绘制方式，绘制墙体A的栏杆扶手连接件放样路径，如图2.102所示。单击“模式”面板“√”按钮，完成墙体A的栏杆扶手连接件放样路径的绘制工作。

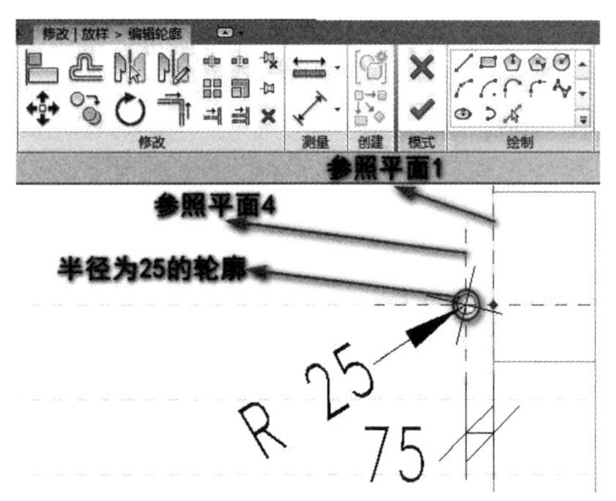

图2.101　沿墙体A的栏杆扶手1的放样轮廓

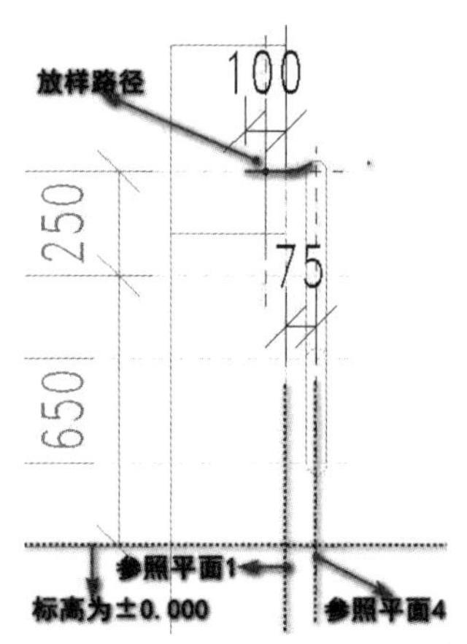

图2.102　墙体A的栏杆扶手连接件放样路径

步骤二十三：单击“修改|放样”选项卡→“放样”面板→“选择轮廓→编辑轮廓”按钮，在弹出的“转到视图”对话框中选择“立面：北”，单击“打开视图”按钮，系统自动切换到“北”立面图且进入“修改|放样＞编辑轮廓”选项卡。选择“修改|放样＞编辑轮廓”选项卡→“绘制”面板→“圆”绘制方式，绘制半径为15mm的圆形轮廓，如图2.103所示。单击“模式”面板“√”按钮，完成墙体A的栏杆扶手连接件放样轮廓的绘制工作。再次单击“模式”面板“√”按钮，完成沿墙体A的栏杆扶手连接件的放样工作。

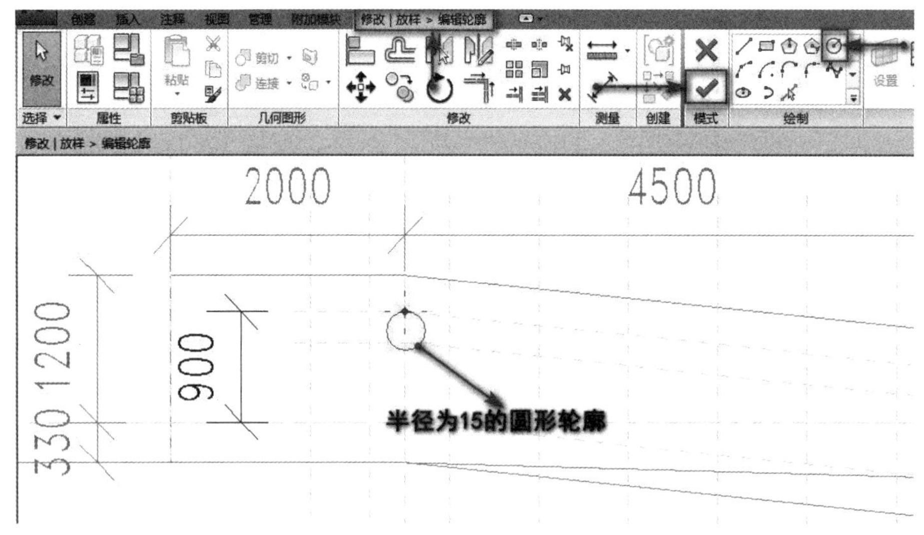

图2.103　墙体A的栏杆扶手连接件放样路径

步骤二十四：切换到“西”立面视图。选中刚刚创建的沿墙体A的栏杆扶手连接件，单击“修改”面板→“复制”按钮，选项栏选中“约束”复选框，垂直向下输入“250”，复制生成栏杆扶手连接件A，如图2.104所示。

步骤二十五：切换到“南”立面视图。选中沿墙体A的栏杆扶手连接件及栏杆扶手连接件A，单击“修改”面板→“复制”按钮，选项栏选中“约束”复选框，水平往右输入“300”，复制生成两个新的栏杆扶手连接件，如图2.105所示。

步骤二十六：选中沿墙体A的栏杆扶手连接件及栏杆扶手连接件A，单击“修改”面板→“复制”按钮，

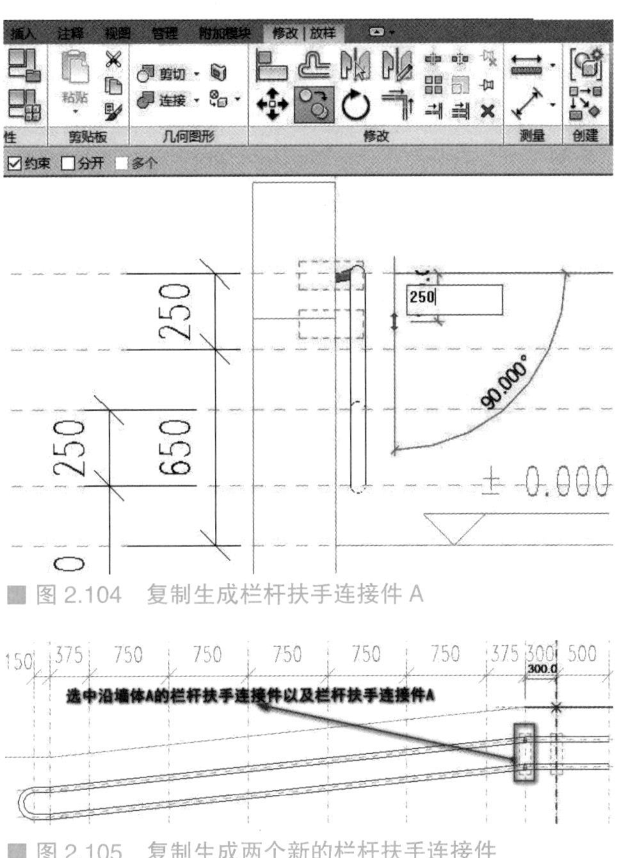

■ 图 2.104　复制生成栏杆扶手连接件 A

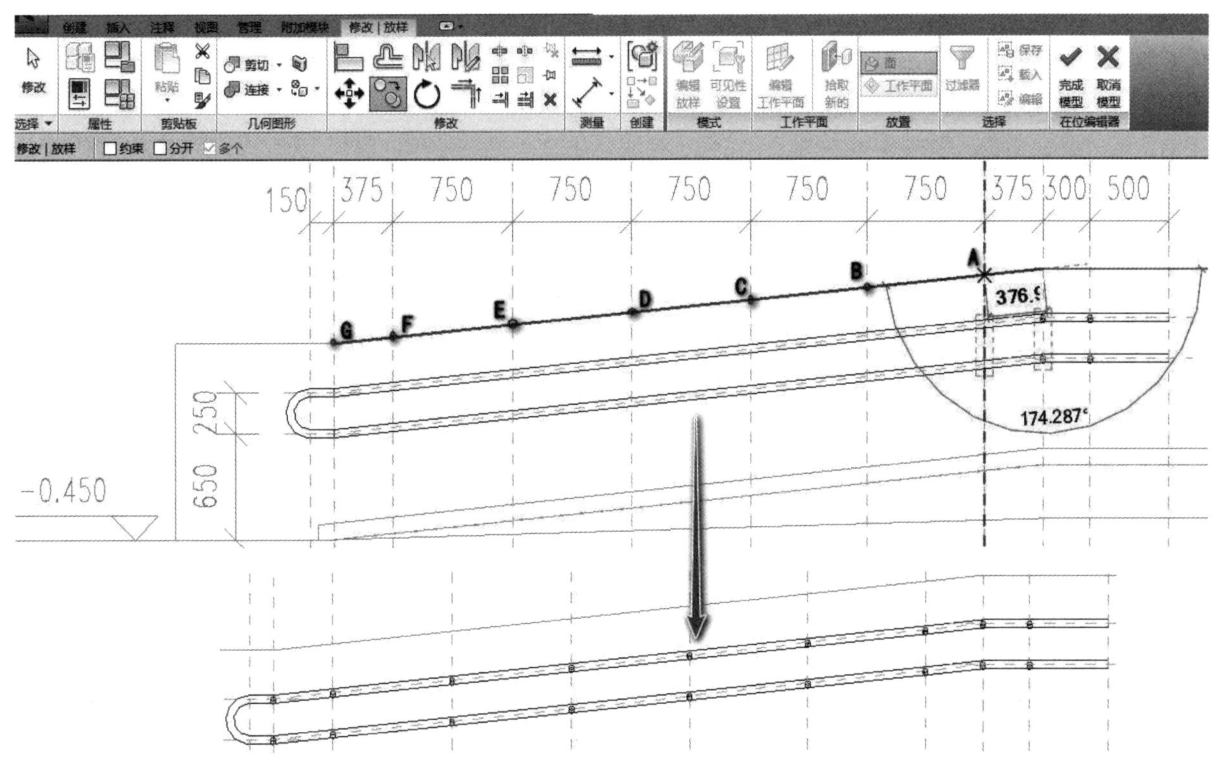

■ 图 2.105　复制生成两个新的栏杆扶手连接件

选项栏不选中“约束”复选框，选中“多个”复选框，A 点作为复制基点，分别在 B、C、D、E、F、G 点单击鼠标左键（A、B、C、D、E、F、G 点均在一条直线上，且此直线与无障碍坡道顶面平行），则复制生成如图 2.106 所示的栏杆扶手连接件。

■ 图 2.106　复制生成栏杆扶手连接件

步骤二十七：分别选中靠近墙体 A 的栏杆扶手和连接件，设置左侧“属性”对话框中的“材质和装饰”选项组下的“材质”为“不锈钢”。单击“在位编辑器”面板→“完成模型”按钮，则完成了靠近墙体 A 的栏杆扶手和连接件的创建工作。

步骤二十八：切换到“标高 1”楼层平面视图。单击“建筑”选项卡→“构建”面板→“构件”下拉列表→“内建模型”按钮，在弹出的“族类别和族参数”对话框中“族类别”设置为“常规模型”，单击“确定”按钮，在弹出的“名称”对话框中，名称不修改，直接单击“确定”按钮即可。

步骤二十九：单击“创建”选项卡→“工作平面”面板→“设置”按钮，在弹出的“工作平面”对话框中选中“拾取一个平面”选项，单击“确定”按钮。拾取“参照平面 2”作为工作平面，在弹出的“转到视图”对话框中选择“立面：南”，单击“打开视图”按钮，系统直接切换到“南”立面视图且进入“修改 | 放样”选项卡。

步骤三十：单击“修改 | 放样”选项卡→“放样”面板→“绘制路径”按钮，进入“修改 | 放样 > 绘制路径”选项卡，分别选择“绘制”面板→“直线”“起点 - 终点 - 半径弧”绘制方式，绘制墙体 B 上栏杆扶手放样路径，如图 2.107 所示。单击“模式”面板“√”按钮，完成墙体 B 上栏杆扶手放样路径的绘制工作。

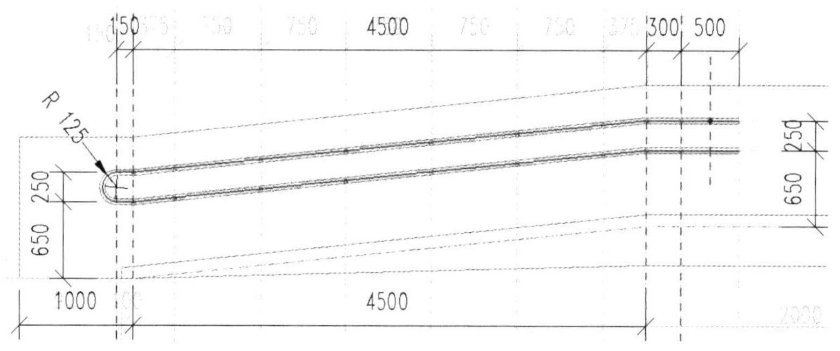

图 2.107　墙体 B 上栏杆扶手放样路径

步骤三十一：单击“修改 | 放样”选项卡→“放样”面板→“选择轮廓→编辑轮廓”按钮，在弹出的“转到视图”对话框中选择“立面：东”，单击“打开视图”按钮，系统自动切换到“东”立面图且进入“修改 | 放样 > 编辑轮廓”选项卡。选择“修改 | 放样 > 编辑轮廓”选项卡→“绘制”面板→“圆”绘制方式，绘制半径为 25mm 的圆形轮廓，如图 2.108 所示。单击“模式”面板“√”按钮，完成墙体 B 上栏杆扶手放样轮廓的绘制工作。再次单击“模式”面板“√”按钮，完成墙体 B 上栏杆扶手的放样工作。选中刚刚创建的墙体 B 上的栏杆扶手，设置左侧“属性”对话框中的“材质和装饰”选项组下的“材质”为“不锈钢”。

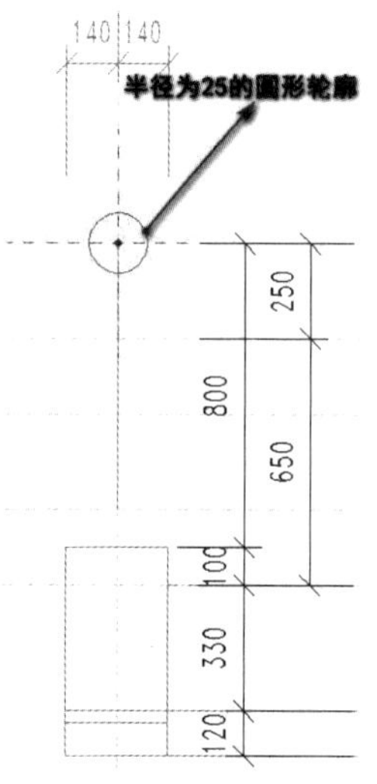

图 2.108　墙体 B 上栏杆扶手的放样轮廓

步骤三十二：切换到“标高 1”楼层平面视图。单击“创建”选项卡→“工作平面”面板→“设置”按钮，在弹出的“工作平面”对话框中选中“拾取一个平面”选项，单击“确定”按钮。拾取“参照平面 2”作为工作平面，在弹出的“转到视图”对话框中选择“立面：南”，单击“打开视图”按钮，系统自动切换到“南”立面视图且进入“修改 | 放样”选项卡。单击“修改 | 放样”选项卡→“放样”面板→“绘制路径”按钮，进入“修改 | 放样 > 绘制路径”选项卡，选择“绘制”面板→“直线”绘制方式，绘制墙体 B 上立柱 1 的放样路径，如图 2.109 所示。单击“模式”面板“√”按钮，完成墙体 B 上立柱 1 放样路径的绘制工作。

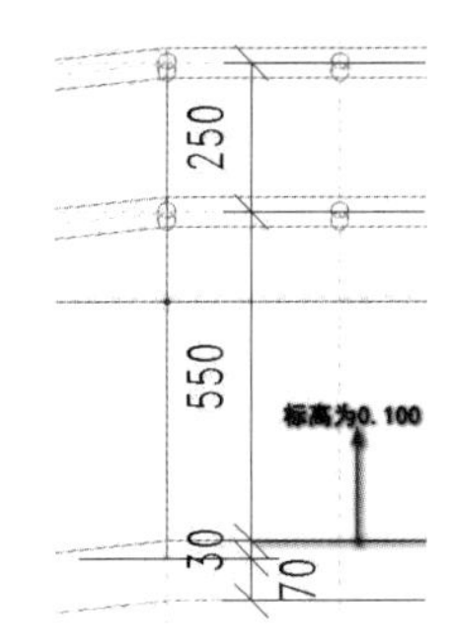

■ 图 2.109　墙体 B 上立柱 1 的放样路径

步骤三十三：单击“修改 | 放样”选项卡→“放样”面板→“选择轮廓→编辑轮廓”按钮，在弹出的“转到视图”对话框中选择“楼层平面：标高 1”，单击“打开视图”按钮，退出“转到视图”对话框，系统自动切换到“标高 1”楼层平面视图且进入“修改 | 放样 > 编辑轮廓”选项卡。选择“修改 | 放样 > 编辑轮廓”选项卡→“绘制”面板→“圆”绘制方式，绘制半径为 25mm 的圆形轮廓，如图 2.110 所示，单击“模式”面板“√”按钮，完成墙体 B 上的立柱 1 放样轮廓的绘制工作。再次单击“模式”面板“√”按钮，完成墙体 B 上立柱 1 的放样工作。选中刚刚创建的墙体 B 上的立柱 1，设置左侧“属性”对话框中的“材质和装饰”选项组下的“材质”为“不锈钢”。

步骤三十四：切换到“南”立面视图。选中刚刚创建的墙体 B 上立柱 1，单击“修改”面板→“复制”按钮，选项栏选中“约束”复选框，水平往右输入“300.0”，复制生成墙体 B 上立柱 2，如图 2.111 示。

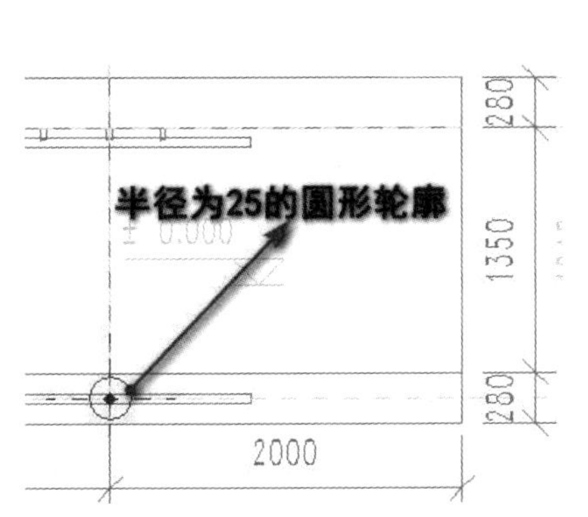

■ 图 2.110　墙体 B 上立柱 1 的放样轮廓

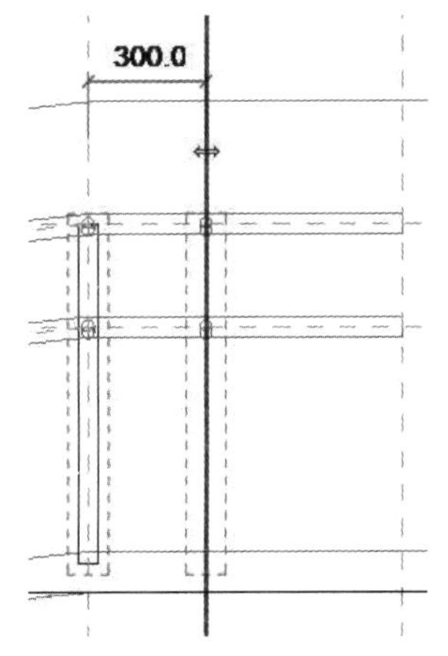

■ 图 2.111　复制生成墙体 B 上的立柱 2

步骤三十五：选中墙体 B 上立柱 1，单击“修改”面板→“复制”按钮，选项栏不选中“约束”复选框，选中“多个”复选框，如图 2.112 所示。A 点作为复制基点，分别在 B、C、D、E、F、G 点单击鼠标左键（A、B、C、D、E、F、G 点均在一条直线上，且此直线与无障碍坡道顶面平行），则复制生成如图 2.112 所示的墙体 B 上的立柱。

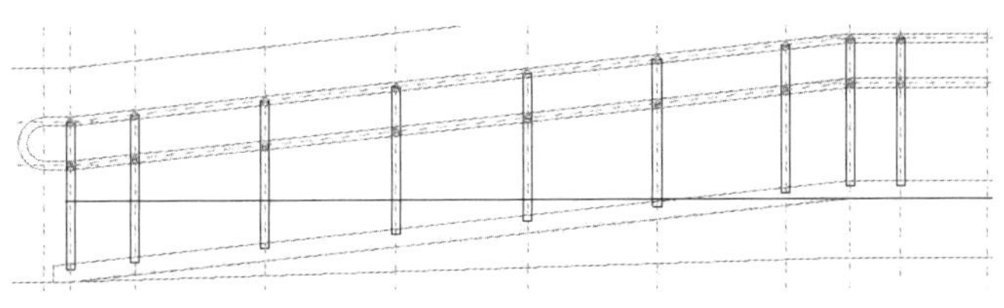

■ 图 2.112　复制生成墙体 B 上的立柱

步骤三十六：单击“在位编辑器”面板→“完成模型”按钮，则完成了栏杆扶手和连接件及立柱的创建工作。切换到三维视图，查看创建的栏杆扶手、连接件、立柱的三维样式，如图 2.113 所示。

步骤三十七：单击“视图”选项卡→“创建”面板→“剖面”按钮，创建 1—1 剖面图、2—2 剖面图和 3—3 剖面图，如图 2.114 所示。

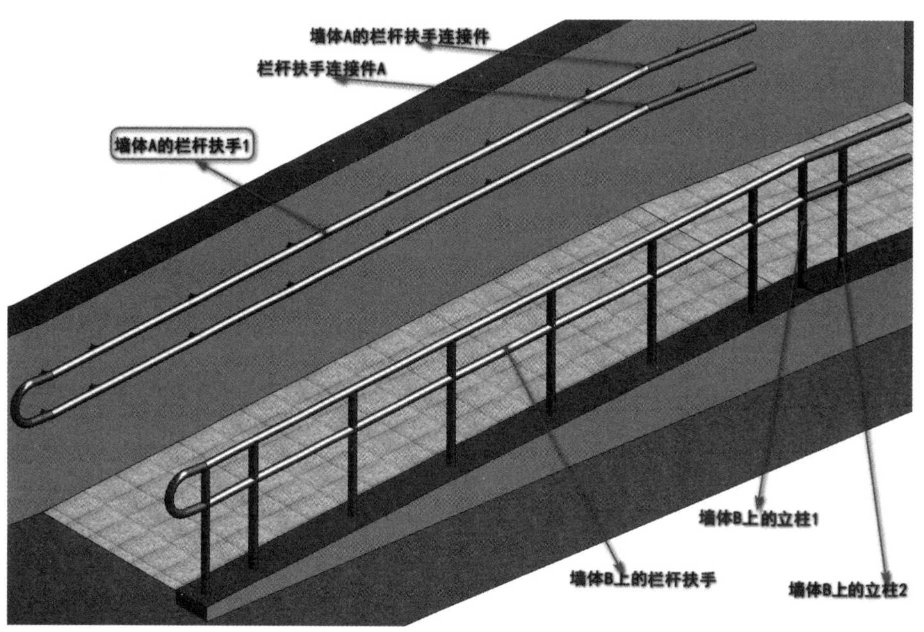

图 2.113　栏杆扶手、连接件、立柱的三维样式

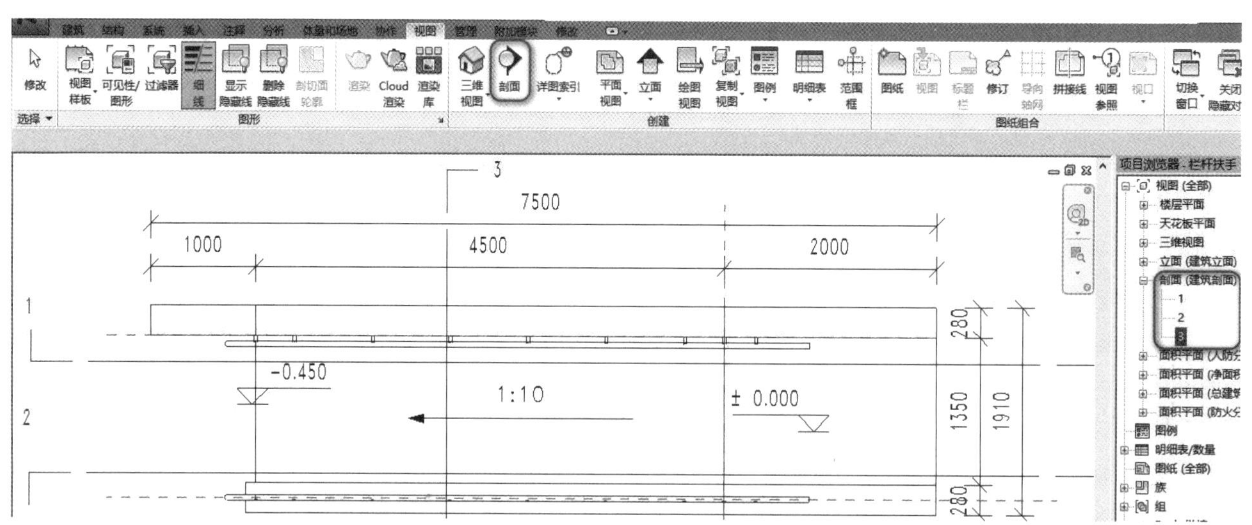

图 2.114　创建 1—1 剖面图、2—2 剖面图和 3—3 剖面图

步骤三十八：分别切换到“1—1 剖面图”“2—2 剖面图”和“3—3 剖面图”视图。单击“注释”选项卡→“尺寸标注”面板→“线性尺寸标注”按钮，进行尺寸标注。单击“注释”选项卡→“尺寸标注”面板→“高程点”按钮进行高程标注。单击“注释”选项卡→“尺寸标注”面板→“高程点坡度”按钮，标注坡度。尺寸标注结果如图 2.115 ～图 2.117 所示。

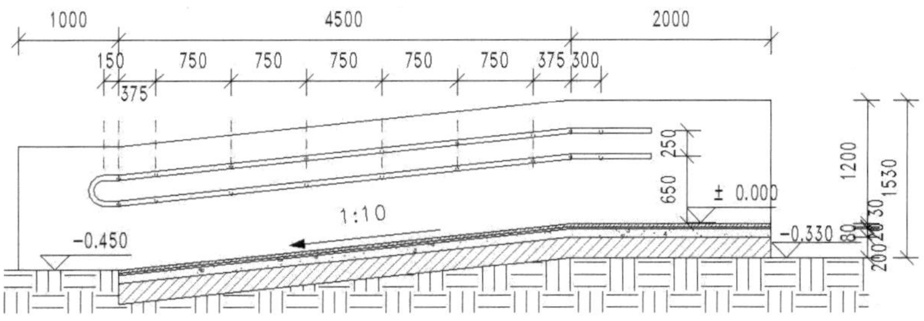

图 2.115　1—1 剖面图

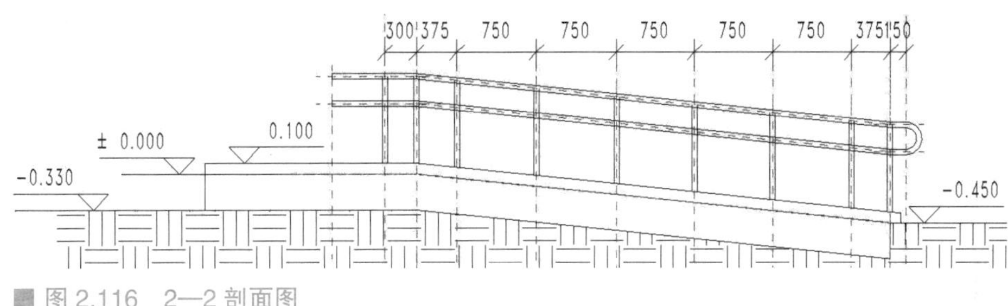

图 2.116　2—2 剖面图

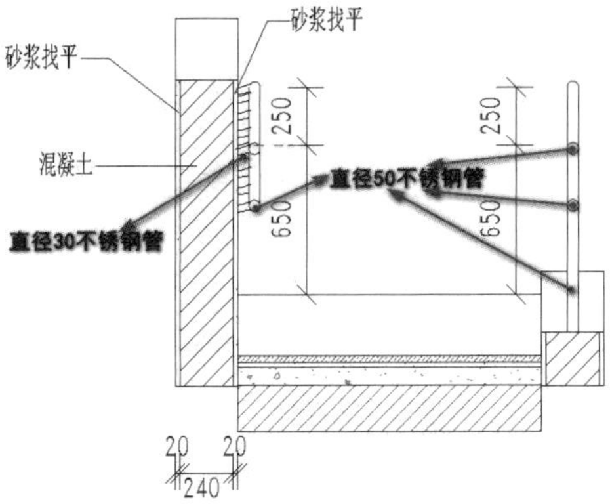

图 2.117　3—3 剖面图

步骤三十九：切换到三维视图，查看创建的栏杆扶手三维样式。将模型文件以“栏杆扶手 + 考生姓名”为文件名保存到考生文件夹中。

至此，本题建模结束。

【本题小结】

第十五期一级考题中，首次出现了关联题，即第一题要求建立无障碍坡道，第二题要求在已经建立好无障碍坡道基础上建立栏杆扶手；若是第一题题目看不懂，甚至没思路，那么第二题基本拿不到分；因此从某种意义上来说，增加了考试的难度，但是笔者认为这样的思路对于引导考生熟悉实际项目且考取证书的目的是更好地在实际项目中应用 BIM 相关建模技能是很有意义的。

第三节 真题实战演练

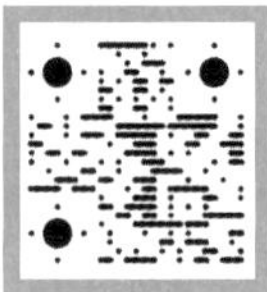

题目一：第一期全国 BIM 技能等级考试一级试题第四题“双扇窗”

双扇窗，属于规则对称性的，使用拉伸命令绘制即可；但是由于各个尺寸通过参数控制，故增加了建模的难度和复杂性；此外注意根据题目要求建立族，选择合适的族样板；窗族包含窗框、窗扇、参数化和二维表达等。

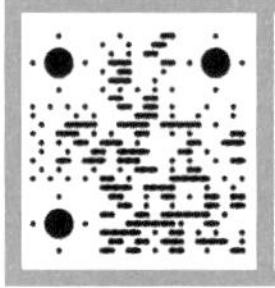

题目二：第四期全国 BIM 技能等级考试一级试题第四题“栏杆”

题目三：第五期全国 BIM 技能等级考试一级试题第四题“椅子”

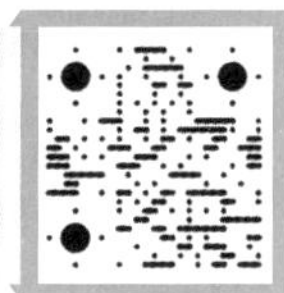

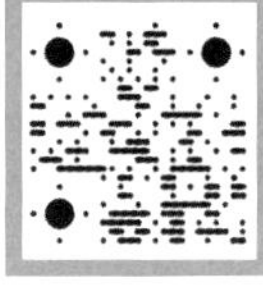

题目四：第六期全国 BIM 技能等级考试一级试题第三题“螺母”

题目五：第七期全国 BIM 技能等级考试一级试题第三题“榫卯结构”

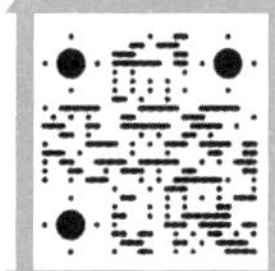

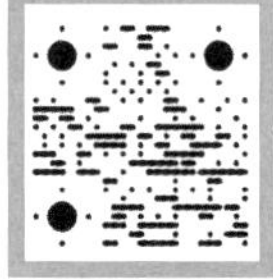

题目六：第八期全国 BIM 技能等级考试一级试题第四题“U 形墩柱”

题目七：第九期全国 BIM 技能等级考试一级试题第四题“直角支吊架”

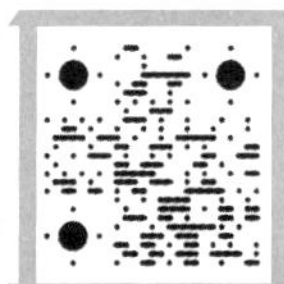

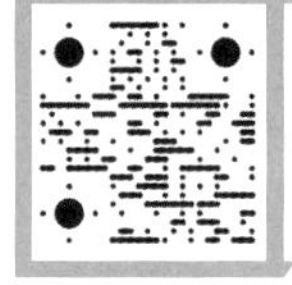

题目八：第二期全国 BIM 技能等级考试一级试题第二题“台阶”

题目九：第十一期全国 BIM 技能等级考试一级试题第三题“鸟居”

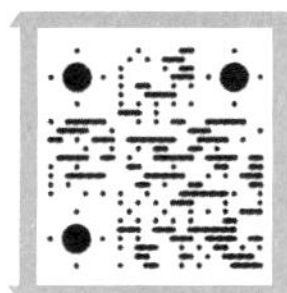

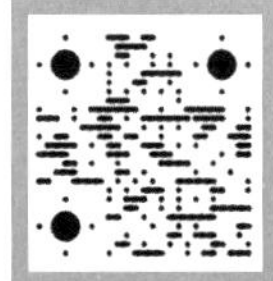

题目十：第十三期全国 BIM 技能等级考试一级试题第一题“砌块”

题目十一：第十四期全国 BIM 技能等级考试一级试题第一题“六边形门洞”

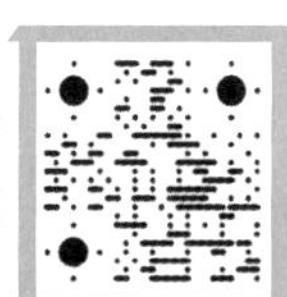

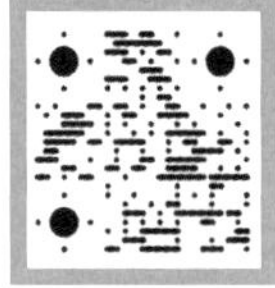

题目十二：第十四期全国 BIM 技能等级考试一级试题第二题“桥墩”

题目十三：第十六期全国 BIM 技能等级考试一级试题第二题“园林木桥”

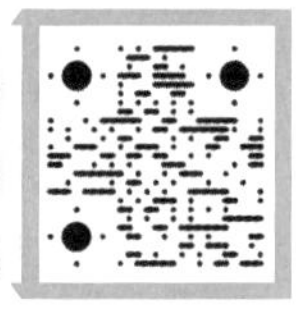

本专项考点重点讲述了族的创建方法，同时精选了若干道比较经典的真题进行了详细的解析，最后把往期考过的建族的真题设计成真题实战演练。只要读者认真研读本专题内容，同时加强训练，快速掌握族的创建是可以做到的。

3 CHAPTER 概念体量

思维导图

专项考点二 概念体量

- 第一节 创建面墙、面屋顶、面幕墙系统和面楼板
  - 一、创建面墙
  - 二、创建面屋顶
  - 三、创建面幕墙系统
  - 四、创建体量楼层和面楼板
    - 1.创建体量楼层
    - 2.创建面楼板
- 第二节 创建三维体量模型
  - 一、体量的基本概念
  - 二、体量的创建方式
    - 1.新建内建体量
    - 2.创建概念体量
  - 三、初识三维空间
  - 四、内建体量与概念体量的区别与联系
  - 五、在面上绘制和在工作平面上绘制
  - 六、工作平面、模型线、参照线
  - 七、体量基本形状的创建
    - 1.拉伸
      - （1）拉伸模型：单一截面轮廓（闭合）
      - （2）拉伸曲面：单一截面轮廓（开放）
    - 2.旋转
    - 3.放样（扫描）
    - 4.放样融合
  - 八、实心与空心的剪切
  - 九、体量与构件族模型创建的区别
- 第三节 经典真题解析
  - 第三期全国BIM技能等级考试一级试题第三题“杯形基础”
  - 第五期全国BIM技能等级考试一级试题第三题“水塔”
- 第四节 真题实战演练
  - 第一期全国BIM技能等级考试一级试题第一题“体量”
  - 第二期全国BIM技能等级考试一级试题第四题“斜墙”
  - 第四期全国BIM技能等级考试一级试题第三题“牛腿柱”
  - 第六期全国BIM技能等级考试一级试题第四题“体量楼层”
  - 第七期全国BIM技能等级考试一级试题第四题“仿央视大厦”
  - 第八期全国BIM技能等级考试一级试题第三题“体量模型”
  - 第九期全国BIM技能等级考试一级试题第三题“建筑形体”
  - 第十期全国BIM技能等级考试一级试题第三题“柱脚”
  - 第十一期全国BIM技能等级考试一级试题第二题“桥面板”
  - 第十二期全国BIM技能等级考试一级试题第三题“方圆大厦”
  - 第十三期全国BIM技能等级考试一级试题第三题“拱桥”
  - 第十四期全国BIM技能等级考试一级试题第三题“建筑体量”
  - 第十五期全国BIM技能等级考试一级试题第三题“隧道”
  - 第十六期全国BIM技能等级考试一级试题第三题“高塔”

专项考点数据统计

专项考点概念体量数据统计表

期 数	题目	题目数量	难易程度	备注
第一期	第一题“体量”	1	中等	需要载入项目文件中统计体积
第二期	第一题“斜墙”	1	中等	题目新颖
第三期	第三题“杯形基础”	1	中等	题目经典
第四期	第三题“牛腿柱”	1	简单	
第五期	第三题“水塔”	1	困难	题量很大，细节很多
第六期	第四题“体量楼层”	1	中等	
第七期	第四题“仿央视大厦”	1	困难	识图是关键
第八期	第三题“体量模型”	1	中等	与第七期第四题相似
第九期	第三题“建筑形体”	1	中等	
第十期	第三题“柱脚”	1	中等	与第三期第三题相似
第十一期	第二题“桥面板”	1	中等	
第十二期	第三题“方圆大厦”	1	中等	
第十三期	第三题“拱桥”	1	中等	
第十四期	第三题“建筑体量”	1	中等	建设协会初级原来考过的考题
第十五期	第三题“隧道”	1	中等	
第十六期	第三题“高塔”	1	中等	

说明：16期考试中，专项考点概念体量的题目每期必考一道，故掌握专项考点概念体量对于通过考试很关键；此外某些考题会重复出现，说明研究真题、训练真题是非常重要的。

在全国BIM技能等级一级考试中，概念体量也是每期必考的重点，体量形状创建方式灵活，生产何种形状由软件智能判断，一级考试目前仍然以组合形状考查为主。因此作为备考人员而言，必须熟练掌握概念体量的相关概念及具体的应用。

概念体量的创建过程与族的创建过程十分相似，也可以为体量模型添加参数，以方便在调用时可以通过添加参数调节体量形状，添加参数的过程与添加族参数的过程一样，对于形状不太规则的体量可以分开来绘制，然后使用“连接几何形状”工具进行连接。要切割一个体量，需要在一个实心体量在位编辑的情况下绘制一个空心体量，单独绘制空心体量会提示没有切割的图元而无法完成。

通过本专项考点的学习，熟练掌握以下内容。

①拉伸、旋转、放样和放样融合命令的综合使用；②实心形状及空心形状的灵活应用；③创建三维体量模型；④明细表统计体积；⑤明细表统计面积；⑥使用面模型将体量模型转换成建筑模型。

第一节　创建面墙、面屋顶、面幕墙系统、体量楼层和面楼板

一、创建面墙

步骤一：打开软件→在应用界面中单击“建筑样板”按钮，新建一个项目。单击“建筑”选项卡→“构建”面板→“构件”→“内建模型”按钮，系统自动弹出“族类别和族参数”对话框，选择“常规模型”选项。在弹出的“名称”对话框中输入其名称为“模型1”，单击“确定”按钮，完成公制常规内建族的创建，如图3.1所示。

【创建体量和内建族】

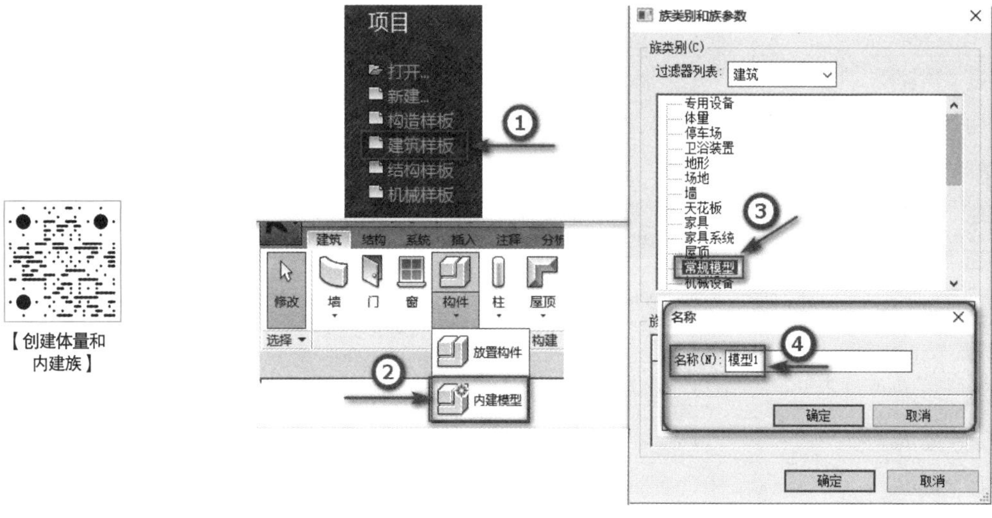

■ 图3.1　创建公制常规内建族

步骤二：在族编辑器中单击“创建”选项卡→“形状”面板→“拉伸”按钮，进入“修改 | 拉伸”选项卡，选择“绘制”面板→“矩形”绘制方式，绘制一个边长为6000mm的正方形，设置左侧“属性”对话框“限制条件”为“拉伸起点：0.0；拉伸终点：6000.0”，单击“模式”面板“√”按钮，则创建了一个长、宽、高均为6000mm的正方体，完成后单击“在位编辑器”面板“完成模型”按钮，完成内建模型的创建，如图3.2所示。

【面墙】

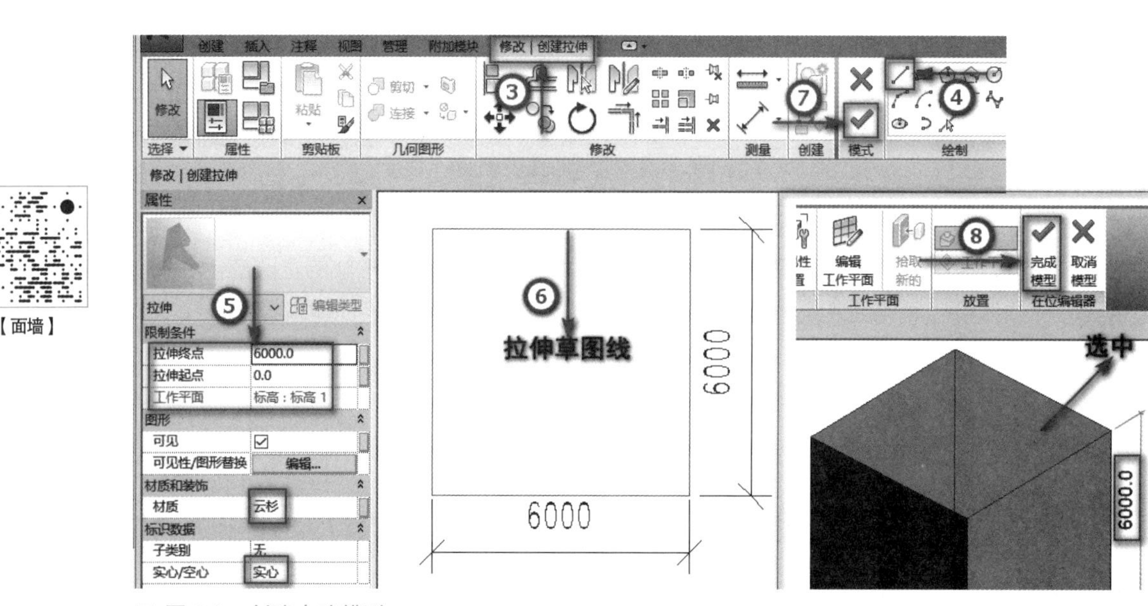

■ 图3.2　创建内建模型

步骤三：单击“体量与场地”选项卡→“面模型”面板→“墙”按钮，添加两面面墙，如图 3.3 所示。

步骤四：选中内建模型，单击“在位编辑”按钮，修改常规模型的长度为 9000mm，如图 3.4 中⑤所示。当面墙处于选中状态，单击“修改 | 墙”选项卡→“面模型”面板“面的更新”按钮，面墙长度更新为 9000mm，如图 3.4 中⑨所示。

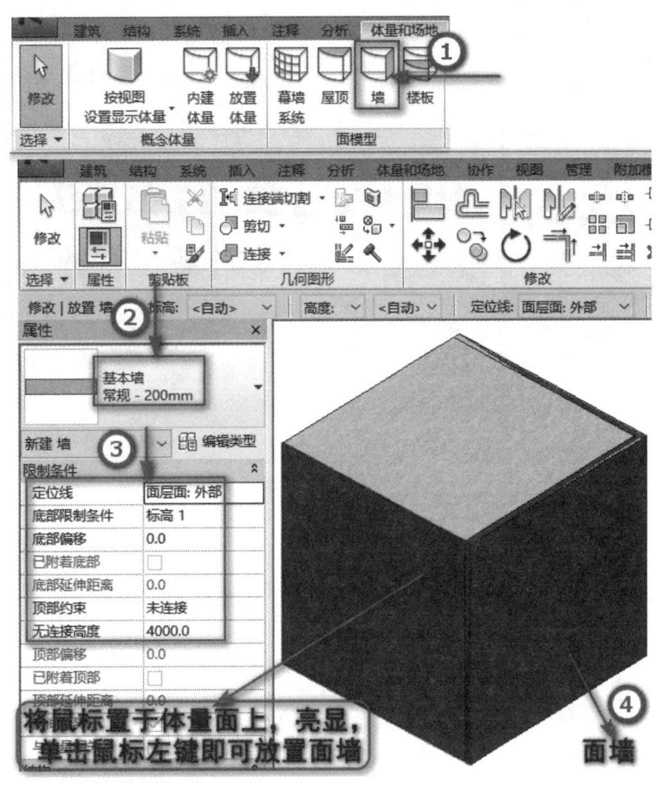

■ 图 3.3　添加两面面墙

■ 图 3.4　“面的更新”

二、创建面屋顶

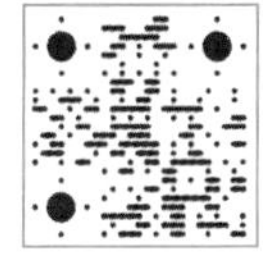

【面屋顶】

在刚建好的面墙的基础上，创建面屋顶。

步骤一：单击“体量与场地”选项卡→“面模型”面板→“屋顶”按钮，打开“修改 | 放置面屋顶”选项卡，然后在“属性”对话框中的类型选择器下拉列表中选择一种屋顶类型（如果需要，可以在选项栏上指定屋

顶的标高）。单击“修改 | 放置面屋顶”选项卡→“多重选择”面板“选择多个”按钮，移动光标以高亮显示某个面，单击以选择该面。通过在“属性”对话框中修改屋顶的“已拾取的面的位置”属性，可以修改屋顶的拾取面位置为顶部或底部，如图 3.5 所示。

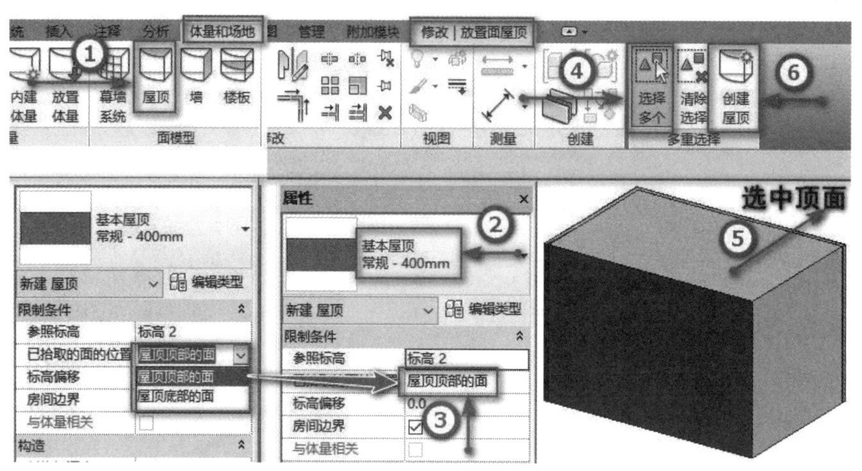

■ 图 3.5　面屋顶创建

再学一招 ▶▶▶

① 单击未选择的面以将其添加到选择中，单击所选的面以将其取消选中，光标将指示是正在添加（+）面还是正在取消（−）面。

② 要清除选择并重新开始选择，请单击“修改 | 放置面屋顶”选项卡→“多重选择”面板→“清除选择”按钮。

步骤二：在选中所需的面以后，单击“修改 | 放置面屋顶”选项卡→“多重选择”面板→“创建屋顶”按钮，面屋顶就创建完成了，如图 3.5 所示。

特别提示 ▶▶▶

① 面幕墙系统、面屋顶、面墙都可以基于体量形状和常规模型的面进行创建，但是面楼板只支持体量楼层来创建。

② 面幕墙没有面的局限，但是面墙有限制，所拾取的面必须不平行于标高。

③ 面屋顶的创建要求：所拾取的面不完全垂直于标高。

三、创建面幕墙系统

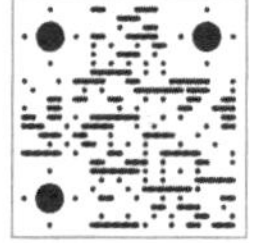

【幕墙系统】

使用“面幕墙系统”工具在任何体量面或常规模型面上创建幕墙系统。

步骤一：单击“体量和场地”选项卡→“面模型”面板→“幕墙系统”按钮，在类型选择器下拉列表中选择一种幕墙系统类型，使用带有幕墙网格布局的幕墙系统类型。

步骤二：从一个内建模型面创建幕墙系统，单击“修改 | 放置面幕墙系统”选项卡→“多重选择”面板→“选择多个”按钮，移动光标以高亮显示某个面，单击选择该面。

再学一招 ▶▶▶

如果需要增加未选中的面，则需要先单击未选择的面以将其添加到选择中；要清除选择的面并重新开始选择，可单击“修改 | 放置面幕墙系统”选项卡→“多重选择”面板→“清除选择”按钮。

步骤三：在所需的面处于选中状态下，单击“修改 | 放置面幕墙系统”选项卡→“多重选择”面板→“创建系统”按钮，面幕墙系统就创建完成了。

创建面幕墙系统过程和结果如图 3.6 所示。

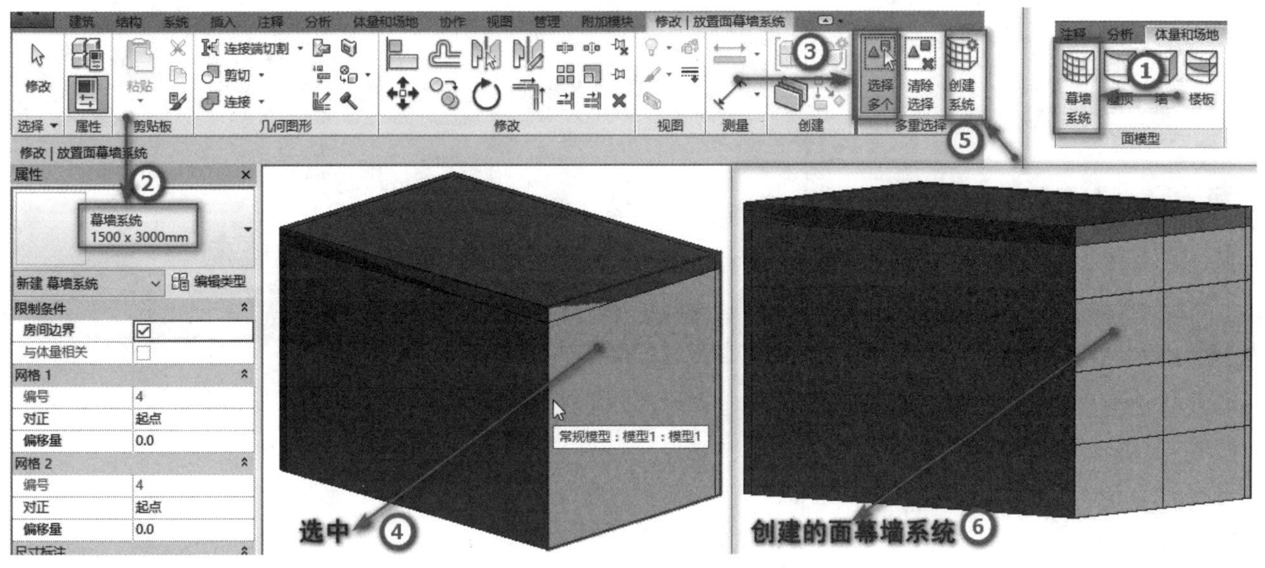

■ 图 3.6　面幕墙系统创建

特别提示 ▶▶▶

① 当无法编辑幕墙系统的轮廓时，请先放置一面幕墙。

② 光标指示是（+）添加面或（−）删除面，若已选择了某一面，而光标仍在该面则显示为（−）。

四、创建体量楼层和面楼板

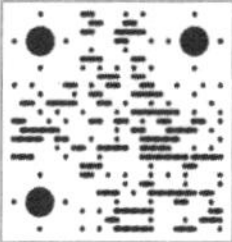

【体量楼层和面楼板】

1. 创建体量楼层

步骤一：选择“建筑样板”新建一个项目，切换到“标高 1”楼层平面视图，单击“体量和场地”选项卡→“概念体量”面板→“显示体量形状和楼层”下拉列表→“显示体量 形状和楼层”按钮。

步骤二：单击“内建体量”按钮，会弹出“名称”对话框，按照默认名称即可，单击“确定”按钮，退出“名称”对话框。

步骤三：激活“绘制”面板“模型线”按钮，确认“放置在工作平面上”按钮处于激活状态，且选项栏中“放置平面”为“标高：标高 1”，选择“直线”的绘制方式绘制边长为 8000mm 的正方形模型线。

步骤四：切换到三维视图，选中模型线，单击“形状”面板→“创建形状”下拉列表→“实心形状”按钮，创建实心形状。

步骤五：待模型顶部面处于选中状态时，修改临时尺寸线数值为“9000”，则 8000×8000×9000 的模型就创建好了。

步骤六：单击“在位编辑器”面板“√”按钮，则内建体量 1 创建完毕。创建内建体量 1 的过程和结果如图 3.7 所示。

步骤七：切换到“南”立面视图，创建标高 3 和标高 4。

步骤八：选中体量，单击“修改 | 体量”选项卡→“模型”面板→“体量楼层”按钮，在弹出的“体量楼层”对话框中框选所有标高，单击“确定”按钮，退出“体量楼层”对话框，则创建体量楼层完毕，如图 3.8 所示。

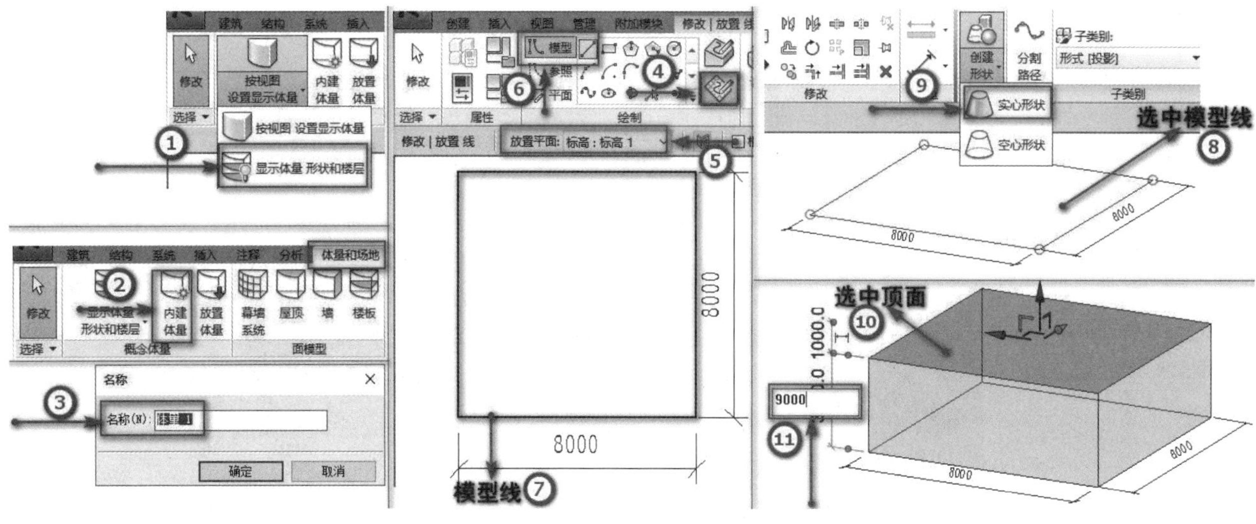

■ 图 3.7　创建内建体量 1

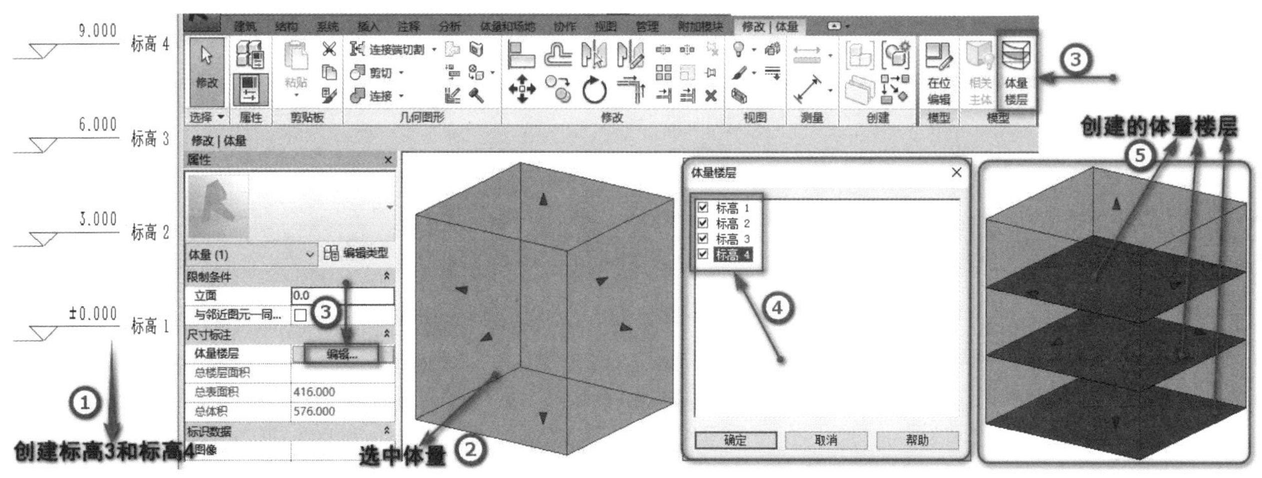

■ 图 3.8　创建体量楼层

再学一招 ▶▶▶

在创建体量楼层和面楼板之前，需要先将标高添加到项目中。体量楼层是基于在项目中定义的标高创建的，待标高创建完成之后，在任何类型的项目视图（包括楼层平面、天花板平面、立面、剖面和三维视图）中选择体量，并单击“修改 | 体量”选项卡→“模型”面板→“体量楼层”按钮，在弹出的“体量楼层”对话框中选择需要创建体量楼层的各个标高，单击“确定”按钮，则在体量与标高交叉位置自动生成楼层面，即可创建体量楼层。

步骤九：在创建体量楼层后，可以选择某个体量楼层，以查看其属性，包括面积、周长、外表面积和体积，并指定其用途，如图 3.9 所示。

特别提示 ▶▶▶

① 如果你选择的某个标高与体量不相交，则 Revit 不会为该标高创建体量楼层。

② 如果体量的顶面与设定的顶标高重合，则顶面不会生成楼层，如图 3.9 所示。

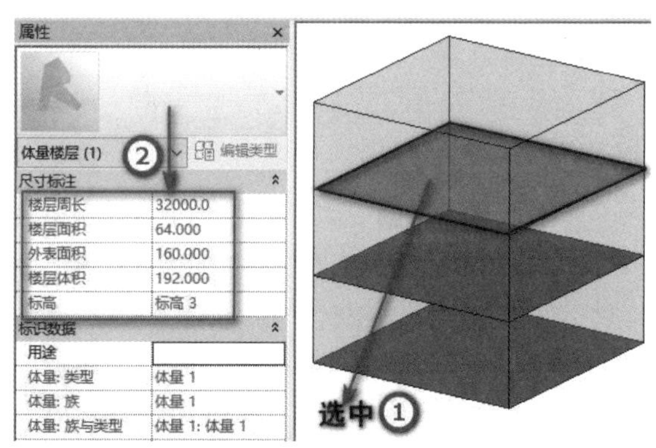

■ 图 3.9　查看体量楼层

2. 创建面楼板

创建面楼板需要在创建体量楼层的基础上，使用“楼板”工具或者“面楼板”工具。

单击“体量和场地”选项卡→“面模型”面板→“楼板”按钮，在“属性”对话框的类型选择器下拉列表中选择一种楼板类型。单击“修改 | 放置面楼板”选项卡→“多重选择”面板→“选择多个”按钮，移动光标单击以选择体量楼层，或框选多个体量楼层，然后单击“修改 | 放置面楼板”选项卡→“多重选择”面板→“创建楼板”按钮，即可完成面楼板的创建，如图 3.10 所示。

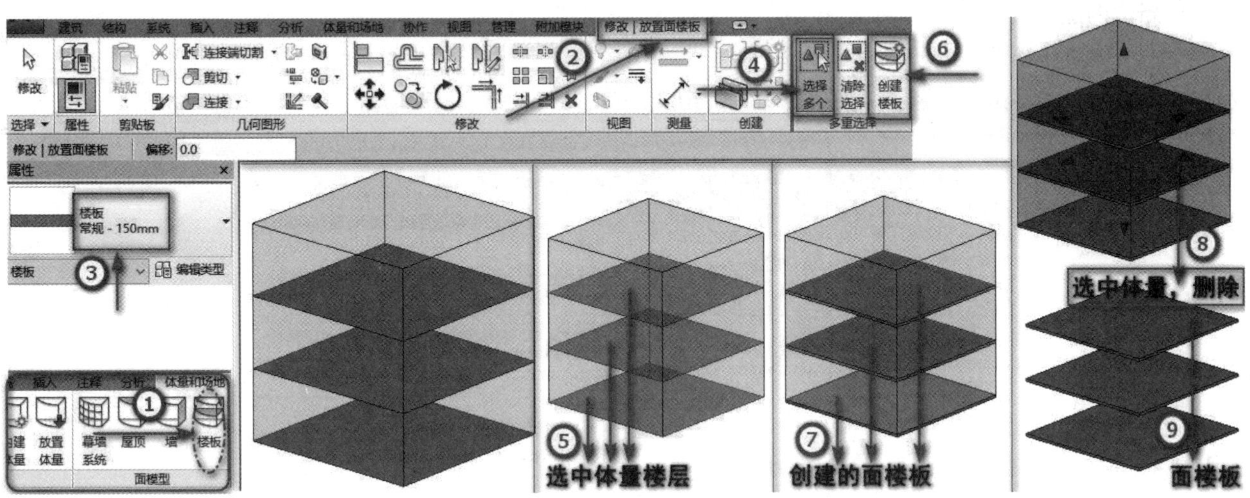

■ 图 3.10　面楼板的创建

再学一招 ▶▶▶

① 通过体量面模型生成的构件只是添加在体量表面，体量模型并没有改变，可以对体量进行更改，并可以完全控制这些图元的再生成。

② 单击“体量和场地”选项卡→“概念体量”面板→“按视图 设置显示体量”下拉列表→“按视图 设置显示体量”按钮，则体量隐藏，只显示建筑构件，即可将概念体量模型转化为建筑设计模型。

第二节　创建三维体量模型

一、体量的基本概念

（1）概念设计环境：为建筑师提供创建可集成到 BIM 中的参数化族体量的环境。通过这种环境，可以直接对设计中的点、线和面进行灵活操作，形成可构建的形状，选用 Revit 软件自带的“公制体量”族样板创建概念体量族的环境，即为概念设计环境的一种。

（2）体量：用于观察、研究和解析建筑形式的过程，分为内建体量和体量族。

（3）内建体量：用于表示项目独特的体量形状，随项目保存于项目之内。

（4）可载入体量族：采用“公制体量”族样板在体量族编辑器中创建，独立保存为扩展名为“.rfa”的族文件，在一个项目中放置体量的多个实例或者在多个项目中需要使用同一体量时，通常使用可载入体量族。

（5）体量面：体量实例的表面，可直接添加建筑图元。

（6）体量楼层：在定义好的标高处穿过体量的水平切面生成的楼层，提供了有关切面上方体量直至下一个切面或体量顶部之间尺寸标注的几何图形信息。

二、体量的创建方式

Revit 提供了内建体量和概念体量两种创建体量的方式，与内建族和可载入族是类似的。

1. 新建内建体量

单击“体量和场地”选项卡→“概念体量”面板→“内建体量”按钮，在弹出的如图 3.11 所示的“名称”对话框中输入内建体量族的名称，然后单击“确定”按钮，即可进入内建体量的建模环境。

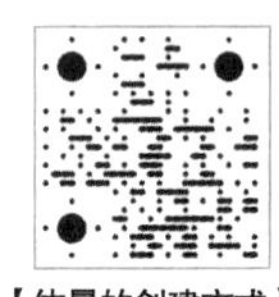

【体量的创建方式】

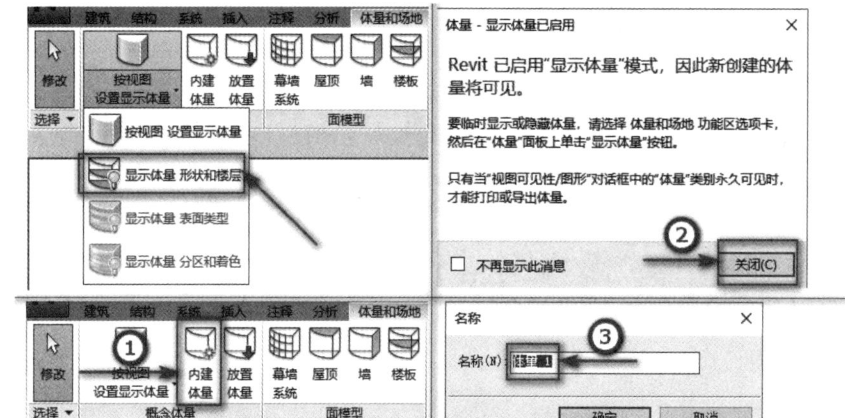

说明：若单击“内建体量”按钮前，激活“显示体量 形状和楼层”按钮，则当单击“内建体量”按钮时，则不会弹出“体量–显示体量已启用”对话框

图 3.11　内建体量

再学一招 ▶▶▶

默认体量为不可见，为了创建体量，可先激活“显示体量”模式。如果在单击“内建体量”时尚未激活“显示体量”模式，则 Revit 会自动将“显示体量”模式激活，并弹出“体量－显示体量已启动”对话框，如图 3.11 所示，直接单击“关闭”按钮即可。

2. 创建概念体量

单击“应用程序菜单”→“新建”→“概念体量”按钮，在弹出的“新建概念体量 - 选择样板文件”对话框中找到并选择“公制体量 .rft”的族样板，单击“打开”按钮进入概念体量建模环境，如图 3.12 所示。

特别提示 ▶▶▶

在概念体量建模环境中的操作界面与“建筑样板”创建项目及与创建“族”的建模操作界面有很多共同之处，这里强调的是在概念体量建模环境中的“绘图区”有三个工作平面，分别是“中心（左／右）”“中心（前／后）”和“标高 1”。当我们要在“绘图区”操作时，需要选择和创建合适的工作平面来进行创建概念体量模型。

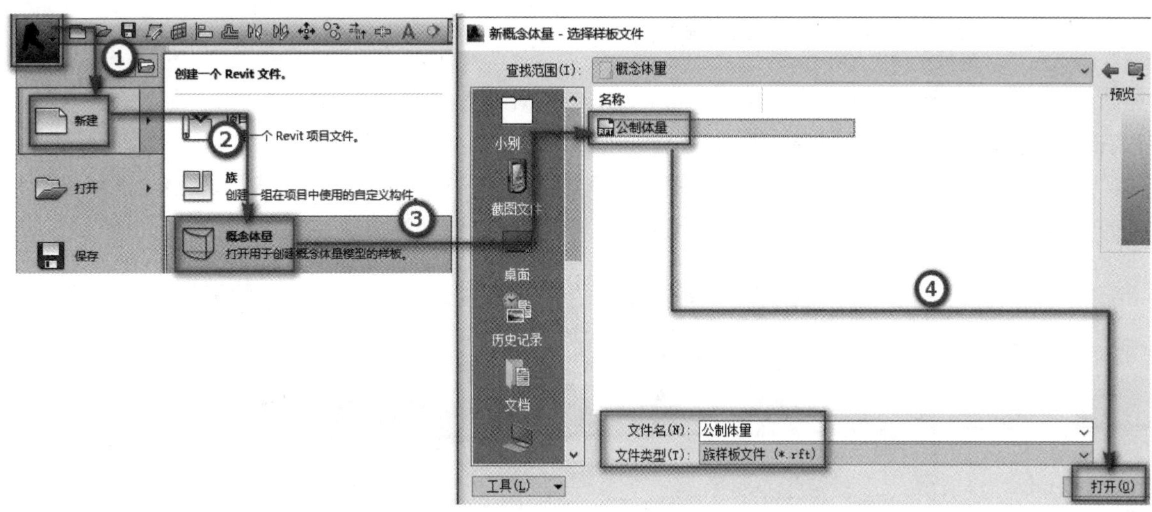

■ 图 3.12　创建体量族

三、初识三维空间

概念体量建模环境默认为三维视图，如图 3.13 所示。当需要创建三维标高定位高程时，可选中三维标高，按住键盘 Ctrl 键垂直拖动鼠标向上，即可以复制多个三维标高，如图 3.13 所示。

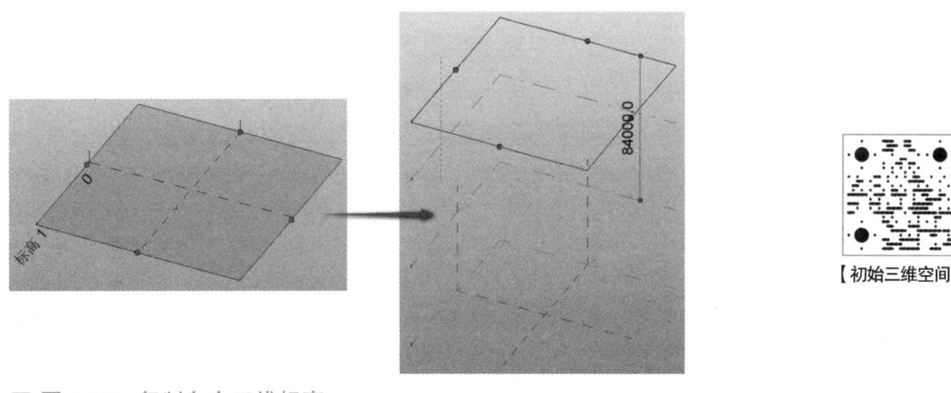

■ 图 3.13　复制多个三维标高

创建实心形状和空心形状无须指定方式，软件可根据操作者的操作内容，自行判断，以可能的方式来生成形状。当多于一个结果时，会提供缩略图。

四、内建体量与概念体量的区别与联系

内建体量与概念体量的区别与联系，如图 3.14 所示。

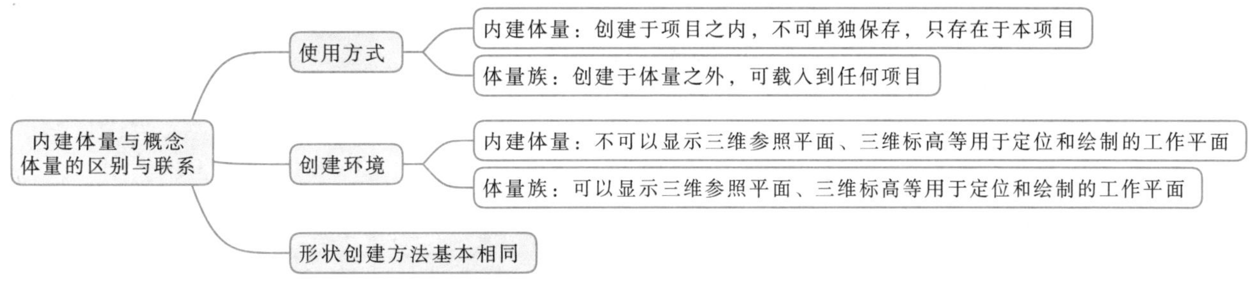

■ 图 3.14　内建体量与概念体量的区别与联系

五、在面上绘制和在工作平面上绘制

在面上绘制即在模型图元的表面上绘制，而在工作平面上绘制即在已绘制好的工作平面上绘制几何图形。

1. 在面上绘制方法（以在面上绘制图为例）

在绘图区绘制几何图形并创建模型，再次单击模型线绘制时，在功能区有两种方式："在面上绘制"和"在工作平面上绘制"。单击"在面上绘制"按钮→选择"圆形"绘制线，在模型表面绘制图形，如图 3.15 所示。

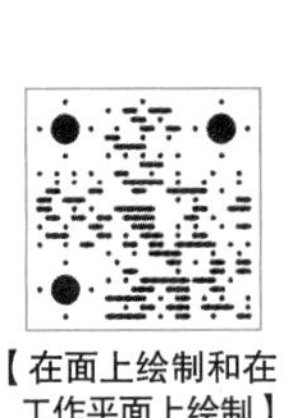

【在面上绘制和在工作平面上绘制】

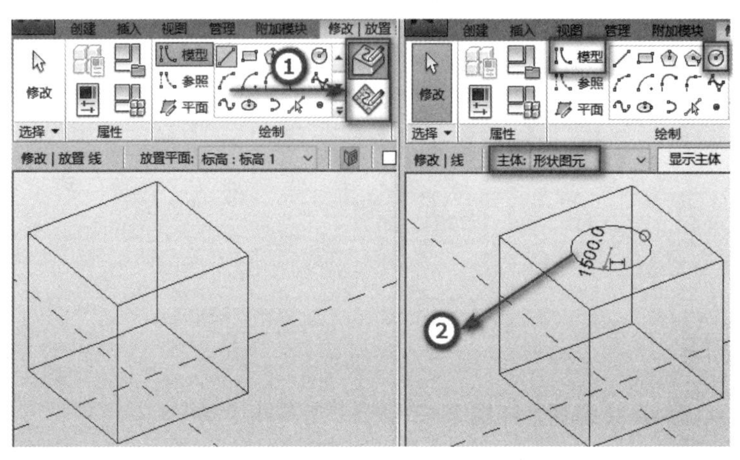

■ 图 3.15　在面上绘制圆

2. 在工作平面上绘制（以在工作平面上绘制模型线为例）

切换到"南"立面视图，在绘图区域绘制一条水平参照平面。单击"修改"选项卡→"工作平面"面板→"设置"按钮，在弹出的"工作平面"对话框中选中"拾取一个平面"选项。拾取刚绘制的参照平面，在弹出的"转到视图"对话框中选中"楼层平面：标高 1"，单击"打开视图"按钮。绘制任意的几何图形，切换到三维视图，如图 3.16 所示。

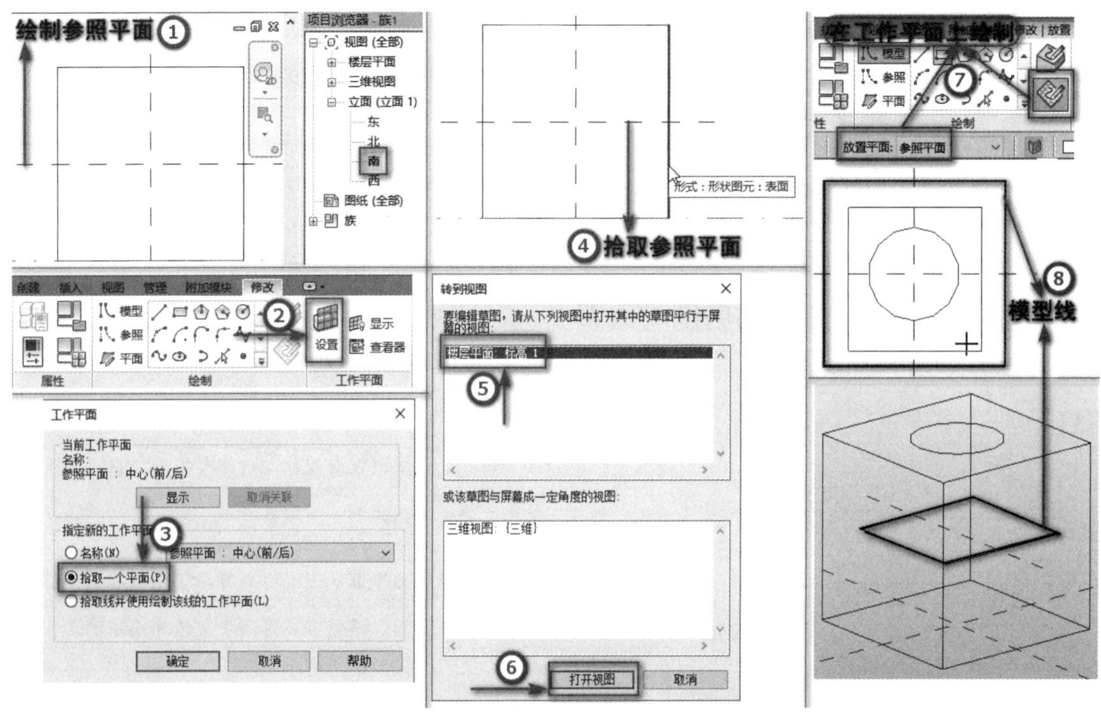

■ 图 3.16　在工作平面上绘制模型线

六、工作平面、模型线、参照线

根据实际情况，选择合适的工作平面创建模型线或参照线。选择绘制的这些模型线或参照线，单击“形状”面板→“创建形状”下拉列表→“实心形状”或者“空心形状”按钮，创建三维体量模型。工作平面、模型线、参照线是创建体量的基本要素。另外，在概念体量建模环境（体量族编辑器）中创建体量时，工作平面、模型线、参照线的使用比构件族的创建更加灵活，这也是体量族和构件族创建的最大区别。

1. 工作平面

工作平面是一个用作视图或绘制图元起始位置的虚拟二维表面。工作平面的形式包括模型表面所在面、三维标高、视图中默认的参照平面或绘制的参照平面、参照点上的工作平面。

（1）模型表面所在面：拾取已有模型图元的表面所在面作为工作平面。在族编辑器三维视图中，单击“创建”选项卡→“工作平面”面板→“设置”按钮，再拾取一个已有图元的一个表面来作为工作平面，单击“显示”按钮，该表面显示为蓝色，如图 3.17 所示。

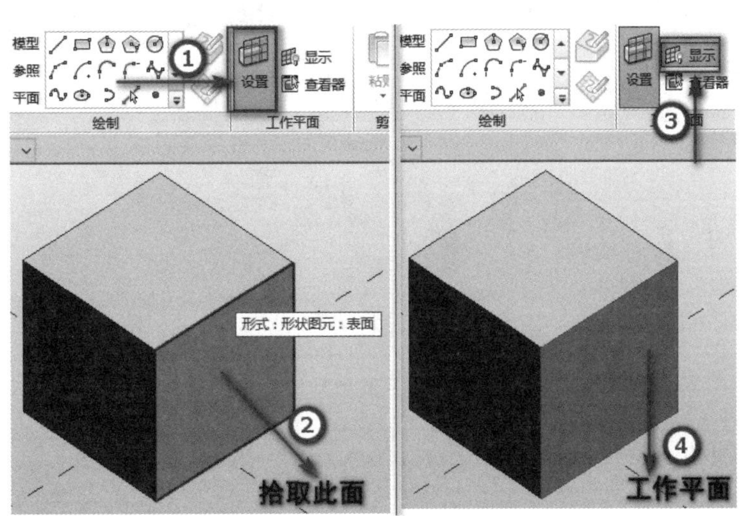

■ 图 3.17　设置工作平面

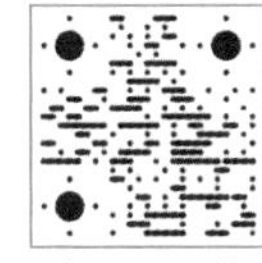

【工作平面】

特别提示 ▶▶▶

在族编辑器三维视图中，单击“创建”选项卡→“工作平面”面板→“设置”按钮后，直接默认为“拾取一个平面”，如果是在其他平面视图则会弹出“工作平面”对话框，需要手动选择“拾取一个平面”或指定新的工作平面“名称”来选择参照平面，如图 3.16 所示。

（2）三维标高：在体量族编辑器三维视图中，提供了三维标高面，可以在三维视图中直接创建标高，作为体量创建中的工作平面，如图 3.18 所示。在体量编辑器三维视图中，单击“创建”选项卡→“基准”面板→“标高”按钮，光标移动到绘图区域现有标高面上方，光标下方会出现间距显示（临时尺寸标注），在在位编辑器中可直接输入间距数值，例如“30000”，即 30m，按 Enter 键即可完成三维标高的创建，如图 3.18 所示。创建完成的标高，其高度可以通过修改标高下面的临时尺寸标注进行修改，同样，三维视图标高可以通过“复制”或“阵列”进行创建。

单击“创建”选项卡→“工作平面”面板→“设置”按钮，光标选择标高平面即可将标高平面设置为当前工作平面，单击激活“创建”选项卡→“工作平面”面板→“显示”按钮，可始终显示当前工作平面，如图 3.19 所示。

（3）视图中默认的参照平面或绘制的参照平面：在体量编辑器三维视图中，可以直接选择与立面平行的“中心（前 / 后）”或“中心（左 / 右）”参照平面作为当前工作平面，如图 3.20 所示。单击“创建”选项卡→“工作平面”面板→“设置”按钮，光标选择“中心（前 / 后）”或“中心（左 / 右）”参照平面即可将该

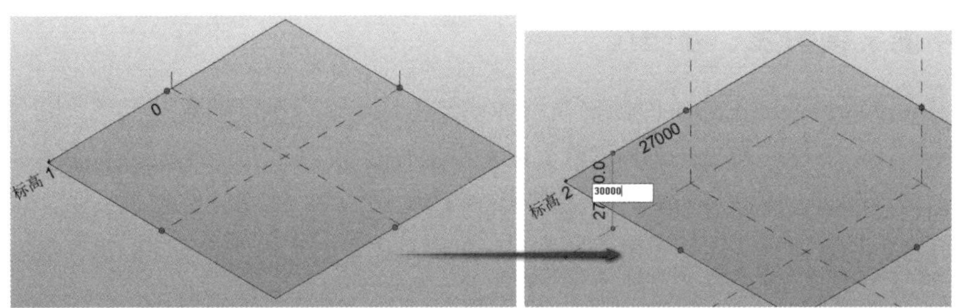

■ 图 3.18　三维标高的创建

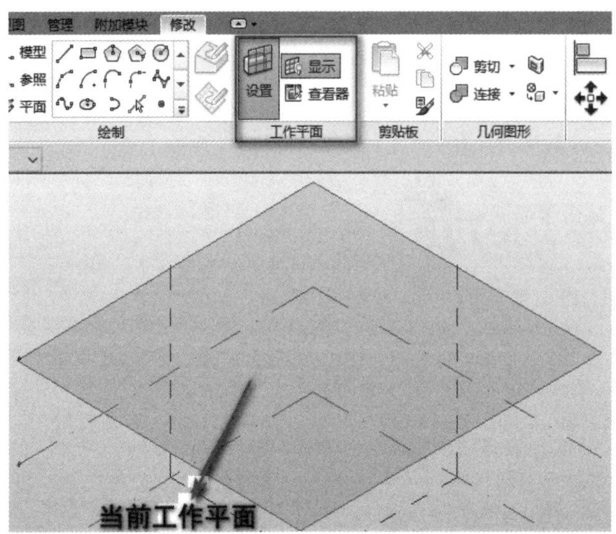

■ 图 3.19　显示当前工作平面

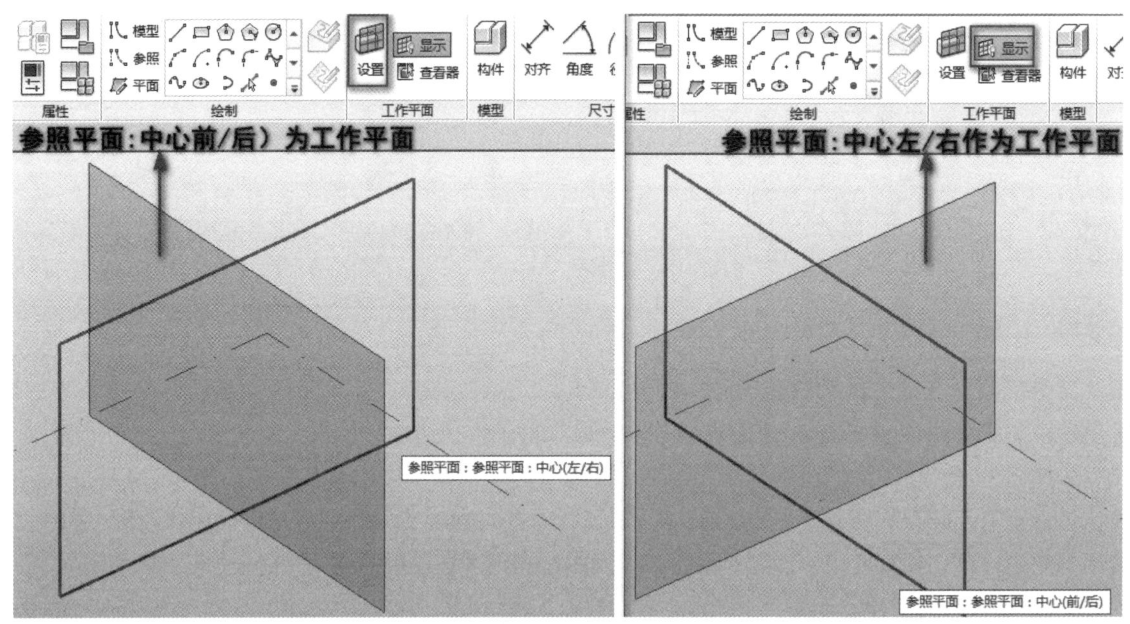

■ 图 3.20　“中心（前 / 后）”或“中心（左 / 右）”参照平面

面设置为当前工作平面，单击“创建”选项卡→“工作平面”面板→“显示”按钮，可始终显示为当前工作平面。

在楼层平面视图中，通过单击“创建”选项卡→“绘制”面板→“参照平面”按钮，如图 3.21 所示，在绘图区域绘制线可以添加更多的“参照平面”作为工作平面。

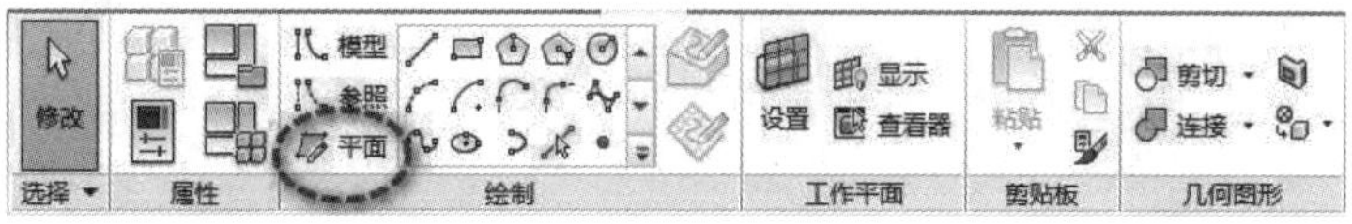

■ 图 3.21　添加“参照平面”作为工作平面

（4）参照点上的工作平面：每个参照点都有三个互相垂直的工作平面。单击“创建”选项卡→“工作平面”面板→“设置”按钮，光标放置在“参照点”位置，单击 Tab 键可以切换选择“参照点”三个互相垂直的“参照面”作为当前工作平面，如图 3.22 所示。

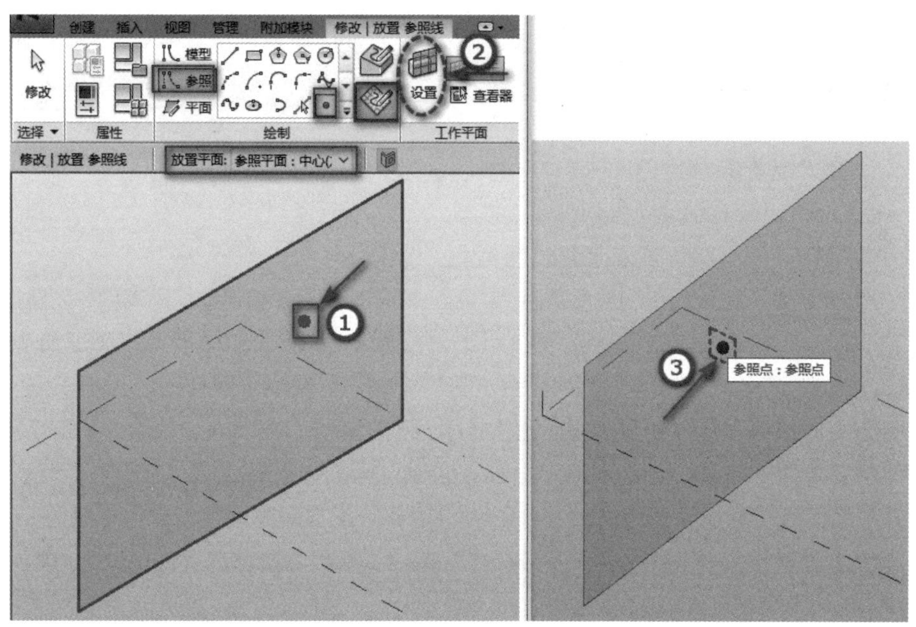

■ 图 3.22　参照点上的工作平面

2. 模型线、参照线

（1）模型线：使用模型线工具绘制的闭合或不闭合的直线、矩形、多边形、圆、圆弧、样条曲线、椭圆、椭圆弧等都可以被用于生产体块或面。单击“创建”选项卡→“绘制”面板→“模型”按钮，可以分别单击“绘制”面板→“直线”和“矩形”按钮，如图 3.23 所示，绘制常用的直线和矩形。“内接多边形”“外接多边形”和“圆形”的绘制，在绘图界面确定圆心，输入半径即可。另外“起点 - 终点 - 半径弧”“圆角弧”“椭圆”等都是用于创建不同形式的弧线形状。

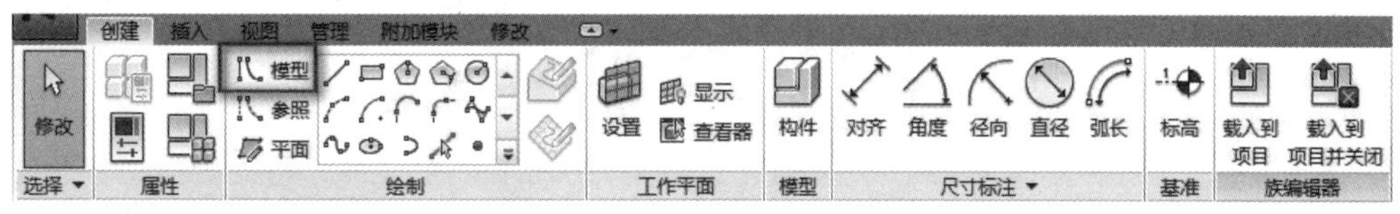

■ 图 3.23　模型线工具

（2）参照线：用来创建新的体量或者作为创建体量的限制条件。参照线不是模型线，它实际上是两个平面垂直相交的相交线。

七、体量基本形状的创建

体量基本形状包括实心形状和空心形状。两种类型形状的创建方法是完全相同的，只是所表现的形状特征不同。实心形状与空心形状之间可以用来剪切几何形体。图 3.24 所示为两种体量基本形状。

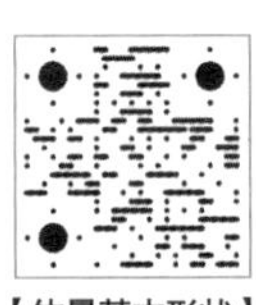

【体量基本形状】

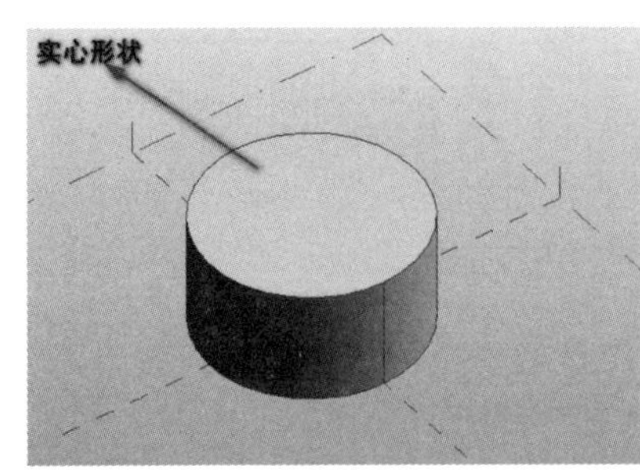

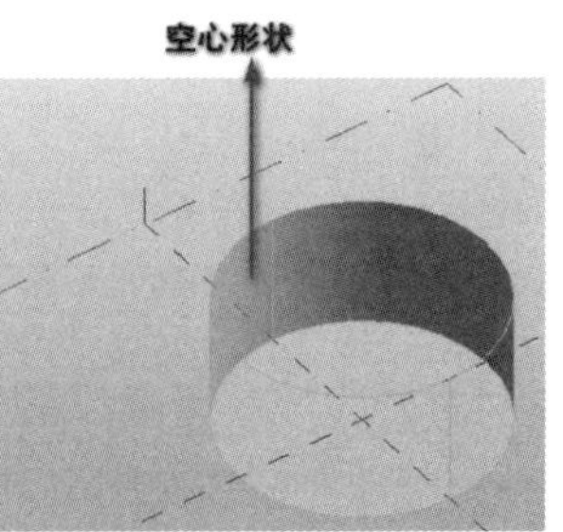

■ 图 3.24　两种体量基本形状

“创建形状”工具将自动分析所拾取的草图。通过拾取草图形态可以生成拉伸、旋转、扫描、融合、放样融合、旋转等多种形态的模型。例如，当选择两个位于平行平面的封闭轮廓时，Revit 将以这两个轮廓为端面，以融合的方式创建模型。

下面介绍 Revit 创建概念体量模型的方法。

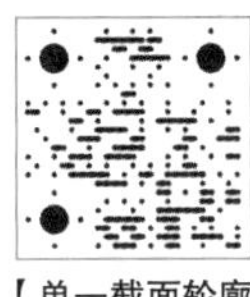

【单一截面轮廓（闭合）】

1. 拉伸

（1）拉伸模型：单一截面轮廓（闭合）。

当绘制的截面曲线为单个工作平面上的闭合轮廓时，Revit 将自动识别轮廓并创建拉伸模型。

打开“新建概念体量”对话框，双击“公制体量.rft”族样板，打开三维概念体量族编辑器。切换到“标高 1”楼层平面视图且设置“标高 1”楼层平面视图为当前工作平面，单击“创建”选项卡→“绘制”面板→“模型线”按钮，进入“修改 | 放置线”选项卡。激活“在工作平面上绘制”按钮，确认选项栏“放置平面”为“标高：标高 1”。在“绘制”面板中选择绘制的方式为“矩形”，绘制边长为 30000mm 的正方形模型线。切换到三维视图，单击刚刚绘制的正方形模型线，进入“修改 | 线”选项卡，单击“形状”面板→“创建形状”→下拉列表“实心形状”按钮，修改立方体高度的临时尺寸数值为“40000”，如图 3.25 所示。

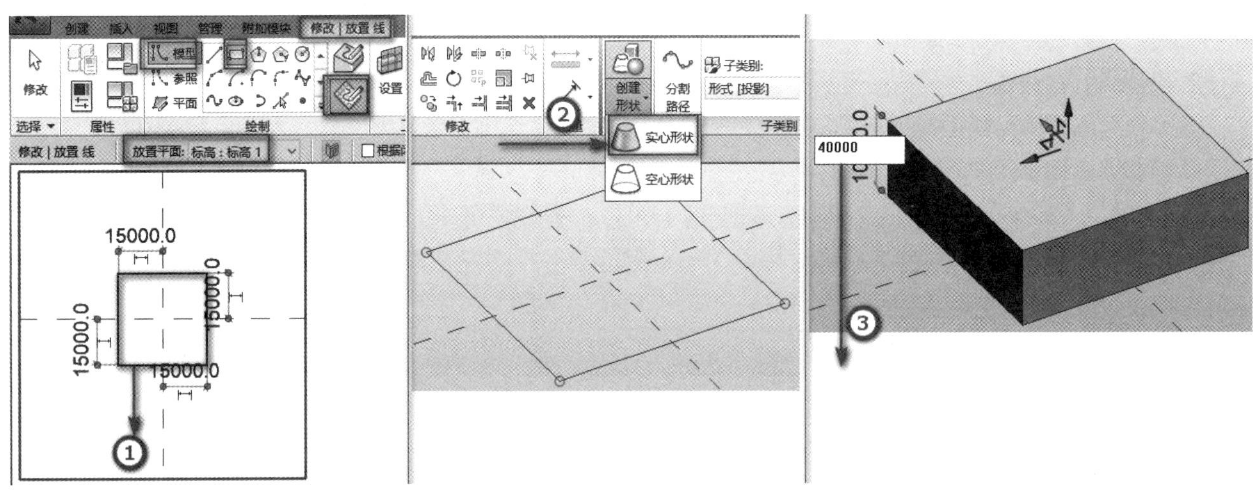

■ 图 3.25　创建拉伸模型

（2）拉伸曲面：单一截面轮廓（开放）。

打开“新建概念体量”对话框，双击“公制体量.rft”族样板打开三维概念体量族编辑器，设置“标高 1”楼层平面视图为当前工作平面。单击“创建”选项卡→“绘制”面板→“模型线”按钮，进入“修改 | 放置线”选项卡，激活“在工作平面上绘制”按钮，确认选项栏“放置平面”为“标高：标高 1”。在“绘制”面板中选择绘制的方式为“圆心 - 端点弧”，绘制如图 3.26 所示的开放轮廓。单击刚刚绘制的开放轮廓，进入“修改 | 线”选项卡，单击“形状”面板→“创建形状”下拉列表→“实心形状”按钮，Revit 将自动识别轮廓并创建拉伸曲面，如图 3.27 所示。

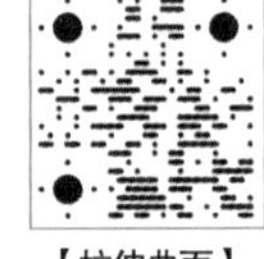

【拉伸曲面】

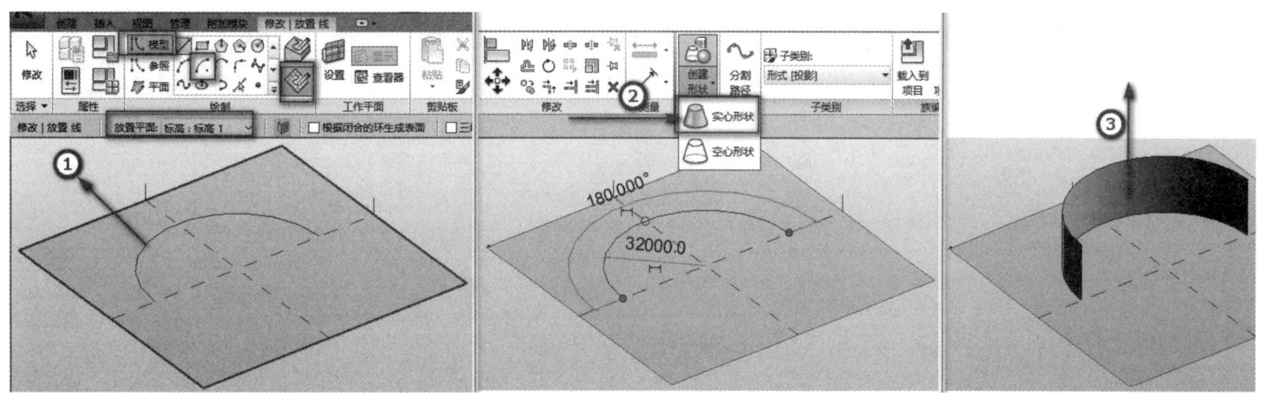

■ 图 3.26 创建拉伸曲面

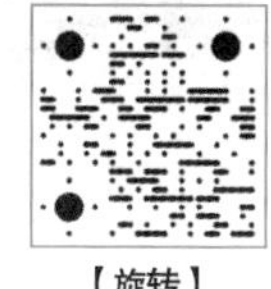

【旋转】

2. 旋转

如果在同一工作平面上绘制一条直线和一个封闭轮廓，将会创建旋转模型。如果在同一工作平面上绘制一条直线和一个开放的轮廓，将会创建旋转曲面。直线可以是模型直线，也可以是参照直线，此直线会被 Revit 识别为旋转轴。

步骤一：打开“新建概念体量”对话框，双击“公制体量 .rft”族样板，打开三维概念体量族编辑器；设置“标高 1”楼层平面视图为当前工作平面。切换到“标高 1 楼层平面视图”，单击“创建”选项卡→“绘制”面板→“模型线”按钮，进入“修改 | 放置线”选项卡，在“绘制”面板中选择绘制的方式为“直线”，绘制如图 3.27 所示的封闭图形和与封闭图形不相交的直线，切换到三维视图，同时选中绘制的封闭图形和与封闭图形不相交的直线，进入“修改 | 线”选项卡，单击“形状”面板→“创建形状”下拉列表→“实心形状”按钮，创建的旋转模型如图 3.27 所示。

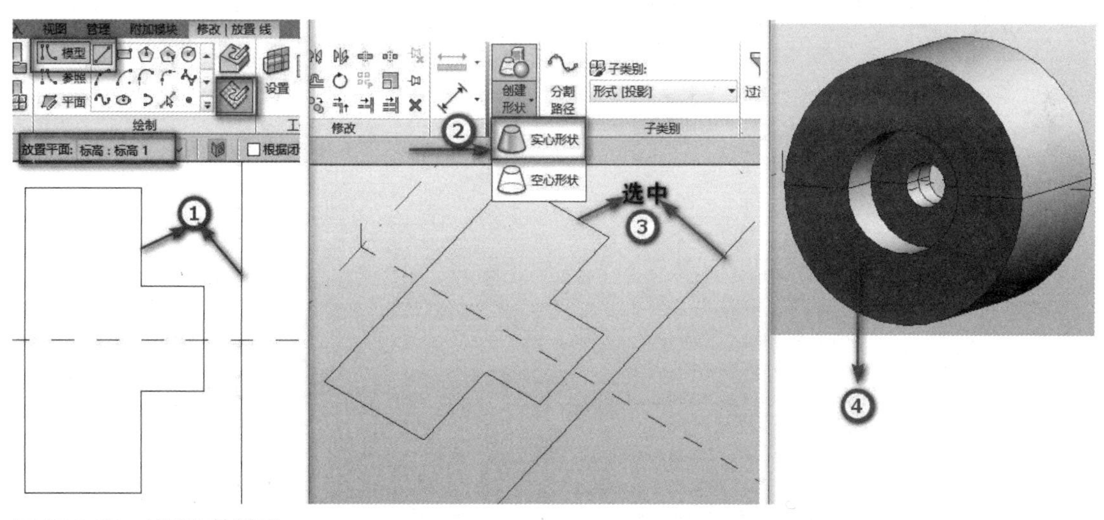

■ 图 3.27 创建旋转模型

步骤二：选中旋转模型，进入“修改 | 形式”选项卡，单击“模式”面板→“编辑轮廓”按钮，显示轮廓和直线。通过 View Cube 工具将视图切换为上视图（三维视图状态），然后重新绘制封闭轮廓为圆形，如图 3.28 所示。单击“模式”面板→“√”按钮，完成旋转模型的编辑和修改，如图 3.28 所示。

步骤三：打开“新建概念体量”对话框，双击“公制体量 .rft”族样板，打开三维概念体量族编辑器。设置“标高 1”楼层平面视图为当前工作平面，切换到“标高 1 楼层平面视图”。单击“创建”选项卡→“绘制”面板→“模型线”按钮，进入“修改 | 放置线”选项卡，在“绘制”面板中选择绘制的方式为“直线”，绘制开放图形和直线。切换到三维视图，同时选中开放图形和直线，进入“修改 | 线”选项卡，单击“形

状”面板→“创建形状”下拉列表→“实心形状”按钮，创建的旋转模型如图 3.29 所示，创建的融合模型如图 3.30 所示。

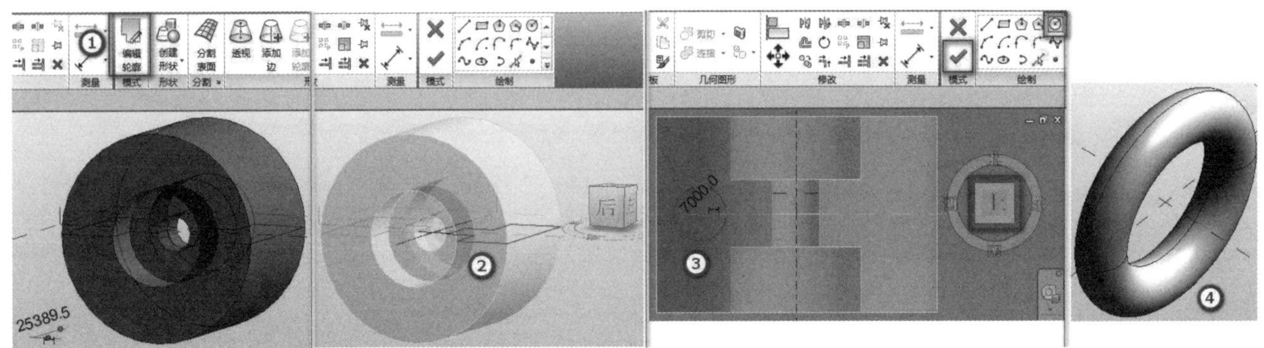

■ 图 3.28　旋转模型的编辑和修改

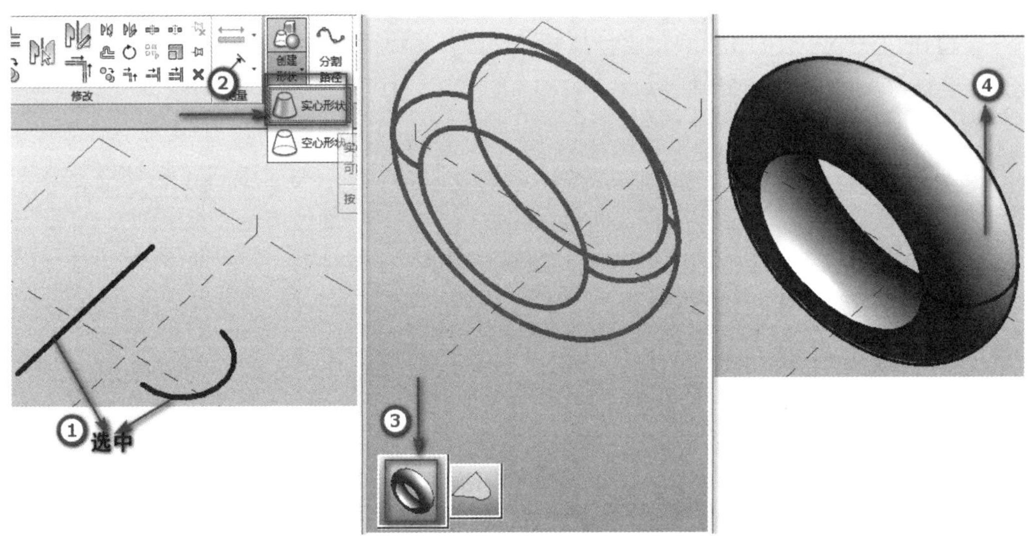

■ 图 3.29　创建的旋转模型

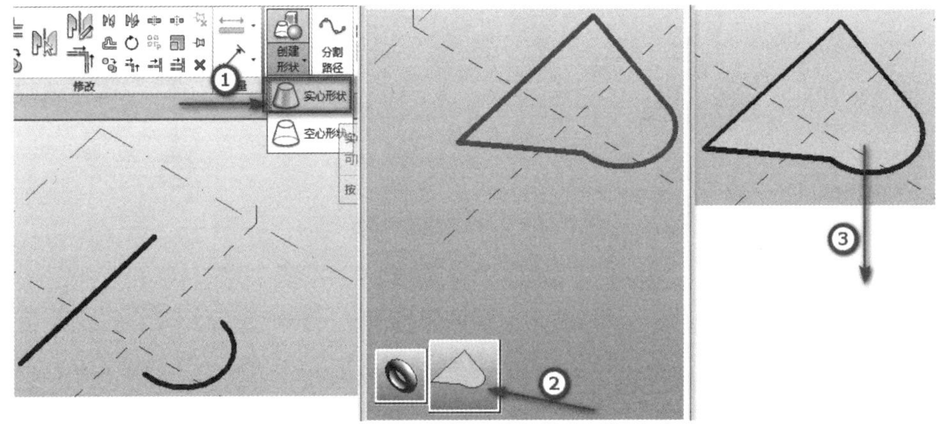

■ 图 3.30　创建的融合模型

3. 放样（扫描）

在概念设计环境中，扫描要基于沿某个路径放样的二维轮廓创建。轮廓垂直于用于定义路径的一条或多条线而绘制。

步骤一：双击“公制体量.rft”族样板，进入三维概念体量建模环境。设置“标高1”楼层平面视图为当前工作平面。单击“创建”选项卡→“绘制”面板→“模型线”按钮，进入“修改|放置线”选项卡，在“绘制”面板中选择绘制的方式为“通过点的样条曲线”，绘制如图3.31所示的图形。在“绘制”面板中选择绘制的方式为“点”，确定“在工作平面上绘制”，然后放置一个点，如图3.31所示。

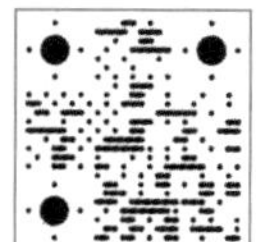

【放样】

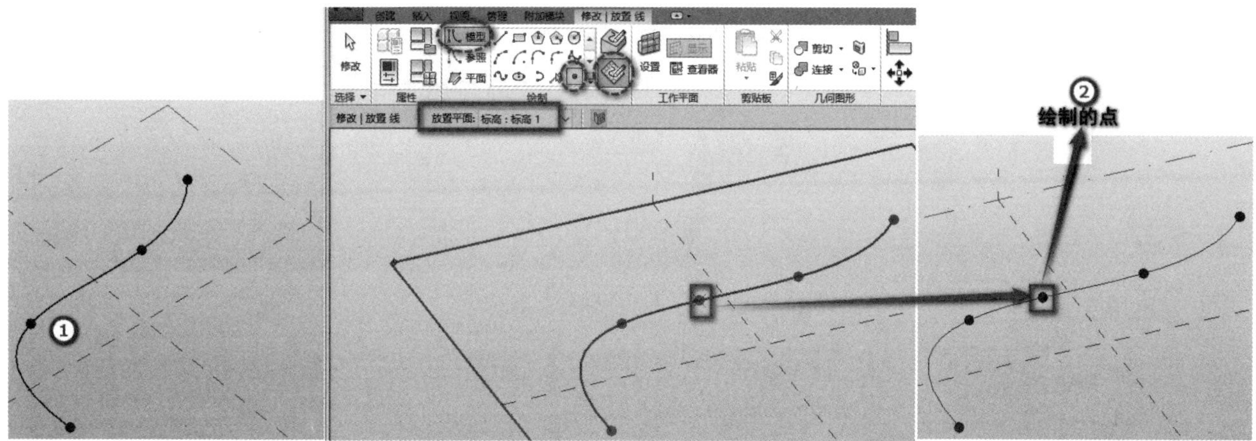

■ 图3.31 放置点

步骤二：单击“工作平面”面板→“设置”按钮，把光标放在刚刚绘制的“点”上，通过Tab键对点进行切换，当显示与路径垂直的工作平面时，单击鼠标左键，则此与路径垂直的工作平面将被设置为当前工作平面，单击“工作平面”面板→“显示”按钮，如图3.32所示。

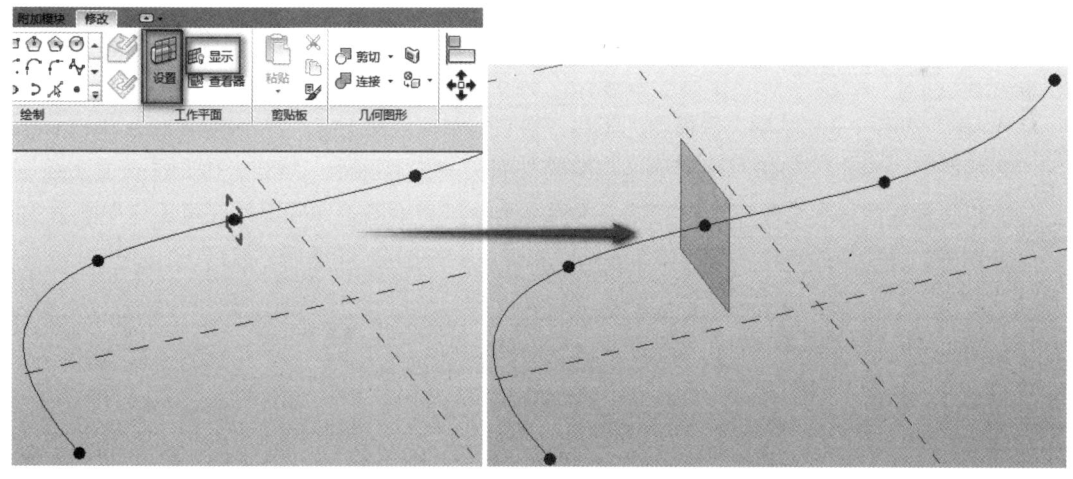

■ 图3.32 设置工作平面

小贴士 ▶▶▶

在三维视图状态下选中点，将显示垂直于路径的工作平面。

步骤三：在“绘制”面板中选择绘制的方式为“圆”，在当前工作平面上绘制圆，按住Ctrl键选中封闭轮廓（圆）和路径（样条曲线），单击“形状”面板→“创建形状”下拉列表→“实心形状”按钮，软件将自动完成放样（扫描）模型的创建，如图3.33所示。若要编辑路径，请选中放样模型，然后单击“编辑轮廓”按钮，重新绘制放样路径即可；若要编辑截面轮廓，选中放样模型两个端面之一的封闭轮廓线，再单击“编辑轮廓”按钮，即可编辑轮廓形状和尺寸。

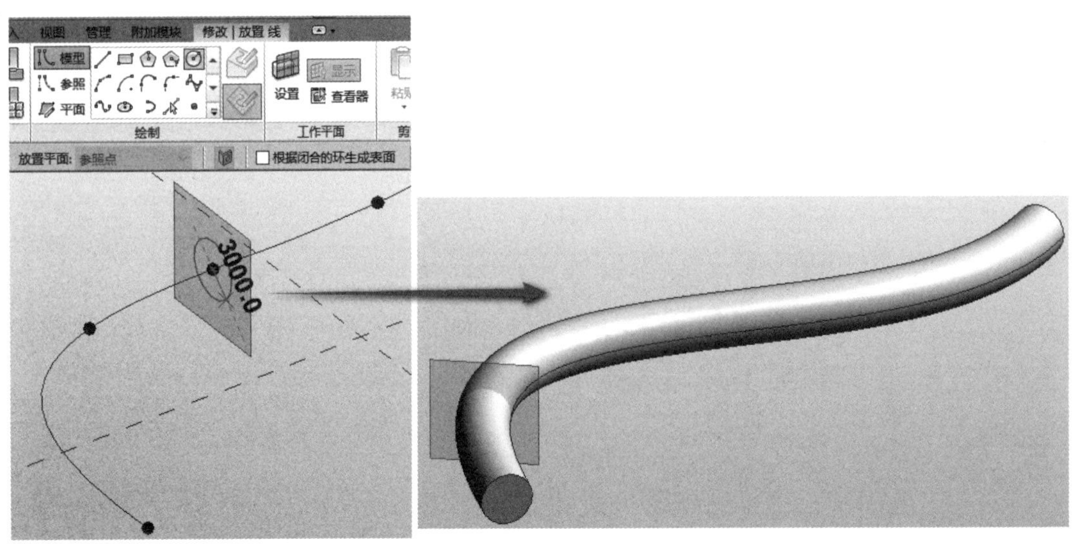

■ 图 3.33　放样（扫描）模型的创建

再学一招 ▶▶▶

为了得到一个垂直于路径的工作平面，往往是先在路径上放置一个参照点，然后再指定该点的一个面作为绘制轮廓时的工作平面；如果轮廓是基于闭合环生成的，可以使用多分段的路径来创建放样（扫描）；如果轮廓不是闭合的，则不会沿多分段路径进行放样（扫描）。

4. 放样融合

在概念设计环境中，放样融合要基于沿某个路径放样的两个或多个二维轮廓而创建。轮廓垂直于用于定义路径的线。

步骤一：双击“公制体量.rft”族样板，进入三维概念体量建模环境，设置“标高 1”楼层平面视图为当前工作平面。单击“创建”选项卡→“绘制”面板→“模型线”按钮，进入“修改 | 放置线”选项卡，使用“创建”选项卡→“绘制”面板中的工具，绘制一系列连在一起的线来构成路径，绘制如图 3.34 所示的路径。单击“创建”选项卡→“绘制”面板→“点图元”按钮，确定“在面上绘制”，然后沿路径放置放样融合轮廓的参照点。选择一个参照点拾取工作平面并在其工作平面上绘制一个闭合轮廓，以同样的方式，绘制其余参照点的轮廓，如图 3.34 所示。

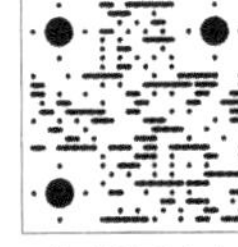

【放样融合】

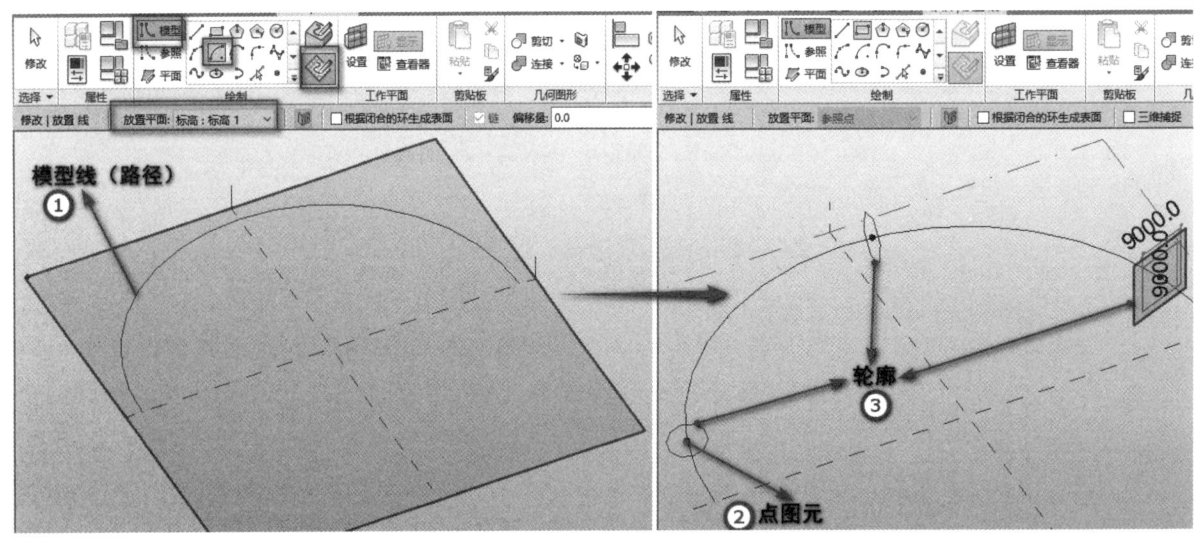

■ 图 3.34　绘制路径和轮廓

步骤二：选择路径和轮廓，单击“修改 | 线”选项卡→“形状”面板→“创建形状”下拉列表→“实心形状”按钮，创建放样融合模型，如图 3.35 所示。

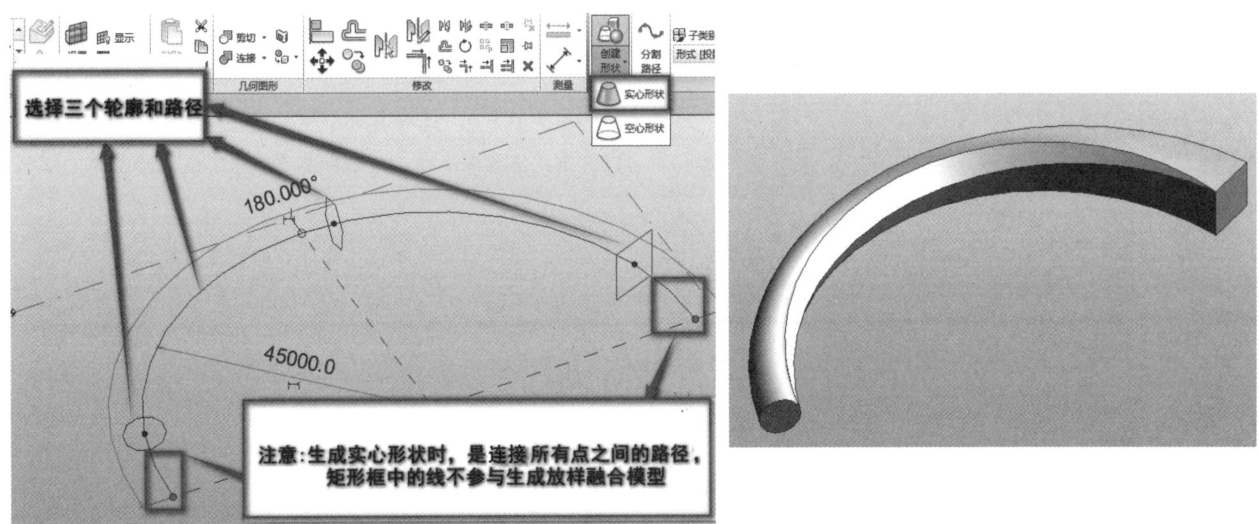

■ 图 3.35　创建放样融合模型

八、实心与空心的剪切

一般情况下，空心模型将自动剪切与之相交的实体模型，也可以手动剪切创建的实体模型。

双击“公制体量 .rft”族样板，进入三维概念体量建模环境，设置“标高 1”楼层平面视图为当前工作平面。单击“创建”选项卡→“绘制”面板→“模型线”按钮，进入“修改 | 放置线”选项卡，使用“创建”选项卡→“绘制”面板中的工具，绘制如图 3.36 所示的几何图形 A 和 B。单击几何图形 A，单击“修改 | 线”选项卡→“形状”面板→“创建形状”下拉列表→“实心形状”按钮，创建实体模型。同理，将几何图形 B 创建为空心模型，此时会发现空心模型将自动剪切实体模型，如图 3.36 所示。

【实心与空心的剪切】

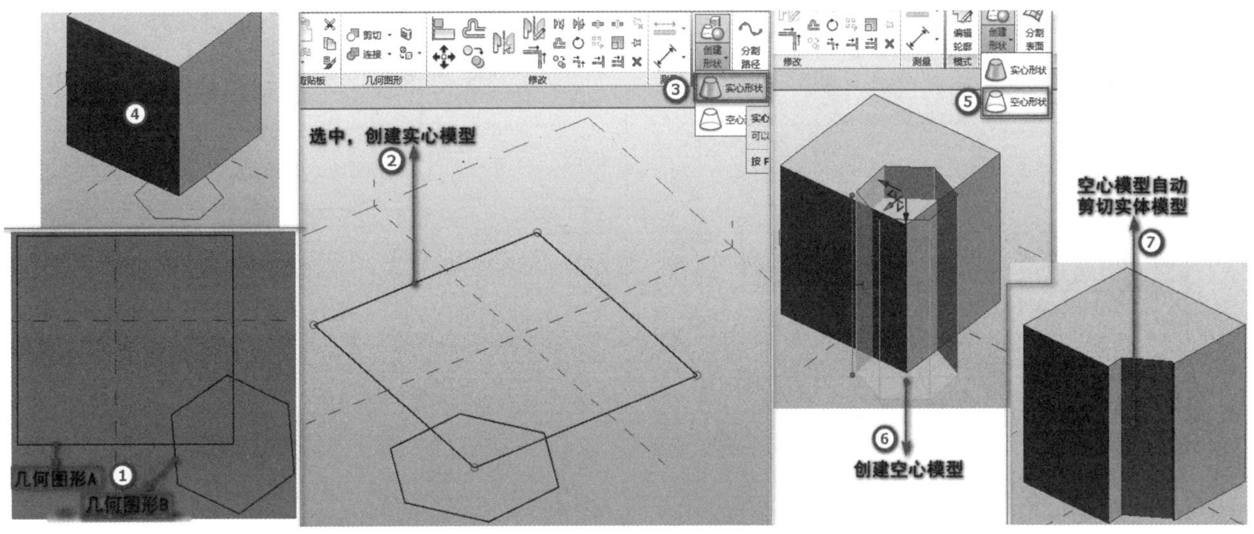

■ 图 3.36　空心模型将自动剪切实体模型实例

九、体量与构件族模型创建的区别

体量与构件族模型创建的区别，如图 3.37 所示。

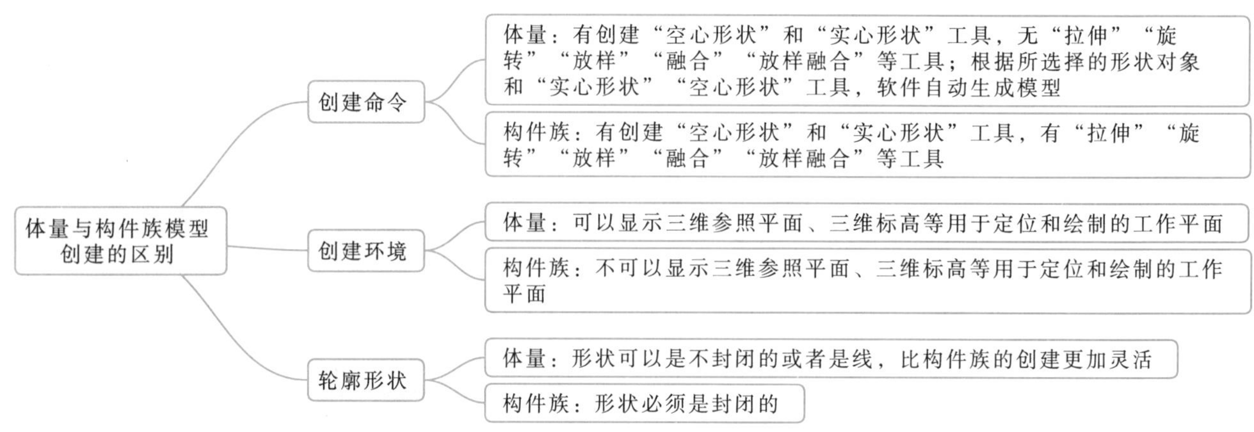

图 3.37 体量与构件族模型创建的区别

第三节 经典真题解析

笔者根据考试经验，结合考试大纲要求，下面通过精选几期考试真题（体量）的详细解析来介绍体量的建模和解题步骤，希望对广大考生朋友有所帮助。

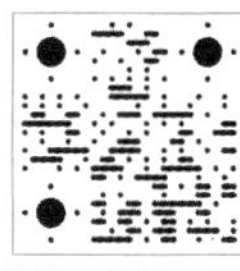
【第三期第三题“杯形基础”】

真题一：第三期全国 BIM 技能等级考试一级试题第三题“杯形基础”

根据图 3.38 中给定的投影尺寸，创建形体体量模型，基础底标高为 -2.1m，设置该模型材质为混凝土。请将模型体积用“模型体积”为文件名以文本格式保存在考生文件夹中，模型文件以“杯形基础”为文件名保存到考生文件夹中。

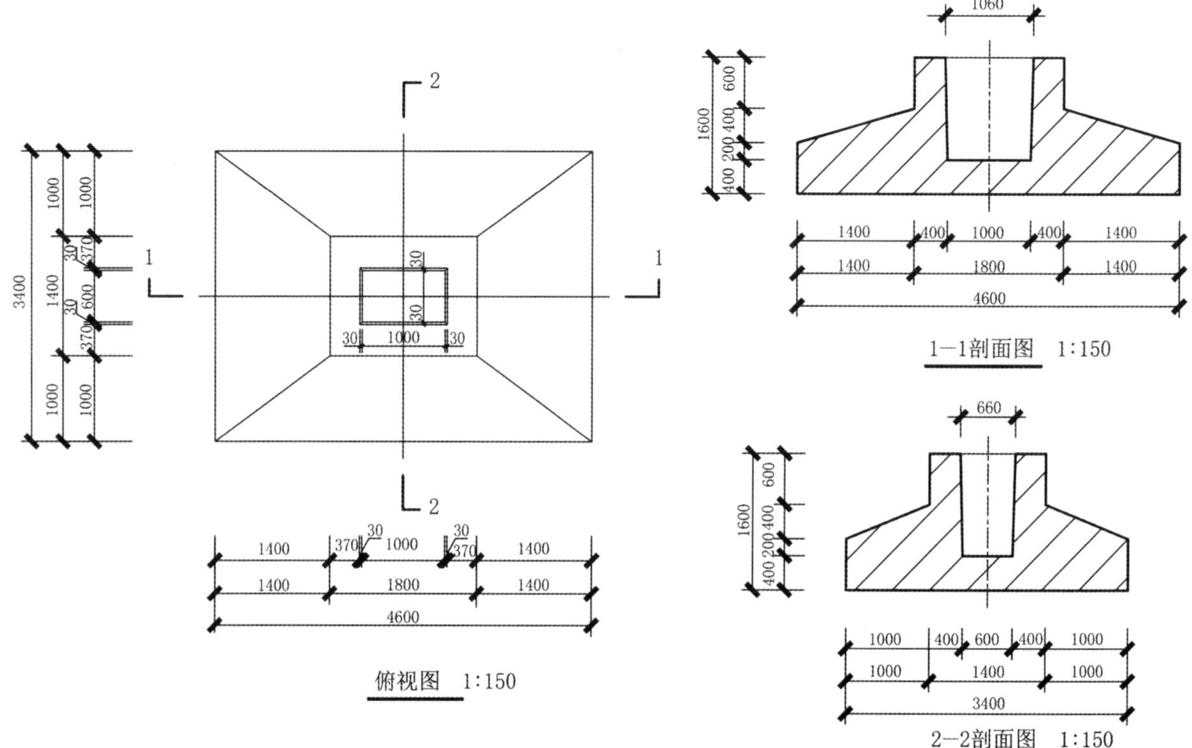

图 3.38 杯形基础

【建模思路】

本题体量为杯形基础。应首先从南北立面绘制实心形状进行拉伸，再到东西立面进行空心拉伸，将多余的部分剪切掉，最后通过空心融合创建中间的四棱台洞口。绘制时注意绘制参照平面和设置相应的工作平面，修改材质即可完成体量创建。模型体积由软件自动进行统计。本题建模思路如图 3.39 所示。

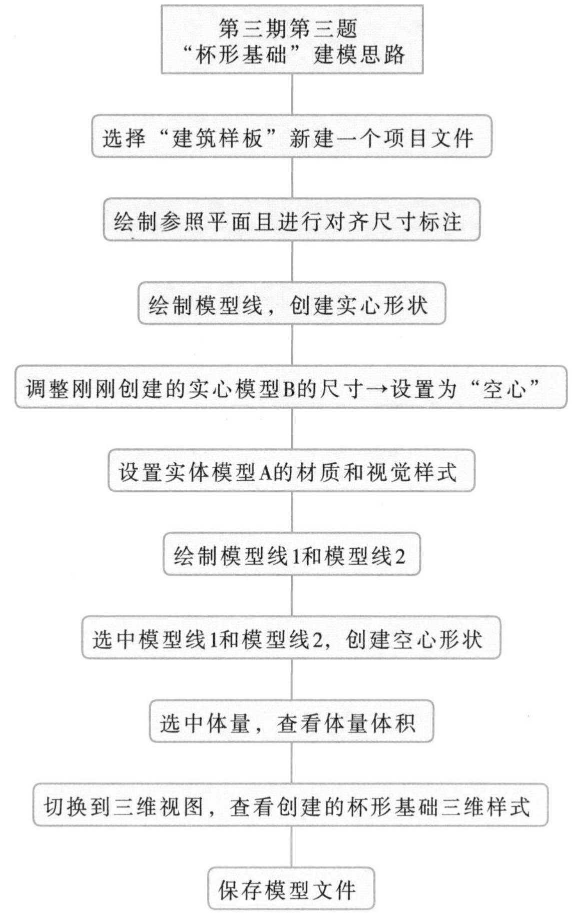

■ 图 3.39　第三期第三题“杯形基础”建模思路

【建模步骤】

步骤一：选择“建筑样板”新建一个项目文件。在“南”立面视图中，创建“标高 -2.100”并且修改“标高楼层”名称为“基底标高”，如图 3.40 所示。切换到“基底标高”楼层平面视图，绘制参照平面且进行对齐尺寸标注，再切换到“南”立面视图，绘制参照平面且进行对齐尺寸标注，如图 3.41 所示。

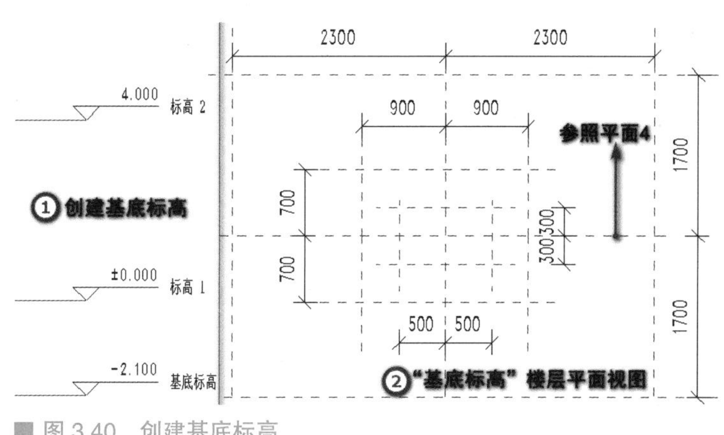

■ 图 3.40　创建基底标高

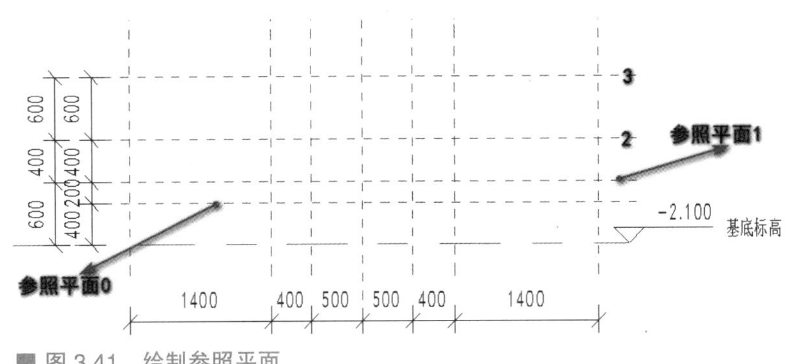

■ 图 3.41　绘制参照平面

步骤二：单击“体量和场地”选项卡→“概念体量”面板→“内建体量”按钮，系统弹出“体量 - 显示体量已启用”对话框，直接单击“关闭”按钮即可，如图 3.42 所示，在弹出的“名称”对话框，单击“确定”按钮退出“名称”对话框，系统自动进入概念体量编辑环境界面。

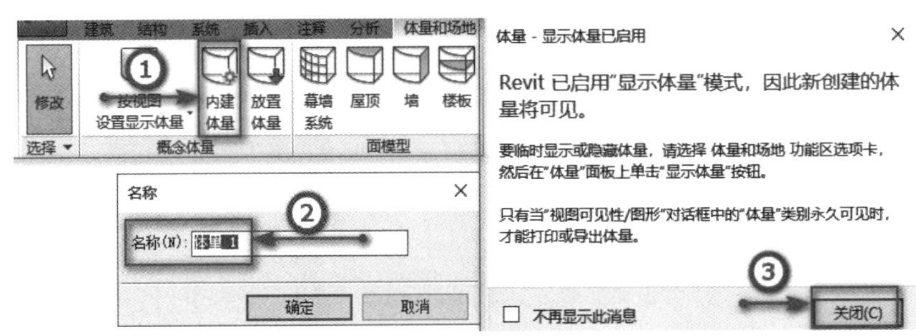

■ 图 3.42　设置内建体量名称

步骤三：单击“工作平面”面板→“设置”按钮，在弹出的“工作平面”对话框中选中“指定新的工作平面”选项组下的“名称：参照平面：4”，在系统弹出的“转到视图”对话框中选择“立面：南”，单击“打开视图”按钮，退出“转到视图”对话框，直接切换到“南”立面视图，如图 3.43 所示。

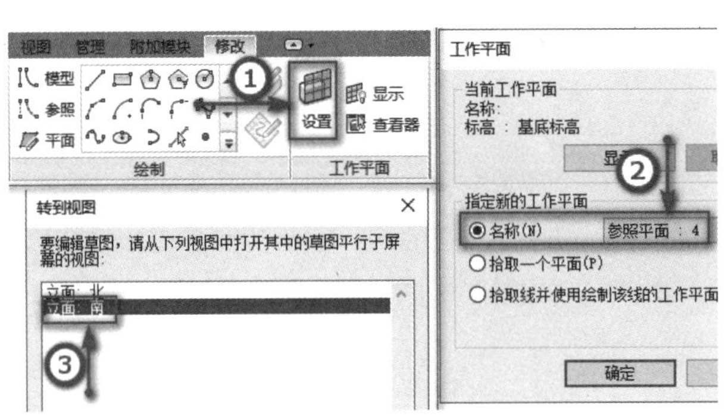

■ 图 3.43　设置参照平面

步骤四：激活“绘制”面板→“模型”按钮和“直线”按钮，确认激活“在工作平面上绘制”按钮。选项栏“放置平面”设置为“参照平面：4”，绘制模型线。切换到三维视图，选中模型线，单击“形状”面板→“创建形状”下拉列表→“实心形状”按钮，如图 3.44 所示。

步骤五：选中实心模型面（平行于南立面视图），通过调整临时尺寸线数值来调整实心模型的厚度，过程如图 3.45 所示。

步骤六：单击“工作平面”面板→“设置”按钮，在弹出的“工作平面”对话框中选中“指定新的工作平面”选项组下的“拾取一个平面”选项，单击“确定”按钮退出“工作平面”对话框。切换到“基底标高”楼

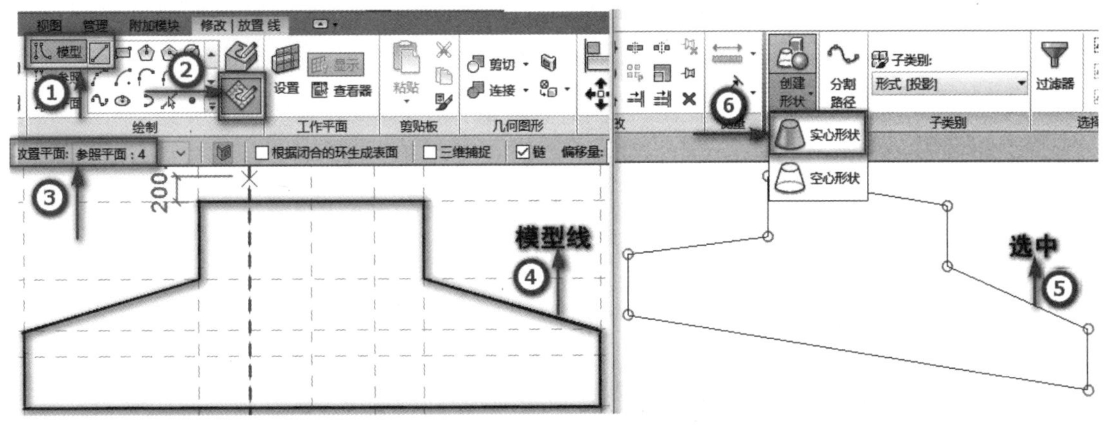

■ 图 3.44　绘制实心形状

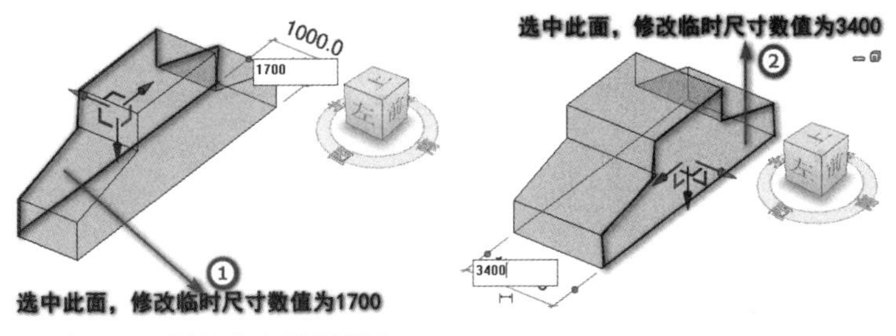

■ 图 3.45　调整实心模型厚度

层平面视图，拾取参照平面 5 作为工作平面，如图 3.46 所示，接着在系统弹出的“转到视图”对话框中选择“立面：西”，单击“打开视图”按钮，退出“转到视图”对话框，直接切换到“西”立面视图。

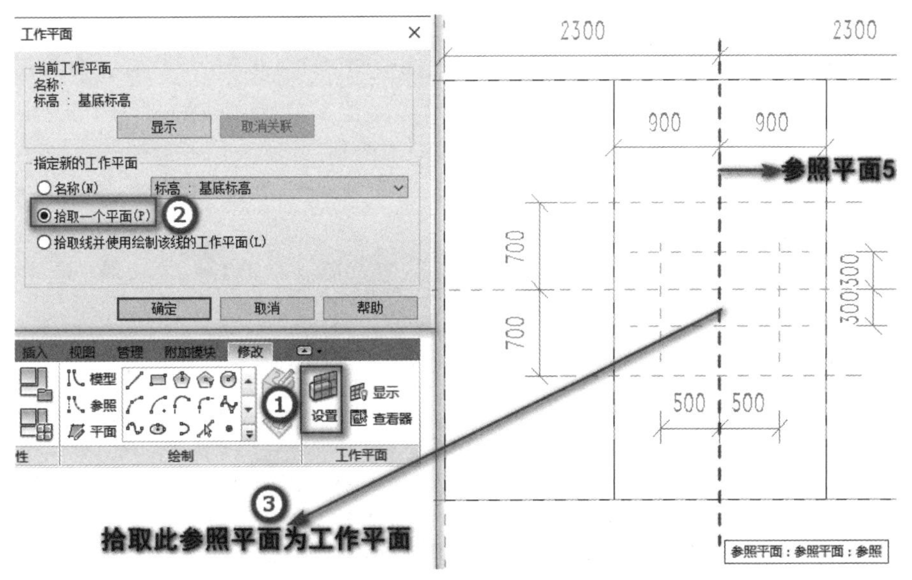

■ 图 3.46　设置工作平面

步骤七：激活“绘制”面板→“模型”按钮和“直线”按钮，确认激活“在工作平面上绘制”按钮，选项栏“放置平面”设置为“参照平面”，绘制模型线。切换到三维视图，选中模型线，单击“形状”面板→“创建形状”下拉列表→“实心形状”按钮，如图 3.47 所示。

步骤八：通过拖动红色造型控制柄的方法（尽量往外拖，至少超过下部实心模型的边界）调整刚刚创建的实心模型 B 的尺寸。选中实心模型 B，在左侧“属性”对话框“标识数据”选项组下“实心 / 空心”设置为“空心”，如图 3.48 所示。

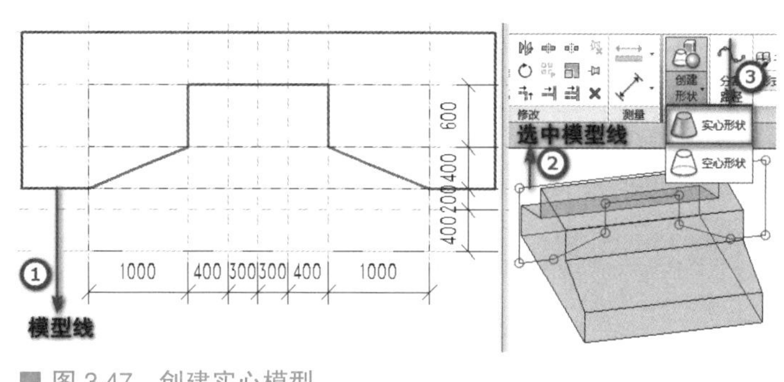

■ 图 3.47　创建实心模型

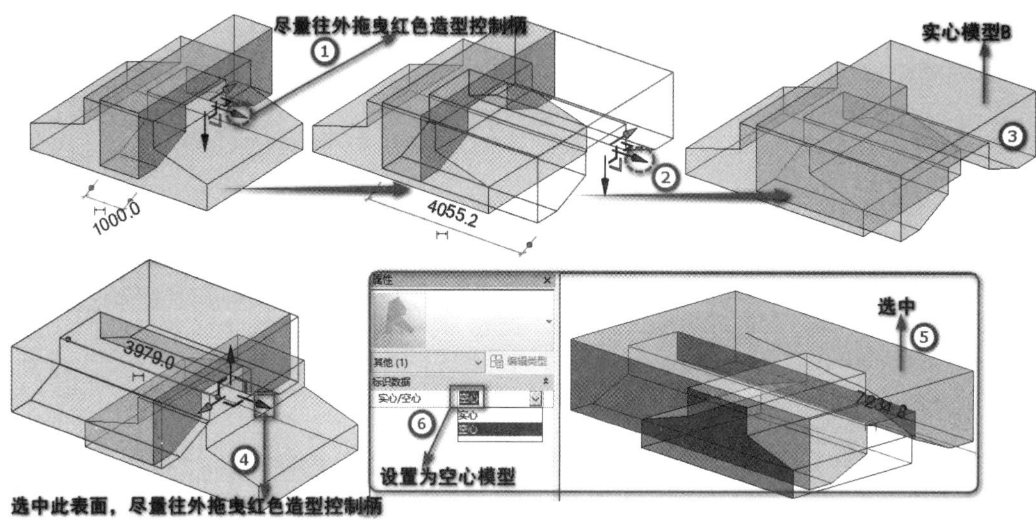

■ 图 3.48　创建空心模型

步骤九：在绘图区域空白位置单击，此时空心模型自动剪切了实体模型 A。选中实体模型 A，在左侧“属性”对话框→“材质和装饰”选项组→“材质”设置为“混凝土”，设置视觉样式为“真实”，创建的实体模型 A 三维样式，如图 3.49 所示。

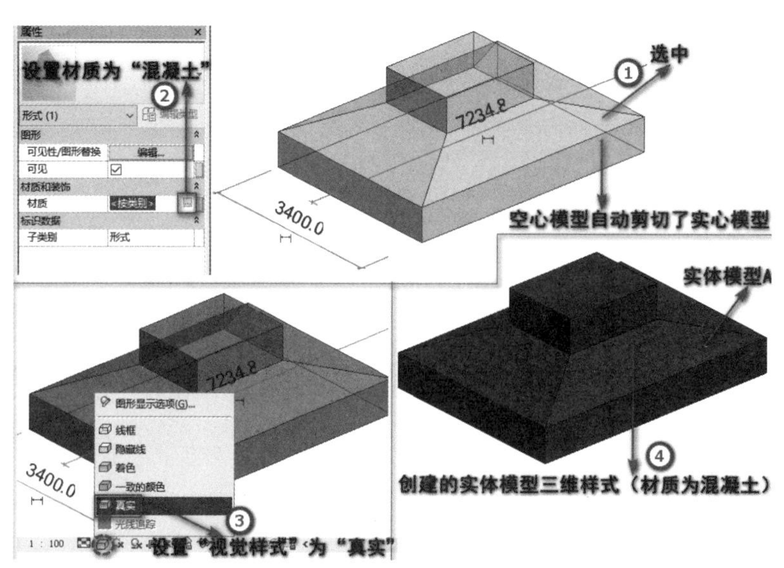

■ 图 3.49　创建实体模型三维样式

步骤十：设置“参照平面 0”为工作平面，切换到“基底标高”楼层平面视图，绘制模型线 1。设置“参照平面 3”为工作平面，切换到“基底标高”楼层平面视图，绘制模型线 2，如图 3.50 所示。

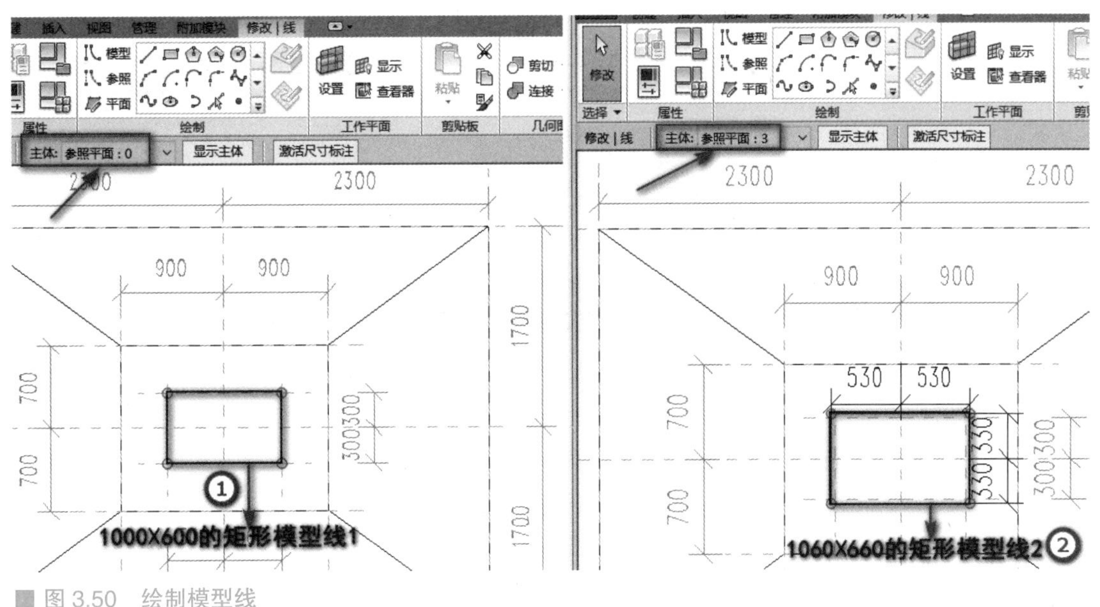

■ 图 3.50　绘制模型线

步骤十一：切换到三维视图，设置视觉样式为“线框”，选中模型线 1 和模型线 2，单击“形状”面板→“创建形状”下拉列表→“空心形状”按钮，如图 3.51 所示。

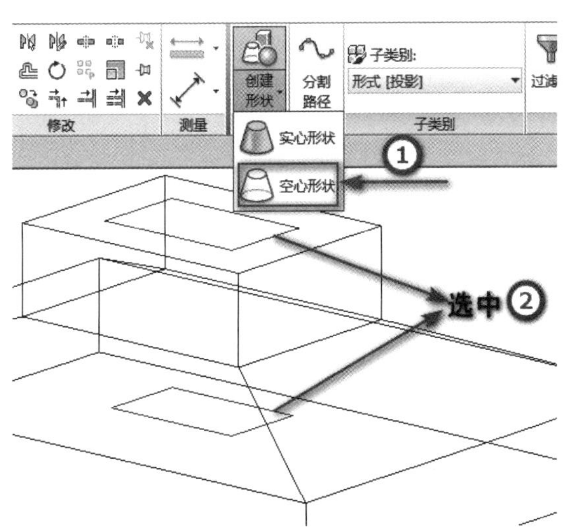

■ 图 3.51　创建杯形基础上部空心形状

步骤十二：选中体量，在左侧“属性”对话框中可以查看体量体积。将模型体积以“模型体积”为文件名，在新建的文本中输入模型体积“13.376”，保存到考生文件夹中去，如图 3.52 所示。

步骤十三：切换到三维视图，查看创建的杯形基础三维样式。最后，将模型文件以“杯形基础”为文件名保存到考生文件夹中去。

至此，本题建立模型结束。

【本题小结】

灵活掌握参照平面的使用令体量创建事半功倍，通过绘制和平面尺寸一致的参照平面，可以快速地绘制相应的平面形状；在拉伸体量时，可以有不同的拉伸形状进行“拼接”，也可以拉伸一个整体体量模型，再使用空心体量剪切进行修剪；当需要切割一个体量时，需要在一个实心体量在位编辑的情况下绘制一个空心体量，

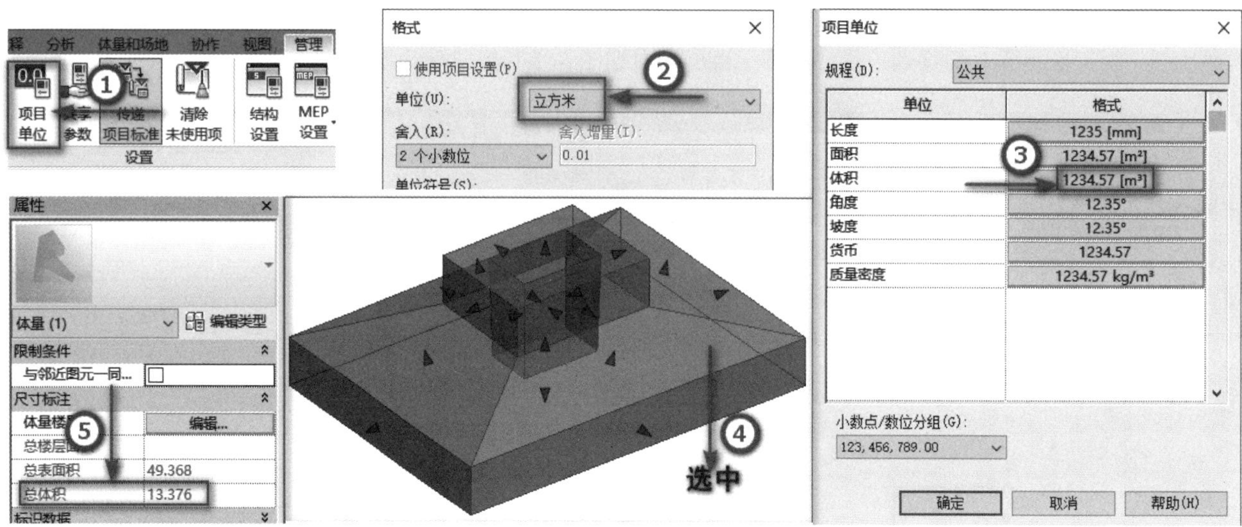

■ 图 3.52　查看体量体积

单独绘制空心体量会被提示没有切割的图元而无法完成；此外，对于形状不规则的体量可以分开来绘制，然后使用“连接几何形状”命令进行连接。

体量的创建过程与思路与族基本一样，本题主要考察了创建基本实心形状、空心形状及空心剪切，在绘制体量的过程中，灵活使用参照平面可以大大加快模型的创建速度。

真题二：第五期全国 BIM 技能等级考试一级试题第三题“水塔”

图 3.53 所示为水塔。请按图示尺寸要求建立该水塔的实心体量模型，水塔水箱上下曲面均为正十六面面棱台。最终以“水塔”为文件名保存在考生文件夹中。

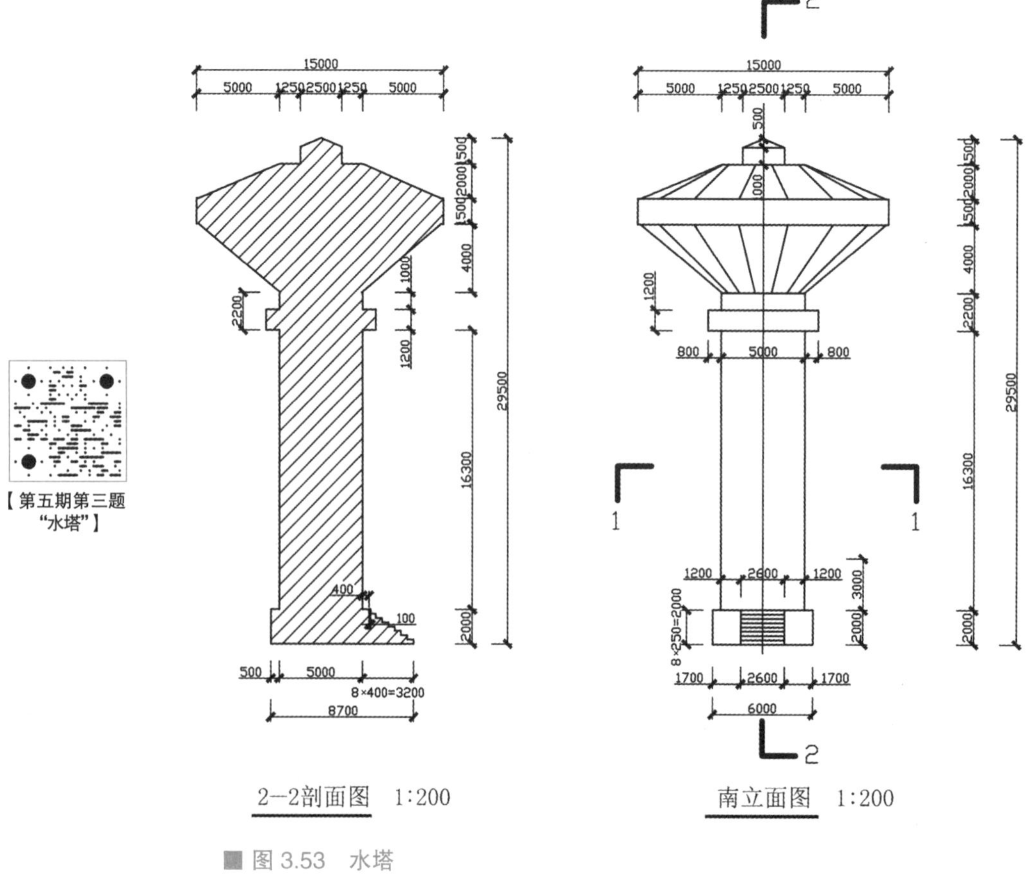

■ 图 3.53　水塔

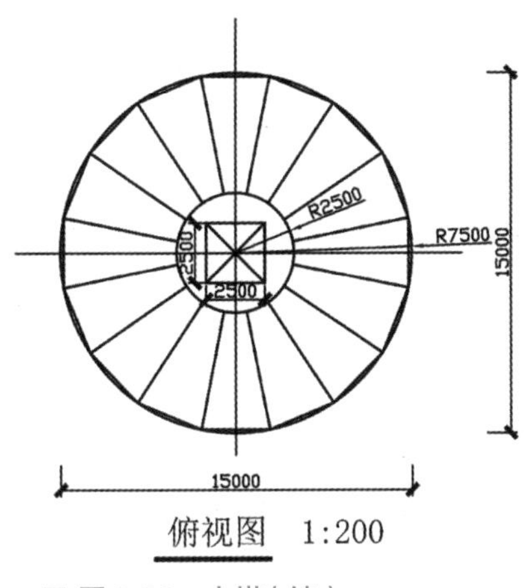

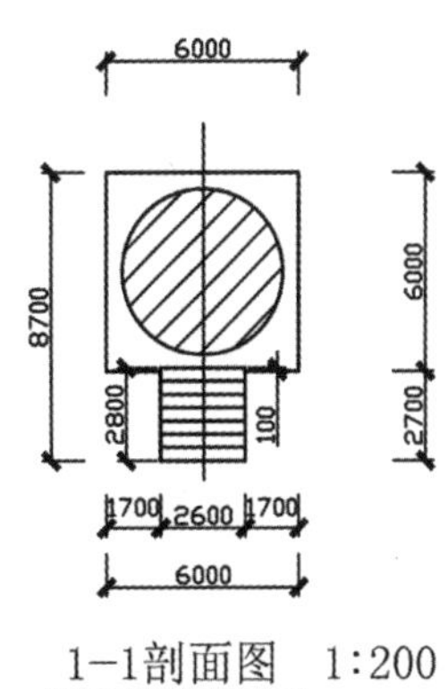

■ 图 3.53 水塔(续)

【建模思路】

本题建模思路如图 3.54 所示。

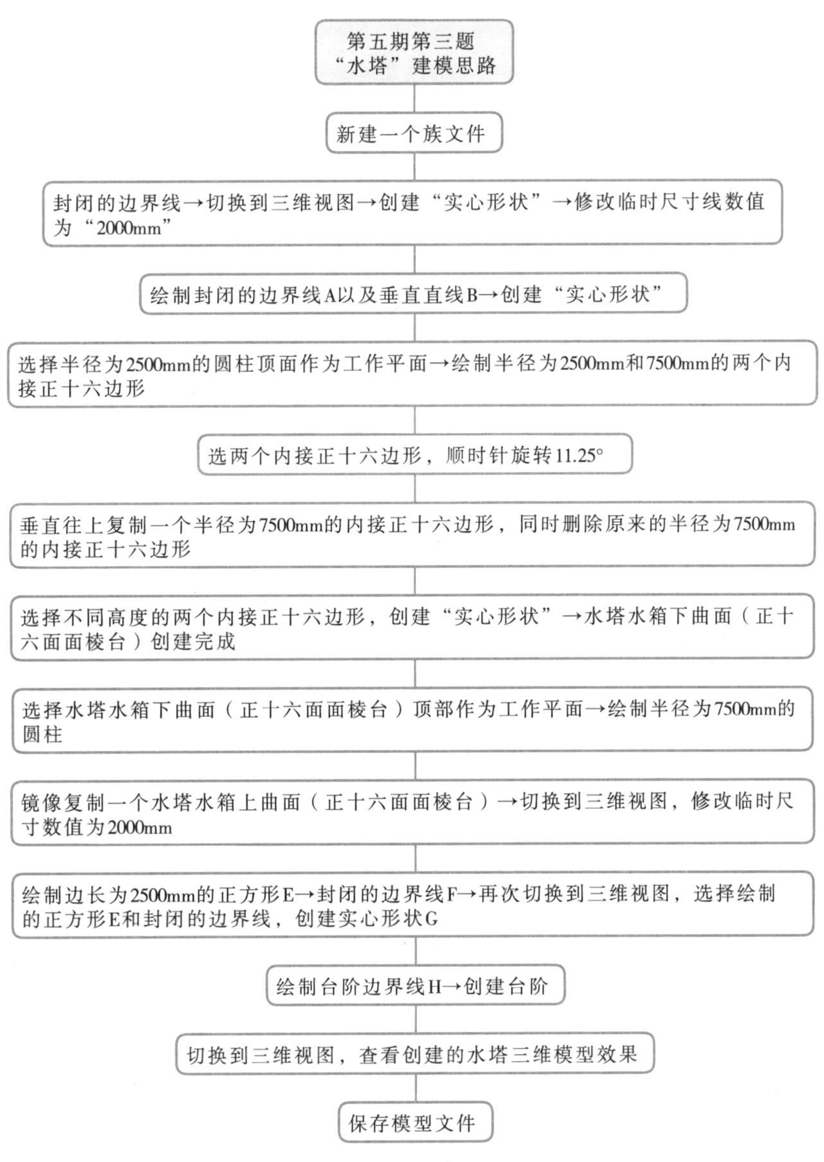

■ 图 3.54 第五期第三题“水塔”建模思路

【建模步骤】

步骤一：打开 Revit 选择“族”→“新建概念体量”→“公制体量”，新建一个族文件。切换到“标高 1”楼层平面视图，单击“创建”选项卡→“形状”面板→“模型线”按钮，进入“修改 | 放置 线”选项卡，单击“绘制”面板→“直线”按钮，绘制如图 3.55 中④所示的封闭的边界线。切换到三维视图，选择刚刚绘制的封闭的边界线，进入“修改 | 线”选项卡，单击“形状”面板→“创建形状”下拉列表→“实心形状”按钮，修改临时尺寸线数值为“2000”，如图 3.55 所示。

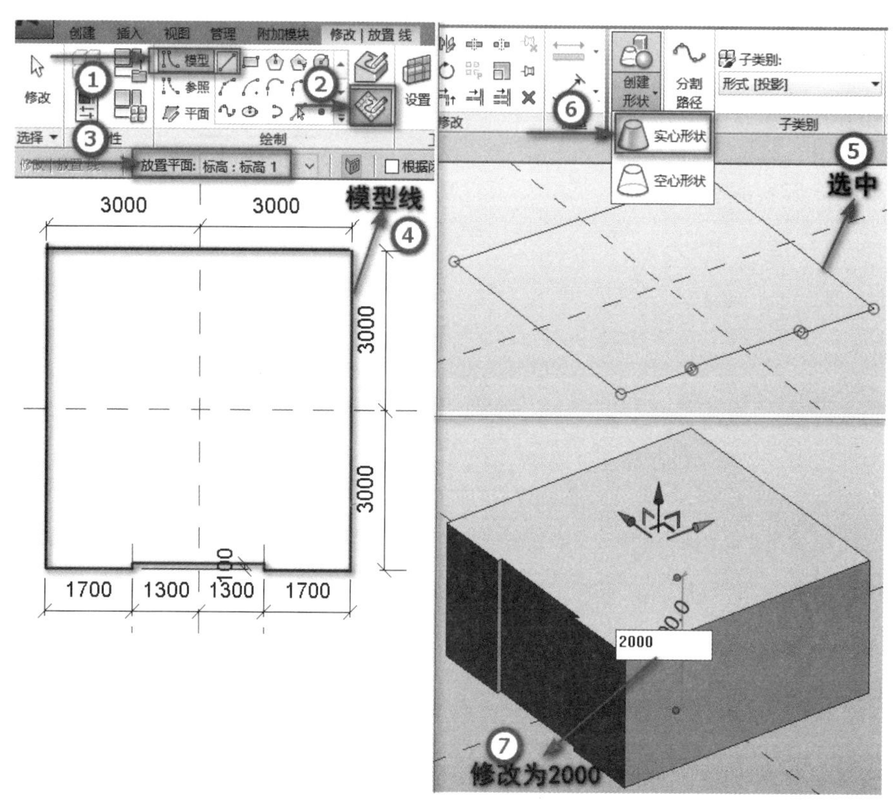

图 3.55　创建底部实心形状

步骤二：切换到“南”立面视图，单击“创建”选项卡→“形状”面板→“模型线”按钮，进入“修改 | 放置 线”选项卡，选项栏“放置平面”设置为“参照平面：中心（前 / 后）”，单击“绘制”面板→“直线”按钮，绘制如图 3.56 所示的封闭的边界线 A 以及垂直直线 B。切换到三维视图，选择绘制的封闭的边界线 A 及垂直直线 B，单击“形状”面板→“创建形状”下拉列表→“实心形状”按钮，创建的中部实心形状如图 3.56 所示。

步骤三：单击“创建”选项卡→“工作平面”面板→“设置”按钮，选择半径为 2500mm 的圆柱顶面作为工作平面。单击“View Cube”的“上”，单击“创建”选项卡→“形状”面板→“模型线”按钮，进入“修改 | 放置 线”选项卡。单击“绘制”面板→“内接多边形”按钮，选项栏“边”输入“16”，分别绘制半径为 2500mm 和 7500mm 的两个内接正十六边形，如图 3.57 所示。

步骤四：选择刚刚创建的两个内接正十六边形，单击“修改”面板→“旋转”按钮，旋转中心为圆心，顺时针旋转 11.25°，如图 3.58 所示。

步骤五：单击“View Cube”的“前”，选择半径为 7500mm 的内接正十六边形，单击“修改”面板→“复制”按钮，选项栏不选中“约束”复选框，选择任意一点作为复制基点，垂直往上输入 4000mm，复制一个半径为 7500mm 的内接正十六边形，同时删除原来的半径为 7500mm 的内接正十六边形，如图 3.59 所示。

步骤六：选择不同高度的两个内接正十六边形，单击“形状”面板→“创建形状”下拉列表→“实心形状”按钮，水塔水箱下曲面（正十六面面棱台）创建完成，如图 3.60 所示。

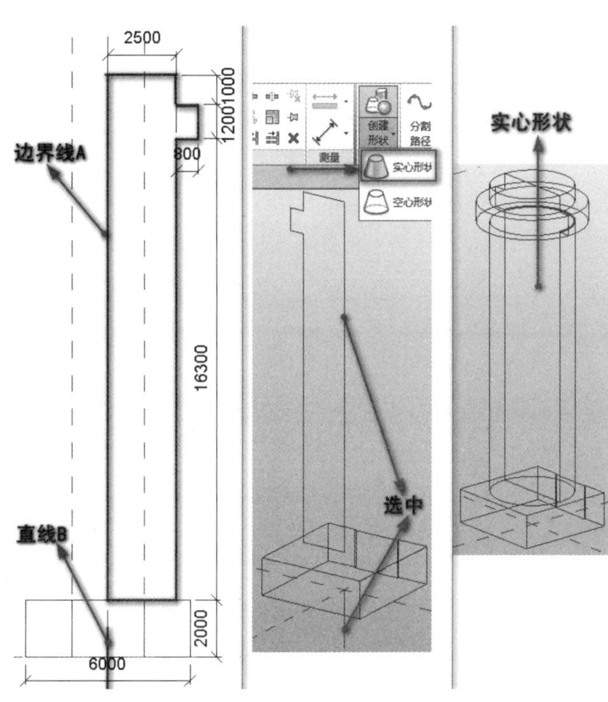

■ 图 3.56　创建中部实心形状

■ 图 3.57　绘制内接正十六边形

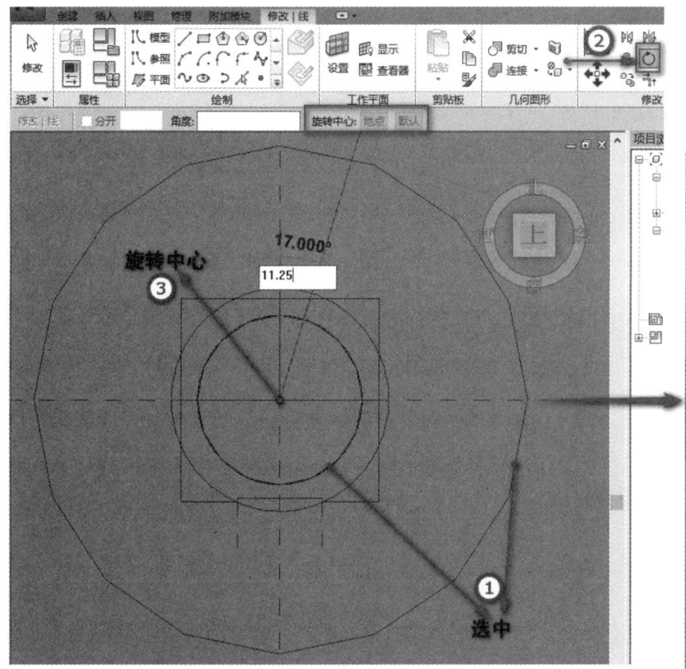

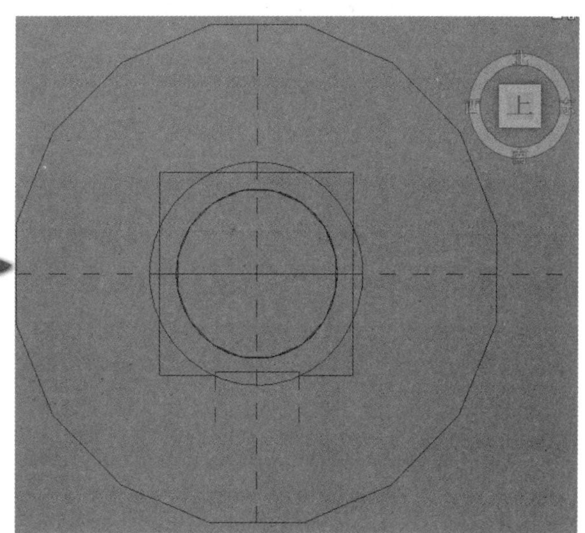

■ 图 3.58　旋转内接正十六边形

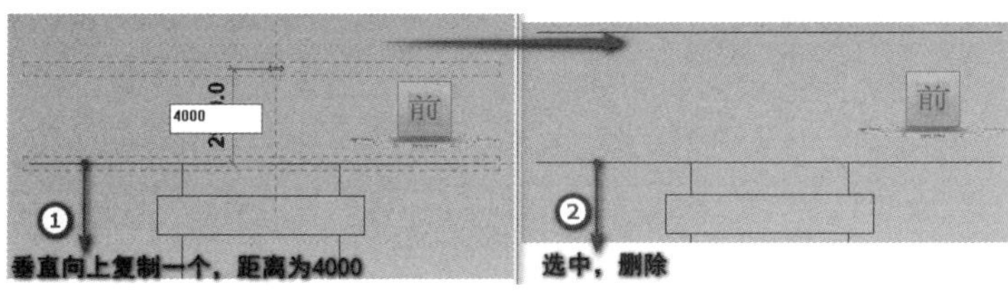

■ 图 3.59　复制内接正十六边形

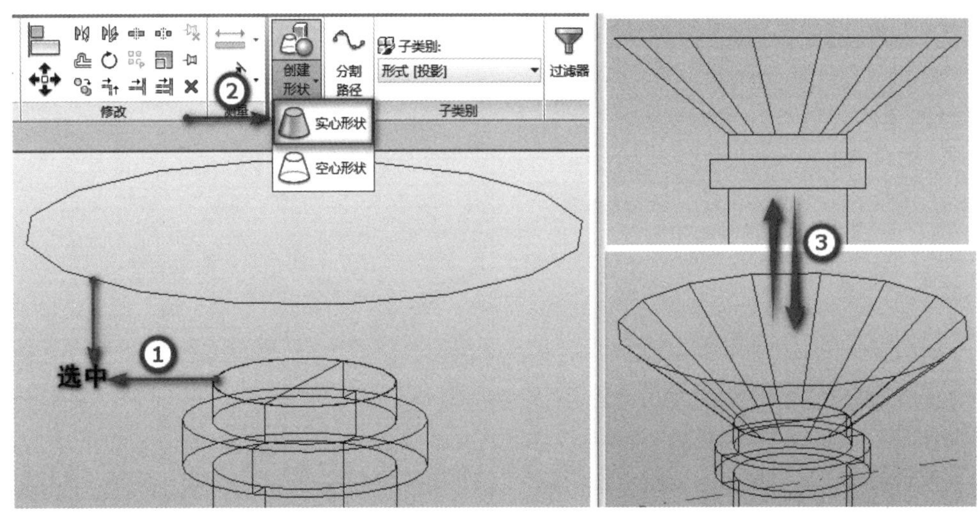

图 3.60　创建水塔水箱下曲面

步骤七：选择水塔水箱下曲面（正十六面面棱台）顶部作为工作平面。选择“View Cube”的“上”，单击“创建”选项卡→“形状”面板→“模型线”按钮，进入“修改 | 放置线”选项卡，单击“绘制”面板→“圆”按钮，绘制半径为 7500mm 的圆。选择刚刚创建的圆，单击“形状”面板→“创建形状”下拉列表→“实心形状”按钮，点击“圆柱”选项，修改临时尺寸数值为“1500”，如图 3.61 所示。

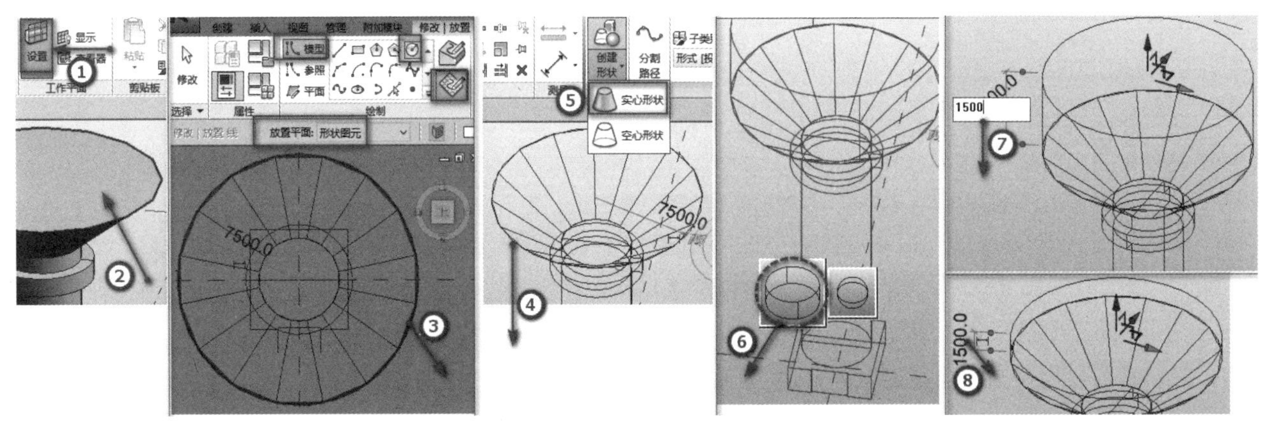

图 3.61　创建上部实心形状（一）

步骤八：切换到“南”立面视图，绘制参照平面 C；选择水塔水箱下曲面（正十六面面棱台），单击“修改”面板→“镜像 - 拾取轴”按钮，拾取参照平面 C 作为镜像轴，复制一个水塔水箱上曲面（正十六面面棱台）。切换到三维视图，选择水塔水箱上曲面（正十六面面棱台）顶部表面，修改临时尺寸数值为“2000”，如图 3.62 所示。

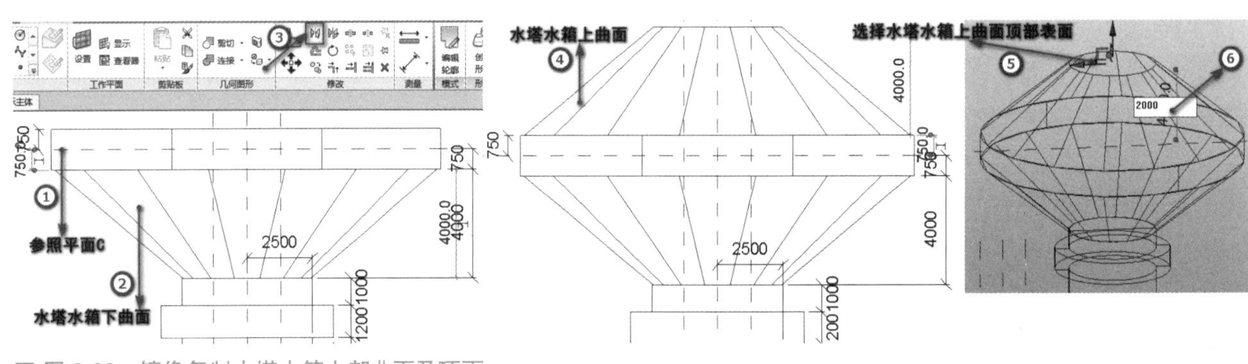

图 3.62　镜像复制水塔水箱上部曲面及顶面

步骤九：选择水塔水箱上曲面（正十六面面棱台）顶部为工作平面。选择“View Cube”的“上”，单击“创建”选项卡→“形状”面板→“模型线”按钮，进入“修改 | 放置 线”选项卡，单击“绘制”面板→“矩形”按钮，绘制边长为2500mm的正方形E。切换到“南”立面视图，单击“创建”选项卡→“绘制”面板→“模型线”按钮，选项栏“放置平面”设置为“参照平面：中心（前 / 后）”，选择“直线”绘制方式绘制封闭的边界线F。再次切换到三维视图，选择绘制的正方形E和封闭的边界线，单击“形状”面板→“创建形状”下拉列表→“实心形状”按钮，创建实心形状G，如图3.63所示。

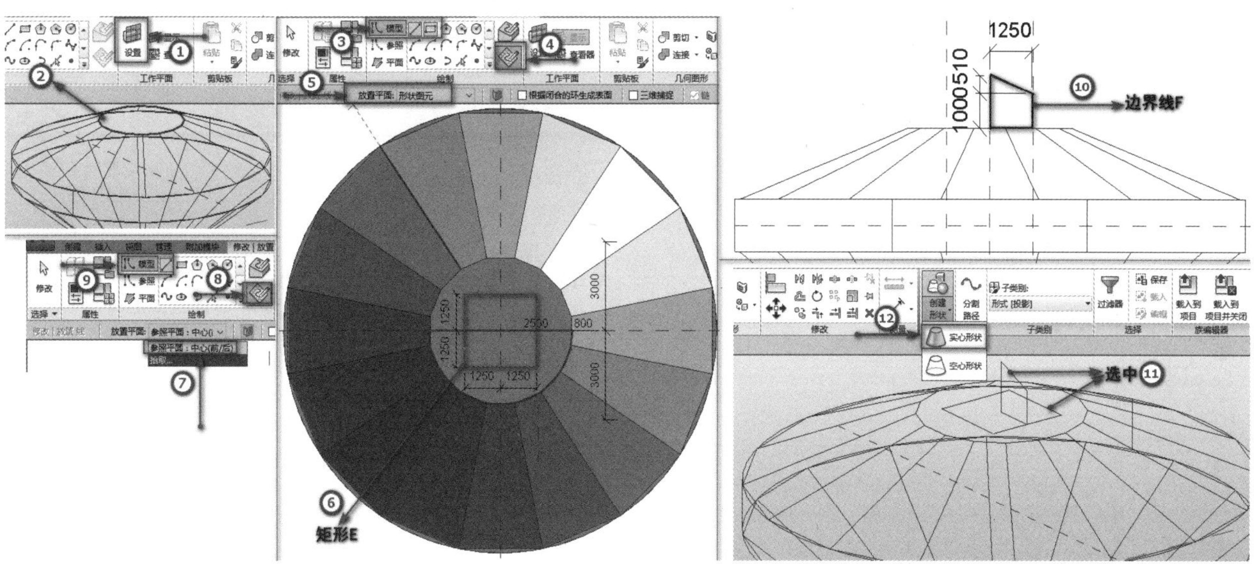

■ 图 3.63 创建上部实心形状（二）

步骤十：选择参照平面（左 / 右）作为工作平面。单击“View Cube”的“左”，单击“创建”选项卡→“形状”面板→“模型线”按钮，进入“修改 | 放置 线”选项卡，单击“绘制”面板→“直线”按钮，绘制台阶边界线H。选择绘制的台阶边界线H，单击“形状”面板→“创建形状”下拉列表→“实心形状”按钮，创建台阶。切换到标高1楼层平面视图，通过对齐命令调整台阶的边界，如图3.64所示。

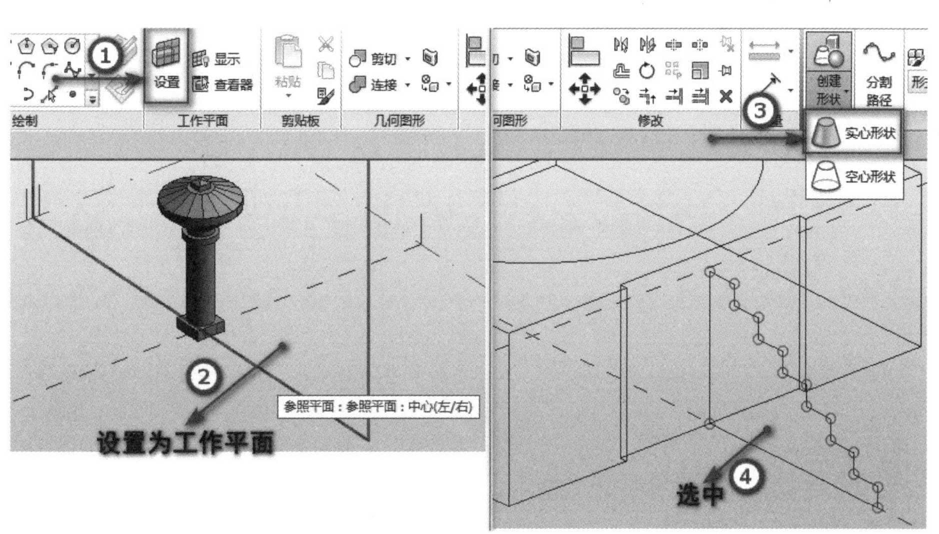

■ 图 3.64 创建台阶

步骤十一：切换到三维视图，查看创建的水塔三维模型效果，最后以“水塔”为文件名保存在考生文件夹中。至此，“水塔”模型建模结束。

第四节 真题实战演练

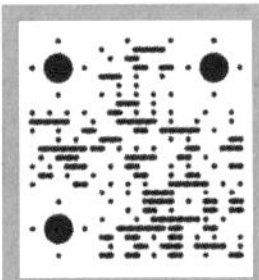

题目一：第一期全国 BIM 技能等级考试一级试题第一题“体量”

根据题目，可以通过创建实心形状生成（实际上是通过融合而成的）。计算该体量的体积，可以通过选择已经创建好的体量，查看左侧属性栏“体积”即可，也可以通过使用明细表的功能来统计体积。

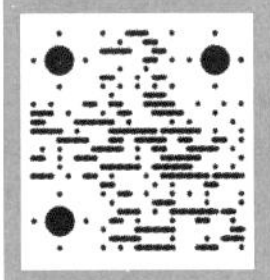

题目二：第二期全国 BIM 技能等级考试一级试题第一题“斜墙”

题目三：第四期全国 BIM 技能等级考试一级试题第三题“牛腿柱”

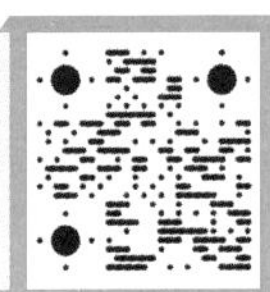

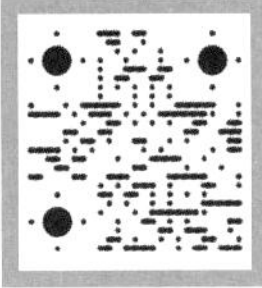

题目四：第六期全国 BIM 技能等级考试一级试题第四题“体量楼层”

Revit 提供了内建体量、放置体量、面模型、幕墙系统、屋顶、墙、楼板等设计工具，可以帮助建筑师快速生成建筑形体，进行方案的比对，以选取最佳方案。

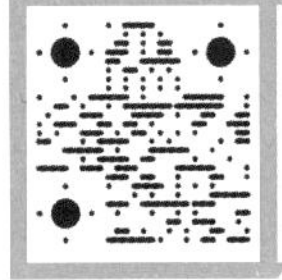

题目五：第七期全国 BIM 技能等级考试一级试题第四题“仿央视大厦”

题目六：第八期全国 BIM 技能等级考试一级试题第三题“体量模型”

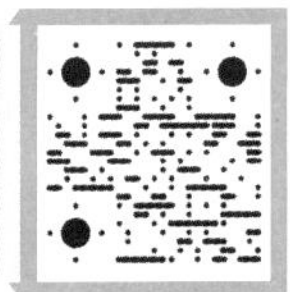

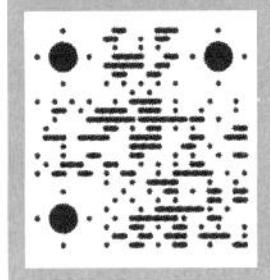

题目七：第九期全国 BIM 技能等级考试一级试题第三题“建筑形体”

题目八：第十期全国 BIM 技能等级考试一级试题第三题“柱脚”

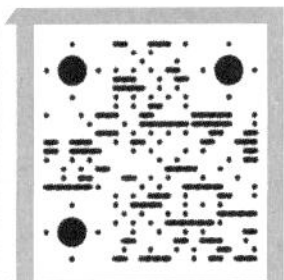

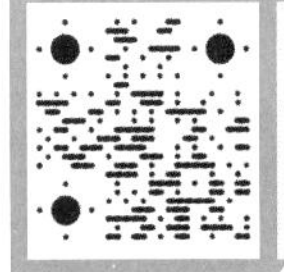

题目九：第十一期全国 BIM 技能等级考试一级试题第二题“桥面板”

题目十：第十二期全国 BIM 技能等级考试一级试题第三题“方圆大厦”

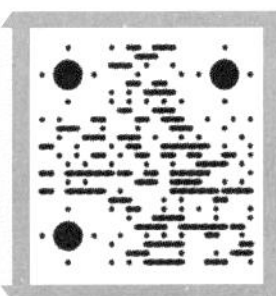

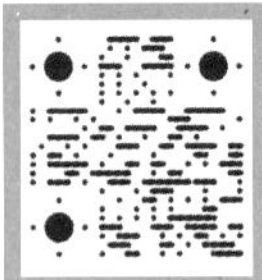

题目十一：第十三期全国 BIM 技能等级考试一级试题第三题“拱桥”

题目十二：第十四期全国 BIM 技能等级考试一级试题第三题“建筑体量”

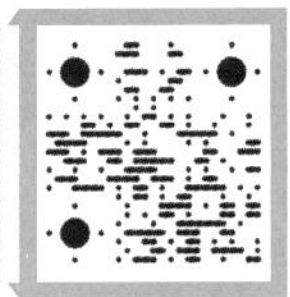

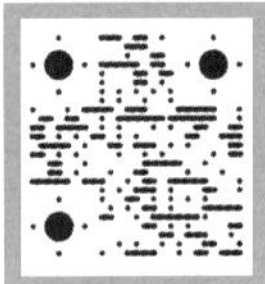

题目十三：第十五期全国 BIM 技能等级考试一级试题第三题“隧道”

题目十四：第十六期全国 BIM 技能等级考试一级试题第三题“高塔”

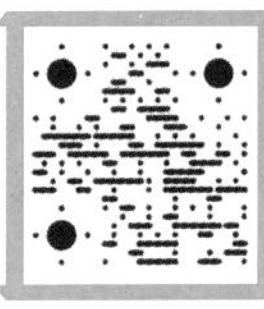

4
CHAPTER
标 高 轴 网

思维导图

- 专项考点三 标高轴网
  - 第一节 标高
    - 一、标高的组成
    - 二、修改建筑样板自带标高
    - 三、新建标高
    - 四、复制、阵列标高
    - 五、为复制或阵列的标高添加楼层平面
    - 六、编辑标高
      - 1.批量设置
      - 2.手动设置
        - （1）切换3D/2D
        - （2）设置影响范围
        - （3）重命名标高名称
        - （4）标头的隐藏与显示
        - （5）为标高添加弯头
        - （6）标头对齐锁
  - 第二节 轴网
    - 一、创建轴网
      - 1.绘制直线轴网
      - 2.绘制弧形轴网
        - “起点–终点–半径弧”绘制工具
        - “圆心–端点弧”绘制工具
      - 3.多段网络的绘制
      - 4.拾取CAD底图轴线的方法创建轴网
    - 二、复制轴网
    - 三、阵列轴网
    - 四、编辑轴网
      - 1.批量编辑轴网
      - 2.手动编辑轴网
        - （1）2D/3D切换及应用
        - （2）影响范围工具
        - （3）轴网间尺寸修改
        - （4）轴网轴号偏移
  - 第三节 经典真题解析
    - 第三期全国BIM技能等级考试一级试题第一题“标高轴网”
  - 第四节 真题实战演练
    - 第四期全国BIM技能等级考试一级试题第一题“轴网”
    - 第五期全国BIM技能等级考试一级试题第一题“标高轴网”
    - 第六期全国BIM技能等级考试一级试题第一题“轴网”
    - 第七期全国BIM技能等级考试一级试题第一题“标高轴网”
    - 第八期全国BIM技能等级考试一级试题第一题“标高轴网”
    - 第九期全国BIM技能等级考试一级试题第一题“标高轴网”
    - 第十期全国BIM技能等级考试一级试题第一题“轴网”
    - 第十一期全国BIM技能等级考试一级试题第一题“屋顶”

标高和轴网在全国 BIM 技能等级考试中的考查可谓基础中的基础，但每期都有难点，使大部分考生未能拿到全部分数。归根结底，是因为对于个考点，“只知其一，不知其二”，所以学习过程中，要多加总结分析，将知识点进行归纳。

专项考点数据统计

专项考点标高轴网数据统计表

期数	题目	题目数量	难易程度	备注
第三期	第一题“标高轴网”	1	困难	题目经典
第四期	第一题“轴网”	1	简单	
第五期	第一题“标高轴网”	1	简单	导入 CAD 底图创建轴网
第六期	第一题“轴网”	1	困难	轴网不规则
第七期	第一题“标高轴网”	1	困难	同时考察了项目北与正北知识点
第八期	第一题“标高轴网”	1	中等	
第九期	第一题“标高轴网”	1	困难	多段网络的考察
第十期	第一题“轴网”	1	简单	
第十一期	第一题“屋顶”	1	简单	同时考察了迹线屋顶

说明：16 期考试中，专项考点标高轴网的题目考了 9 道，单独出题概率超过 50%，故掌握专项考点标高轴网对于通过考试很关键。根据近几期真题，发现不再出小题单独考察标高轴网，而是渗透在最后一个综合建模大题中来考察标高轴网的相关知识，相当于每期必考，请读者注意这个变化。

第一节　标高

在 Revit 中，需要先创建标高再创建轴网。所创建的标高必须处于剖面图或者立面图中（一般在立面图中创建标高），创建标高同时就会创建一个关联的平面视图。

一、标高的组成

标高由标高线和标头两部分组成，如图 4.1 所示。各部分名称和作用，如图 4.2 所示。其中，标头反映标高的标头符号样式、标高值、标高名称等信息。标高线反映标高对象投影的位置和线型表现。标高线和标高标头都是由族组成的。

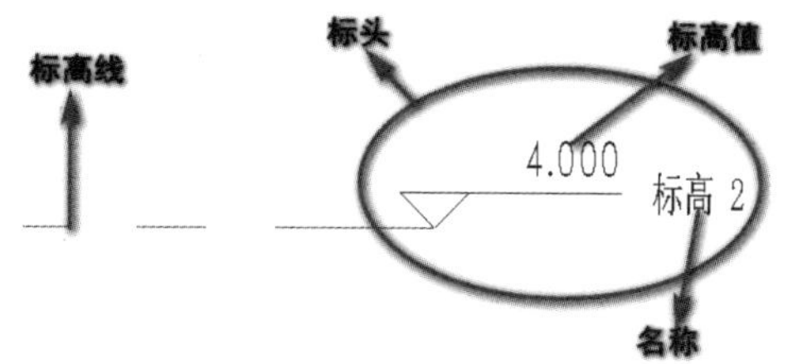

■ 图 4.1　标高的组成

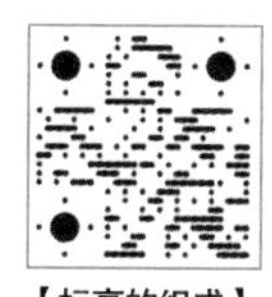

【标高的组成】

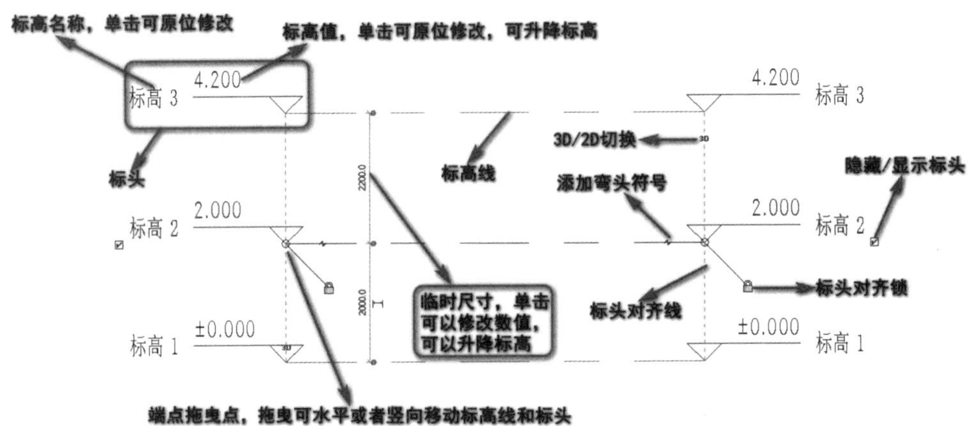

图 4.2　标高各部分的名称和作用

二、新建标高

切换到南立面视图，单击“建筑”选项卡→“基准”面板→“标高”按钮，软件自动切换到“修改 | 放置标高”选项卡。单击左侧“属性”对话框中类型选择器下拉列表“上标头”作为标头类型，选项栏默认选中“创建平面视图”，单击“绘制”面板→“直线”绘制方式，如图 4.3 所示。

【新建标高】

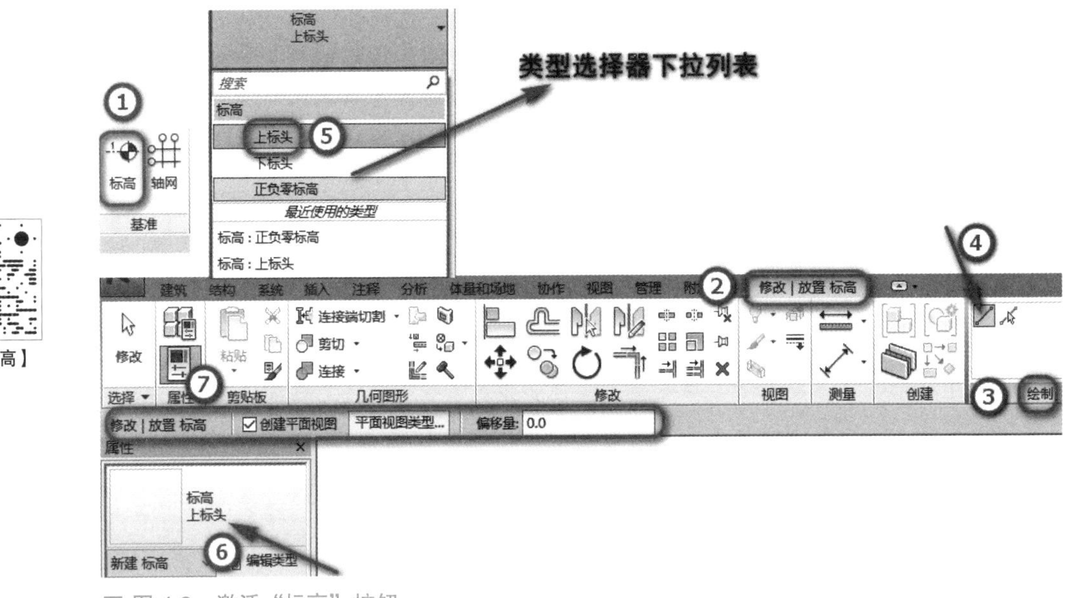

图 4.3　激活“标高”按钮

特别提示 ▶▶▶

① 平面视图类型有“天花板平面”视图、“楼层平面”视图和“结构平面”视图，根据需求选择相应的视图，创建完成时会在项目浏览器自动添加相应的视图，如图 4.4 所示。选项栏默认选中“创建平面视图”，若不选中“创建平面视图”，绘制的标高为参照标高，不会在项目浏览器里自动添加“天花板平面”视图、“楼层平面”视图和“结构平面”视图。

② 选项栏中的“偏移量”选项用来控制标高值的偏移范围。其数值可以是正数，也可以是负数，但通常情况下，该参数值为 0.0，如图 4.4 所示。

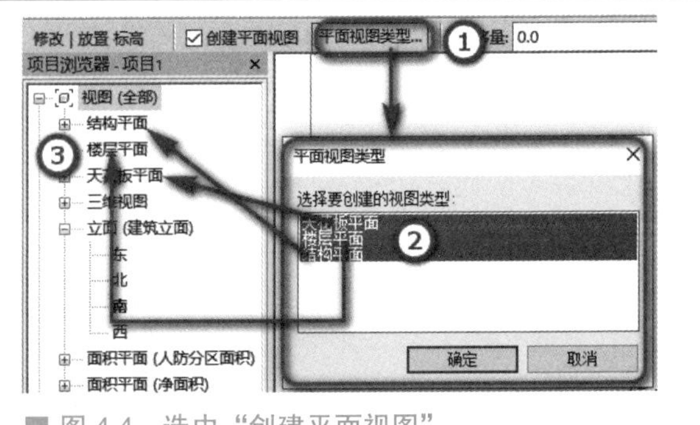

图 4.4　选中“创建平面视图”

再学一招 ▶▶▶

在标高绘制中，除了选择“直线”工具直接绘制外，还有一种“拾取线”的方法。使用拾取线方式创建标高时，要注意鼠标指针的位置。如果鼠标指针在现有标高上方的位置，就会在当前标高上方生成标高；如果鼠标指针在现有标高的下方位置，就会在当前标高下方生成标高。在拾取时，视图会以虚线表示即将生成的标高的位置，可以根据此预览来判断标高位置是否正确。

移动鼠标到标高 2 左端上方，会有蓝色虚线与已有标高对齐并且有临时标注显示距离，如图 4.5（a）所示，此时通过上下移动鼠标确定新建标高与标高 2 的距离并单击确定，或者直接输入距离，如图 4.5（b）所示。移动鼠标到右端时，也会有蓝色虚线对齐提示，如图 4.5（c）所示，再次点击鼠标确认即可。也可不输入距离，在完成标高绘制后修改标高数值。

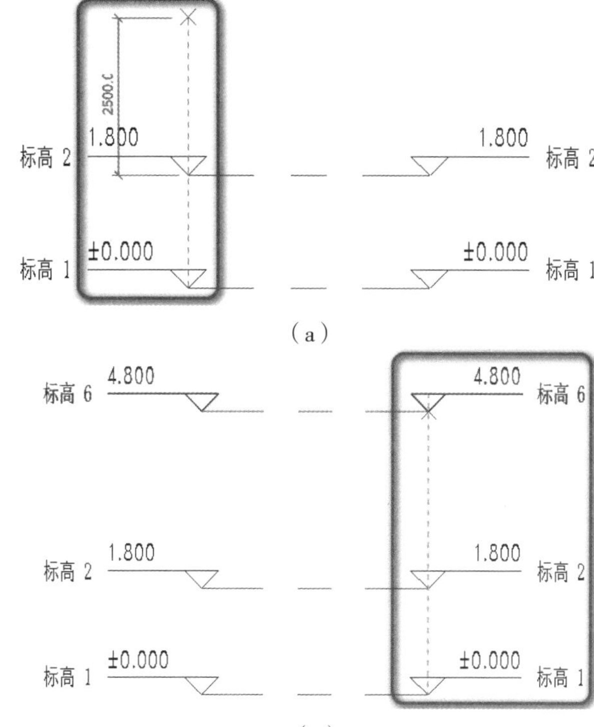

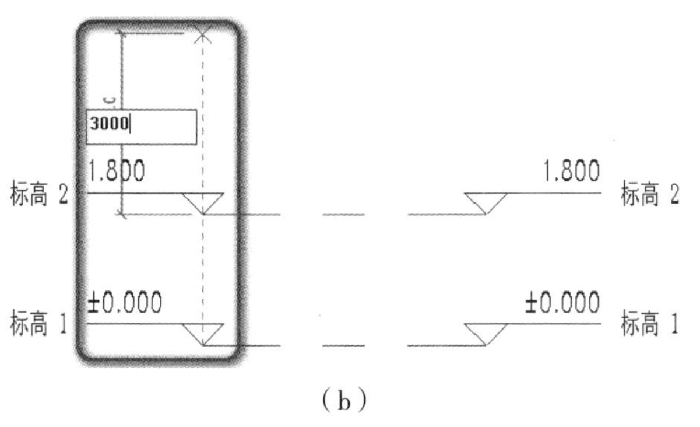

■ 图 4.5　创建标高 6

三、修改建筑样板自带标高

切换到南立面视图，通常建筑样板中会有预设标高，如需修改现有标高数值，双击标高数值，如“标高 2”标高数值“2.000”，双击后该数字变为可输入，即可更改标高数值。标高单位为“m”，输入时小数点后的零可省略，过程和结果如图 4.6 所示。

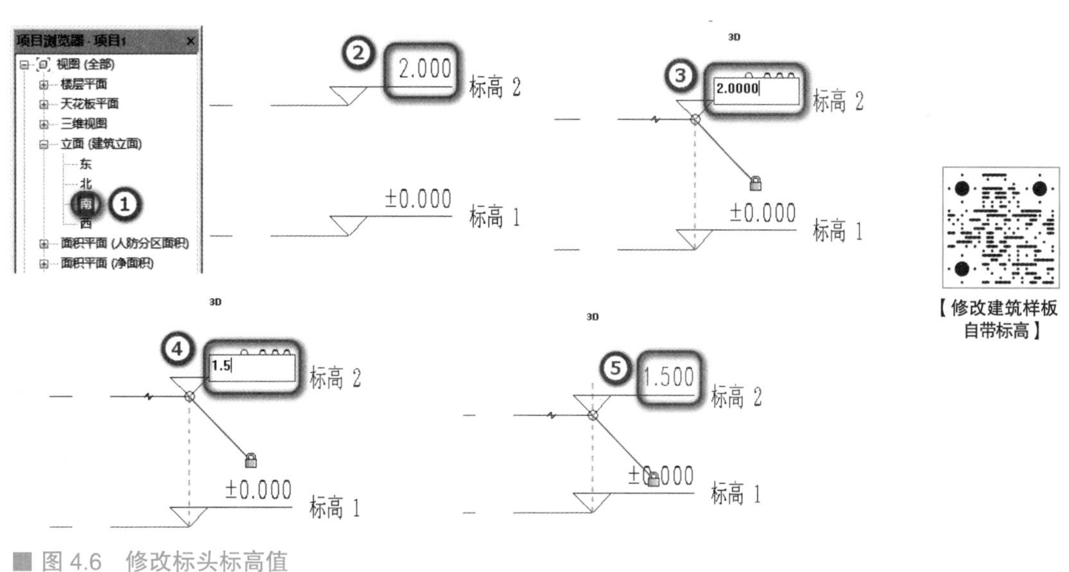

【修改建筑样板自带标高】

■ 图 4.6　修改标头标高值

标高数值也可以通过修改标高间的距离来修改。选择要修改的标高线，会在标高线间显示临时尺寸标注，单击临时标注数值，进入编辑模式即可修改标高数值，如选择“标高 2”，单击临时标注数值“1500.0”，改为“1800.0”，即可修改“标高 2”数值，距离单位为“mm”，如图 4.7 所示。

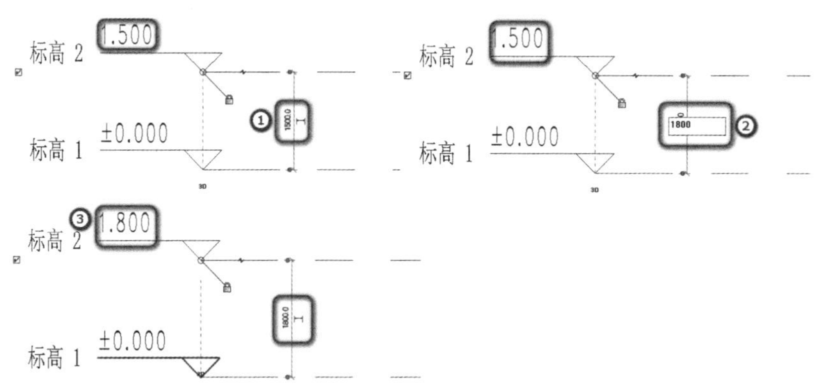

图 4.7　修改临时尺寸线数值来调整标高数值

四、复制、阵列标高

选择任意标高，自动激活“修改 | 标高”选项卡，单击“修改”面板→“复制”或“阵列”按钮，可以快速生成所需标高，如图 4.8 所示。

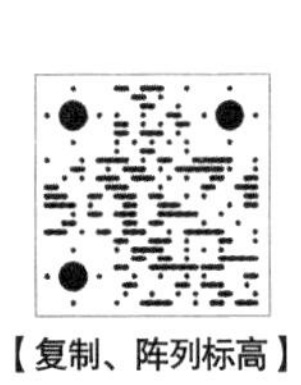

【复制、阵列标高】

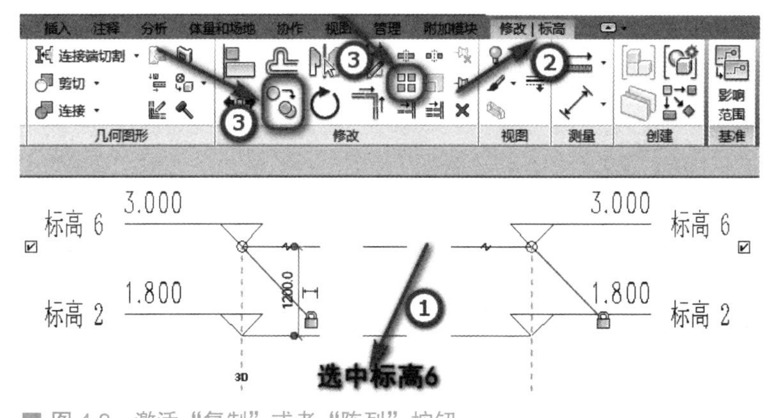

图 4.8　激活“复制”或者“阵列”按钮

1. 复制标高

选择“标高 6”，单击“修改 | 标高”选项卡→“复制”按钮，在选项栏选中“多个”“约束”选项，如图 4.9 所示，光标回到绘图区域，在“标高 6”上单击作为复制基点，并垂直向上移动，此时可直接在键盘输入新标高与“标高 6”的间距数值如“2000”，单位为“mm”，如图 4.10 所示，输入后按 Enter 键，完成一个标高的复制。由于选中了选项栏“多个”，可继续输入下一标高间距，而无须再次选择标高并激活“复制”按钮。完成标高的复制，按 Esc 键两次结束复制命令。

小贴士 ▶▶▶

选项栏选中“约束”选项，可以激活正交模式。选项栏选中“多个”选项，则可以连续进行复制操作。

也可不输入距离，任意距离单击，在完成标高绘制后修改标高数值。

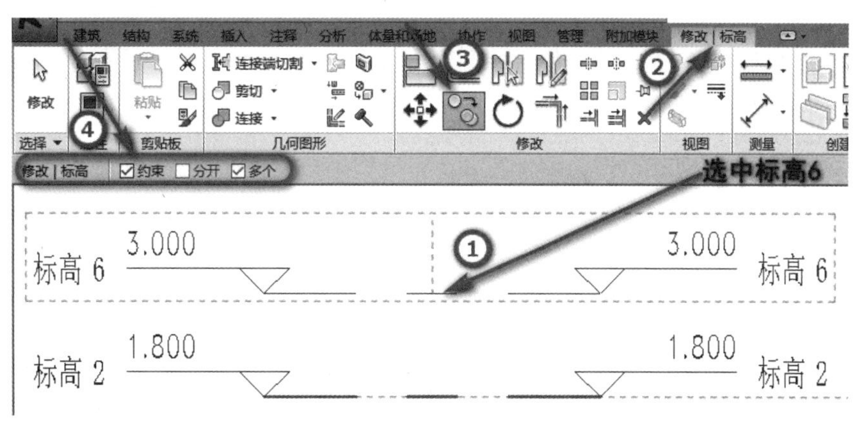

■ 图 4.9 复制“标高 6”

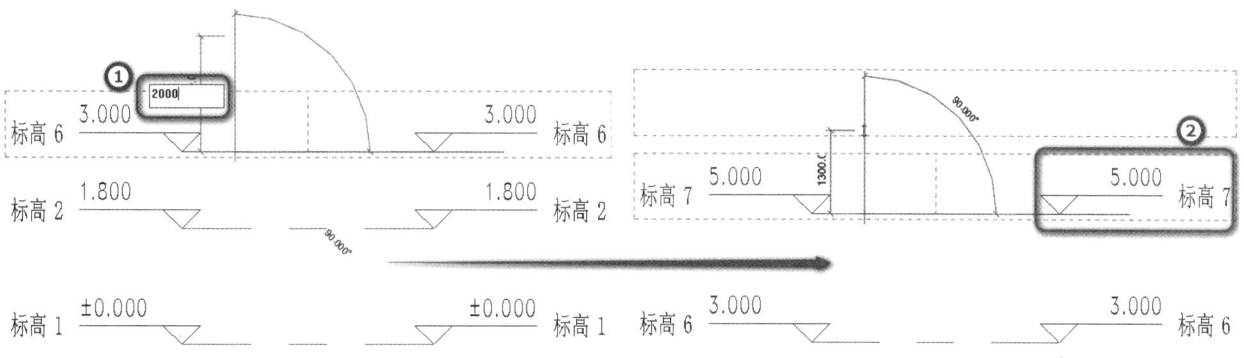

■ 图 4.10 复制工具绘制“标高 7”

2. 阵列标高

用“阵列”方式绘制标高，可一次绘制多个间距相等的标高，此种方法适用于高层建筑。选择“标高 7”，单击“修改 | 标高”选项卡→“修改”面板→“阵列”按钮，取消选中“成组并关联”，激活“线性阵列”按钮，输入项目数为“3”，选中“约束”复选框，启用“移动到：第二个”选项，如图 4.11 所示。回到绘图区，在“标高 7”上单击确定基点，并向上移动，此时可直接在键盘输入新标高与“标高 7”间距数值如“1500”，单位为“mm”，如图 4.12 所示。输入后按 Enter 键，完成“标高 8”和“标高 9”的绘制，如图 4.13 所示。

小贴士 ▶▶▶

阵列项目数包含被阵列标高本身。

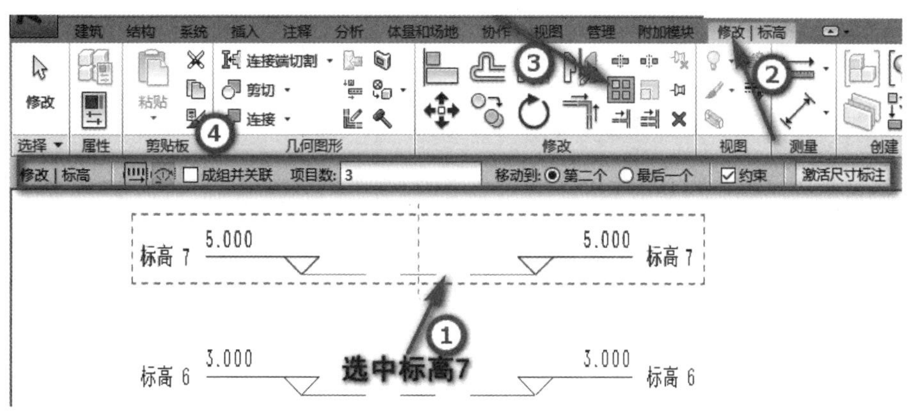

■ 图 4.11 激活“阵列”按钮

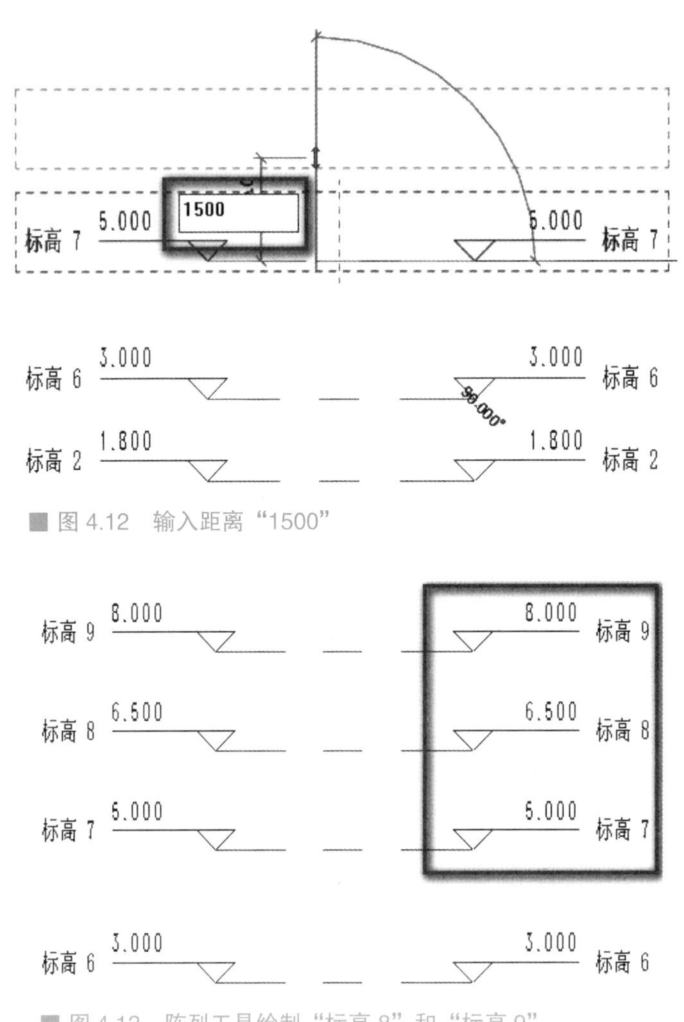

■ 图 4.12 输入距离“1500”

■ 图 4.13 阵列工具绘制“标高 8”和“标高 9”

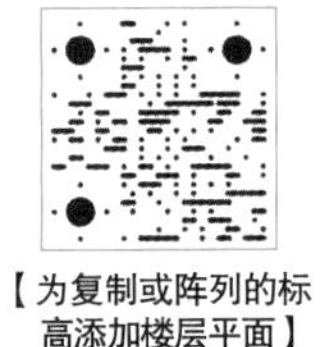

【为复制或阵列的标高添加楼层平面】

五、为复制或阵列的标高添加楼层平面

观察“项目浏览器”中的“楼层平面”下的视图，如图 4.14 所示，通过复制及阵列方式创建的标高均未生成相应楼层平面视图。同时观察南立面图，有对应楼层平面视图的标高标头为蓝色，没有对应楼层平面视图的标头为黑色，因此双击蓝色标头，视图将跳转至相应平面视图，而黑色标头不能引导跳转视图。

使用“标高”工具创建标高，绘制完成标高后会生成相应的视图，但使用“阵列”或“复制”工具创建标高，只是单纯地创建标高符号而不会生成相应的视图，所以需要手动创建平面视图。

切换到“视图”选项卡，单击“创建”面板→“平面视图”下拉列表→“楼层平面”按钮，如图 4.15 所示。在弹出的“新建楼层平面”对话框中选择全部标高，单击“确定”按钮，所有标高已创建相应的楼层平面视图，并自

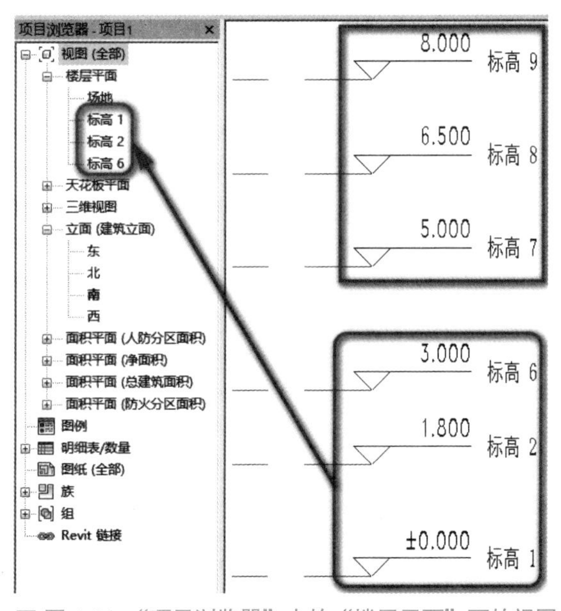

■ 图 4.14 “项目浏览器”中的“楼层平面”下的视图

动跳转到最后一个标高对应的楼层平面视图“标高 9”，如图 4.16 所示。

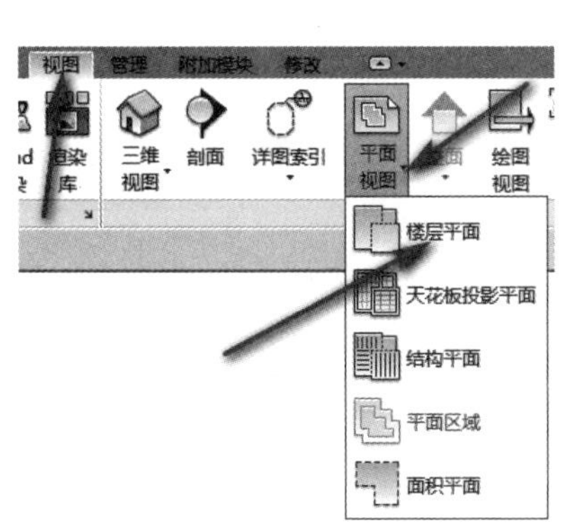

■ 图 4.15　激活“楼层平面”对话框

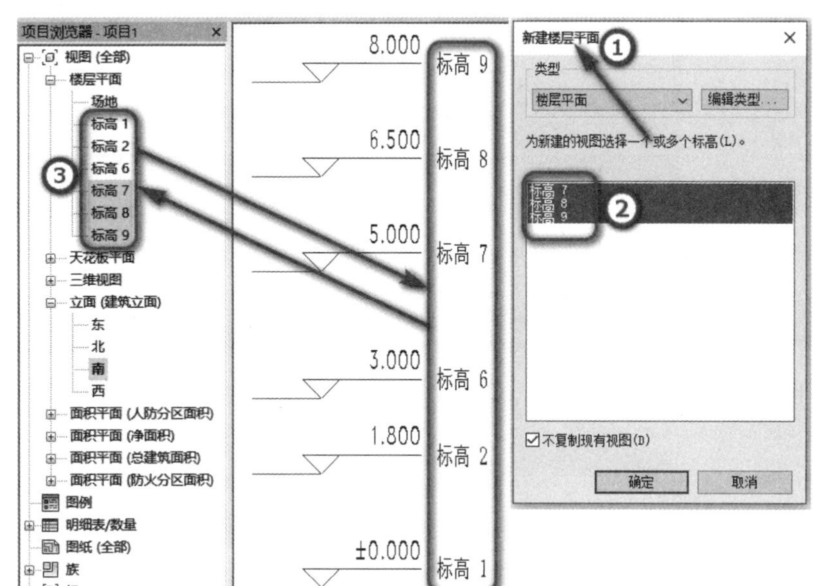

■ 图 4.16　所有标高已创建相应的楼层平面视图

六、编辑标高

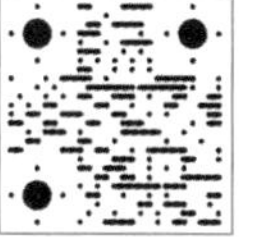

【批量设置修改标高】

1. 批量设置

单击“属性”对话框中的“编辑类型”按钮，在弹出的“类型属性”对话框中设置如图 4.17 所示相关参数。

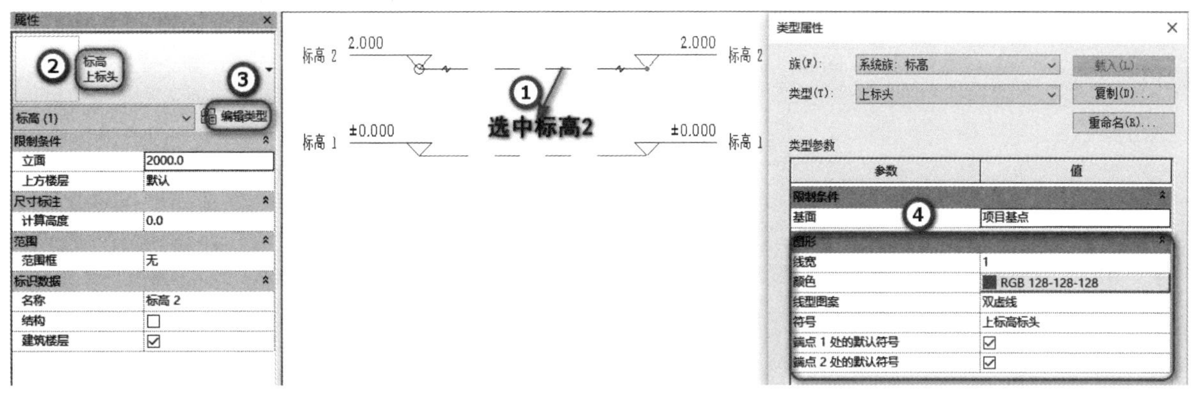

■ 图 4.17　设置标高的类型属性

2. 手动设置

（1）切换 3D/2D：标高绘制完成后会在相关立面及剖面视图当中显示，且在任何一个视图中修改，都会影响到其他视图。但在某些情况下，例如出施工图纸的时候，可能立面与剖面视图中所要求的标高线长度不一，如果修改立面视图中的标高线长度，也会直接显示在剖面视图当中。为了避免这种情况的发生，软件提供了 2D 方式调整。3D 和 2D 的区别，如图 4.18 和图 4.19 所示。

【切换 3D/2D】

（2）为标高添加弯头：单击选中某一标高，在标头右侧标高线上将显示“添加弯头”图标，如图 4.20 所示。此时，单击该图标即可改变标高标头的显示位置，效果如图 4.21 所示。此外，当添加弯头后，还可以通过单击并向上或向下拖动蓝色拖曳点来改变标高标头的显示位置，效果如图 4.22 所示。若将标高标头处显示的两个拖曳点重叠，标高即可返回至添加弯头前的原有显示状态。

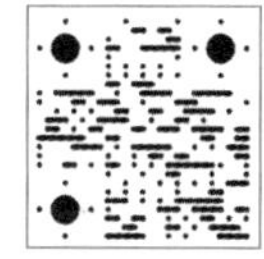

【为标高添加弯头】

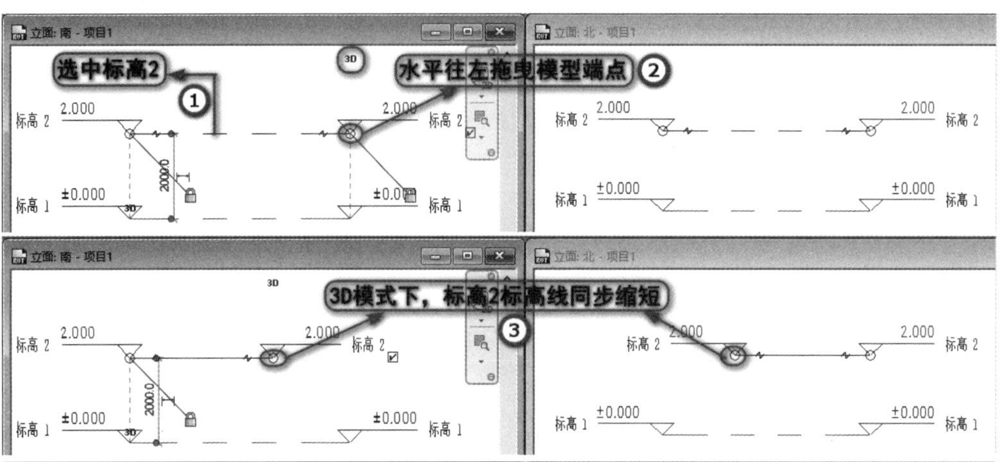

■ 图 4.18　3D 模式下修改标高线长短

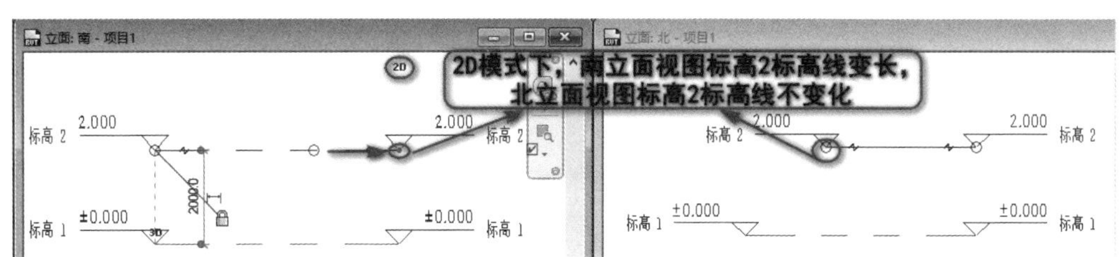

■ 图 4.19　2D 模式下修改标高线长短

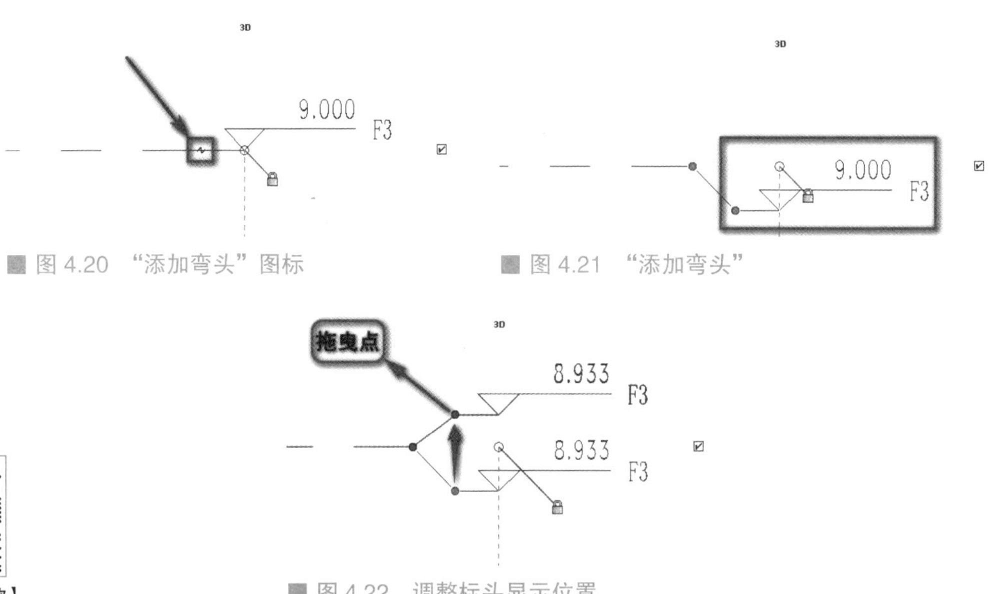

■ 图 4.20　“添加弯头”图标

■ 图 4.21　“添加弯头”

■ 图 4.22　调整标头显示位置

【重命名标高名称】

（3）重命名标高名称：双击标高名称，在弹出的文本框中输入需要的标高名称，并按 Enter 键确认，软件将打开 Revit 提示框。此时，单击“是”按钮，即可在更改标高名称的同时，更改相应视图的名称，如图 4.23 所示。

小贴士 ▶▶▶

如果重命名标高名称，则相关的楼层平面和天花板投影平面的名称也将随之更新。

（4）标头的隐藏与显示：选中某一标高，禁用其右侧的“隐藏编号”复选框，即可隐藏该标高右侧标头，效果如图 4.24 所示。若要重新显示右侧标头，再次启用右侧的“隐藏编号”复选框即可。

（5）设置影响范围：同时打开北立面视图和南立面视图。在北立面视图中为标高 2 右侧添加弯头，此时观察到南立面视图中标高 2 的右侧没有添加弯头。单击北立面图中标高 2，进入“修改 | 标高”选项卡，再次

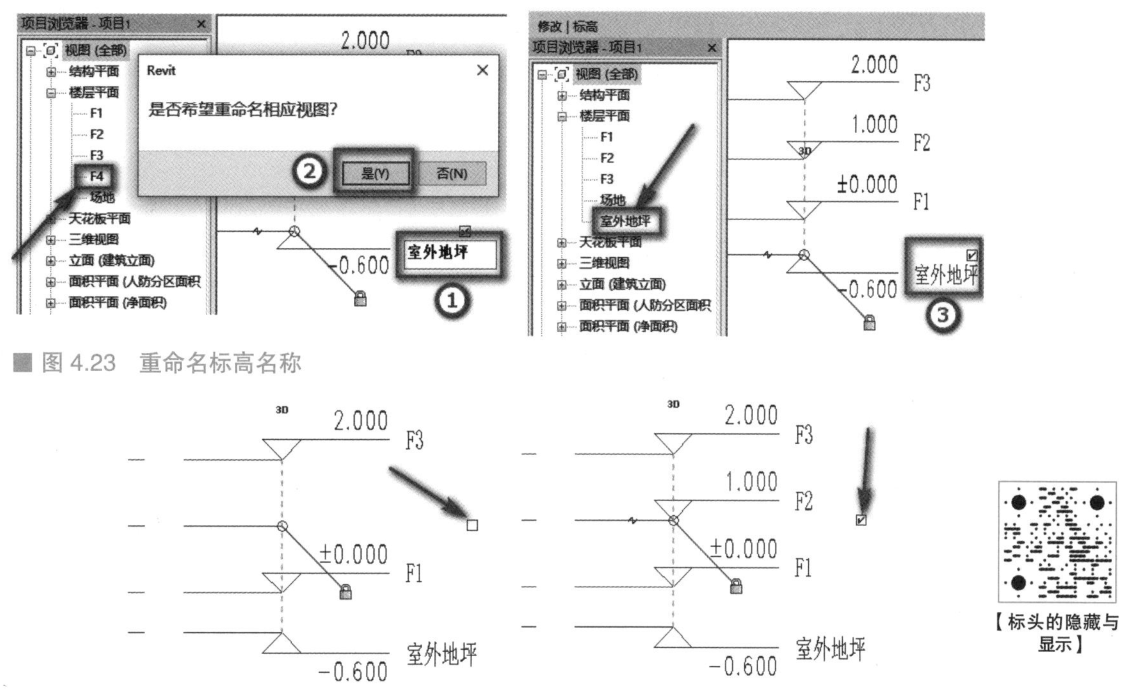

■ 图 4.23　重命名标高名称

■ 图 4.24　标头的隐藏与显示

【标头的隐藏与显示】

单击“基准”面板→“影响范围”按钮，在弹出的“影响基准范围”对话框中选中“立面：南”，单击“确定”按钮，此时观察到南立面视图中标高 2 右侧也添加了弯头，如图 4.25 所示。

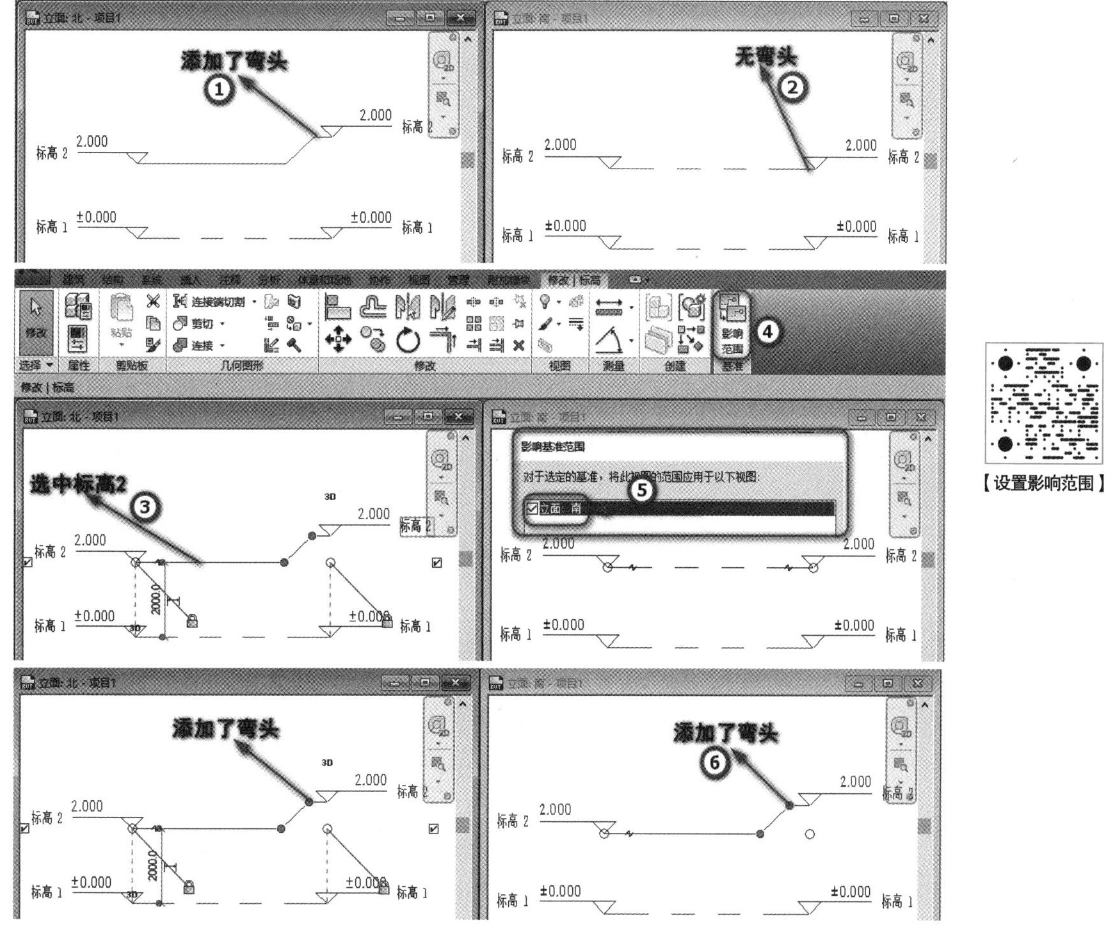

【设置影响范围】

■ 图 4.25　设置影响范围

（6）标头对齐锁：在 Revit 中，当标高端点对齐时，单击选中任意标高，软件都将在其标头右侧显示标头对齐锁。默认情况下，单击并拖动端点拖曳点改变其位置，所有对齐的标高将同时移动，如图 4.26 所示。此时，若单击标头对齐锁进行解锁，然后再次单击标高端点并拖动，则只有该选定标高被移动，其他标高不会随之移动，如图 4.27 所示。

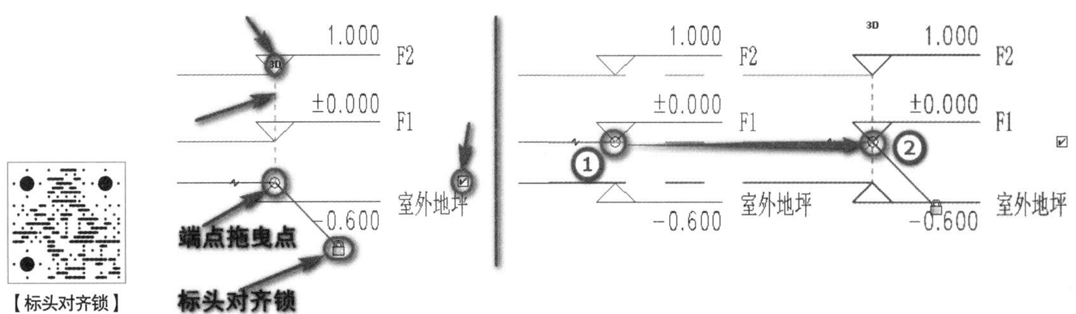

【标头对齐锁】

■ 图 4.26　统一调整对齐标高线标头位置

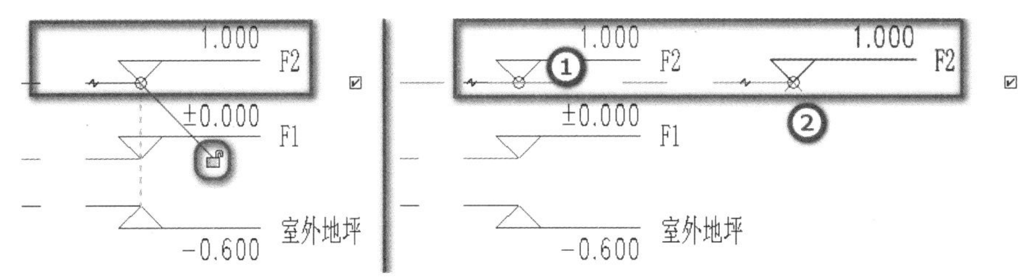

■ 图 4.27　单独调整标高线标头位置

第二节　轴网

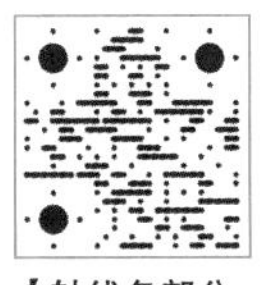

【轴线各部分名称】

在 Revit 中，轴线确定了一个不可见的工作平面，轴网编号及符号样式均可定制修改。轴线在平面图、立面图和剖面图中均可创建，建模时一般情况下在平面视图中创建。与标高类似，轴线属性的参数值也可以通过修改实例参数及类型参数来进行修改，通过拖曳操作柄或者修改临时尺寸数值更改位置。

一、创建轴网

在 Revit 中，轴网只需要在任意一个平面视图中绘制一次，其他平面和立面、剖面视图中轴网都将自动显示。

1. 绘制直线轴网

步骤一：打开项目文件，在“项目浏览器”中双击“视图”→“楼层平面”→“标高 1”选项，进入“标高 1”楼层平面视图。

步骤二：建筑样板文件的平面视图默认有四个立面符号（俗称“小眼睛”），且默认为正东、正西、正南、正北观察方向，轴网创建应确保位于四个“小眼睛”观察范围之内，也可以框选四个“小眼睛”，根据建筑项目平面的尺寸大小，在正交方向分别移动四个“小眼睛”至适当的位置。

步骤三：切换至“建筑”选项卡，单击“基准”面板→“轴网”按钮，软件自动打开“修改 | 放置 轴网”选项卡。单击“绘制”面板→“直线”按钮，左侧类型属性下拉列表选择轴网类型为“6.5mm 编号”，如图 4.28 所示，按如图 4.29 所示步骤设置“6.5mm 编号”轴网类型属性。

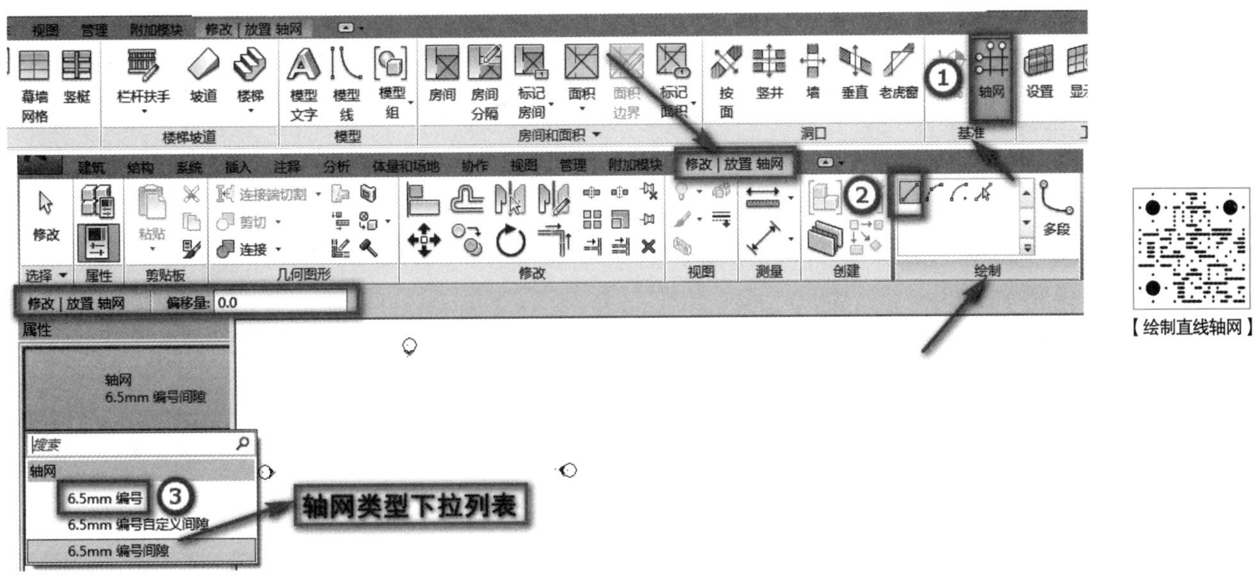

■ 图 4.28　激活“轴网”命令

【绘制直线轴网】

步骤四：在绘图区域左下角的适当位置单击，按住键盘 Shift 键向上移动光标，在适当位置再次单击，创建完第一条垂直轴线，按类似的方法绘制第二条轴线。将光标指向轴线的一侧端点，光标与现有轴线之间会显示一个临时尺寸标注，且有对齐捕捉标记，输入数值“2700”，按 Enter 键确定第一个端点，再按住键盘 Shift 键向上移动光标，当捕捉到对齐捕捉标记时单击该点即可确定所绘制轴线的另外一个端点，完成该轴线的绘制，绘制过程和效果如图 4.30 所示。

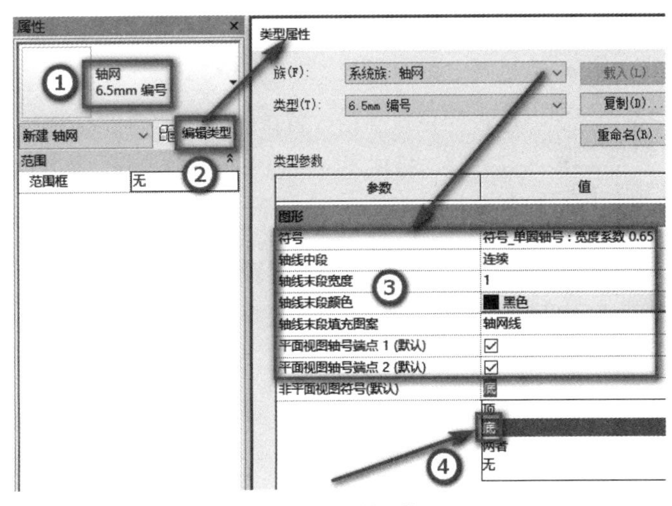

■ 图 4.29　轴网类型为“6.5mm 编号”

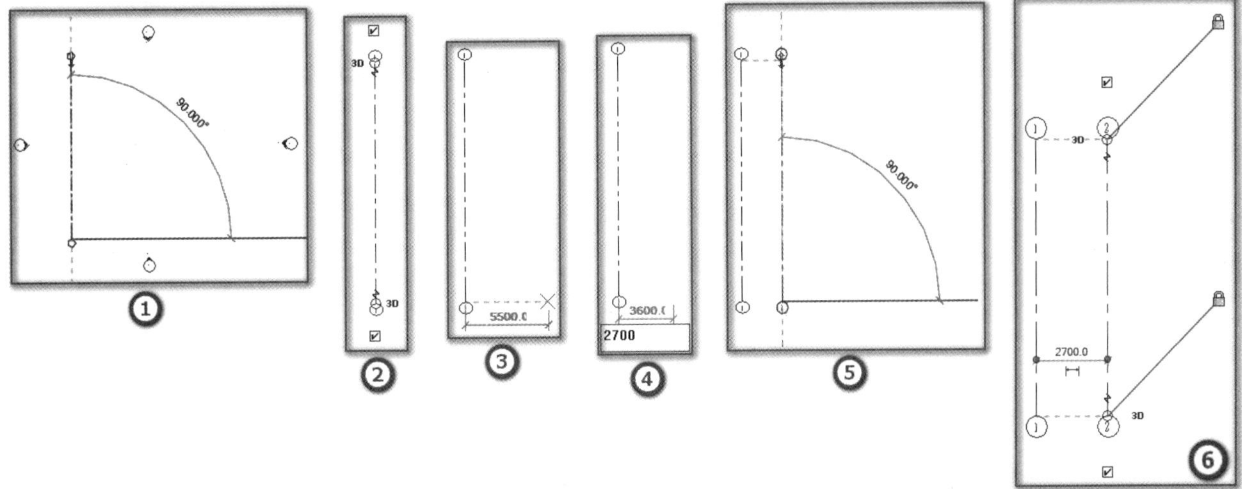

■ 图 4.30　绘制第二条轴线

特别提示

创建轴网时，后续轴号按1、2、3…自动排序，且删除轴网后轴号不会自动更新，如删除轴号为“3”的轴网，则绘制时轴号“3”不会再次出现，需要点击轴号“4”输入“3”，之后才会在“3”的基础上继续自动排序。横向轴网轴号为字母，软件不会自动调整，绘制第一根横向轴网后双击轴网轴号把数字改为字母“A”，如图4.31所示，后续编号将按照A、B、C…自动排序，软件不能自动排除“I”“O”“Z”字母，需手动改为下一个字母。

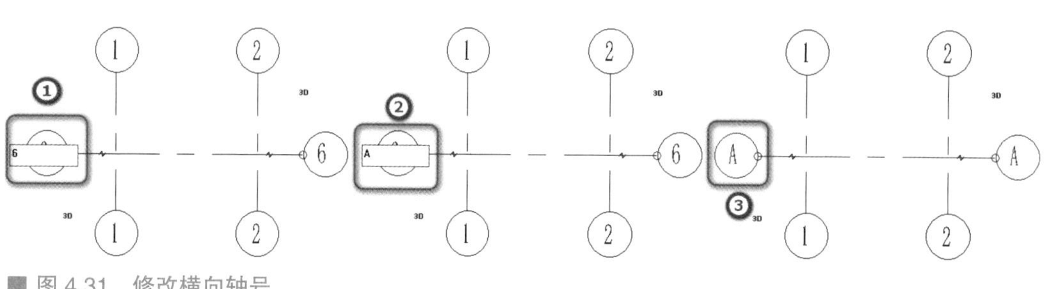

■ 图4.31 修改横向轴号

2. 绘制弧形轴网

绘制弧形轴网有两种方法：一种方法是利用“起点 - 终点 - 半径弧”绘制工具；另一种方法是利用“圆心 - 端点弧”绘制工具。

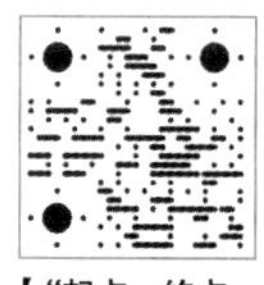

【“起点 – 终点 – 半径弧”绘制工具】

（1）“起点 - 终点 - 半径弧”绘制轴网：切换到标高1楼层平面视图，单击“建筑”选项卡→“基准”面板→“轴网”按钮，单击“绘制”面板→“起点 - 终点 - 半径弧”按钮，在绘图区域的任意空白位置单击，即可确定弧形轴线的一个端点，移动光标，软件将显示两个端点之间的临时标注尺寸及弧形轴线角度值，如图4.32所示。根据临时尺寸标注中的参数值，在适当位置单击，确定第二个端点，继续移动光标，这时会出现显示弧形轴线半径的临时尺寸标注，输入半径参数且按Enter键后，即可完成弧形轴线的绘制任务，过程和效果如图4.33所示。

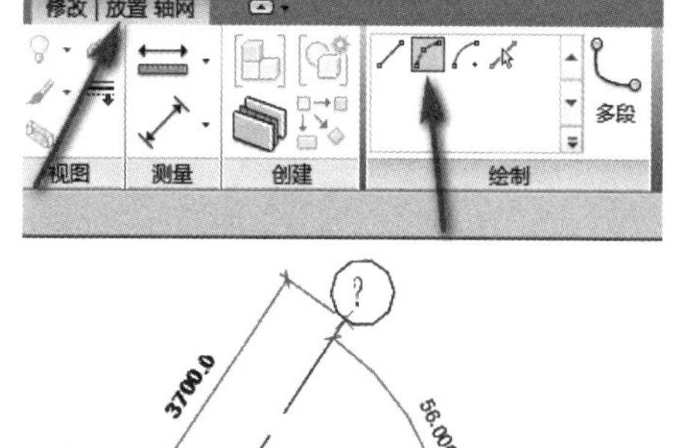

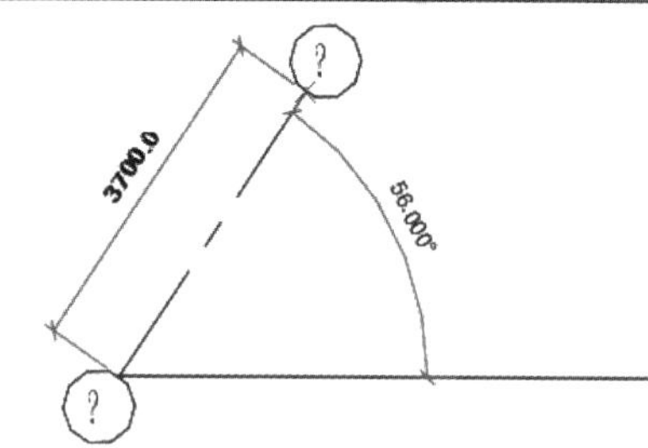

■ 图4.32 “起点 – 终点 – 半径弧”绘制工具

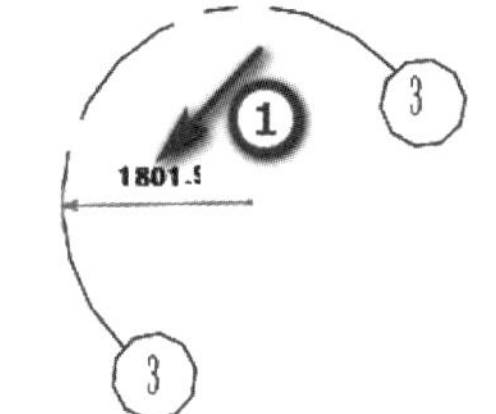

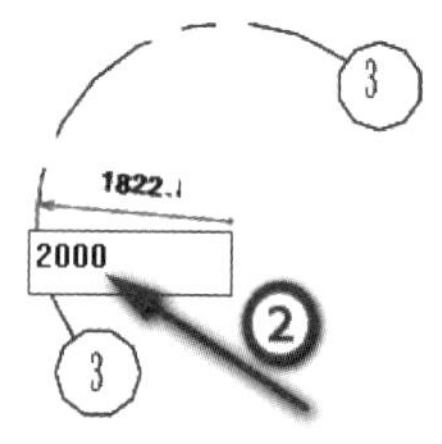

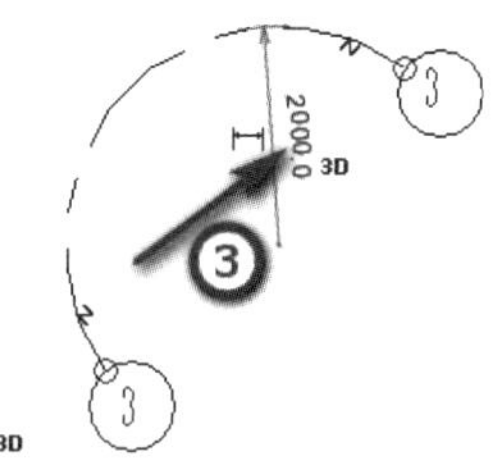

■ 图4.33 “起点 – 终点 – 半径弧”绘制工具创建轴网过程

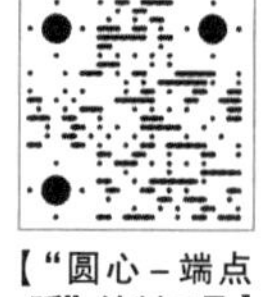

【“圆心 – 端点弧”绘制工具】

（2）“圆心 - 端点弧”绘制轴网：切换到标高1楼层平面视图，单击“建筑”选项卡→“基准”面板→“轴网”按钮，单击“绘制”面板→“圆心 - 端点弧”按钮，在绘图区域的任意空白位置单击，即可确定圆心位置，移动光标，此时会显示临时半径标注值，然后指定弧形轴网的半径，并在适当位置单击，以确定第一个端点位置，继续移动光标，并在合适位置继续单击，确定第二个端点的位置，即可完成弧形轴线的绘制任务。

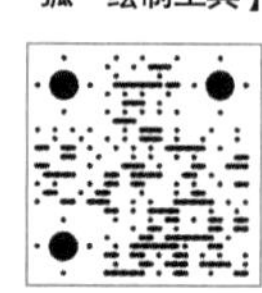

【绘制多段网络轴线】

3. 绘制多段网络轴线

步骤一：切换到标高1楼层平面视图，单击“注释”选项卡→“详图”面板→“详图线”按钮，先后单击“直线”→“起点 - 终点 - 半径弧”→“直线”按钮，绘制详图线如图4.34所示。

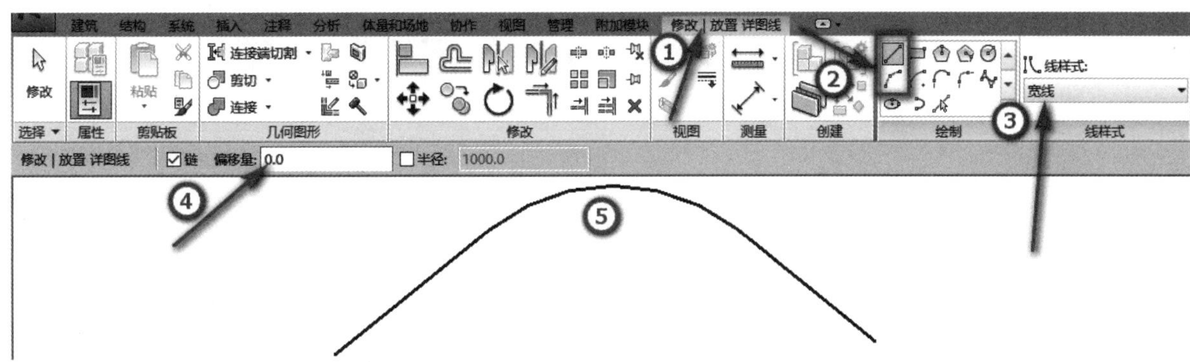

■ 图 4.34 绘制详图线

步骤二：单击“建筑”选项卡→“基准”面板→“轴网”按钮，单击“绘制”面板→“多段”按钮，进入“修改 | 编辑草图”选项卡，单击“绘制”面板→“拾取线”按钮，确认左侧属性对话框的轴网类型为“轴网 6.5mm 编号”，选项栏“偏移量”设置为“0.0”，分别拾取两段直线和弧形详图线，单击“模式”面板“√”按钮，删除先前刚刚绘制的详图线（辅助线），则多段线轴线创建完成，如图 4.35 所示。

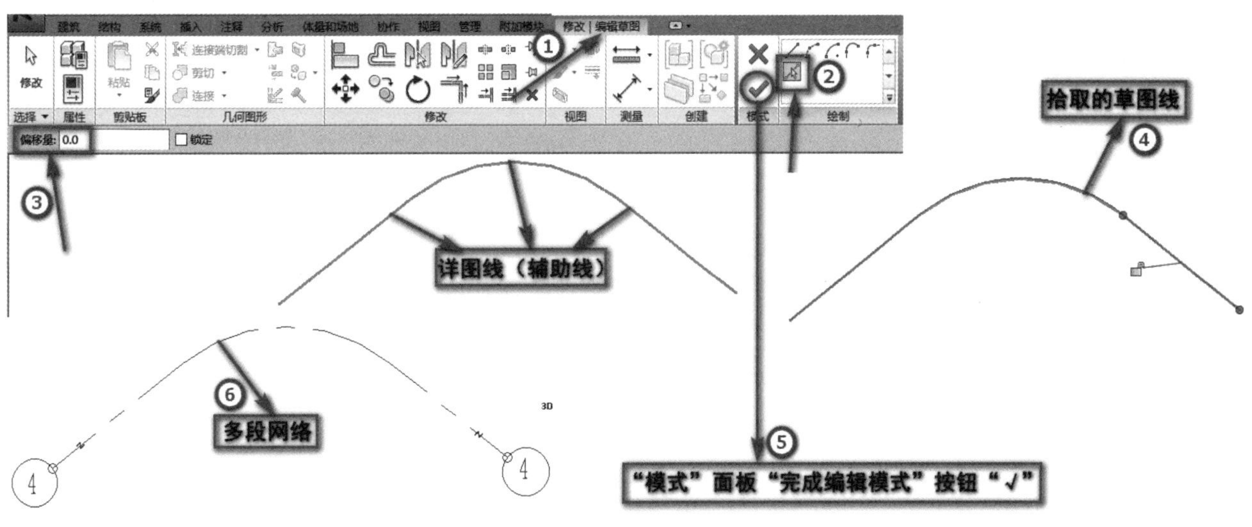

■ 图 4.35 创建多段网络轴线

小贴士 ▶▶▶

一次只能绘制一根轴线，绘制完一根后再次点击“多段”命令进行第二根轴线的绘制。

4. 拾取 CAD 底图轴线绘制轴网

调用 CAD 图作为底图进行拾取。可扫描二维码学习如何拾取 CAD 底图轴线绘制轴网。

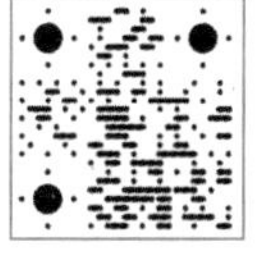

【拾取 CAD 底图轴线绘制轴网】

二、复制轴线

轴线的复制方法与标高的复制方法极为相似。选择将要复制的轴线②，单击“修改 | 轴网”选项卡→“修改”面板→“复制”按钮，并选中选项栏“约束”和“多个”复选框。选中“约束”确保轴线在正交的方向上复制，单击轴线②的任意位置作为复制的基点，然后向右移动光标，软件会显示临时尺寸标注。当临时尺寸标注为“3000.0”时单击，完成轴线③的复制操作。继续向右移动光标，可连续进行相应的轴线复制操作，如图 4.36 所示。

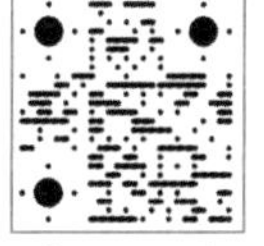

【复制轴网】

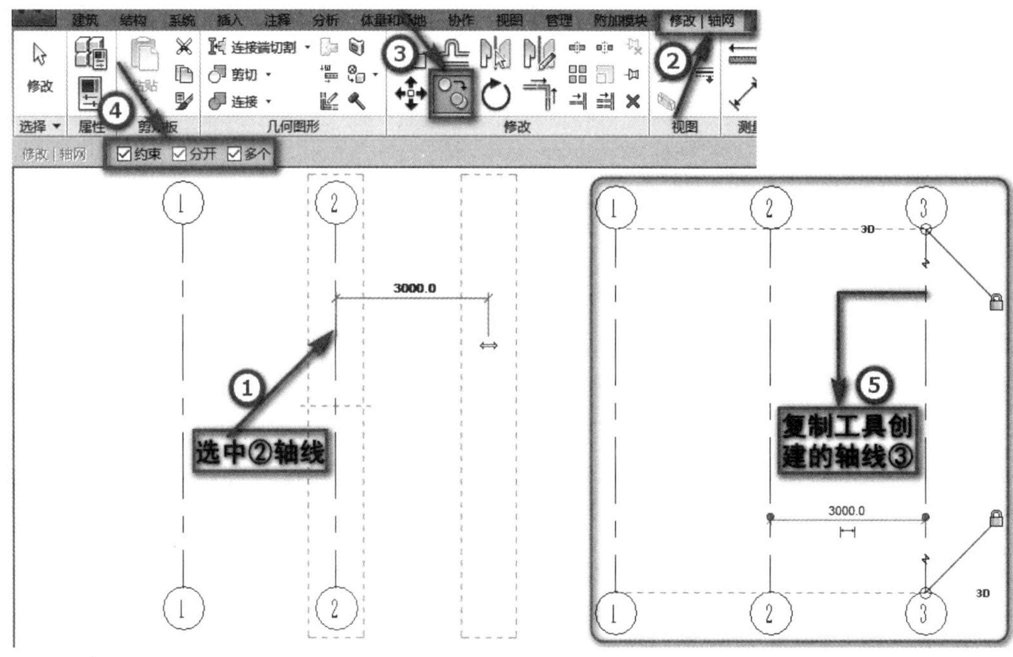

■ 图 4.36　复制轴线

三、阵列轴网

对一些间距相等的轴线，可以利用阵列工具同时创建多条轴线。

步骤一：选择轴线②，单击“修改 | 轴网”选项卡→“修改”面板→“阵列”按钮。选项栏单击“线性”按钮，不选中“成组并关联”复选框，设置“项目数”参数为“4”，并选中“第二个”和“约束”复选框。

步骤二：最后在轴线②上单击任意位置确定基点。确定阵列基点后，向右拖动光标，当临时尺寸标注显示为“2700”时单击，即可完成轴线③～轴线⑤的阵列操作，如图 4.37 所示。

【阵列轴网】

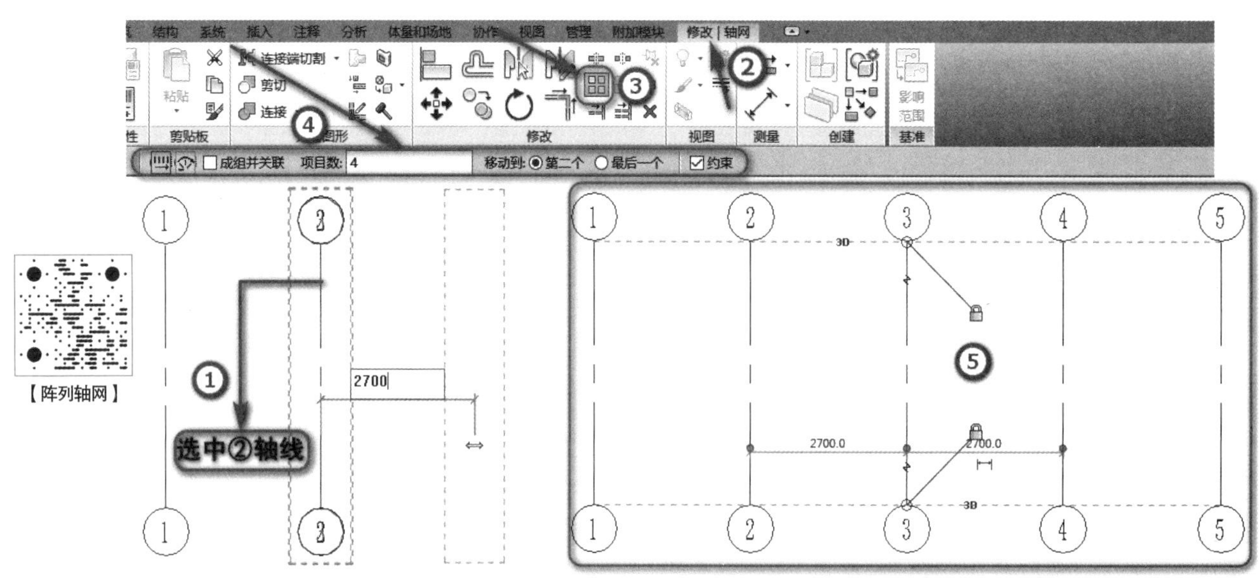

■ 图 4.37　阵列轴网

步骤三：同样，按照相同的绘制方法，在绘图区域的①轴左上侧适当位置绘制相应的水平轴线，然后双击轴线编号，修改轴线名称为“A”，按照上述阵列操作方法，由下至上创建 4 条水平轴线，轴线之间的间距均为“2700.0”，如图 4.38 所示。

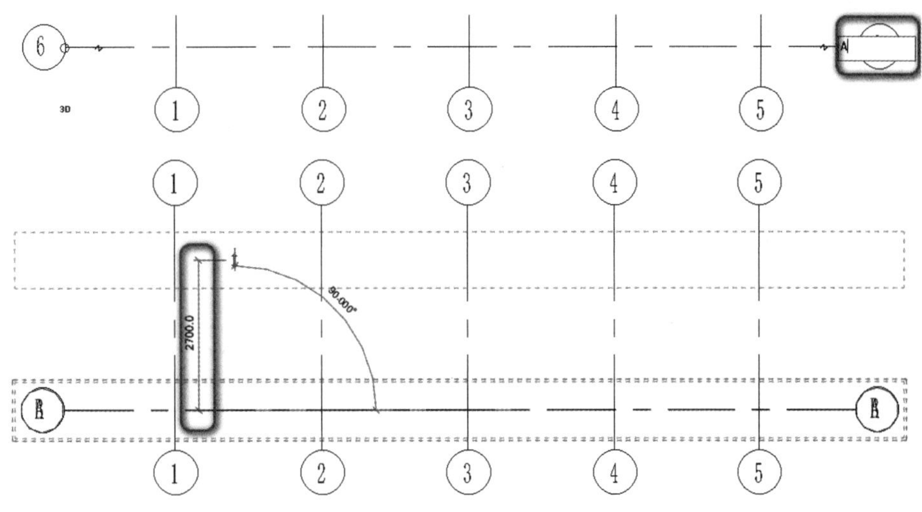

■ 图 4.38 绘制水平轴线

小贴士 ▶▶▶

阵列项目数包含被阵列轴网本身。

四、编辑轴网

在 Revit 中，用户既可以通过轴网的“类型属性”对话框来统一设置轴网图形中的各种显示效果，也可以通过手动方式分别设置单个轴线的显示效果。

1. 批量编辑轴网

（1）切换到标高 1 楼层平面视图，选择某个轴线，并在“属性”对话框中单击“编辑类型”按钮，弹出“类型属性”对话框，如图 4.39 所示。此时，通过对该对话框中相应参数的设置，不仅可以指定轴网图形中轴线的颜色、线宽、轴线中段的显示类型，还可以指定轴线末段的线宽、样式和长度，以及轴号端点显示与否。

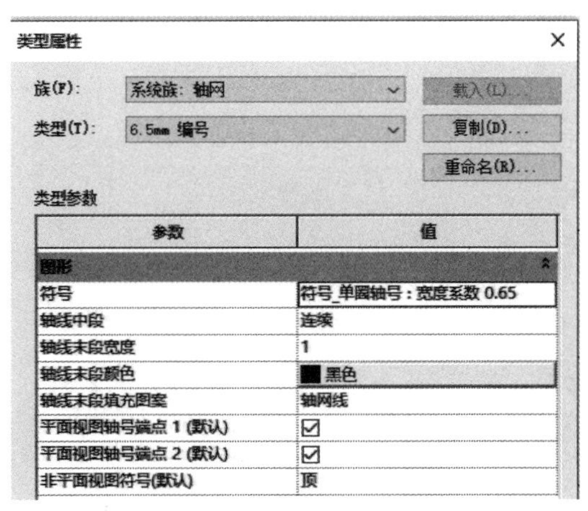

■ 图 4.39 轴网“类型属性”对话框

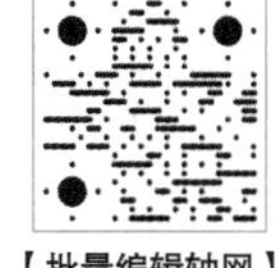

【批量编辑轴网】

（2）选择任一轴网，在“属性”对话框中单击“编辑类型”按钮，打开“编辑类型”对话框，对轴号端点的显示情况进行修改。“端点 1”对应轴网绘制起点，“端点 2”对应轴网绘制终点，如轴网从下往上画，“端点 1”控制轴网下端轴号，“端点 2”控制轴网上端轴号。选中状态为轴号显示。设置完成单击“确认”按钮即可，如图 4.40 所示。

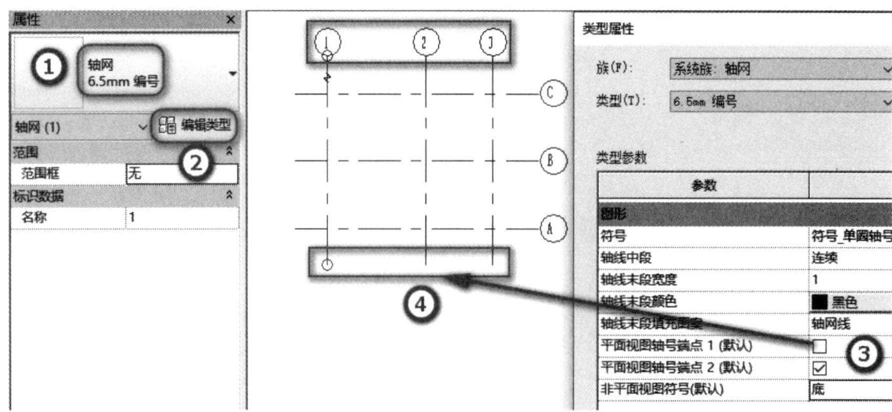

图 4.40　设置轴号显示

（3）选择任一轴网，在“属性”对话框中单击“编辑类型”按钮，打开“类型属性”对话框，对轴网中段的显示情况进行修改。轴线中段选择“连续”，如图 4.41 所示；轴线中段选择“无”，如图 4.42 所示。如轴网既有连续显示，又有中间断开，则需要用两个不同的轴网类型，如图 4.43 所示。

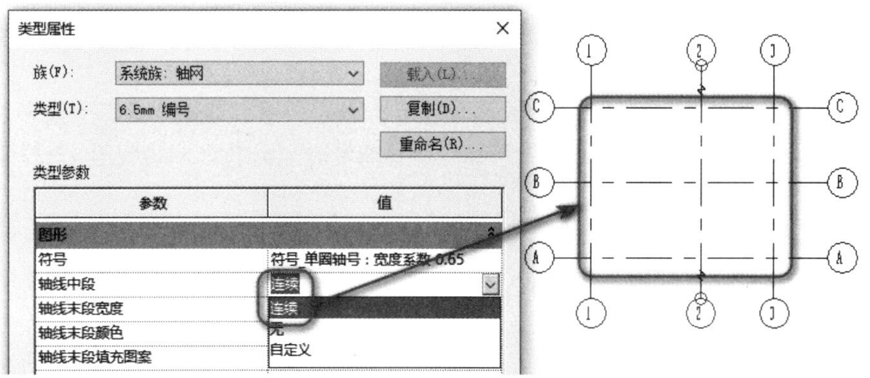

图 4.41　轴网中段选择“连续”

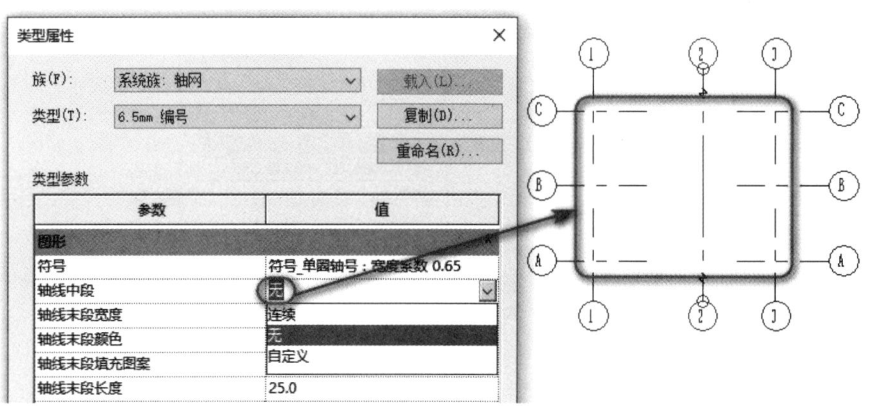

图 4.42　轴网中段选择“无”

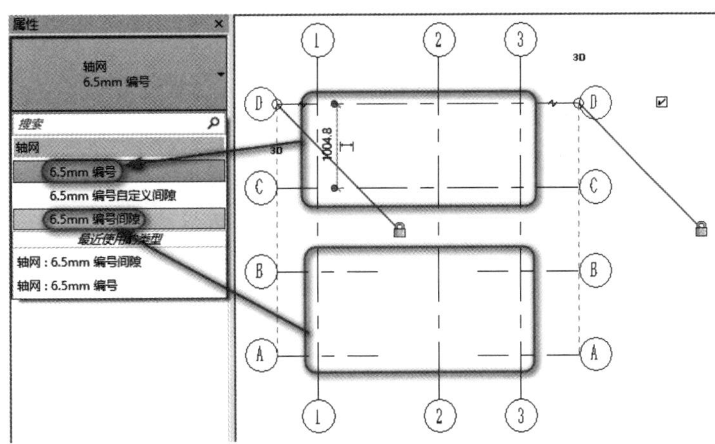

■ 图 4.43　轴网既有连续显示，又有中间断开

2. 手动编辑轴网

手动编辑轴网的方法与标高相似。

（1）2D/3D 切换及应用。

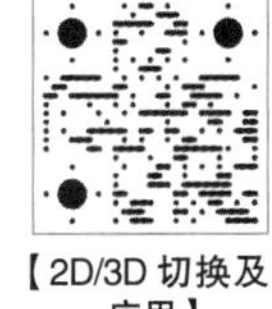

【2D/3D 切换及应用】

步骤一：依次打开标高 1 和标高 2 楼层平面视图，单击"视图"选项卡→"窗口"面板→"平铺"按钮，平铺标高 1 和标高 2 楼层平面视图，如图 4.44 所示。

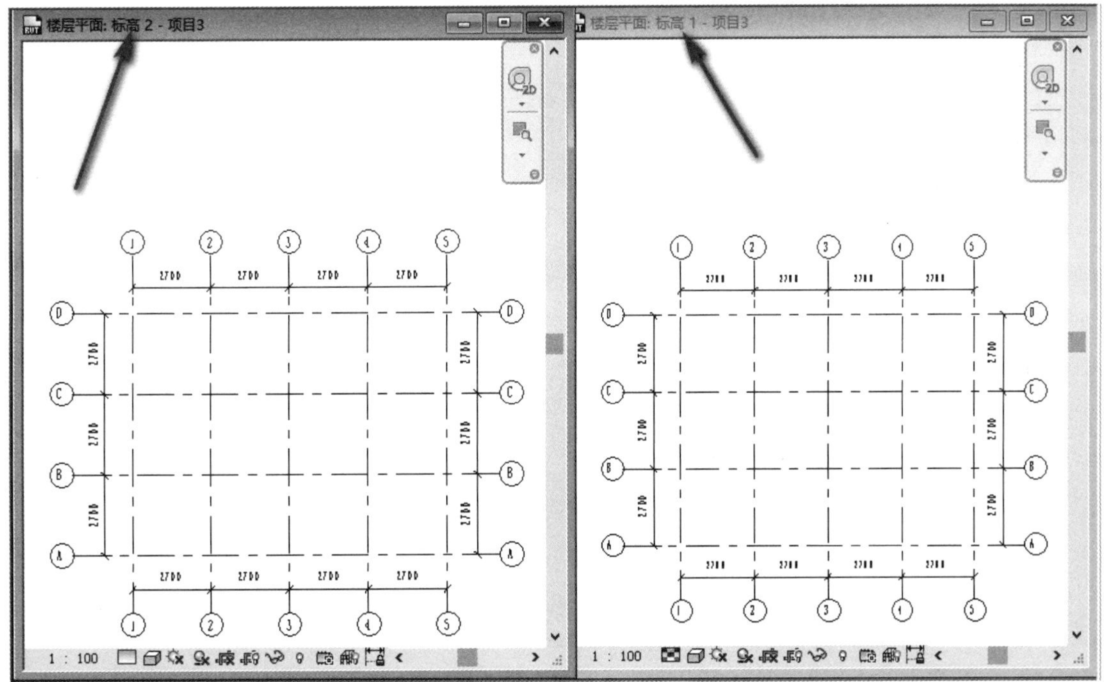

■ 图 4.44　平铺标高 1 和标高 2 楼层平面视图

步骤二：选中标高 2 窗口中的轴线①，此时竖直向上拖动该轴线的上侧模型端点至某一位置，可以发现，在 3D 模式下，标高 1 窗口中的轴线①也将同步移动到相同位置，如图 4.45 所示。

步骤三：单击"3D 视图"图标，软件将切换至 2D 模式。此时竖直向下拖动该轴线的上侧模型端点至某一位置，可以发现，在 2D 模式下，标高 1 窗口中的轴线①的位置将保持不变，如图 4.46 所示。

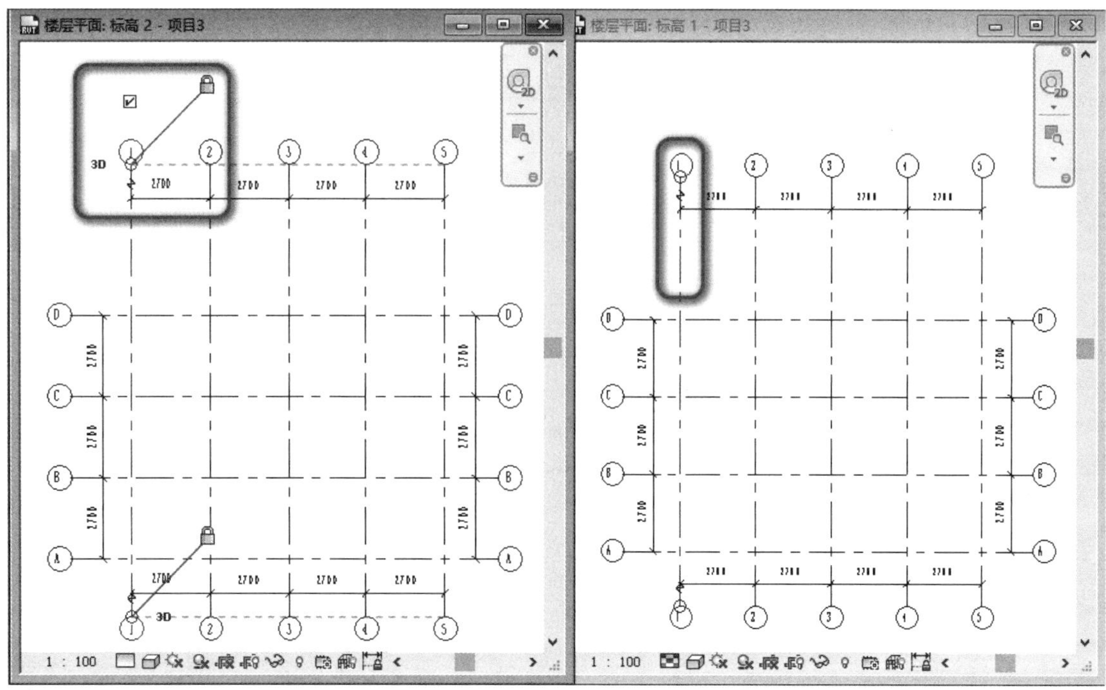

■ 图 4.45　3D 模式下，各视图轴线①同步移动到相同位置

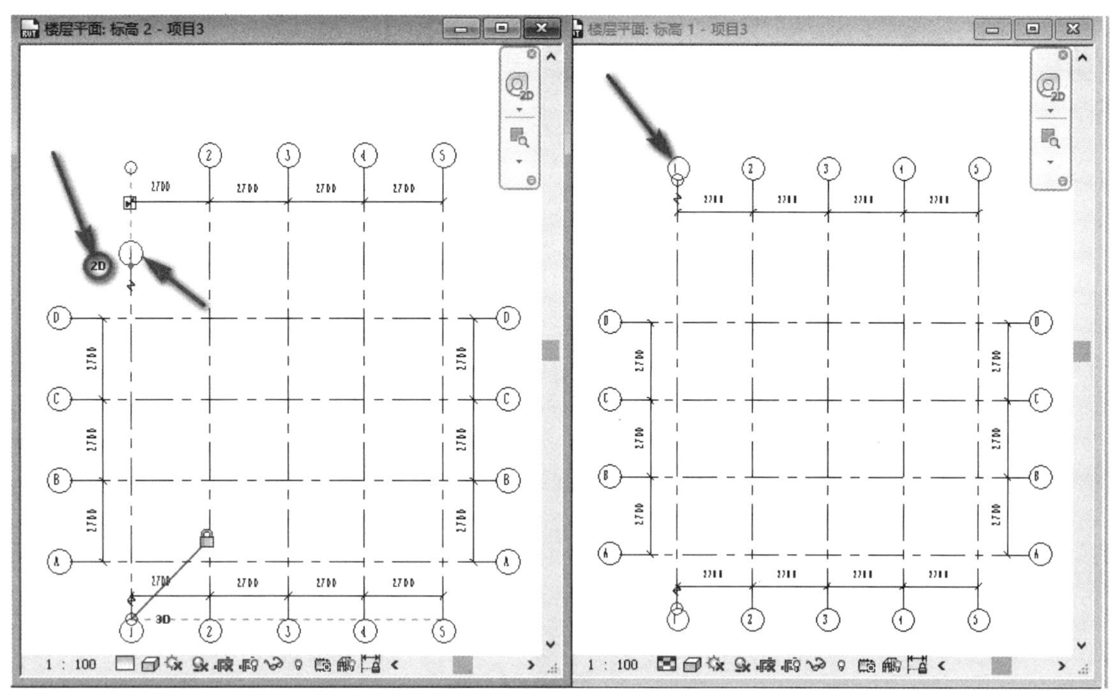

■ 图 4.46　2D 模式下，标高 1 窗口中的轴线①的位置保持不变

小贴士 ▶▶▶

在 2D 模式下，修改轴网的长度相当于修改轴网在当前视图中的投影长度，并不影响该轴网的实际长度。

步骤四：若将轴线①的二维投影长度切换为实际的三维长度，则右击该轴线，并选择“重设为三维范围”选项即可，如图 4.47 所示。

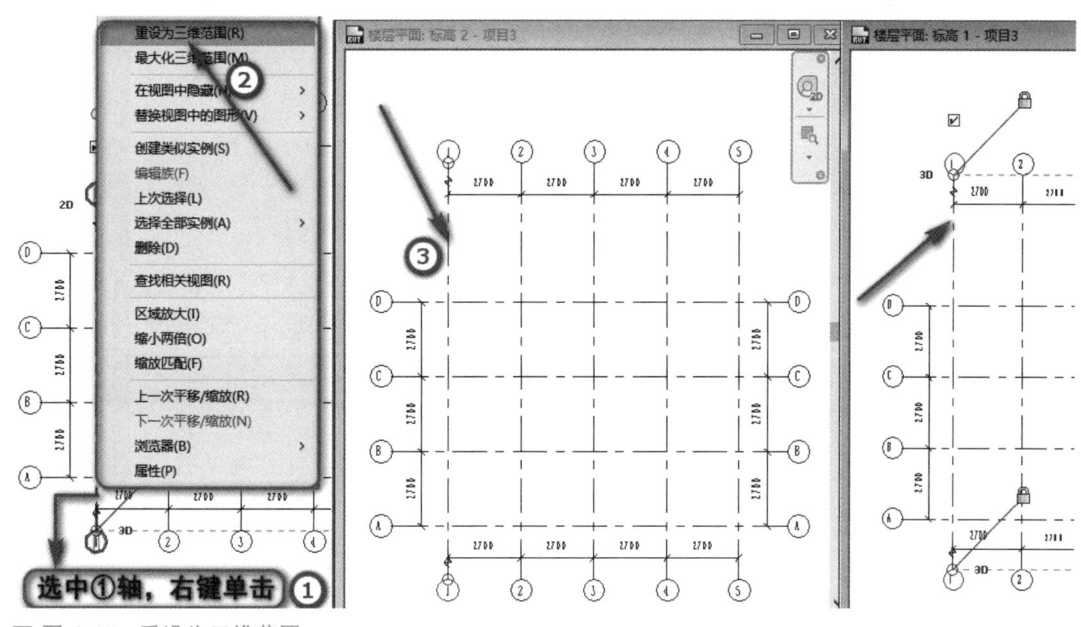

■ 图 4.47　重设为三维范围

再学一招 ▶▶▶

绘制的轴网默认是锁定状态，选择任何一条轴网线，所有对齐轴线的端点位置会出现一条对齐虚线，用鼠标拖曳模型端点，所有轴线模型端点同步移动。如果只移动单根轴线的模型端点，则先打开对齐锁，再拖曳轴线模型端点。如果轴线状态为“3D”，则所有平行视图中的轴线模型端点同步联动，单击切换为“2D”，则只改变当前视图的轴线模型端点位置。

（2）影响范围工具。

可以将 2D 状态下竖直向上拖动轴线的操作影响扩大至其他视图。保持该轴线处于选择状态，然后在“基准”面板中单击“影响范围”按钮，软件将打开“影响基准范围”对话框，如图 4.48 所示。此时，启用“楼层平面：标高 2”复选框并单击“确定”按钮。“楼层平面：标高 2”窗口中的轴线①即可按照“楼层平面：标高 1”窗口中的轴线①的移动效果进行相应的改变，效果如图 4.49 所示。

（3）轴网间尺寸修改。

选择任一轴网，会出现蓝色临时尺寸，单击数字修改数值即可调整轴网位置，轴网不在最外侧时有两个临时尺寸，两个临时尺寸数值相加保持不变，无论修改哪个数值都只能调整选中轴网的位置，如图 4.50 所示。

（4）轴网轴号偏移。

当两根轴网距离过近时，轴号会发生重叠，需要把轴号进行偏移。单击轴号附近的

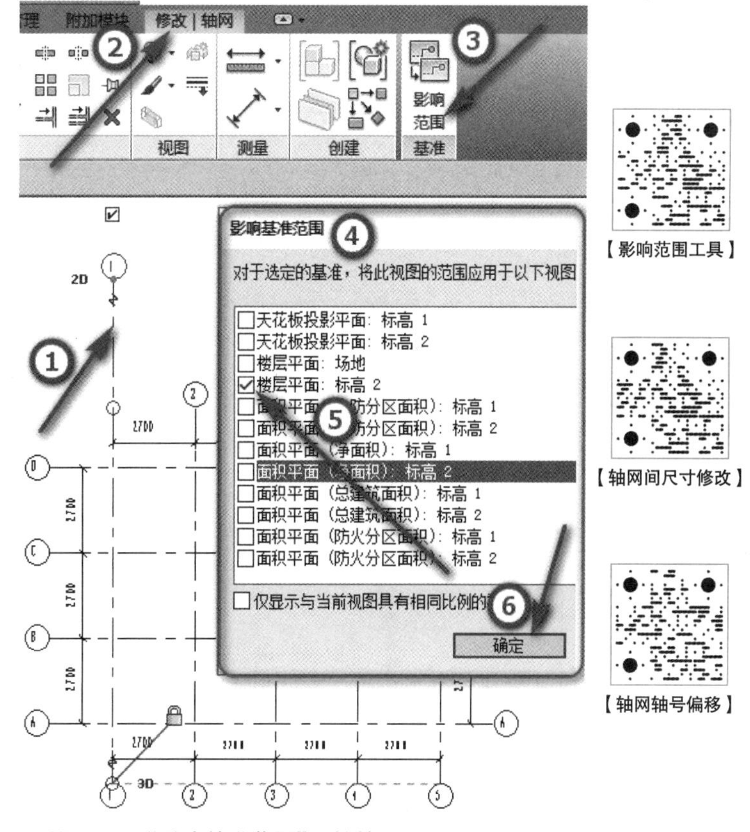

■ 图 4.48　“影响基准范围”对话框

【影响范围工具】

【轴网间尺寸修改】

【轴网轴号偏移】

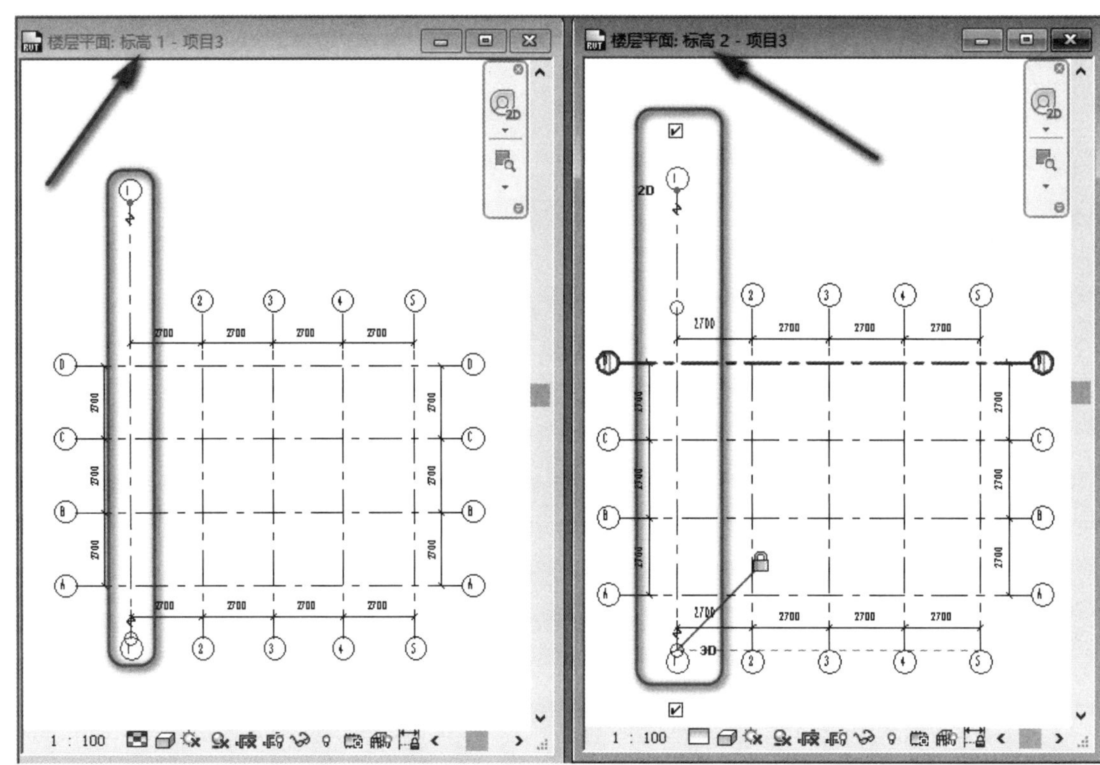

■ 图 4.49　标高 2 窗口中的轴线①按照标高 1 窗口中的轴线①的移动效果进行相应的改变

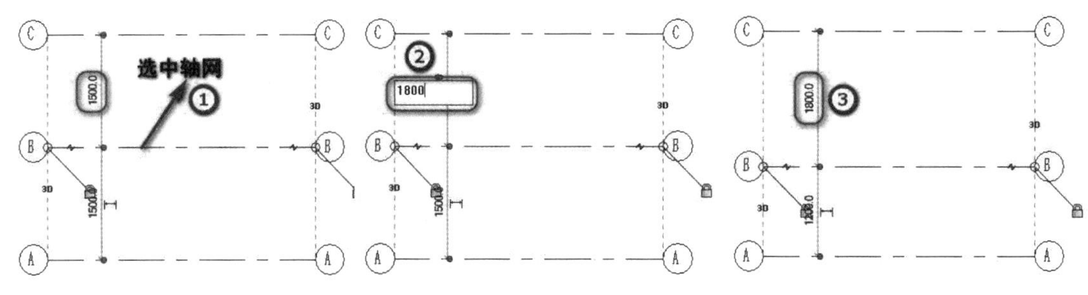

■ 图 4.50　轴网间尺寸修改

添加“弯头符号”，单击蓝色圆点拖曳轴号位置，如图 4.51 所示。

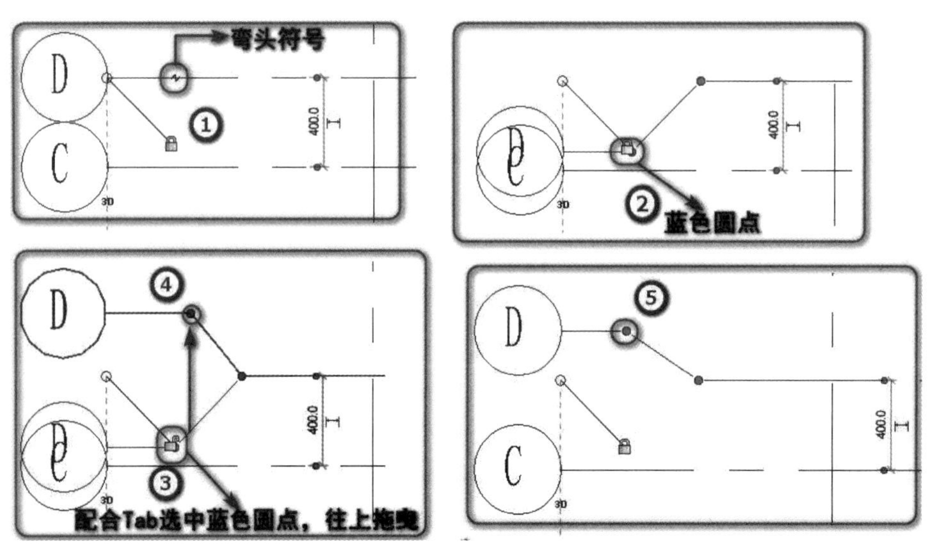

■ 图 4.51　轴网轴号偏移

再学一招 ▶▶▶

① 在制图流程中先绘制标高，再绘制轴网。这样一来，在立面视图中，轴号将显示在最上层的标高上方，也就决定了轴网在每一个标高的平面视图中可见。如果先绘制轴网再绘制标高，或者是在项目进行中新添加了某个标高，则有可能在新添加标高的平面视图中不可见。

② 建议轴网绘制完毕后，选择所有的轴线，自动激活“修改 | 轴网”选项卡，在“修改”面板中选择“锁定”命令锁定轴网，以避免以后工作中错误操作移动轴网位置。

第三节 经典真题解析

笔者根据考试经验，结合考试大纲要求，下面通过精选考试真题的详细解析来介绍标高轴网的建模和解题步骤，希望对广大考生朋友有所帮助。

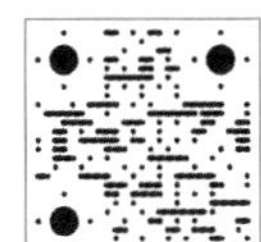

【第三期第一题“标高轴网”】

真题一：第三期全国 BIM 技能等级考试一级试题第一题“标高轴网”

某建筑共50层，其中首层地面标高为 ±0.000，首层层高为6.0m，第二至第四层层高为4.8m，第五及以上层高均为4.2m。请按要求建立项目标高，并建立每个标高的楼层平面视图。并且，请按照如图4.52所示平面图中的轴网要求绘制项目轴网。最终结果以“标高轴网”为文件名保存为样板文件，放在考生文件夹中。

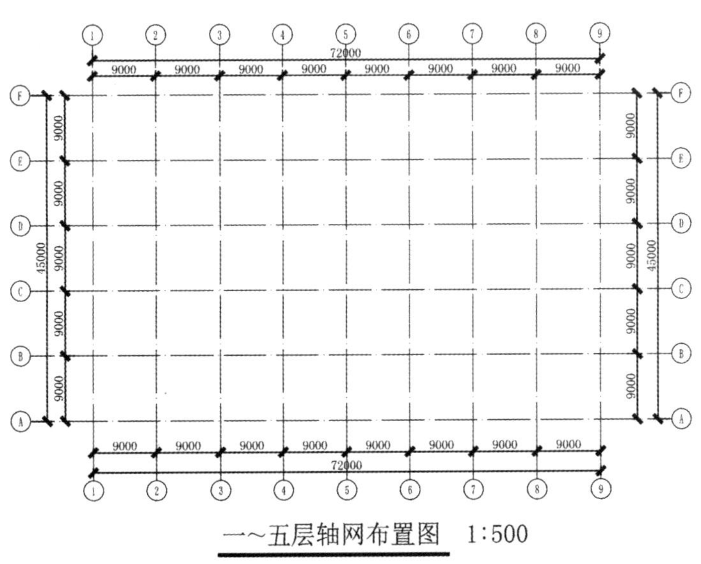

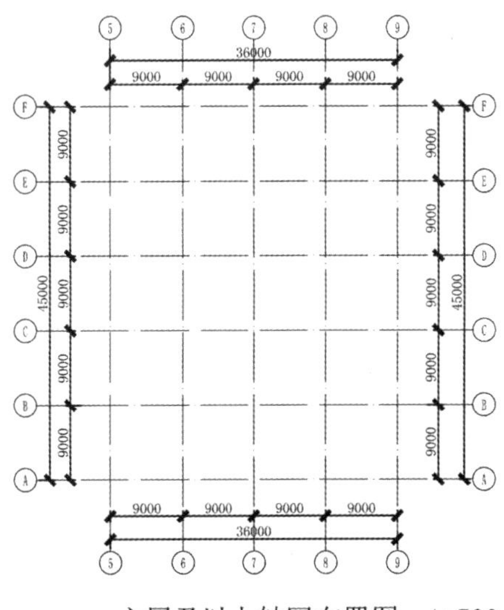

■ 图 4.52 轴网布置图

【建模思路】

标高和轴网绘制简单，但需注意在创建完标高后，需要切换至平面视图绘制轴网，轴网是三维的图元，若在立面图中将其拖动至标高下方，则该标高所在平面视图不显示轴网；轴网在 3D 条件下修改的内容会在整个项目中变化，而在 2D 条件下修改的内容需要通过“影响范围”影响到其他视图；故可以利用 2D 轴网与 3D 轴网适用范围的不同进行轴网的调整和修改；层高相同的标高，可以通过复制或者阵列命令快速完成。如标高6～标高51使用阵列命令更为简洁，建议使用阵列命令时不要选中“成组并关联”复选框。本题建模思路如图4.53所示。

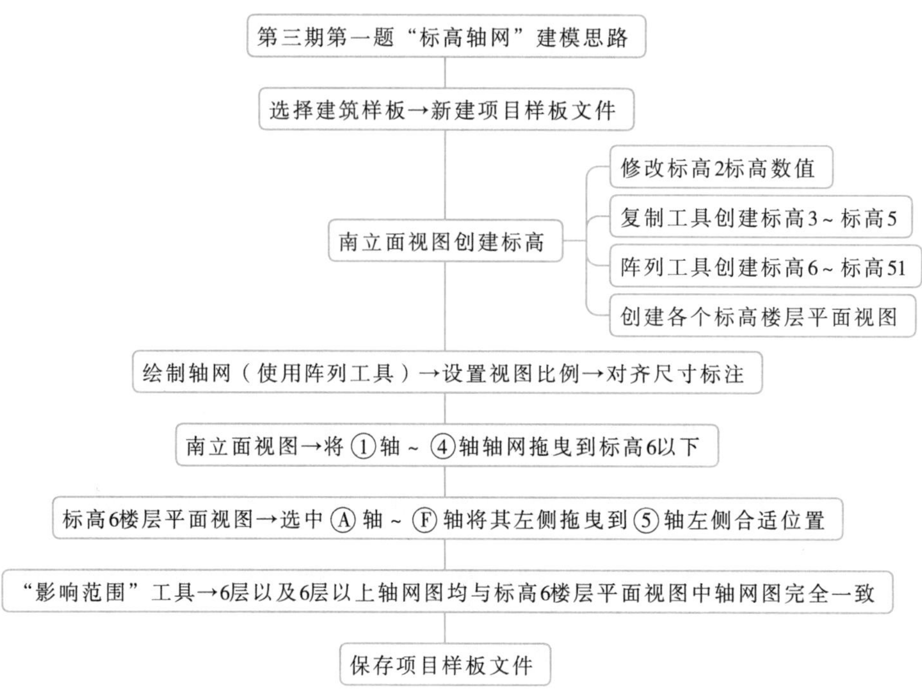

图 4.53　第三期第一题“标高轴网”建模思路

【建模步骤】

步骤一：新建一个建筑样板文件，如图 4.54 所示。在南立面视图中，修改标高 2 数值为“6.000”，使用阵列命令创建标高 3（数值为 10.800）、标高 4（数值为 15.600）、标高 5（数值为 20.400），如图 4.55 所示。同理使用阵列命令创建标高 6（数值为 24.600）～标高 51（数值为 213.600）。

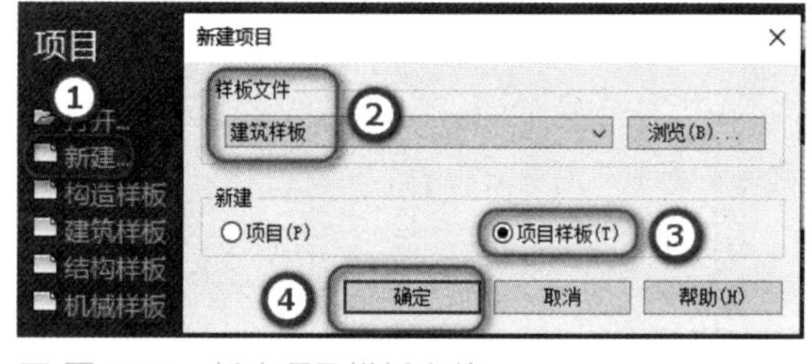

图 4.54　新建项目样板文件

步骤二：单击“视图”选项卡→“创建”面板→“平面视图”下拉列表→“楼层平面”按钮，弹出“新建楼层平面”对话框，按住 Shift 键选择“标高 3”至“标高 51”，单击“确定”按钮，则创建了标高 3～标高 51 的楼层平面视图，如图 4.56 所示。切换到标高 1 楼层平面视图，单击“建筑”选项卡→“基准”面板→“轴网”按钮，进入“修改 | 放置 轴网”选项卡，左

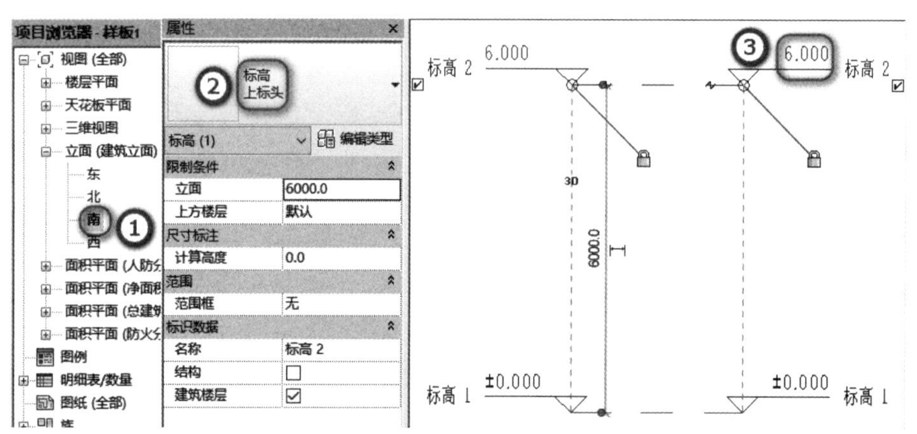

（a）阵列命令创建标高 1～标高 2

图 4.55　阵列命令创建标高 1～标高 5

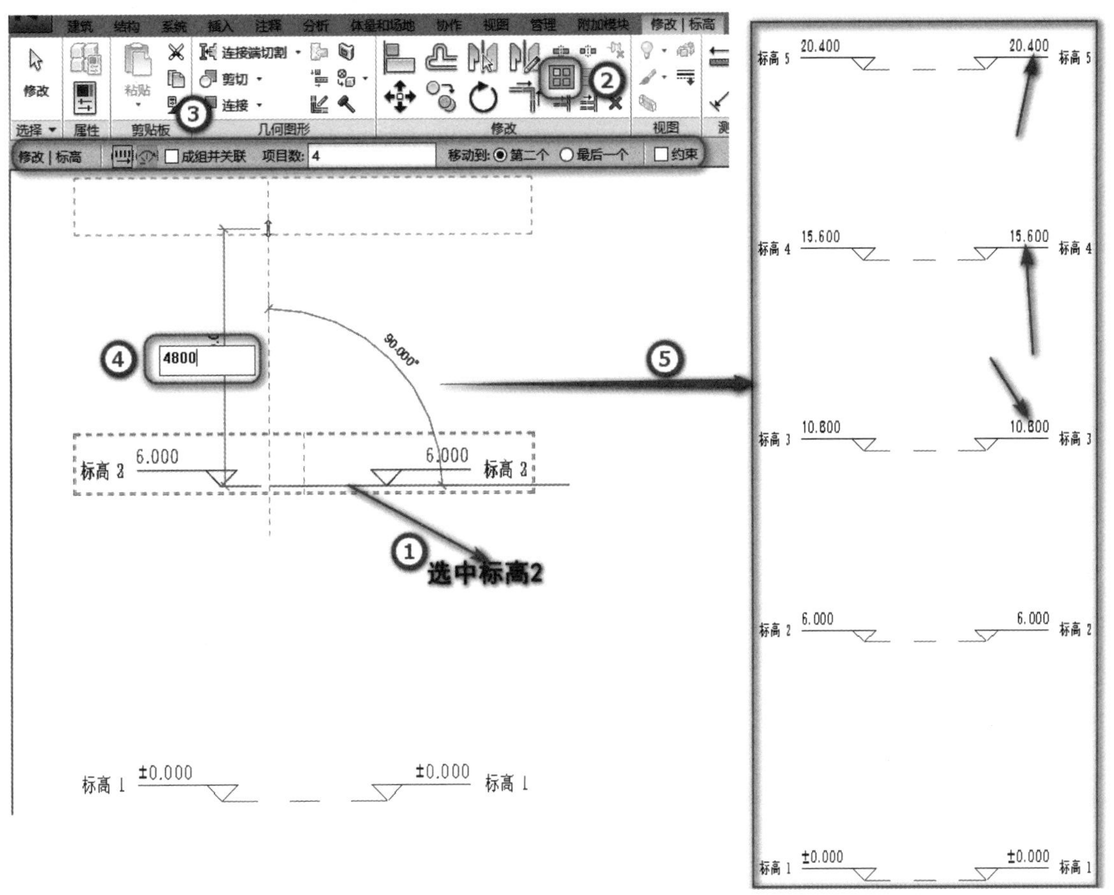

（b）阵列命令创建标高 3 ～标高 5

■ 图 4.55　阵列命令创建标高 1 ～标高 5（续）

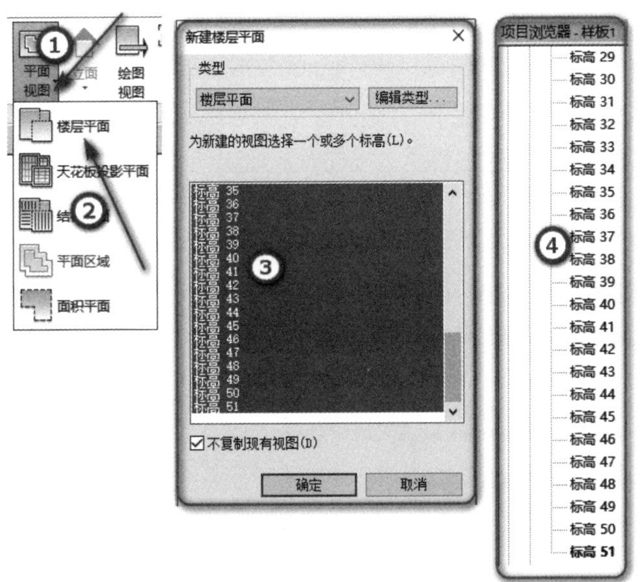

■ 图 4.56　创建了标高 3 ～标高 51 楼层平面视图

侧类型选择器下拉列表选择轴网类型为"轴网 6.5mm 编号"，单击"编辑类型"按钮，弹出"类型属性"对话框，设置其类型参数，如图 4.57 所示。绘制轴网，视图比例设为 1：500 且进行对齐尺寸标注，结果如图 4.58 所示。

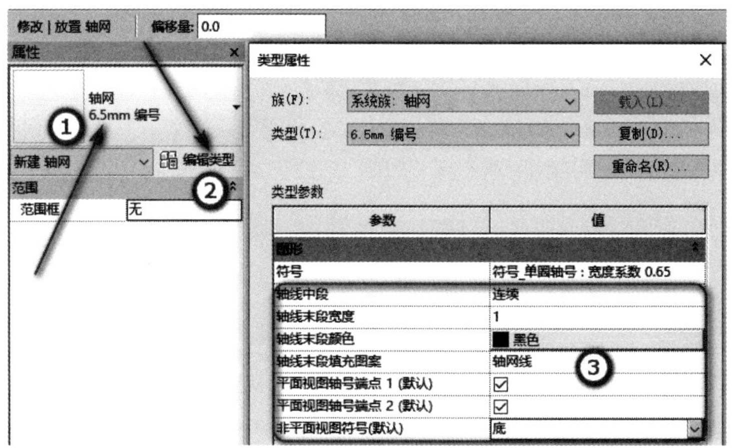

■ 图 4.57 设置轴网类型属性参数

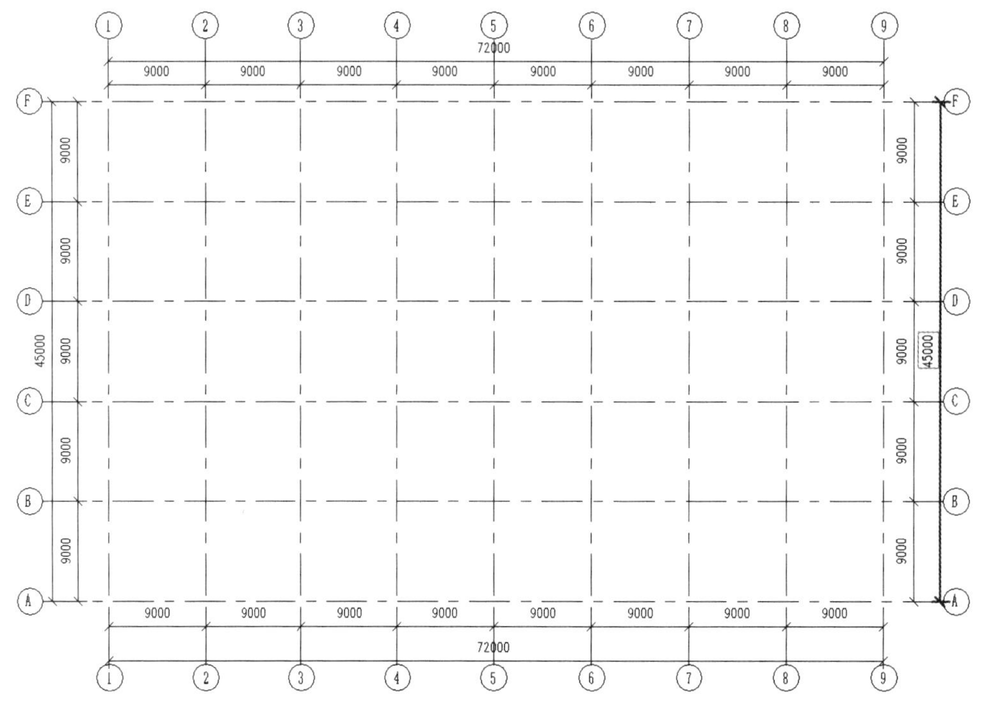

■ 图 4.58 创建的标高 1 楼层平面视图轴网

步骤三：切换到南立面视图，将①轴～④轴拖曳到“标高 6”以下，则六层及六层以上楼层平面视图就看不到①轴～④轴了，结果如图 4.59 所示。

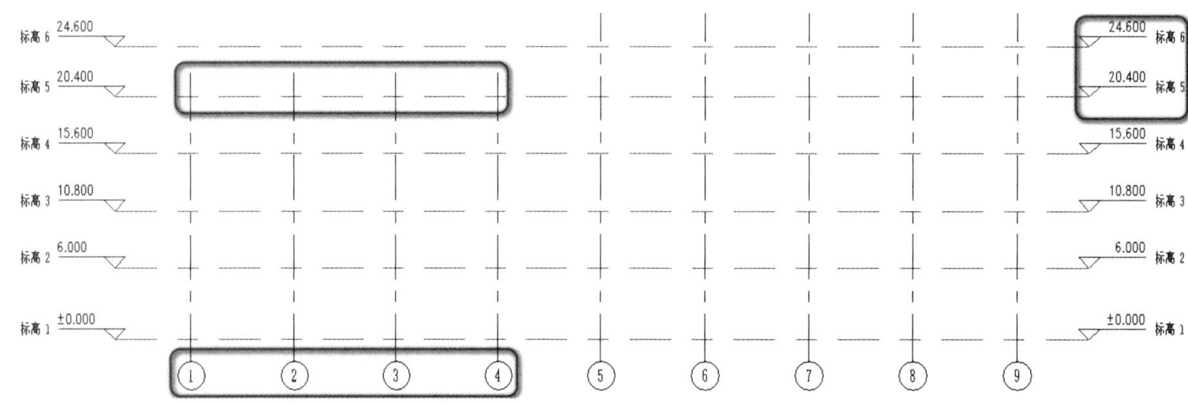

■ 图 4.59 将①轴～④轴拖曳到“标高 6”以下

步骤四：切换到“标高 6”楼层平面视图，将其视图比例设为 1：500。分别选择Ⓐ轴～Ⓕ轴，在左侧单击 3D 标记，将其切换成 2D 标记，选中Ⓐ轴～Ⓕ轴，将其左侧拖动到⑤轴左侧合适位置，如图 4.60 所示，对齐尺寸标注，结果如图 4.61 所示。

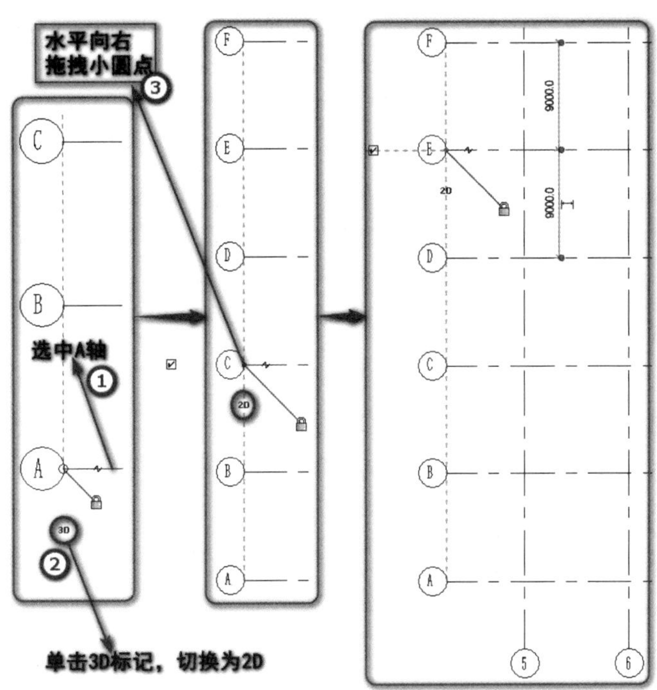

■ 图 4.60　调整Ⓐ轴～Ⓕ轴左侧位置

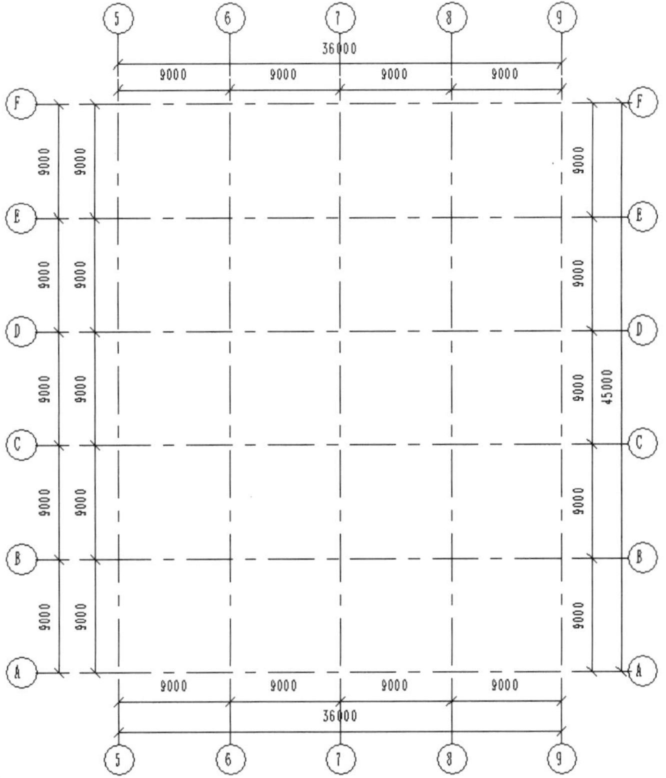

■ 图 4.61　标高 6 楼层平面视图轴网布置

步骤五：框选“标高 6”楼层平面视图中Ⓐ轴～Ⓕ轴，单击“基准”面板中“影响范围”按钮，弹出“影响基准范围”对话框，选择“楼层平面：标高 7”～“楼层平面：标高 51”，单击“确定”按钮。则六层及六层以上轴网均跟标高 6 楼层平面视图中的轴网完全一致，如图 4.62 所示。

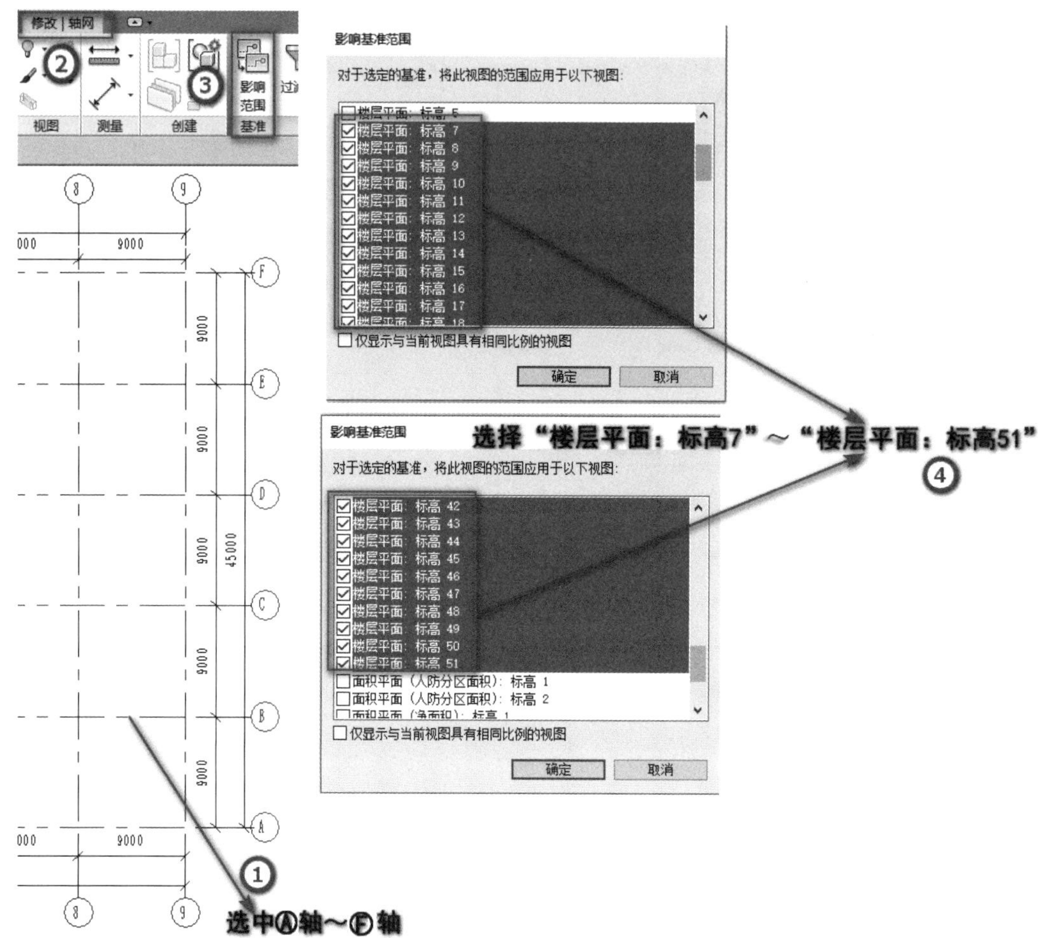

■ 图 4.62　Ⓐ轴～Ⓕ轴影响范围的设置

步骤六：切换到“标高 1”楼层平面视图，单击“视图”选项卡→“视图样板”下拉列表→“从当前视图创建样板”按钮，弹出“新视图样板”对话框，输入名称为“楼层平面视图”，单击“确定”按钮。在弹出的“视图样板”对话框中，单击“确定”按钮退出“视图样板”对话框，如图 4.63 所示。选择项目浏览器中“标高 2 楼层平面”～“标高 51 楼层平面”，右键单击弹出快捷菜单，选择“应用样板属性”选项，弹出“应用视图样板”对话框，选择“楼层平面视图”，如图 4.64 所示。单击“确定”按钮，退出“应用视图样板”对话框，则“标高 2 楼层平面”～“标高 51 楼层平面”视图比例均修改为 1∶500 了。

步骤七：选择“标高 1”楼层平面视图中所有对齐尺寸标注，单击“剪贴板”面板→“复制到剪切板”按钮，再单击“粘贴”下拉列表→“与选定的视图对齐”按钮，弹出“选择视图”对话框，选择“楼层平面：标高 2”～“楼层平面：标高 5”，单击“确定”按钮，退出“选择视图”对话框。这时“标高 2 楼层平面视图”～“标高 5 楼层平面视图”均进行了与“标高 1”楼层平面视图完全一样的对齐尺寸标注，如图 4.65 所示。同理切换到“标高 6”楼层平面视图，选择标高 6 楼层平面视图中所有对齐尺寸标注，单击“剪贴板”面板→“复制到剪切板”按钮，再单击“粘贴”下拉列表→“与选定的视图对齐”按钮，弹出“选择视图”对话框，选择“楼层平面：标高 7”～“楼层平面：标高 51”，单击“确定”按钮，退出“选择视图”对话框，这时“标高 7 楼层平面视图”～“标高 51 楼层平面视图”均进行了与“标高 6”楼层平面视图完全一样的对齐尺寸标注。

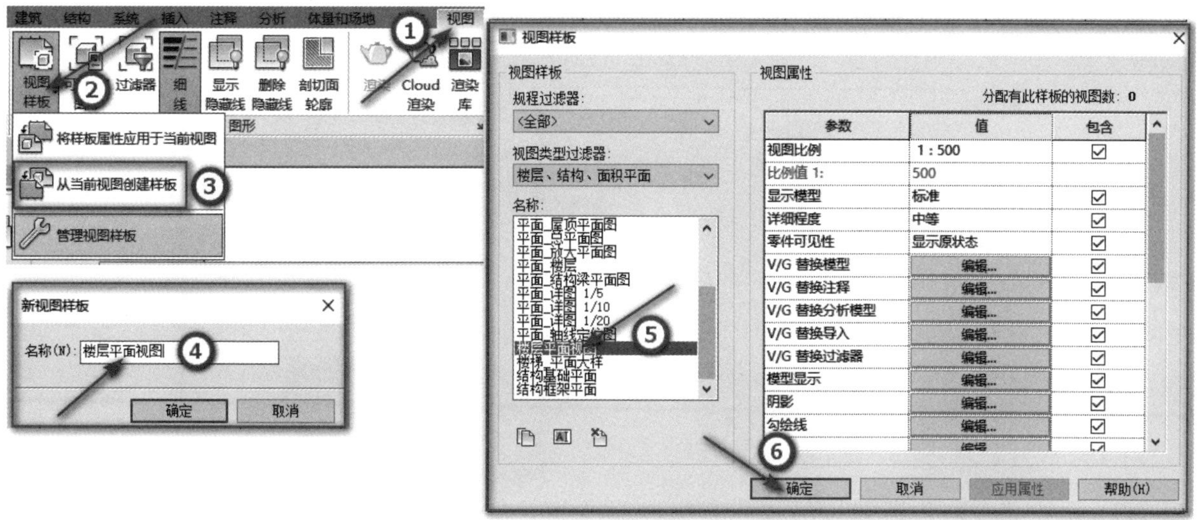

■ 图 4.63　创建视图样板“楼层平面视图”

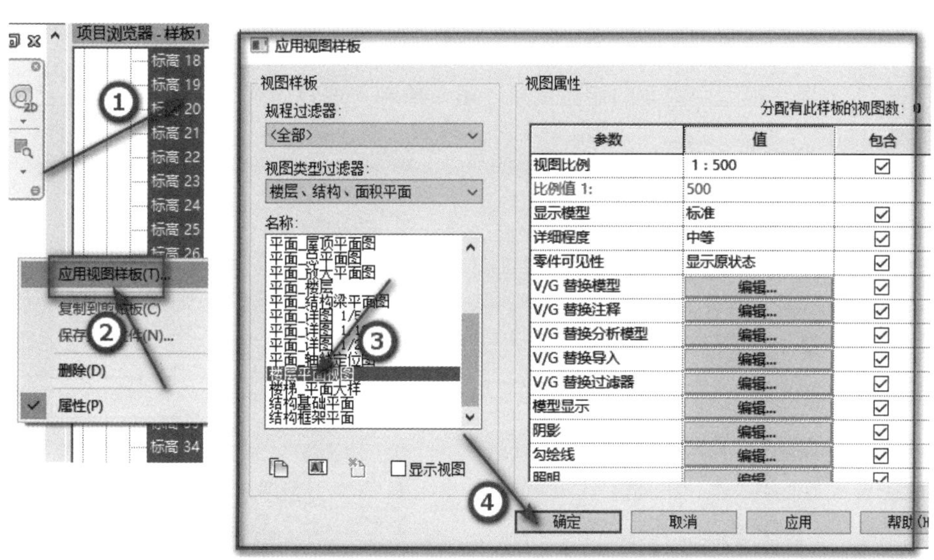

■ 图 4.64　应用视图样板

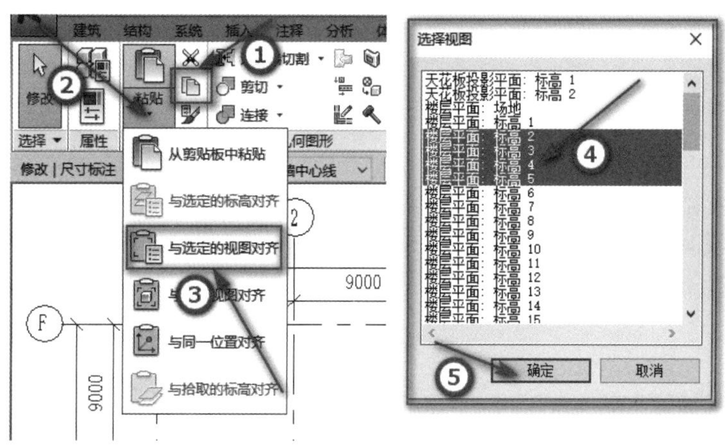

■ 图 4.65　复制尺寸标注

步骤八：最后以“标高轴网”为文件名保存为样板文件，放在考生文件夹中，如图 4.66 所示。至此，本题建模结束。

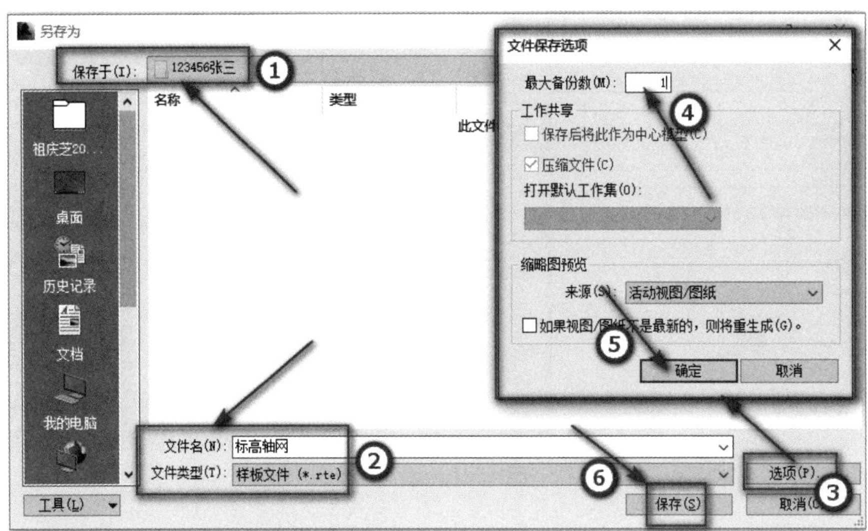

■ 图 4.66 保存项目样板文件

标高轴网是在 Revit 建立模型中重要的定位信息，虽然绘制方法较为简单，但是轴网的显示设置是历年的常考题型，考生需要多加注意。

第四节 真题实战演练

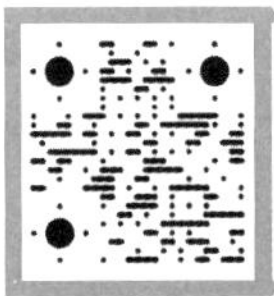

题目一：第四期全国 BIM 技能等级考试一级试题第一题“轴网”

题目二：第五期全国 BIM 技能等级考试一级试题第一题“标高轴网”

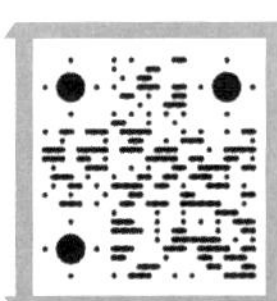

题目三：第六期全国 BIM 技能等级考试一级试题第一题“轴网”

题目四：第七期全国 BIM 技能等级考试一级试题第一题“标高轴网”

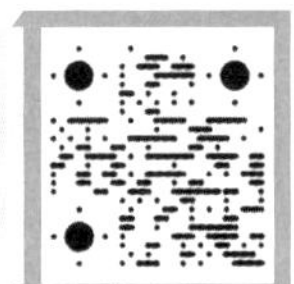

题目五：第八期全国 BIM 技能等级考试一级试题第一题“标高轴网”

题目六：第九期全国 BIM 技能等级考试一级试题第一题“标高轴网”

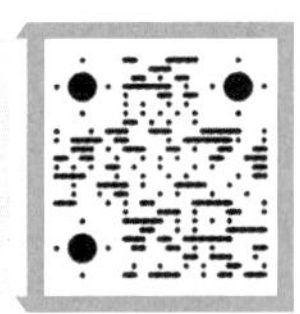

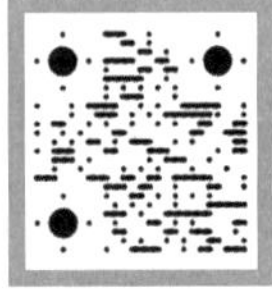

题目七：第十期全国 BIM 技能等级考试一级试题第一题“轴网”

题目八：第十一期全国 BIM 技能等级考试一级试题第一题“屋顶”

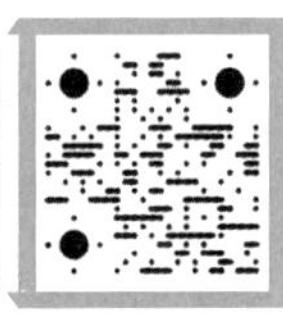

5 CHAPTER

柱和墙

思维导图

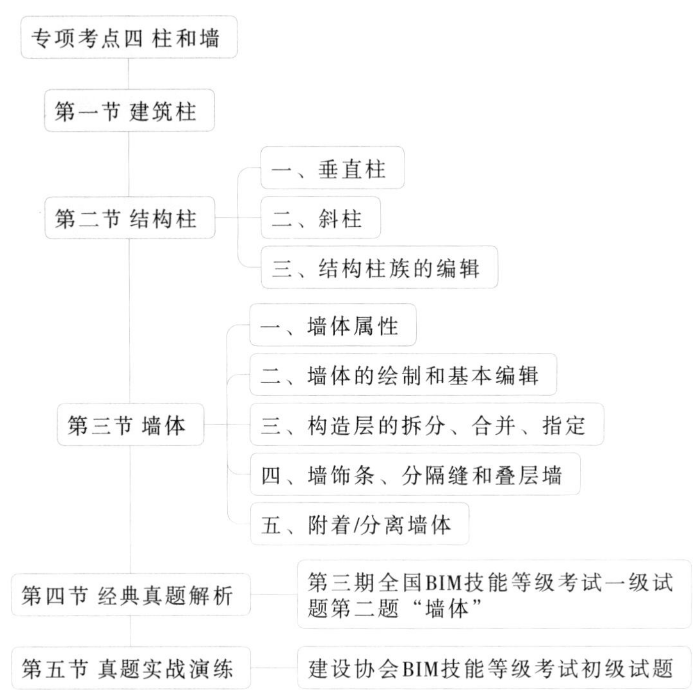

本章主要讲述柱和墙的基础知识，通过精选一个典型真题进行详细的解析，最后通过设计真题实战演练环节让读者通过演练往期真题的方法熟练掌握墙体的相关考点。第一～第十六期全国 BIM 技能等级考试一级试题中，仅仅一次考察了墙体相关知识，但在每期的综合建模大题中均会考察建筑柱或者结构柱的相关知识，不会在小题中专门来考查。

柱分为建筑柱和结构柱，其中建筑柱主要用于砖混结构中的墙垛、墙上凸出结构，不用于承重；墙体是建筑的重要组成部分，也是三维模型的重要构件。墙属于系统族，即可以通过给定墙的构造参数生成三维墙体模型。在绘制墙体时，需要综合考虑墙体的高度、类型、定位线等基本属性的设置。参照平面可以起到定位和参考作用，在绘制墙体的过程中作用很大。

通过本章的学习，掌握建筑柱的插入、墙体的创建等知识。

专项考点数据统计

专项考点柱和墙数据统计表

期数	题目	题目数量	难易程度	备注
第三期	第二题“墙体”	1	中等	题目经典

说明：16 期考试中，专项考点柱和墙题目仅 1 道。柱和墙属于建筑的主要构件，一般不会出小题单独考查，而是会渗透在最后一道综合建模题中，请读者注意。

第一节 建筑柱

一、创建建筑柱

步骤一：选择"建筑"选项卡，单击"创建"面板→"柱"下拉列表→"柱：建筑"选项，进入"修改 | 放置 柱"选项卡，如图 5.1 所示。

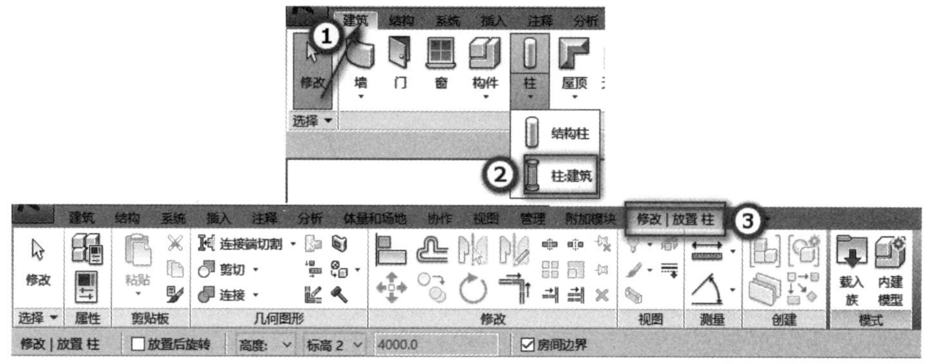

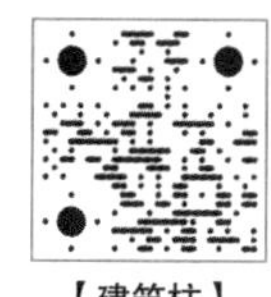

【建筑柱】

■ 图 5.1 激活"柱：建筑"命令

小贴士 ▶▶▶

① 置后旋转：选择此选项可以在放置柱后立即将其旋转。
② 高度：从柱的底部向上绘制。
③ 深度：从柱的底部向下绘制。

步骤二：在"属性"对话框中选定建筑柱的类型，单击"编辑类型"按钮，进入"类型属性"对话框，在"尺寸标注"选项组中设置建筑柱的尺寸，如图 5.2 所示。

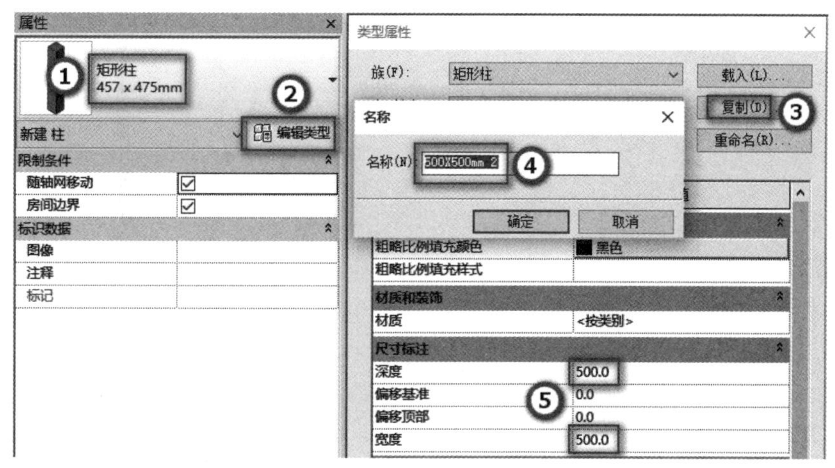

■ 图 5.2 创建"500 × 500mm 2"柱

再学一招 ▶▶▶

① 如果没有相应的柱类型，可通过"编辑类型"→"类型属性"对话框→"复制"按钮创建新的柱，并在"类型属性"框中修改柱的尺寸规格。

② 系统默认的柱类型只有"矩形柱"，可以单击"模式"面板→"载入族"按钮，打开"载入族"对话框，在"China/ 建筑 / 柱"文件夹中选择需要的柱，单击"打开"按钮，加载所选取的柱，如图 5.3 所示。

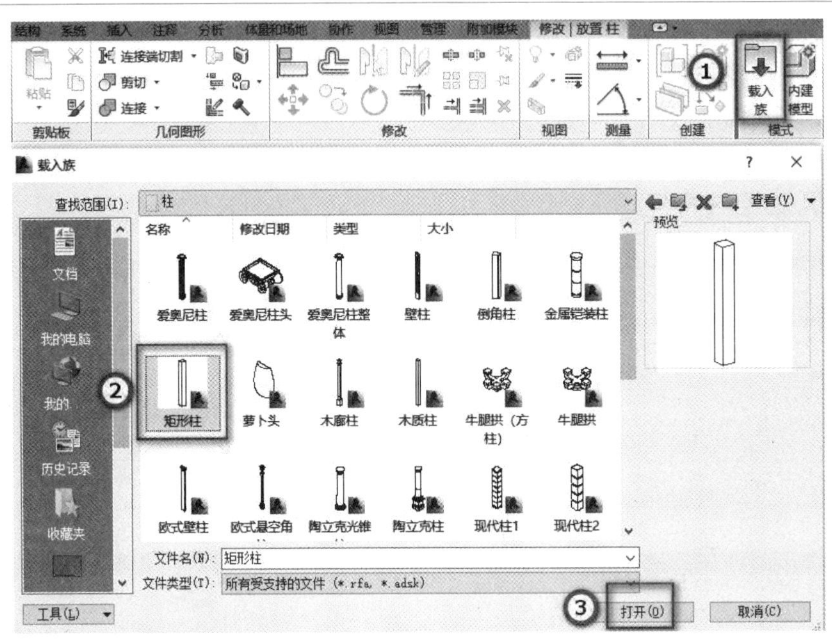
■ 图 5.3　载入建筑柱族

③ 如何控制在插入建筑柱时不与墙自动合并呢？当定义建筑柱族时，单击其“属性”中的“类别和参数”按钮，打开“族类别和族参数”对话框，不选中“将几何图形自动连接到墙”复选框即可，如图 5.4 所示。

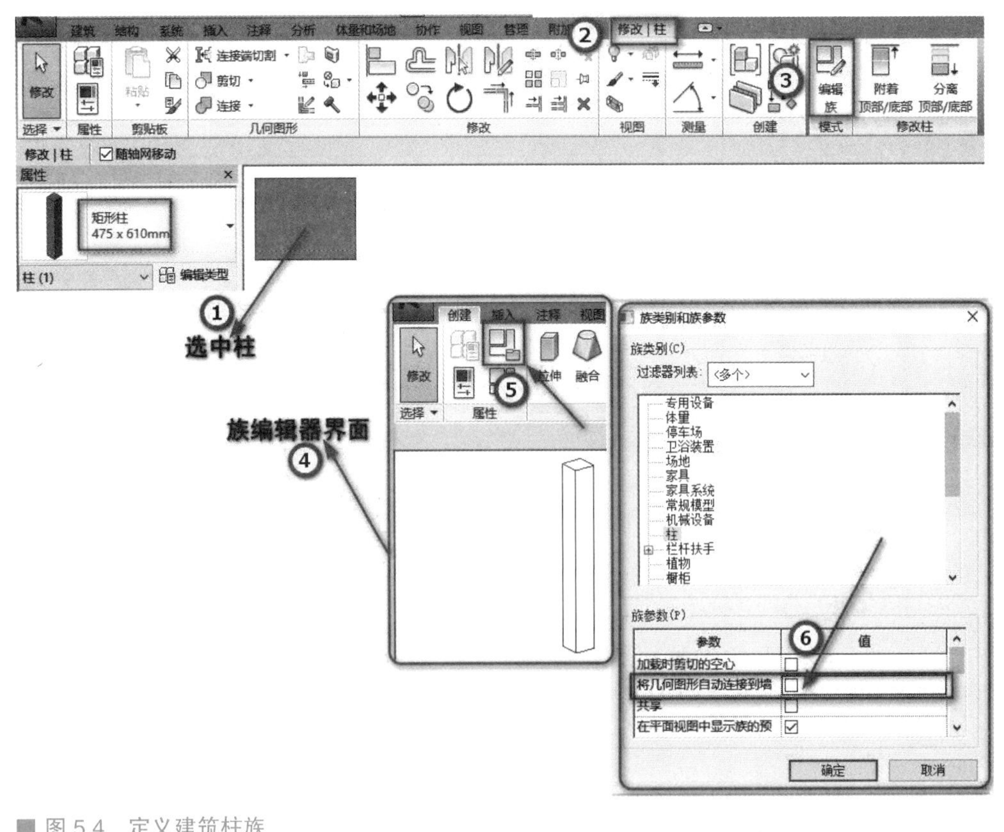

■ 图 5.4　定义建筑柱族

步骤三：在轴网交点处单击，即完成创建建筑柱的操作。建筑柱默认以空心图形显示，不带填充图案。选择建筑柱，可在“属性”对话框中设置“底部标高”为“标高 1”，“底部偏移”为“0.0”，“顶部标高”为“标高 2”，“顶部偏移”为“0.0”，其他采用默认设置，如图 5.5 所示。

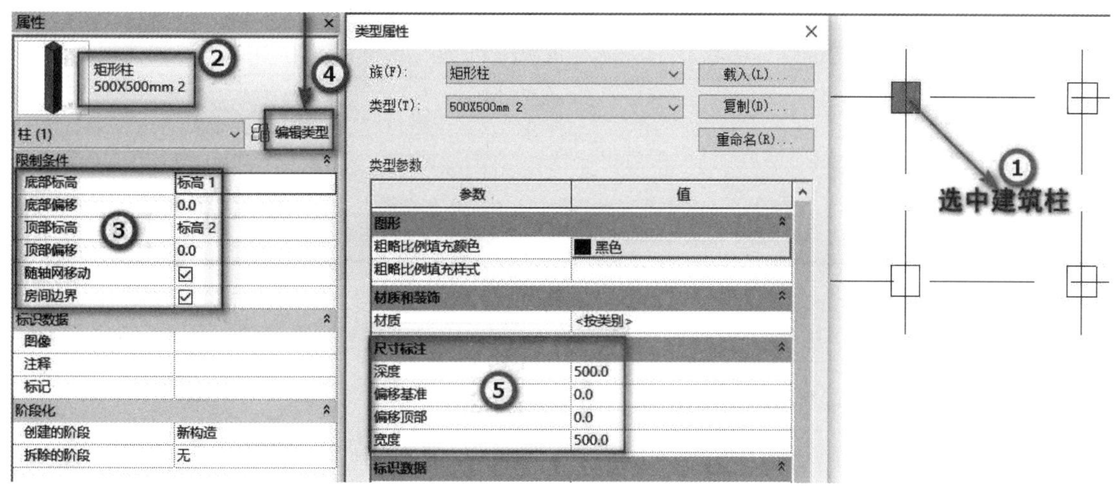

■ 图 5.5　创建建筑柱

二、在建筑柱内放置结构柱

选择“建筑”选项卡，单击“创建”面板→“柱”下拉列表→“柱：结构”选项，在“修改 | 放置 结构柱”选项卡中的“多个”面板上单击“在柱处”按钮，进入“修改 | 在建筑柱处”选项卡。在建筑柱内单击，可放置结构柱，如图 5.6 所示。

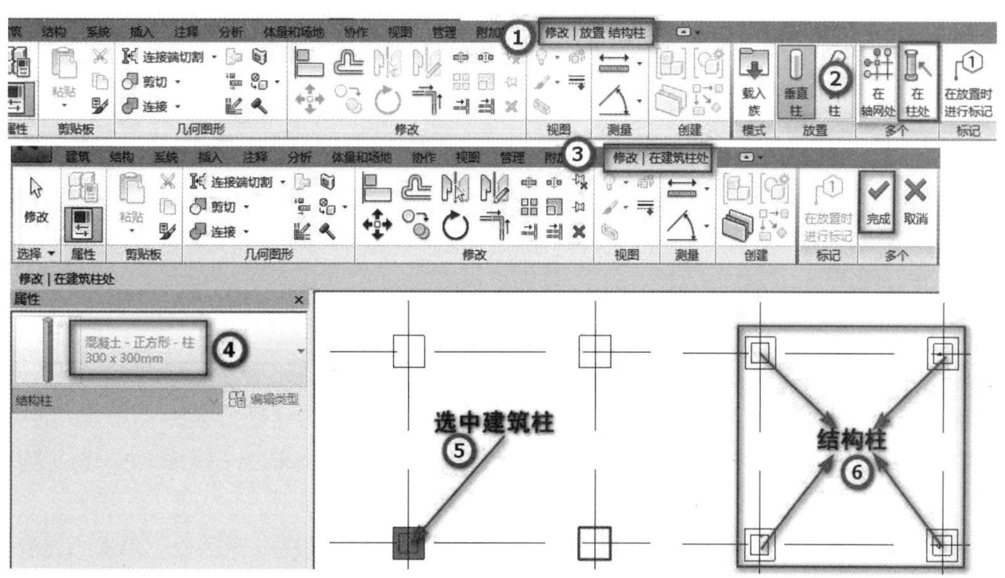

■ 图 5.6　利用“在柱处”按钮创建结构柱

再学一招 ▶▶▶

启用“在柱处”命令，按住 Ctrl 键可选中多根建筑柱，一次就能完成放置多个结构柱于建筑柱处的操作，也可以将结构柱的插入点设置在建筑柱内，直接放置结构柱。

第二节　结构柱

结构柱适用于钢筋混凝土柱等与墙面材质不同的柱子类型，是承载梁和楼板等构件的独立构件。结构柱与墙面相交也不会影响两个构件的属性，各自独立。结构图元，如梁、支撑和独立基础，与结构柱连接，不与建筑柱连接。

特别提示 ▶▶▶

在全国 BIM 技能等级考试一级考试中，涉及结构柱的考点比较少，读者可以根据实际情况有选择地学习本节内容。

一、垂直柱

步骤一：新建一个项目。选择“建筑”选项卡，单击“创建”面板→“柱”下拉列表→“柱：结构”选项，如图 5.7 所示，进入“修改 | 放置 结构柱”选项卡，如图 5.8 所示。在选项栏中选择合适的参数。

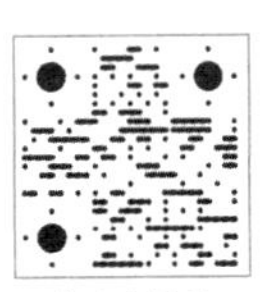
【垂直柱】

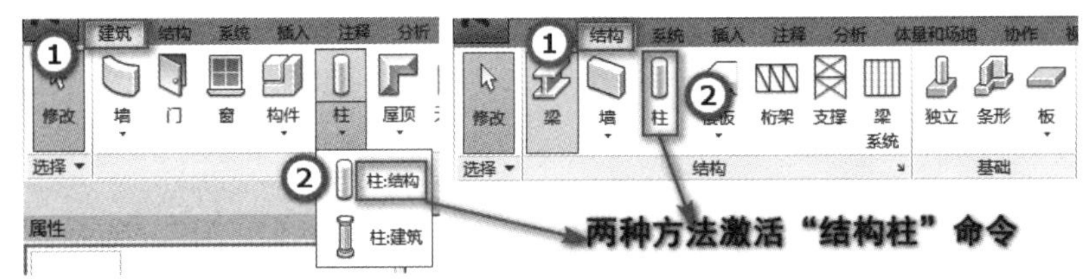

■ 图 5.7　激活“结构柱”命令

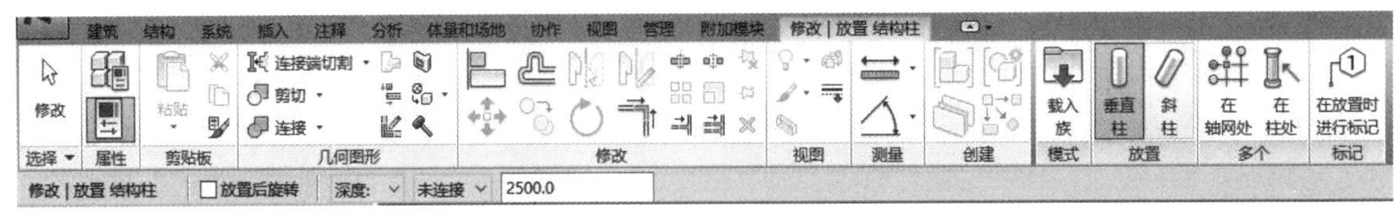
■ 图 5.8　“修改 | 放置结构柱”选项卡界面

特别提示 ▶▶▶

在“属性”对话框的“类型”下拉列表中结构柱的类型，系统默认的只有“UC- 常规柱 – 柱”（建筑样板自带柱的类型只有“工字钢”），需要载入其他结构柱类型。

步骤二：单击“模式”面板中的“载入族”按钮，打开“载入族”对话框，选择“China/ 结构 / 柱 / 混凝土”文件夹中的“混凝土 - 矩形 - 柱 .rfa”，单击“打开”按钮，加载“混凝土 - 矩形 - 柱 .rfa”到项目中，如图 5.9 所示。此时“属性”对话框如图 5.10 所示。

步骤三：单击“属性”对话框中的“编辑类型”按钮，打开“类型属性”对话框，单击“复制”按钮，打开“名称”对话框，输入名称为“500×500mm”，单击“确定”按钮，返回到“类型属性”对话框中，更改 b 和 h 的值，均为 500mm，如图 5.11 所示。

步骤四：单击“修改 | 放置结构柱”选项卡→“放置”面板→“垂直柱”按钮，选项栏“深度”改为“高度”，“未连接”改为“标高 2”，则创建的柱为“标高 1”到“标高 2”，如图 5.12 所示。

步骤五：单个添加结构柱可将鼠标置于轴线交点上，临时尺寸标注显示结构柱与相邻轴线的间距。可在轴线交点处单击，以创建结构柱。结构柱以实心填充样式显示，如图 5.13 所示。

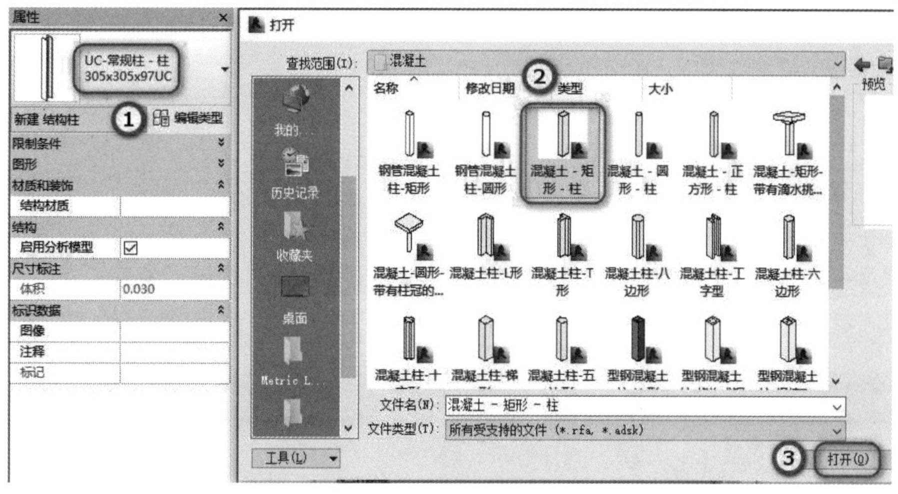

■ 图 5.9　加载“混凝土 – 矩形 – 柱 .rfa”到项目中

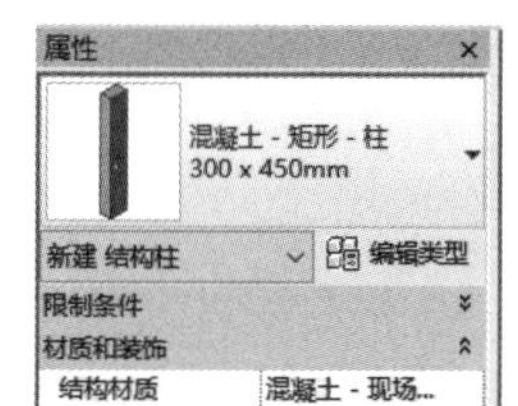

■ 图 5.10　“属性”对话框

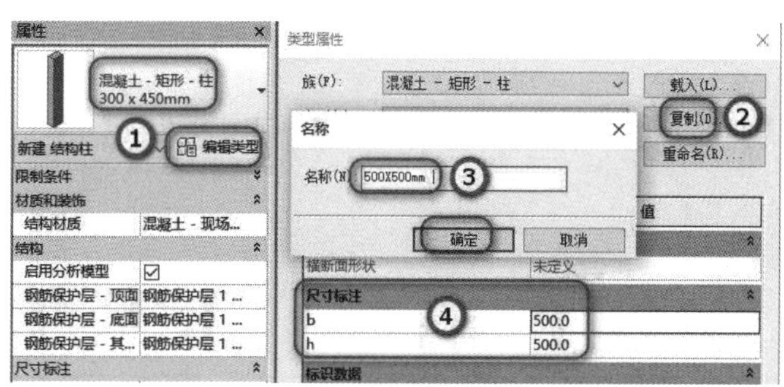

■ 图 5.11　创建“500 × 500mm”柱

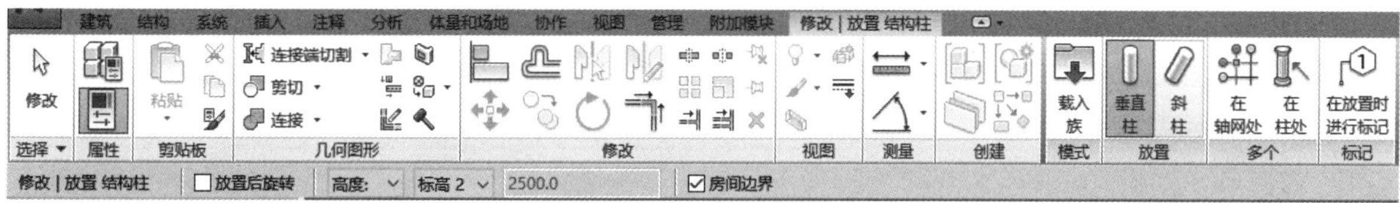

■ 图 5.12　激活“垂直柱”命令

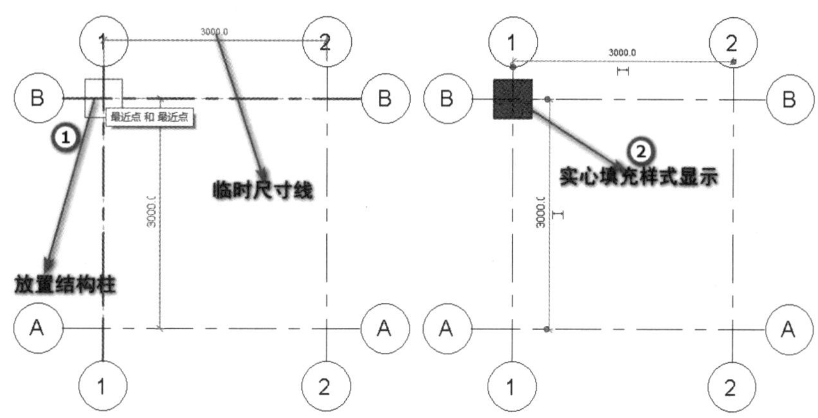

■ 图 5.13　在轴线交点创建结构柱

再学一招 ▶▶▶

在放置结构柱前，按空格键可旋转柱子的角度。将鼠标置于轴线交点上，按空格键，柱子旋转 45°。鼠标置于空白区域上，每按一次空格键，柱子旋转 90°。

批量添加结构柱，可在“修改 | 放置 结构柱”选项卡中，单击“多个”面板→“在轴网处”按钮，进入“修改 | 放置 结构柱 > 在轴网交点处”选项卡。在轴网上从右下角至左上角拖出选框，选定要放置结构柱的范围，单击完成选框的创建，此时轴网与结构柱呈灰色显示，可预览结构柱的创建结果。单击“多个”面板→“完成”按钮，退出命令，在轴网交点处创建结构柱，如图 5.14 所示。

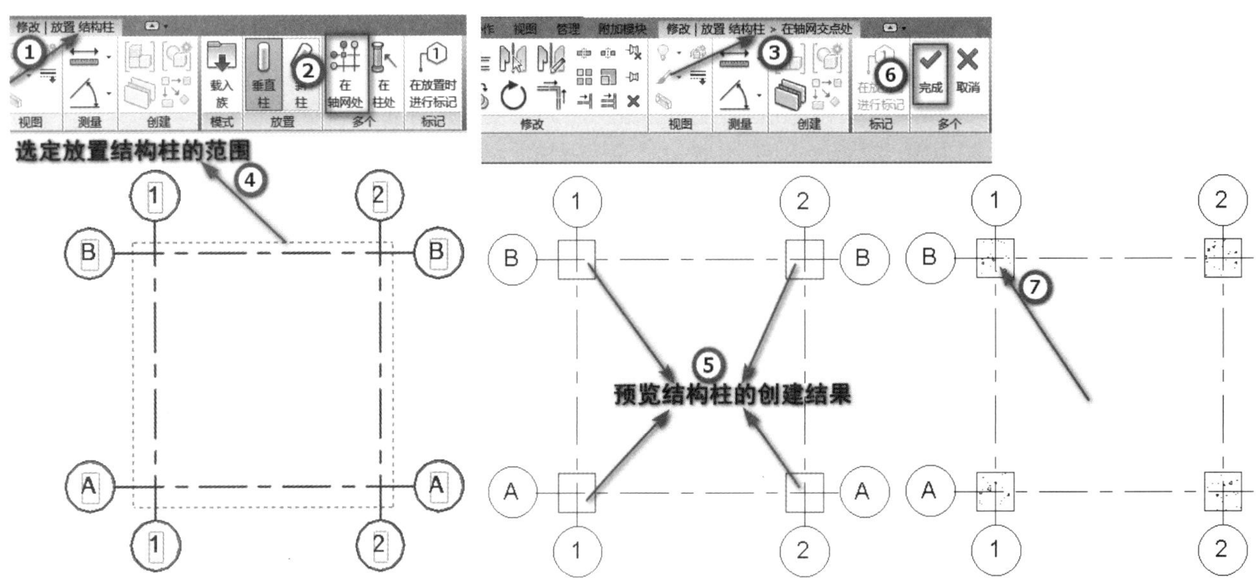

■ 图 5.14 利用“在轴网处”工具创建结构柱

步骤六：选择结构柱，进入“修改 | 结构柱”选项卡，如图 5.15 所示。分别单击“修改 | 结构柱”选项卡→“修改柱”面板→“附着顶部 / 底部”“分离顶部 / 底部”按钮，可将柱子附着到屋顶、楼板或者天花板上。

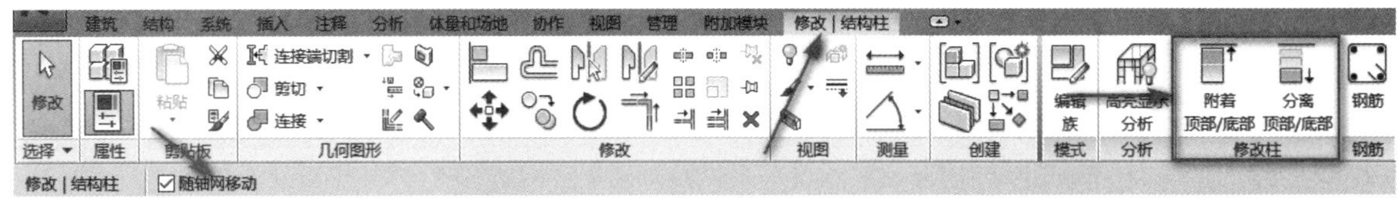

■ 图 5.15 “修改 | 结构柱”上下文选项卡界面

小贴士 ▶▶▶

选中选项栏“随轴网移动”复选框，结构柱将跟随轴网的移动而移动。

步骤七：切换到南立面视图，单击任何一个柱，在左侧“属性”对话框→“限制条件”选项组中可以对柱的底部和顶部位置进行二次修改。“底部标高”与“底部偏移”修改柱的底部位置，“顶部标高”与“顶部偏移”修改柱的顶部位置，正数向上偏移，负数向下偏移，如图 5.16 所示。

步骤八：柱的材质默认为“混凝土 - 现场浇筑混凝土”，如需修改，可在“属性”对话框中单击“结构材质”靠后空白位置单击，会出现“隐藏材质”按钮，单击“隐藏材质”按钮，弹出“材质浏览器”对话框，“图形”对应视觉样式“着色”状态。设置“结构材质”为“钢筋混凝土”的过程如图 5.17 所示。

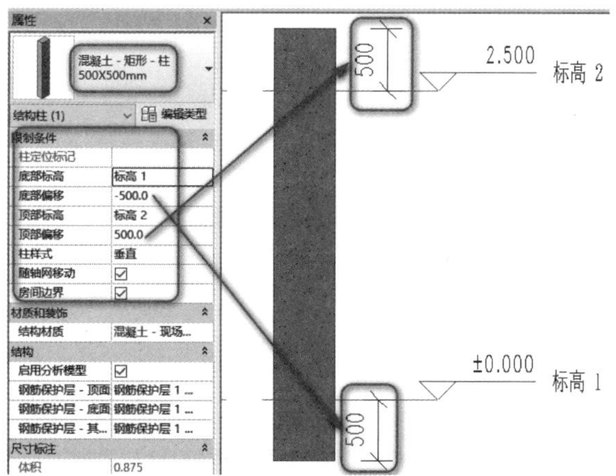

■ 图 5.16　对柱的底部和顶部位置进行修改

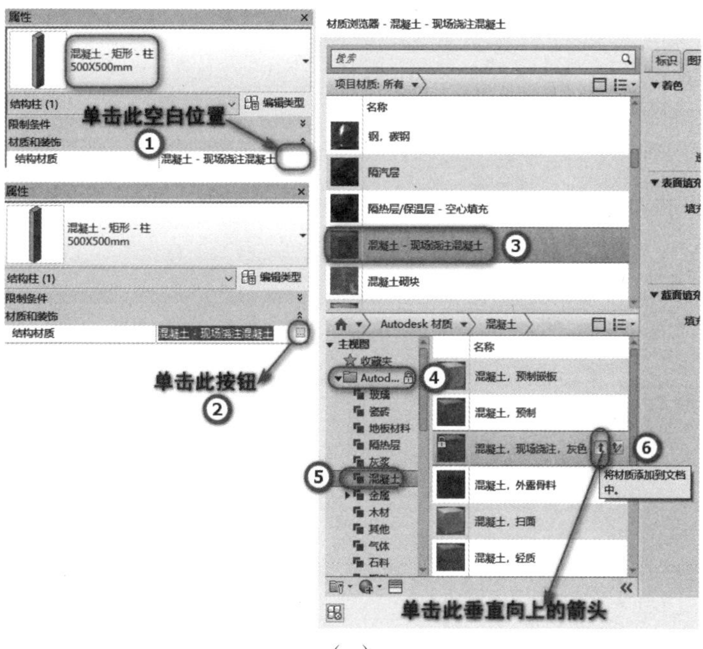

（a）

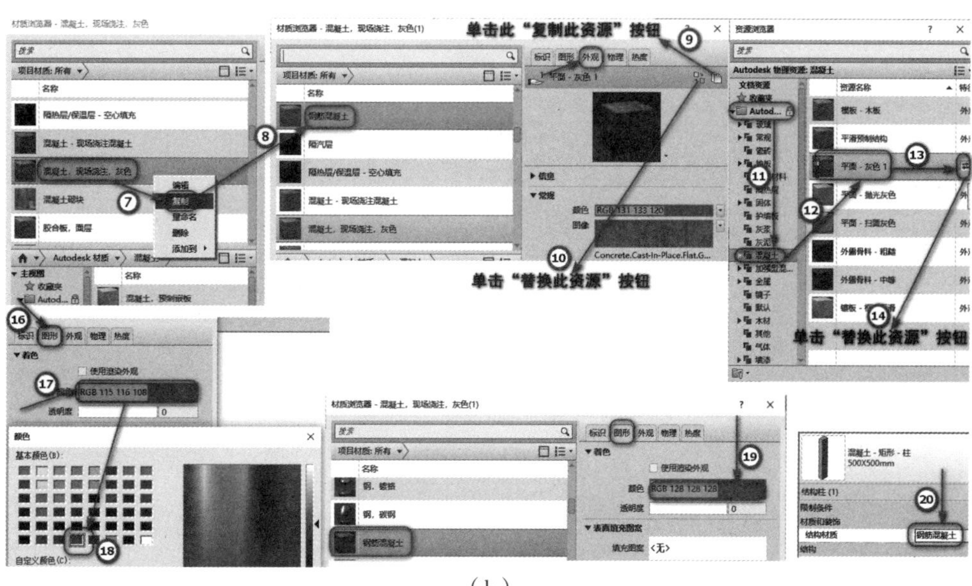

（b）

■ 图 5.17　设置“结构材质”为“钢筋混凝土”

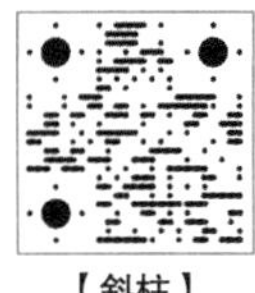
【斜柱】

二、斜柱

步骤一：单击“修改 | 放置 结构柱”选项卡→“放置”面板→“斜柱”命令。选项栏中“第一次单击”设置为“标高 1”，“第二次单击”设置为“标高 2”，如图 5.18 所示。

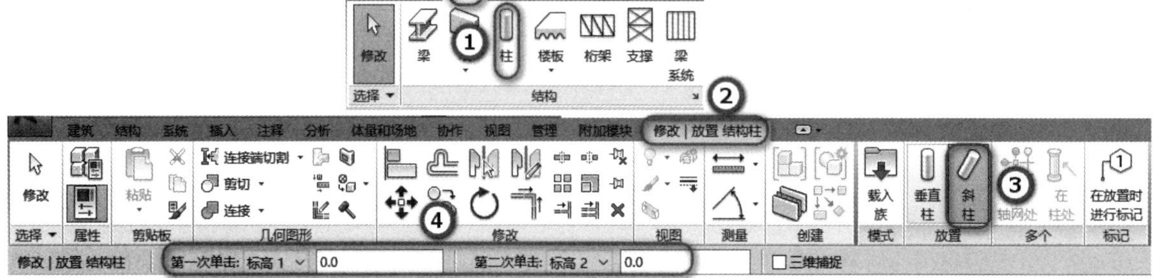

■ 图 5.18　设置“结构材质”为“钢筋混凝土”

步骤二：切换到标高 1 楼层平面视图，在绘图区依次单击柱底与柱顶位置，完成斜柱绘制。

步骤三：切换到南立面视图，选择柱，在“属性”对话框“限制条件”选项组中修改柱的底部与顶部位置，在“构造”选项组中可以修改斜柱端头截面样式，默认为“垂直于轴网”，可调整为“水平”或“垂直”，如图 5.19 所示。

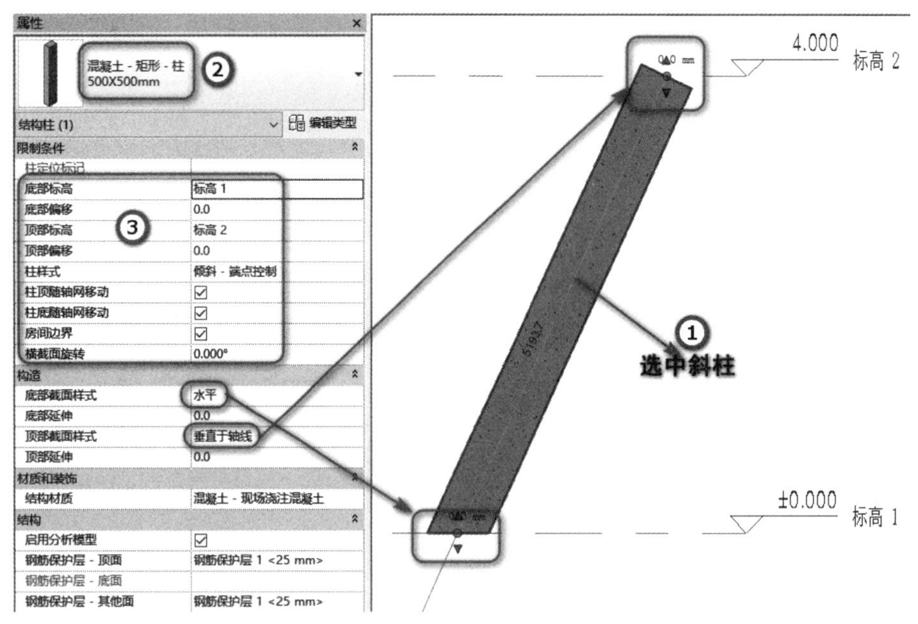

■ 图 5.19　设置柱实例参数

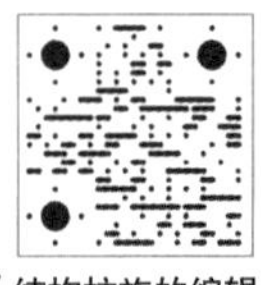
【结构柱族的编辑】

三、结构柱族的编辑

步骤一：载入“混凝土柱 -T 形”族，按图 5.20 所示步骤操作。

步骤二：任意创建一个 T 形柱。选中创建的柱，在“属性”对话框中设置相应高度，双击进入族编辑器，编辑相应族参数，如图 5.21 所示。

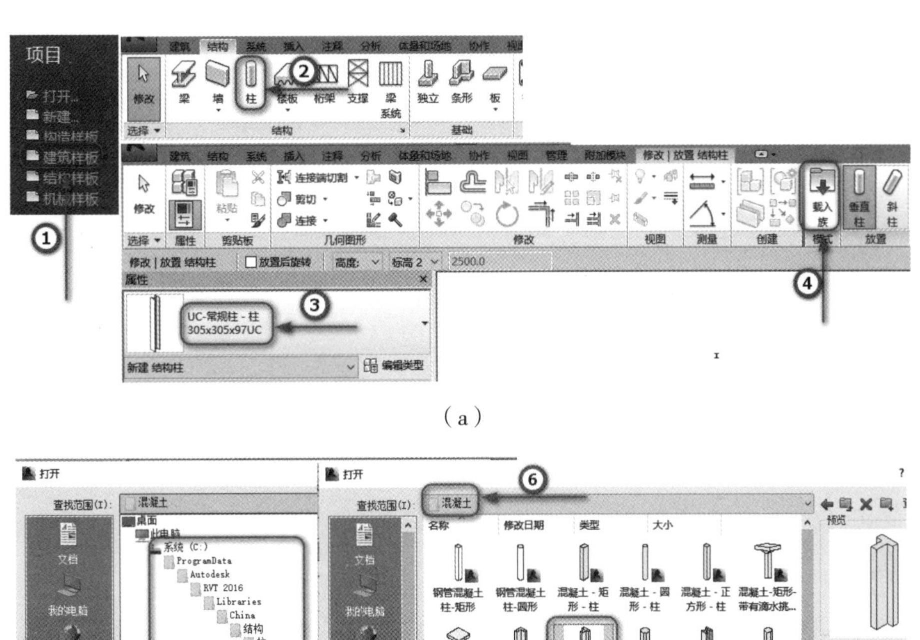

（a）

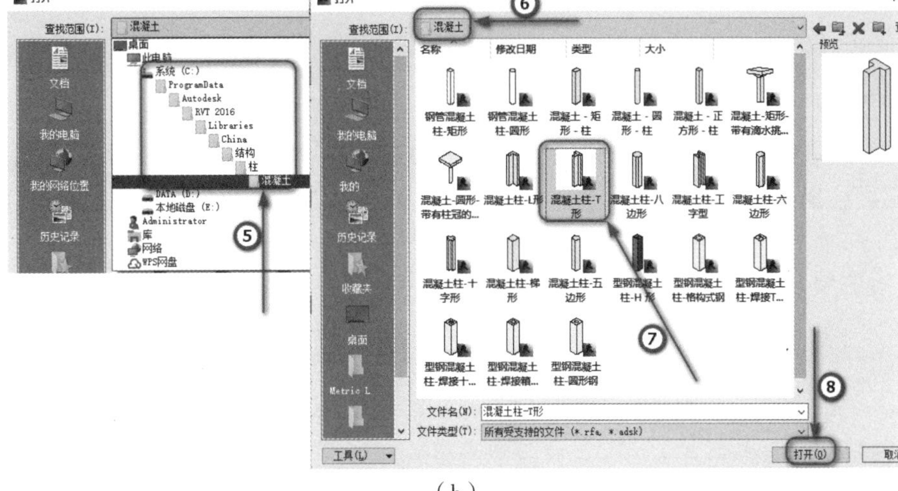

（b）

■ 图 5.20　载入“混凝土柱 –T 形”

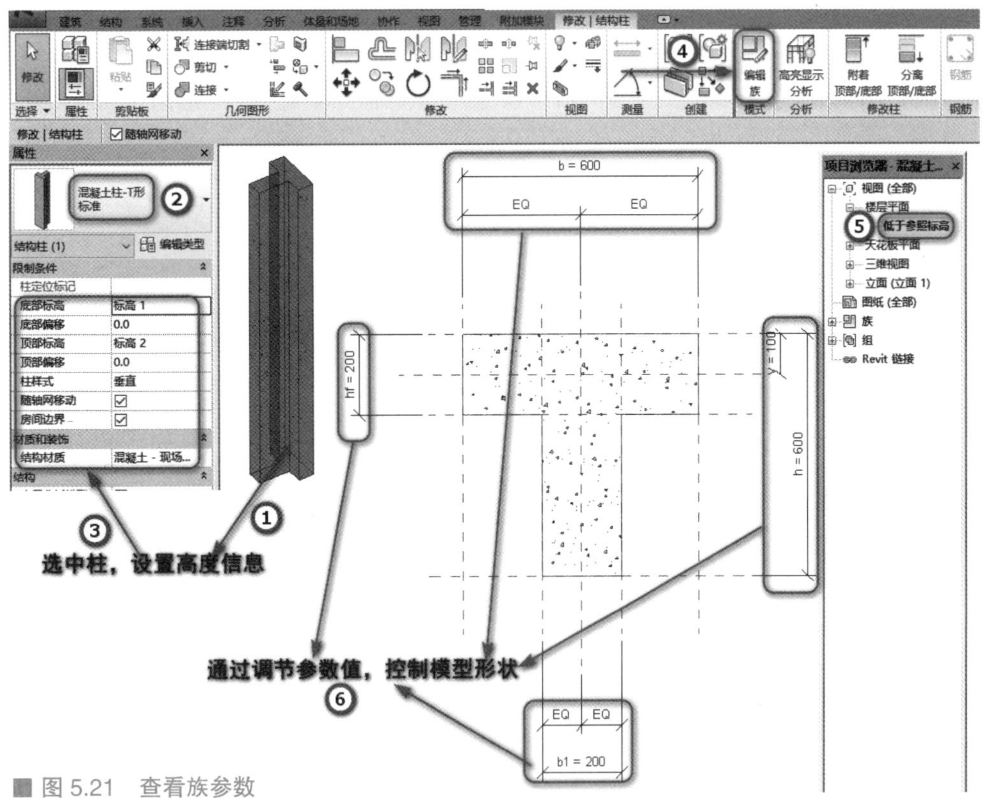

■ 图 5.21　查看族参数

特别提示 ▶▶▶

结构柱和建筑柱在 Revit 中归属于同一个命令按钮，表面上它们之间存在必然联系。对比而言，结构柱稍微复杂，所以这里要求读者着重掌握结构柱。中国图学学会组织的全国 BIM 技能等级考试一级关于建筑柱和结构柱的考察偶尔会在第四道大题中出现。

第三节　墙体

一、墙体属性

（1）单击“建筑”选项卡→“构建”面板→“墙”下拉列表，如图 5.22 所示。在楼层平面视图中，“墙：饰条”和“墙：分隔缝”工具不可以使用。在“修改|放置 墙”选项卡中，“绘制”面板用来选择绘制墙体的工具，比如“直线”“拾取线”，如图 5.23 所示。在 Revit 中一般默认用“直线”绘制方式。

（2）选项栏显示“修改|放置 墙”的相关设置，在选项栏可以设置墙体竖向定位面、水平定位线、选中“链”复选框、设置“偏移量”及“半径”等，其中“偏移量”和“半径”不可以同时设置数值，如图 5.23 所示。

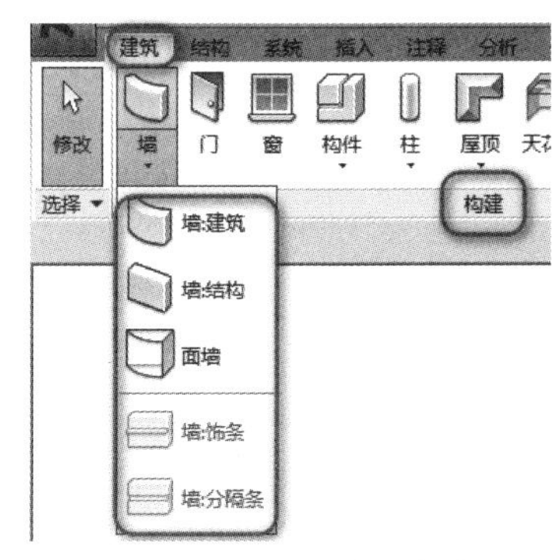

■ 图 5.22　激活“墙”命令

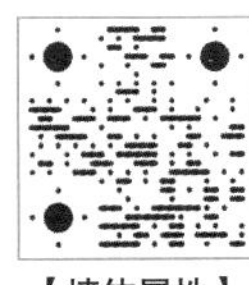

【墙体属性】

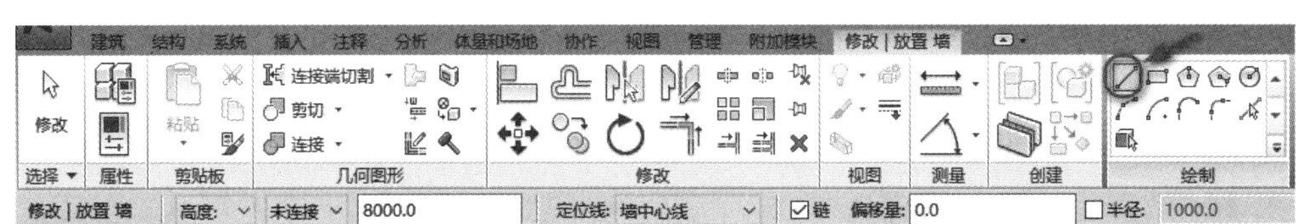

■ 图 5.23　绘制方式

小贴士 ▶▶▶

① 链：墙体连续进行绘制。

② 偏移量：偏移墙体定位线的距离。

③ 半径：墙体倒角的半径。

④ 定位线：用于在绘图区域中指定路径来定位墙体。

⑤ 墙体的定位方式共有六种，如图 5.24 所示。墙体的核心层指的是其主结构层，在非复合的砖墙中，“墙中心线”和“核心层中心线”重合。

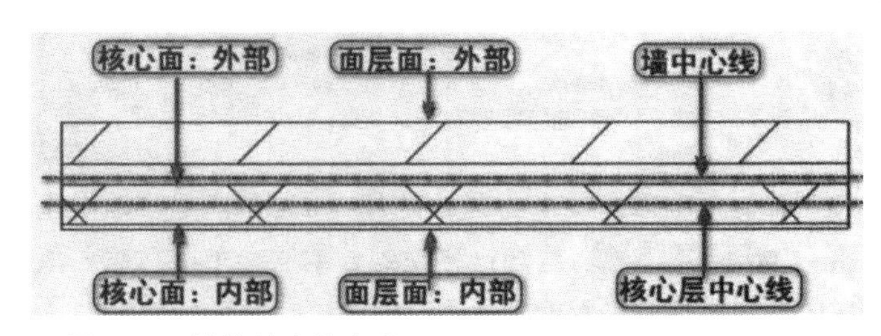

■ 图 5.24　墙体的定位方式

（3）“属性”对话框可以设置墙体的定位线、底部限制条件、底部偏移、顶部约束等墙体的实例属性参数，在类型选择器下拉列表中选择“基本墙 常规 -200mm”。单击“编辑类型”按钮，在弹出的“类型属性”对话框中，可以看到基本墙属于系统族，如图 5.25 所示。

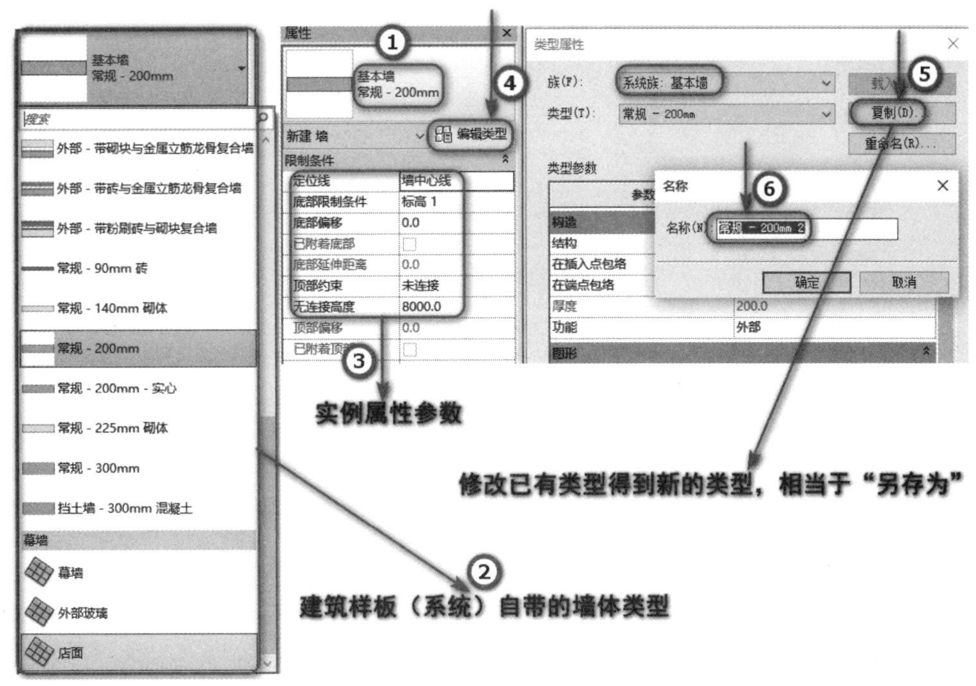

■ 图 5.25 实例属性参数、创建墙体新类型

特别提示 ▶▶▶

在系统族中，仅仅可以通过复制的方法（修改已有类型）得到新的类型。在类型选择器下拉列表中 Revit 已经内置了多种墙体的类型，如图 5.25 所示。

（4）系统默认的墙体已有的功能不能够满足工程的需要，故在“类型属性”对话框中单击“结构”参数右侧的“编辑”按钮，弹出“编辑部件”对话框，在此基础上可插入其他的功能层，以完善墙体的构造，如图 5.26 所示。

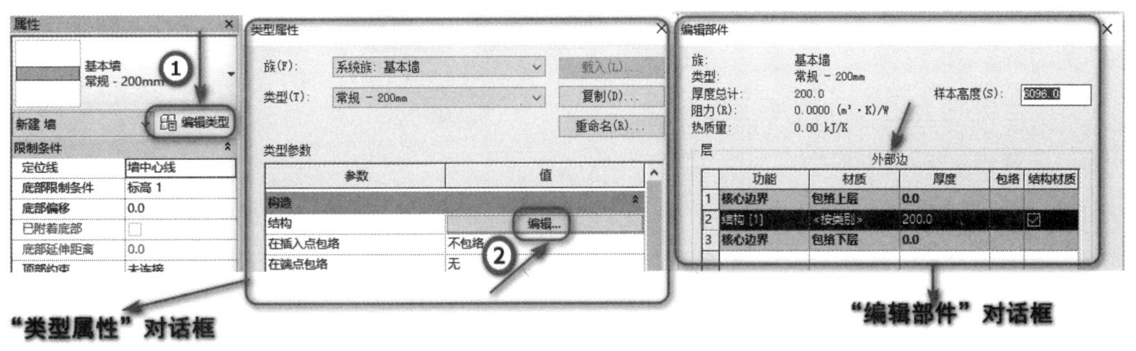

■ 图 5.26 “编辑部件”对话框

二、墙体的绘制和基本编辑

以新建一面墙为例，具体操作步骤如下。

步骤一：新建项目文件。切换到“标高 1”楼层平面视图，单击快捷键 WA 进入墙体绘制页面，在选项栏上设置定位线为“墙中心线”，未连接高度为“2000mm”，选中“链”复选框。

【墙体的绘制和基本编辑】

步骤二：在类型选择器下拉列表中确认墙体的类型为“基本墙 常规 -90mm 砖”，单击“编辑类型”按钮，弹出“类型属性”对话框，再单击“复制”按钮，复制一个新的墙体类型，名称为“基本墙 110mm”，如图 5.27 所示，连续单击“确定”按钮两次退出“类型属性”对话框。

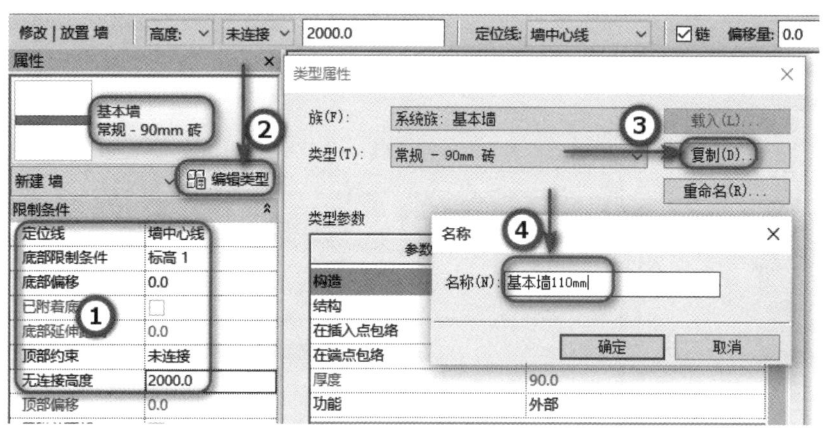

■ 图 5.27　复制一个新的墙体类型“基本墙 110mm”

步骤三：在“绘制”面板中分别选择“直线”和“起点 - 终点 - 半径弧”按钮，在绘图区域沿顺时针方向绘制一段墙体。切换到 3D 视图（单击快速访问工具栏上的“默认三维视图”按钮，即打开了三维视图），单击“视图”选项卡→“窗口”面板→“平铺窗口”按钮，如图 5.28 所示。

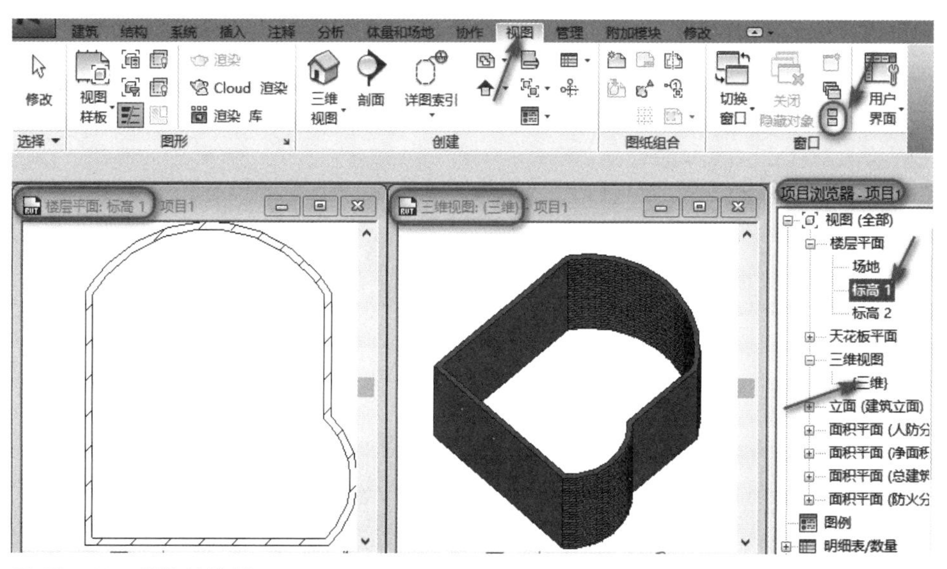

■ 图 5.28　墙体的绘制

步骤四：在“标高 1”楼层平面视图上选中右上侧直线墙体，单击类型选择器下拉列表中的“CW 102-50-100p”，将视觉样式设置为“着色”模式，则被选中的墙体会发生变化，如图 5.29 所示。

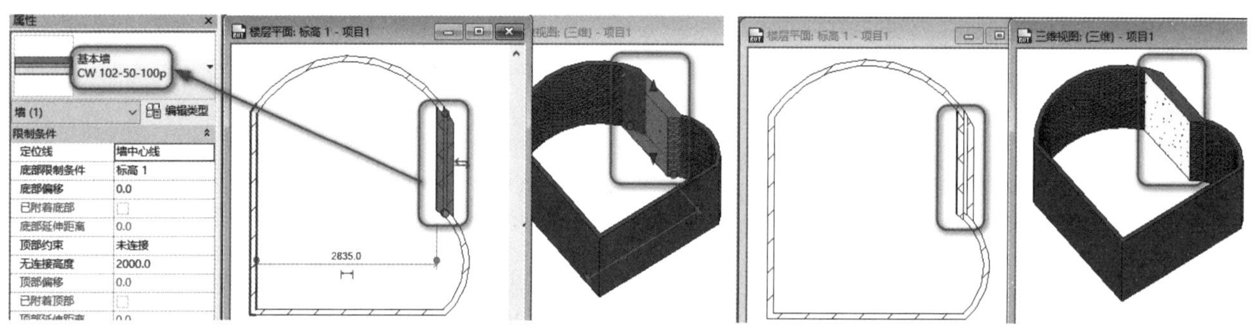

■ 图 5.29　替换墙体类型

步骤五：选中一段“基本墙 110mm”的墙体，单击右键，选择“选择全部实例”→“在视图中可见”选项，则墙体类型为“基本墙 110mm”的墙体全部被选中，如图 5.30 所示。单击“编辑类型”按钮，打开“类型属性”对话框，单击“结构”右侧的“编辑”按钮，打开“编辑部件”对话框。单击结构 [1] 右侧的空白，激活“材质隐藏”按钮，打开“材质浏览器”对话框，设置材质为“砖，普通，红色”，将结构 [1] 的厚度设置为“100”，如图 5.31 所示。选择第一行，单击“插入”按钮，将刚插入的第一行“功能”设置为“面层 2[5]”，材质设置为“大理石”，厚度设置为“10.0”，如图 5.32 所示。

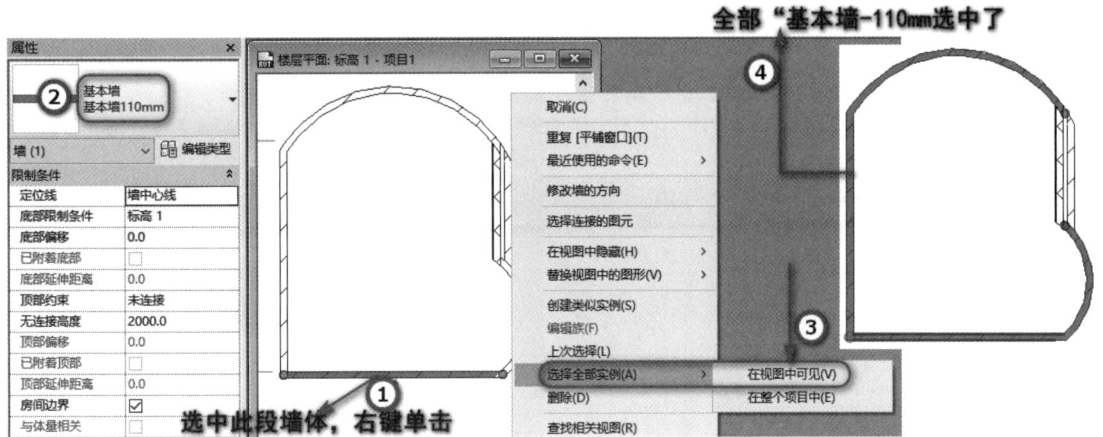

■ 图 5.30　选中“基本墙 110mm”的墙体

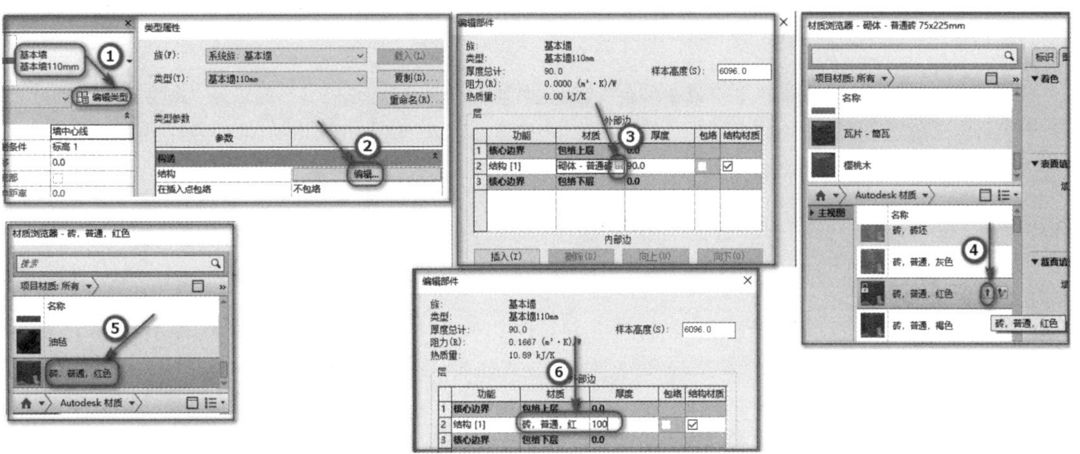

■ 图 5.31　设置材质为“砖，普通，红色”

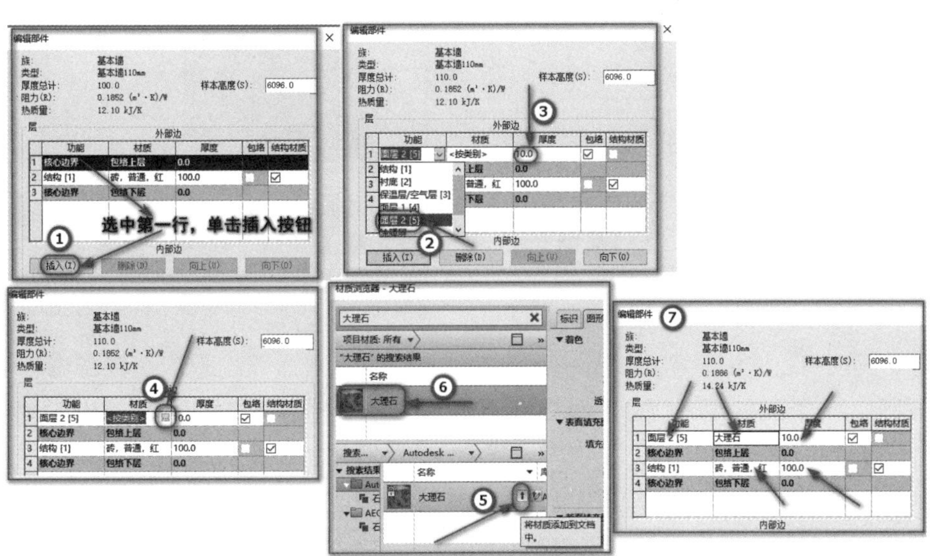

■ 图 5.32　材质设置为“大理石”，厚度设置为“10.0”

步骤六：将视觉样式设置为“真实”模式，三维效果更加逼真和具有真实感。同时在“标高 1”楼层平面视图中，可以看到材质自己本身所创建的截面填充图案，如图 5.33 所示。

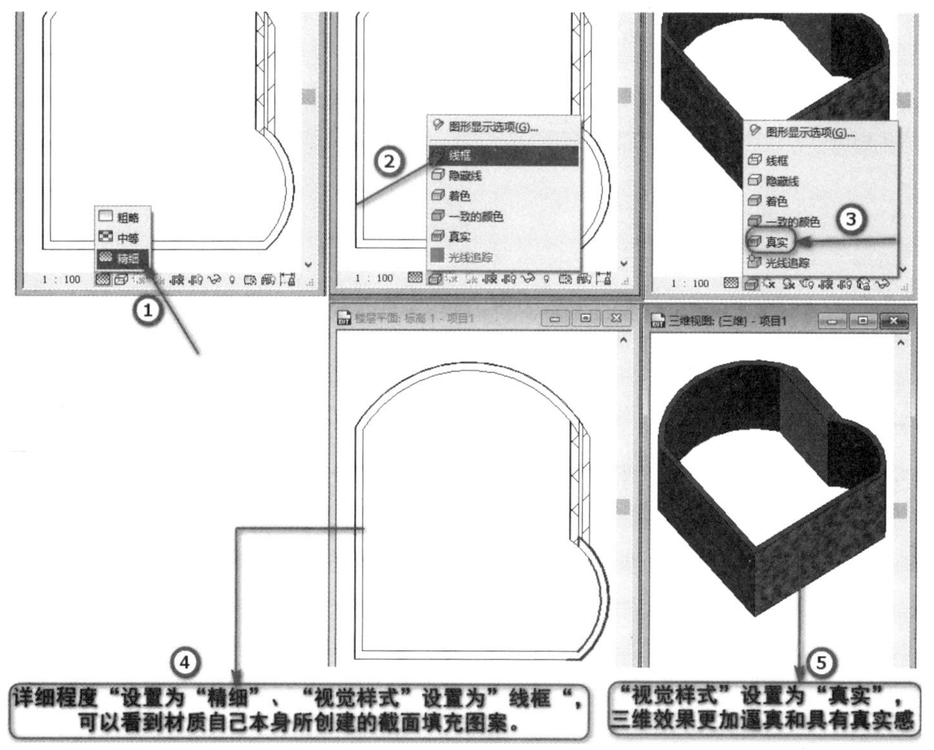

■ 图 5.33　墙体三维效果

步骤七：切换到“标高 1”楼层平面视图，选中南侧墙体，在类型选择器中切换为“CW 102-50-100p”，则南侧墙体的类型也被切换为“CW 102-50-100p”。切换到 3D 视图，在“属性”对话框中将底部偏移改为“500.0”，这时墙体底部标高距离“标高 1”会向上偏移 500mm（维持墙体总高度不变），如图 5.34 所示。

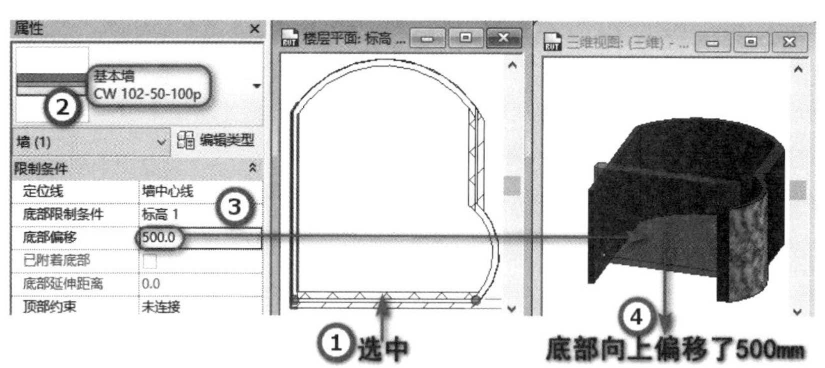

■ 图 5.34　底部偏移改为“500.0”

步骤八：切换到南立面视图，选中刚刚选择的墙体，将顶部约束设置为“标高 2”，顶部偏移设置为“-1000.0”，此时墙体顶部始终比标高 2 低 1000mm，如图 5.35 所示。若标高 2 的数值发生变化，墙体的顶部位置也会发生变化，但是墙顶部距离标高 2 的高差始终不变。

步骤九：切换到 3D 视图，双击南侧墙体，则墙体进入草图模式，单击“绘制”面板→“矩形”绘制方式，在草图线内部绘制矩形，单击“模式”面板上的“√”按钮，结果如图 5.36 所示。

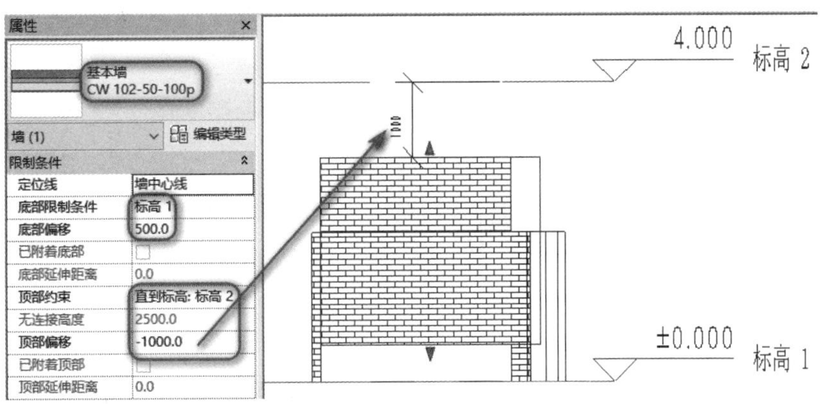

■ 图 5.35　顶部约束设置为“标高 2”，顶部偏移设置为“–1000.0”

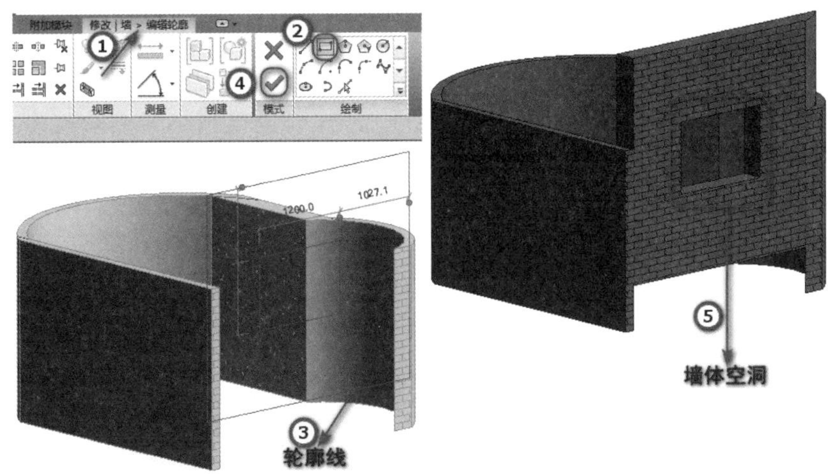

■ 图 5.36　编辑墙体轮廓

三、构造层的拆分、合并、指定

对构造层的拆分、合并和指定是一个连续的操作，以上述建好的墙体为例，具体操作步骤如下。

步骤一：选择“建筑样板”，新建一个项目文件。单击“建筑”选项卡→“构建”面板→“墙：建筑”按钮，在“标高 1”楼层平面视图绘制两段墙体。切换到 3D 视图，将视觉样式切换为“着色”模式，如图 5.37 所示。

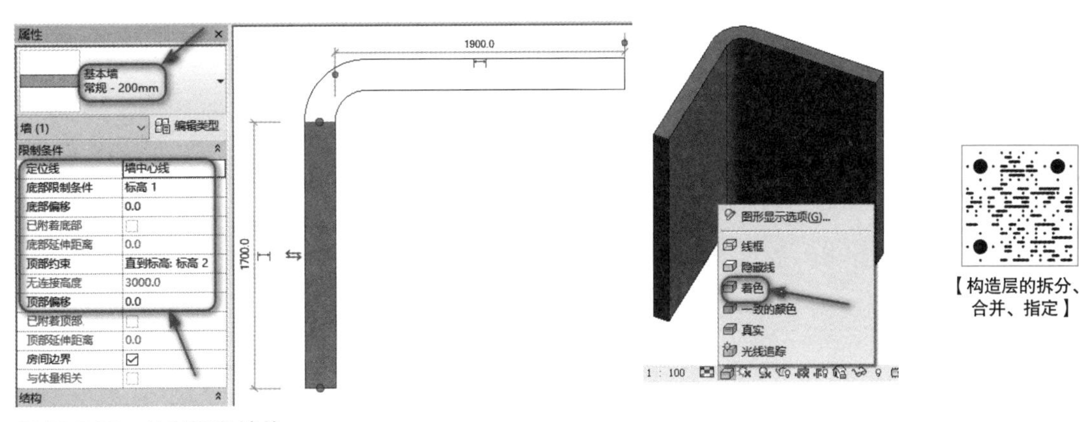

【构造层的拆分、合并、指定】

■ 图 5.37　绘制两段墙体

步骤二：选中左侧的墙体，单击“编辑类型”按钮，打开“类型属性”对话框，单击“类型属性”对话框中的“复制”按钮，复制一个新的类型，命名为“基本墙 240”，如图 5.38 所示。

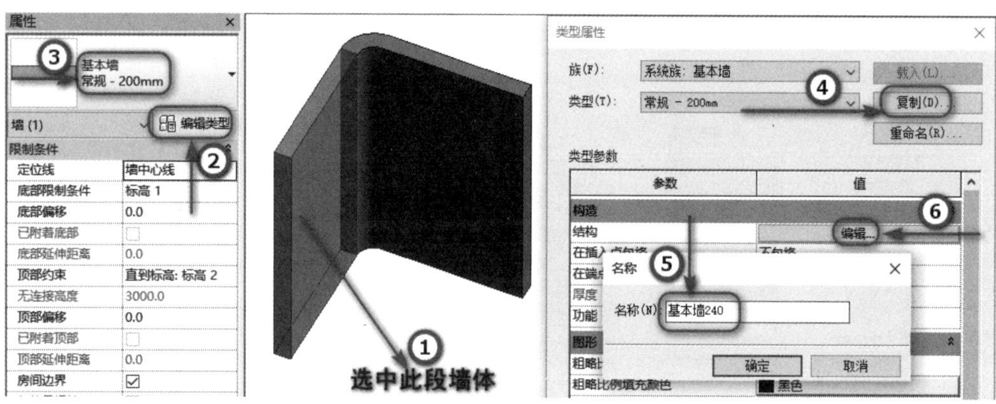

■ 图 5.38　复制一个新的墙体类型“基本墙 240”

步骤三：单击“类型属性”对话框中的“结构”参数后的“编辑”按钮，打开“编辑部件”对话框，单击“编辑部件”对话框左下角的“预览”按钮，选择“剖面：修改类型属性”选项。为了观察方便，将“样本高度”设置为“4000.0”。在“编辑部件”对话框中，层列表上方为墙体外部边，下方为墙体内部边，如图 5.39 所示。

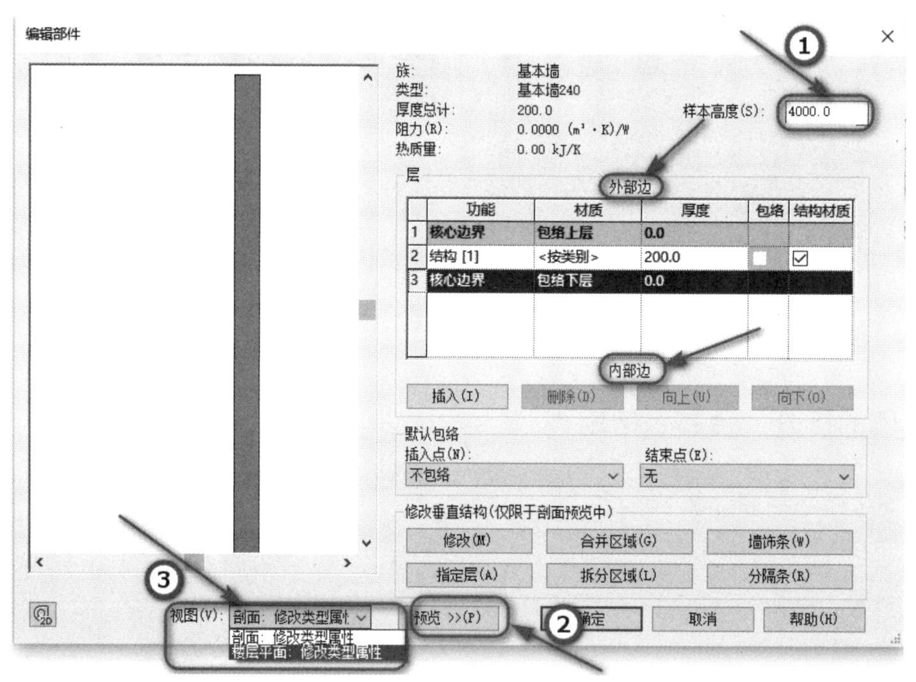

■ 图 5.39　“编辑部件”对话框

步骤四：为了区分预览视图中墙体的内外，在外部边插入一个面层 1[4]，厚度设置为“10.0”，此时，在预览视图中新插入的面层在墙体的左侧高亮显现，说明墙体的左侧为外部边，右侧为内部边，如图 5.40 所示。

小贴士 ▶▶▶

当单击功能板块前段序号时，被选中的层会在左侧墙体高亮显示。

步骤五：单击面层 1[4] 后面的“材质隐藏”按钮，打开“材质浏览器”对话框，在材质搜索栏中输入“混凝土”，选择“混凝土砌块”，在“图形”选项卡选中“使用渲染外观”复选框，如图 5.41 所示，单击“确定”按钮，退出“材质浏览器”对话框。

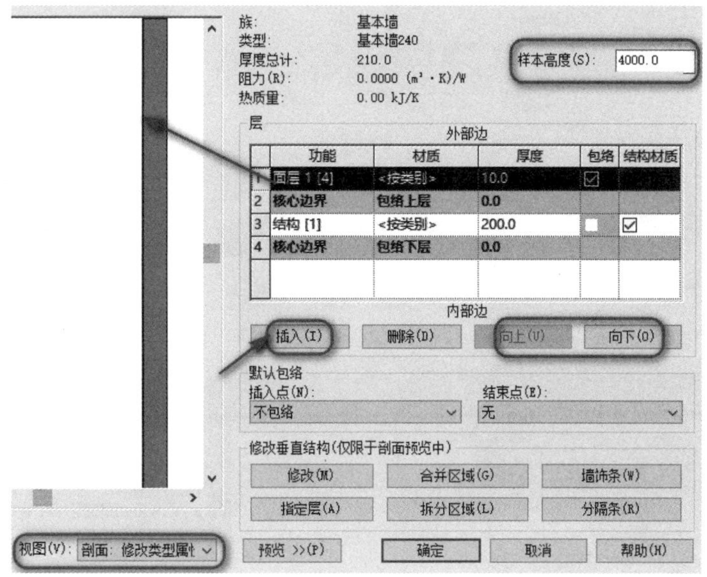

■ 图 5.40　在外部边插入一个面层 1[4]

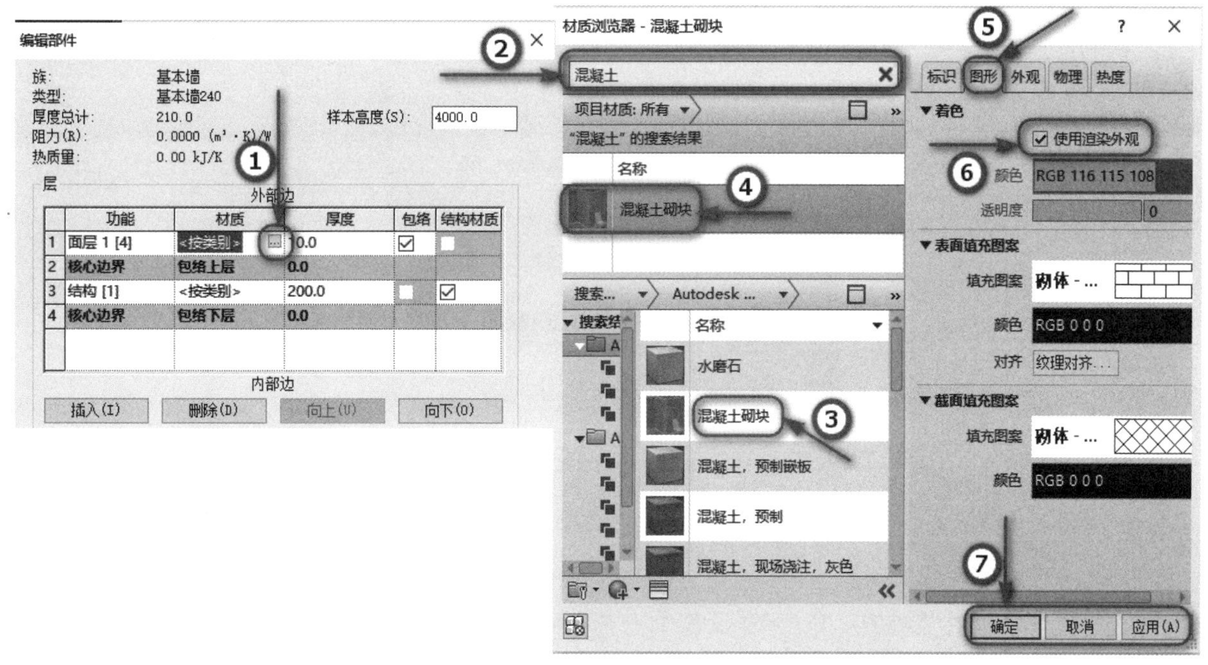

■ 图 5.41　设置材质“混凝土砌块”

步骤六：同理，在内部边继续插入结构 [1]，为结构 [1] 添加新的材质，打开“材质浏览器”对话框，选择“石膏墙板”，切换到“图形”选项卡，选中“使用渲染外观”复选框，单击“确定”按钮，退出“材质浏览器”对话框，将结构 [1] 厚度设置为“20.0”。在左侧预览视图中可以看到添加层后的墙体，如图 5.42 所示。

步骤七：设置面层 1[4] 的材质为“砖，普通”，厚度为“20.0”。可继续在面层 1[4] 上各添加新的面层 1[4]。层 1 的面层 1[4] 材质为“瓷砖，机制”，切换到“图形”选项卡，选中“使用渲染外观”复选框；层 2 的面层 1[4] 材质为“大理石”，切换到“图形”选项卡，选中“使用渲染外观”复选框，如图 5.43 所示。

步骤八：单击“修改”按钮→“拆分区域”按钮，当光标移动到剖面视图预览区域时，光标变成了一个刀的样式，当它接触到面层边界时，面层的边界会变蓝，接受剪切的位置会出现一道黑色的细线，同时会出现临

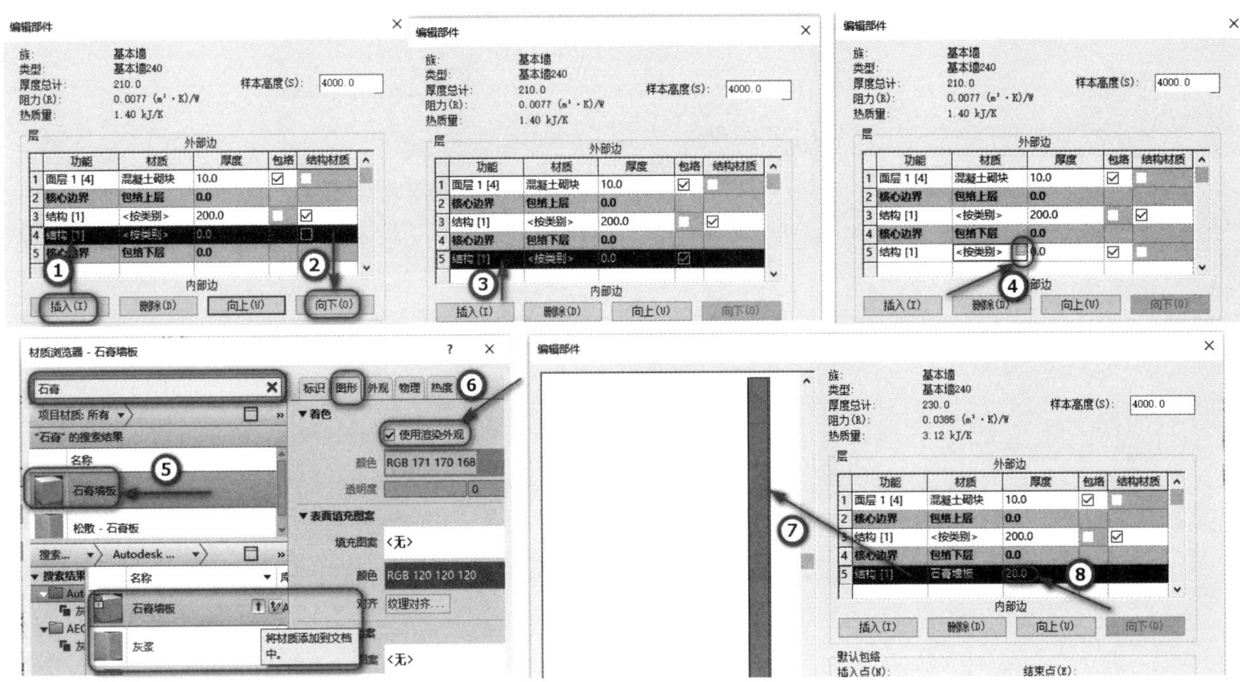

■ 图 5.42　插入结构 [1]

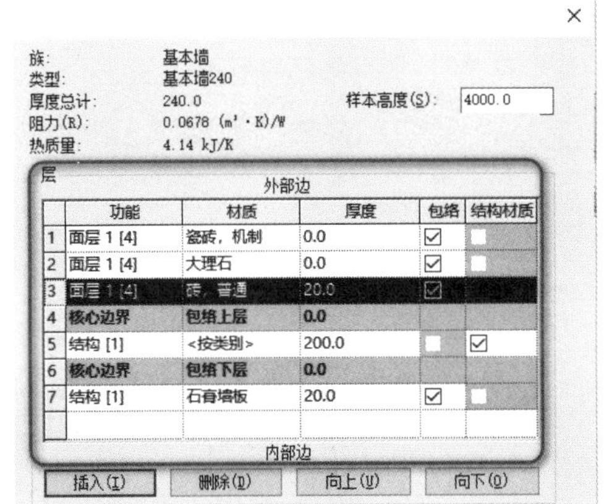

■ 图 5.43　在面层 1[4] 上各添加两个新的面层 1[4]

时尺寸标注来指明距墙体底部的高度，单击面层 1[4] 拆分面层。在拆分墙体以后，拆分墙体的距离是可以修改的，在上方继续拆分面层 1[4]，如图 5.44 所示。

步骤九：单击“修改”按钮，单击最上方的蓝色细线（通过键盘 Tab 键循环切换进行选择），会出现一个向上的蓝色箭头，如图 5.45 所示。单击箭头将尺寸标注约束到顶部，这样修改高度时顶部的距离保持不变。

步骤十：单击“修改”按钮，然后单击下方的蓝色分界线，将临时尺寸设置为“700”，同理，单击最上方的分界线，将临时尺寸标注设置为“2000”，如图 5.46 所示。

步骤十一：选中层 1 的面层 1[4]，单击“修改”按钮→“指定层”按钮，然后单击 2000mm 高的位置，当在列表中层 1 的面层 1[4] 出现厚度时，说明层已经被指定。选择层 2 的面层 1[4]，单击“指定层”按钮，然后单击 700mm 高的位置，如图 5.47 所示。单击“确定”按钮，退出“类型属性”对话框。

步骤十二：切换到 3D 视图，将视觉样式设置为“真实”模式，三维效果更加具有真实感，如图 5.48 所示。

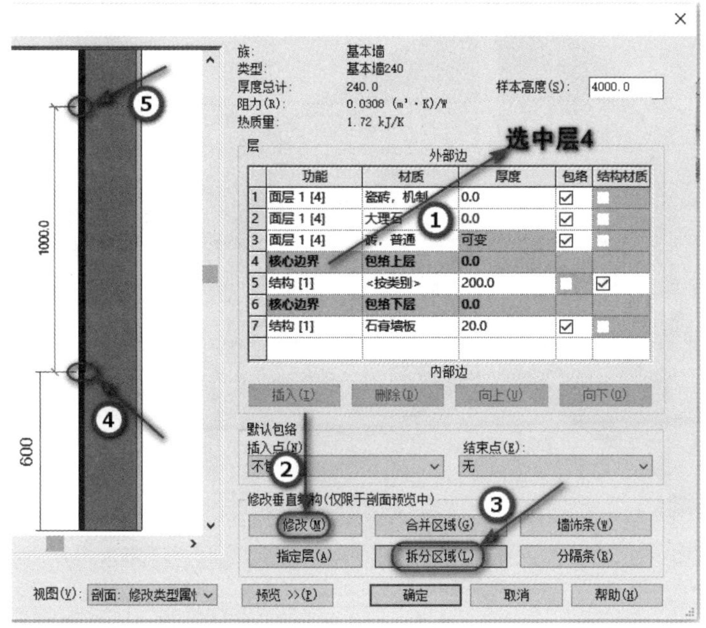

	功能	材质	厚度	包络	结构材质
1	面层 1 [4]	瓷砖，机制	0.0	☑	☐
2	面层 1 [4]	大理石	0.0	☑	☐
3	面层 1 [4]	砖，普通	可变	☑	☐
4	核心边界	包络上层	0.0		
5	结构 [1]	<按类别>	200.0	☐	☑
6	核心边界	包络下层	0.0		
7	结构 [1]	石膏墙板	20.0	☑	☐

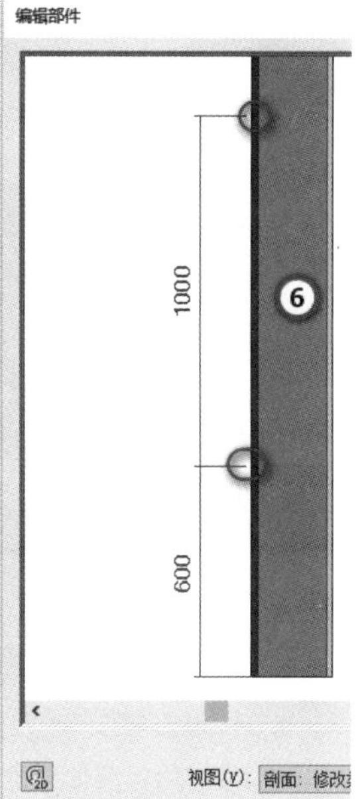

■ 图 5.44　拆分面层 1[4]

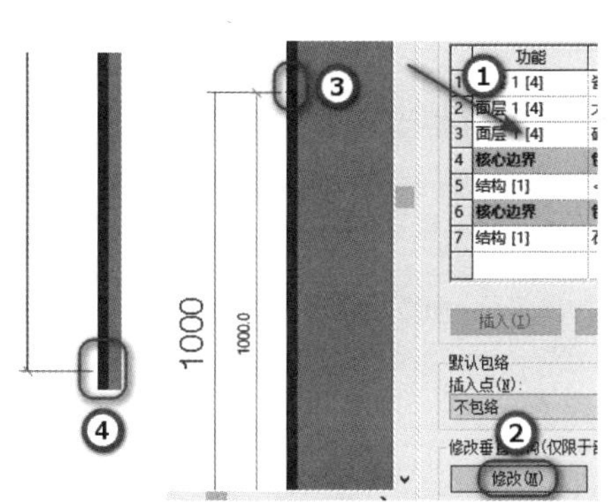

■ 图 5.45　单击箭头将尺寸标注约束到顶部

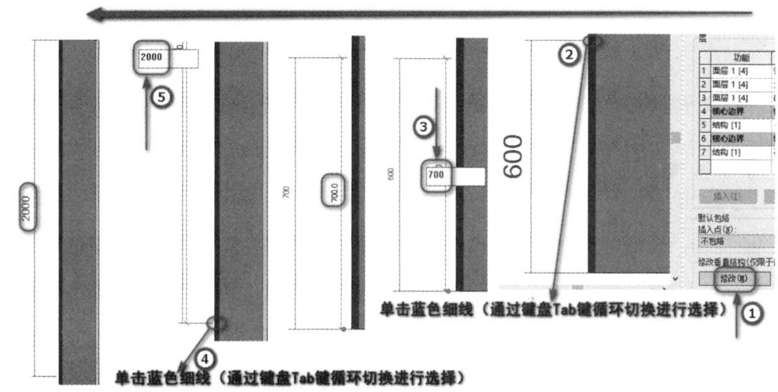

■ 图 5.46　修改临时尺寸线数值

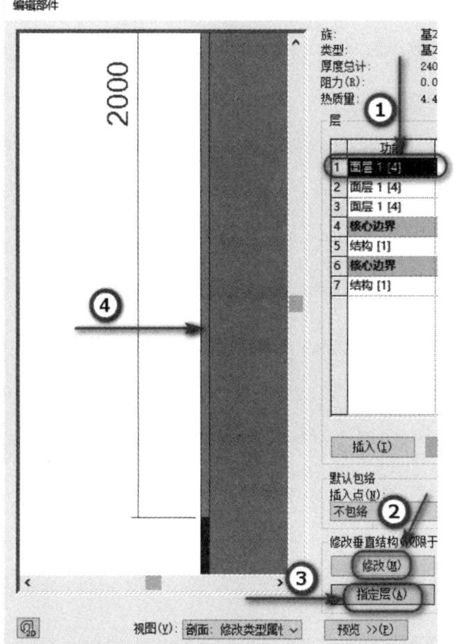

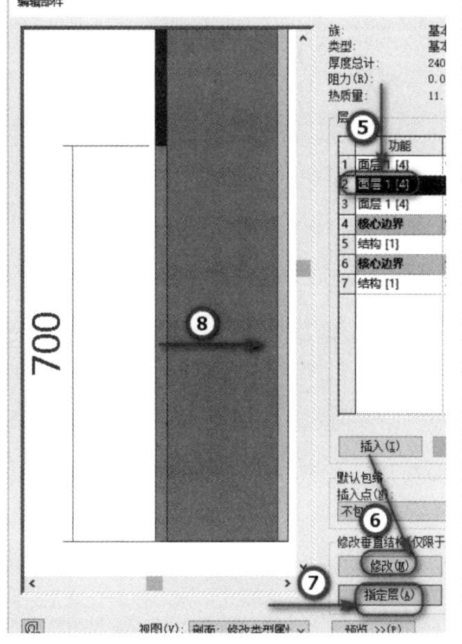

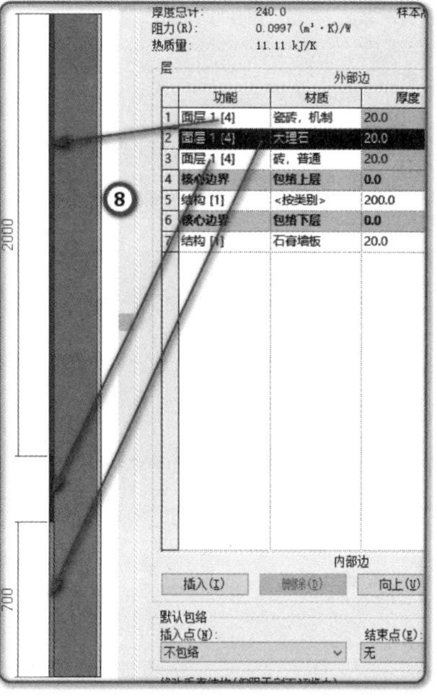

	功能	材质	厚度
1	面层 1 [4]	瓷砖，机制	20.0
2	面层 1 [4]	大理石	20.0
3	面层 1 [4]	砖，普通	20.0
4	核心边界	包络上层	0.0
5	结构 [1]	<按类别>	200.0
6	核心边界	包络下层	0.0
7	结构 [1]	石膏墙板	20.0

■ 图 5.47　指定层

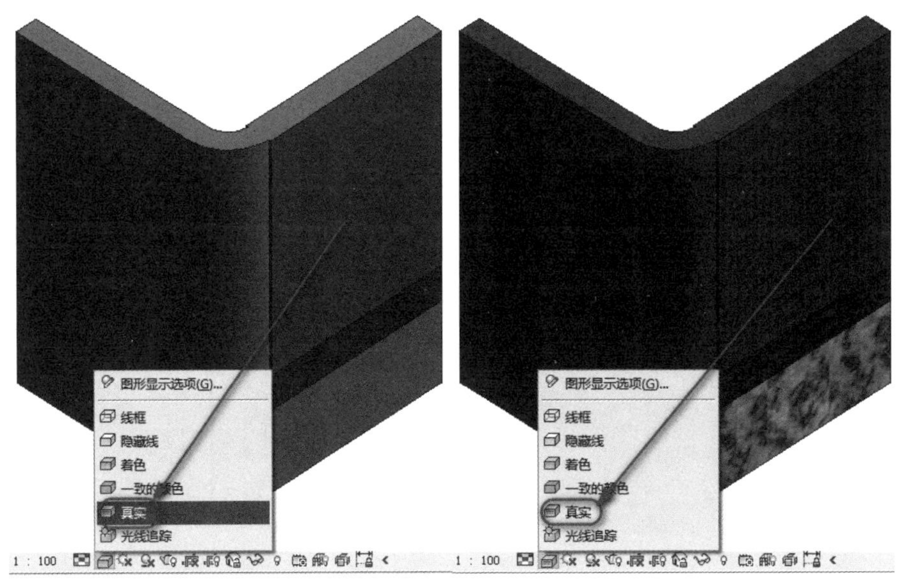

■ 图 5.48　墙体三维效果

四、墙饰条、分隔缝和叠层墙

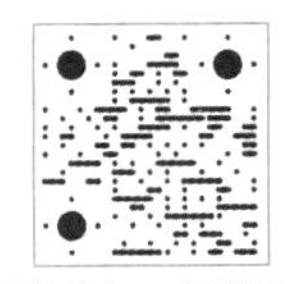

【墙饰条、分隔缝】

墙饰条和分隔缝是通过沿某条路径拉伸轮廓创建的，可以打开立面视图或三维视图创建。使用墙饰条和分隔缝，可以很方便地创建如女儿墙压顶、室外散水、墙装饰线脚等。具体操作方法，详见专项考点十一综合建模部分。

叠层墙系统族包含叠放在一起的两面或多面子墙，子墙在不同的高度可以具有不同的墙厚度。限于篇幅，在此不做赘述。

五、附着 / 分离墙体

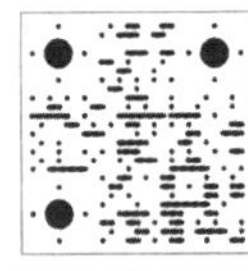

【附着/分离墙体】

要把墙附着到另外一个图元，首先要选择这段墙体，然后会有“附着顶部 / 底部”这样的按钮出现在选项卡对应的面板中。当“附着顶部 / 底部”的命令被激活以后，在选项栏上，选择“顶部”或“底部”选项，然后拾取一个物体。墙体可以被附着到屋顶、天花板、楼板、参照平面及其他的墙体。具体操作方法，详见专项考点十一综合建模部分。

第四节　经典真题解析

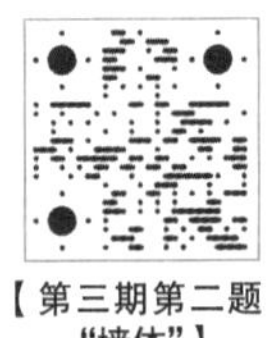

【第三期第二题“墙体”】

笔者根据考试经验，结合考试大纲要求，下面通过经典考试真题的详细解析来介绍墙体的建模和解题步骤，希望对广大考生朋友有所帮助。

真题：第三期全国 BIM 技能等级考试一级试题第二题“墙体”

按照图 5.49 所示，新建项目文件，创建以下墙类型，并将其命名为“等级考试 - 外墙”。之后，以标高 1 到标高 2 为墙高，创建半径为 5000mm（以墙核心层内侧为基准）的圆形墙体。最终结果以“墙体”为文件名保存在考生文件夹中。

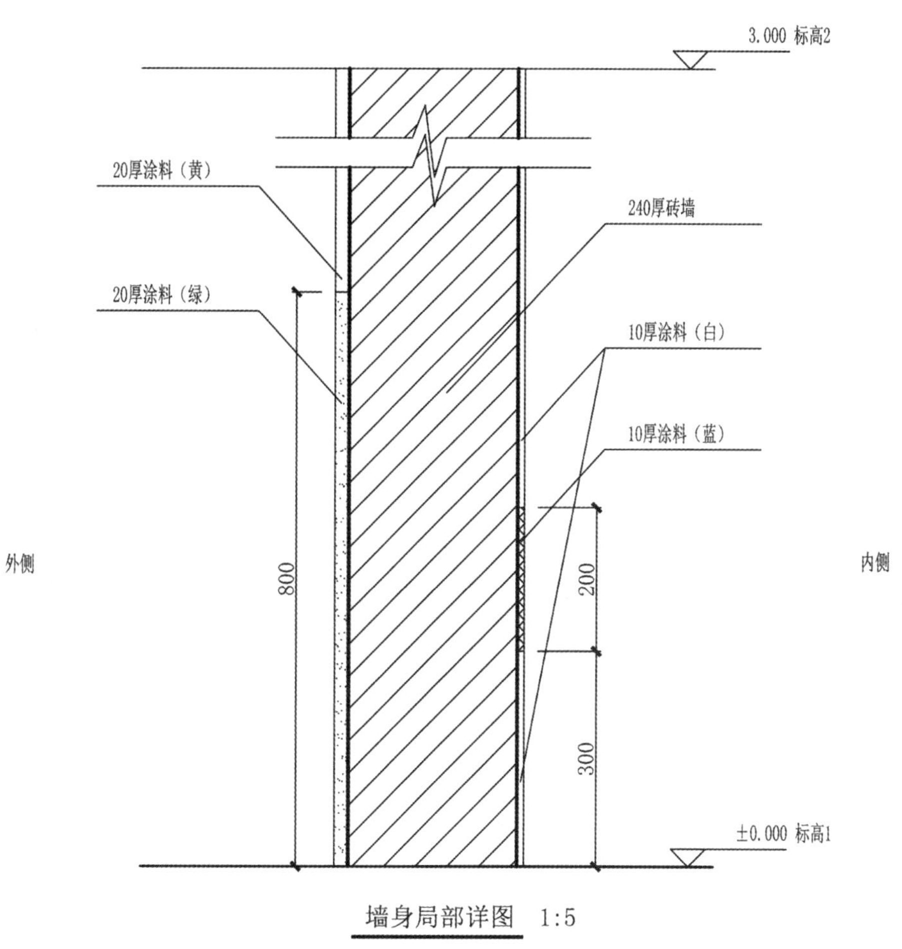

■ 图 5.49 外墙墙身局部详图

【建模思路】

本题考查的是复合墙，通过修改垂直结构的方法将外饰面进行拆分，并且运用“指定层”命令按照题目要求将面层材质指定到拆分的区域，同时要求绘制圆形墙体。

特别提示 ▶▶▶

拆分区域时，注意将出现的“拆分小刀”放置在需要拆分的面层上，若放置在面层之外，会造成拆分不成功的结果。在“编辑部件”状态下时，若按 Esc 键，会造成全部面层都需要重新编辑的情况。

本题建模思路如图 5.50 所示。

■ 图 5.50　第三期第二题“墙体”建模思路

【建模步骤】

步骤一：选择“建筑样板”，新建一个项目在项目浏览器中切换到南立面视图，修改标高 2 高程数值为“3.000”，如图 5.51 所示。

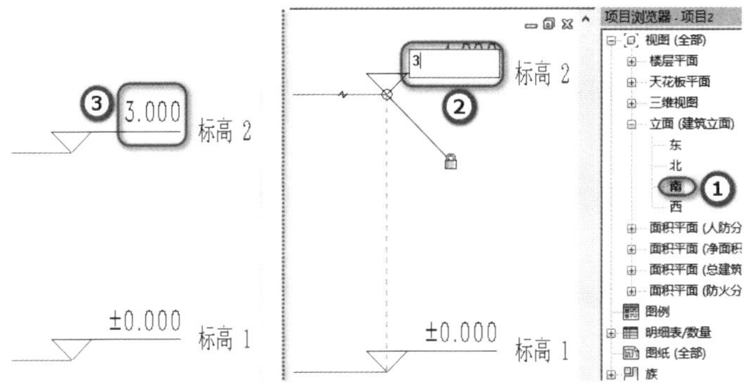

■ 图 5.51　修改标高 2 高程数值为“3.000”

步骤二：切换到“标高 1”楼层平面视图，单击“墙体”下拉列表→“墙：建筑”按钮，选择左侧类型选择器下拉列表墙体类型“常规 -90mm 砖”，在左侧“属性”对话框将“顶部约束”设置为“直到标高：标高 2”，在绘图区域随意绘制一段墙体，如图 5.52 所示。

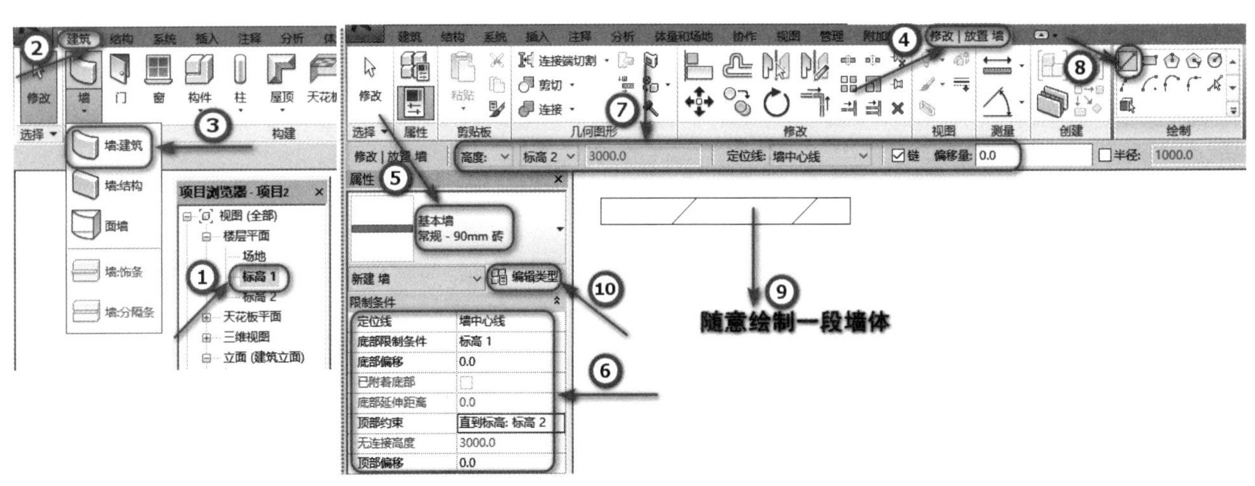

■ 图 5.52　绘制一段墙体

步骤三：单击“编辑类型”按钮，打开“类型属性”对话框，单击“类型属性”对话框中的“结构”参数后的“编辑”按钮，打开“编辑部件”对话框，单击“编辑部件”对话框中的“预览”按钮，将“视图”设置为“剖面：修改类型属性”，同时为了观察方便，将样本高度设置为“3000.0”，如图 5.53 所示。

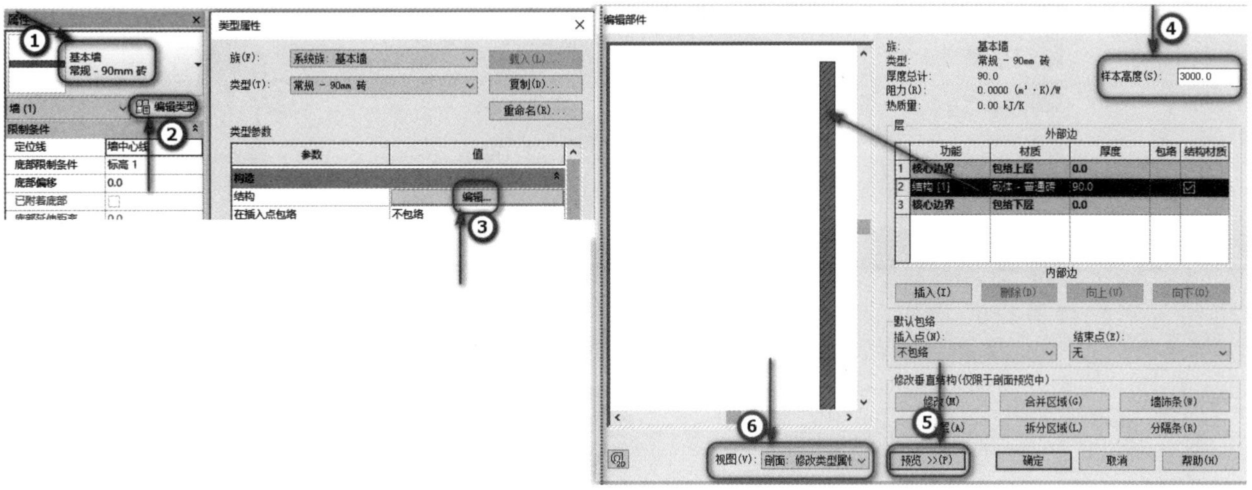

■ 图 5.53 打开“编辑部件”对话框

步骤四：单击结构 [1] 后面的“材质隐藏”按钮，打开“材质浏览器”对话框，在“砌体 - 普通砖 75×225mm”上单击鼠标右键，单击“复制”→“重命名”为“240 厚砖墙”。单击“外观”选项卡→“复制此资源”按钮→“图形”选项卡，选中“使用渲染外观”复选框，如图 5.54 所示。

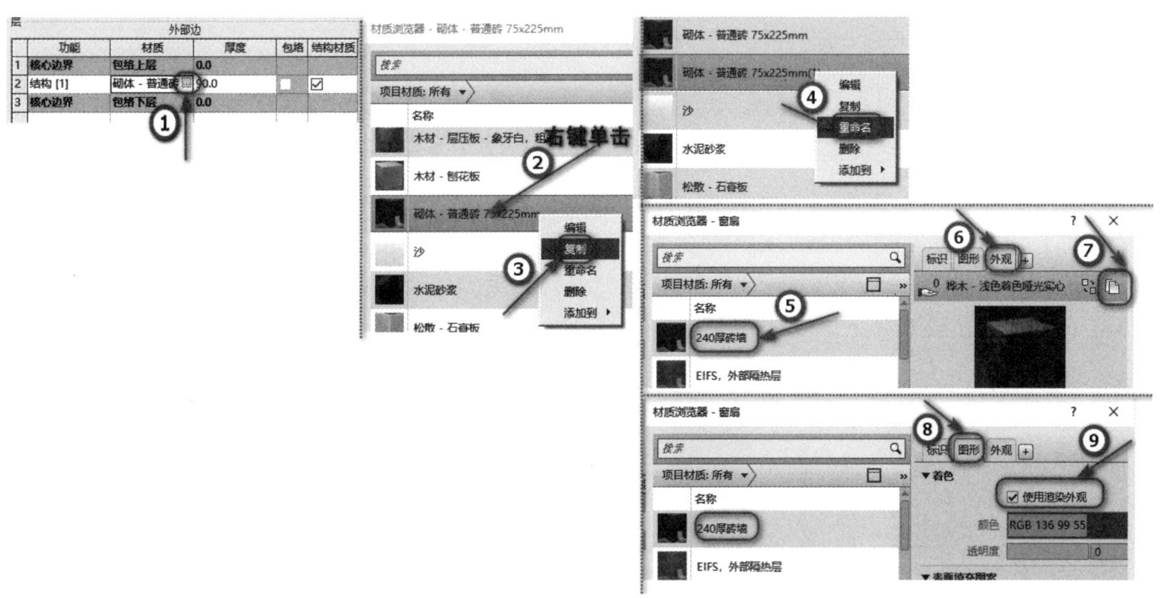

■ 图 5.54 设置材质“240 厚砖墙”

步骤五：单击“图形”选项卡，设置“截面填充图案”为“砌体 - 砖”，单击“确定”按钮，退出“材质浏览器”对话框，将结构 [1]“厚度”设置为“240.0”，单击“确定”按钮，如图 5.55 所示。

步骤六：在外部边插入结构 [1]，将厚度设置为“20.0”，单击结构 [1] 后面的“材质隐藏”按钮，打开“材质浏览器”对话框，在“涂料 - 黄色”上单击鼠标右键，单击“复制”→“重命名”为“20 厚涂料（黄）”。单击“外观”选项卡→“复制此资源”按钮，将颜色设置为黄色。在“图形”选项卡中选中“使用渲染外观”复选框，如图 5.56 所示，单击“确定”按钮，退出“材质浏览器”对话框。

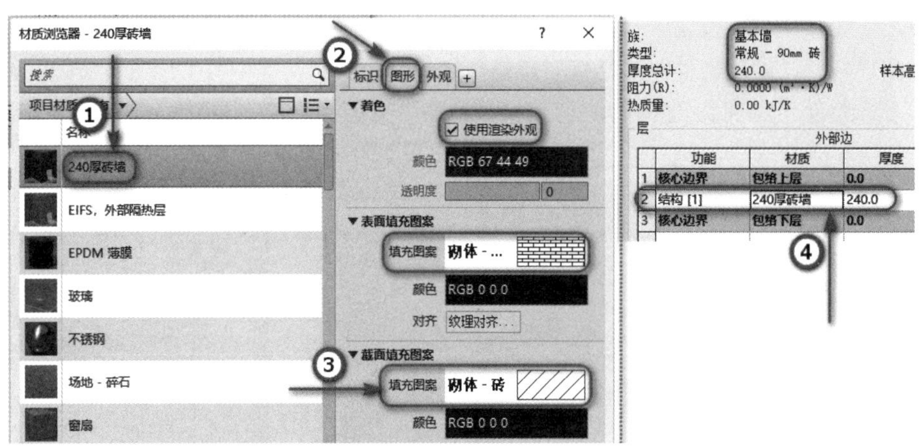

■ 图 5.55　结构 [1]“厚度”设置为“240.0”

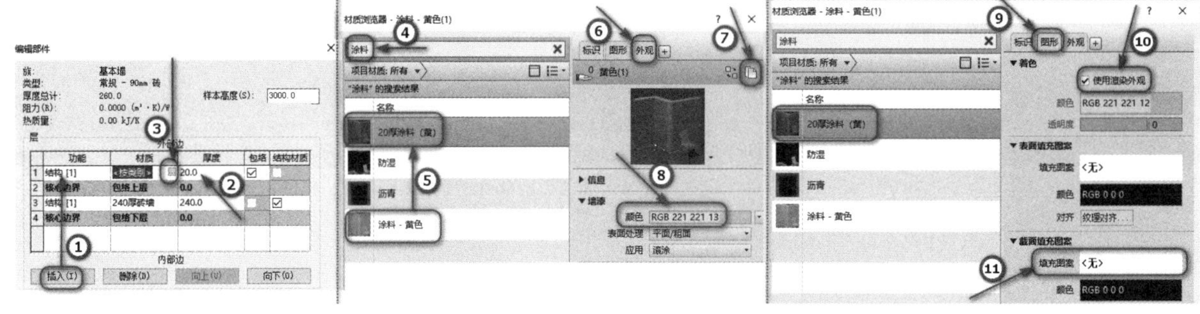

■ 图 5.56　设置材质“20 厚涂料（黄）”

特别提示 ▶▶▶

在新建一种材质后，比如从“涂料－黄色”复制出的“20 厚涂料（黄）”，其继续使用的是“涂料－黄色”外观，必须进行“外观”的复制才能实现修改的是“20 厚涂料（黄）”的外观，否则会直接替换“涂料－黄色”的外观，这就是为什么单击“外观”选项卡→“复制此资源”按钮的原因。

步骤七：设置层 1 结构 [1] 的功能为面层 1[4]。选中层 1 面层 1[4]，单击“修改”按钮，再单击“拆分区域”按钮，在距离墙体底部 800mm 的位置将面层 1[4] 进行拆分，拆分结束后再次单击“修改”按钮结束“拆分区域”命令，则面层 1[4] 的厚度变为“可变”，如图 5.57 所示。

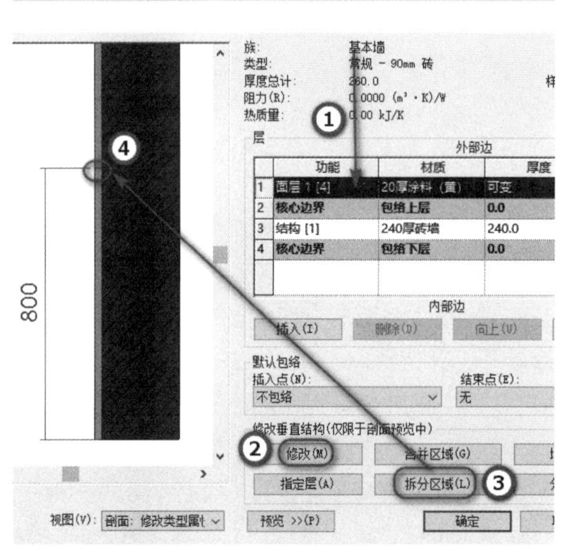

■ 图 5.57　将面层 1[4] 进行拆分

步骤八：继续在面层 1[4] 上部插入面层 1[4]，打开“材质浏览器”对话框，在“20 厚涂料（黄）”上单击鼠标右键，单击“复制”→“重命名”为“20 厚涂料（绿）”，在“外观”选项卡中，单击“复制此资源”按钮，复制一个新的类型，将颜色设置为绿色，在“图形”选项卡中选中“使用渲染外观”复选框，将表面填充图案和截面填充图案均设置为“沙”，单击“确定”按钮退出“材质浏览器”对话框，如图 5.58 所示。

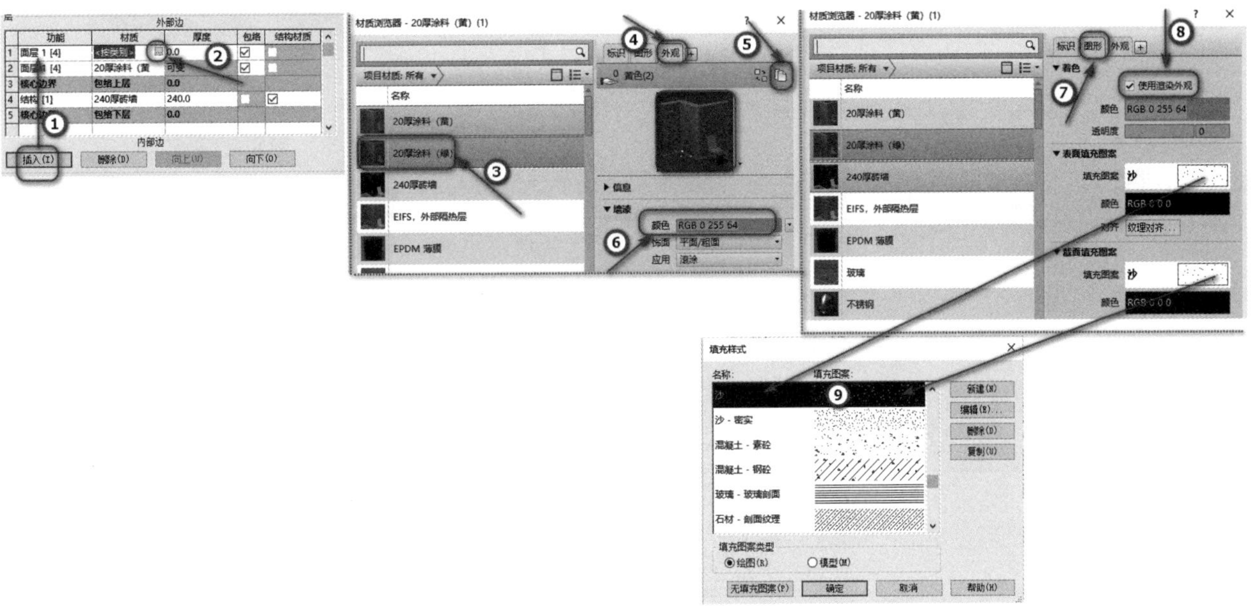

■ 图 5.58　设置材质“20 厚涂料（绿）”

步骤九：在“编辑部件”对话框中，此时最顶部的面层 1[4] 厚度变为“0.0”，顶部第二行面层 1[4] 厚度变为“可变”，选中最顶部的面层 1[4]，单击“指定层”按钮，为最顶部的面层 1[4] 指定层，单击墙体左侧 800mm 的层，则此时最顶部的面层 1[4] 的厚度被指定为“20.0”，如图 5.59 所示。

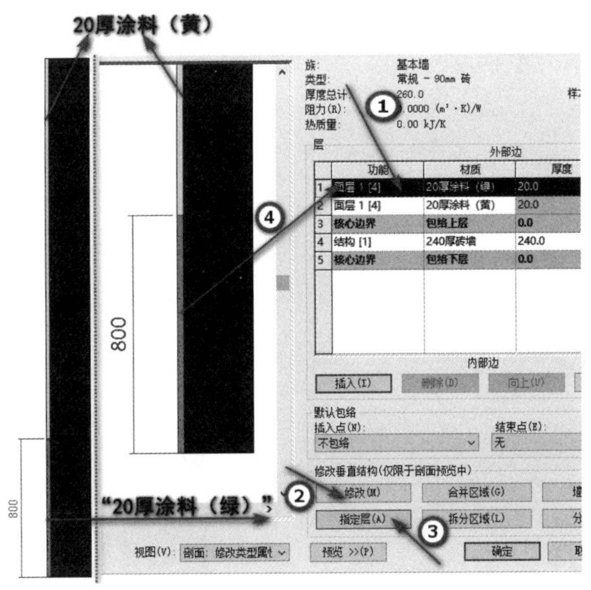

■ 图 5.59　为最顶部的面层 1[4] 指定层

步骤十：单击“插入”按钮，继续在内部边插入面层 2[5]，将厚度设置为“10.0”。单击面层 2[5] 后面的“材质隐藏”按钮，打开“材质浏览器”对话框，在“20 厚涂料（黄）”上单击鼠标右键，单击“复制”→“重命名”为“10 厚涂料（白）”，在“外观”选项卡中，单击“复制此资源”按钮，复制一个新的类型，将颜色设置为白色，在“图形”选项卡中选中“使用渲染外观”复选框，单击“确定”按钮，退出“材质浏览器”对话框回到“编辑部件”对话框，如图 5.60 所示。

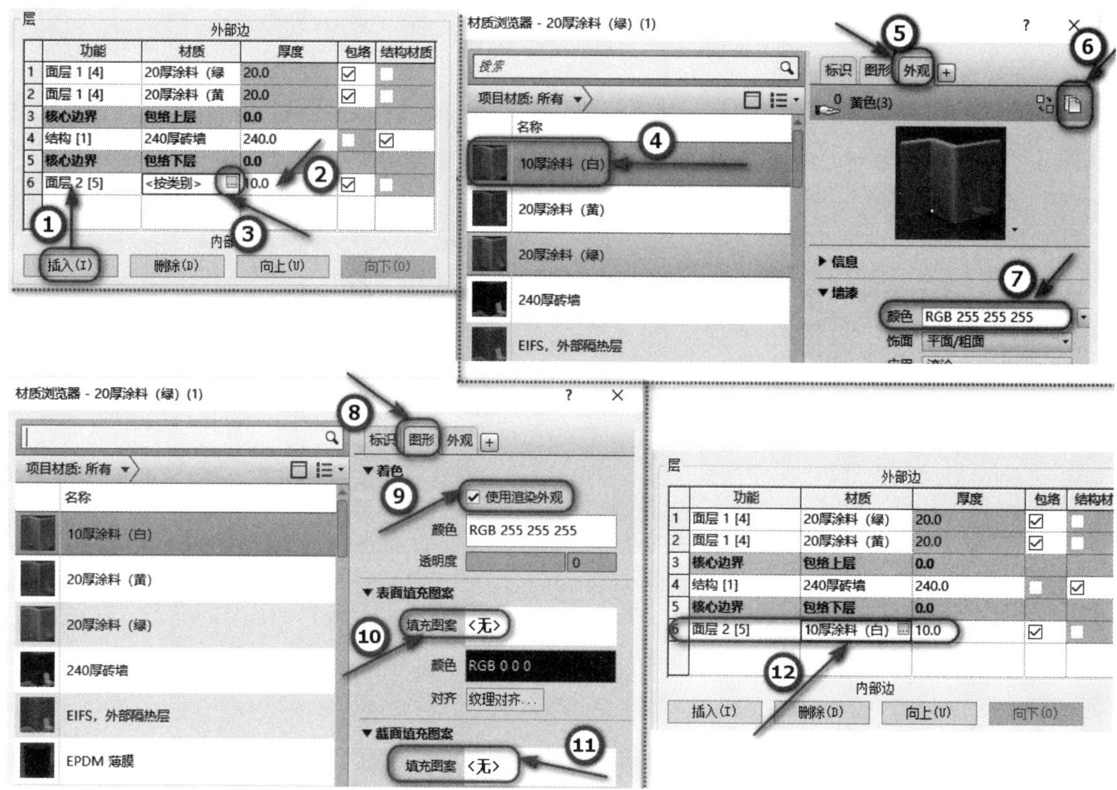

■ 图 5.60　设置材质“10 厚涂料(白)”

步骤十一：选择面层 2[5] 一行，单击“拆分区域”按钮，将面层 2[5] 从墙体底部向上依次拆分为 300mm、200mm，如图 5.61 所示。

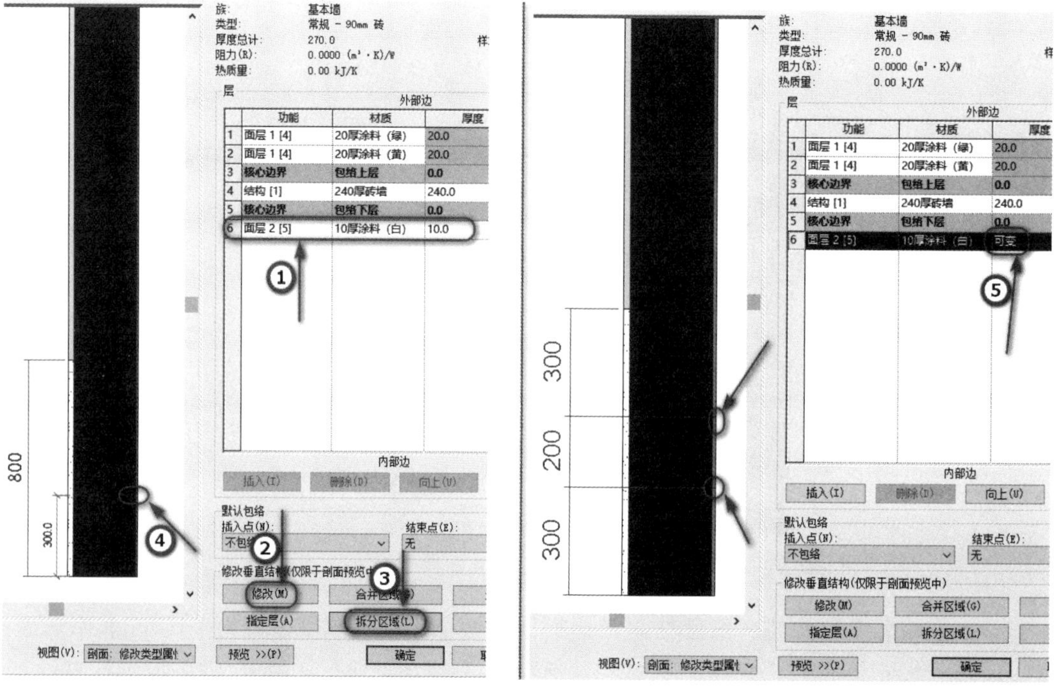

■ 图 5.61　拆分面层 2[5]

步骤十二：单击“修改”按钮，退出“拆分区域”命令；继续在面层 2[5] 下部插入面层 2[5]，单击面层 2[5] 后面的“材质隐藏”按钮，打开“材质浏览器”对话框，在“10 厚涂料（白）”上单击鼠标右键，单击“复制”→“重命名”为“10 厚涂料（蓝）”，在“外观”选项卡中，单击“复制此资源”按钮，复制一个新的类型，将颜色设置为蓝色，在“图形”选项卡中选中“使用渲染外观”复选框，将表面填充图案和截面填充图案均设置为“三角形”，单击“确定”按钮退出“材质浏览器”对话框回到“编辑部件”对话框，如图 5.62 所示。

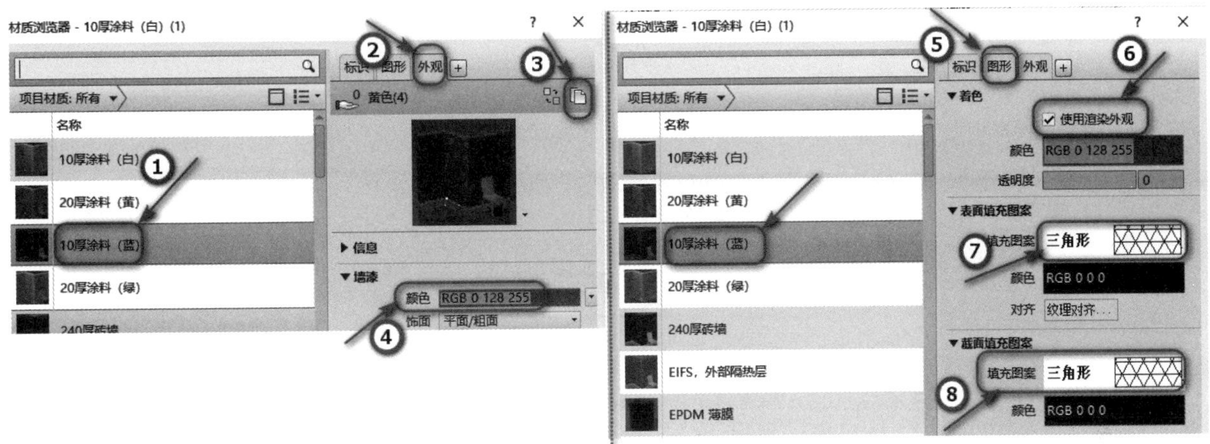

■ 图 5.62　设置材质“10 厚涂料（蓝）”

步骤十三：此时最底部的面层 2[5] 厚度变为“0.0”，底部倒数第二行面层 2[5] 厚度变为“可变”。选中最底部的面层 2[5]，单击“指定层”按钮，为最底部的面层 2[5] 指定层，单击墙体右侧 200mm 的层，则此时最底部的面层 2[5] 的厚度被指定为“10.0”，如图 5.63 所示。

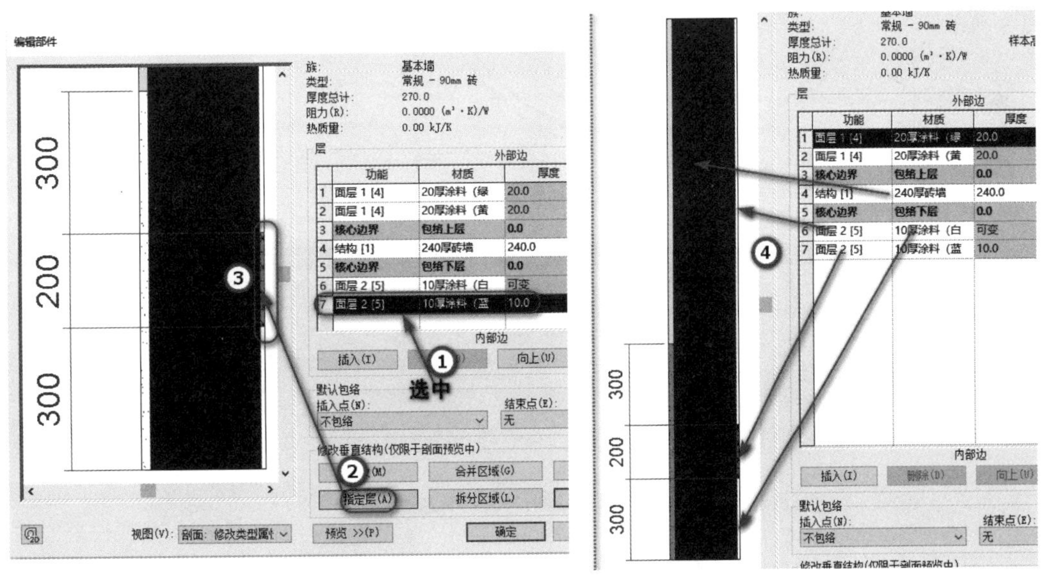

■ 图 5.63　为最底部的面层 2[5] 指定层

步骤十四：绘制参照平面且进行对齐尺寸标注，如图 5.64 所示。

步骤十五：选择左侧类型选择器下拉列表墙体类型为“常规 -90mm 砖”，单击“编辑类型”按钮，打开“类型属性”对话框，复制一个新的墙体类型，名称为“等级考试 - 外墙”，如图 5.65 所示。

步骤十六：在选项栏选择墙体的“定位线”为“核心面：内部”，将“顶部约束”设置为“直到标高：标高 2”，绘制的方式为“圆心 - 半径弧”，以顺时针方向绘制半径为 5000mm 的半圆弧墙体，如图 5.66 所示。

步骤十七：使用镜像工具对半圆弧墙体进行镜像，如图 5.67 所示。

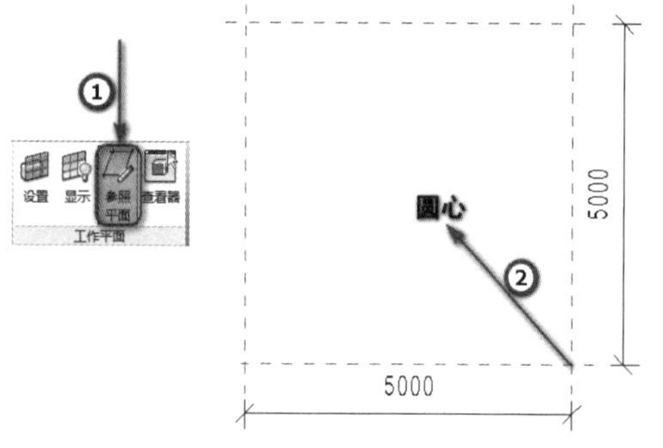

■ 图 5.64　确定圆心

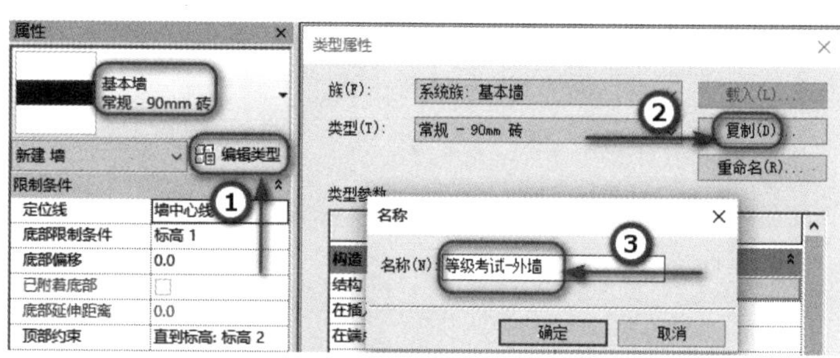

■ 图 5.65　复制一个新的墙体类型

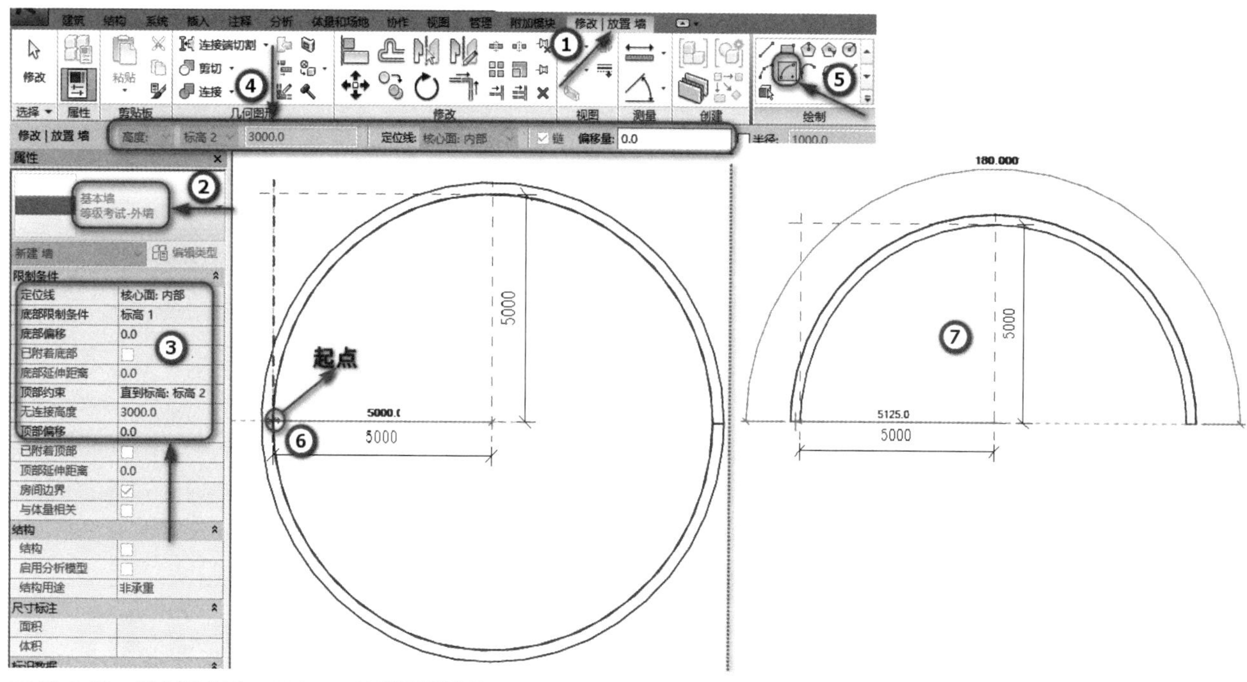

■ 图 5.66　绘制半径为 5000mm 的半圆弧墙体

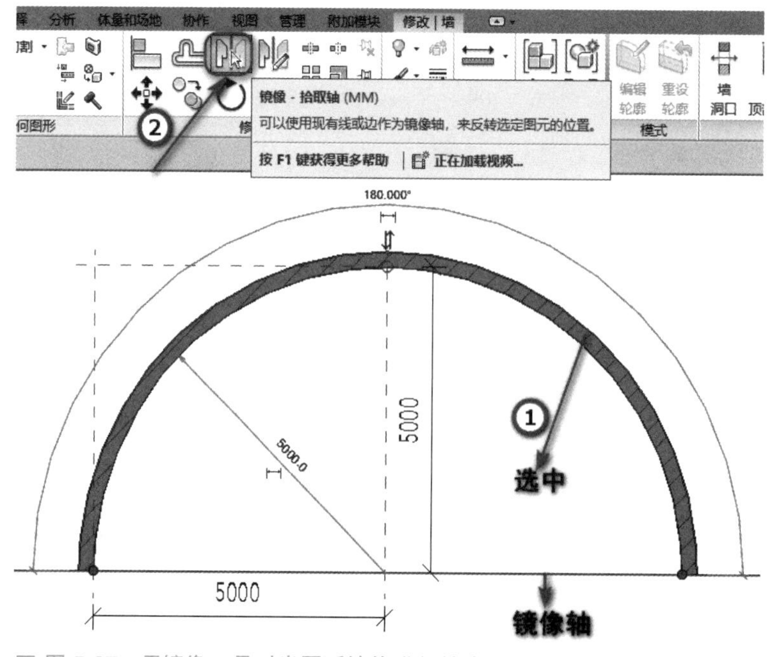

■ 图 5.67　用镜像工具对半圆弧墙体进行镜像

步骤十八：删除参照平面。切换到三维视图，查看墙体模型，如图 5.68 所示。最后将模型文件以“墙体”为文件名保存到考生文件夹中去。

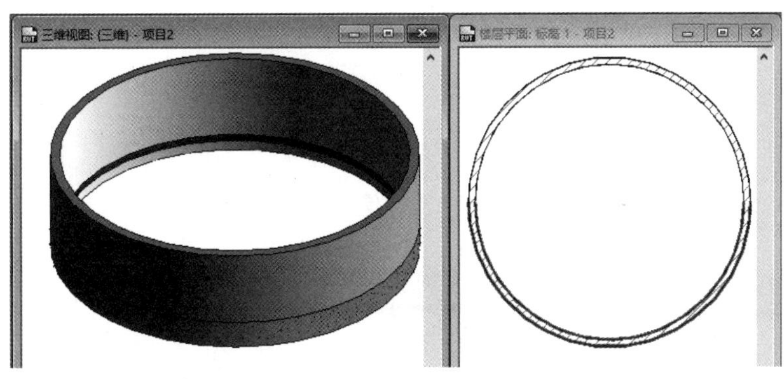

图 5.68　墙体的三维模型和平面图

至此，本题建模结束。

本题墙体为复合墙，主要考察墙体垂直结构材质的拆分和合并，虽然题目不是很难，但是需要考生认真细心操作。

第五节　真题实战演练

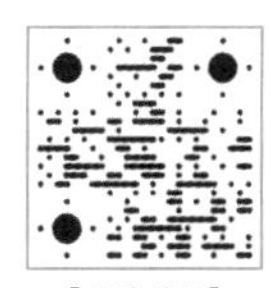

【“墙体”】

真题：建设协会 BIM 技能等级考试初级试题“墙体”

根据图 5.69 中给定的尺寸绘制墙体并标注，墙体高度为 5000mm，墙外侧 2000mm 以下为外挂大理石，2000mm 以上为涂料 - 白。将模型以“墙体”为文件名保存到考生文件夹中。

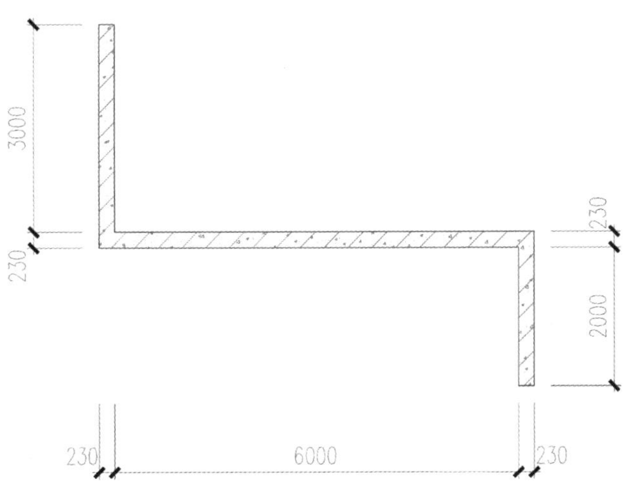

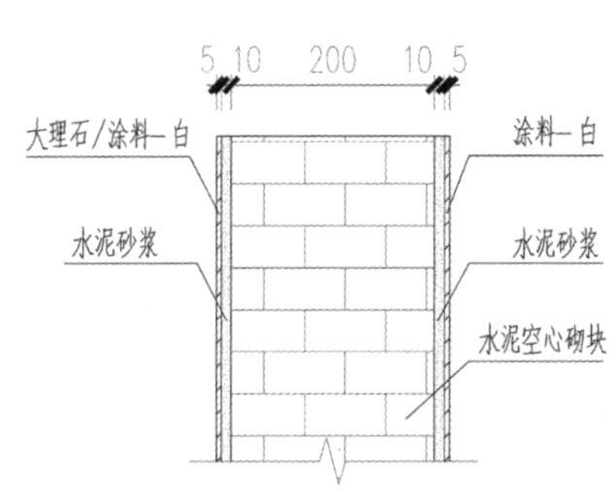

图 5.69　墙体

幕 墙 和 门 窗

思维导图

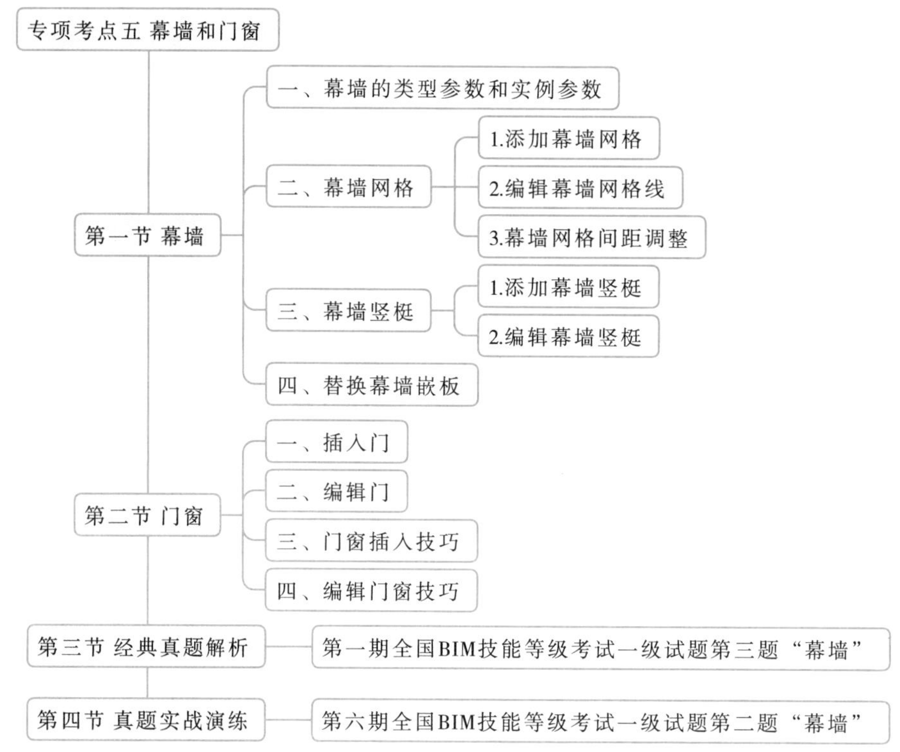

幕墙是建筑的外墙围护，不承重，像帷幕一样挂上去，故又称“帷幕墙”，由幕墙网格、竖梃和幕墙嵌板组成。幕墙嵌板是构成幕墙的基本单元，幕墙由一块或者几块幕墙嵌板组成；幕墙嵌板的大小、数量由划分幕墙的幕墙网格决定。幕墙竖梃即幕墙龙骨，是沿幕墙网格生成的线性构件。当删除幕墙网格时，依赖于该网格的竖梃也将同时被删除。

门窗是模型中重要的组成部分，在Revit中门窗不能单独绘制，它们是基于墙体放置的，删除墙体，门窗也随之被删除，墙体洞口自动闭合。此外，定义新门窗类型可先“复制”再通过修改类型参数，如门窗的宽、高和材质等，从而形成新的门窗类型。

通过本章的学习，要熟练掌握幕墙的创建方法，并且熟练掌握门窗的选择、参数的修改，达到快速放置门窗的效果。

专项考点数据统计

专项考点幕墙和门窗数据统计表

期数	题目	题目数量	难易程度	备注
第一期	第三题“幕墙”	1	中等	
第六期	第二题“幕墙”	1	中等	

说明：16期考试中，专项考点幕墙和门窗的题目仅考过2道。幕墙和门窗属于建筑的主要模型构件，对于幕墙和门窗，尤其是门窗的考查渗透在最后一道综合建模大题中，请读者注意。此外有时幕墙会与体量结合起来一起考查。

第一节　幕墙

玻璃幕墙默认有三种类型，即幕墙、外部玻璃、店面，如图 6.1 所示。

幕墙：一整块玻璃，没有预先划分网格，做弯曲的幕墙时显示直的幕墙，只有添加网格后才会弯曲，创建出的幕墙是一整片玻璃。

外部玻璃：外部玻璃有预先划分网格，网格间距比较大，网格间距可调整。可创建弧形幕墙。

店面：店面也有预先划分网格，网格间距比较小，网格间距可以调整。可创建弧形幕墙。

幕墙由幕墙竖梃、幕墙嵌板和幕墙网格三个部分组成，如图 6.2 所示。

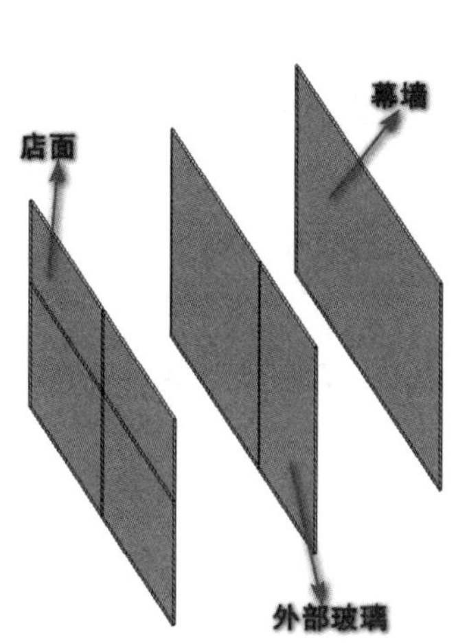

■ 图 6.1　幕墙的三种类型

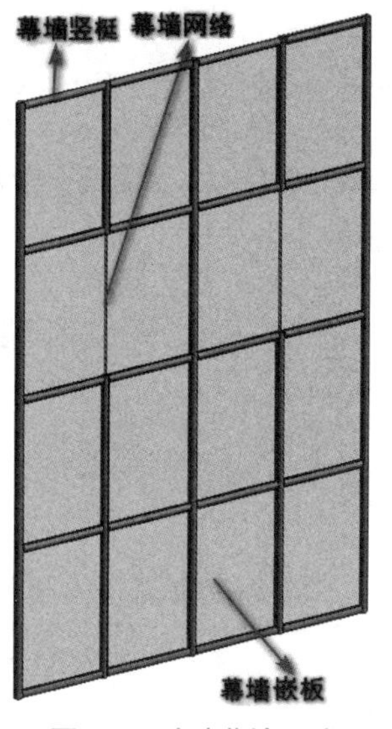

■ 图 6.2　玻璃幕墙组成

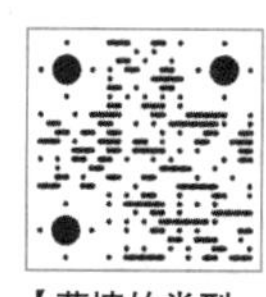

【幕墙的类型、组成】

幕墙竖梃：为幕墙龙骨，是沿幕墙网格生成的线性构件，可编辑其轮廓。

幕墙嵌板：是构成幕墙的基本单元。

幕墙网格：决定幕墙嵌板的大小、数量。

在 Revit 中，玻璃幕墙是一种墙类型，可以像绘制基本墙一样绘制幕墙。单击“建筑”选项卡“构建”面板“墙”下拉列表“墙：建筑”按钮，在墙体类型选择器下拉列表中选择幕墙类型，如图 6.3 所示。

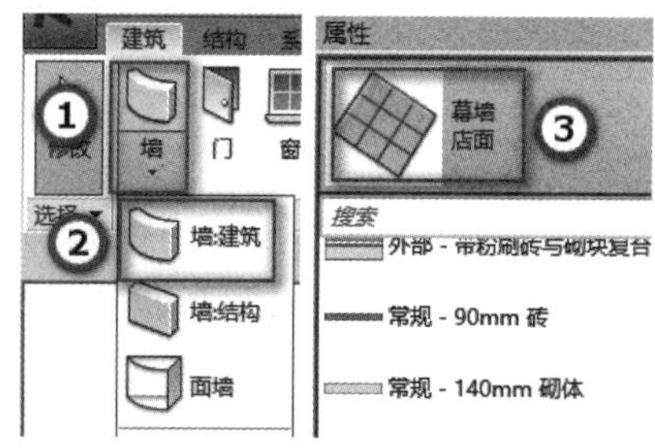

■ 图 6.3　绘制玻璃幕墙

一、幕墙的类型参数和实例参数

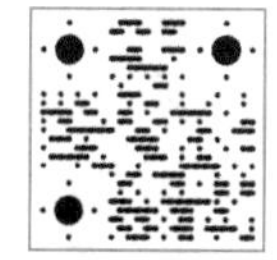

【幕墙的类型参数概述】

幕墙的绘制方式和墙体绘制相同，但是幕墙比普通墙多了部分参数的设置。

1. 类型参数

绘制幕墙前，单击“编辑类型”按钮，在弹出的“类型属性”对话中设置幕墙参数，如图 6.4 所示。主要需要设置“构造”“垂直网格”“水平网格”“垂直竖梃”和“水平竖梃”几大参数。“复制”和“重命名”的使用方式和其他构件一致，可用于创建新的幕墙及对幕墙重命名。

（1）构造：主要用于设置幕墙的嵌入和连接方式。选中“自动嵌入”，则在普通墙体上绘制的幕墙会自动剪切墙体；单击“幕墙嵌板”后“无”中的下拉框，可选择绘制幕墙的默认嵌板，一般幕墙的默认选择为“系统嵌板：玻璃”，如图 6.5 所示。

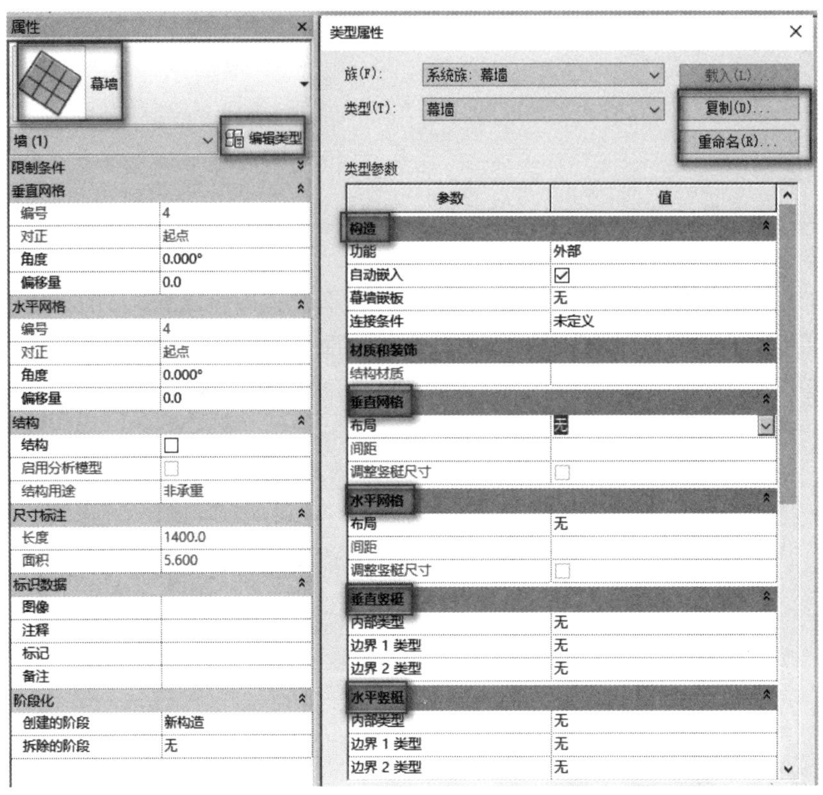

■ 图 6.4　幕墙的类型参数和实例参数

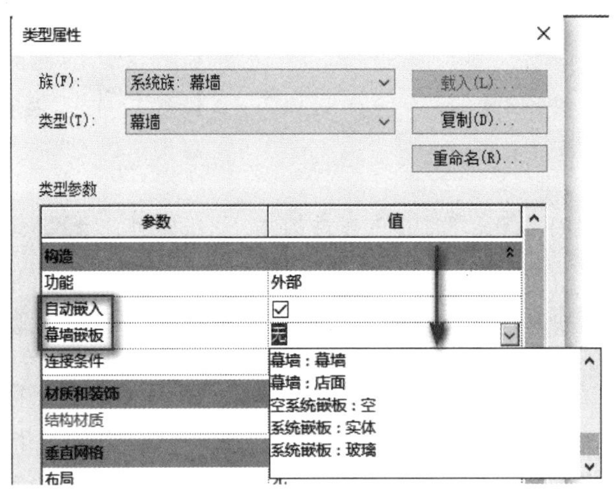

■ 图 6.5　“构造”参数

（2）垂直网格与水平网格：用于分割幕墙表面，用于整体分割或局部细分幕墙嵌板。根据其“布局方式”可分为“无”“固定数量”“固定距离”“最大间距”和“最小间距”五种方式。

① 无：绘制的幕墙没有网格线，可在绘制完幕墙后，在幕墙上添加网格线。

② 固定数量：不能编辑幕墙“间距”选项，可直接利用幕墙“属性”对话框中的“编号”来设置幕墙网格数量（即需要跟实例属性联系起来）。

③ 固定距离、最大间距、最小间距：三种方式均是通过“间距”来设置。绘制幕墙时，多用“固定数量”与“固定距离”两种。

（3）垂直竖梃与水平竖梃：设置的竖梃样式会自动在幕墙网格上添加，如果该处没有网格线，则该处不会生成竖梃。

具体设置类型参数的步骤如下。

步骤一：将垂直网格的布局设置为“固定距离”，间距设置为“1500.0”，单击“确定”按钮。同时在“属性”对话框中将垂直网格对正的方式设置为“起点”，结果如图 6.6 所示。

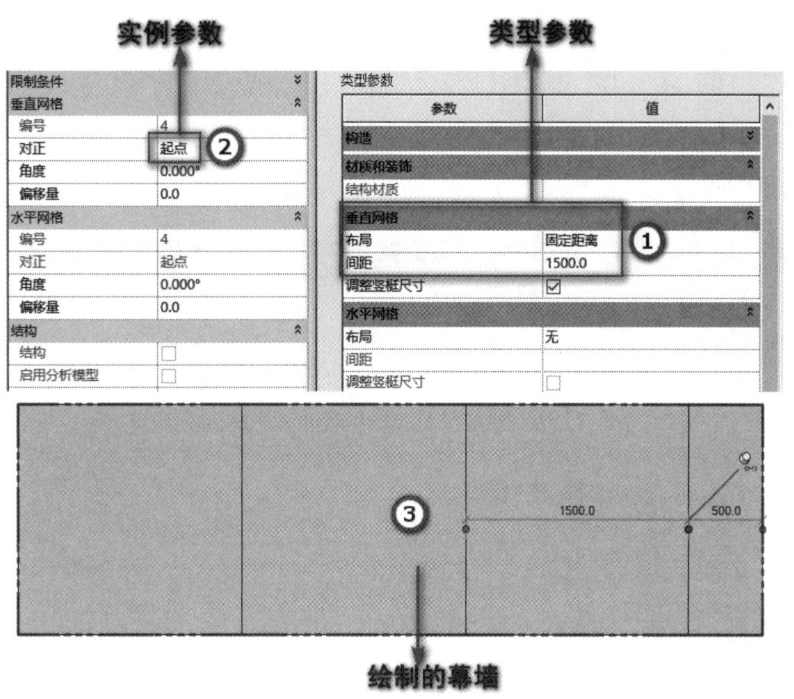

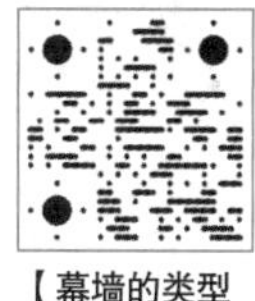

【幕墙的类型参数设置】

■ 图 6.6　设置垂直网格的布局

特别提示 ▶▶▶

绘制幕墙是从左向右绘制的，左侧为起点，右侧为终点。此图是按照固定距离从左向右排列的，所以不满足 1500mm 的网格会排列在终点的位置。如果将垂直网格对正的方式设为“中心”，网格会在中心的部分按 1500mm 排列，不足 1500mm 的部分均分到两侧。同理，将垂直网格对正的方式设为“终点”，1500mm 的网格会从尾端向起点的方向进行排列，起点的位置变为 1000mm。幕墙的固定距离属于类型属性，但是在幕墙里划分网格是实例属性。

步骤二：选中幕墙，在“属性”对话框中将垂直网格的角度设置为“30.000°”，垂直网格会向逆时针方向旋转 30°，如图 6.7 所示。

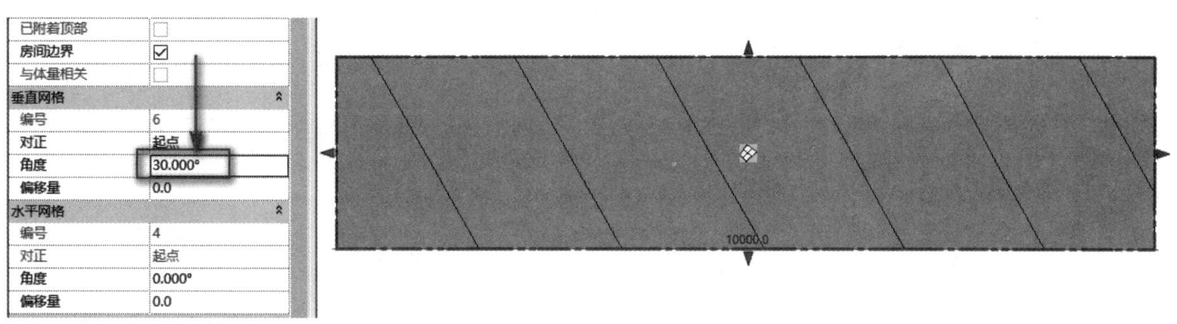

■ 图 6.7　将垂直网格的角度设置为“30.000°”

步骤三：选中幕墙，在“属性”对话框中将偏移量设为“200.0”，角度设为“0.000°”，网格会从起始的位置向右偏移 200mm 以后开始按 1500mm 的距离向右排列，同时最右侧的网格距离变为 800mm，如图 6.8 所示。

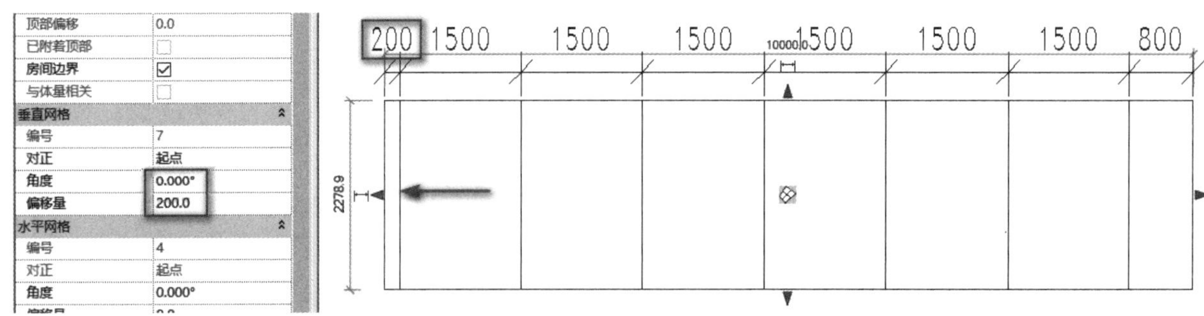

■ 图 6.8 设置垂直网格偏移

步骤四：选中幕墙，单击“属性”对话框中“编辑类型”按钮，在弹出的“类型属性”对话框中，将垂直网格的布局方式改为“固定数量”，单击“确定”按钮。在“属性”对话框中将垂直网格的编号改为“7”，偏移量设为“0.0”，如图 6.9 所示。

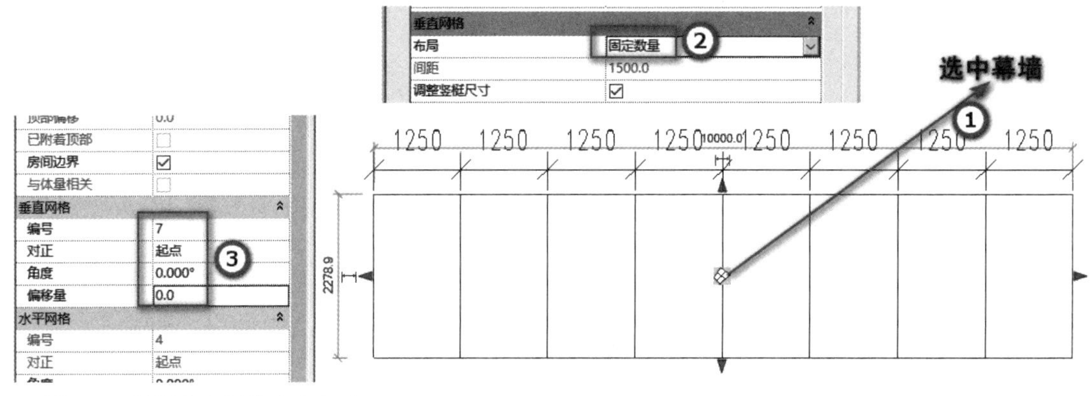

■ 图 6.9 设置垂直网格布局方式

特别提示 ▶▶▶

垂直网格在进行分割时，指的并不是嵌板数量，而是网格的数量。编号是相对于垂直网格的，指的是内部网格的编号，所以在修改编号时内部网格是随着编号的变化而变化的，幕墙网格最左侧和最右侧的网格不参加计数。当在“类型属性”对话框中将垂直网格布局的方式设置为“最大间距”时，无论幕墙的长度是多少，幕墙网格始终保持所有长度均分，均分的距离执行的标准是尽量接近 1500mm，但是不超过 1500mm。当幕墙的长度越长时，网格的间距划分得越均匀，长度越接近 1500mm。当垂直网格布局的方式为“最小间距”时，幕墙网格按照总长度进行均分，均分以后的距离接近 1500mm，但是不小于 1500mm。

步骤五：选中幕墙，单击“属性”对话框中“编辑类型”按钮，在弹出的“类型属性”对话框中，将水平网格布局的方式设置为“固定距离”，间距设置为“1500.0”，单击“确定”按钮退出“类型属性”对话框，则幕墙网格从下开始按 1500mm 向上排布，不足 1500mm 的网格排布在最上侧，如图 6.10 所示。

小贴士 ▶▶▶

在“属性”对话框中，水平网格对正的方式为“起点”，墙体从底部开始计算起点。

步骤六：选中幕墙，可以拖动控制柄改变幕墙的高度，但 Revit 不允许将最上方的控制柄拖到起点以下。在高度变化过程中，因为幕墙网格的距离是固定的，所以只是将不满足 1500mm 的网格放到了最上面。同理，将水平网格对齐的方式改为“终点”，网格会从上到下进行 1500mm 均分。水平网格也有“中心”的对齐方式，即按照整个墙高度的中心开始向两侧均分，当然水平网格同样有角度、偏移量的属性。

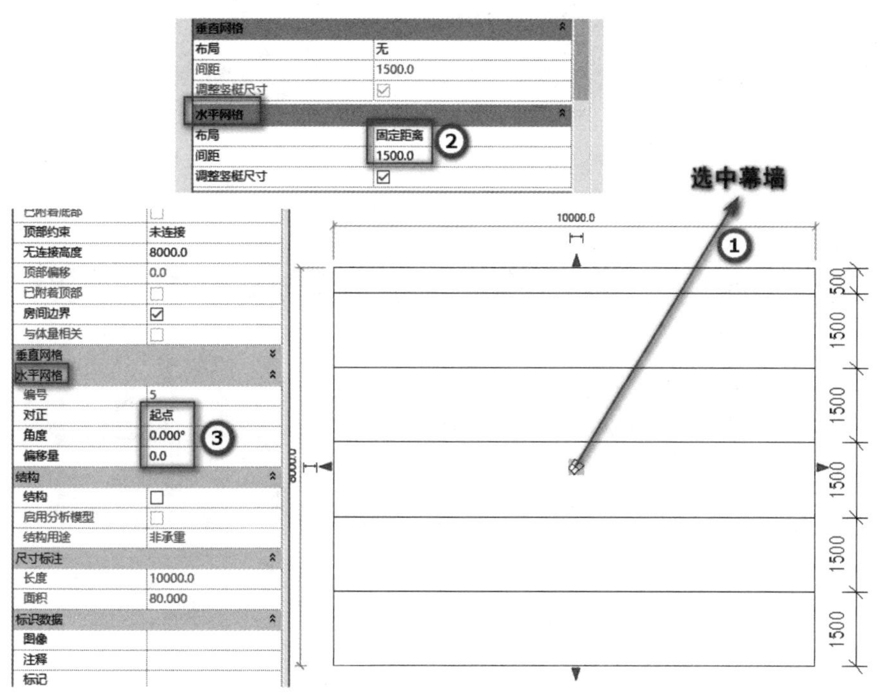
■ 图 6.10　设置水平网格布局方式

步骤七：选中幕墙，打开“类型属性”对话框，将垂直网格的布局设置为“固定距离”，间距设置为“1500.0”，将水平网格布局的方式设置为“固定距离”，间距设置为“1500.0”；将垂直竖梃的内部类型设置为“圆形竖梃：50mm 半径”，边界 1 类型设置为“矩形竖梃：50×150mm”，边界 2 类型设置为“无”；将水平竖梃的内部类型设置为“圆形竖梃：50mm 半径”，边界 1 类型设置为“无”，边界 2 类型设置为“矩形竖梃：50×150mm”；将连接条件设置为“边界和水平网格连续”，边界和水平网格连续，垂直网格被打断（打断也可以根据具体的需要进行手动修改），过程和结果如图 6.11 和图 6.12 所示。

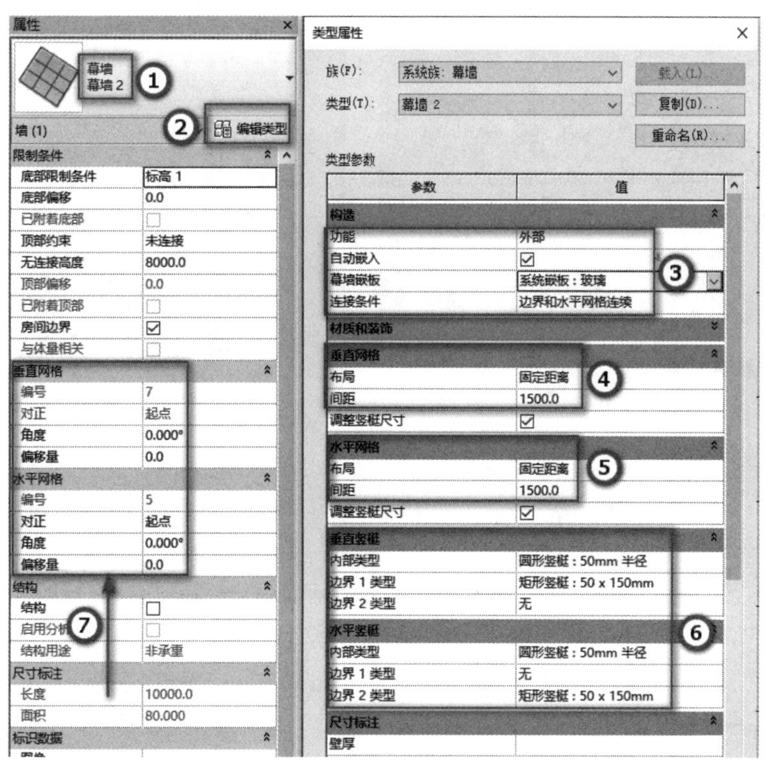
■ 图 6.11　设置实例参数和类型参数

2. 实例参数

玻璃幕墙的实例属性与普通墙类似，只是多了垂直 / 水平网格样式，如图 6.11 所示。编号只有网格样式设置成“固定数量”时才能被激活，编号值即等于网格数。

因为玻璃幕墙属于墙的一种类型，所以同样可以像基本墙一样任意编辑其轮廓。选择幕墙，进入“修改 | 墙”上下文选项卡，单击“模式”面板“编辑轮廓”按钮，开始编辑其立面轮廓，如图 6.13 所示。

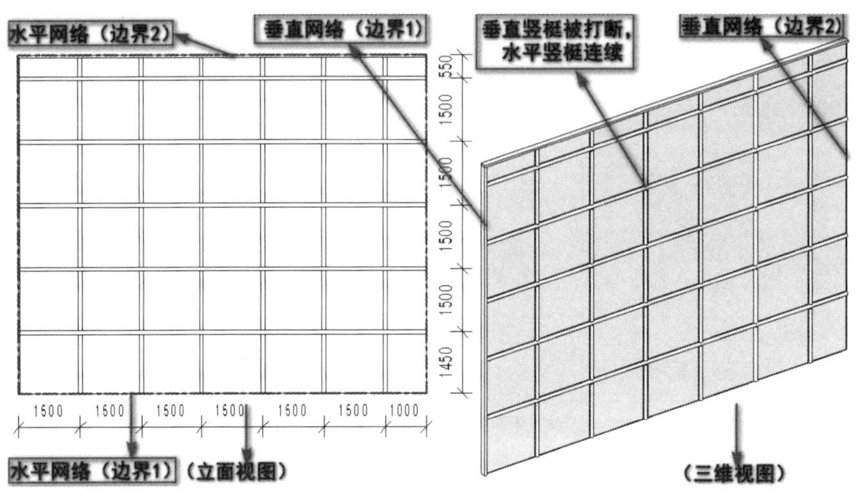

■ 图 6.12　创建的幕墙

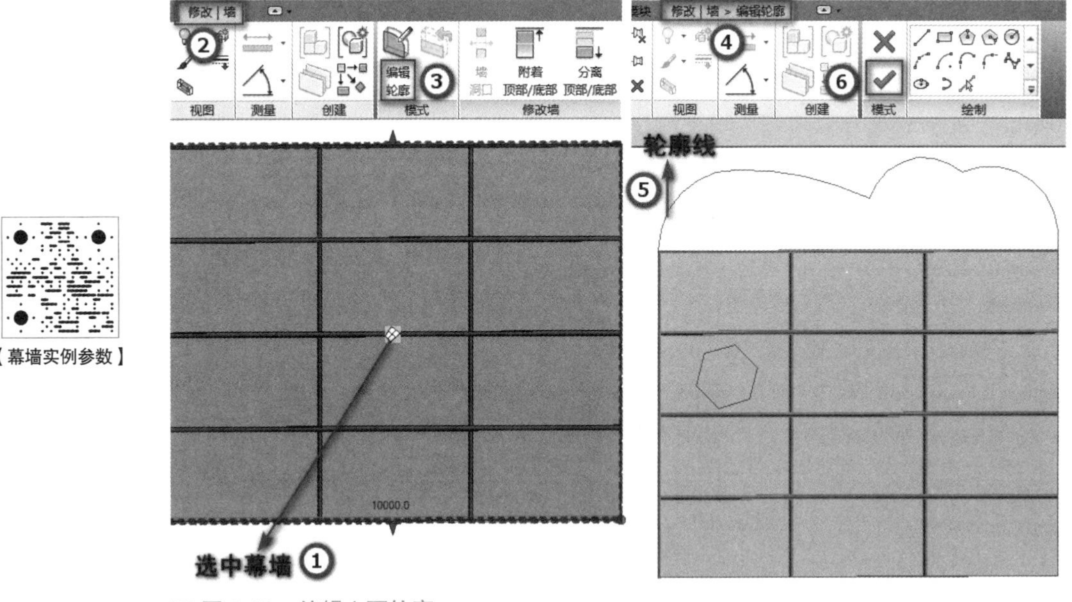

■ 图 6.13　编辑立面轮廓

【幕墙实例参数】

二、幕墙网格

1. 添加幕墙网格

通常按规则自动布置了网格的幕墙，同样需要手动添加网格细分幕墙。对已有的幕墙网格也可以手动添加或删除。Revit 中有专门的幕墙网格功能，用来创建不规则的幕墙网格。

单击“建筑”选项卡→“构建”面板→“幕墙网格”按钮，进入“修改 | 放置 幕墙网格”选项卡，默认设置为“全部分段”，将光标移至幕墙上，出现垂直或水平虚线，单击即可放置幕墙网格，可以整体分割或局部细分幕墙。添加幕墙网格有三种方式，分别是“全部分段”“一段”“除拾取外的全部”，如图 6.14 所示。

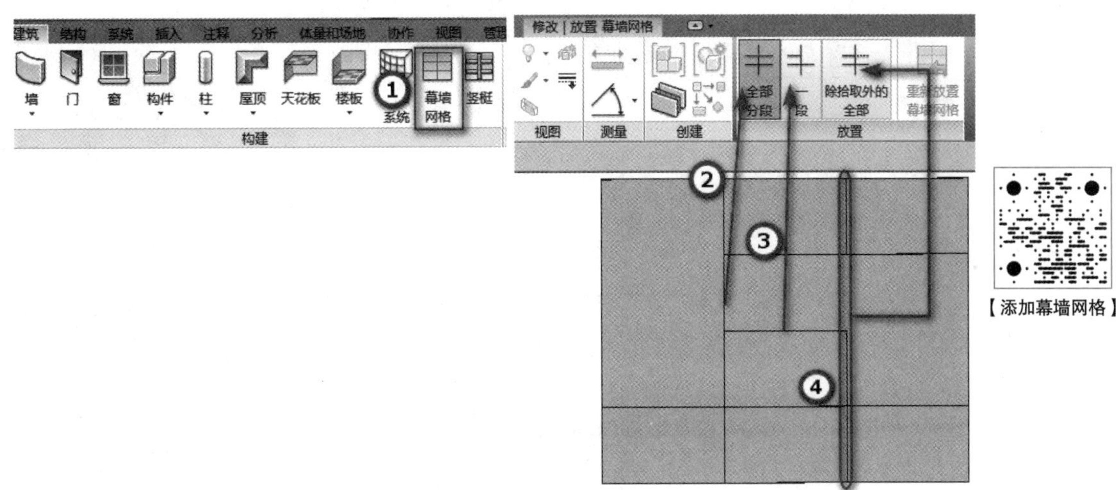

■ 图 6.14　添加幕墙网格

（1）全部分段：单击添加整条网格线。

（2）一段：单击添加一段网格线细分嵌板。

（3）除拾取外的全部：单击先添加一条红色的整条网格线，再单击某段删除，其余的嵌板添加网格线。

【编辑幕墙网格线】

2. 编辑幕墙网格线

选中放置好的网格线（一般需要通过键盘 Tab 键循环切换进行选择），单击“修改 | 幕墙网格”选项卡→“幕墙网格”面板→“添加 / 删除线段”按钮，如图 6.15 所示。单击需要删除的网格即可删除。反之，在某段缺少网格的位置单击，即可添加网格。

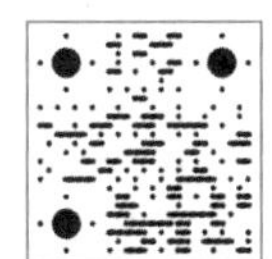

【幕墙网格间距调整】

3. 幕墙网格间距调整

可以通过手动调整幕墙网格间距。选择幕墙网格（按 Tab 键切换选择），单击开锁标记可修改网格临时尺寸数值，如图 6.16 所示。

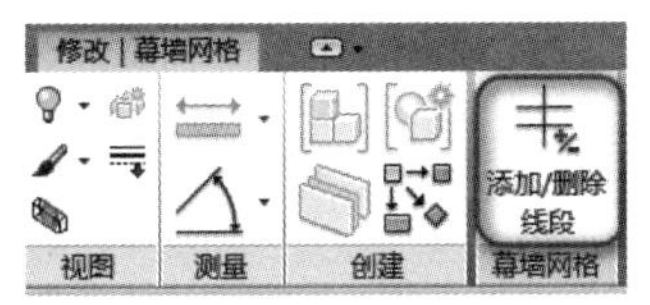

■ 图 6.15　“添加 / 删除线段”按钮

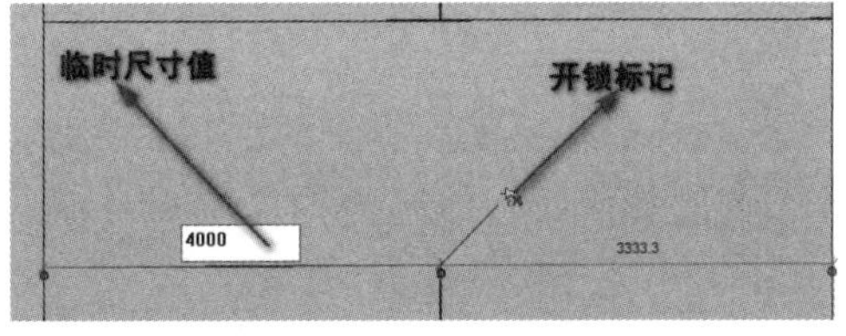

■ 图 6.16　幕墙网格间距调整

三、幕墙竖梃

1. 添加幕墙竖梃

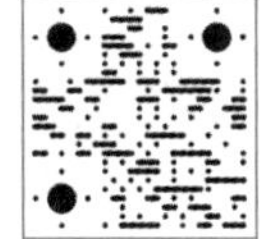

【幕墙竖梃】

幕墙网格创建后即可为幕墙创建个性化的幕墙竖梃。和幕墙网格一样，添加竖梃也有三个选项，即网格线、单段网格线、全部网格线，如图 6.17 所示。

（1）网格线：单击网格线添加整条竖梃。

（2）单段网格线：单击某段网格线添加一段竖梃。

（3）全部网格线：为全部空网格添加竖梃。

选择“建筑”选项卡，单击“竖梃”按钮，自动跳转到“修改 | 放置 竖梃”选项卡，且默认选择“网格线”，单击需要添加竖梃的网格线，即可创建竖梃。

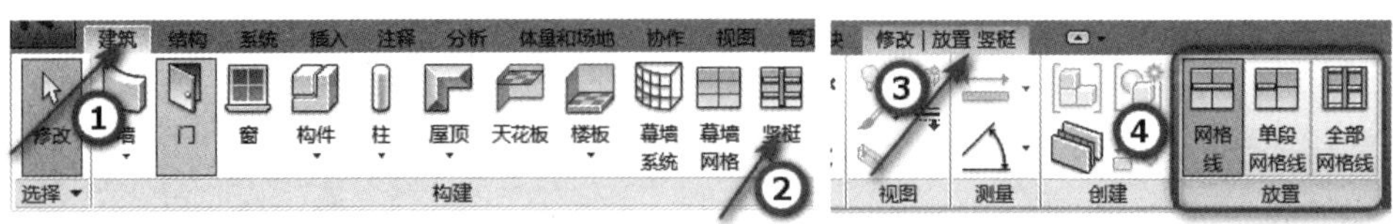

■ 图 6.17　添加幕墙竖梃按钮

2. 编辑幕墙竖梃

单击任一相交的竖梃，其自动跳转到“修改 | 幕墙竖梃”选项卡，“竖梃”面板中出现“结合”和“打断”两个按钮。单击“结合”或者“打断”按钮，即可切换水平竖梃与垂直竖梃间的连接顺序，如图 6.18 所示。

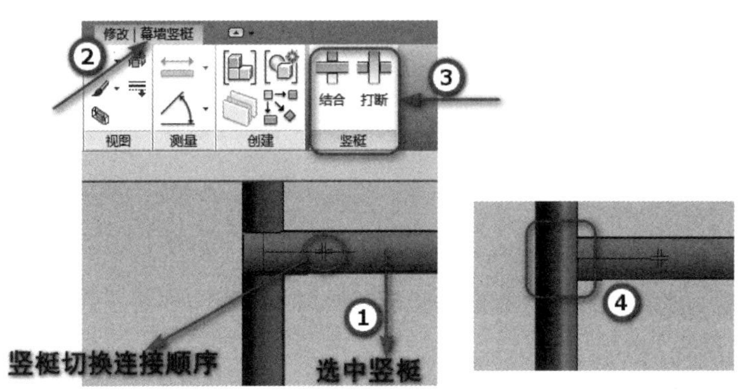

■ 图 6.18　编辑幕墙竖梃

四、替换幕墙嵌板

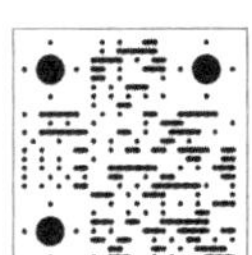
【替换幕墙嵌板】

在 Revit 中默认的幕墙嵌板为玻璃嵌板，可以将幕墙玻璃嵌板替换成门、窗、墙体、空嵌板等，实现想要的效果。

移动光标到要替换的幕墙嵌板边缘旁，使用 Tab 键切换预选择的幕墙嵌板（注意看屏幕左下方的状态栏），选中幕墙嵌板后自动激活“修改 | 幕墙嵌板”选项卡。单击“属性”对话框中的“编辑类型”按钮，弹出“类型属性”对话框，可在“族”下拉列表框中直接替换现有幕墙窗或门，或单击“载入”按钮从库中载入，用这种方法可以在幕墙上开门或开窗。

当需要载入门窗嵌板族时，单击“载入”按钮，在软件自带的族库“建筑 / 幕墙 / 门窗嵌板”下选择所需门窗嵌板族文件，载入到项目中。

再学一招 ▶▶▶

可以将幕墙玻璃嵌板替换为门或窗（必须使用带有“幕墙”字样的门窗族来替换，此类门窗族是使用幕墙嵌板的族样板来制作的，与常规门窗族不同）。

第二节　门窗

门是基于主体的构件，可以添加到任何类型的墙内。可以在平面视图、剖面视图、立面视图或三维视图中添加门。窗也是基于主体的构件，可以添加到任何类型的墙内（天窗可以添加到内建屋顶）。因插入窗和编辑窗的方法与插入门和编辑门完全一样，下面以门为例进行详细讲解。

一、插入门

插入门的方法即选择要添加的门类型，然后指定门在墙上的位置，Revit 将自动剪切洞口并放置门。具体步骤如下。

步骤一：将视图切换至“标高 1”楼层平面视图。单击“建筑”选项卡“构建”面板中的“门”按钮（快捷键 DR），打开如图 6.19 所示的“修改 | 放置 门”选项卡。激活“标记”面板“在放置时进行标记”按钮以便对门进行自动标记，如果要引入标记引线，选项栏选中“引线”并指定长度。

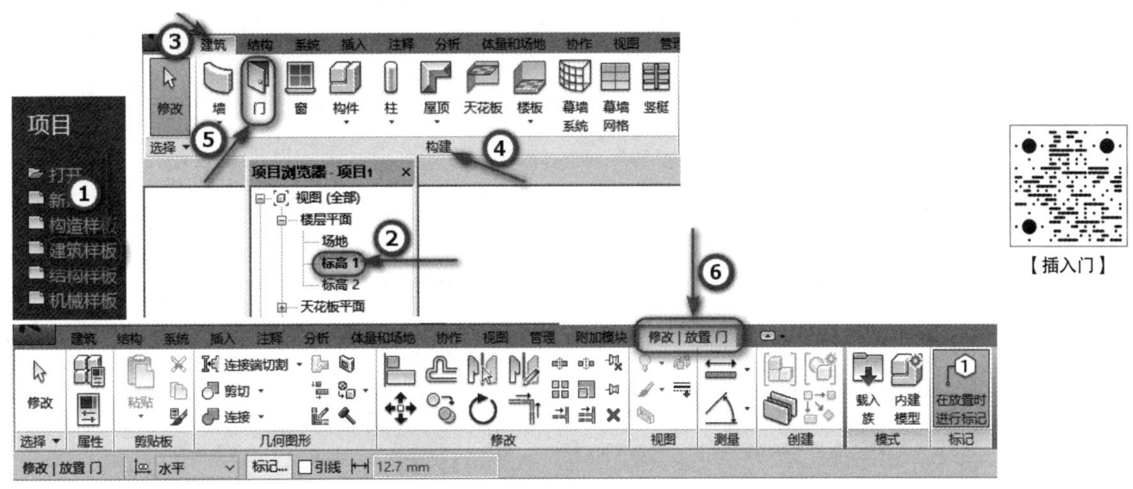

【插入门】

■ 图 6.19 “修改 | 放置 门”上下文选项卡

步骤二：任意绘制两段墙体。在“属性”对话框中，类型选择器下拉列表选择“单扇 - 与墙齐 750x2000mm”，将光标移到墙上以显示门的预览图像，此时会出现门与周围墙体距离的蓝色相对尺寸，这样可以通过相对尺寸大致捕捉门的位置。默认情况下，临时尺寸标注指示从门中心线到最近垂直墙的墙表面的距离，如图 6.20 所示。

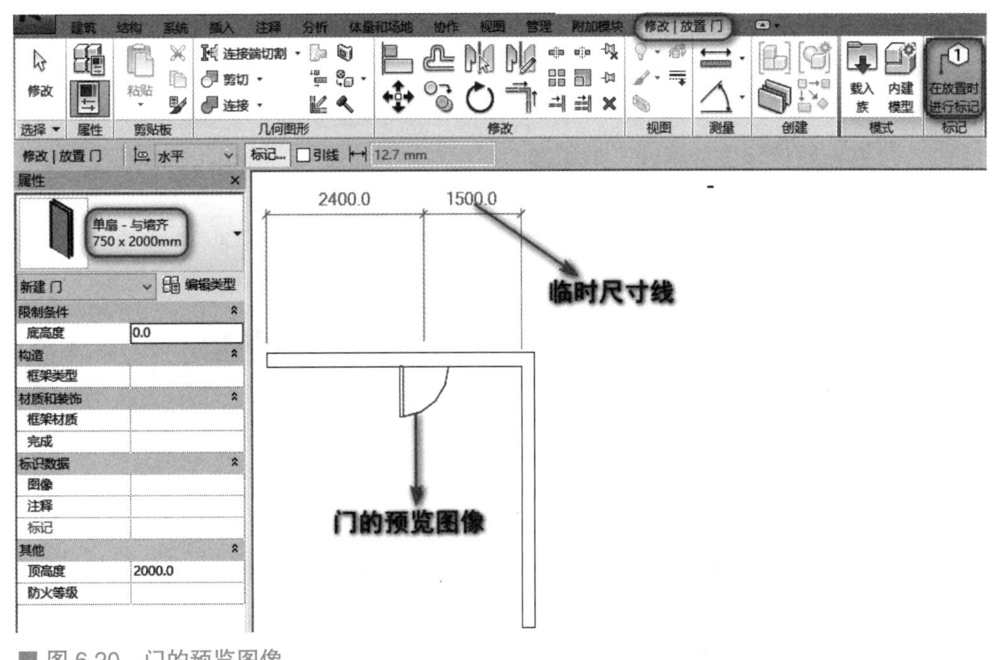

■ 图 6.20 门的预览图像

步骤三：在“标高 1”楼层平面视图中放置门时，按空格键可以控制门的左右开启方向，也可单击控制符号，翻转门的上下、左右的方向。在墙上合适位置单击以放置门，拖动临时尺寸标注蓝色的控制点到垂直方向墙体中心线上，并将尺寸数字修改为“1500.0”，如图 6.21 所示。

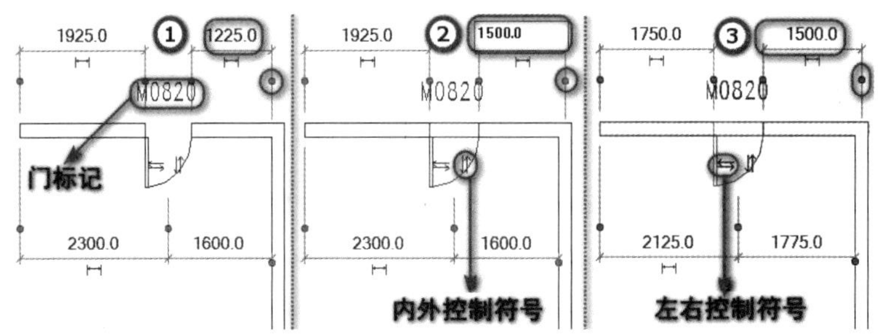

■ 图 6.21　放置门

步骤四：图 6.21 中门的临时尺寸测量基准是墙体的表面，不符合国内制图标注规范，每次都需要拖动尺寸控制点和修改定位尺寸数字，很不方便。单击“管理”选项卡→“设置”面板→“其他设置”下拉列表→“临时尺寸标注”按钮，弹出“临时尺寸标注属性”对话框，如图 6.22 所示，将其中墙的临时尺寸测量基准由默认的“面”调整为“中心线”，门和窗默认“洞口”，这样放置门窗的时候，就不需要每次都拖曳临时尺寸控制点了。

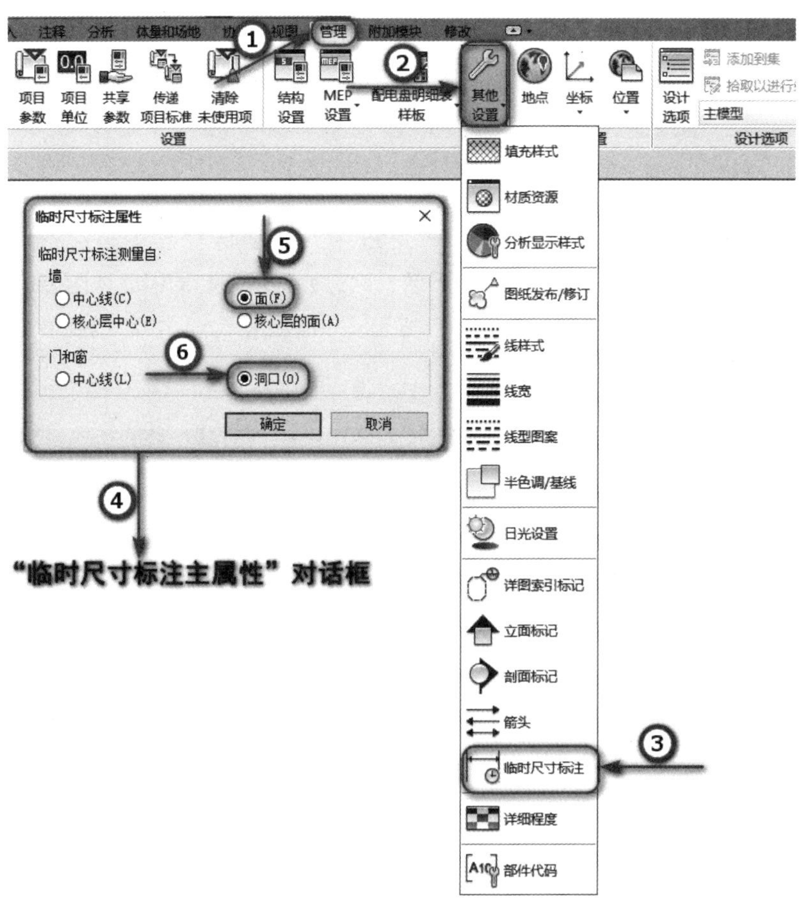

■ 图 6.22　“临时尺寸标注属性”对话框

步骤五：系统默认的临时尺寸数值文字若太小，读者可以根据自己的实际情况进行调整：单击左上角“应用程序菜单”下拉列表中的“选项”按钮，弹出“选项”对话框，切换到“图形”选项，在“临时尺寸标注文字大小外观”→“大小”下拉列表中设置合适的数值即可，如图 6.23 所示。

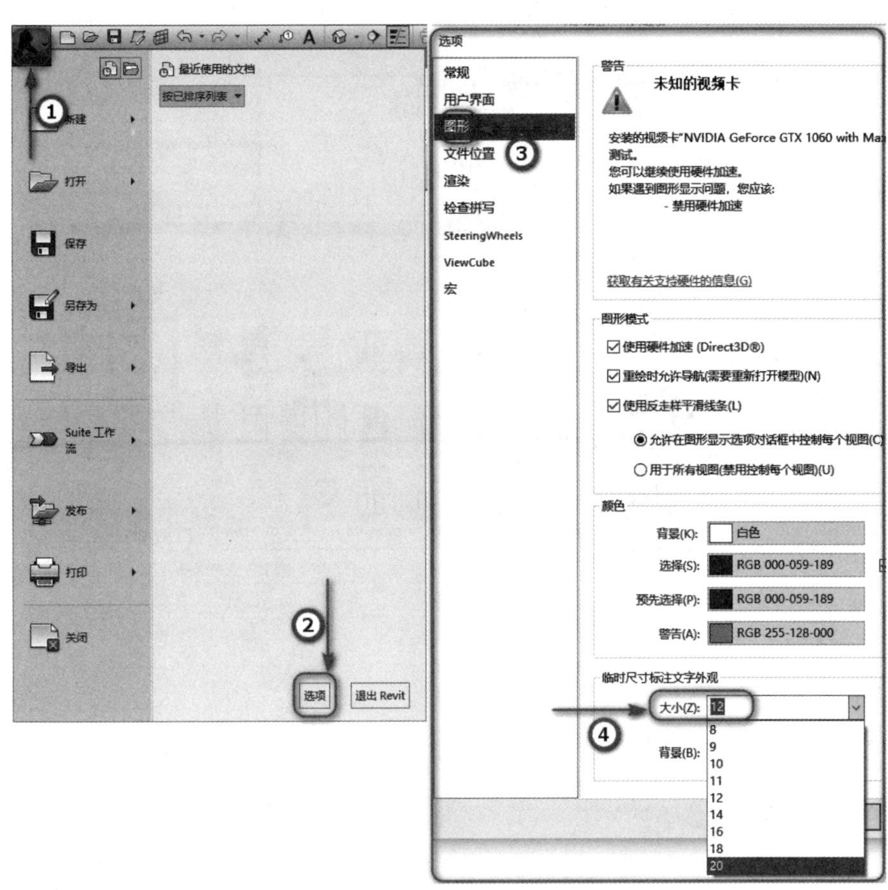

■ 图 6.23 "临时尺寸标注文字大小外观"

步骤六：单击放置门后，Revit 将自动剪切洞口并放置门，如图 6.24 所示。

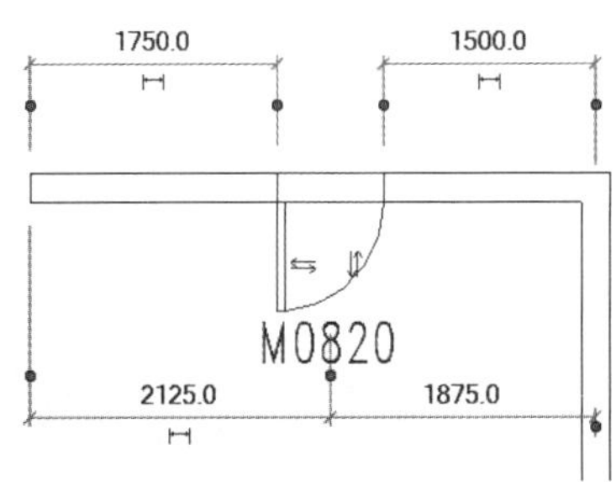

■ 图 6.24 放置门后效果

步骤七：单击“模式”面板中的“载入族”按钮，打开“载入族”对话框，选择“China/ 建筑 / 门 / 普通门 / 推拉门”文件夹中的“双扇推拉门 5.rfa”，如图 6.25 所示，单击“打开”按钮，载入“双扇推拉门 5”族。

步骤八：单击“编辑类型”按钮，弹出“类型属性”对话框，单击“复制”按钮，在弹出的“名称”对话框中输入“M1521”，单击“确定”按钮回到“类型属性”对话框，设置“宽度”为“1500.0”、“高度”为“2100.0”，单击“确定”按钮，则“M1521”新类型门就创建完成了，如图 6.26 所示。

步骤九：将光标移到墙上以显示门的预览图像。在“标高 1”楼层平面视图中放置门时，按空格键可将开门方向从左开翻转为右开。在“标记”面板中单击“在放置时进行标记”按钮，则在放置门的时候显示门标记，如图 6.27 所示。

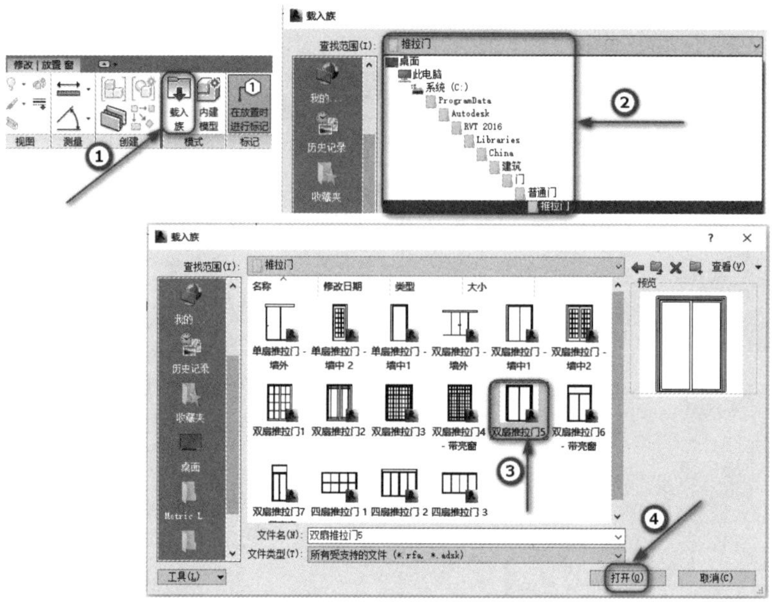

■ 图 6.25 载入“双扇推拉门 5”

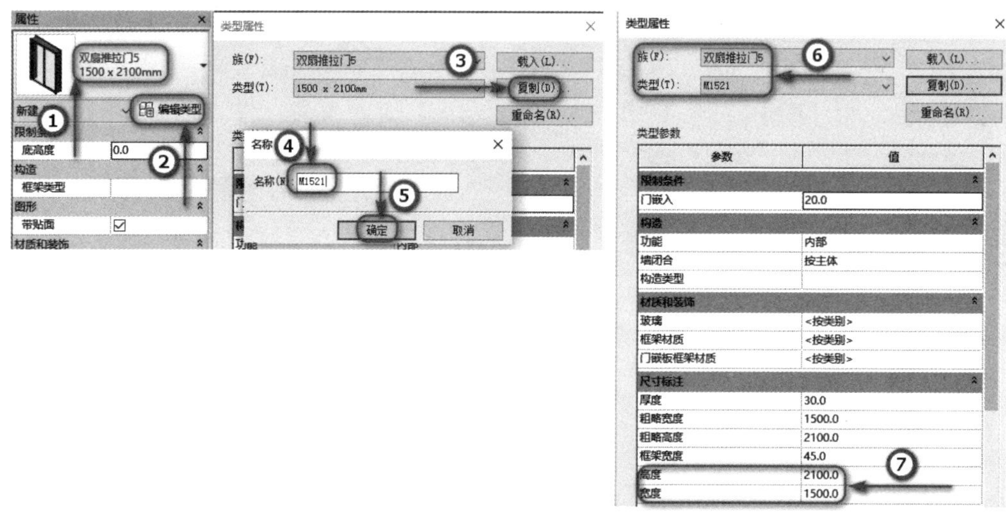

■ 图 6.26 创建“M1521”新类型门

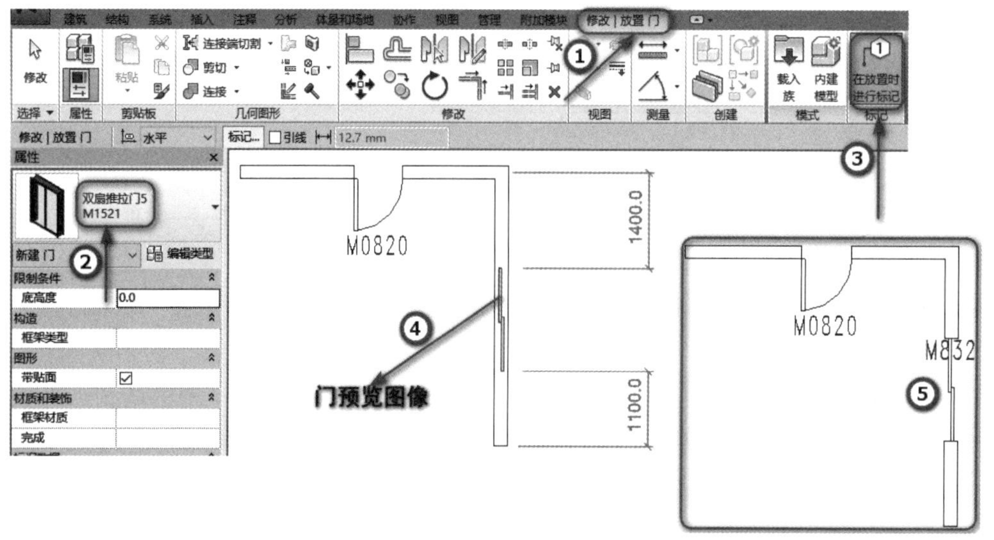

■ 图 6.27 门的预览图像和门标记

二、编辑门

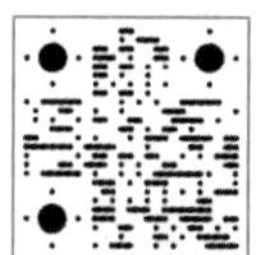
【编辑门】

放置门以后，可以根据室内布局设计和空间布置情况修改门的类型、开门方向、门打开位置等。具体步骤如下。

步骤一：选取门，显示临时尺寸。双击临时尺寸，在位更改尺寸值，如图 6.21 所示。按 Enter 确定。

步骤二：单击“内外控制符号”按钮，更改门的打开方向（内开或外开）。单击“左右控制方向”按钮，更改门轴位置（右侧或左侧），如图 6.21 所示。

步骤三：选中门标记，在“属性”对话框的“方向”栏中更改门标记的方向为“垂直”，使门标记方向与门的方向平行，如图 6.28 所示。

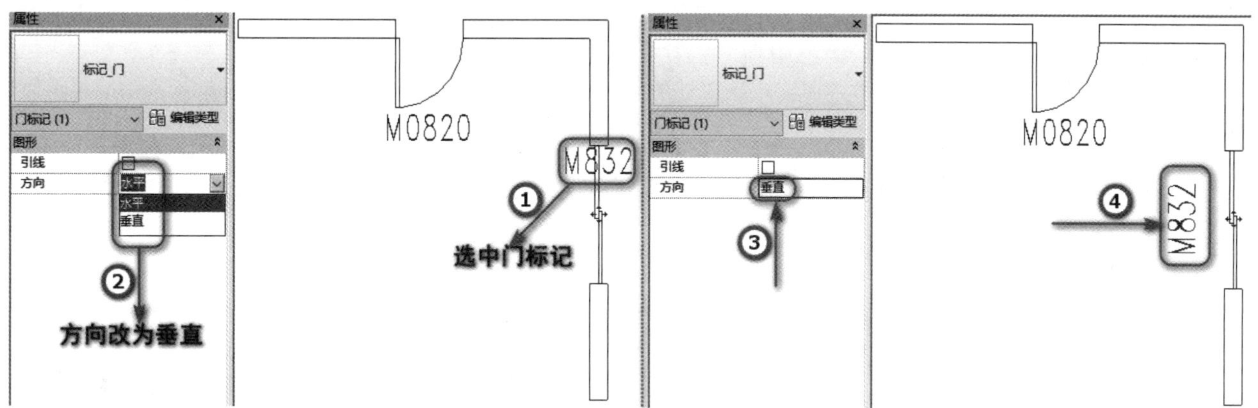

■ 图 6.28 更改门标记的方向为“垂直”

这种方法修改的是门标记的实例参数。若是每个垂直方向的门标记都一个一个地修改，那就效率太低了，有没有更好的方法呢？

单击任何一个门标记，进入“修改 | 门标记”选项卡→单击“模式”面板→“编辑族”按钮，进入门标记族编辑界面，单击左侧“属性”对话框“随构件旋转”复选框，接着单击“族编辑器”面板→“载入到项目”按钮，在弹出的“族已存在”对话框选择“覆盖现有版本及其参数值”选项后，则所有的门标记与门的方向均一致了，如图 6.29 所示。

■ 图 6.29 门标记族编辑

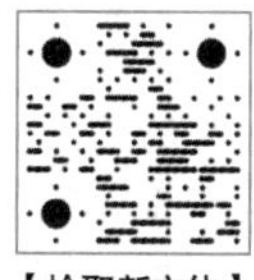
【拾取新主体】

步骤四：选择门，然后单击“主体”面板→“拾取新主体”按钮，将光标移到另一面墙上，当预览图像位于所需位置时，单击以放置门，如图 6.30 所示。“拾取新主体”命令可更换放置门 / 窗的主体，即把门 / 窗移动放置到其他墙上。

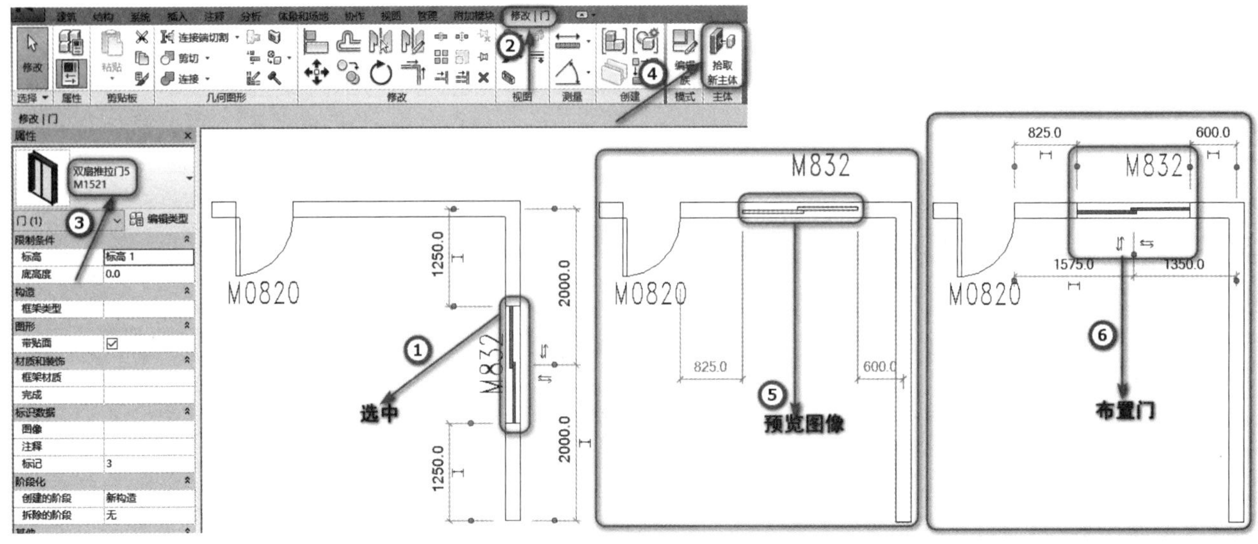

■ 图 6.30 “拾取新主体”

步骤五：单击“属性”对话框中“编辑类型”按钮，打开如图 6.31 所示的“类型属性”对话框，更改其构造类型、功能、材质、尺寸标注和其他属性。

【编辑类型参数】

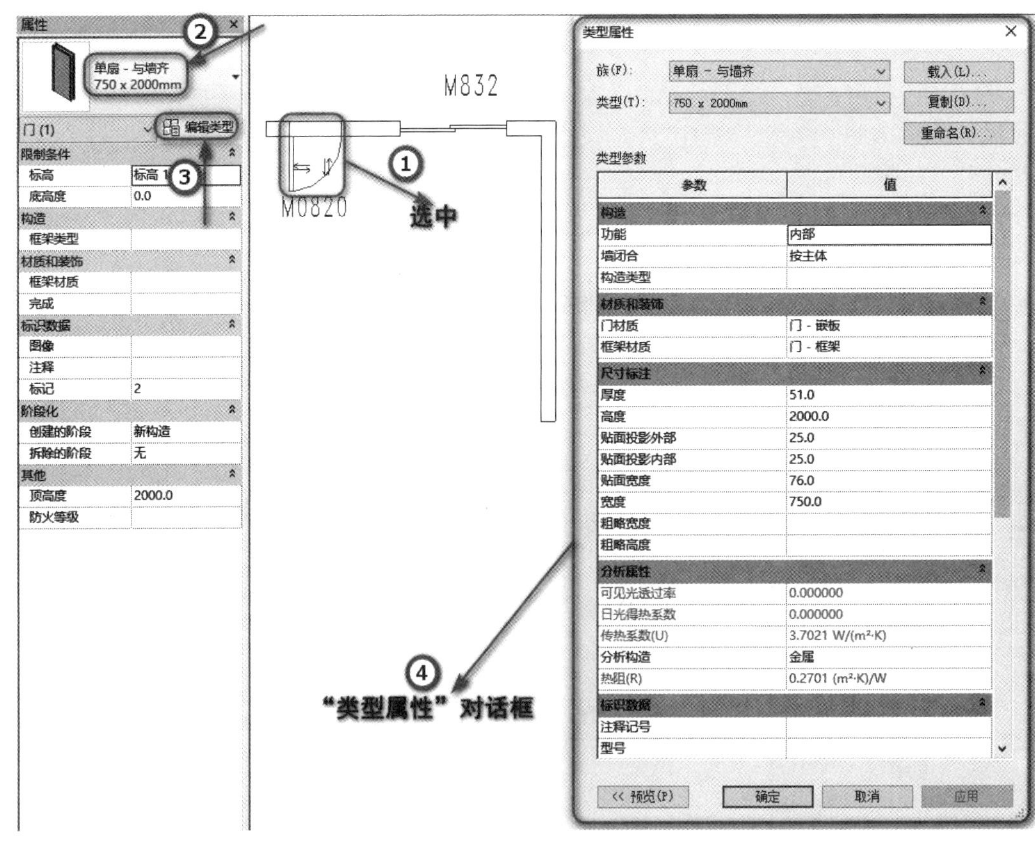

■ 图 6.31 “类型属性”对话框

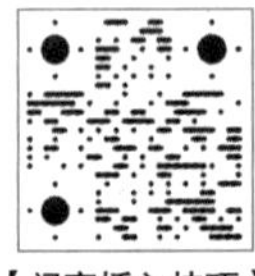

【门窗插入技巧】

三、门窗插入技巧

（1）插入门窗时输入“SM”，可自动捕捉到墙的中点插入。

（2）插入门窗时在墙内外移动鼠标改变内外开启方向，按空格键改变左右开启方向。

（3）插入门窗时只需在大致位置插入，单击已插入门 / 窗后，可通过修改临时尺寸标注或尺寸标注数值来精确定位，如图 6.32 所示。

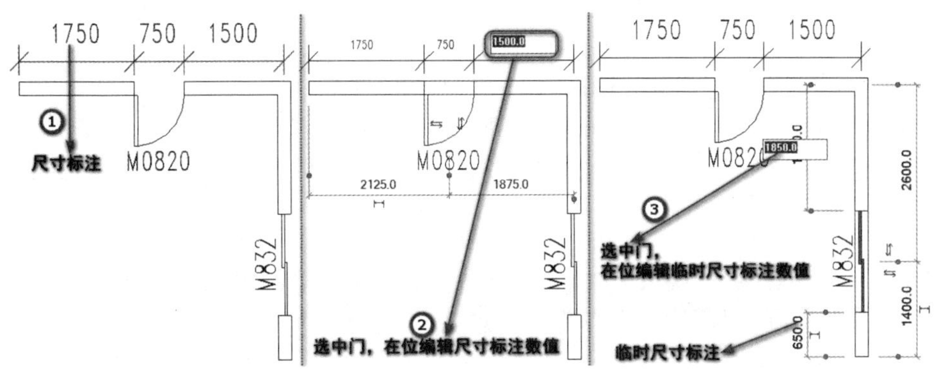

■ 图 6.32　通过修改临时尺寸标注或尺寸标注数值来精确定位

（4）在楼层平面视图中插入窗，窗台高为“默认底高度”参数值。在立面上，可以在任意位置插入窗，当插入窗时，立面视图出现绿色虚线，此时窗台高为“默认窗台高”，如图 6.33 所示。

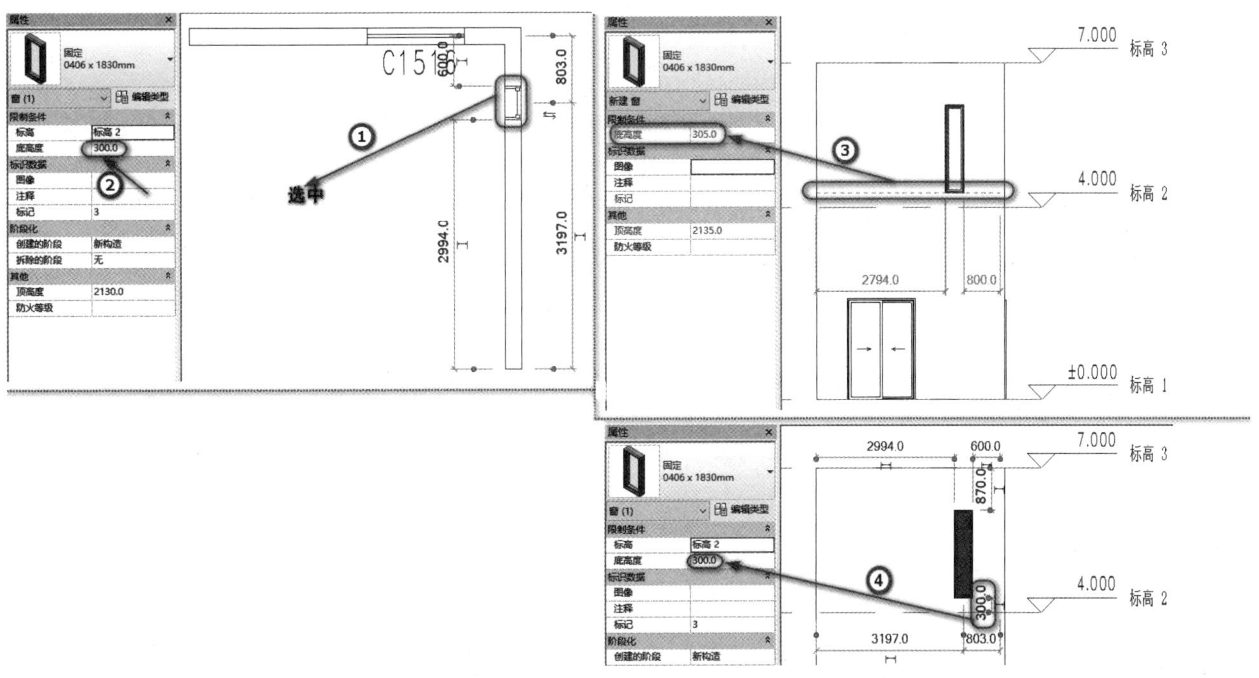

■ 图 6.33　窗台高

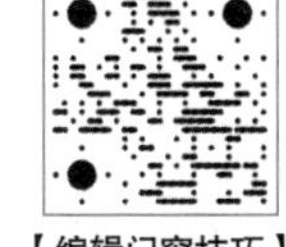

【编辑门窗技巧】

四、编辑门窗技巧

（1）单击已插入的门窗，自动激活“修改门 / 窗”选项卡，在“属性”对话框内，可对门窗的标高、底高度、顶高度修改实例参数。

小贴士 ▶▶▶

修改窗的实例参数中的“底高度”，实际上也就修改了窗台高度。

（2）选择已插入的门窗，出现方向控制符号和临时尺寸，单击方向控制符号可改变内外或者自由方向，在位编辑临时尺寸数值可以改变门窗位置，也可用鼠标拖曳门窗改变门窗位置，墙体洞口自动复原，如图 6.34 所示。

（3）单击“编辑类型”按钮，弹出“类型属性”对话框，单击“复制”可创建新的门窗类型，修改门窗的高度、宽度、默认窗台高度，以及框架和玻璃嵌板的材质等可见性参数，如图 6.31 所示。

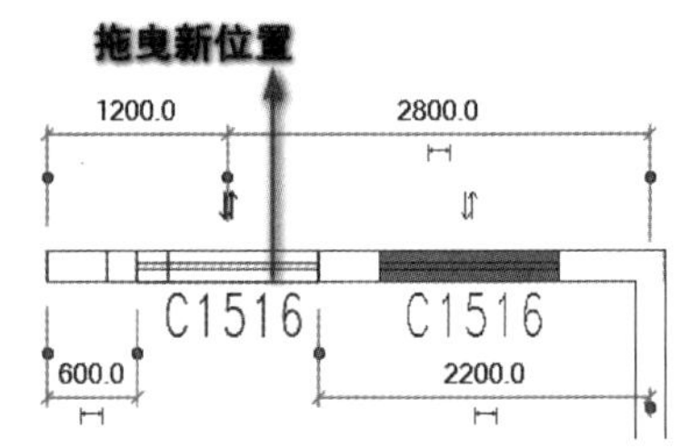

■ 图 6.34　用鼠标拖曳门窗改变门窗位置

小贴士 ▶▶▶

在窗的类型参数中，修改了类型参数中“默认窗台高”的参数值，只会影响随后再插入的窗户的窗台高度，对之前插入的窗户的窗台高度并不产生影响。

第三节　经典真题解析

下面笔者根据考试经验，结合考试大纲要求，通过经典考试真题的详细解析来介绍幕墙的建模和解题步骤，希望对广大考生朋友有所帮助。此外关于门窗的插入和编辑的具体操作方法，详见专项考点十一综合建模实战部分。

真题：第一期全国 BIM 技能等级考试一级试题第三题“幕墙”

根据图 6.35 给定的北立面和东立面，创建玻璃幕墙及其水平竖梃模型。请将模型文件以“幕墙 .rvt”为文件名保存到考生文件夹中。

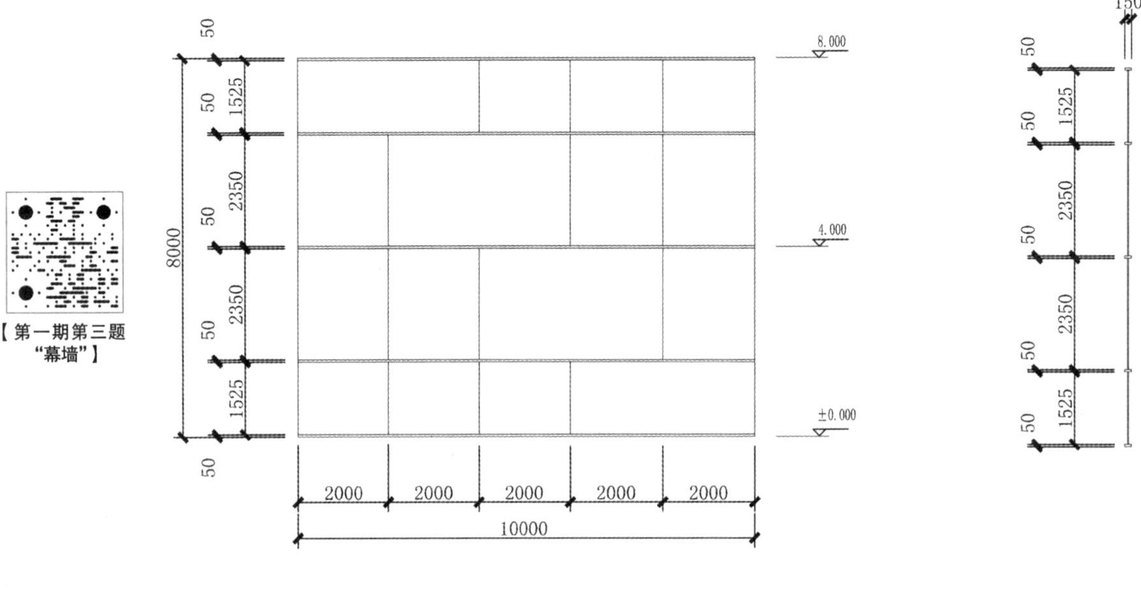

■ 图 6.35　幕墙北立面和东立面图

【建模思路】

设置幕墙类型属性（水平竖梃规格为“50×150mm”）。绘制幕墙，并使用“添加 / 删除网格线段”工具修改幕墙网格。本题建模思路如图 6.36 所示。

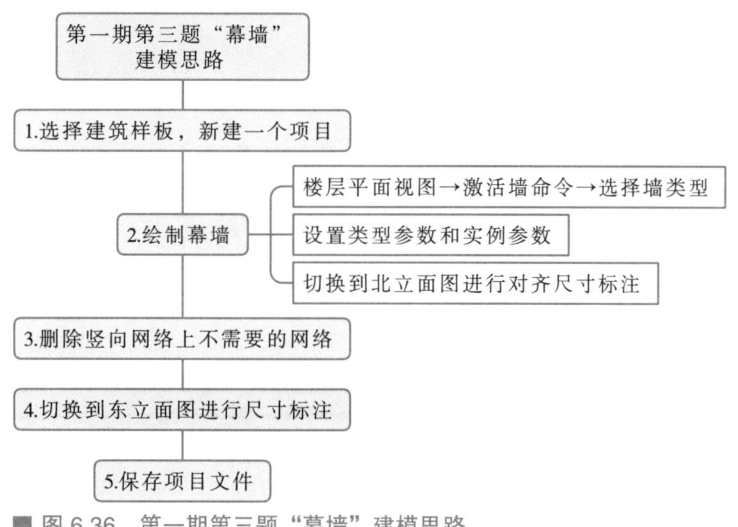

■ 图 6.36　第一期第三题“幕墙”建模思路

【建模步骤】

步骤一：选择建筑样板，新建一个项目。切换到“高 1”标楼层平面视图，单击“建筑”选项卡→“构建”面板→“墙”下拉列表→“墙：建筑”按钮，如图 6.37 所示。

步骤二：选择墙类型为幕墙，单击“属性”对话框→“编辑类型”按钮，在弹出的“类型属性”对话框中设置幕墙类型参数，如图 6.38 所示。

步骤三：设置左侧幕墙实例参数，自左至右绘制长度为 10000mm 的一段幕墙，如图 6.39 所示。

步骤四：切换至北立面视图，单击快速访问工具栏“对齐尺寸标注”按钮进行对齐尺寸标注，结果如图 6.40 所示。

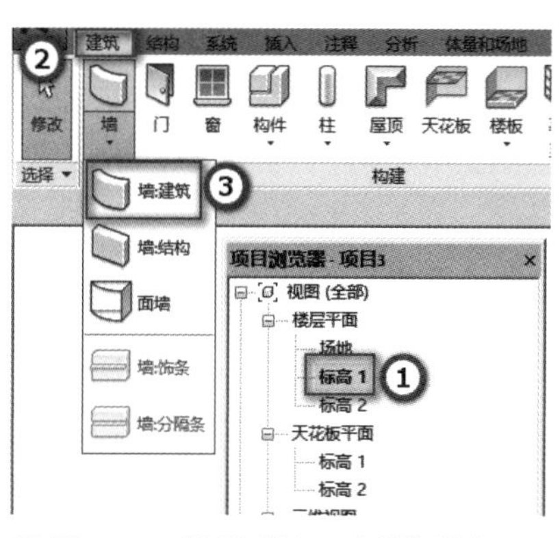

■ 图 6.37　激活“墙：建筑”按钮

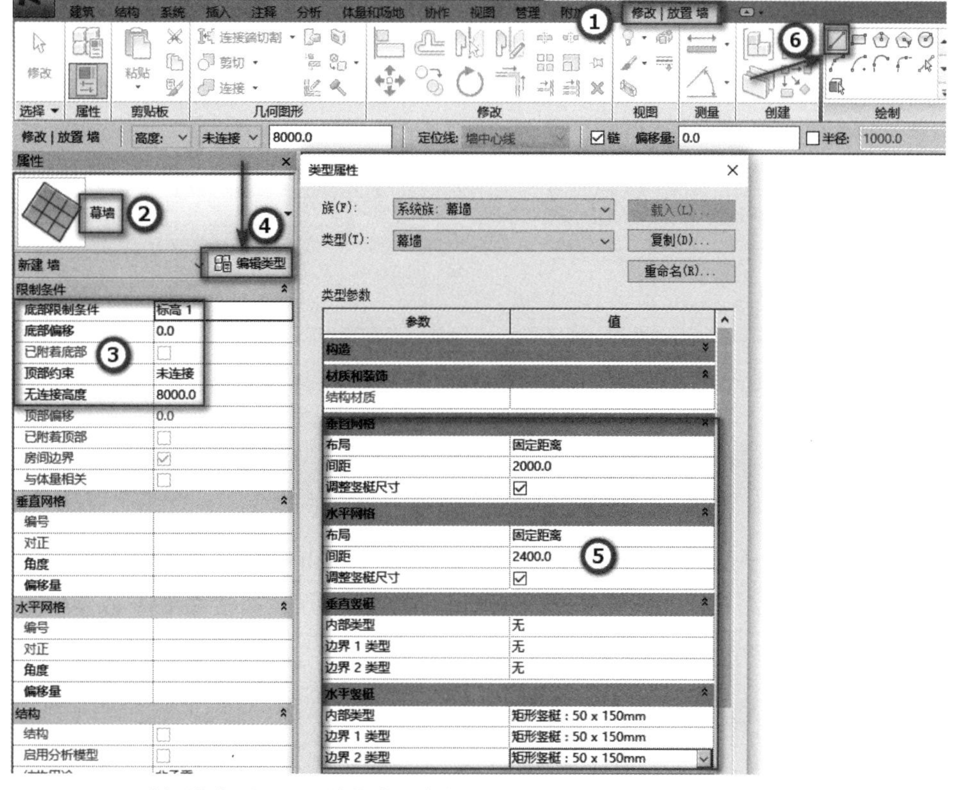

■ 图 6.38　选择墙类型，设置墙体类型参数

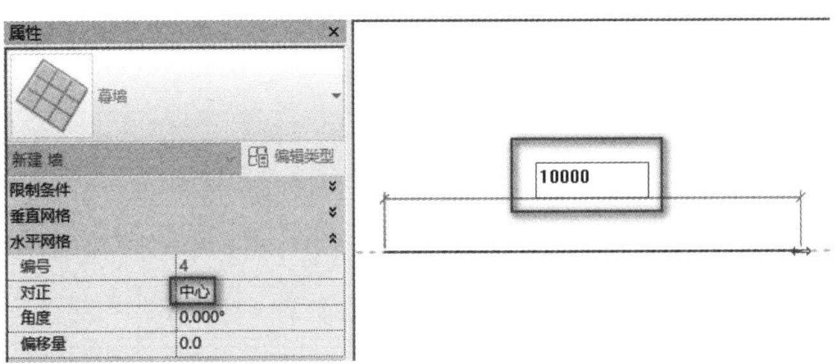

■ 图 6.39　绘制幕墙

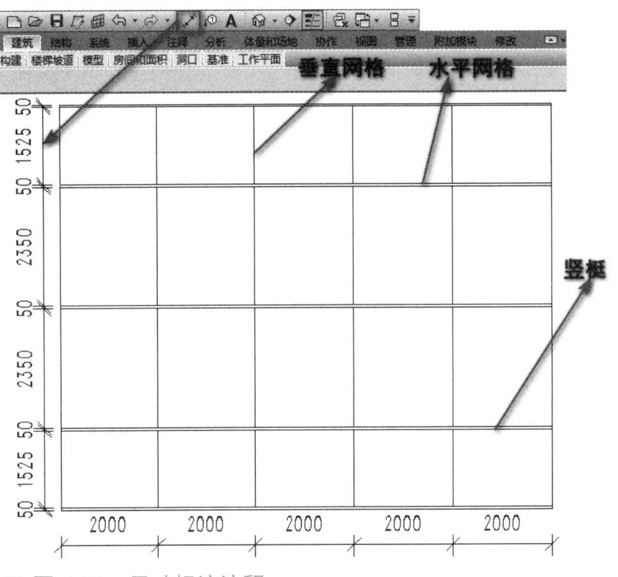

■ 图 6.40　尺寸标注注释

步骤五：选择竖向网格线，进入“修改 | 幕墙网格”上下文选项卡，单击“幕墙网格”面板→“添加 / 删除线段”按钮，如图 6.41 所示。

步骤六：单击竖向网格上需要删除的线段，自动删除，最终网格线结果如图 6.42 所示。

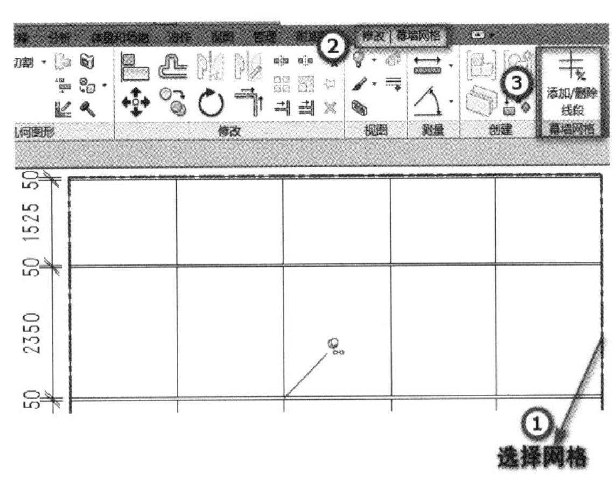

■ 图 6.41　激活“添加 / 删除线段”按钮

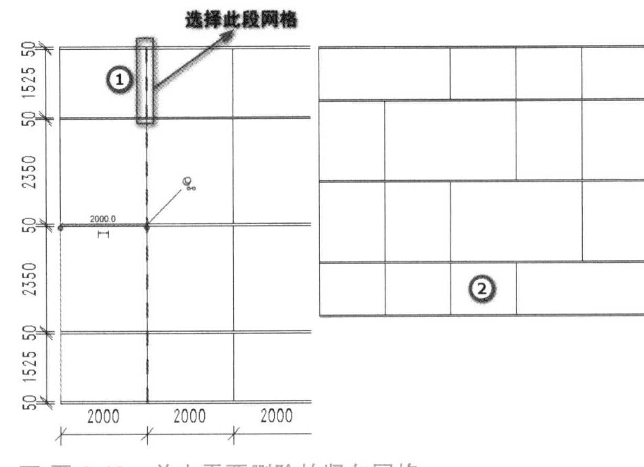

■ 图 6.42　单击需要删除的竖向网格

步骤七：切换到东立面视图进行对齐尺寸标注，结果如图 6.43 所示。完成幕墙模型创建，最后保存模型为项目文件“幕墙”。

步骤八：切换到三维视图，创建的幕墙三维模型如图 6.44 所示。

至此，本题幕墙建模结束。

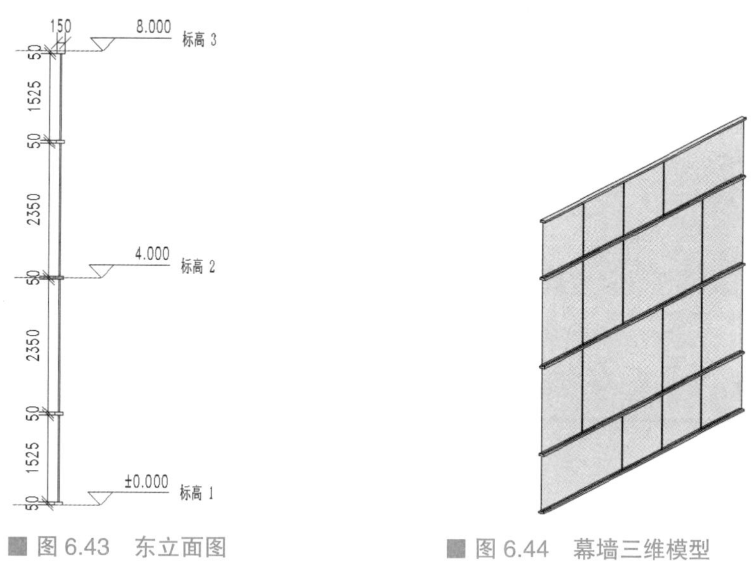

■ 图 6.43　东立面图

■ 图 6.44　幕墙三维模型

第四节　真题实战演练

真题：第六期全国 BIM 技能等级考试一级试题第二题“幕墙”

根据图 6.45，创建墙体与幕墙，墙体构造与幕墙竖梃连续方式如图所示，竖梃尺寸为 100mm × 50mm。请将模型的“幕墙”为文件名保存到考生文件夹中。

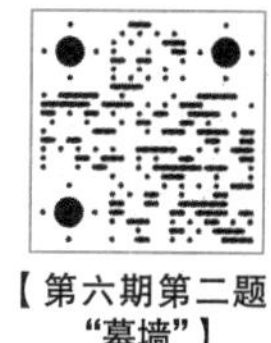

【第六期第二题“幕墙”】

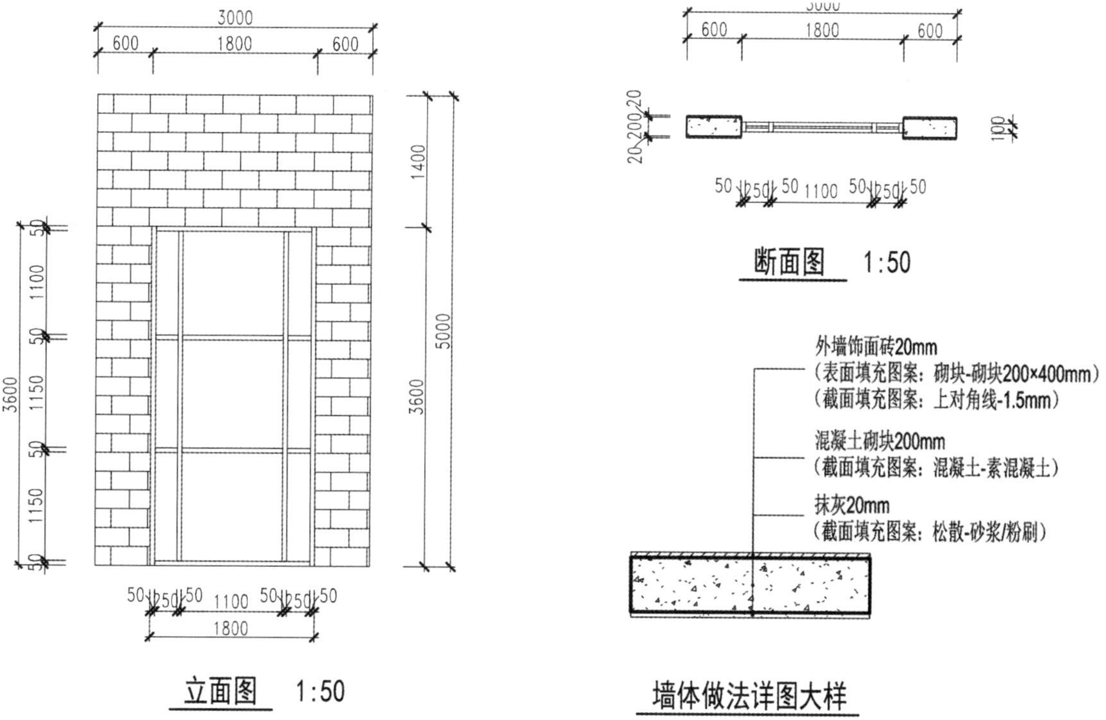

■ 图 6.45　墙体与幕墙图纸

7

CHAPTER

楼板、屋顶和天花板

思维导图

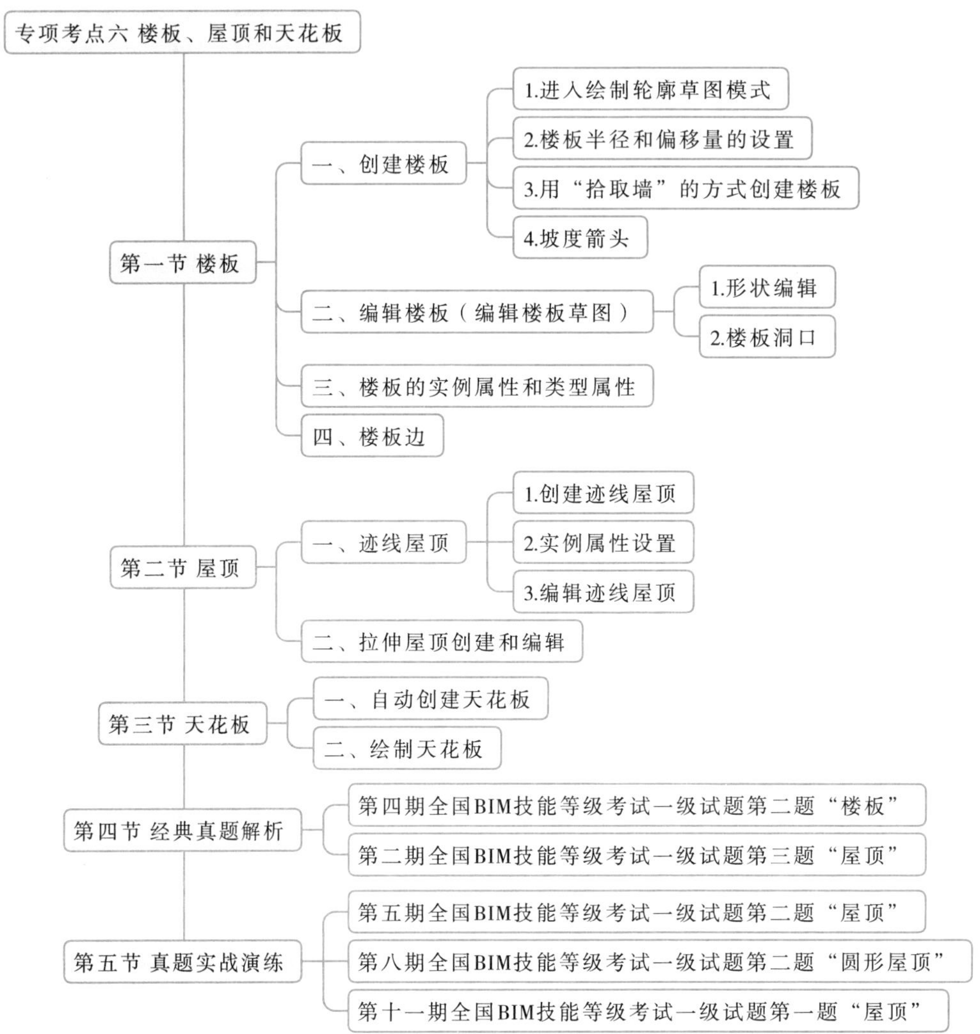

专项考点数据统计

专项考点楼板、屋顶和天花板数据统计表

期数	题目	题目数量	难易程度	备注
第四期	第二题“楼板”	1	中等	
第二期	第三题“屋顶”	1	中等	
第五期	第三题“屋顶”	1	中等	
第八期	第三题“圆形屋顶”	1	中等	主要考查视图范围、截断标高知识点
第十一期	第三题“屋顶”	1	简单	结合轴网一起考察

说明：16期考试中涉及专项考点楼板、屋顶和天花板的题目共有5道。根据近期考题发现不再单独出题考查楼板、屋顶。由于楼板、屋顶和天花板属于建筑的主要模型构件，故往往渗透在最后一道综合建模大题中进行考查，请读者注意。

楼板共分为建筑楼板、结构楼板及楼板边缘，建筑楼板与结构楼板的区别在于是否进行结构分析。楼板边缘功能多用于生成住宅外的小台阶等。在 Revit 中，楼板可以设置构造层。在楼板编辑中，不仅可以编辑楼板的平面形状、开洞口和楼板坡度等，还可以通过“修改子图元”命令修改楼板的空间形状。通常，在平面视图中绘制楼板。

屋顶是房屋最上层起覆盖作用的围护结构，根据屋顶排水坡度的不同，常见的有平屋顶、坡屋顶两大类。在 Revit 中提供了多种建模工具，如迹线屋顶、拉伸屋顶、面屋顶、玻璃斜窗等。此外，对于一些特殊造型的屋顶，还可以通过内建模型的工具来创建。

在天花板所在的标高之上按指定的距离创建天花板。天花板是基于标高的图元，创建天花板是在其所在标高以上指定距离处进行的。可在模型中放置两种类型的天花板：基础天花板和复合天花板。

通过本章的学习，读者应重点掌握：①楼板的创建及属性修改；②楼板编辑轮廓修改及开洞；③修改子图元的灵活使用；④迹线屋顶的创建方法，其中包括直接修改屋顶迹线坡度和添加坡度箭头两种方式；⑤拉伸屋顶的创建方法；⑥天花板的创建方法。

第一节　楼板

一、创建楼板

【楼板的重要特征】

1. 进入楼板绘制界面

选择“建筑样板”新建一个项目；切换到“标高 1”楼层平面视图。单击“建筑”选项卡→“构建”面板→“楼板”下拉列表→“楼板：建筑”按钮，进入“修改 | 创建楼层边界”选项卡，进入绘制轮廓草图模式，可选择楼板的绘制方式，如图 7.1 所示。

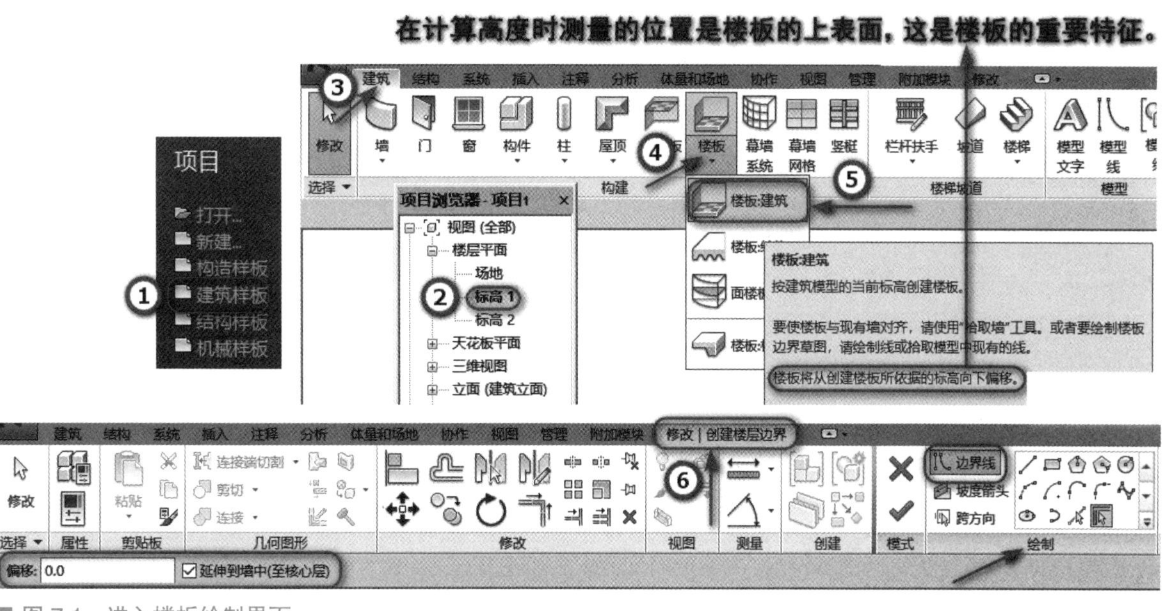

■ 图 7.1　进入楼板绘制界面

小贴士

默认的楼层标高为楼板的面层标高，即建筑标高。

2. 楼板半径和偏移量的设置

首先绘制一个最简单的楼板，在“绘制”面板上选择绘制的方式为“矩形”，在选项栏上会出现“半径”及“偏移量”的选项。

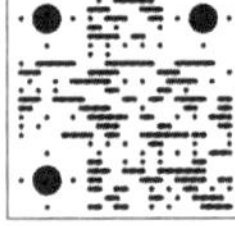
【楼板半径】

“半径”指的是在绘制过程中对矩形进行倒角的半径，例如：在绘图区域上绘制矩形楼板，选中选项栏上的“半径”选项，当在绘图区域确定第二点时，可以看到在矩形四个角都已经变成了有1200mm倒角的圆弧，如图7.2所示。

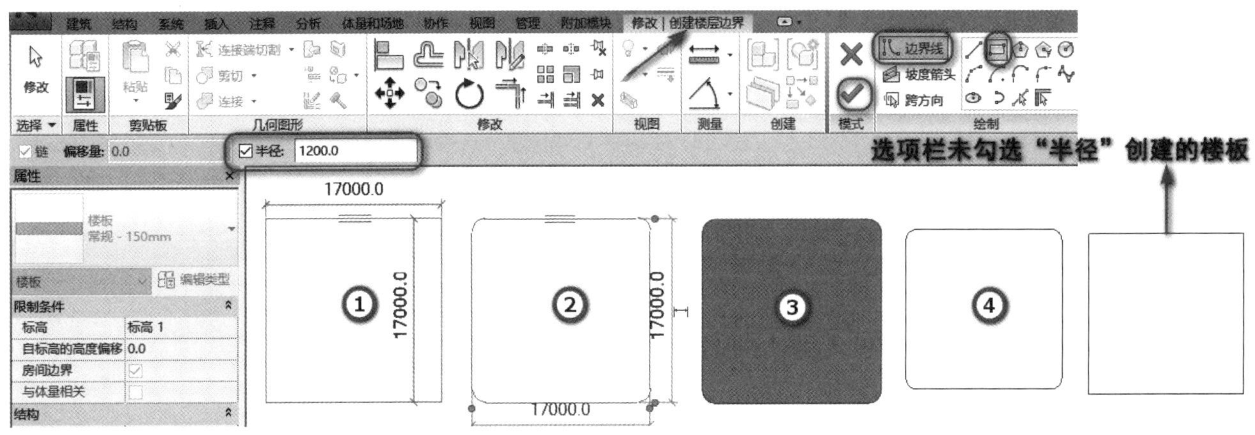

图7.2　倒角半径的设置

绘制完成则单击“模式”面板上面的“√”按钮，完成楼板的绘制。为了对比，再绘制第二个矩形楼板，而不选中“半径”选项，如图7.2所示。可以看到第二个矩形四个角都没有进行倒角。

偏移量指的是相对于鼠标在绘图区单击的位置偏移的距离是多少。例如：在“标高1”楼层平面视图绘制楼板，选择绘制方式为“矩形”，绘制完成第一个矩形。再次单击矩形命令，将选项栏上的“偏移量”改为600mm，在图中可以看到所生成的轮廓草图线比鼠标单击的位置向外偏移了600mm，按空格键可以将草图线的偏移方向从外侧转回内侧。同样，再按空格键会从内侧转回外侧，如图7.3所示。单击“模式”面板→“√”按钮，完成楼板的绘制。

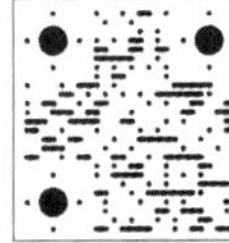
【楼板偏移量】

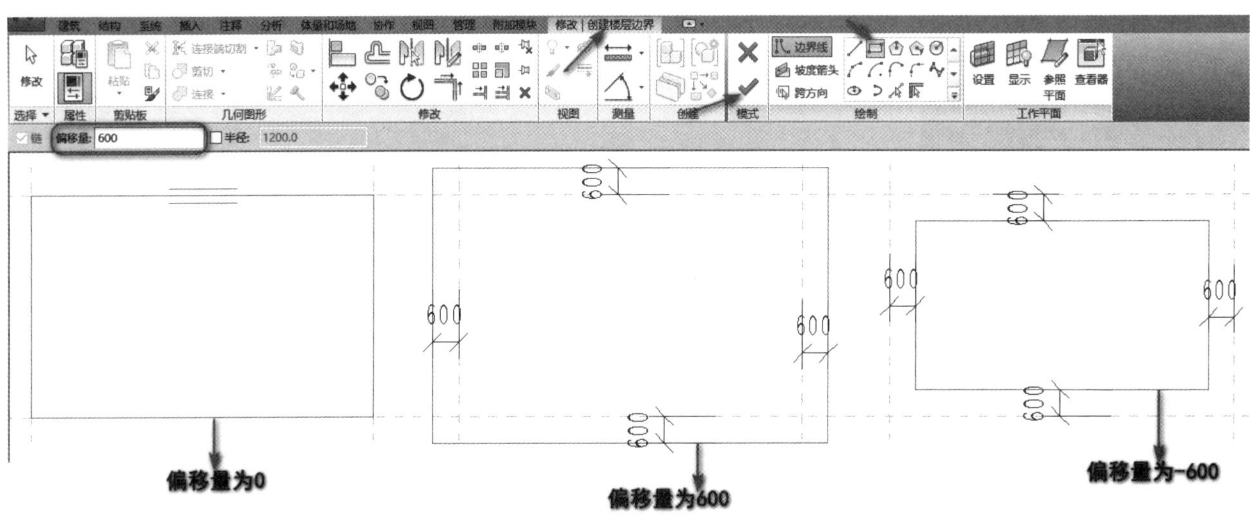

图7.3　楼板偏移量的设置

特别提示 ▶▶▶

“偏移”功能是提高效率的有效方式，通过设置偏移量，可直接生成距离参照线一定偏移量的板边界线。顺时针绘制板边界线时，偏移量为正值，在参照线外侧；负值则在参照线内侧。键盘空格键可以用来切换偏移的内外侧。

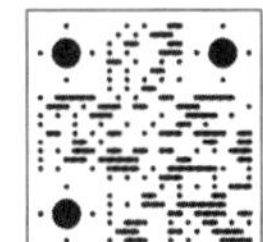

【楼板标高的注释】

切换到三维视图，把视觉样式改为“着色”模式，单击“注释”选项卡→“尺寸标注”面板→“高程点”按钮，来标注楼板的高程值，楼板的上表面的高程值是“0.000”，下表面的高程值是“-0.150”，这是因为所选的楼板的类型就是“楼板 常规 -150mm”，楼板的厚度为150mm。若再创建一块矩形楼板，将楼板的类型改为“楼板 常规 -300mm”，在图中可以看到，楼板的上表面的高程值是“0.000”，楼板的下表面的高程值变为“-0.300”，如图 7.4 所示。

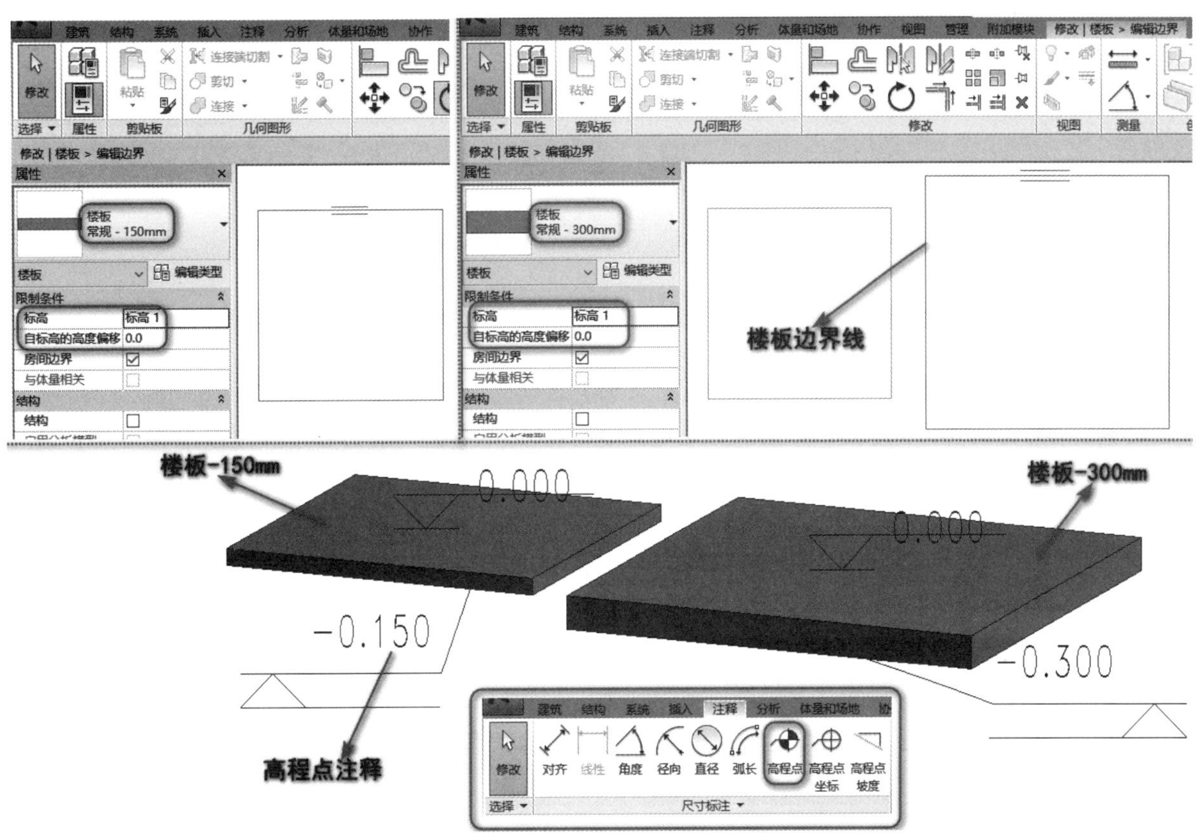

■ 图 7.4　标注楼板的高程值

3. 用“拾取墙”的方式创建楼板

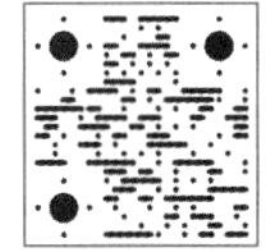

【用“拾取墙”的方式创建楼板】

首先在绘图区域绘制一个闭合的墙体，单击“建筑”选项卡→“楼板”按钮→“修改 | 创建楼层边界”选项卡→“绘制”面板上“拾取墙”按钮，在墙体上进行单个墙体的拾取。单击“模式”面板“√”按钮，完成楼板的绘制。“拾取墙”的特点是当墙体发生改变时，楼板可以自动约束到墙，跟随墙体的变化而变化。选择“拾取墙”命令后，当鼠标捕捉到墙体时，按键盘上的 Tab 键进行切换选择，当整个墙体被选中后单击，这样单击一次就可以拾取整个墙体，生成楼板边界。若出现交叉线条，使用“修剪”按钮编辑成封闭楼板轮廓即可。

特别提示 ▶▶▶

选项栏选中“延伸到墙中（至核心层）”复选框与选项栏不选中“延伸到墙中（至核心层）”复选框的区别，如图 7.5 和 7.6 所示。

■ 图 7.5　选项栏不选中“延伸到墙中（至核心层）”复选框

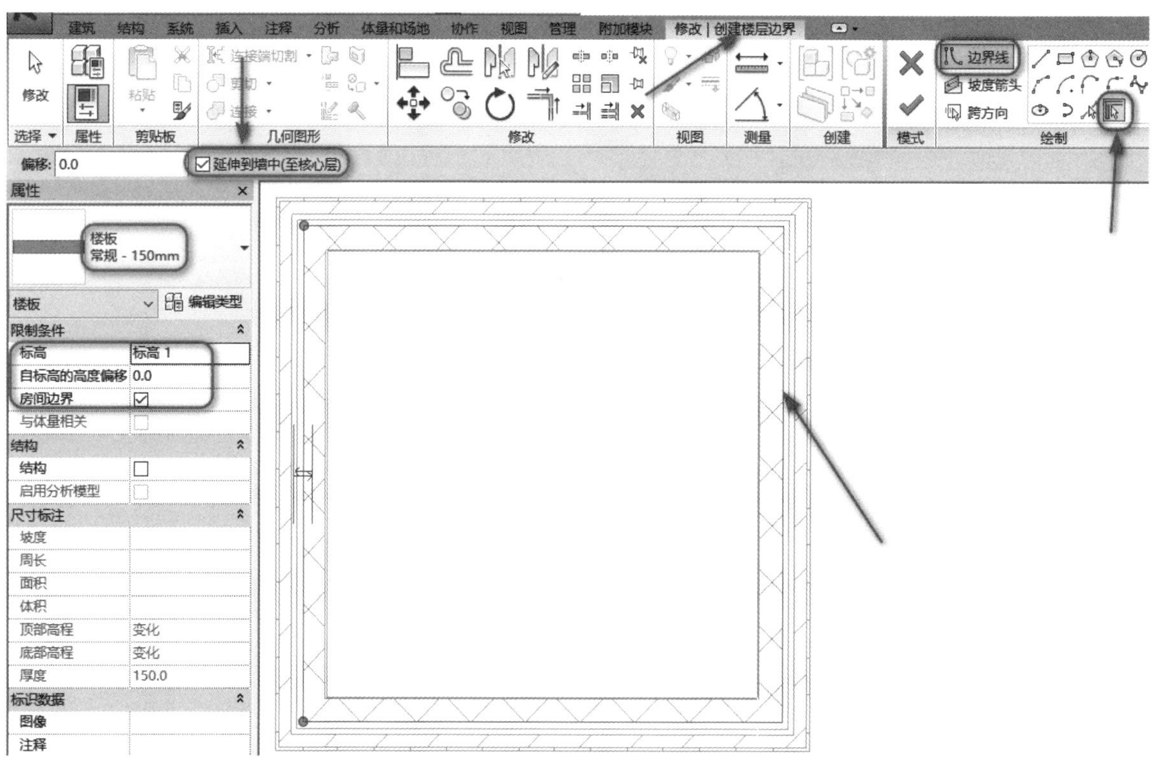

■ 图 7.6　选项栏选中“延伸到墙中（至核心层）”复选框

边界绘制完成后，由于绘制的楼板与墙体有部分的重叠，此时会弹出“是否希望将高达此楼层标高的墙附着到此楼层的底部？”提示框，如图 7.7 所示。如果单击“是”，将高达此楼层标高的墙附着到此楼层的底部；单击“否”，将高达此楼层标高的墙将未附着，与楼板同高度，如图 7.8 所示。为了美观，可以选择“否”，外墙则为连续。

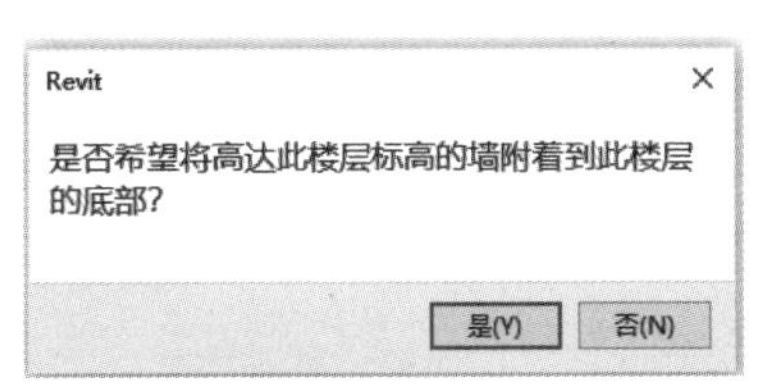

■ 图 7.7 “是否希望将高达此楼层标高的墙附着到此楼层的底部?”提示框

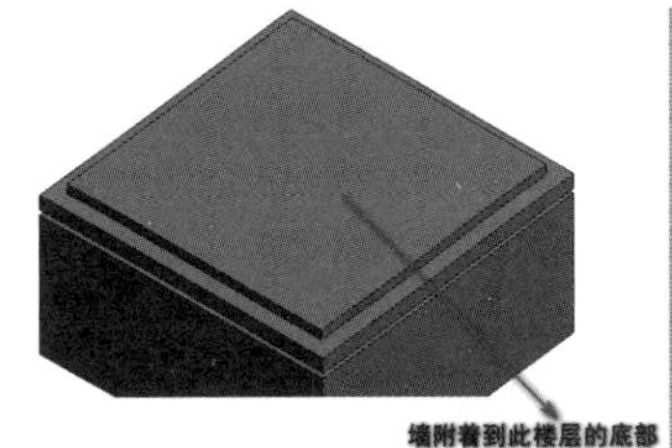

■ 图 7.8 楼层标高的墙附着 / 不附着到此楼层的底部的区别

4. 楼板坡度的绘制

以两个偏移程度不同的斜楼板为例，具体操作步骤如下。

步骤一：首先在绘图区域绘制参照平面，参照平面垂直的距离为 2500mm，水平距离为 3900mm，在“标高 1”楼层平面视图中，选择“建筑”选项卡→“楼板：建筑”按扭，使用矩形的绘制方式，绘制第一个楼板的边界线。单击“坡度箭头”按钮，在“属性”对话框上把“尾高度偏移”设置为“1200.0”，从左向右进行绘制，如图 7.9 所示，单击“√”按钮完成楼板的创建。

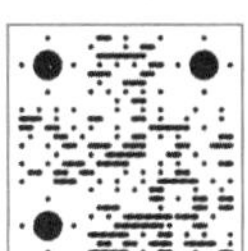

【坡度箭头】

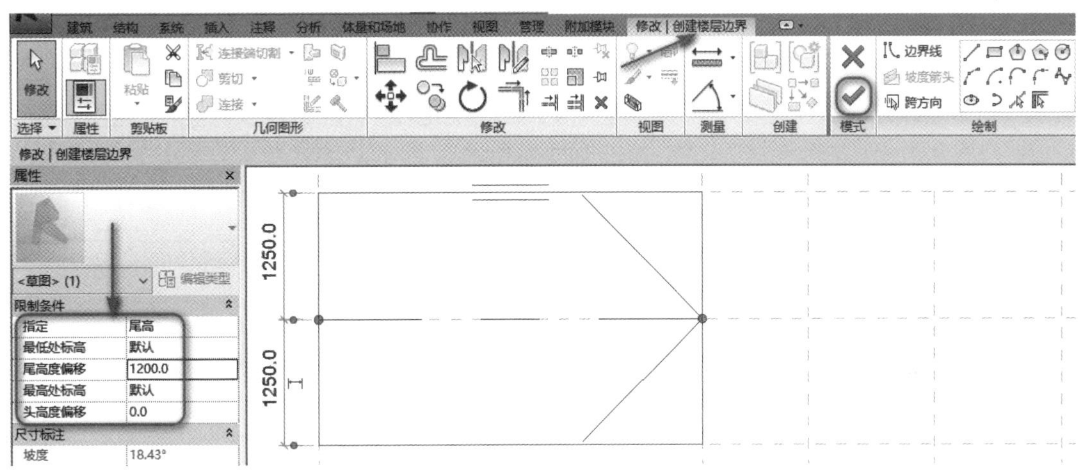

■ 图 7.9 把尾高度偏移设置为 1200mm

步骤二：在右侧绘制第二个楼板，选择“建筑”选项卡→“楼板：建筑”按钮，使用矩形的绘制方式，绘制第二个楼板。单击“坡度箭头”按钮，在“属性”对话框上我们把“尾高度偏移”设置为“1200.0”，在楼板轮廓草图中间进行绘制，如图 7.10 所示，单击“√”按钮完成楼板的创建。

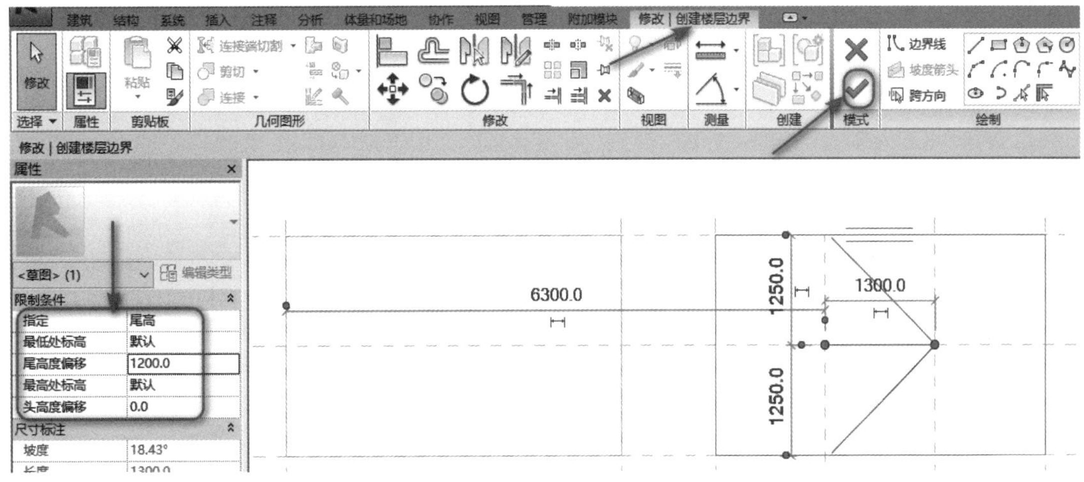

■ 图 7.10 在楼板轮廓草图中间进行绘制

步骤三：切换到南立面视图，可以看见生成了两个斜楼板。楼板只是一端产生了偏移，即坡度箭头尾端处，如图 7.11 所示。

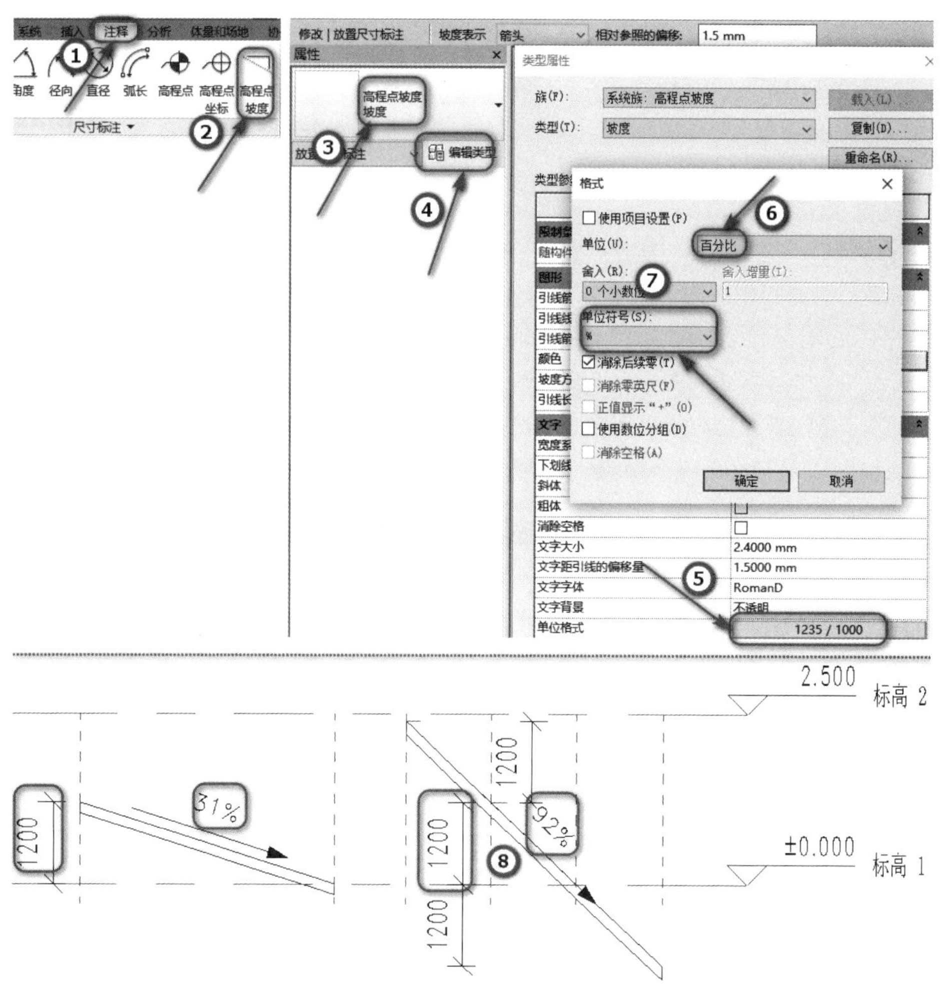

■ 图 7.11　两个斜楼板

步骤四：要使楼板的两端都产生偏移。例如：切换到“标高 1”楼层平面视图，绘制一块楼板，单击“坡度箭头”按钮，在“属性”对话框中“尾高度偏移”设置为“1200.0”，“头高度偏移”设置为“600.0”，单击“√”按钮，再切换到南立面视图，如图 7.12 所示。

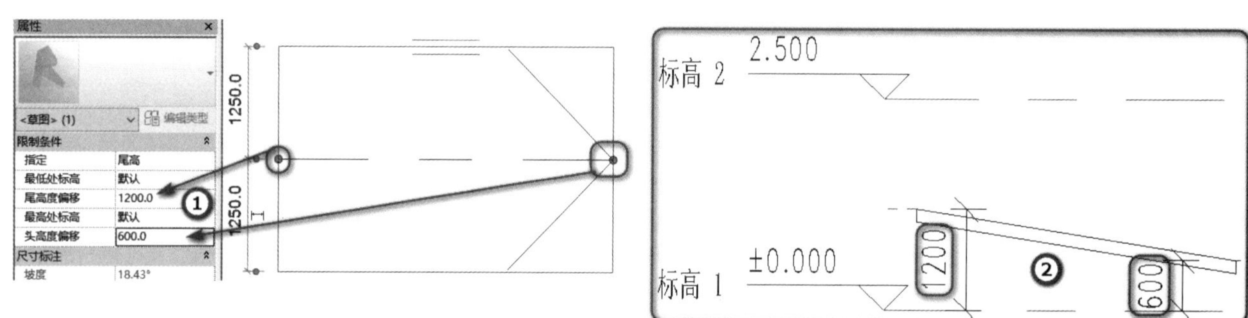

■ 图 7.12　使楼板的两端都产生偏移

小贴士

头高度偏移值或尾高度偏移值是正数的时候楼板向上偏移；反之，负数时向下偏移。

二、编辑楼板（楼板草图）

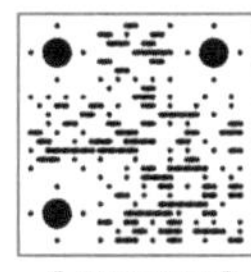
【编辑楼板】

如果创建的楼板不符合要求，则可在楼层平面视图中选中楼板，单击“修改 | 楼板”选项卡→“模式”面板→“编辑边界”按钮，如图 7.13 所示，可再次进入到编辑楼板轮廓草图模式。

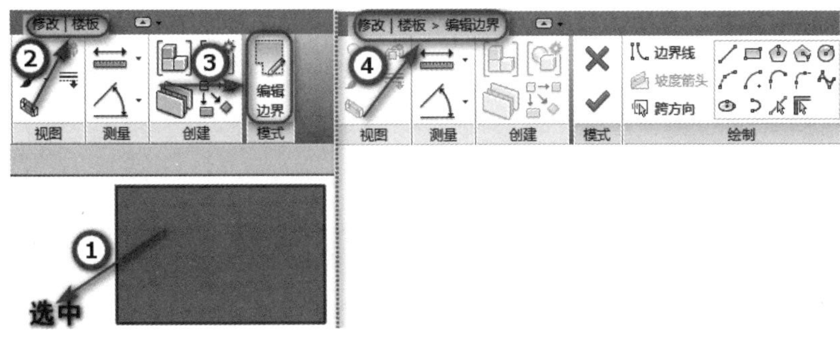

■ 图 7.13 “编辑边界”按钮

1. 形状编辑

除了编辑边界，还可通过“形状编辑”面板上的工具编辑楼板的形状，同样可绘制出斜楼板，如图 7.14 所示。单击“修改子图元”选项后，进入编辑状态，单击视图中的绿点，出现“0.0”文本框，其可设置该楼板边界点的偏移高度，例如“200.0”，则该板的此点向上抬升 200mm。

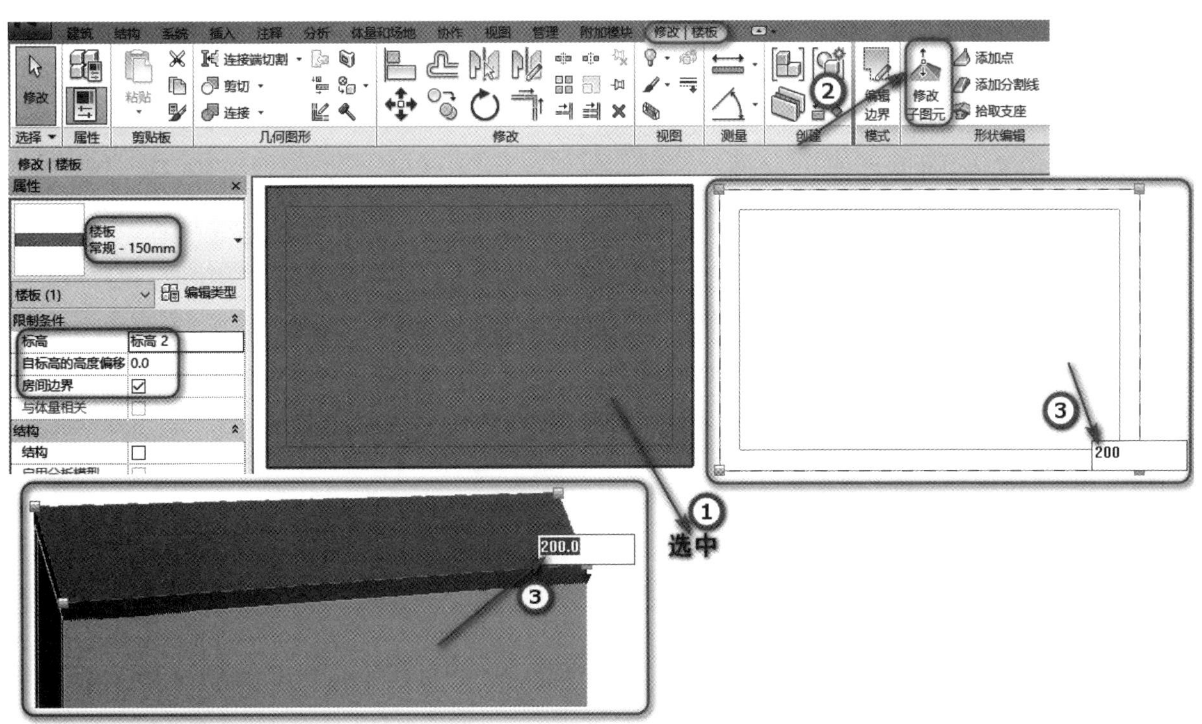

■ 图 7.14 修改子图元

2. 楼板洞口

单击“绘制”面板→“圆形”绘制方式，在楼板中间绘制一个半径为 800mm 的圆形轮廓，单击“模式”面板→“√”按钮，则在楼板的中间开出了一个半径为 800mm 的洞口，如图 7.15 所示。

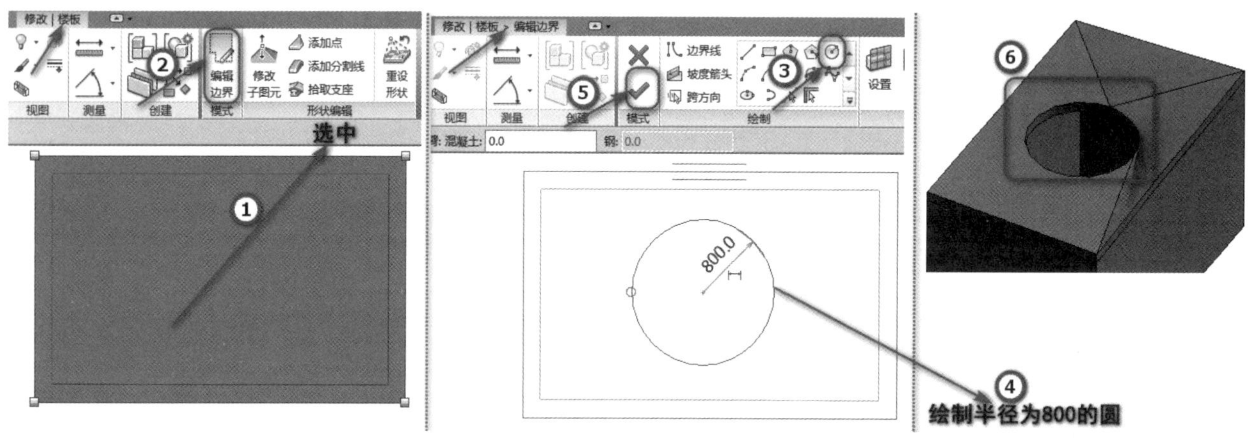

■ 图 7.15 楼板洞口

特别提示 ▶▶▶

楼板开洞，除了“编辑楼板边界”可开洞外，还有专门的开洞的工具。在“建筑”选项卡中的“洞口”面板，有多种“洞口”挖取方式，有“按面”“竖井”“墙”“垂直”“老虎窗”几种方式，如图 7.16 所示，针对不同的开洞主体选择不同的开洞方式，在选择后，只需在开洞处绘制封闭洞口轮廓，单击完成，即可实现开洞。

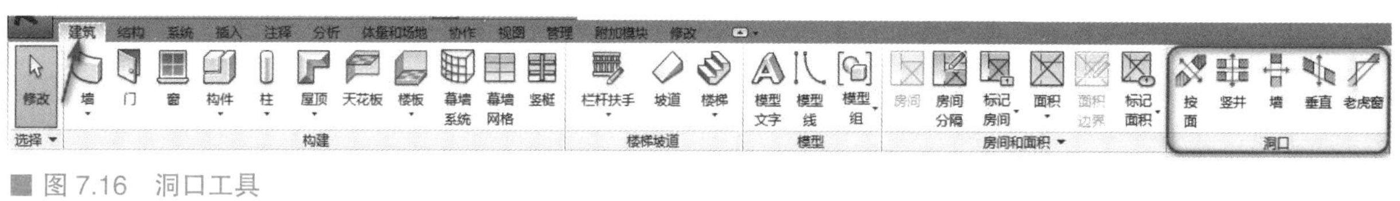

■ 图 7.16 洞口工具

三、楼板的实例属性和类型属性

1. 楼板的实例属性

绘制矩形楼板且在楼板中间开一个半径为 1000mm 的圆洞。切换到三维视图，选中楼板，在“属性”对话框中，楼板的限制条件是比较主要的，楼板所在的“标高”是“标高 1”，“自标高的高度偏移”是“0.0”，其实例属性如图 7.17 所示。

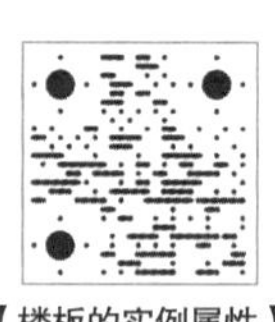

【楼板的实例属性】

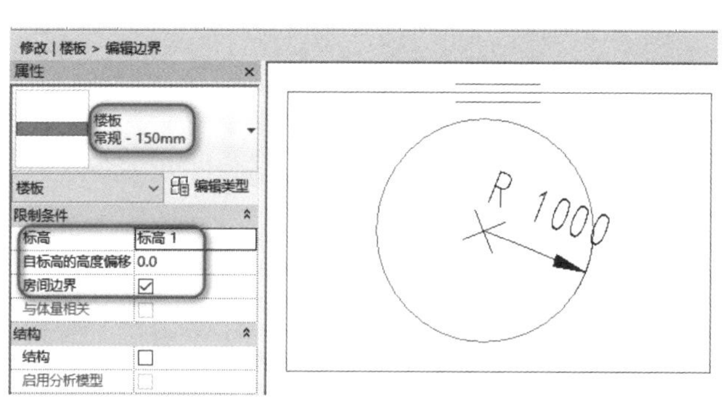

■ 图 7.17 实例属性

若将“自标高的高度偏移”改为“600.0”，选择“注释”选项卡→“高程点”按钮，对楼板进行注释，可以看到楼板向上偏移了 600mm，如图 7.18 所示。选中楼板，将楼板的限制条件切换到“标高 2”，因为标高 2 高程值是 2500mm，所以现在楼板的高度为 3100mm，如图 7.19 所示。

选中楼板，若将楼板的限制条件切换到“标高 1”，偏移量改为“0.0”，单击“剪贴板”面板“复制到剪贴板”按钮，将楼板复制到剪切板，再单击“粘贴”下拉列表→“与选定的标高对齐”按钮，弹出“选择标高”对话框，选中标高 2 到标高 4，可以看到楼板复制到了其他的标高上，如图 7.20 所示。

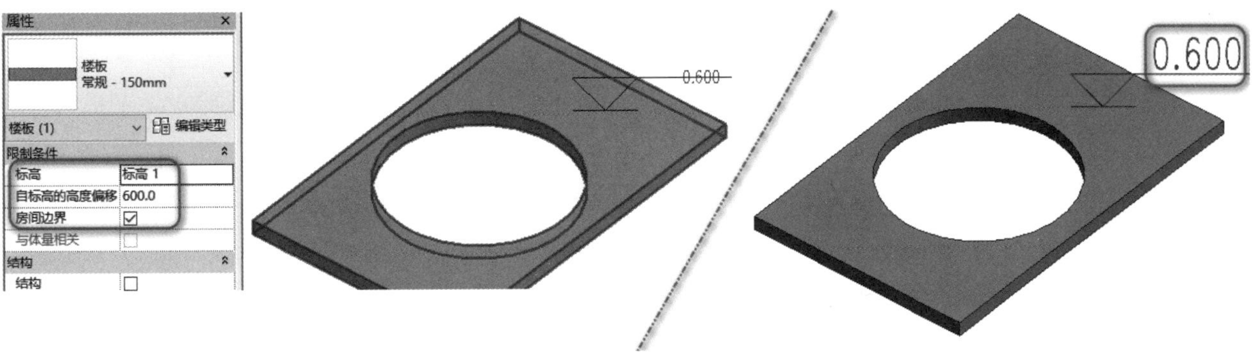

■ 图 7.18 “自标高的高度偏移”改为“600.0”

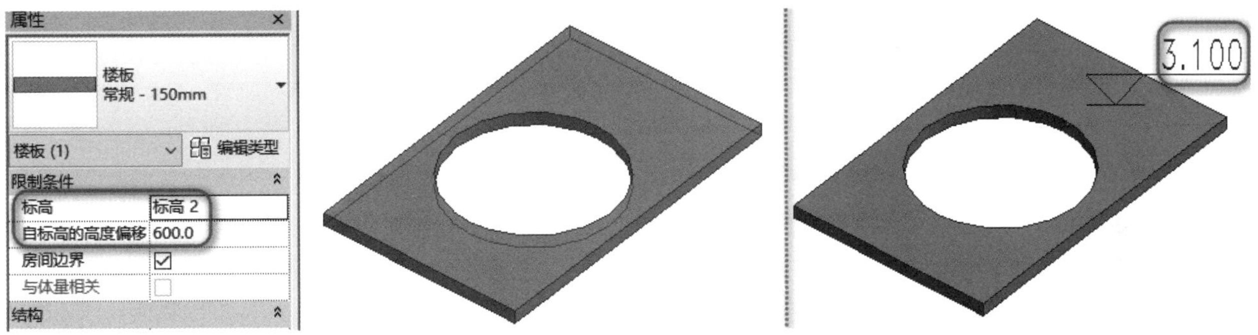

■ 图 7.19 楼板的“标高”切换到“标高 2”

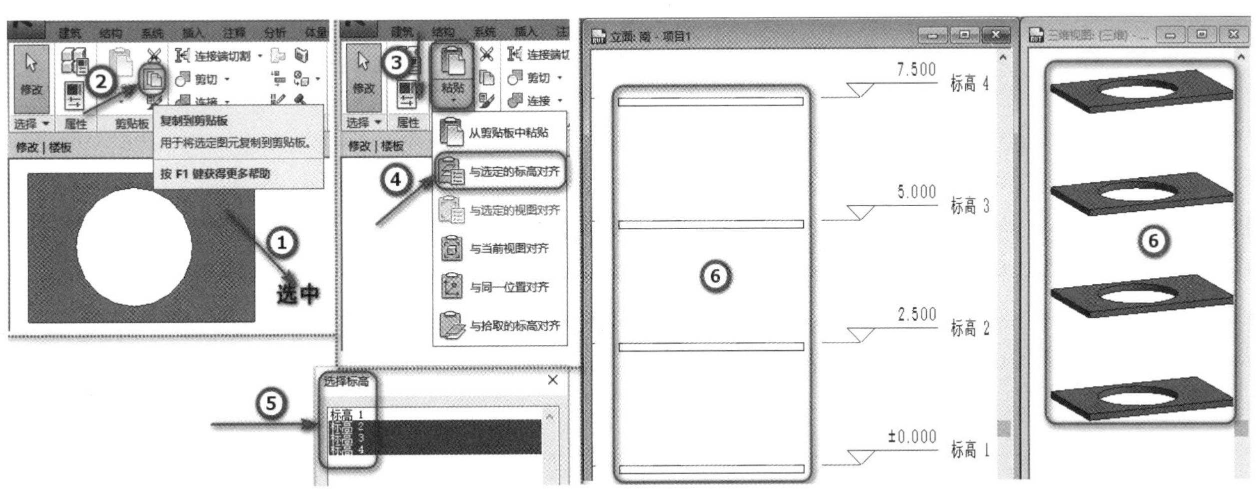

■ 图 7.20 楼板复制到其他的标高上

2. 楼板的类型属性

以绘制一个楼板 D 为例，设置楼板的类型属性，具体操作步骤如下。

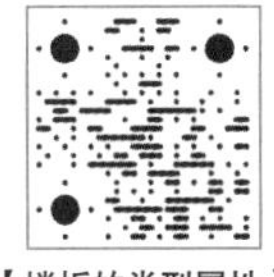

【楼板的类型属性】

步骤一：首先在绘图区域绘制参照平面，参照平面垂直的距离为 4500mm，水平距离为 3500mm，单击“建筑”选项卡→“楼板：建筑”按钮，使用“矩形”的绘制方式，绘制楼板 D，单击“√”按钮。

步骤二：选中楼板，单击“属性”对话框→“编辑类型”按钮，打开“类型属性”对话框，如图 7.21 所示，可以看出楼板和墙一样都是系统族，是通过参数的方式的定义来生成不同类型的楼板。楼板的属性设置与墙的属性设置基本相同，有“结构编辑”“粗略比例填充颜色”和“粗略比例填充样式”。“粗略比例填充样式”指的是当视图的详细程度设置为粗略的时候所表现的外在的形态。

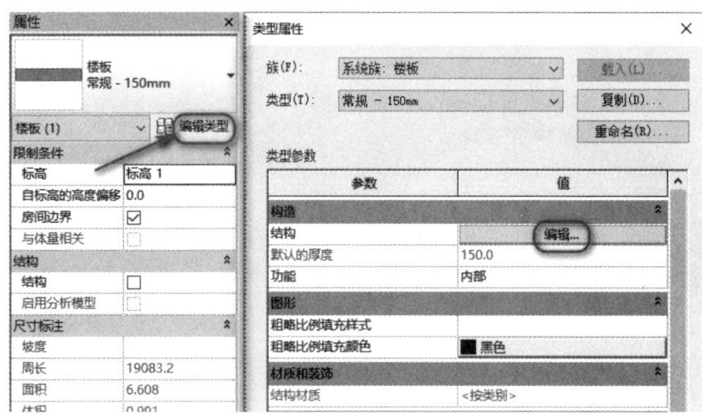

■ 图 7.21　类型属性

步骤三：单击“类型属性”对话框→“结构”后的“编辑”按钮，打开“编辑部件”对话框，如图 7.22 所示。楼板的“编辑部件”对话框与墙的“编辑部件”对话框使用方式相似。单击“编辑部件”对话框左下角的“预览”按钮，打开视图预览框，楼板的预览只有一个“剖面：修改类型属性”的类型，在“层”的列表中只有一层结构。

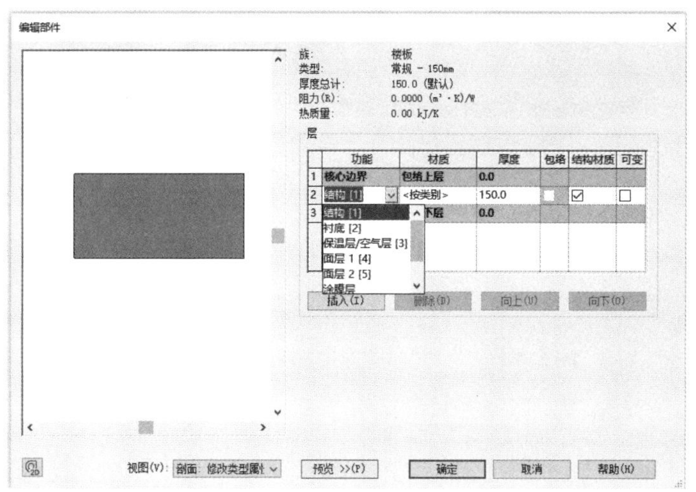

■ 图 7.22　“编辑部件”对话框

步骤四：Revit 还提供了结构材质，结构材质主要是用于结构分析当中，参与结构计算特性的参数传递，在建筑当中对它不做设置，只有核心层，也就是起到承重层的这一部分材质才能定义为是否为结构的材质。“可变”是指对楼板进行建筑找坡的时候，选中“可变”之后这个层是会发生变化的；反之，不会发生变化。

步骤五：单击“材质”右侧“材质隐藏”按钮，打开“材质浏览器”对话框，为楼板指定材质“混凝土，现场浇筑 -C30”，厚度为 200mm，切换到“图形”选项，选中“使用渲染外观”，点击“确定”按钮退出“材质浏览器”对话框。单击“插入”按钮，在上方插入两个面层分别为“面层 1[4]”及“保温层 / 空气层 [3]”。“面层 1[4]”的厚度为 20mm，材质为“柚木”，切换到“图形”选项，选中“使用渲染外观”。“保温层 / 空气层 [3]”的厚度为 150mm，材质为“隔热层 / 保温层 – 空气填充”，如图 7.23 所示。

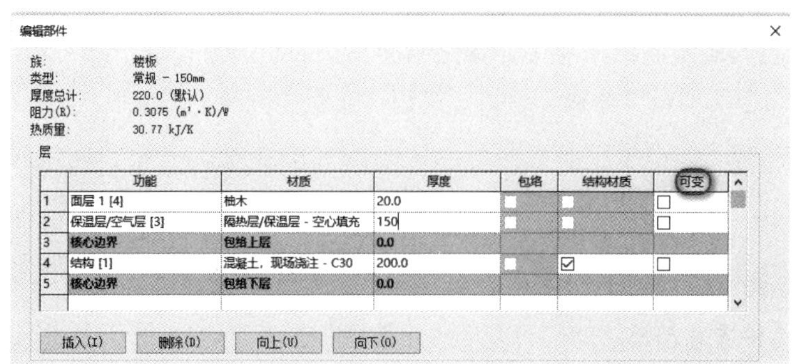

■ 图 7.23　在上方插入两个面层

步骤六：单击“确定”按钮，完成楼板结构编辑，再次单击“确定”按钮，完成“类型属性”的编辑。

四、楼板边

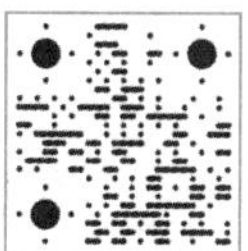

【楼板边缘】

单击“建筑”选项卡→“构建”面板→“楼板”下拉列表→“楼板：楼板边”按钮，开始绘制楼板边缘。单击需要添加楼板边缘的楼板，完成添加。双向箭头可对内外或者上下进行调整。可以选取系统中已有的楼板边缘，也可以新建族绘制所需的楼板边缘，还可以通过选取楼板的水平边缘来添加楼板边缘。可以将楼板边缘放置在二维视图（如平面或剖面视图）中，也可以放置在三维视图中，如图 7.24 所示。

选择添加的楼板边缘，在“属性”对话框中修改“垂直轮廓偏移”与“水平轮廓偏移”等数值，单击“编辑类型”按钮，可以在弹出的“类型属性”对话框中，修改楼板边缘的“轮廓”和“材质”，如图 7.25 所示。

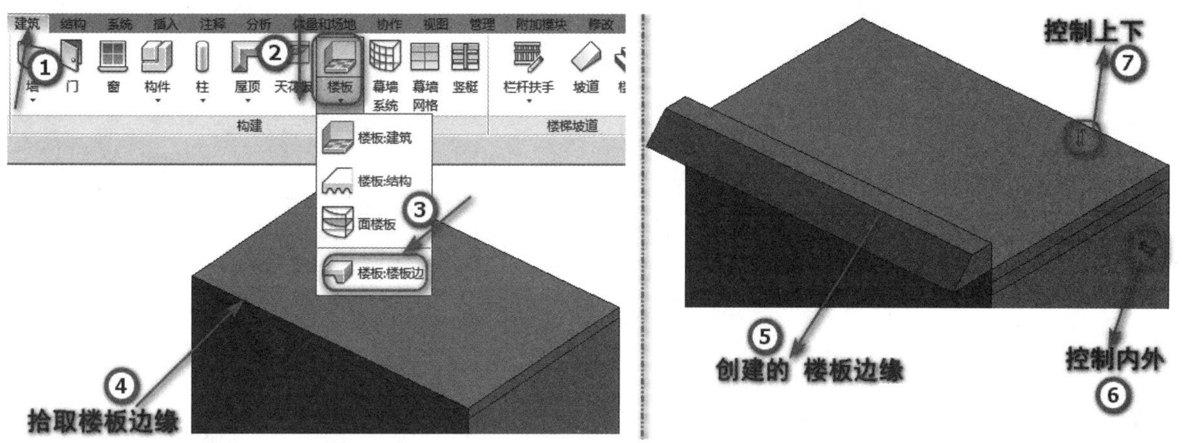

■ 图 7.24 选取楼板的水平边缘来添加楼板边缘

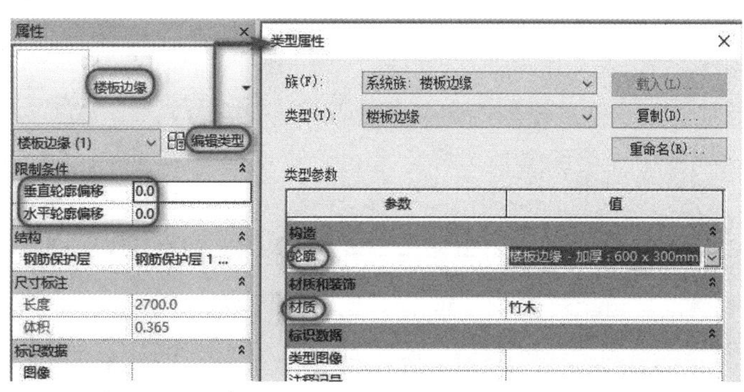

■ 图 7.25 楼板边缘的修改

第二节 屋顶

屋顶的创建过程与天花板、楼板非常类似，都是基于草图的图元，同时可以被定义为通用的类型，同时不同类型屋顶之间的切换也是非常方便的。屋顶与楼板之间不同的是：屋顶的厚度是从屋顶所参照的参照平面向上进行计算的，而楼板的创建是从楼板所参照的参照平面向下进行计算的。如图 7.26 所示，平屋顶和楼板的创建所参照的参照平面是“标高 1”。

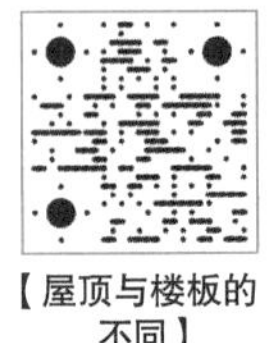

【屋顶与楼板的不同】

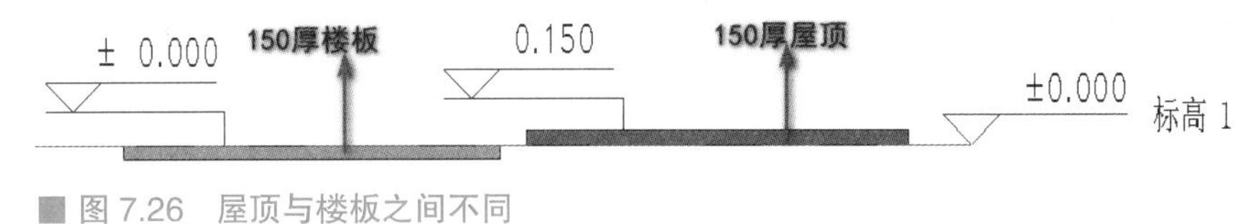

■ 图 7.26　屋顶与楼板之间不同

一、迹线屋顶

1. 创建迹线屋顶

（1）迹线屋顶即是通过绘制屋顶的各条边界线，为各边界线定义坡度的过程。在“标高 1”楼层平面视图中，单击“建筑”选项卡→“构建”面板→“屋顶”下拉列表→“迹线屋顶”按钮，进入“修改 | 创建屋顶迹线”选项卡。在“绘制”面板中有多种绘制方式，如直线、矩形、内接多边形和圆弧形等，如图 7.27 所示。

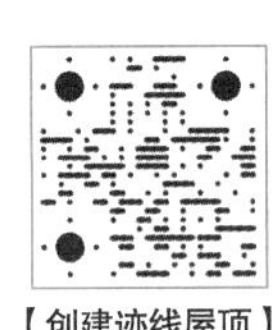

【创建迹线屋顶】

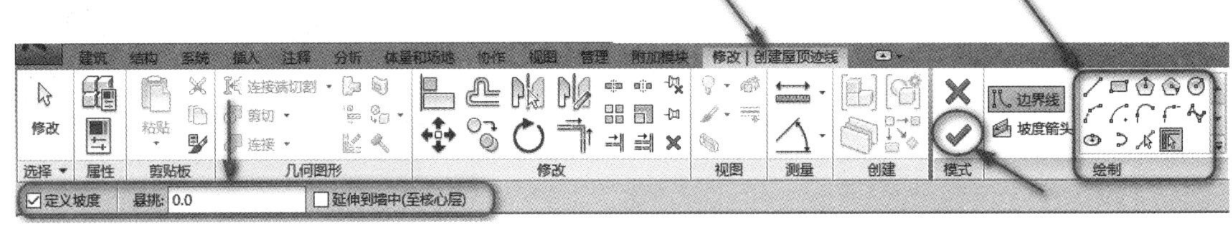

■ 图 7.27　“修改 | 创建屋顶迹线”选项卡

特别提示 ▶▶▶

用“拾取墙”工具来绘制屋面迹线，在选项栏中选中“延伸到墙中（至核心层）”，拾取墙时将拾取到有涂层和构造层的复合墙体的核心边界位置。

迹线屋顶的创建方式和楼板类似，进入绘制模式后，可先设置屋顶的高度，现绘制二层屋顶。屋顶高度设置如图 7.28 所示。

在“标高 3”楼层平面视图中，拾取屋顶边界轮廓，可直接用“拾取墙”工具来绘制屋面迹线。轮廓绘制完成以后，单击“√”按钮，即得到一个平屋顶。如果需要修改屋顶边界线，则要回到“标高 3”楼层平面视图，选中屋顶，再单击“编辑迹线”按钮即可修改边界线。若绘制的屋面无坡度，则要在绘制前，取消选中选项栏上的“定义坡度”复选框；反之，要创建坡屋顶时，需要选中选项栏上的“定义坡度”复选框，如图 7.28 所示。具体坡度可以在“属性”对话框里修改，系统默认是“30.00°”。创建的屋顶效果，如图 7.29 所示。

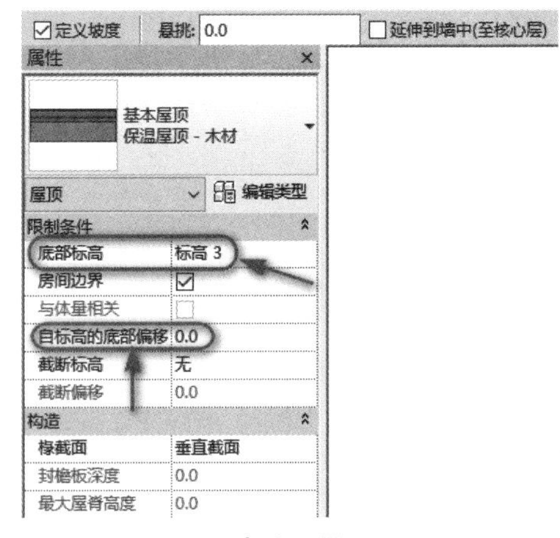

■ 图 7.28　屋顶高度设置

特别提示 ▶▶▶

用“拾取墙”工具来绘制屋面迹线，拾取的边界线必须是封闭的图形。此外，使用“拾取墙”命令时，使用键盘 Tab 键切换选择，可一次选中所有外墙绘制楼板边界。

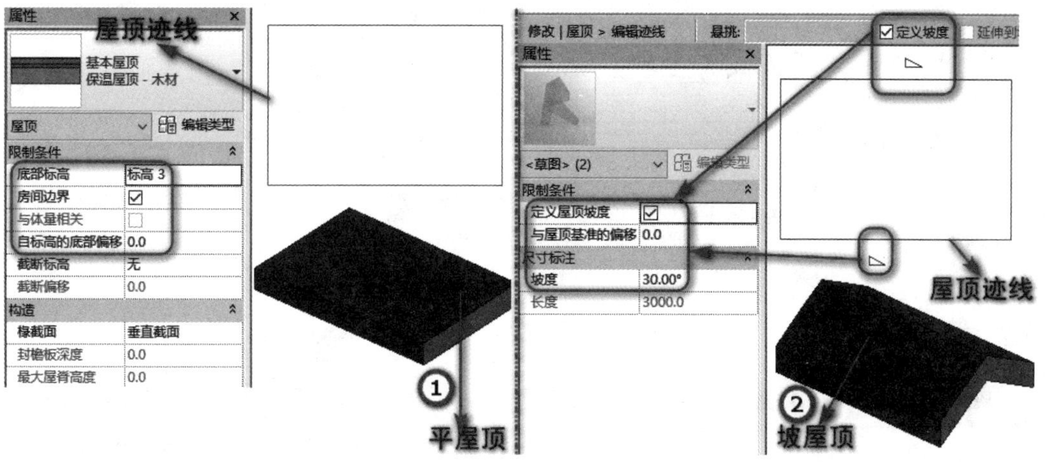

■ 图 7.29 创建的屋顶效果

（2）创建坡屋顶的方式除了直接定义坡度外，还可以用“坡度箭头”命令来创建坡屋顶。在“标高2”楼层平面视图中，单击“建筑”选项卡→“构建”面板→“屋顶”下拉列表→“迹线屋顶”按钮，进入“修改 | 创建屋顶迹线”选项卡。在选择栏中不选中选项栏上的“定义坡度”复选框，再运用绘制工具绘制屋顶轮廓，即屋顶迹线。完成屋顶轮廓的绘制后，单击“绘制”面板→“坡度箭头”按钮。图 7.30 所示为单坡屋顶。绘制的时候可以自己定义“最低处标高”和“最高处标高”即可得需要的坡屋顶，如图 7.29 所示。用坡度箭头命令绘制的坡屋顶如图 7.31 和图 7.32 所示。

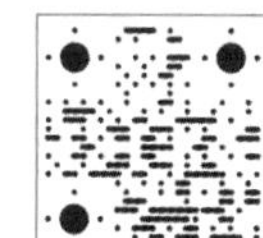
【坡度箭头】

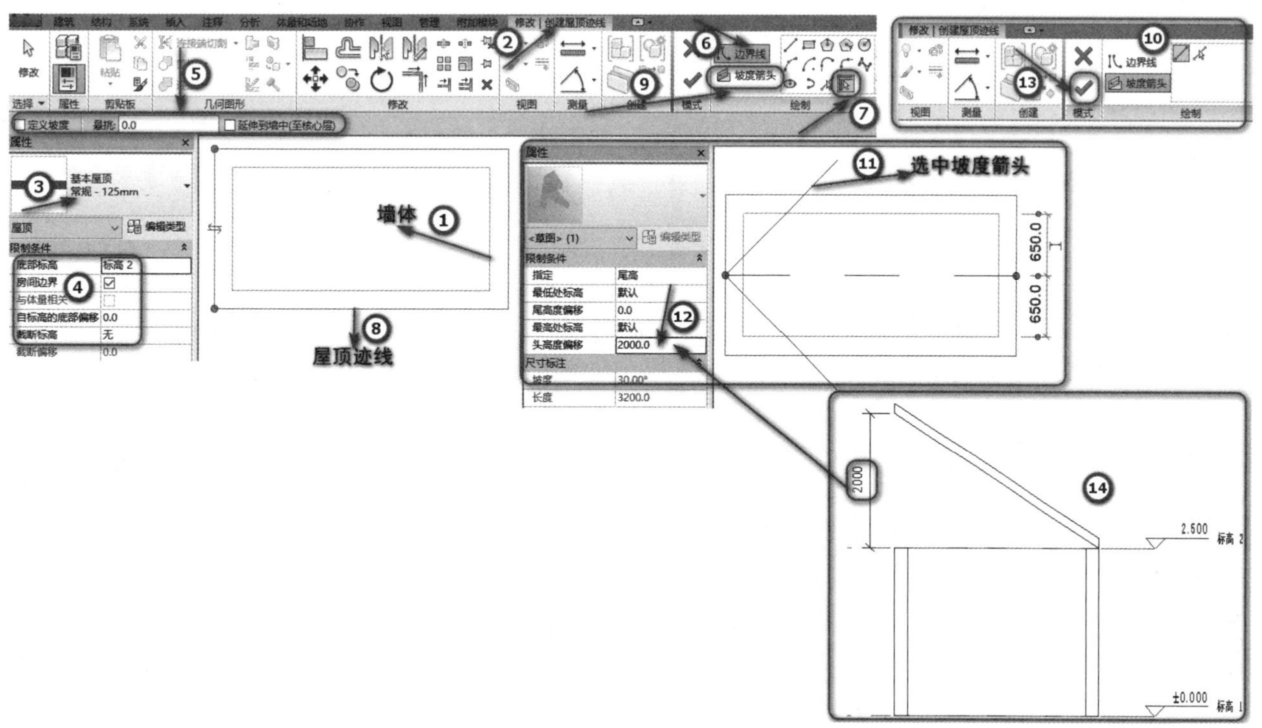

■ 图 7.30 单坡屋顶

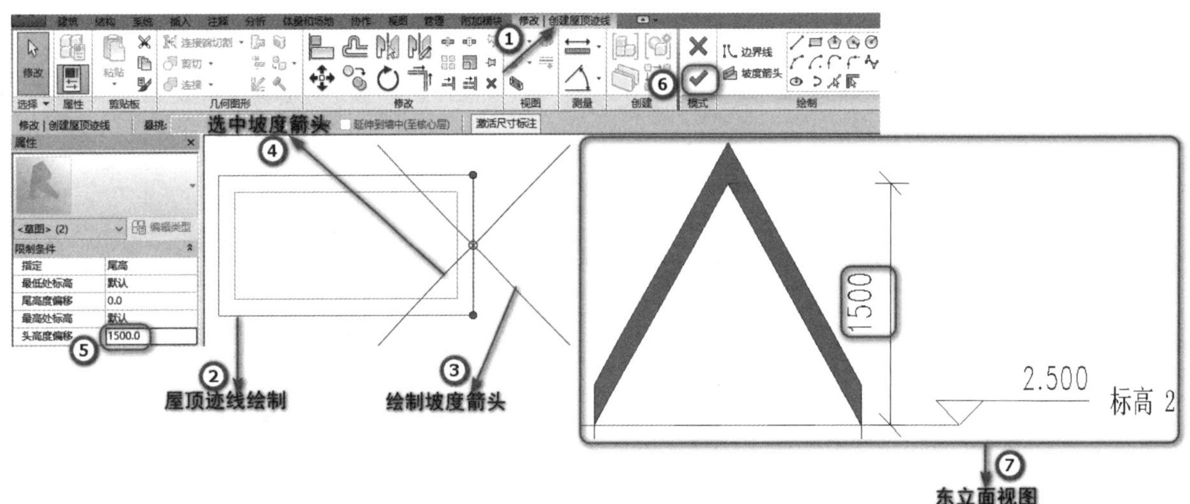

图 7.31 双坡屋顶

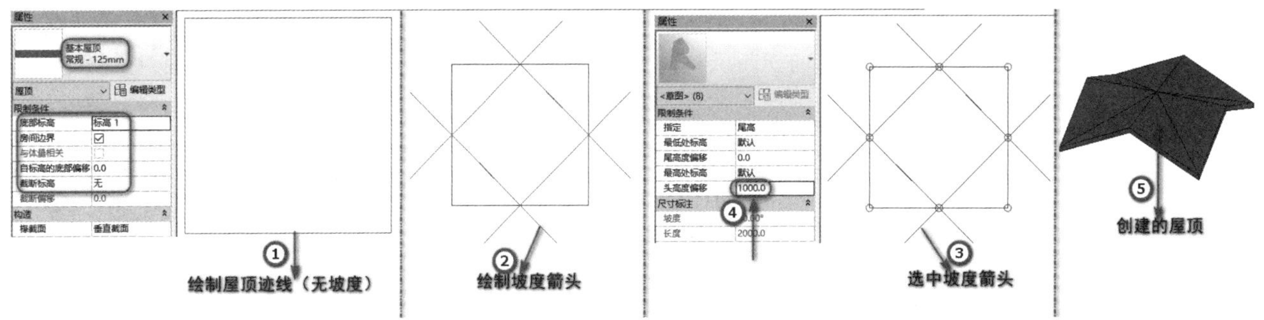

图 7.32 用坡度箭头命令绘制的坡屋顶

特别提示 ▶▶▶

坡度箭头所指的方向是由低处到高处，与传统所认为的坡度不太一样，所以绘制的时候要特别留意。

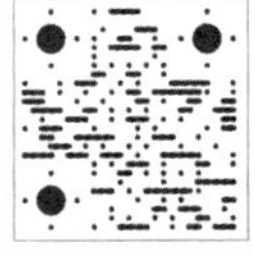

【实例属性设置】

2. 实例属性设置

对于用“边界线”方式绘制的屋顶，在“属性”对话框中与其他构件不同的是，多了截断标高、截断偏移、椽截面及坡度四个概念。绘制的屋顶边界线，单击坡度箭头可调整坡度值，图 7.33 所示为所生成的屋顶。根据整个屋顶的生成过程可以看出，屋顶是根据所绘制的边界线，按照坡度值形成一定角度向上延伸而成。

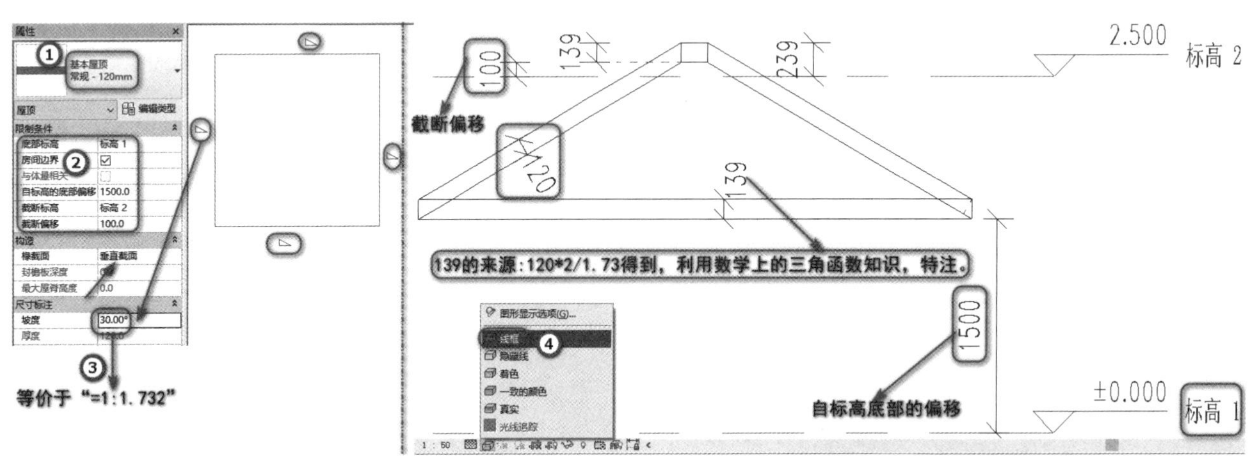

图 7.33 屋顶的生成过程

再学一招 ▶▶▶

"属性"对话框中各参数含义介绍如下。

① 底部标高：放置屋顶的底部标高，如果底部标高的值被修改了，就会带动这个屋顶一起移动。

② 房间边界：默认情况下的房间边界属性是被激活的，屋顶的几何图形会影响房间面积及面积的计算结果。

③ 与体量相关：默认情况下"与体量相关"是灰显的，"与体量相关"的命令只在创建面屋顶时才被激活。

④ 自标高的底部偏移：把屋顶相对于所放置的标高位置降低或升高。正值是自标高处向上方进行偏移，负值是向下方进行偏移。

很多屋顶都是由几个屋顶组合生成的。这种屋顶的绘制方式是需要剪切掉下方屋顶的顶部，然后把第二个屋顶放置在第一个屋顶上方，使用"截断标高"命令就可以很方便地完成屋顶的组合。

⑤ 截断标高：指定某一标高，在该标高上方所有迹线屋顶的几何图形都不会显示出来。

⑥ 截断偏移：当使用了截断标高命令以后，截断偏移命令就会被激活，可以输入偏移距离，正值为向上偏移，负值为向下偏移。

⑦ 椽截面：定义了屋顶边缘的形状，有三个选项，分别为垂直截面、垂直双截面和正方形截面。如果选择的是正方形截面及垂直双截面，那么"封檐带深度"命令就会被激活，此时可以通过设置数字来调节深度。

3. 编辑迹线屋顶

绘制完屋顶后，还可选中屋顶，单击"修改 | 屋顶"选项卡→"模式"面板→"编辑迹线"按钮，可再次进入到屋顶的迹线编辑模式。对于屋顶的编辑，还可利用"修改"选项卡→"几何图形"面板→"连接 / 取消连接屋顶"工具连接屋顶到另一屋顶或墙上，如图 7.34 所示。

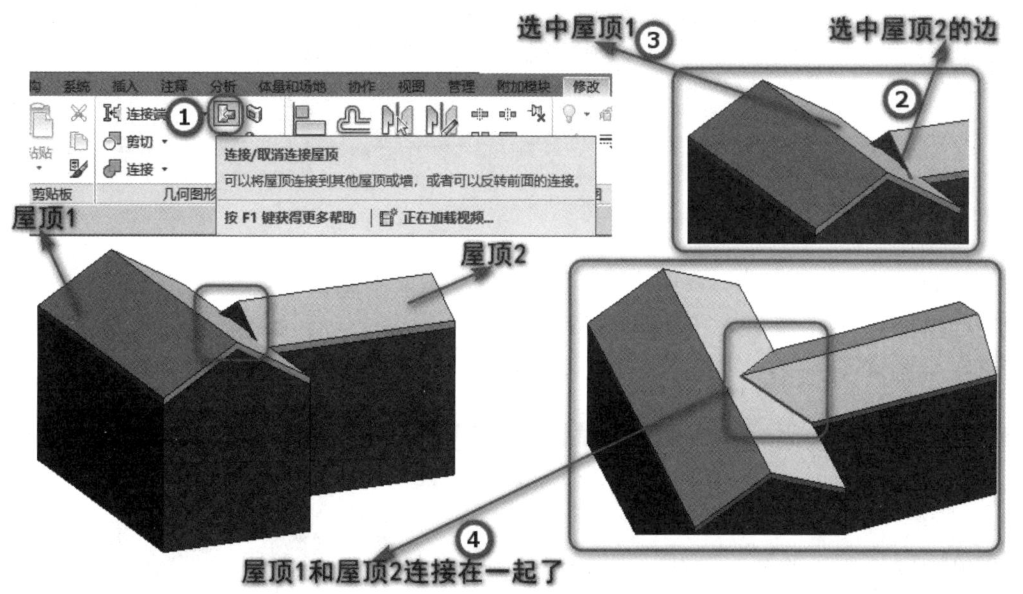

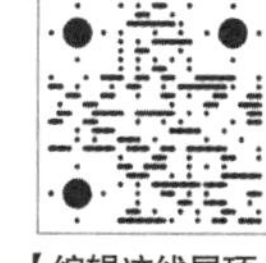

【编辑迹线屋顶】

■ 图 7.34　连接屋顶到另一屋顶

小贴士 ▶▶▶

需要先选中连接的屋顶边界，再去选择连接到的屋顶面。

二、拉伸屋顶创建和编辑

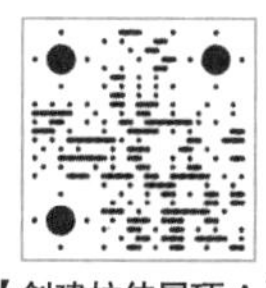

【创建拉伸屋顶 A】

拉伸屋顶适合于创建具有单一方向的折线或者曲线形式的异型屋顶，和迹线屋顶一样，拉伸屋顶也是基于草图绘制的，但是用于定义屋顶形式的草图线是在立面或者剖面视图中，而不是在楼层平面视图中绘制的，并且会在之后的拉伸中沿着建筑平面的长度来决定屋顶的拉伸长度。拉

伸屋顶并没有选项来辨认建筑物的外轮廓或者建筑物投影的迹线，如果拉伸屋顶和建筑物本身的平面投影不符合时，这时可以使用其他的工具进行一个形状的加工，如剪切。拉伸屋顶可以基于参照平面，参照平面会提供一个工作平面，这样拉伸屋顶本身就不必垂直于建筑墙体的表面了，如果建筑物本身的投影是不规则的，或者屋顶本身就是不规则的，可以使用"剪切"命令进行剪切，剪切出符合要求的屋顶，具体操作步骤如下。

步骤一：选择"建筑样板"，新建一个项目。

步骤二：进入"标高 1"楼层平面视图，单击"墙：建筑"按钮或使用快捷键 WA，选择绘制方式为"矩形"，在绘图区域绘制墙体。

步骤三：单击"拉伸屋顶"按钮，弹出"工作平面"对话框。设置一个绘制拉伸屋顶的工作平面，采取"拾取一个平面"的方式，鼠标单击墙体表面，将南面墙体设为工作平面，弹出"转到视图"对话框。选择"立面：南"选项，单击"打开视图"按钮，软件自动切换到南立面视图并弹出"屋顶参照标高和偏移"对话框，如图 7.35 所示。这里不做修改，单击"确定"按钮，进入草图绘制模式。

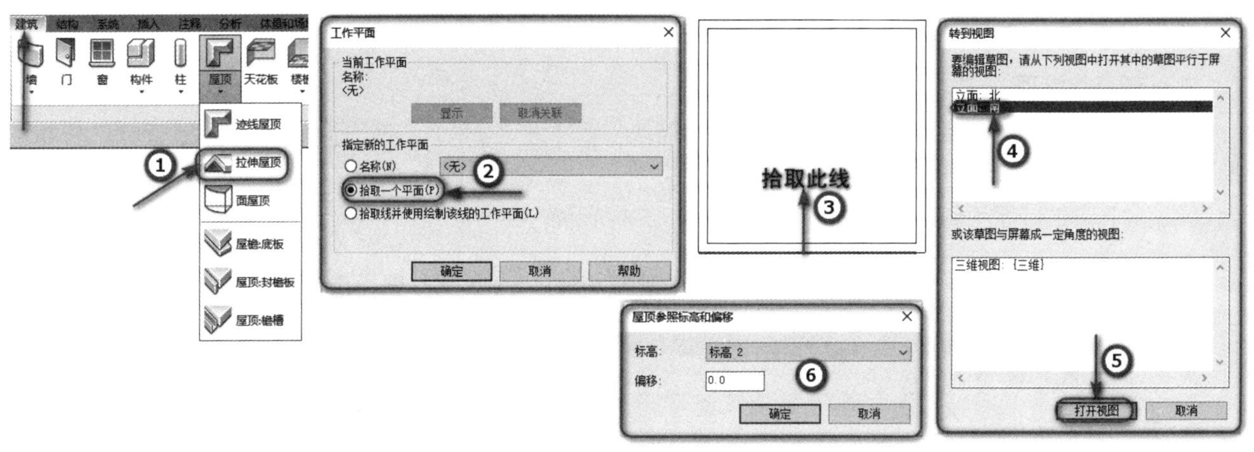

■ 图 7.35　激活"拉伸屋顶"命令

步骤四：在"类型选择器"下拉列表中选择屋顶的类型为"基本屋顶 保温屋顶 - 木材"，选择绘制的方式为"样条曲线"，绘制拉伸屋顶草图，如图 7.36 所示。单击"模式"面板→"√"按钮。屋顶会自动捕捉到当前墙体平面的投影范围，调整自身的长度，切换到三维视图，如图 7.37 所示。

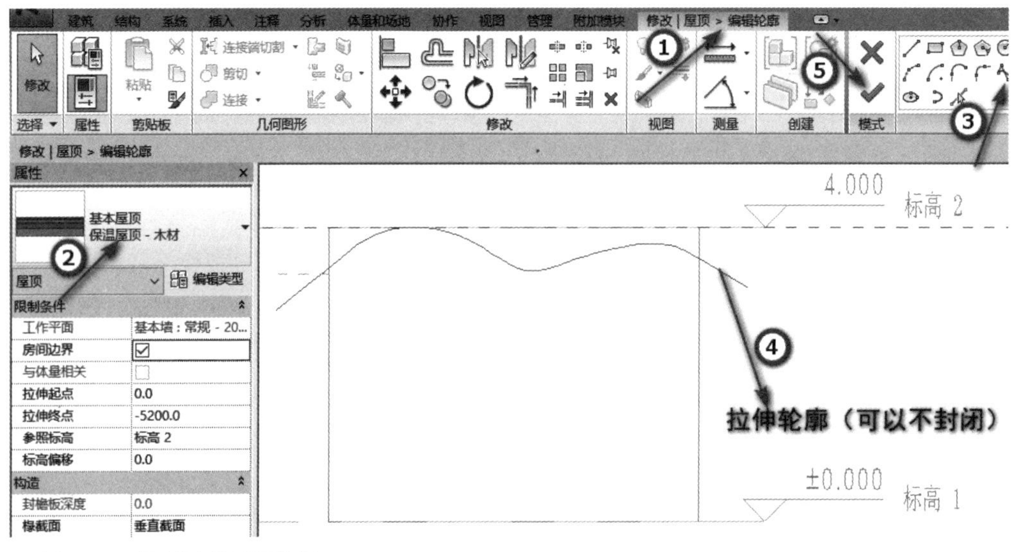

■ 图 7.36　绘制拉伸屋顶草图

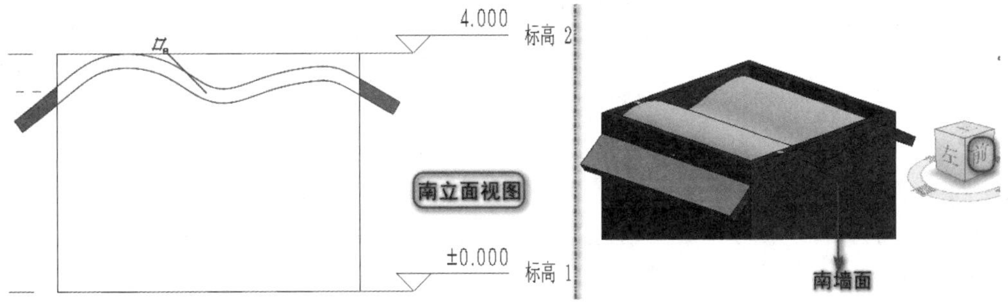

■ 图 7.37　拉伸屋顶

步骤五：选择屋顶，在“属性”对话框中可以看到，屋顶的“拉伸起点”是“0.0”，“拉伸终点”是“-5200.0”（墙体中心到中心距离是 5000mm，墙体厚度是 200mm，故南北墙体表面之间的距离是 5200mm），因为拉伸屋顶是拾取墙的外表面向墙体的内部进行拉伸的，所以拉伸终点为一个负值。如果需要屋顶向墙体外挑出一段距离，可以修改拉伸起点及拉伸终点，将“拉伸起点”设为“500.0”，“拉伸终点”设为“-5700.0”，如图 7.38 所示。

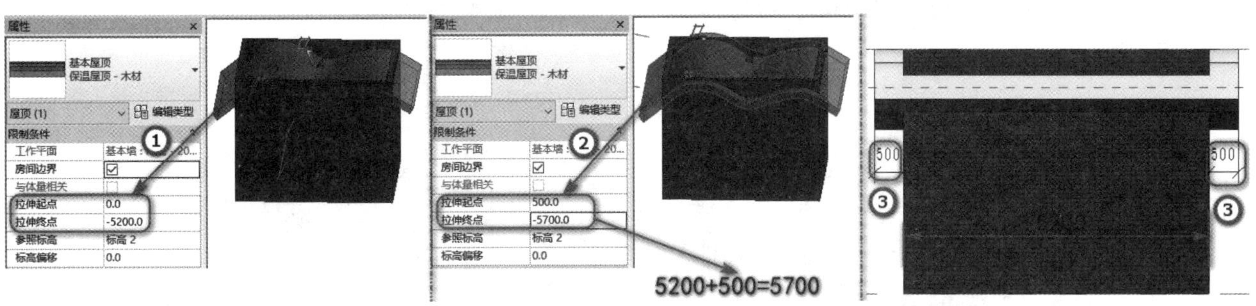

■ 图 7.38　修改拉伸起点及拉伸终点

步骤六：鼠标放在墙体上，当一面墙高亮显示的时候，按键盘 Tab 键，待所有墙体高亮显示后，单击即可选中所有相连的墙体，Revit 会自动切换到“修改 | 墙”选项卡，单击“修改墙”面板→“附着顶部 / 底部”按钮，在选项栏选择“附着墙：顶部”。单击创建的拉伸屋顶，如图 7.39 所示，则墙体的顶部附着到拉伸屋顶的下表面。

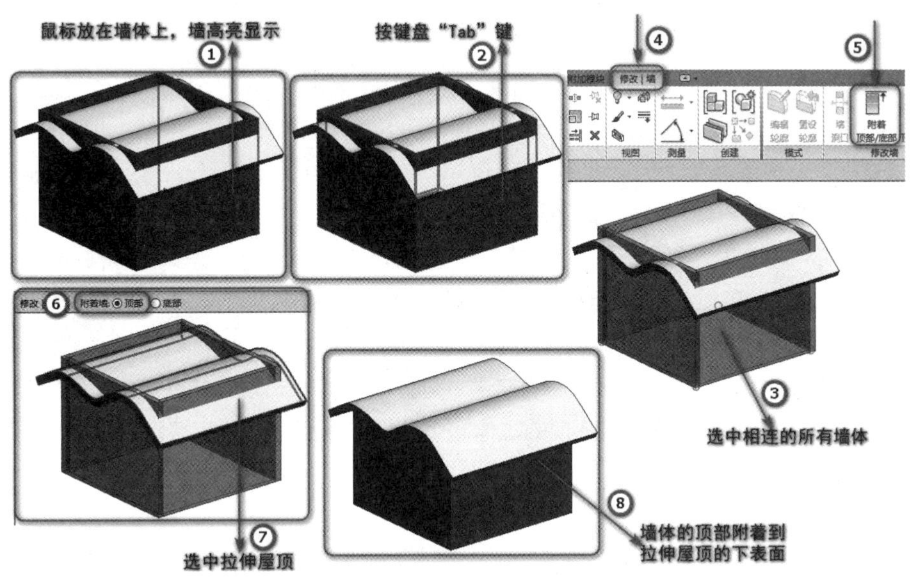

■ 图 7.39　“附着顶部 / 底部”工具应用

步骤七：再新建一个项目，切换到“标高 1”楼层平面视图，单击“墙：建筑”按钮，选择绘制方式为“矩形”，创建矩形墙体。

步骤八：切换到三维视图。单击“拉伸屋顶”按钮，拾取一个工作平面，拾取左侧墙体的内部表面，在三维视图中单击 View Cube 的前立面，选择绘制的方式为“样条曲线”，开始绘制拉伸屋顶草图，如图 7.40 所示，单击“√”按钮。可以看到，屋顶的拉伸终点的方向是向外侧的，也就是说屋顶自动捕捉到了场地当中远端的墙体，如图 7.41 中①所示。这里也可以通过拖曳“控制柄”来调整屋顶的拉伸起点及拉伸终点，如图 7.41 中②所示。

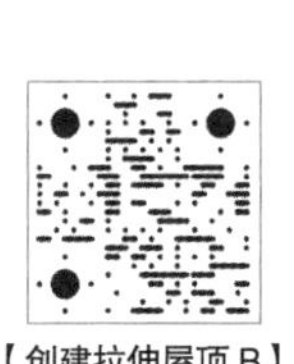
【创建拉伸屋顶 B】

图 7.40　绘制拉伸屋顶草图

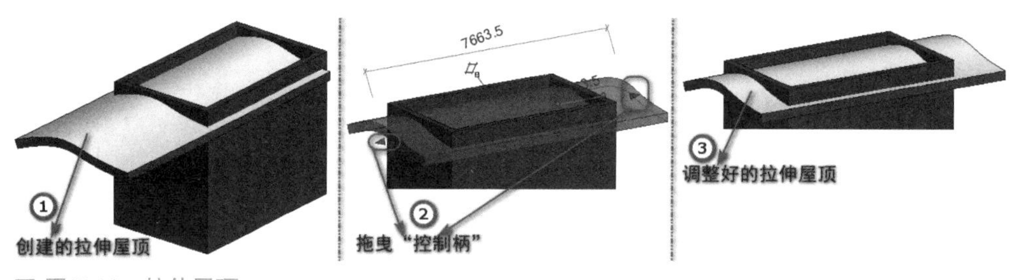

图 7.41　拉伸屋顶

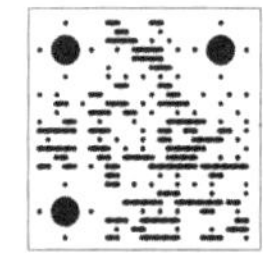
【创建拉伸屋顶 C】

步骤九：切换到“标高 1”楼层平面视图中，单击“墙：建筑”按钮，选择绘制的方式为“直线”，任意绘制一个五边形的墙体，在墙体的上方绘制一段参照平面，在“属性”对话框中将参照平面命名为“11”，如图 7.42 所示。

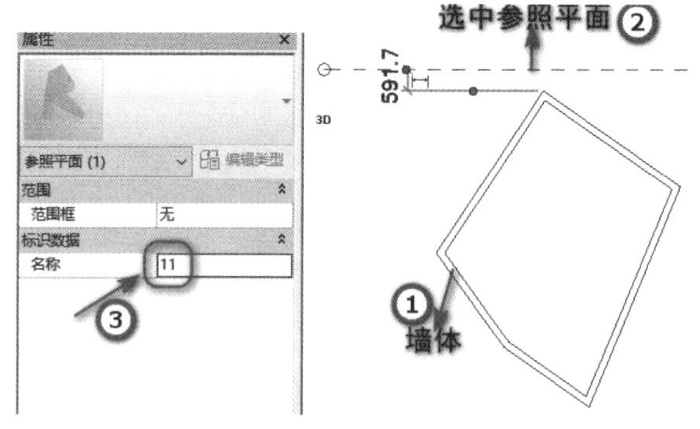

图 7.42　绘制墙体和参照平面

步骤十：切换到三维视图，单击“拉伸屋顶”按钮，在弹出的设置“工作平面”的对话框中，将“指定新的工作平面”指定为“名称”。选择“参照平面：11”，单击“工作平面”面板→“显示”按钮，将工作平面的显示打开，如图 7.43 所示。

步骤十一：在三维视图中单击 View Cube 的前立面，选择绘制的方式为“样条曲线”绘制拉伸屋顶草图。单击“√”按钮，通过拖曳“控制柄”来调整屋顶的拉伸起点及拉伸终点，将所有墙附着到屋顶下表面，如图 7.44 所示。

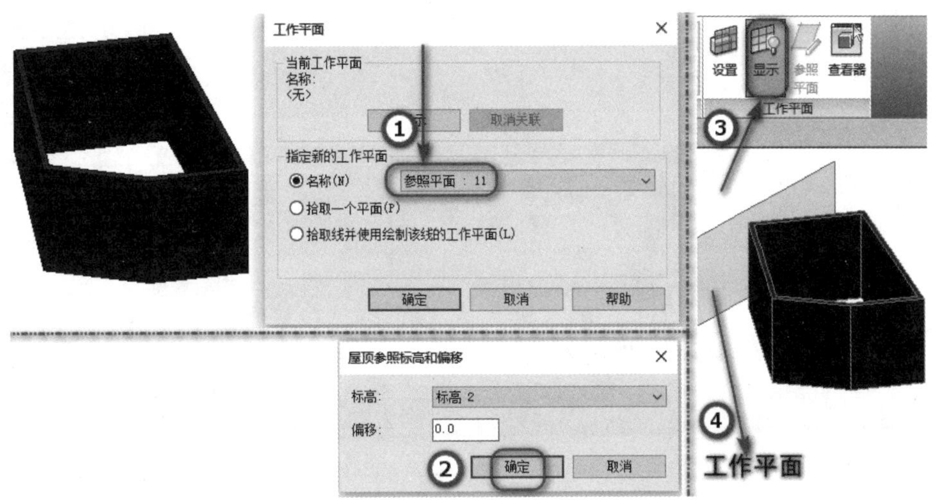

■ 图 7.43 设置工作平面

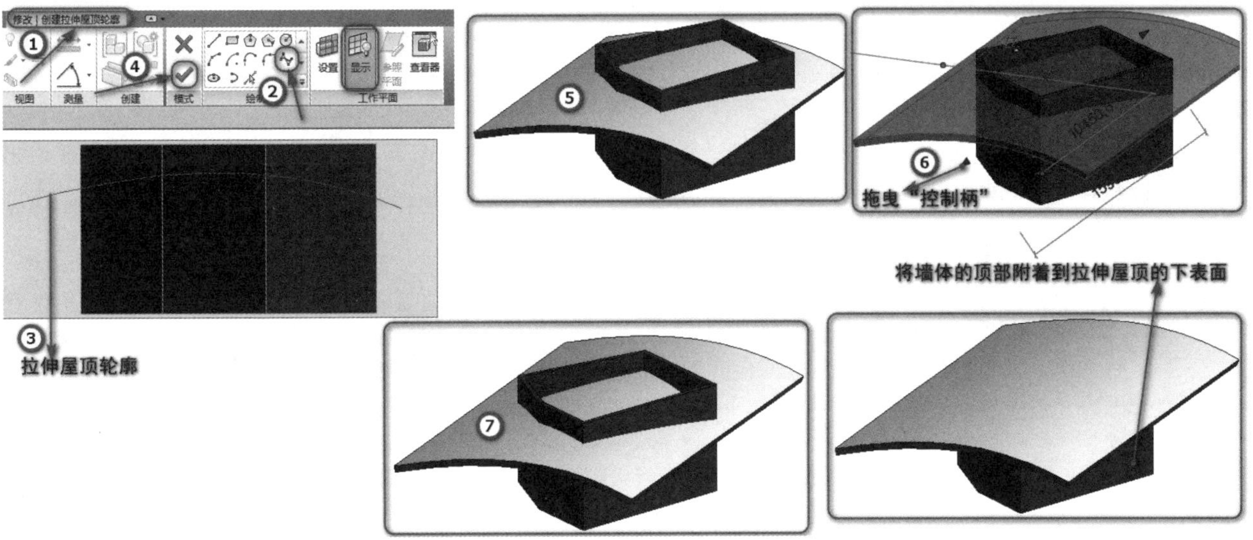

■ 图 7.44 拉伸屋顶创建

第三节 天花板

一、自动创建天花板

以自动创建一天花板为例，具体操作步骤如下。

步骤一：单击"建筑"选项卡→"构建"面板→"天花板"按钮，打开"修改 | 放置 天花板"选项卡，如图 7.45 所示。

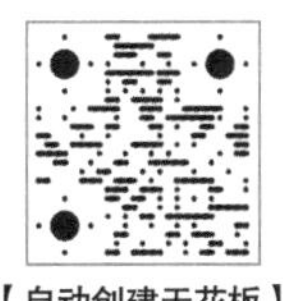

【自动创建天花板】

步骤二：在"属性"对话框中选择"基本天花板 常规"类型，选择"标高"为"标高 2"，输入"自标高的高度偏移"为"-100.0"，如图 7.46 所示。

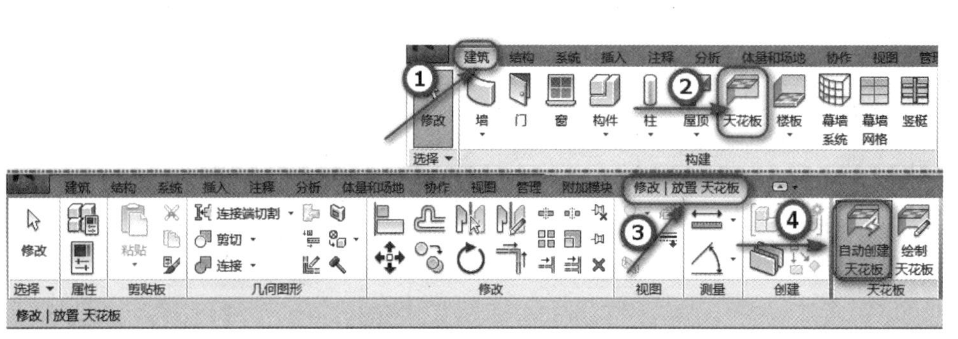

■ 图 7.45 “修改 | 放置 天花板”选项卡

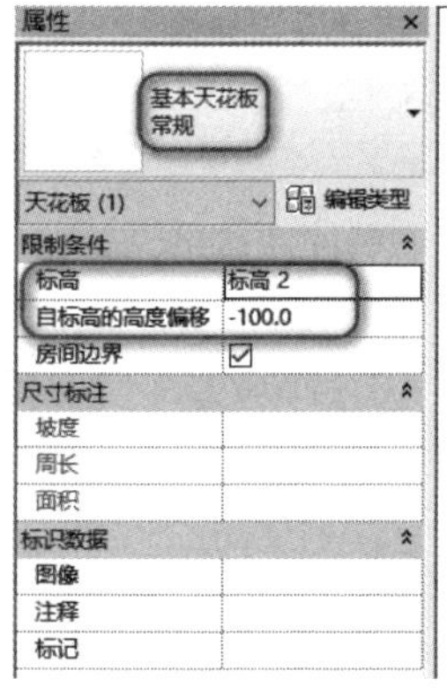

■ 图 7.46 天花板“属性”对话框

特别提示 ▶▶▶

“属性”对话框中各主要参数含义如下。

① 标高：指明放置此天花板的标高。

② 自标高的高度偏移：指定天花板顶部相对于标高参数的高程。

③ 房间边界：指定天花板是否作为房间边界图元。

步骤三：单击“天花板”面板→“自动创建天花板”按钮（默认状态下，系统会激活这个按钮），在单击构成闭合环的墙体内墙面时，会在这些边界内部放置一个天花板，而忽略房间分隔线。在选择的区域内单击创建天花板，如图 7.47 所示。

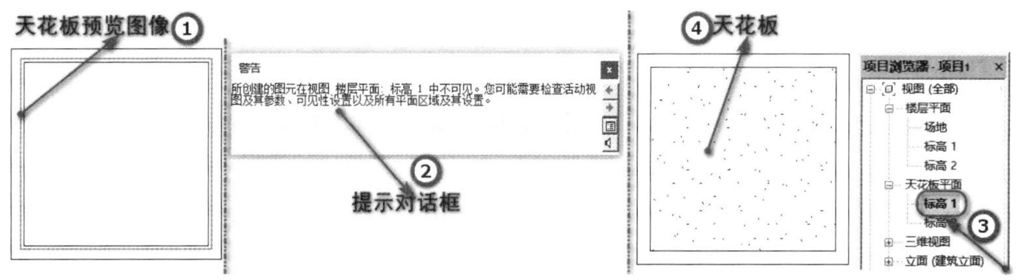

■ 图 7.47 “自动创建天花板”

步骤四：切换至默认三维视图后，选中“属性”对话框→“剖面框”复选框，单击并拖曳剖面框箭头图标，即可查看天花板效果图，如图 7.48 所示。

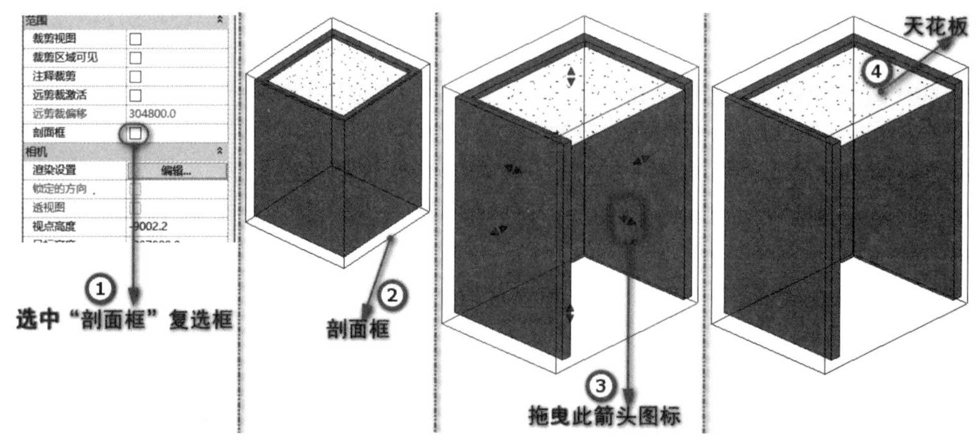

■ 图 7.48 天花板效果图

二、绘制天花板

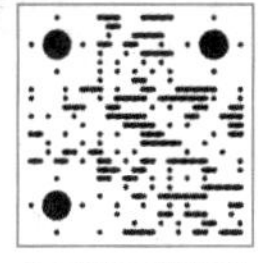

以绘制一天花板为例，具体操作步骤如下。

步骤一：单击“建筑”选项卡“构建”面板→“天花板”按钮，打开“修改 | 放置 天花板”选项卡，如图 7.49 所示。

步骤二：在“属性”对话框中选择“复合天花板 600×600mm 轴网”类型，选择“标高”为“标高 2”，输入“自标高的高度偏移”为“-100.0”，如图 7.49 所示。

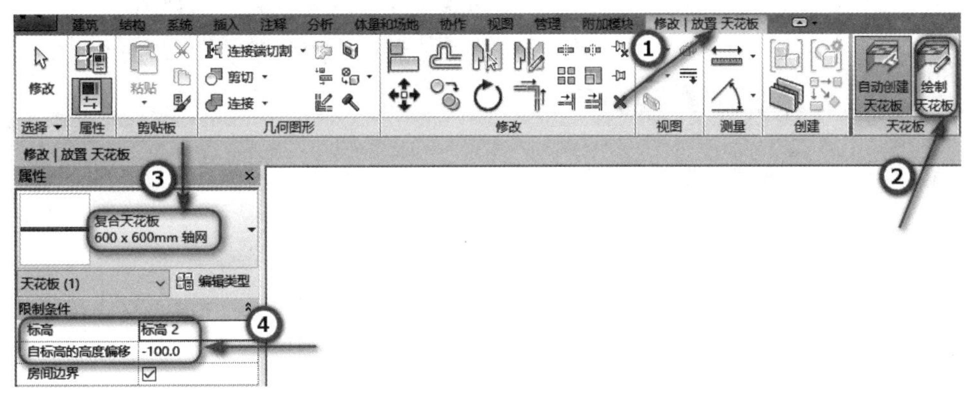

■ 图 7.49 “修改 | 放置 天花板”选项卡

步骤三：单击“属性”对话框中“编辑类型”按钮，打开“类型属性”对话框，单击“构造”选项组中“结构”右侧的“编辑”按钮，打开“编辑部件”对话框，设置“面层 2[5]”的厚度为“24”，其他采用默认设置，如图 7.50 所示。连续单击“确定”按钮两次退出“类型属性”对话框。

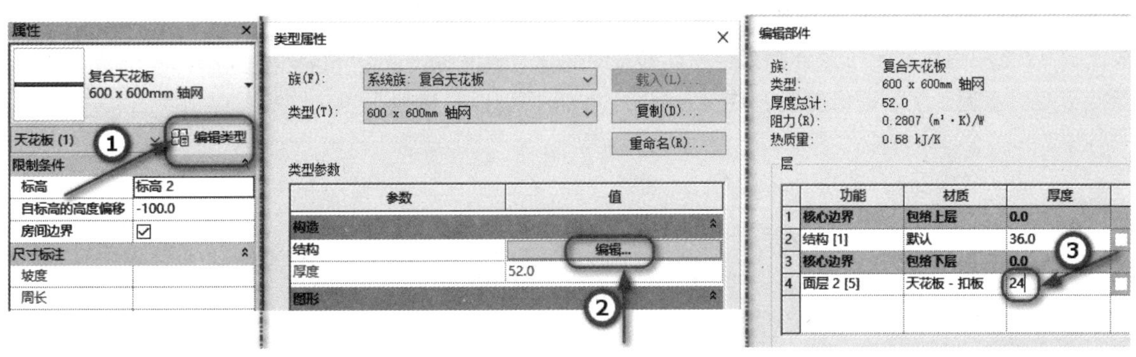

■ 图 7.50 “编辑部件”对话框

步骤四：单击“天花板”面板→“绘制天花板”按钮，打开“修改 | 创建天花板边界”选项卡，单击“绘制”面板→“边界线”按钮和“线”按钮（默认状态下，系统会自动激活这两个按钮），绘制天花板的边界线。单击“模式”面板→“√”按钮，完成天花板的创建，切换到三维视图，选中天花板，结果如图 7.51 所示。

小贴士 ▶▶▶

若要在天花板上创建洞口，则在天花板边界内绘制另一个闭合环即可。

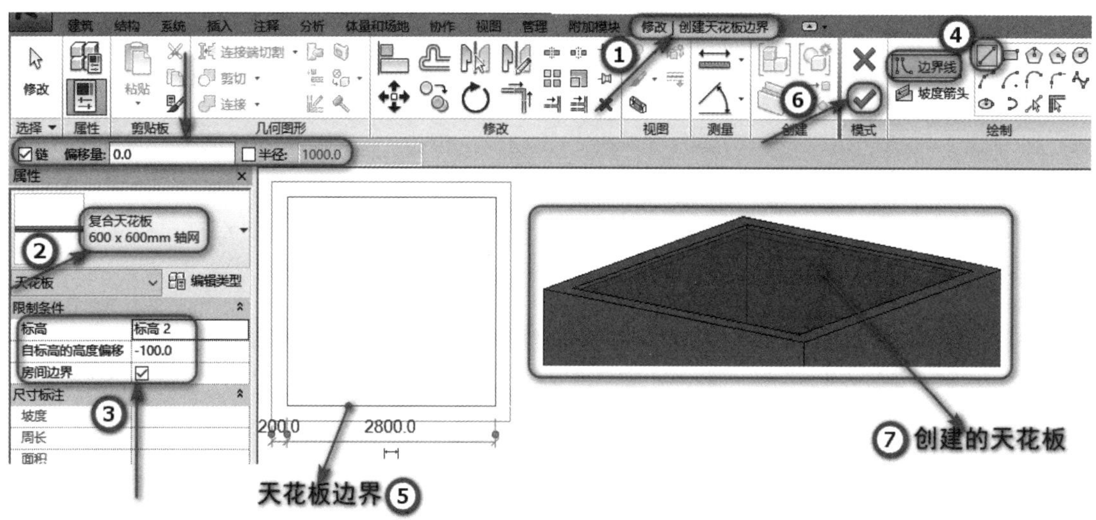

■ 图 7.51 “绘制天花板”

第四节　经典真题解析

笔者根据考试经验，结合考试大纲要求，下面通过经典考试真题的详细解析来介绍楼板、屋顶的建模和解题步骤，希望对广大考生朋友有所帮助。

真题一：第四期全国 BIM 技能等级考试一级试题第二题“楼板”

根据图 7.52 中给定的尺寸及详图大样新建楼板，顶部所在的标高为 ±0.000，命名为“卫生间楼板”，构造层保持不变，水泥砂浆层进行放坡，并创建洞口。请将模型以“楼板”为文件名保存到考生文件夹中。

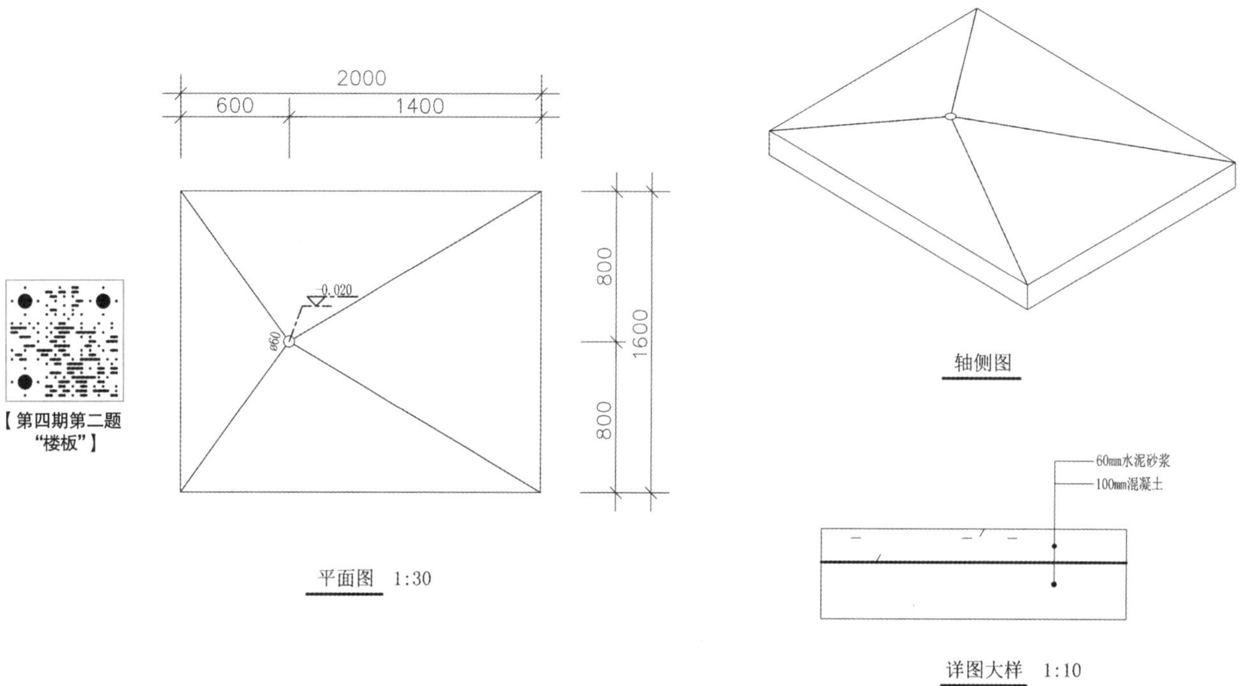

■ 图 7.52　楼板

【建模思路】

本题建模思路如图 7.53 所示。

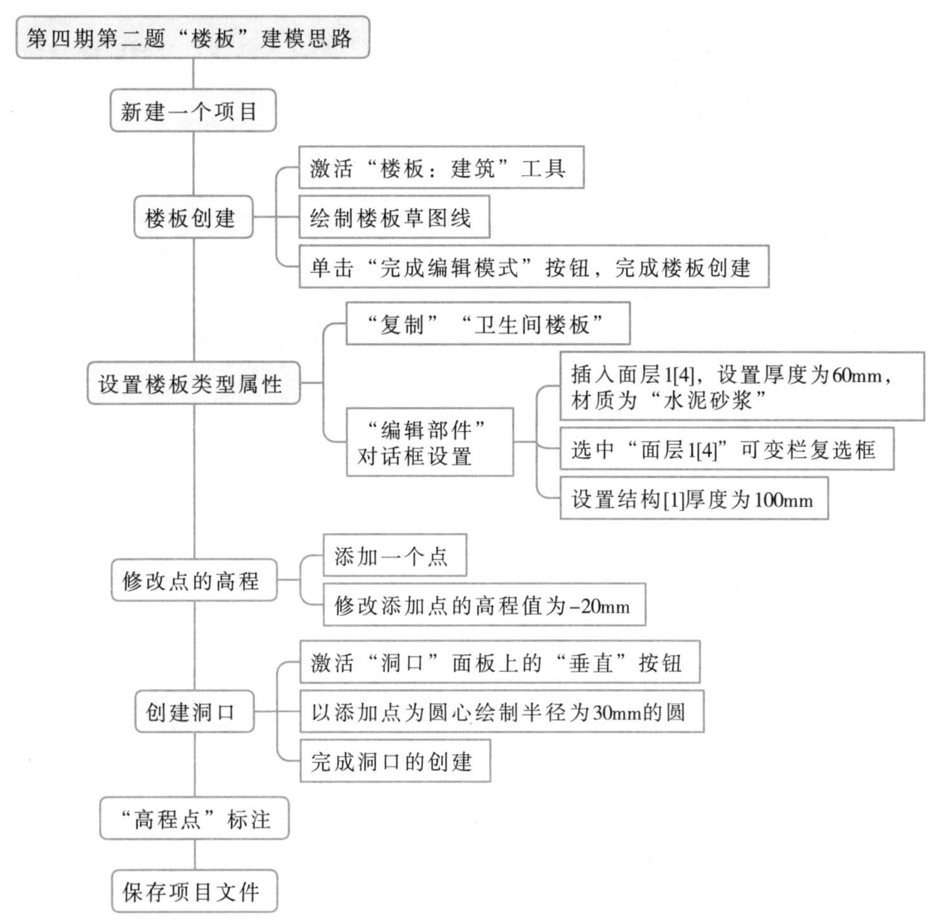

图 7.53　第四期第二题“楼板”建模思路

【建模步骤】

步骤一：选择“建筑样板”，新建一个项目。切换到“标高 1”楼层平面视图，单击“建筑”选项卡→“构建”面板→“楼板”下拉列表→“楼板：建筑”按钮，选择绘制方式为“矩形”，按照题目给的尺寸绘制楼板草图线，单击“修改 | 创建楼层边界”选项卡“模式”面板→“√”按钮，完成楼板创建，如图 7.54 所示。

步骤二：选中绘制的楼板，单击“属性”对话框→“编辑类型”按钮，弹出“类型属性”对话框。在“类型属性”对话框中单击“复制”按钮，弹出“名称”对话框，输入名称“卫生间楼板”，单击“确定”按钮。单击“构造”选项组下“结构”右侧的“编辑”按钮打开“编辑部件”对话框，单击“插入”按钮，添加一个层，将功能修改为修改为“面层 1[4]”，使用“向上”按钮来确定面层的位置，将“面层 1[4]”厚度改为“60.0”，“结构 [1]”厚度改为“100.0”；设置“面层 1[4]”材质为“水泥砂浆”，“结构 [1]”材质为“混凝土”，如图 7.55 所示。

特别提示 ▶▶▶

题目中提到构造层保持不变，故水泥砂浆面层是可变的，需要选中“面层 1[4]”可变栏复选框。

步骤三：单击“建筑”选项卡→“工作平面”面板→“参照平面”按钮，绘制参照平面，如图 7.55 所示。选中楼板，自动切换到“修改 | 楼板”选项卡，单击“形状编辑”面板→“添加点”按钮，在参照平面交点 A 添加一个点。单击“修改子图元”按钮，选中刚刚添加的点，修改点的高程为 -20mm，按 Enter 键确认，再按 Esc 键两次退出“修改子图元”命令，如图 7.56 所示。

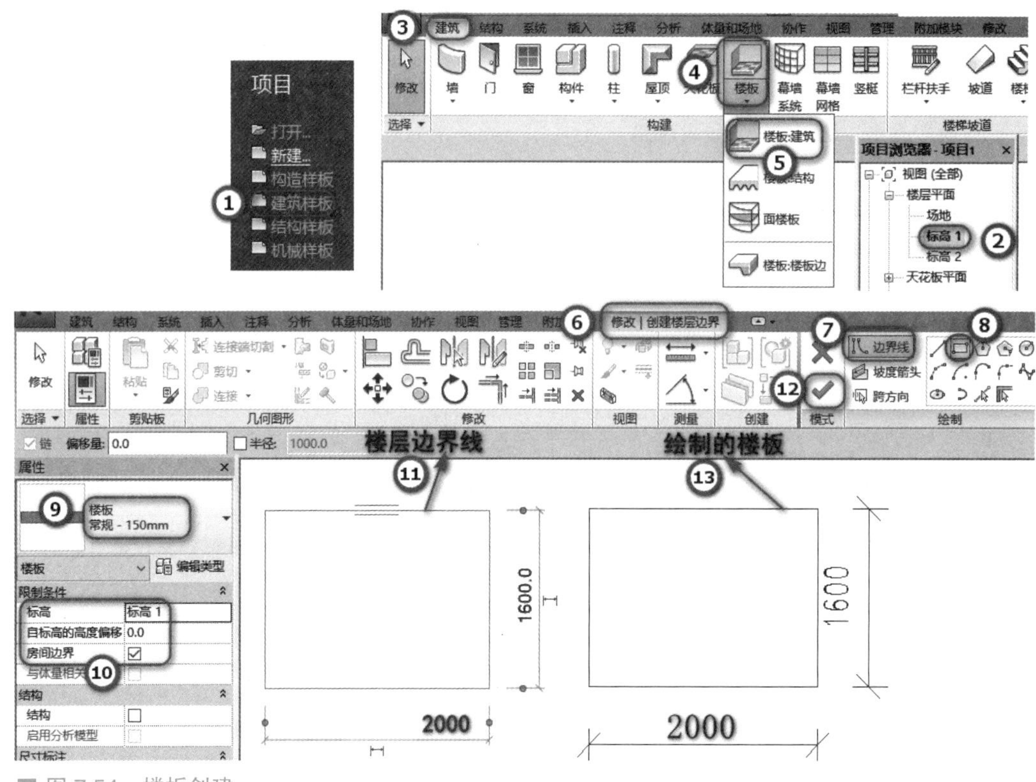

■ 图 7.54　楼板创建

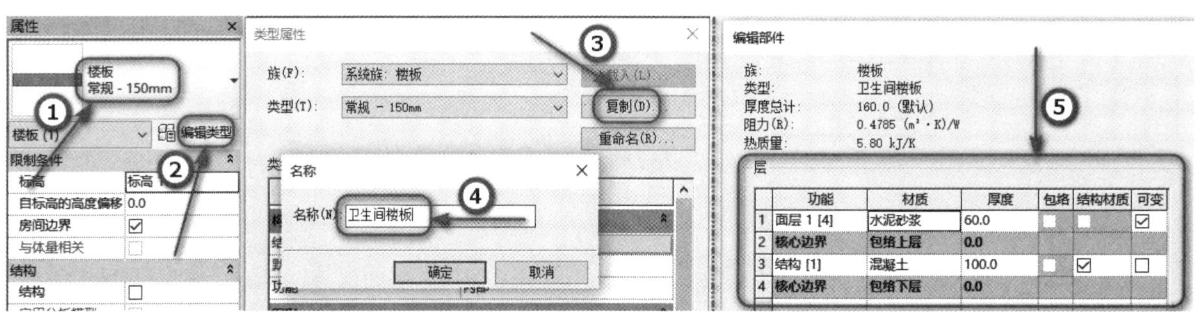

■ 图 7.55　设置构造层

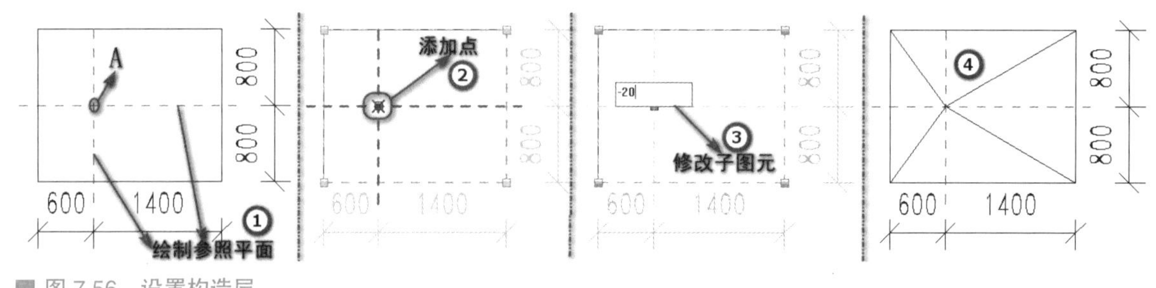

■ 图 7.56　设置构造层

步骤四：单击“建筑”选项卡→“洞口”面板→“垂直”按钮，选择刚刚创建的楼板，切换到“修改 | 创建洞口边界”选项卡。选择“绘制”面板→“圆”绘制方式，以 A 点为圆心绘制一个半径为 30mm 的圆，单击“模式”面板中的“√”按钮，完成洞口的创建，如图 7.57 所示。

步骤五：在洞口处添加一个剖面，切换到剖面视图，视觉样式切换为“真实”。单击“注释”选项卡“尺寸标注”面板→“高程点”按钮，进行高程点标注，如图 7.58 所示。

步骤六：最后结果以“楼板”为文件名保存在考生文件夹中，至此完成楼板的创建。

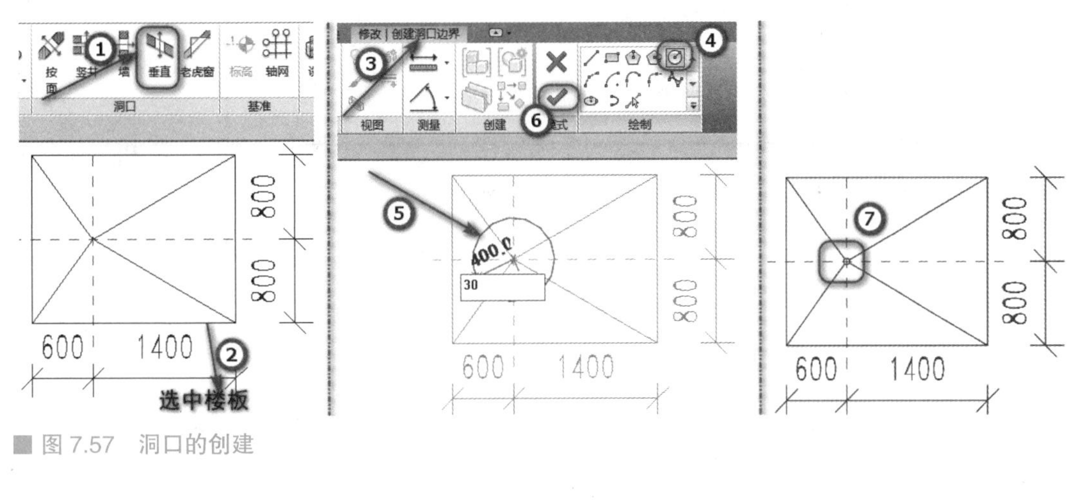

■ 图 7.57　洞口的创建

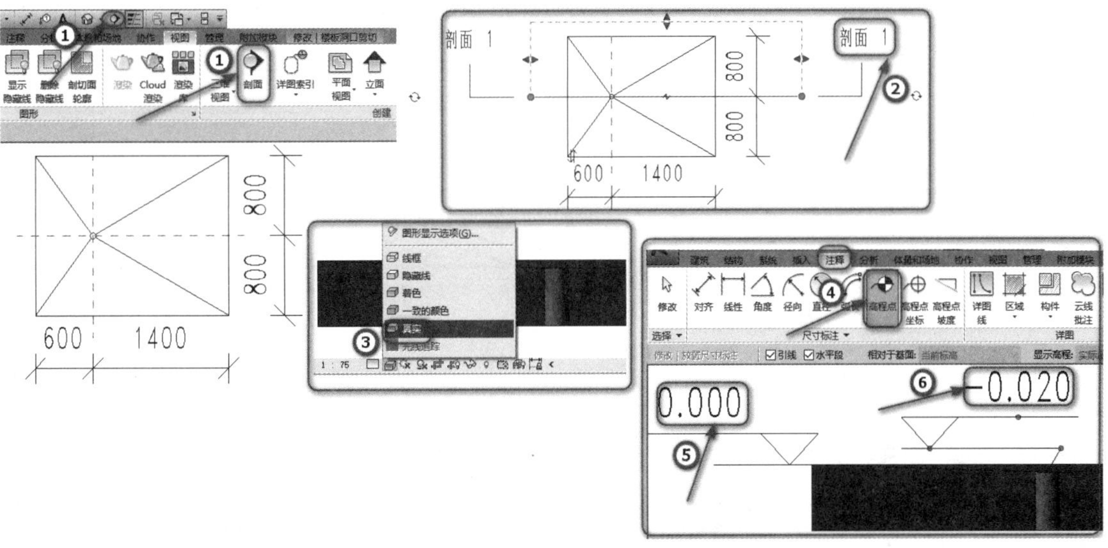

■ 图 7.58　高程点标注

真题二：第二期全国 BIM 技能等级考试一级试题第三题“屋顶”

按照图 7.59 平、立面图绘制屋顶，屋顶板厚均为 400mm，其他建模所需尺寸可参考平、立面图自定。结果以“屋顶”为文件名保存在考生文件夹中。

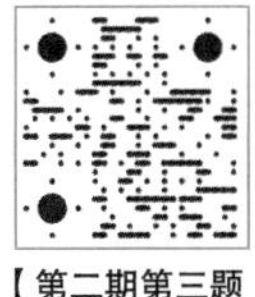

【第二期第三题“屋顶”】

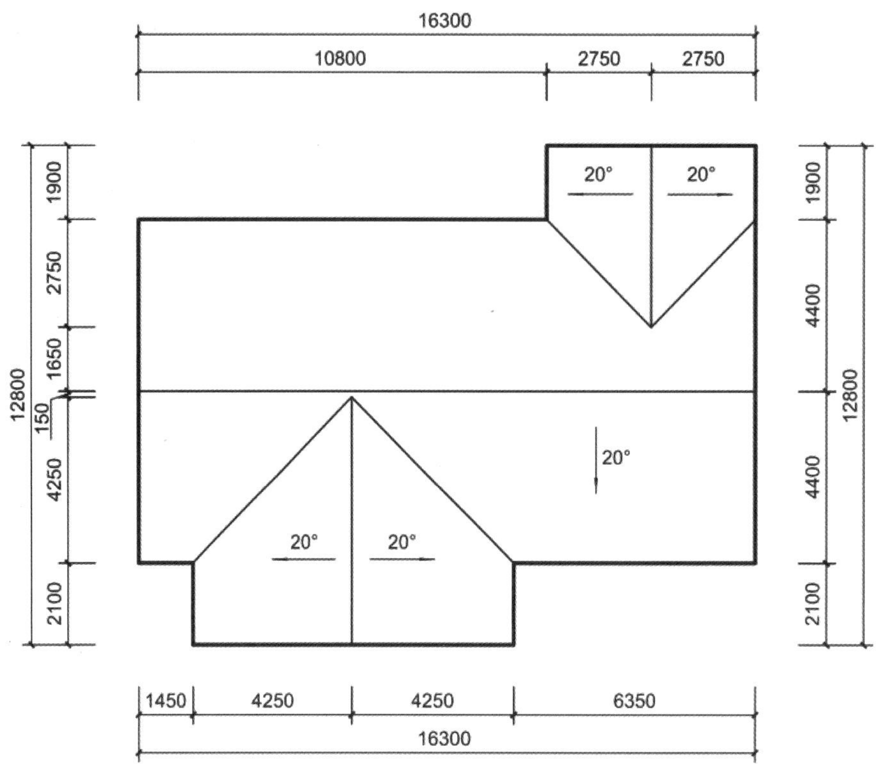
16300
10800
2750
2750
1900
2750
1650
150
12800
4250
2100
20°
20°
20°
20°
20°
4400
4400
12800
1900
2100
1450
4250
4250
6350
16300
平面图 1:100

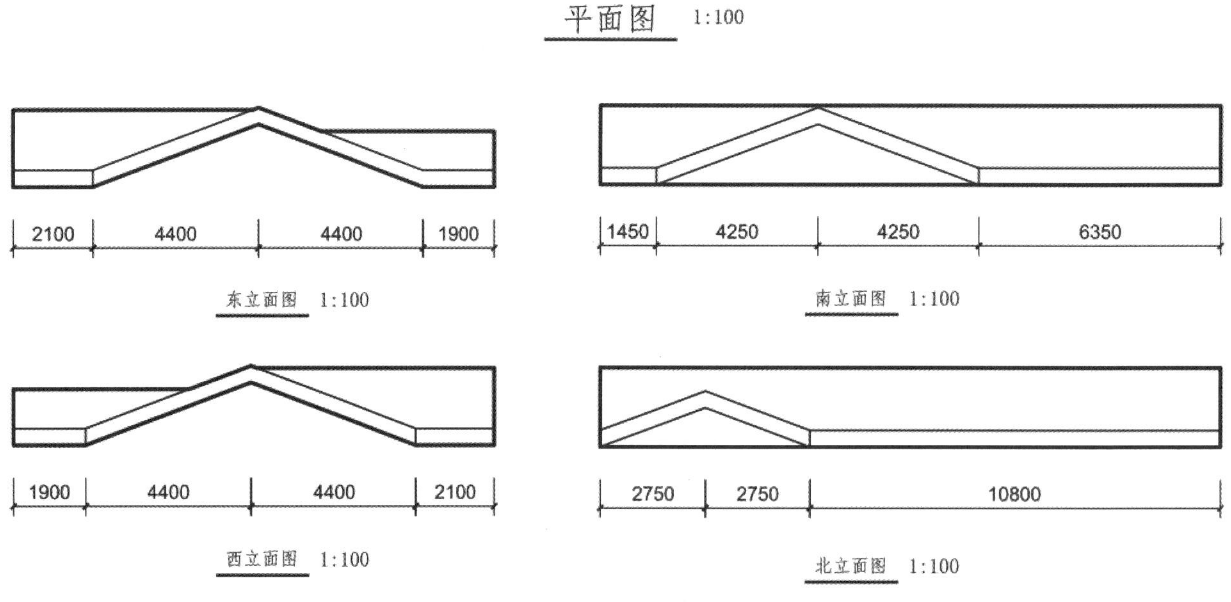
2100
4400
4400
1900
东立面图 1:100
1450
4250
4250
6350
南立面图 1:100
1900
4400
4400
2100
西立面图 1:100
2750
2750
10800
北立面图 1:100

■ 图 7.59 屋顶

【建模思路】

本题为多坡屋顶，根据“迹线屋顶”工具绘制即可；坡度可以用角度输入。本题建模思路如图 7.60 所示。

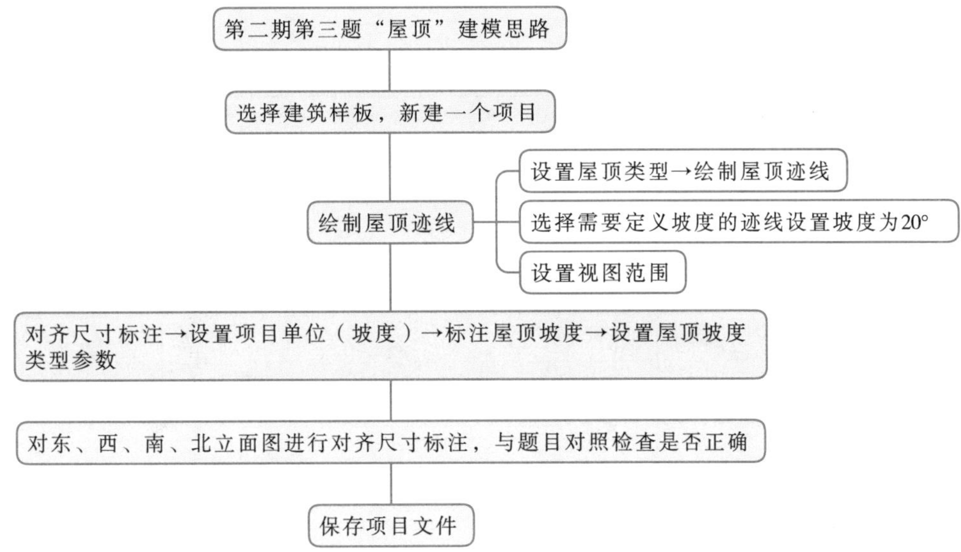

■ 图 7.60　第二期第三题“屋顶”建模思路

【建模步骤】

步骤一：选择“建筑样板”，新建一个项目。切换到“标高 2”楼层平面视图，单击“建筑”选项卡→“构建”面板→“屋顶”下拉列表→“迹线屋顶”按钮，进入“修改 | 创建屋顶迹线”选项卡，如图 7.61 所示。

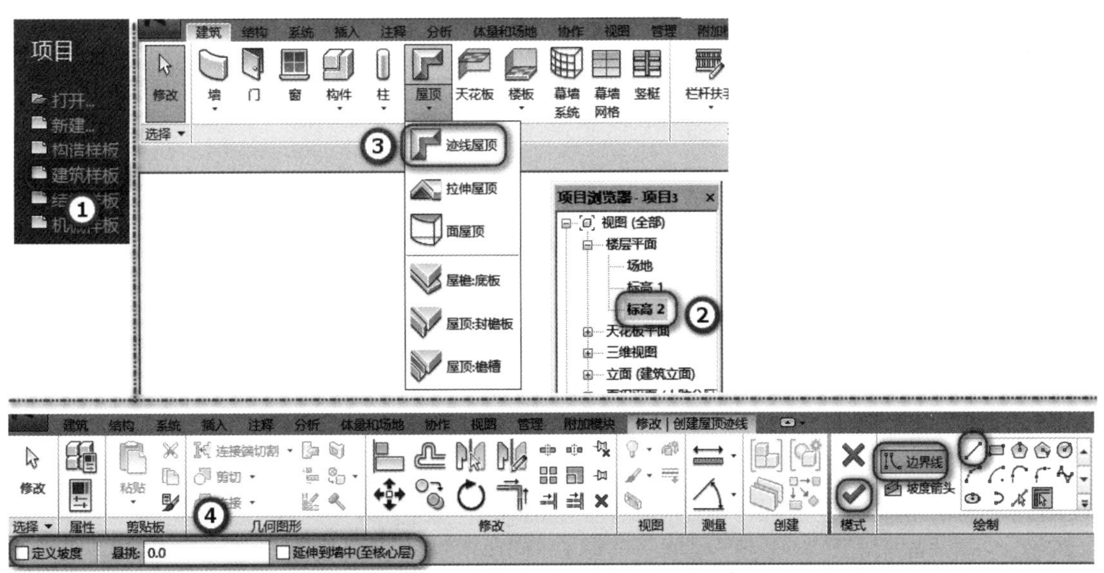

■ 图 7.61　“修改 | 创建屋顶迹线”选项卡

步骤二：选项栏不选中“定义坡度”，左侧“类型选择器”下拉列表选择屋顶类型为“基本屋顶 常规-400mm”，激活“绘制”面板→“边界线”按钮，单击“绘制”面板→“直线”按钮，创建屋顶迹线，如图7.62所示。

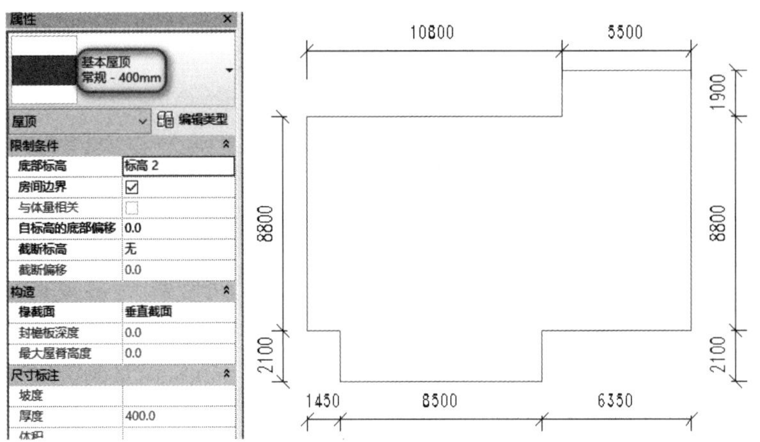

■ 图7.62 创建屋顶迹线

步骤三：选择需要定义坡度的屋顶迹线，左侧“属性”对话框“限制条件”下选中“定义屋顶坡度”复选框，设置“尺寸标注”的“坡度”为“20.00°”，选中“模式”面板“√”按钮，完成迹线屋顶的创建，如图7.63所示。

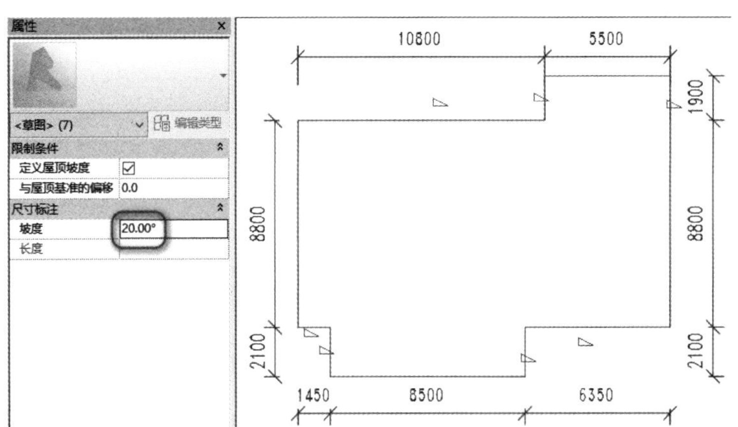

■ 图7.63 “定义屋顶坡度”

步骤四：单击左侧“属性”对话框中“视图范围”右侧的“编辑”按钮，弹出“视图范围”对话框，设置“视图范围”对话框参数，如图7.64所示。

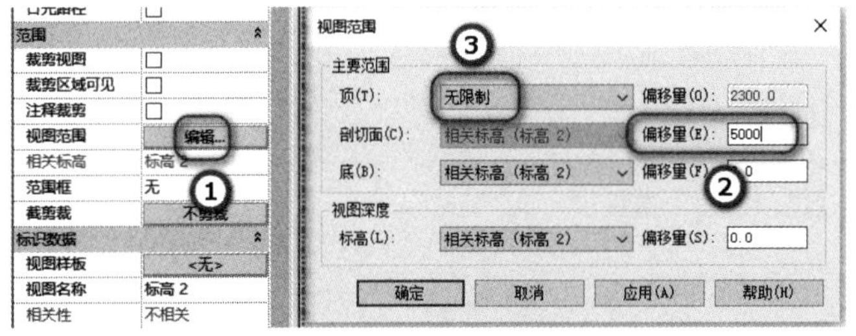

■ 图7.64 设置“视图范围”对话框参数

步骤五：单击快速访问工具栏“对齐尺寸标注”按钮，进行尺寸标注，如图7.65所示。

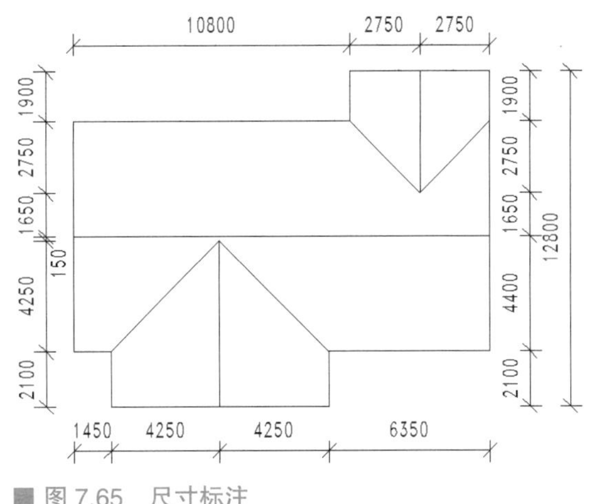

■ 图 7.65　尺寸标注

步骤六：单击“管理”选项卡→“设置”面板→“项目单位”按钮，弹出“项目单位”对话框，确认“坡度”单位是“°”。单击“注释”选项卡→“尺寸标注”面板→“高程点坡度”按钮，单击左侧“属性”对话框→“编辑类型”按钮，弹出“类型属性”对话框并设置相关参数，如图 7.66 所示。标注屋顶坡度，如图 7.67 所示。

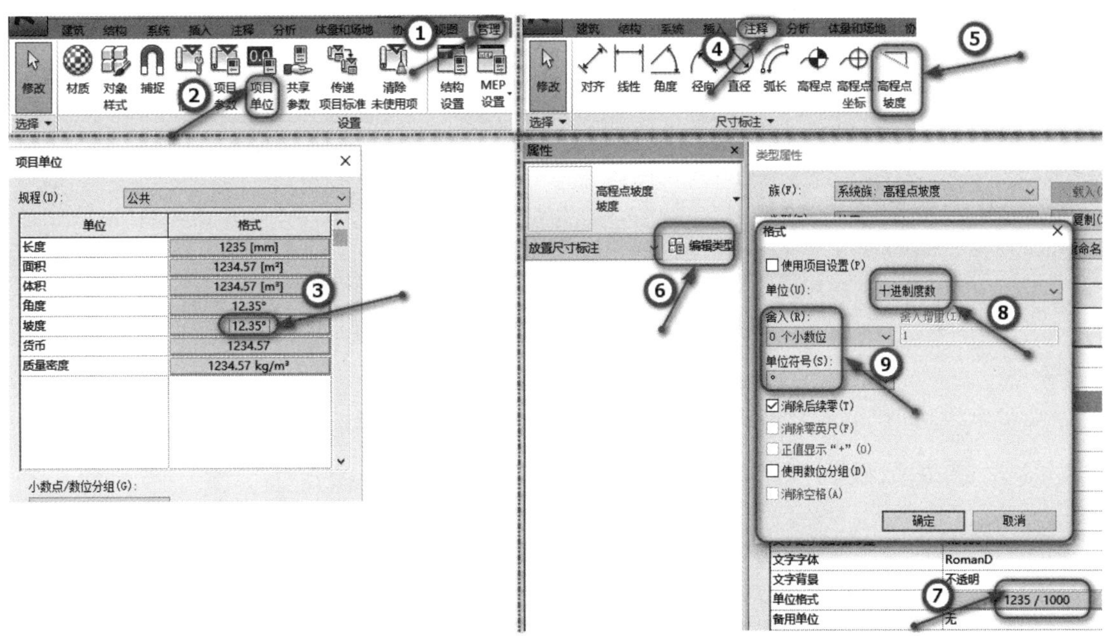

■ 图 7.66　设置“高程点坡度”参数

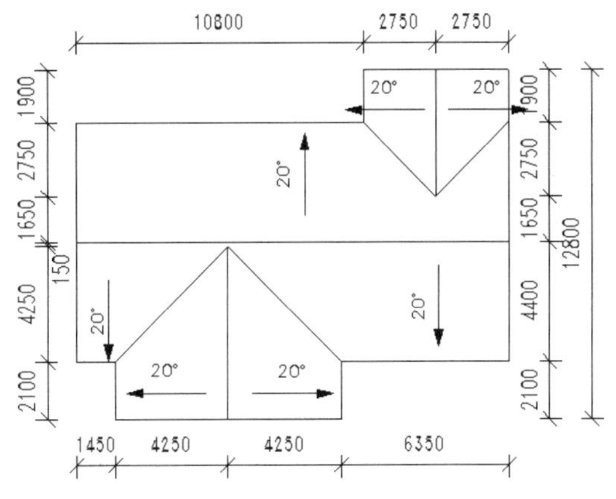

■ 图 7.67　标注屋顶坡度

步骤七：分别进入东、西、南、北立面图进行对齐尺寸标注，与题目对照检查是否正确，如图 7.68 所示。最后以“屋顶”为文件名保存到考生文件夹中去。

步骤八：屋顶三维模型如图 7.69 所示。至此，本题建模结束。

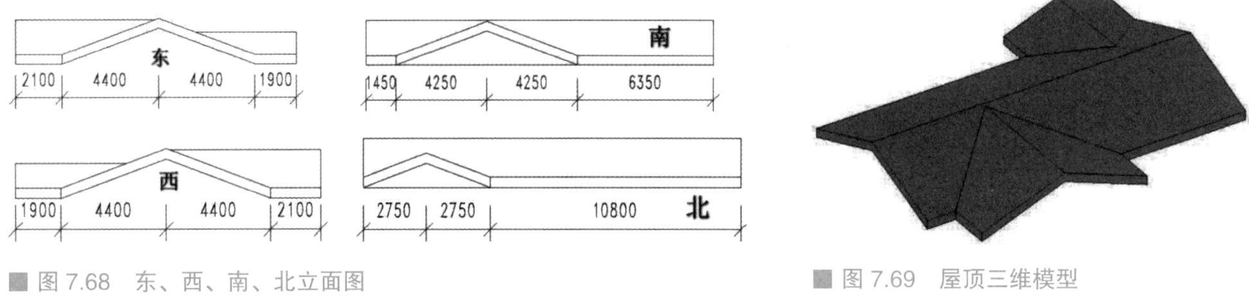

■ 图 7.68　东、西、南、北立面图

■ 图 7.69　屋顶三维模型

Revit 提供了迹线屋顶、拉伸屋顶和面屋顶三种创建屋顶方法，其中迹线屋顶的常见方法类似于楼板的创建，不同之处在于：楼板定义的是板面标高，屋顶定义的是屋顶底标高迹线屋顶中可以灵活地为屋顶定义多个坡度。

特别提示 ▶▶▶

① 制迹线屋顶时系统会自动进入最高的标高所在的楼层平面中去。

② 屋顶边界在规定标高的平面视图中绘制，可以采取“拾取墙”或者“线”命令创建，屋顶迹线必须是闭合的图形。

③ 坡度是在绘制迹线时采取坡度参数定义的，屋面坡度可以以角度或者比例值进行输入。

④ 当确定了屋顶各边长度和各个面坡度之后，屋顶的形状是唯一的。

⑤ 迹线屋顶创建完成之后必须对平面图进行对齐尺寸标注和坡度标注，同时也必须对各个立面图进行对齐尺寸标注，通过尺寸标注和坡度标注来校核创建的屋顶是否符合要求。

第五节　真题实战演练

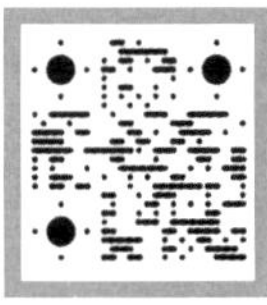

题目一：第五期全国 BIM 技能等级考试一级试题第二题“屋顶”

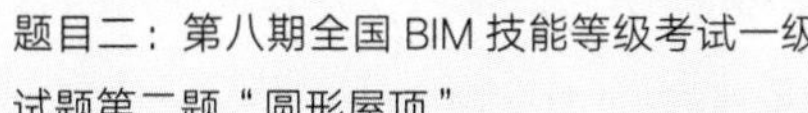

题目二：第八期全国 BIM 技能等级考试一级试题第二题“圆形屋顶”

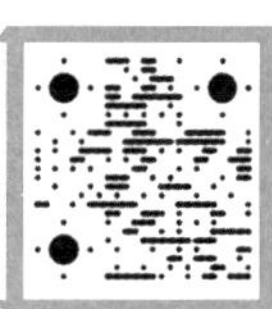

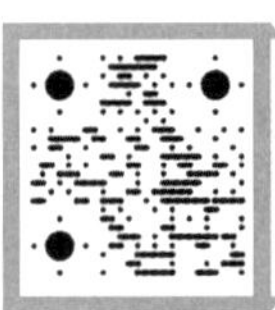

题目三：第十一期全国 BIM 技能等级考试一级试题第一题“屋顶”

8

CHAPTER

室外台阶、散水、女儿墙和洞口

思维导图

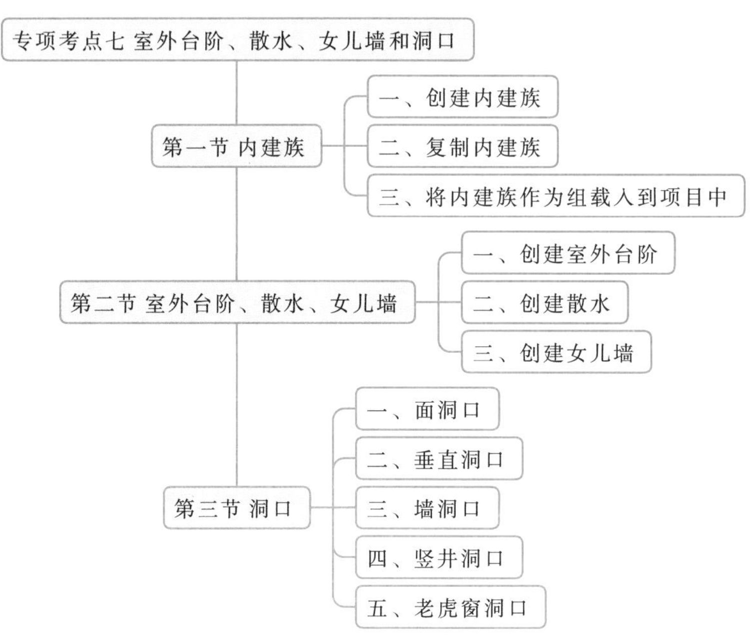

专项考点数据统计

专项考点室外台阶、散水、女儿墙和洞口数据统计表

期 数	题目	题目数量	难易程度	备注
—	—	0	—	—

说明：16期考试中没有单独出题考查室外台阶、散水、女儿墙和洞口，由于室外台阶、散水、女儿墙和洞口属于建筑的主要模型构件，故往往渗透在最后一个综合建模大题中进行考查，请读者注意。

Revit中没有专门用来创建室外台阶、散水、女儿墙的工具，但是可以运用所学的知识来制作散水和女儿墙模型。

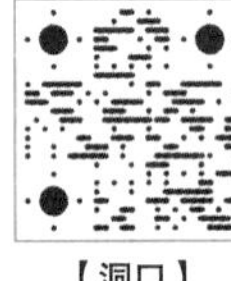
【洞口】

洞口一般用来设置门窗、通风口，也用于楼梯间楼板开洞。创建洞口时，除了部分构件，如墙、楼板，可用“编辑边界”命令绘出洞口，还可以在“洞口”面板中使用各种样式洞口的工具，比如面洞口、竖井洞口、墙洞口、垂直洞口、老虎窗洞口等，如图8.1所示。启用这些工具可以为墙、楼板、天花板及屋顶等创建洞口。

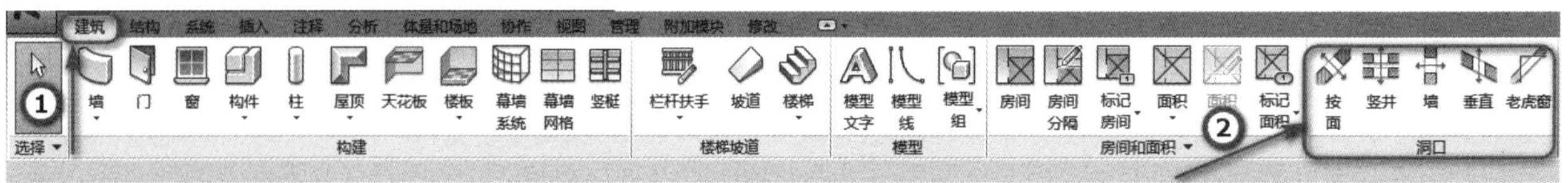

■ 图8.1 “洞口”面板

小贴士 ▶▶▶

门窗洞口不需要单独绘制，在放置门窗时会自动剪切洞口。

通过本章的学习，熟练掌握建族创建的方法，以及台阶、散水、女儿墙和各种洞口创建的具体操作方法。

第一节　内建族

内建族是自定义族，需要在项目环境中创建。与系统族和标准构件族所不同的是，通过执行“复制”类型的操作不能创建多种类型的内建族。为满足需要，可在项目文件中创建多个内建族，但是也会降低软件的运行速度。

一、创建内建族

打开相应的项目文件，单击“建筑”选项卡→“构建”面板→“构件”下拉列表→“内建模型”选项，系统弹出“族类别和族参数”对话框，在其中选择族的类别，如选择“屋顶”。单击“确定”按钮，弹出“名称”对话框，可以使用其中的默认名称，也可自定义名称，单击“确定”按钮，如图 8.2 所示。

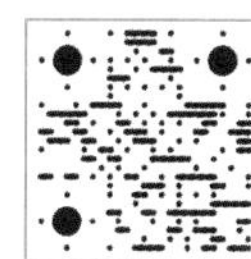

【创建内建族】

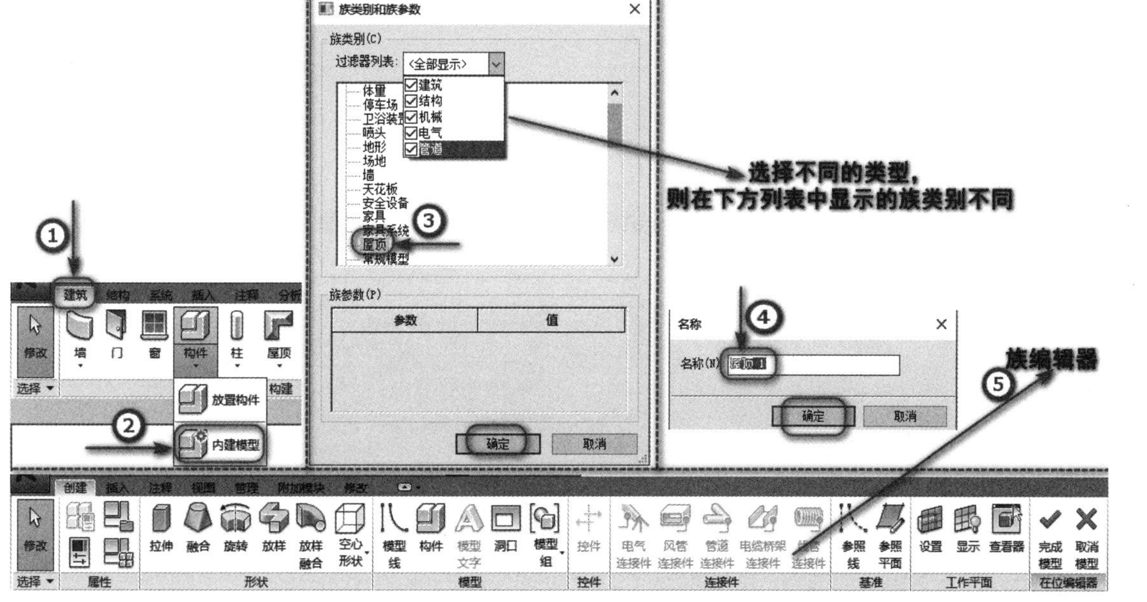

■ 图 8.2 “内建模型”命令

再学一招 ▶▶▶

提示：在族编辑器“创建”选项卡→“形状”面板中提供了各类创建族模型的工具，如拉伸、融合、旋转等，通过调用这些工具，完成创建族模型的操作。“属性”面板、“模型”面板中的命令作为辅助工具，帮助完善族模型。族模型创建完成后，单击“在位编辑器”面板“✓”按钮，完成内建族的创建，退出族编辑器回到项目环境中。

内建族创建完成后可到项目浏览器中查看，单击展开“族”列表，选择族类别，可在其中查看新建的内建族。如创建了“屋顶”内建族后，可到“屋顶”族类别中查看，如图 8.3 所示。

特别提示 ▶▶▶

① 内建族不需要像可载入族一样创建复杂的族框架，也不需要创建太多的参数，但还是要添加必要的尺寸和材质参数，以便在项目文件中直接通过族的图元属性参数进行编辑。

② 虽然可以在项目中创建、复制及放置无限多个内建族，但是项目中包含多个内建族，会使得系统的运行速度降低，因此应慎重创建内建族。

③ 由于在Revit中，门与窗（非天窗）是基于主体的构件，只可添加到任何类型的墙内，所以如果想在所创建的内建模型上放置门或者窗（非天窗），务必将此内建模型类别设置为墙体类别，否则门或窗（非天窗）将无法放置在该内建模型上。

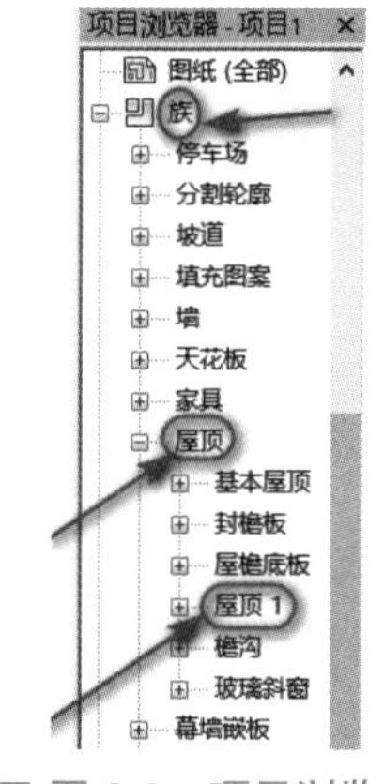

■ 图8.3 项目浏览器

二、复制内建族

打开包含将要复制内建族的项目文件，在“项目浏览器”中选择待复制的内建族，单击鼠标右键，在快捷菜单中选择“复制到剪切板”选项。切换到粘贴内建族的项目文件，单击“剪切板”面板→“粘贴”按钮，在调出的列表中选择“从剪贴板中粘贴”选项，在绘图区域中指定点以放置内建模型。执行粘贴操作后的图元处于选中状态，同时进入“修改 | 模型组”选项卡，在“修改”面板中，“对齐”“镜像”“移动”“旋转”按钮高亮显示，可以调用命令来编辑族模型。单击“编辑粘贴内容”面板“√”按钮，退出命令，如图8.4所示。

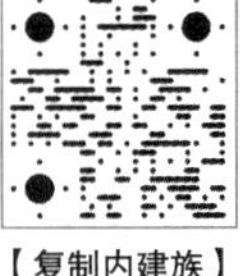

【复制内建族】

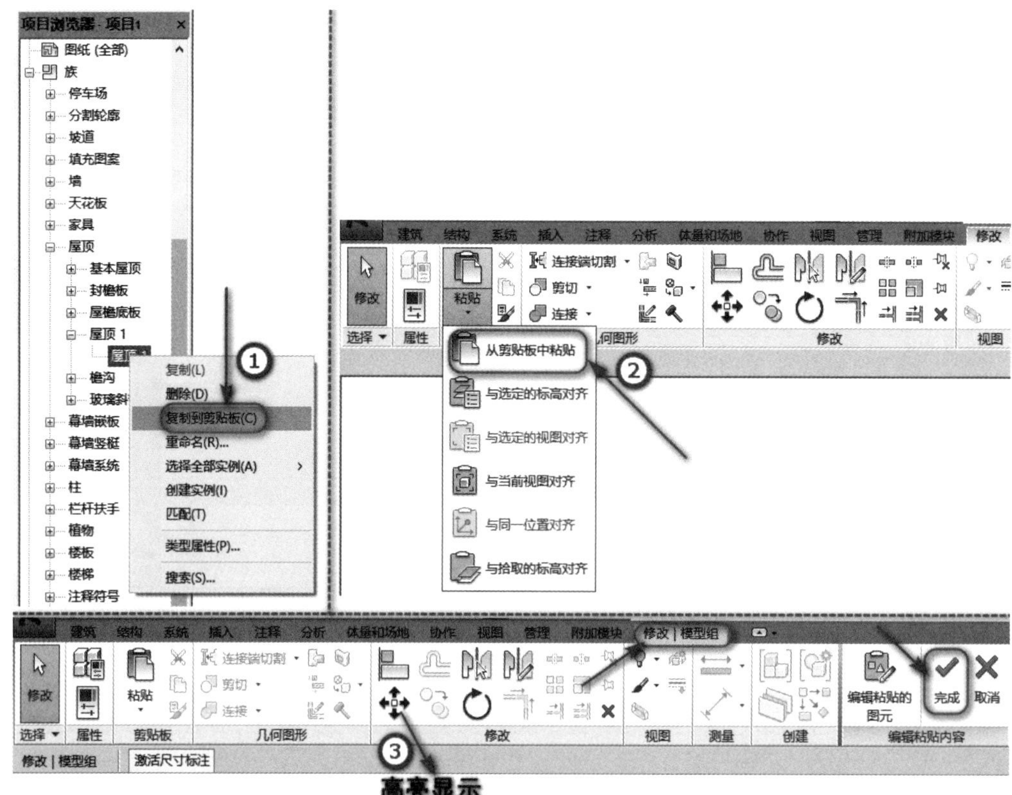

■ 图8.4 复制内建族

三、将内建族作为组载入到项目中

通过对内建族执行“创建组”操作，以作为组载入到其他项目文件中，具体操作步骤如下。

步骤一：在项目视图中选择内建族，如选择屋顶，进入“修改 | 屋顶”选项卡，单击“创建”面板→“创建组”按钮，弹出“创建模型组”对话框，在其中设置内建族的名称，设置内建族的名称，如图 8.5 所示。单击“确定”按钮，退出“创建模型组”对话框，进入“修改 | 模型组”选项卡。单击“成组”面板中的“编辑组”按钮，可对组执行编辑操作，按 Esc 键退出命令，如图 8.6 所示。

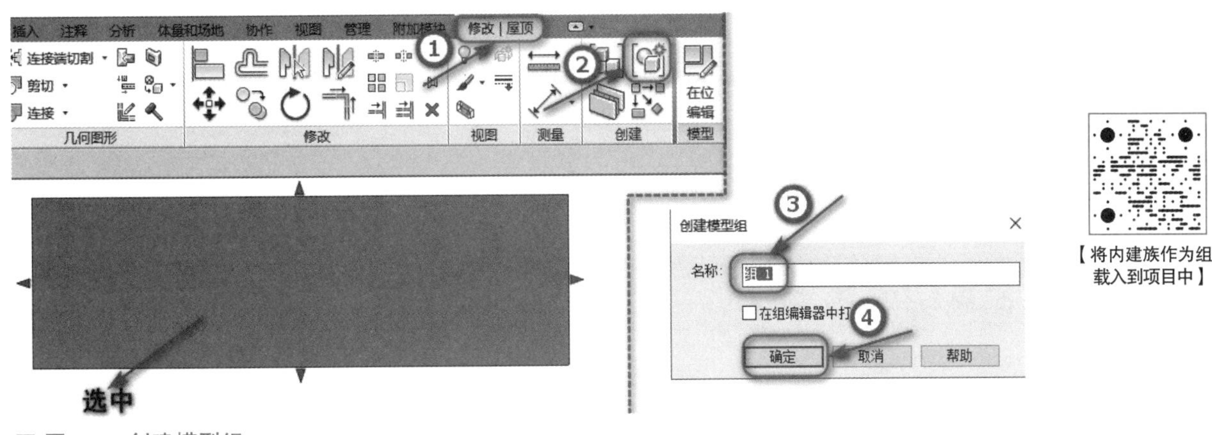

【将内建族作为组载入到项目中】

■ 图 8.5　创建模型组

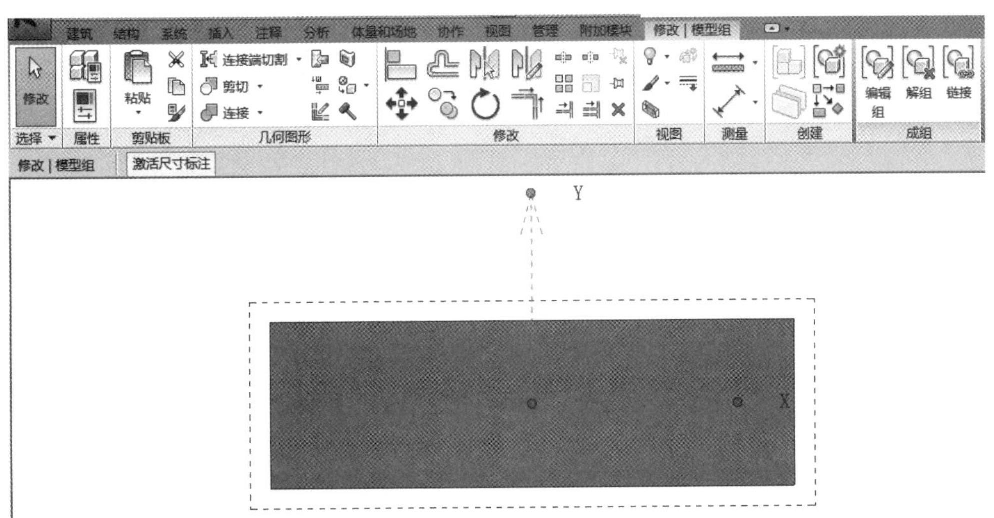

■ 图 8.6　“组成”面板

步骤二：在“项目浏览器”中单击展开“组”，在“模型”类别中查看新建的组。选择组并单击鼠标右键，在菜单中选择“保存组”选项，在“保存组”对话框中设置组名称及存储路径，单击“保存”按钮，关闭对话框完成存储操作，如图 8.7 所示。

步骤三：打开另一个项目文件，单击“插入”选项卡→“从库中载入”面板→“作为组载入”按钮，弹出“将文件作为组载入”对话框，选择组文件，单击“打开”按钮载入组文件。载入组后，在“项目浏览器”中单击展开“组”，在列表中单击展开“模型”，在列表中显示内建族文件。在内建族名称上单击鼠标右键，在右键快捷菜单中选择“创建实例”选项，在绘图区域中单击以指定组的位置，如图 8.8 所示。

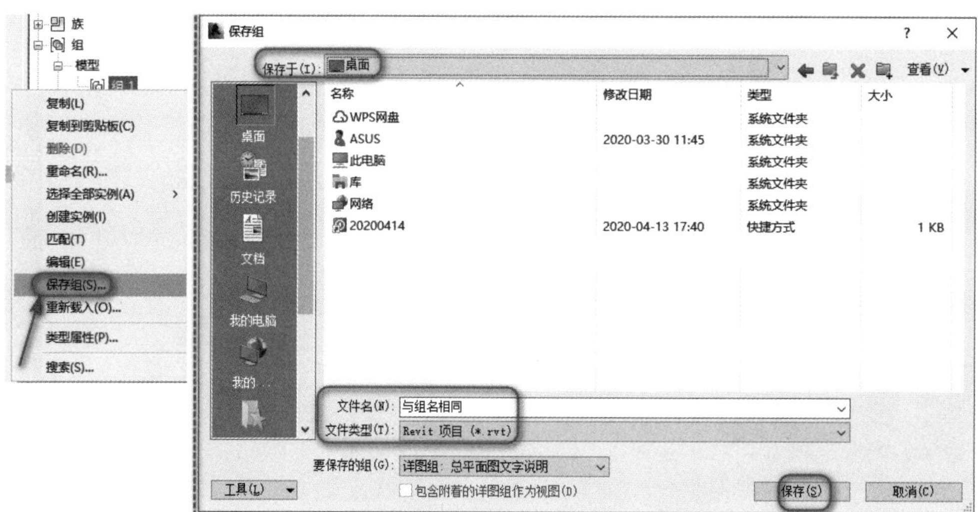

■ 图 8.7 “保存组”对话框

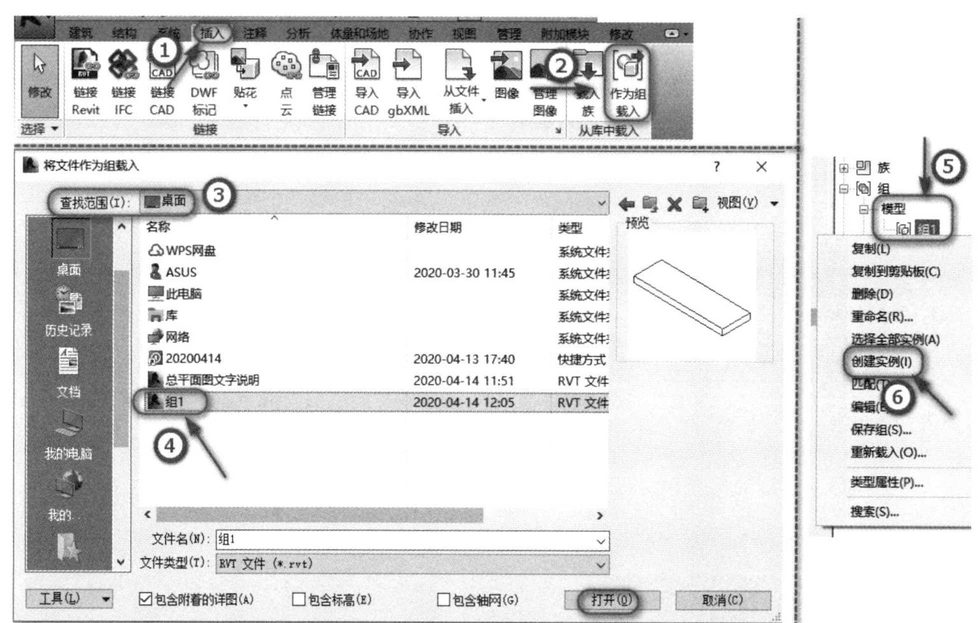

■ 图 8.8 载入组

第二节 室外台阶、散水、女儿墙

一、室外台阶的创建

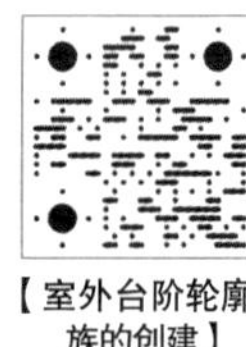

【室外台阶轮廓族的创建】

Revit 中没有专用的“台阶”命令，可以采用创建内建族、楼板边缘甚至楼梯等方式创建各种台阶模型。下面讲述在室外楼板的基础上用“楼板边缘”命令创建室外台阶的方法。

1. 创建室外台阶轮廓族

在创建轮廓族之前，需要调用族样板。Revit 提供了多种类型的族样板供用户调用。创建轮廓族，需要调用“公制轮廓 .rft”族样板。具体创建室外台阶轮廓族的步骤如下。

步骤一：单击“应用程序菜单”下拉列表→“新建”→“族”选项。在弹出的“新族 - 选择样板文件”对话框中选择“公制轮廓 .rft”文件，如图 8.9 所示，单击“打开”按钮，进入族编辑器界面，默认为“参照标高”楼层平面视图。在“属性”对话框中显示当前的样板名称为“族：轮廓”，在绘图区域中显示相互垂直的参照平面，如图 8.10 所示。

■ 图 8.9　选择“公制轮廓 .rft”文件

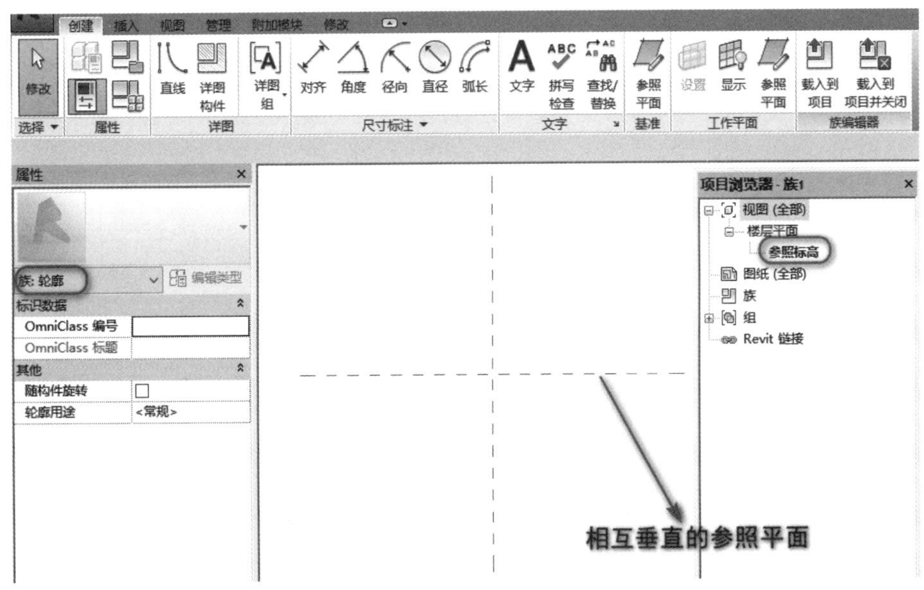

■ 图 8.10　族编辑器界面

步骤二：单击“创建”选项卡→“详图”面板→“直线”按钮，进入“修改 | 放置 线”选项卡。选择“直线”的绘制方式，在绘图区域中绘制如图 8.11 所示的轮廓线。

小贴士 ▶▶▶

提示：相交的参照平面交点，将作为楼板边缘的投影位置。

步骤三：单击“快速访问工具栏”中“保存”按钮，弹出“另存为”对话框，在“文件名”文本框中设置族名称，单击“保存”按钮，将族文件存储到指定的文件夹，如图 8.12 所示。

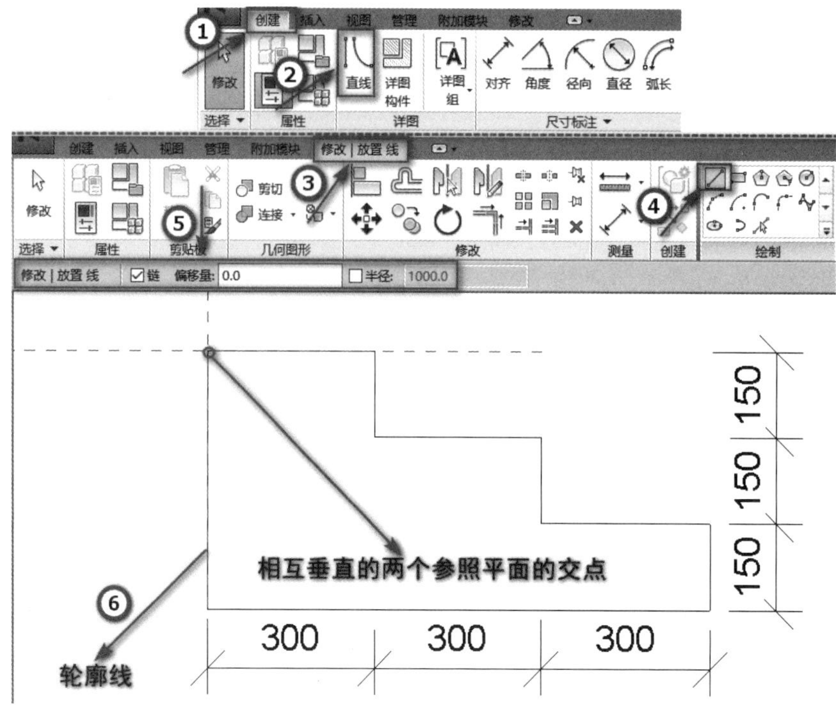

图 8.11　绘制轮廓线

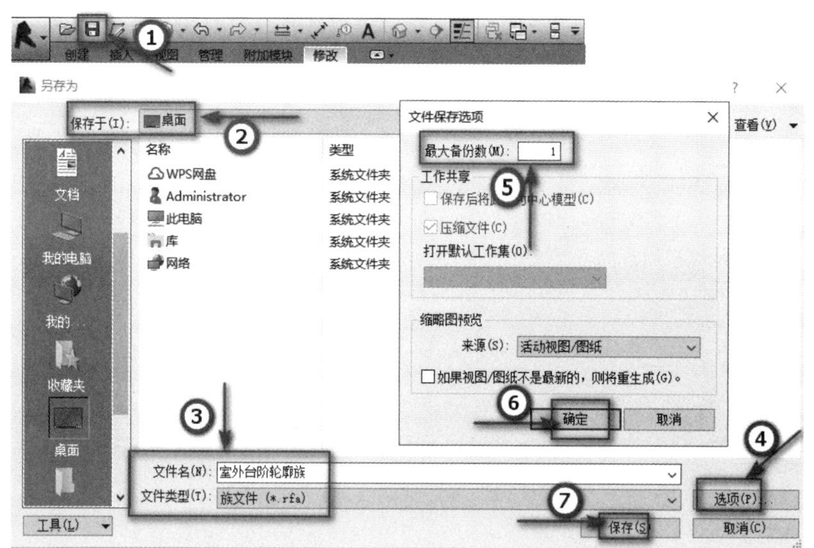

图 8.12　保存族文件

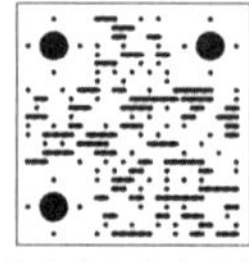

【生成室外台阶】

2. 生成室外台阶

使用“楼板边”工具执行“放样”操作，可以按照“室外台阶轮廓”生成台阶模型。具体使用该工具生成室外台阶的操作步骤如下。

步骤一：打开“室外台阶创建案例.rvt”，切换到三维视图。单击“插入”选项卡→“从库中载入”面板→“载入族”按钮。在弹出的“载入族”对话框中选择“室外台阶轮廓族”，单击“打开”按钮退出“载入族”对话框，则“室外台阶轮廓族”载入到了“室外台阶创建案例.rvt”中，如图 8.13 所示。

步骤二：单击“建筑”选项卡→“构建”面板→“楼板”下拉列表→“楼板：楼板边”按钮，如图 8.14 所示。

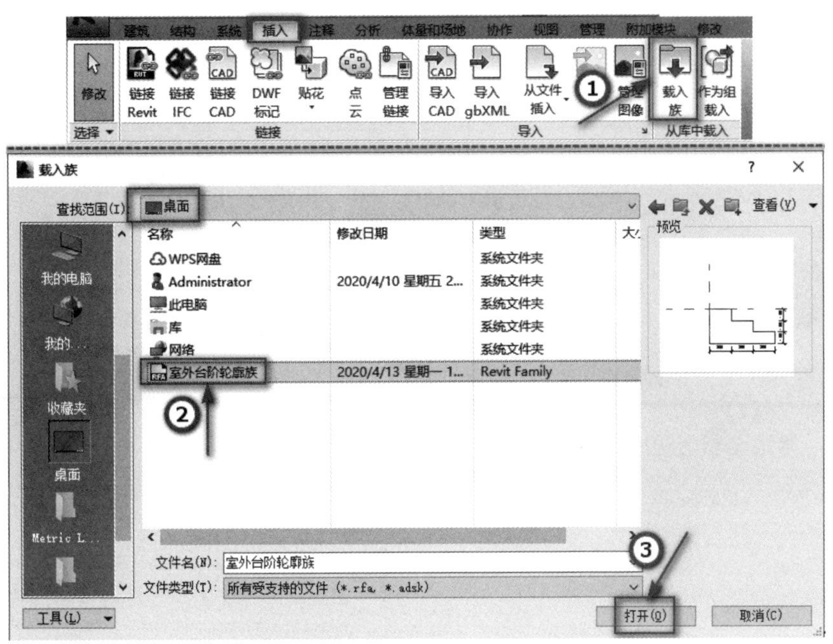

■ 图 8.13 载入室外台阶轮廓族

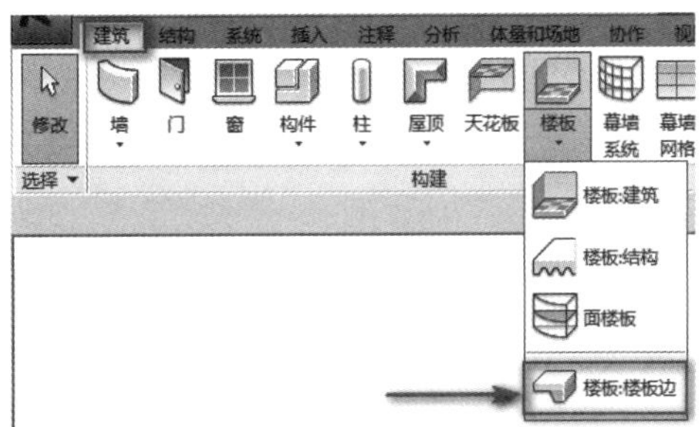

■ 图 8.14 “楼板：楼板边”按钮

步骤三：在“属性”对话框中单击“编辑类型”按钮，弹出“类型属性”对话框。在“类型属性”对话框中单击“复制”按钮，弹出“名称”对话框，设置名称为“室外台阶”，单击“确定”按钮回到“类型属性”对话框。单击“轮廓”选项，在弹出的下拉列表中选择“室外台阶轮廓：室外台阶轮廓”选项。单击“材质”选项后的“编辑”按钮，将“住宅楼 - 现场浇注混凝土”材质指定给楼板边，单击“确定”按钮，关闭“类型属性”对话框，如图 8.15 所示。

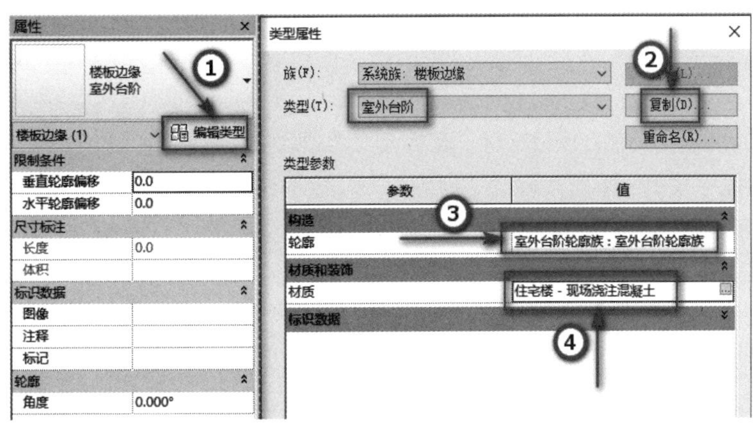

■ 图 8.15 “类型属性”对话框参数的设置

只有将轮廓族载入到项目中后，才可以在“轮廓”下拉列表中选择轮廓，并应用到“放样”操作中。

步骤四：在三维视图中，将光标置于楼板边缘，高亮显示的效果如图 8.16 中①所示；执行“放样”操作生成三步台阶的效果，如图 8.16 中②所示。

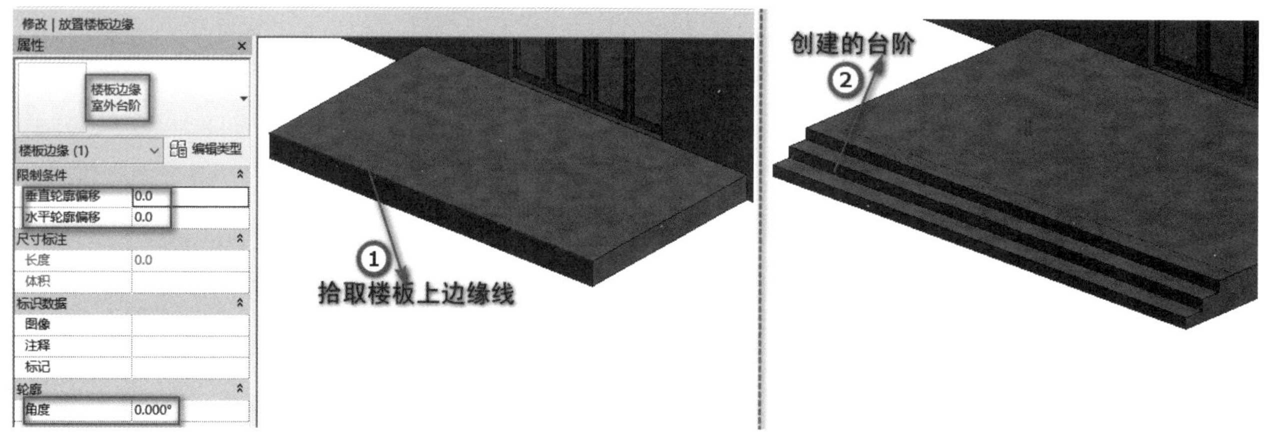

图 8.16　三步台阶的效果

步骤五：继续拾取楼板边缘，执行“放样”操作，创建三步台阶。单击 View Cube 上的角点，转换视图方向，观察创建台阶的效果，如图 8.17 所示。

步骤六：最后，以“室外台阶创建案例效果 .rvt”为文件名保存项目文件。

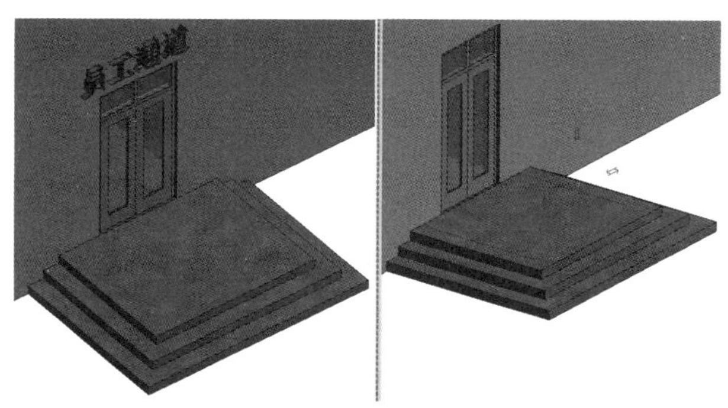

图 8.17　台阶三维效果

二、创建散水

Revit 没有专门用来创建散水的工具，但是可以运用所学的知识来制作散水模型。为建筑项目创建散水模型的具体操作步骤如下。

步骤一：打开“散水创建案例 .rvt”项目文件，切换到三维视图。

步骤二：单击“应用程序菜单”下拉列表→“新建”→“族”选项，在弹出的“新族 - 选择样板文件”对话框中选择“公制轮廓 .rft”文件，单击“打开”按钮，进入族编辑器界面。

步骤三：在“详图”面板上单击“直线”按钮，在绘图区域中绘制散水轮廓线。在“快速访问工具栏”上单击“保存”按钮，弹出“另存为”对话框，选择存储文件夹并设置文件名称，单击“保存”按钮，保存族文件。单击“族编辑器”面板→“载入族”按钮，则刚刚创建的“散水轮廓族 .rfa”载入到了“散水创建案例 .rvt”项目文件中，且自动切换到三维视图，如图 8.18 所示。

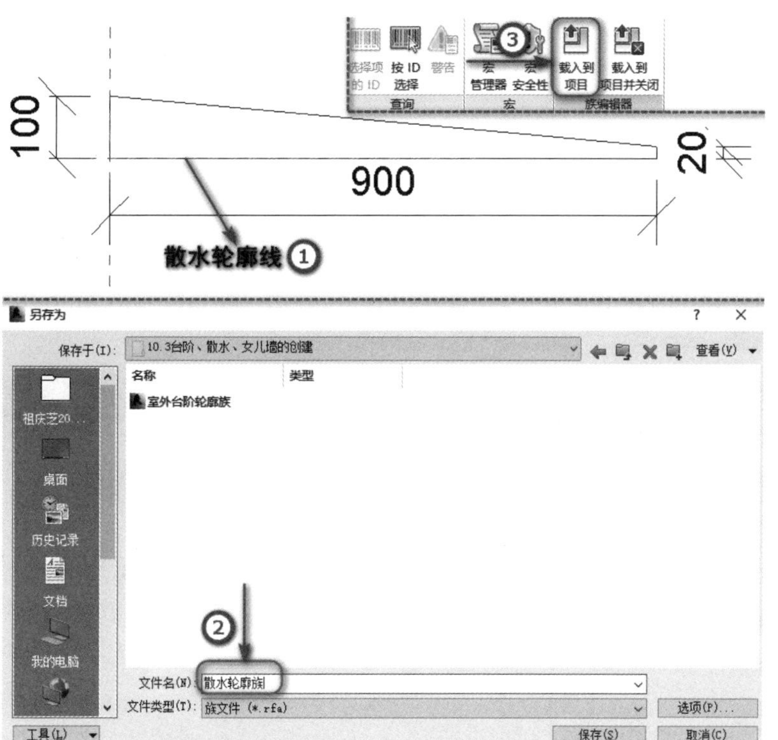

■ 图 8.18 创建“散水轮廓族”

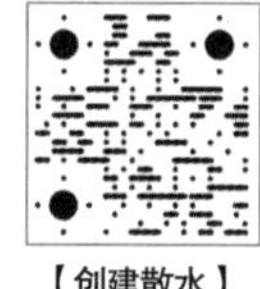

【创建散水】

特别提示 ▶▶▶

假如当前仅仅打开一个项目文件，散水轮廓族会被直接载入到项目中；如果已经打开多个项目文件，则会弹出提示框，提示用户选择需要载入族文件的项目。

步骤四：单击“建筑”选项卡→“构建”面板→“墙”下拉列表→“墙：饰条”按钮。在“属性”对话框中单击“编辑类型”按钮，打开“类型属性”对话框，单击“复制”按钮，在原有墙饰条类型的基础上复制新的饰条类型，并将其命名为“散水轮廓”。在“轮廓”列表中选择新建的“散水轮廓族”，单击“材质”按钮，将“现场浇注混凝土”材质赋予散水，如图 8.19 所示。

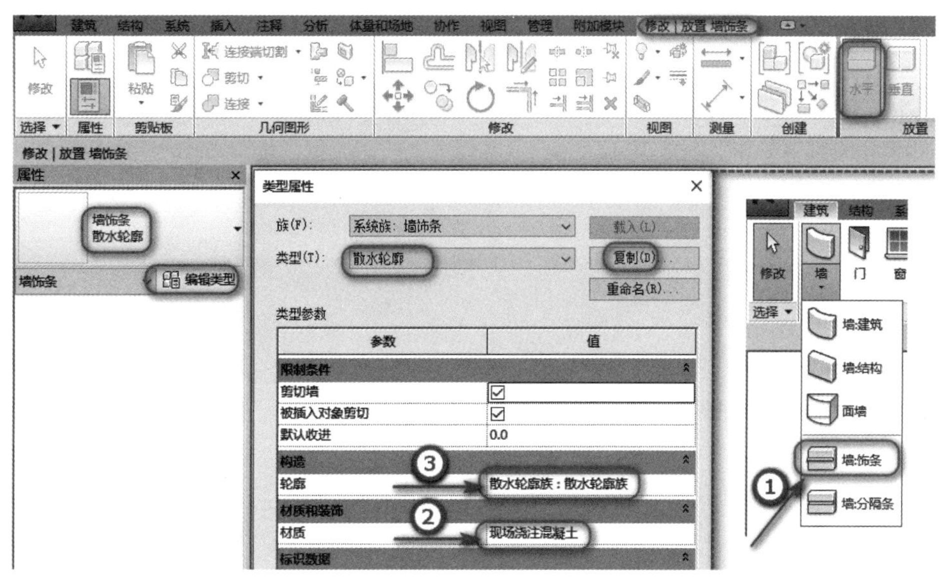

■ 图 8.19 “类型属性”对话框

步骤五：在“修改 | 放置 墙饰条”选项卡“放置”面板中单击“水平”按钮，沿墙水平方向放置墙饰条，将光标置于外墙体的底部边线上，可以预览散水轮廓。此时单击即可在外墙体的底部创建散水，如图 8.20 所示。重复上述操作，继续在外墙体底部创建散水。散水遇到台阶、坡道时，会自动断开。

步骤六：选择放置完成的散水，进入“修改 | 墙饰条”选项卡，单击“修改转角”按钮。单击散水截面，设置“转角角度”为“90.000°”，散水转角连接的结果如图 8.21 所示。

步骤七：最后，以“散水创建案例效果 .rvt”为文件名保存项目文件。

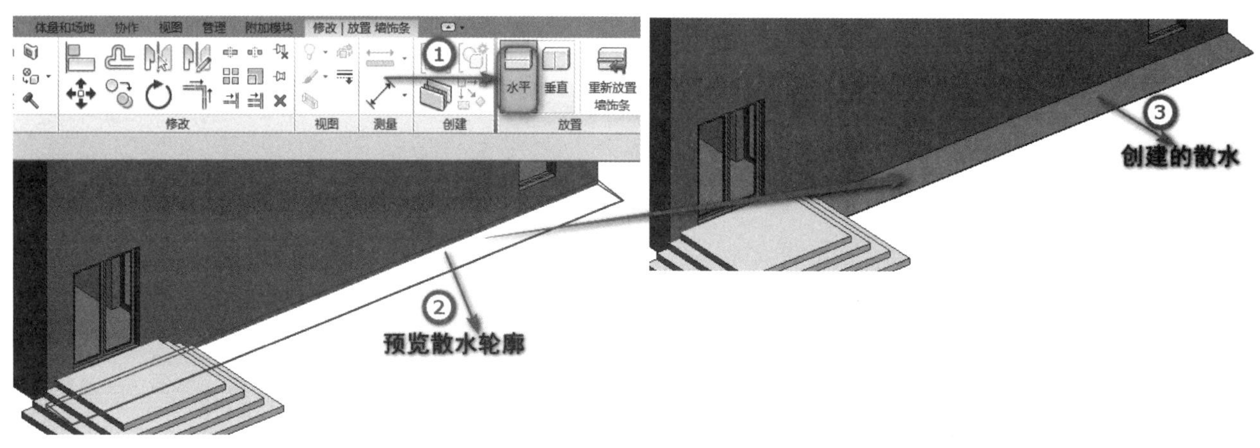

■ 图 8.20　创建散水

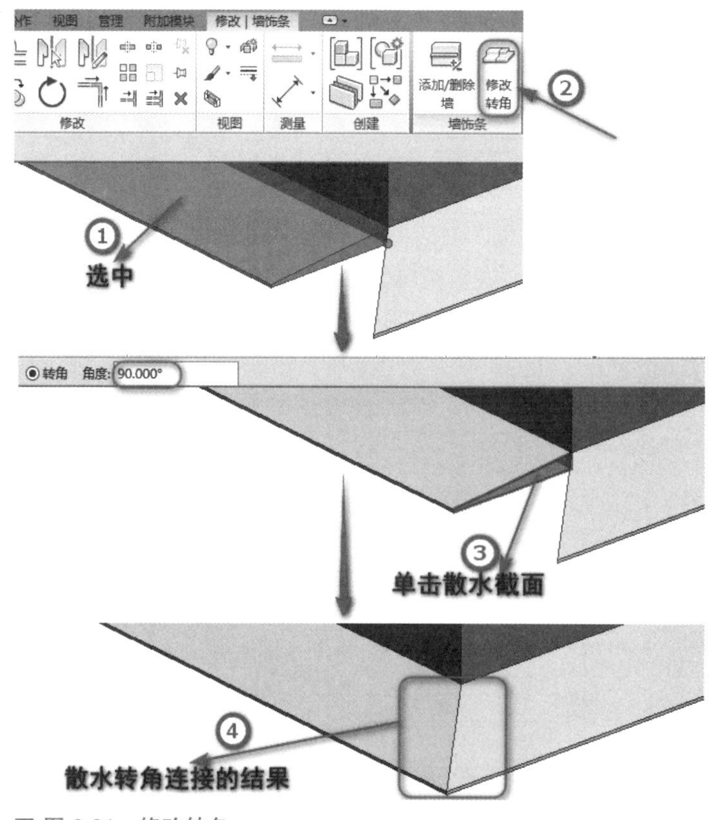

■ 图 8.21　修改转角

三、创建女儿墙

以“女儿墙创建案例 .rvt”项目文件为基础创建女儿墙，具体操作步骤如下。

步骤一：打开“女儿墙创建案例 .rvt”项目文件，切换到三维视图。

步骤二：单击“应用程序菜单”下拉列表→“新建”→“族”选项，在弹出的“新族 - 选择样板文件”对话框中选择“公制轮廓 .rft”文件，单击“打开”按钮，进入族编辑器界面。

步骤三：在“详图”面板上单击“直线”按钮，在绘图区域中绘制女儿墙轮廓线。在“快速访问工具栏”上单击“保存”按钮，弹出“另存为”对话框，选择存储文件夹并设置文件名称，单击“保存”按钮，保存族文件。单击“族编辑器”面板→“载入族”按钮，则刚刚创建的“女儿墙轮廓族”载入到了“女儿墙创建案例 .rvt”项目文件中，且自动切换到三维视图，如图 8.22 所示。

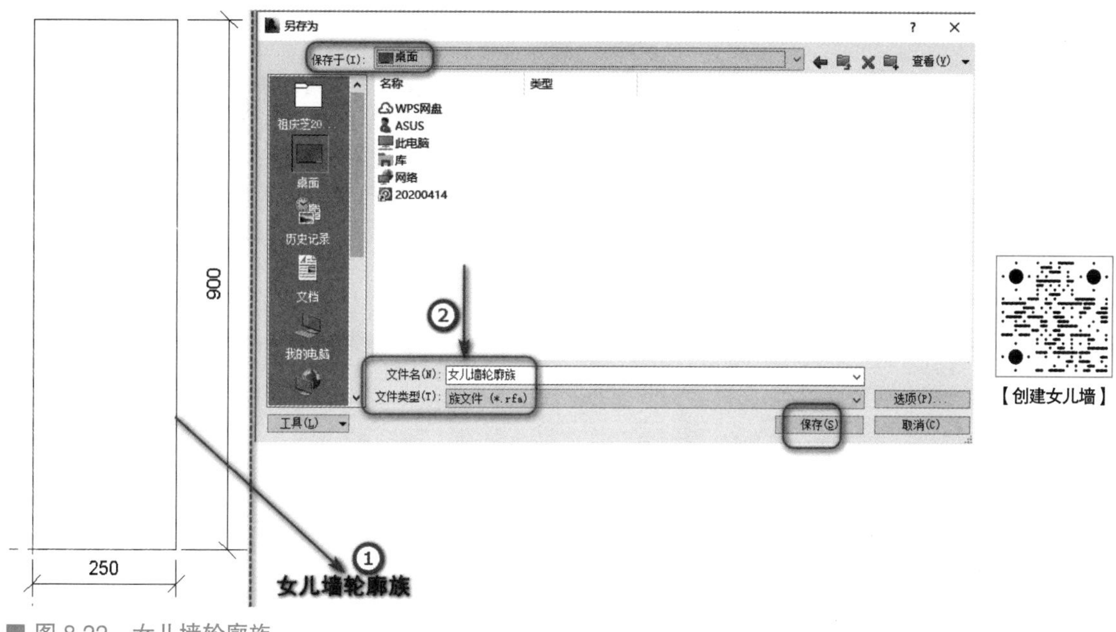

■ 图 8.22 女儿墙轮廓族

步骤四：单击“建筑”选项卡→“构建”面板→“屋顶”下拉列表“屋顶：封檐板”按钮，在“属性”对话框中单击“编辑类型”按钮，打开“类型属性”对话框，单击“复制”按钮，在原有封檐板类型的基础上复制新的类型，并将其命名为“女儿墙”，在“轮廓”列表中选择新建的“女儿墙轮廓族：女儿墙轮廓族”，单击“材质”按钮，将“现场浇注混凝土”材质赋予女儿墙，如图 8.23 所示。

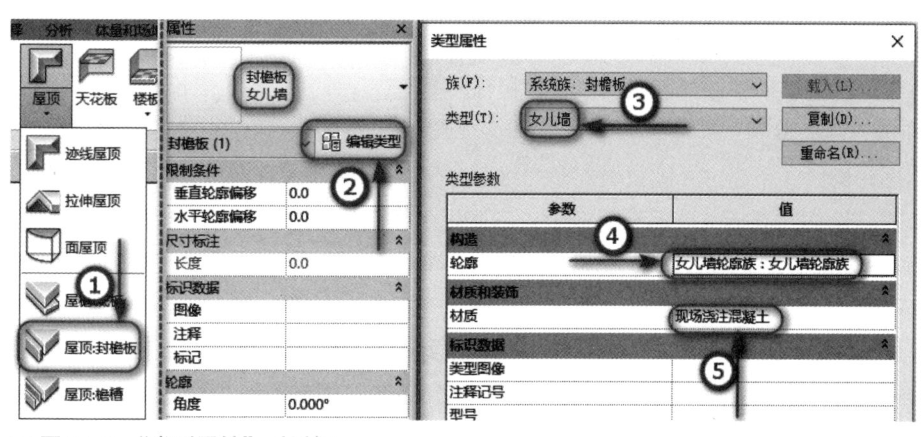

■ 图 8.23 “类型属性”对话框

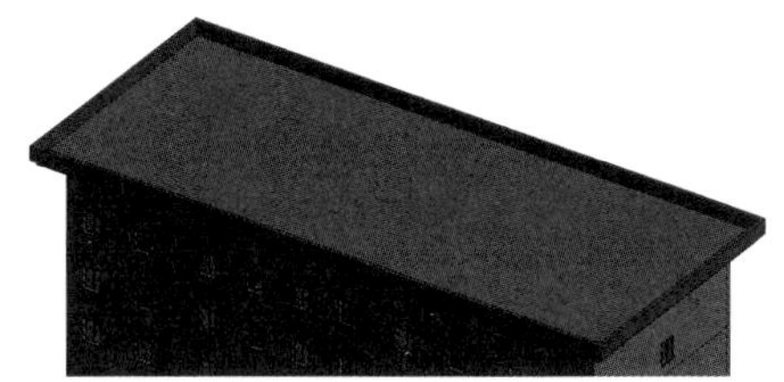
■ 图 8.24　创建的女儿墙

步骤五：单击屋顶边缘线，创建女儿墙的结果，如图 8.24 所示。

步骤六：选择放置完成的女儿墙，进入“修改 | 封檐板”选项卡，在“属性”对话框中修改“水平轮廓偏移”选项中的参数。设置为负值，表示将封檐带向内移动，如图 8.25 中所示。

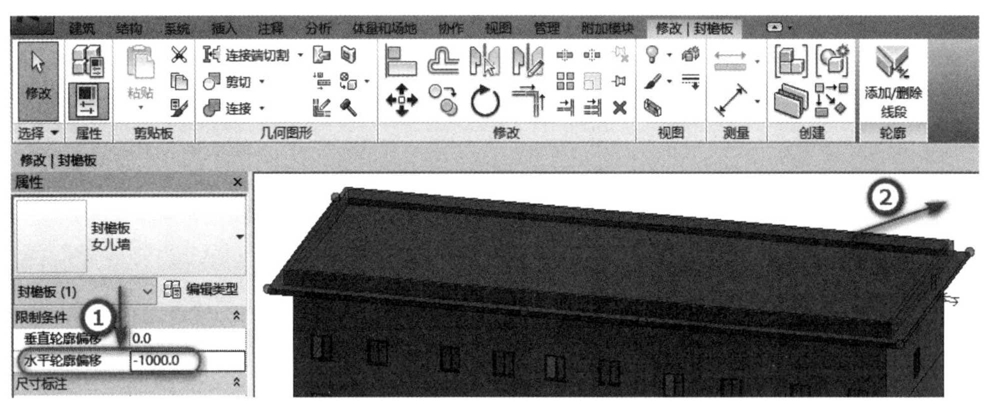

■ 图 8.25　在“属性”对话框中修改“水平轮廓偏移”选项中的参数

特别提示 ▶▶▶

创建室外构件，比如室外台阶、散水、女儿墙等通常在三维视图中进行。不仅因为有些命令在三维视图中才可调用，如“墙饰条”，更是因为在三维视图中可以同步观察构件模型的创建结果。

步骤七：最后，以“女儿墙创建案例效果 .rvt”为文件名保存项目文件。

第三节　洞口

一、面洞口

单击“建筑”选项卡→“洞口”面板→“按面”按钮，可创建一个垂直于屋顶、楼板或者天花板选定面的洞口，它垂直于拾取面的表面。创建面洞口的具体操作步骤如下。

步骤一：打开“洞口案例 .rvt”，切换到三维视图。单击“洞口”面板→“按面”按钮，将鼠标置于屋面上，高亮显示屋面轮廓线，单击进入编辑模式，切换至“修改 | 创建洞口边界”选项卡，如图 8.26 所示。

步骤二：单击“绘制”面板→“矩形”按钮，在屋面上指定矩形的对角点，预览洞口的效果，单击完成定义矩形洞口边界的操作。在“模式”面板上单击“√”按钮，完成面洞口的创建，在屋面上创建矩形面洞口的结果如图 8.27 所示。

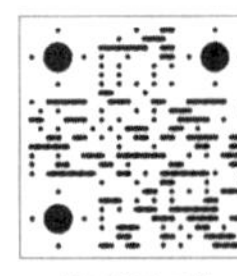
【面洞口】

步骤三：选择洞口，切换至“修改 | 屋顶洞口剪切”选项卡。单击“编辑草图”按钮，进入“修改 | 创建洞口边界 > 编辑边界”选项卡，拖曳鼠标来调整边界的位置，或者通过在位修改临

时尺寸数值来定义距离，来调整边界的位置。最后在“模式”面板上单击“√”按钮，完成矩形面洞口的编辑，最终矩形面洞口的结果如图 8.28 所示。

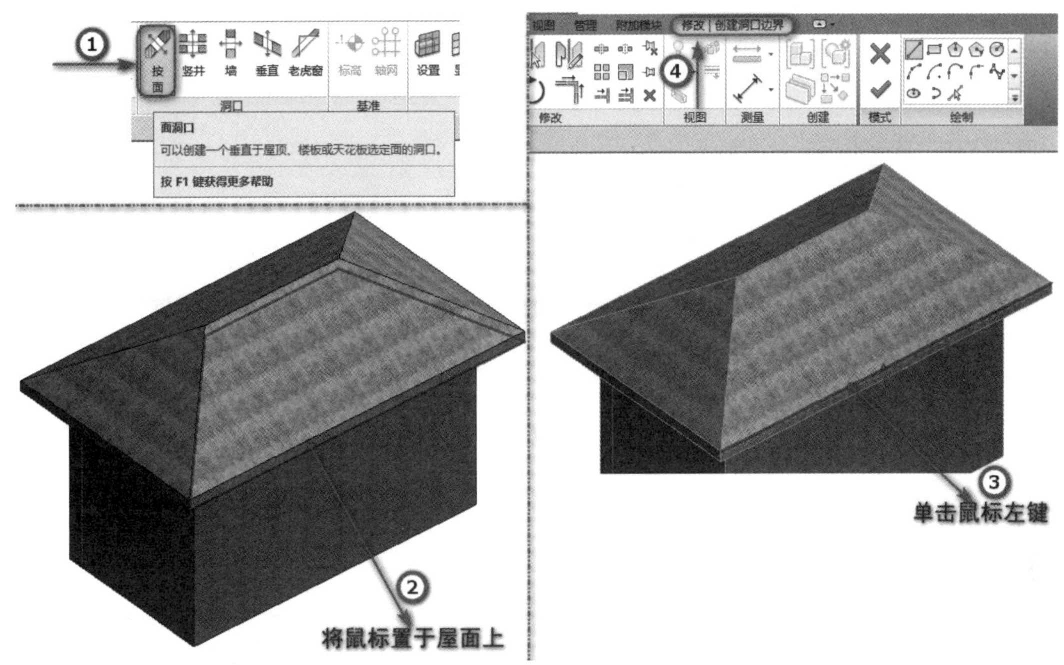

■ 图 8.26　选择屋顶，进入编辑模式

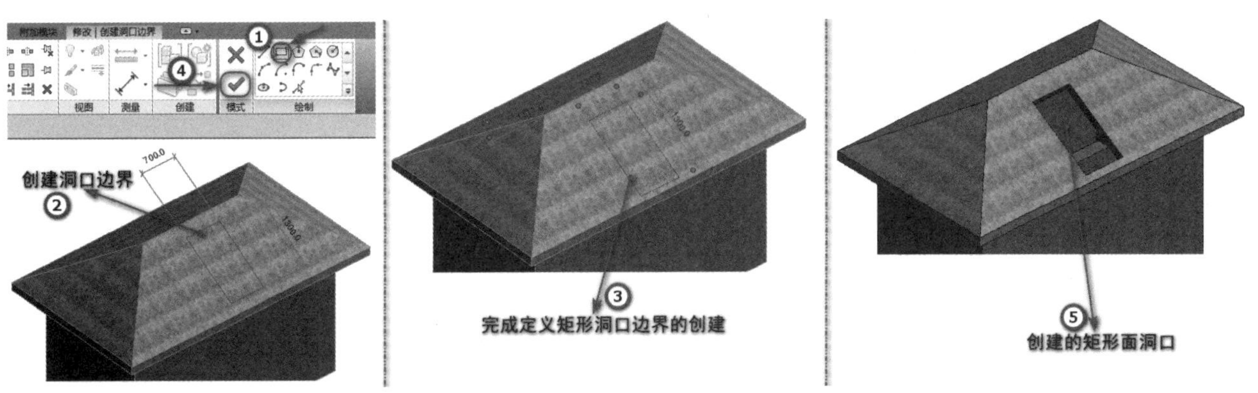

■ 图 8.27　创建矩形面洞口

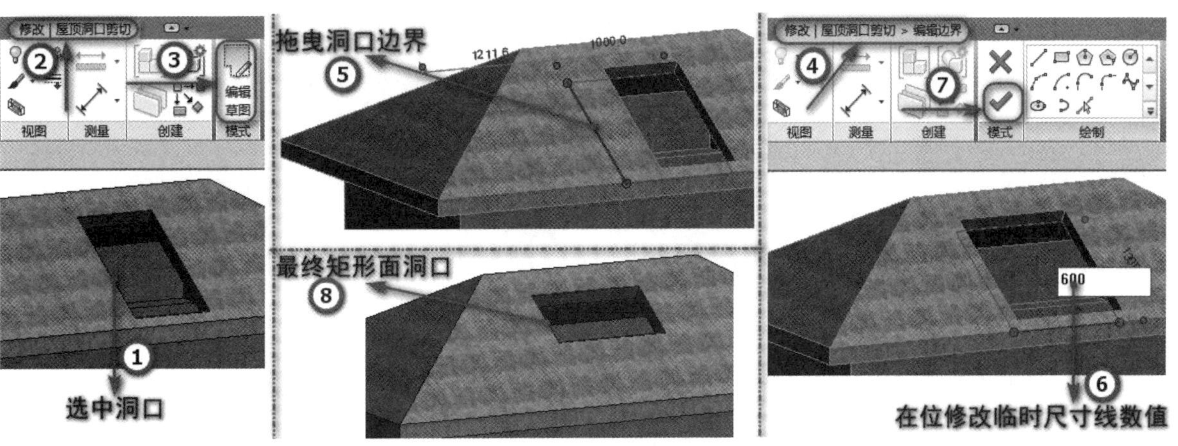

■ 图 8.28　矩形面洞口的编辑

步骤四：最后把“洞口案例.rvt”另存为“面洞口案例.rvt”。

小贴士 ▶▶▶

读者可以自由选用“绘制”面板中的绘制工具，在屋顶、楼板及天花上创建各种样式的面洞口。

二、垂直洞口

在“洞口”面板中单击“垂直”按钮，可剪切一个贯穿屋顶、楼板或者天花板的垂直洞口，该洞口是一个垂直于标高（而不是垂直于面）的洞口。创建垂直洞口的具体操作步骤如下。

步骤一：打开“面洞口案例.rvt”，在项目浏览器中单击展开“楼层平面”列表，选择“标高2”视图名称。双击切换至“标高2”楼层平面视图，如图8.29所示。

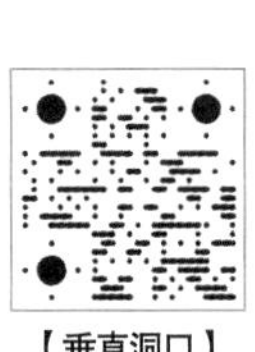
【垂直洞口】

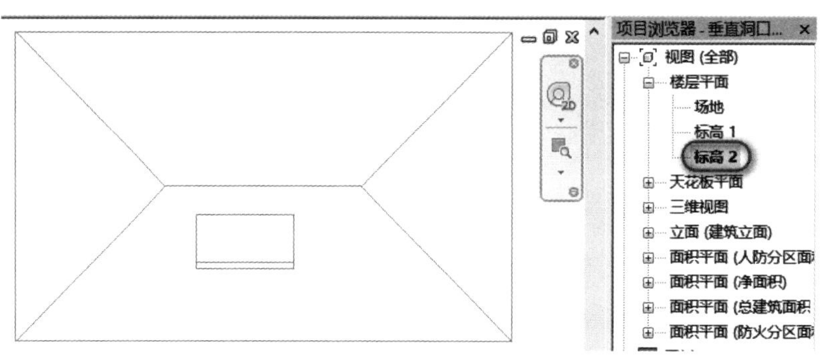

■ 图8.29 “标高2”楼层平面视图

小贴士 ▶▶▶

切换至三维视图，可以直接在三维样式的屋顶上执行创建洞口的操作。但是，在平面视图中可以更加准确地确定洞口的轮廓。

步骤二：在“洞口”面板上单击“垂直”按钮，开始执行创建垂直洞口的操作。选中屋顶，切换至“修改|创建洞口边界”选项卡，单击“绘制”面板→“矩形”按钮，在屋面上绘制矩形洞口边界，在“模式”面板上单击“√”按钮，完成垂直洞口的创建。在屋面上创建矩形垂直洞口的结果如图8.30所示。

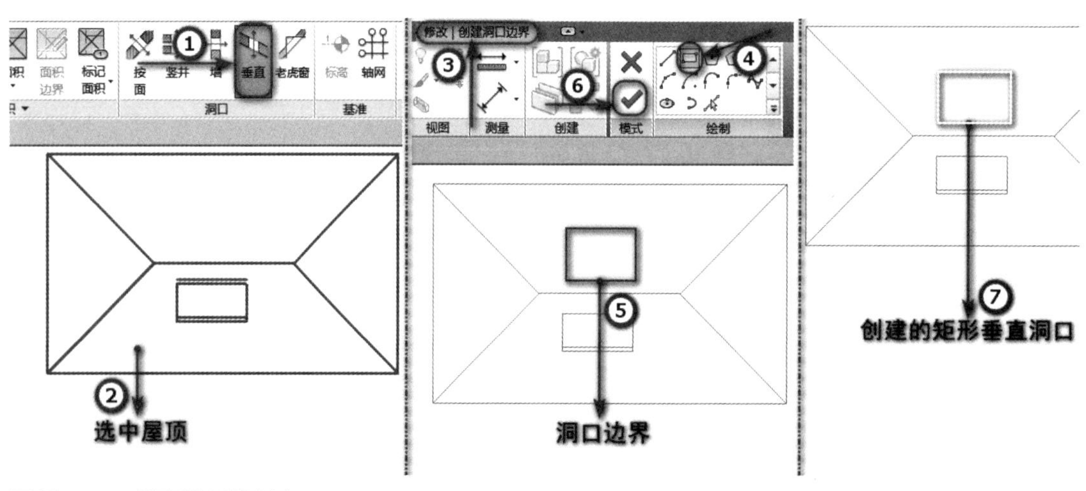

■ 图8.30 垂直洞口的创建

步骤三：单击“视图”选项卡→“创建”面板→“剖面”按钮，创建“剖面 1”视图。切换至三维视图，观察垂直洞口的三维效果。从“剖面 1”视图或者三维视图中都可以看出：垂直洞口的切口是向下垂直的，而面洞口的切口是垂直于屋顶表面的，如图 8.31 所示。

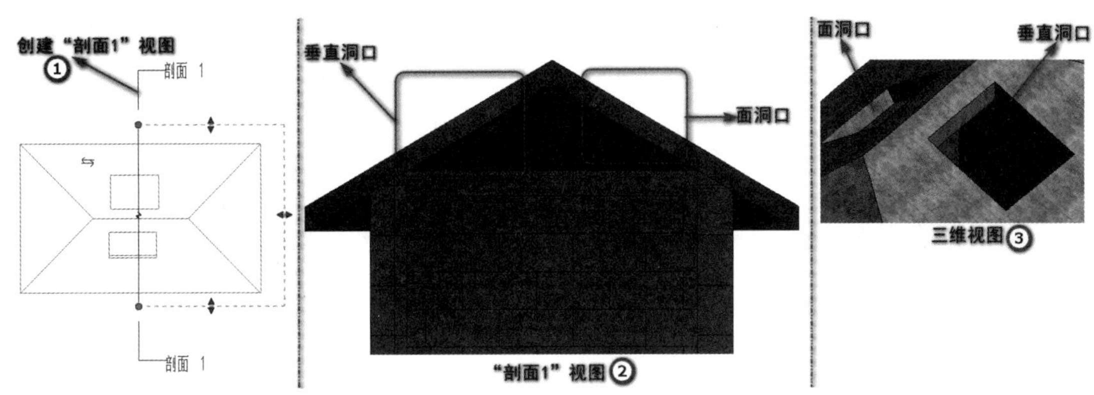

■ 图 8.31　垂直洞口与面洞口的区别

步骤四：最后把“面洞口案例 .rvt”另存为“垂直洞口案例 .rvt”。

三、墙洞口

启用“墙洞口”工具，可以在直墙或者弯曲墙中剪切一个矩形洞口。需要创建圆形或者多边形洞口，选择对应的墙体并使用“编辑轮廓”工具。在直墙或弯曲墙上剪切矩洞口的具体操作步骤如下。

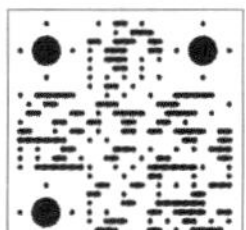

【墙洞口】

步骤一：打开“垂直洞口案例 .rvt”，切换到南立面视图，激活右下角“按面选择图元”按钮。单击“建筑”选项卡→“洞口”面板→“墙”按钮，在状态栏上会提示“选择一面墙以创建矩形洞口”，如图 8.32 所示。

■ 图 8.32　单击“洞口”面板上的“墙”按钮

步骤二：将鼠标置于墙体上，高亮显示墙体边界线，单击选中墙体。单击墙上的第一点作为矩形洞口的起点，拖动鼠标，在墙上任意位置单击第二点，即可创建矩形洞口的轮廓线。此时可以显示临时尺寸标注，注明洞口与周围墙体轮廓的间距。单击临时尺寸标注，进入临时编辑状态，修改标注文字，可以调整洞口的尺寸和位置，或者使用拖曳控制柄可以修改洞口的尺寸和位置，如图 8.33 所示。

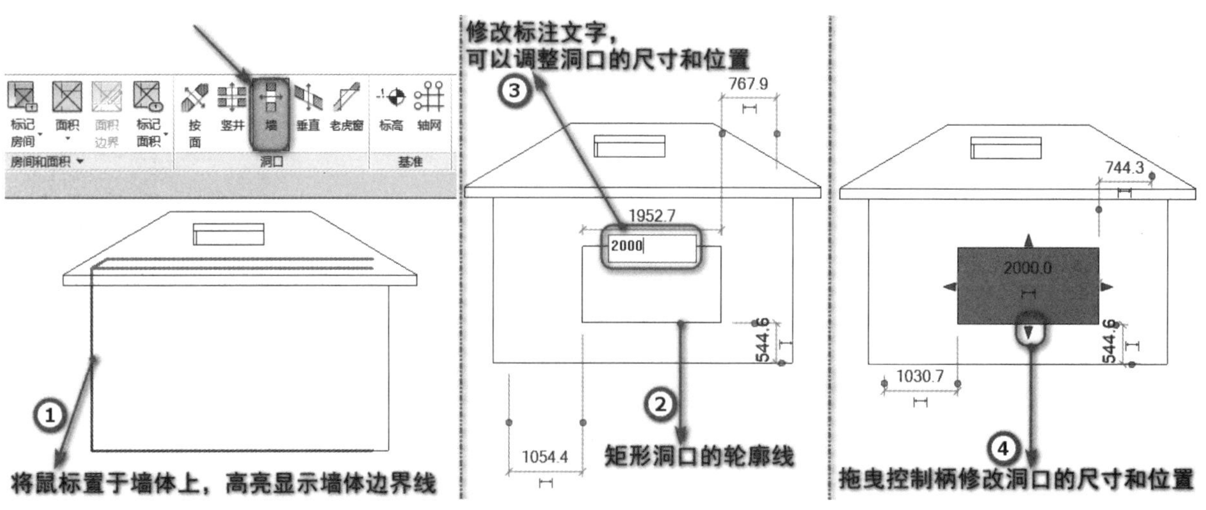

图 8.33　创建矩形洞口的轮廓线

步骤三：按 Esc 键退出，创建矩形洞口完成。切换至三维视图，观察墙洞口的三维效果，如图 8.34 所示。

步骤四：最后把“垂直洞口案例 .rvt”另存为“墙洞口案例 .rvt”。

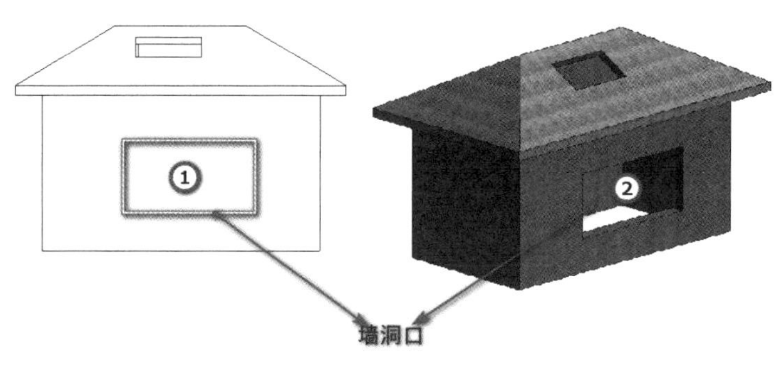

图 8.34　创建的墙洞口

特别提示

在立面视图中创建洞口后，可以直接显示与洞口相对的墙体及墙体上的门窗构件。此外，在直墙和弧墙上创建洞口是一样的，但圆弧以外的其他曲线墙体，“墙洞口”工具是不可以使用的。

四、竖井洞口

竖井洞口是洞口工具的重要组成部分。在“洞口”面板中单击“竖井”按钮，能够创建跨多个标高的垂直洞口，对贯穿其间的屋顶、楼板和天花板进行剪切。创建竖井洞口及绘制符号线的操作步骤如下。

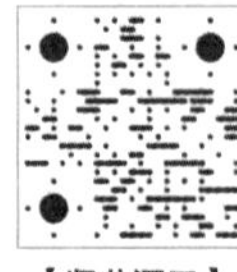

【竖井洞口】

步骤一：打开“竖井洞口案例 .rvt”，切换到“F1”楼层平面视图。

步骤二：单击“建筑”选项卡→“洞口”面板→“竖井”按钮，切换到“修改 | 创建竖井洞口草图”选项卡，在“绘制”面板中激活“边界线”按钮，选择“矩形”绘制方式，在选项栏中设置“偏移量”为“0.0”，不选中“半径”选项，如图 8.35 所示。

小贴士

当选择“矩形”绘制方式后，选项栏中的“链”选项显示为不可编辑。因为矩形是由相互连接的 4 条边组成。

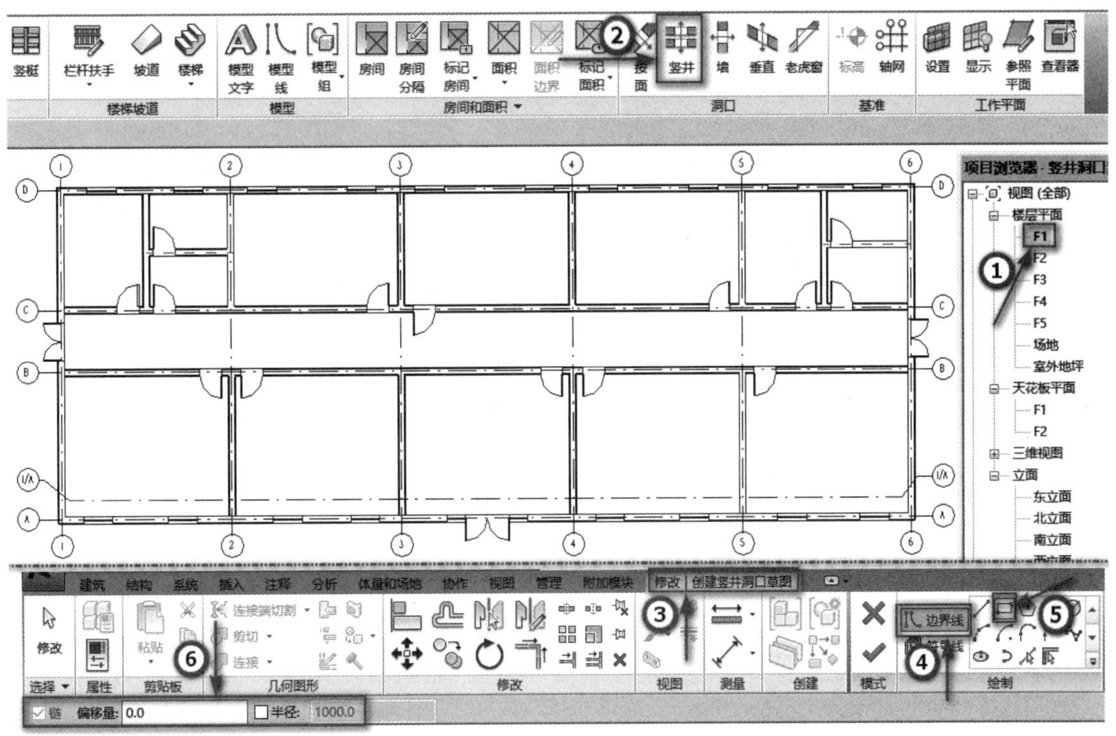

■ 图 8.35　单击“洞口”面板上的“竖井”按钮

步骤三：在“属性”对话框中设置“底部限制条件”为“F1”，设置“顶部约束”为“直到标高：F4”，表示跨 F1 至 F4 创建竖井洞口。单击指定洞口的对角点，用以定义洞口的位置，系统显示临时尺寸标注，标注洞口的尺寸及其与周围墙体的距离。单击临时尺寸标注数值进行在位编辑，可修改洞口的大小，单击“√”按钮，完成竖井洞口的创建，如图 8.36 所示。

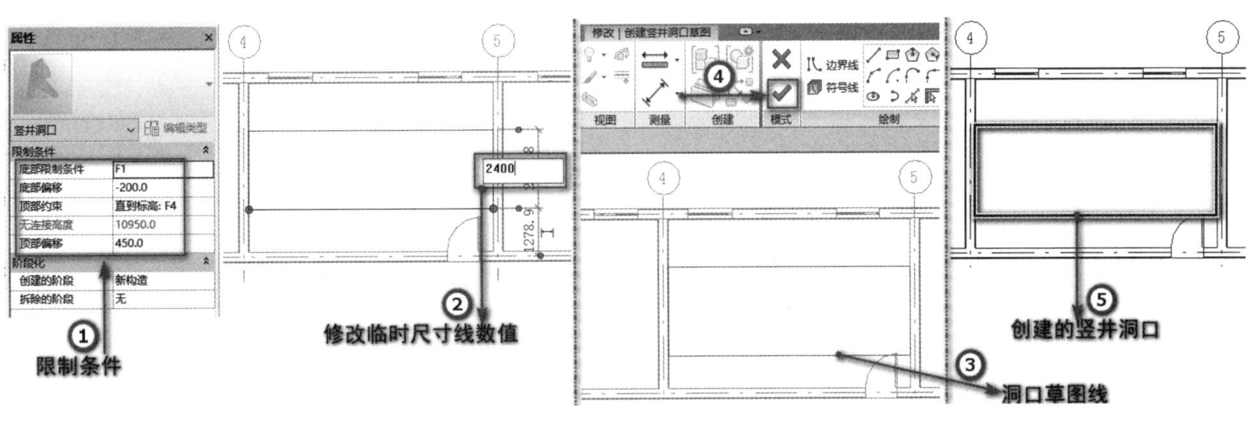

■ 图 8.36　创建的竖井洞口

特别提示 ▶▶▶

“属性”对话框中“底部偏移”选项值设置为“-200.0”，表示在“F1”的基础上向下移动“200.0”，“顶部偏移”设置为“450.0”，表示在“F4”的基础上向上偏移“450.0”。

步骤四：切换至三维视图，选择Ⓓ轴外墙体，右键单击，在弹出的快捷菜单中选择“在视图中隐藏”→“图元”命令。隐藏Ⓓ轴外墙体，方便观察竖井洞口的三维样式。将光标置于竖井洞口上，高亮显示长方体边界线，这是竖井洞口的边界线，选中竖井洞口，可通过使用拖曳控制柄拉伸竖井的剪切长度，如图 8.37 所示。

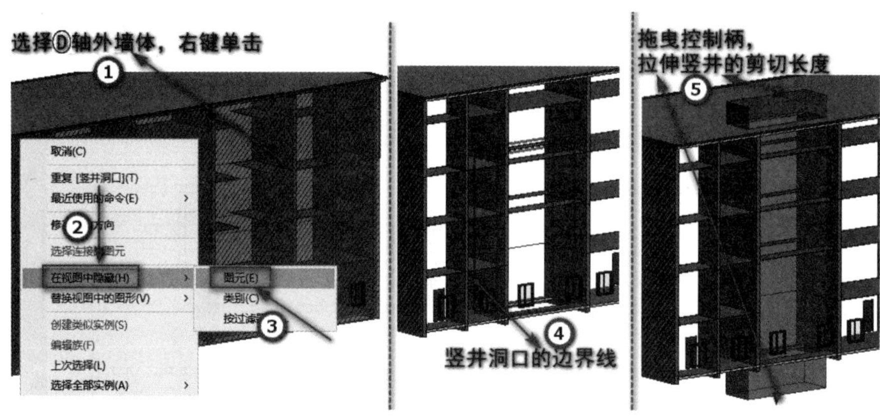

■ 图 8.37　竖井洞口的边界线

特别提示 ▶▶▶

① 在楼层平面视图中绘制竖井洞口的草图线，但是需要到三维视图观察创建效果。假如有图元遮挡，需要隐藏遮挡竖井洞口的图元，为方便观察操作结果，故将Ⓓ轴外墙体隐藏。

② 在项目中创建了竖井洞口后，为了方便识别洞口的边界线，需要添加标注。Revit 提供了注明竖井洞口属性的标注方法，即绘制符号线。通过在洞口边界线内绘制符号线，可以明确表示该区域为竖井洞口区域。

步骤五：切换至“F1”楼层平面视图，选中竖井洞口，系统自动切换到“修改 | 竖井洞口”选项卡，单击“模式”面板→“编辑草图”按钮，系统自动切换到“修改 | 创建竖井洞口草图”选项卡，如图 8.38 所示。

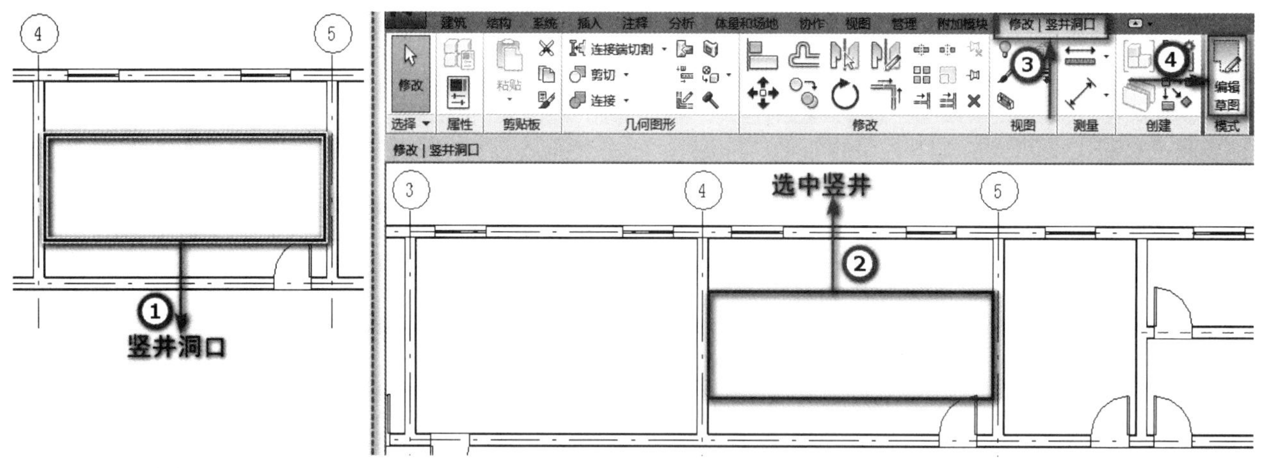

■ 图 8.38　选中竖井洞口

步骤六：单击“绘制”面板→“符号线”按钮，选择“直线”绘制方式，在选项栏中选中“链”复选框，其他选项保持默认值。在洞口边界线内绘制一条折线，绘制结果如图 8.39 中④所示。单击“√”按钮，完成符号线的绘制。在绘图区域空白位置单击退出符号线的选择，创建的符号线的效果如图 8.39 所示。

步骤七：完成创建竖井洞口的操作后，切换至被竖井洞口剪切的各个楼层平面视图，均可查看到该符号线，如图 8.40 所示。

步骤八：最后另存为“竖井洞口 .rvt”。

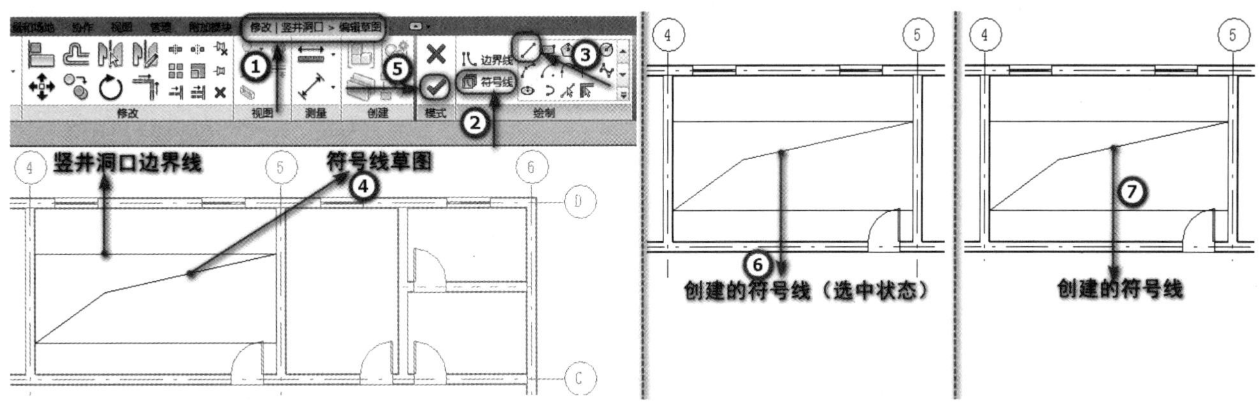

■ 图 8.39　符号线的创建

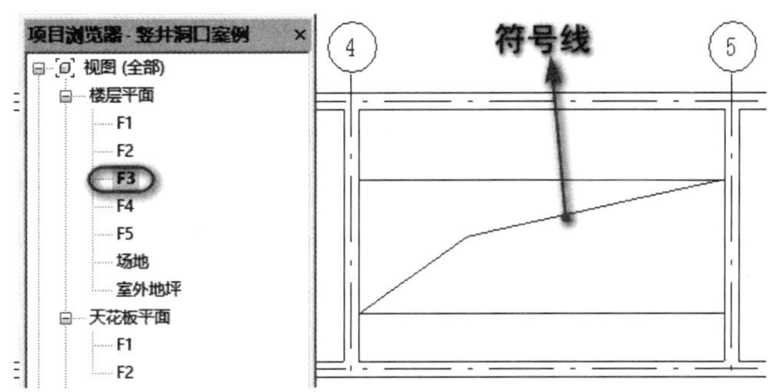

■ 图 8.40　“F3”楼层平面视图中的符号线

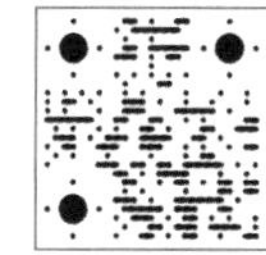
【老虎窗洞口】

五、老虎窗洞口

老虎窗也叫屋顶窗，其作用是透光和加速空气流通。

垂直洞口和面洞口分别是垂直于标高和垂直于面来剪切屋顶、楼板、天花板等，而老虎窗洞口则比较特殊，需要同时水平和垂直剪切屋顶。在添加老虎窗后，为其剪切一个穿过屋顶的洞口。

下面通过具体的案例来介绍创建老虎窗洞口的具体操作步骤。

步骤一：打开“案例一：老虎窗 .rvt”项目文件。为便于捕捉老虎窗墙边界，同时打开“F3”楼层平面视图和“剖面 1”视图，并平铺显示这两个视图，然后在“F3”楼层平面视图中，选择老虎窗小屋顶图元，在视图控制栏中单击“临时隐藏 / 隔离按钮”→“隐藏图元”选项，将小屋顶临时隐藏，如图 8.41 所示。

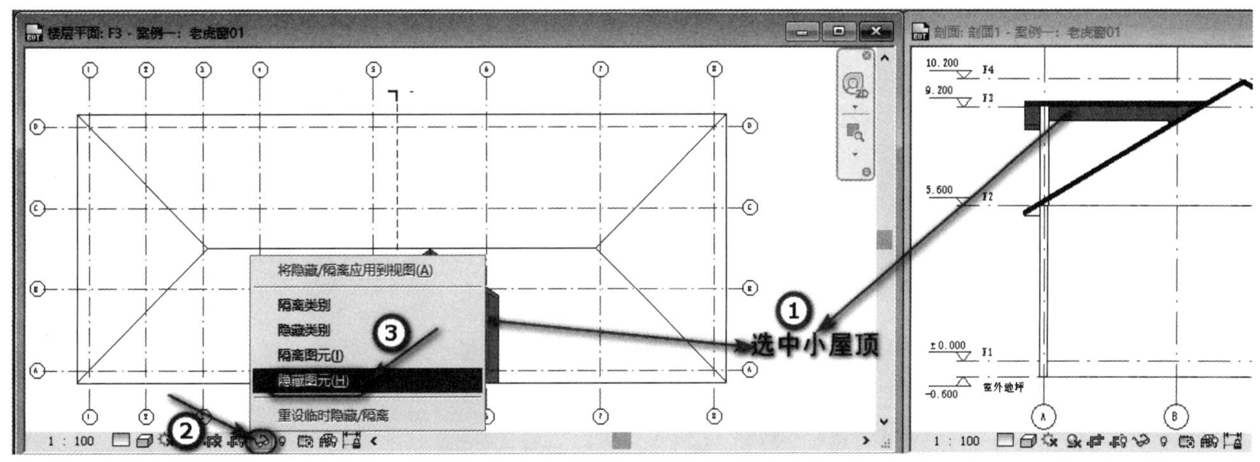

■ 图 8.41　将小屋顶临时隐藏

步骤二：完成小屋顶的隐藏后，单击“洞口”面板→“老虎窗洞口”按钮，并单击拾取要剪切的大屋顶图元，软件将自动切换到“修改 | 编辑草图”选项卡，同时进入洞口边界绘制模式。单击“拾取”面板→“拾取屋顶 / 墙边缘”按钮，依次单击老虎窗三面墙的内边线，创建 3 条边界线，效果如图 8.42 中⑤所示。单击视图控制栏中“临时隐藏 / 隔离按钮”→“重设临时隐藏 / 隔离”选项，重新显示小屋顶图元，此时，单击拾取小屋顶图元创建边界线。单击“修改”选项卡→“修改”面板→“修剪 / 延伸为角”按钮，对草图线进行修剪处理，效果如图 8.42 所示。

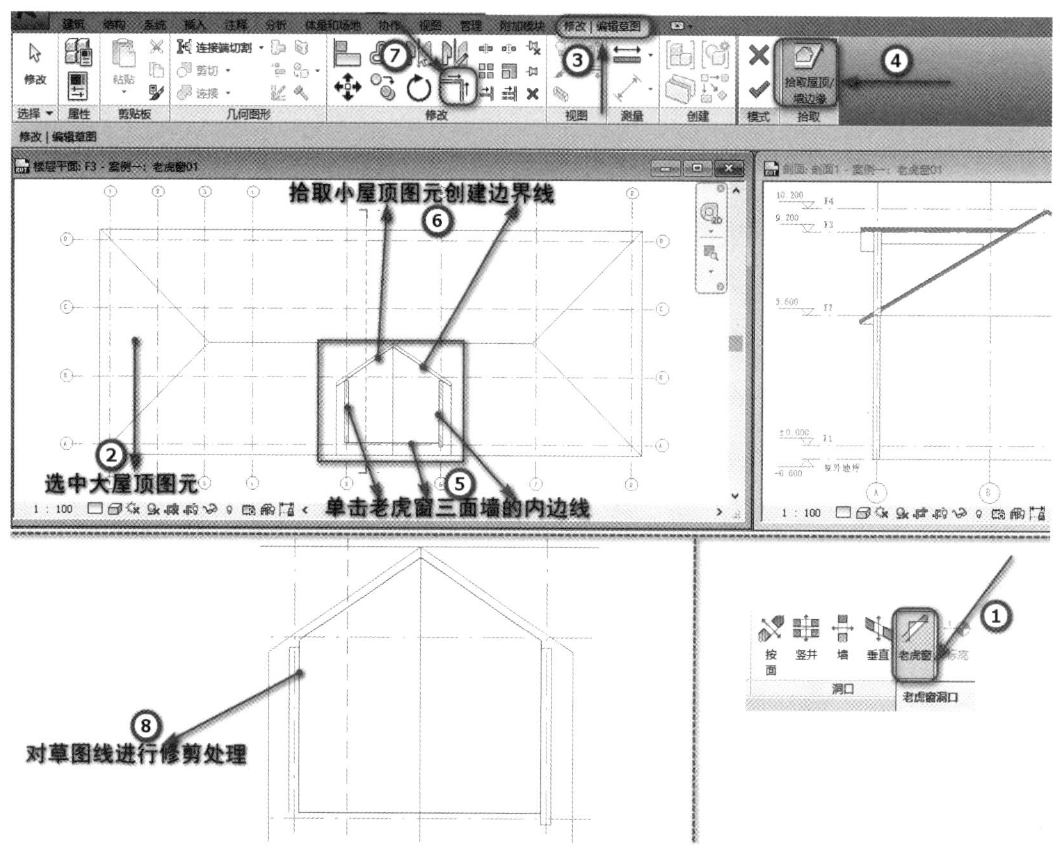

■ 图 8.42　洞口草图线的绘制

步骤三：完成洞口草图线的绘制后，在“模式”面板中单击“√”按钮。此时，可在“剖面 1”视图中查看老虎窗洞口在屋顶中同时进行垂直和水平剪切，然后切换至三维视图中，隐藏小屋顶图元，即可查看老虎窗洞口效果，如图 8.43 所示。

步骤四：保存项目文件为“案例一：老虎窗效果 rvt”。

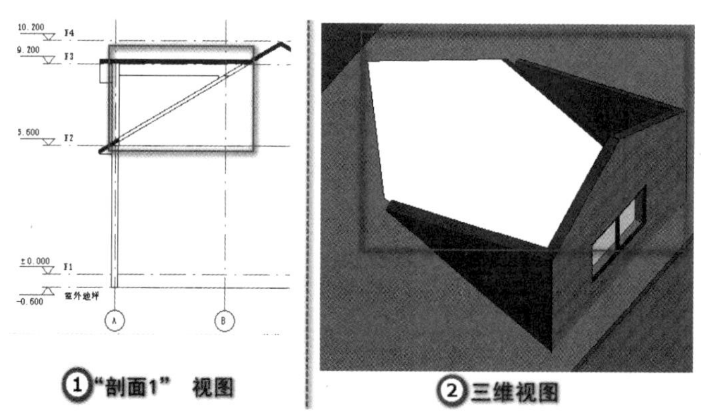

■ 图 8.43　老虎窗洞口效果

第四节　经典真题解析

真题不单独出题考查室外台阶、散水、女儿墙和洞口；由于室外台阶、散水、女儿墙和洞口属于建筑的主要模型构件，故往往渗透在最后一道综合建模题中进行考查，故此专项考点涉及的经典真题解析参见专项考点十一综合建模部分。

第五节　真题实战演练

真题不单独出题考查室外台阶、散水、女儿墙和洞口，但会在综合建模题中考查，必须掌握，故此专项考点涉及的真题实战演练参见专项考点十一综合建模部分。

楼梯、栏杆扶手、坡道

思维导图

- 专项考点八 楼梯、栏杆扶手、坡道
  - 第一节 楼梯
    - 一、创建楼梯的两种方式
      - 1.楼梯（按构件）
      - 2.楼梯（按草图）
    - 二、创建楼梯
      - 1.通过楼梯（按构件）方式创建直线梯段
      - 2.通过楼梯（按构件）方式创建双跑楼梯
      - 3.通过楼梯（按构件）方式创建全踏步螺旋楼梯
      - 4.通过楼梯（按构件）方式创建圆心—端点螺旋楼梯
      - 5.通过楼梯（按构件）方式创建L形转角楼梯
      - 6.通过楼梯（按构件）方式创建U形转角楼梯
      - 7.通过楼梯（按草图）方式绘制边界和踢面线来创建梯段
    - 三、楼梯平面显示控制
  - 第二节 栏杆扶手
    - 一、绘制路径创建栏杆扶手
    - 二、拾取主体创建扶手
    - 三、编辑栏杆扶手
    - 四、关于栏杆扶手的几点补充说明
  - 第三节 坡道
    - 一、直坡道
    - 二、带平台的坡道
  - 第四节 经典真题解析
    - 第一期全国BIM技能等级考试一级试题第二题“弧形楼梯”
  - 第五节 真题实战演练
    - 第二期全国BIM技能等级考试一级试题第二题“楼梯”
    - 第七期全国BIM技能等级考试一级试题第二题“楼梯扶手”
    - 第九期全国BIM技能等级考试一级试题第二题“楼梯扶手”

专项考点数据统计

专项考点楼梯、栏杆扶手、坡道数据统计表

期数	题目	题目数量	难易程度	备注
第一期	第二题“弧形楼梯”	1	中等	
第二期	第二题“楼梯”	1	困难	比较典型，尤其是栏杆扶手部分
第七期	第二题“楼梯扶手”	1	中等	
第九期	第二题“楼梯扶手”	1	中等	

说明：16 期考试中涉及专项考点楼梯、栏杆扶手、坡道的题目共有 4 道。根据近期考题发现不再单独出题考查楼梯、栏杆扶手、坡道，由于楼梯、栏杆扶手、坡道属于建筑的主要模型构件，故往往渗透在最后一道综合建模大题中进行考查，请读者注意。

根据全国 BIM 技能等级考试一级试题的分析，楼梯部分涉及的考点为：①栏杆扶手样式的设置；②楼梯踏步数的设置；③楼梯踏板宽度的设置；④楼梯踢面数量的设置；⑤楼梯的创建及属性编辑等。此外楼梯部分还会在综合建模题中进行考察，同时考察的内容不仅仅是创建楼梯本身，而是同时考查栏杆扶手、竖井、台阶、坡道、内建模型、插入柱（结构柱和建筑柱）等知识点。

坡道是很多建筑物中不可缺少的构件之一，可以解决由于建筑物内外高差不同而产生的行动不便。坡道的绘制需要熟练掌握坡道高度、坡道长度、坡道坡度三者之间的关系。

通过本章的学习，应了解楼梯的基本组成及参数设置；掌握按草图和按构件创建楼梯的两种方法；掌握创建和修改栏杆扶手的方法；掌握创建坡道的方法。

第一节　楼梯

在“楼梯坡道”面板中提供了两种创建楼梯的方式，分别为“楼梯（按构件）”与“楼梯（按草图）”。选择“楼梯（按构件）”方式创建楼梯，是通过创建通用梯段、平台和支座构件，将楼梯添加到建筑模型中；选择“楼梯（按草图）”方式创建楼梯，是通过绘制梯段的方式向建筑模型中添加楼梯。

一、创建楼梯的两种方式

1. 楼梯（按构件）

选择“建筑样板”新建一个项目，切换到“标高 1”楼层平面视图。单击“建筑”选项卡→“楼梯坡道”面板→“楼梯”下拉列表→“楼梯（按构件）”选项，如图 9.1 所示。

系统自动切换到“修改 | 创建楼梯”选项卡，在“构件”面板中选择“梯段”方式，单击“直梯”按钮；选项栏中“定位线”选项列表中提供了多种定位方式，如“梯段：左”“梯段：中心”“梯段：右”等，默认选择为“梯段：中心”；“偏移量”为“0.0”，表示梯段的中心点与绘制起点重合；“实际梯段宽度”参数值表示一个梯段的宽度，默认值为“1000.0”，可自定义宽度值；选中“自动平台”复选框，在绘制双跑楼梯时会自动创建中间休息平台，如图 9.2 所示。

在“属性”对话框中提供了“现场浇筑楼梯”“组合楼梯”“预浇注楼梯”供用户选择，默认选择为“现场

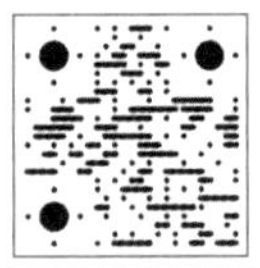
【楼梯(按构件)】

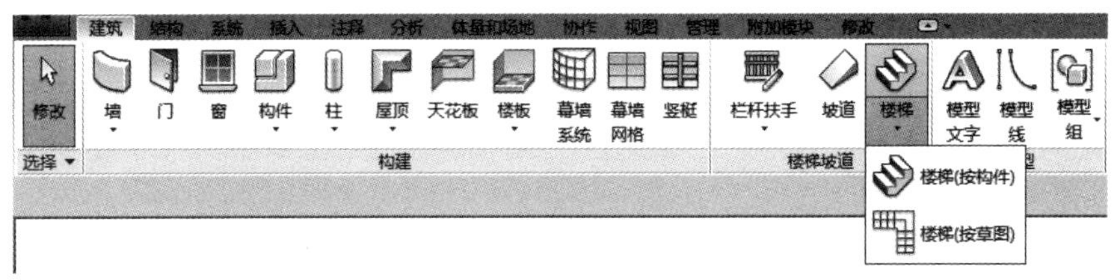
■ 图 9.1 “楼梯(按构件)”选项

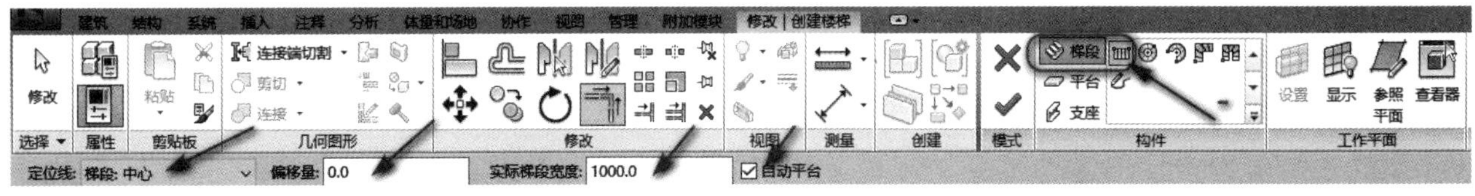
■ 图 9.2 “修改 | 创建楼梯”上下文选项卡

浇筑楼梯 整体浇筑楼梯”。在“限制条件”选项组中设置“底部标高”及“顶部标高”后，系统自动计算“尺寸标注”选项组中的“所需踢面数”及“实际踏板深度”参数值，并显示结果，如图 9.3 所示。

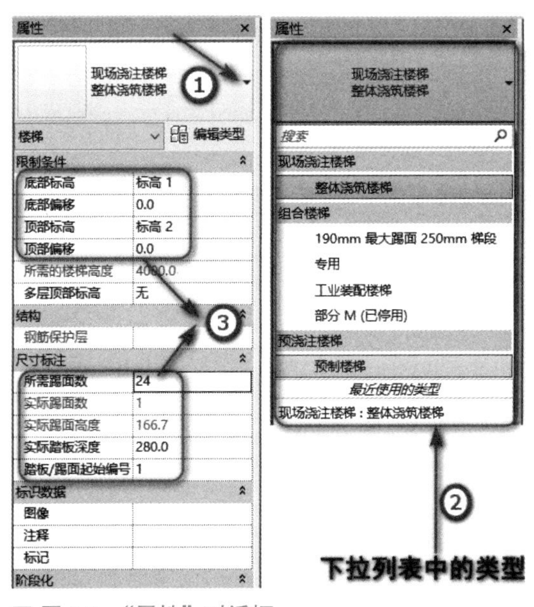

■ 图 9.3 “属性”对话框

特别提示 ▶▶▶

绘制楼梯时要先选择类型并修改参数。如需要楼梯跨越多个标高相同的连续层，只需要绘制一层楼梯，然后修改“属性”对话框中的“多层顶部标高”的值到相应的标高即可创建多层楼梯。建议多层顶部标高可以设置到顶层标高的下面一层标高，因为顶层的平台栏杆需要特殊处理。设置了“多层顶部标高”参数的各层楼梯仍是一个整体，当修改楼梯和扶手参数后所有楼层楼梯均会自动更新。

在绘图区域中单击指定梯段的起点，垂直向上移动鼠标，在垂直方向显示梯段的临时尺寸，右上角显示起点与梯段的角度值，在水平方向显示已经创建的踢面数及剩余的踢面数，如图 9.4 所示。读者通过预览文字提示，了解梯段的尺寸、踢面数等。

在端点单击完成一个梯段的创建。此时仍处于创建梯段的命令中，创建完成的梯段上显示临时尺寸标注，标志其宽度、长度，如图 9.5 中①所示。向梯段的一侧移动鼠标，单击指定另一梯段的起点，如图 9.5 中②所示。

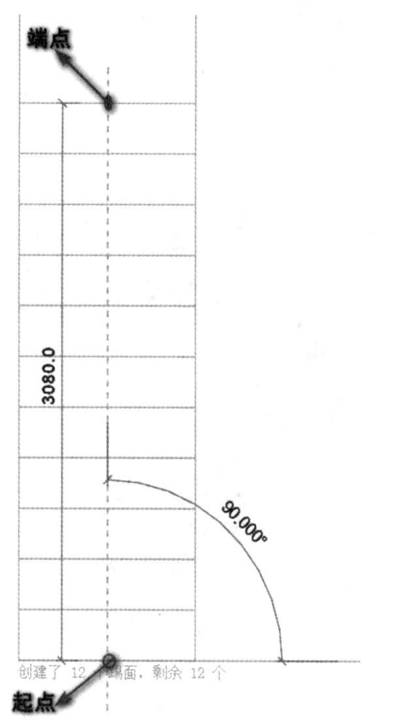

■ 图 9.4　在绘图区域中单击指定梯段的起点

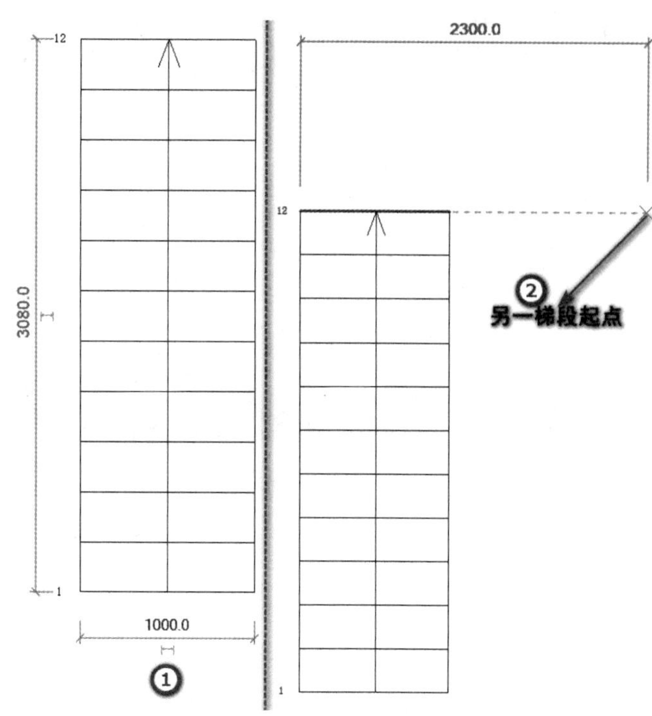

■ 图 9.5　指定另一梯段的起点

向下移动鼠标，此时可以预览休息平台及另一梯段的绘制结果，如图 9.6 中①所示。单击指定梯段的终点，完成双跑楼梯的创建。在各梯段的起始踏步一侧，显示踏步编号，如图 9.6 中②所示。

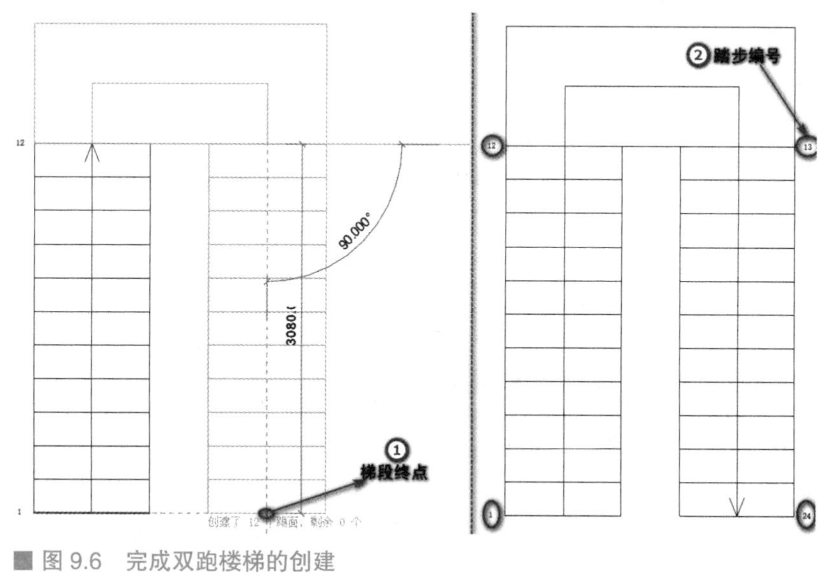

■ 图 9.6　完成双跑楼梯的创建

特别提示 ▶▶▶

这种方法两个梯段的休息平台是自动创建的，但如果两个梯段是分开绘制的，那么中间休息平台就需要运用“楼板”工具来创建。

单击“模式”模板→“√”按钮，完成创建双跑楼梯。梯段的实线部分表示梯段在当前视图（标高 1）的样式，虚线部分表示另一视图（标高 2）中梯段的投影。切换到“标高 2”楼层平面视图，梯段以实线显示。切换到“东”立面视图，查看创建的双跑楼梯的立面样式，如图 9.7 所示。

切换到三维视图，观察创建的双跑楼梯的三维模型，如图 9.8 所示。在创建梯段的同时，系统默认生成栏杆扶手。

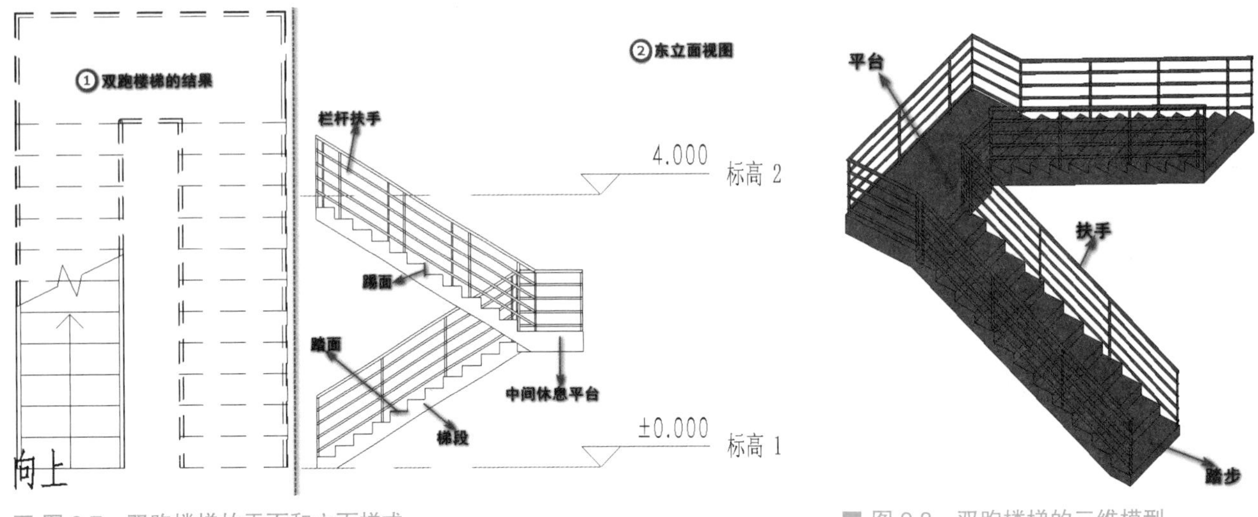

■ 图 9.7　双跑楼梯的平面和立面样式

■ 图 9.8　双跑楼梯的三维模型

2. 楼梯（按草图）

在“楼梯”下拉列表中选择“楼梯（按草图）”选项，进入“修改 | 创建楼梯草图”选项卡，在“绘制”面板中选择“梯段”方式，单击“直线”按钮。在“属性”对话框中选择梯段的类型，设置“限制条件”选项组中的参数，此时可观察到“所需踢面数”已经自动计算出来，如图 9.9 所示。

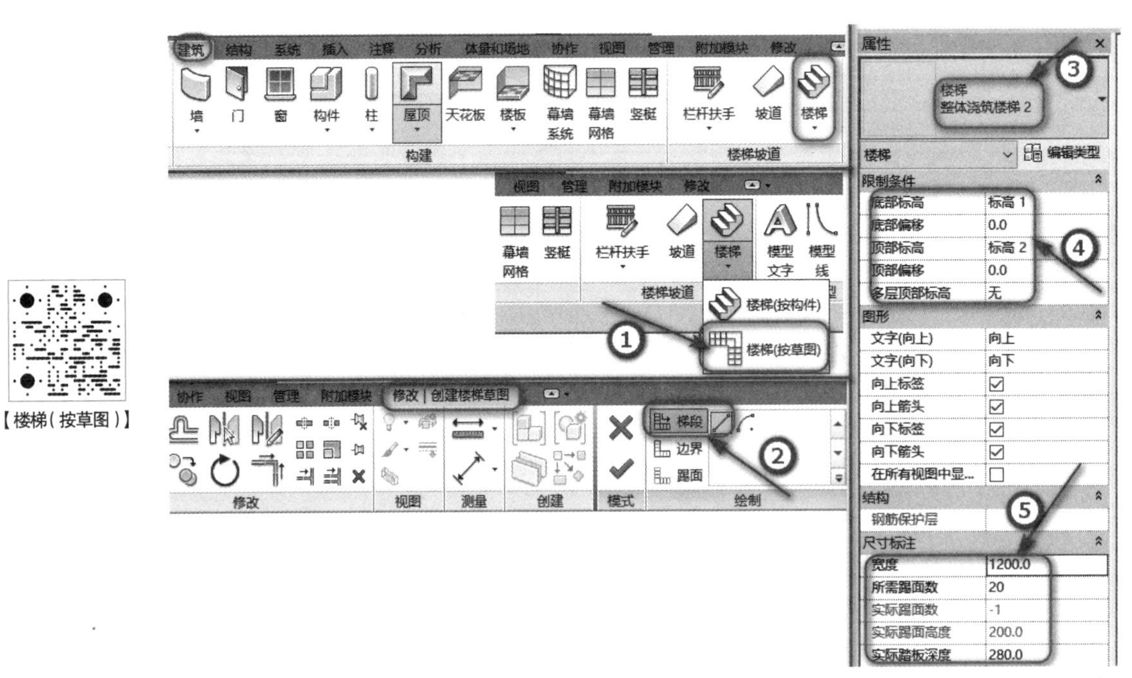

■ 图 9.9　“楼梯（按草图）”选项

在绘图区域中单击指定梯段的起点，向上移动鼠标，单击指定梯段的端点，如图 9.10 所示。

按下 Esc 键，退出放置梯段的操作，此时仍处于“梯段（按草图）”命令。向上移动鼠标并单击，以指定平台的转折点。此时开始绘制梯段，再次按 Esc 键，退出放置梯段，向右移动鼠标并单击，指定梯段起点，开始放置梯段的操作，如图 9.11 所示。

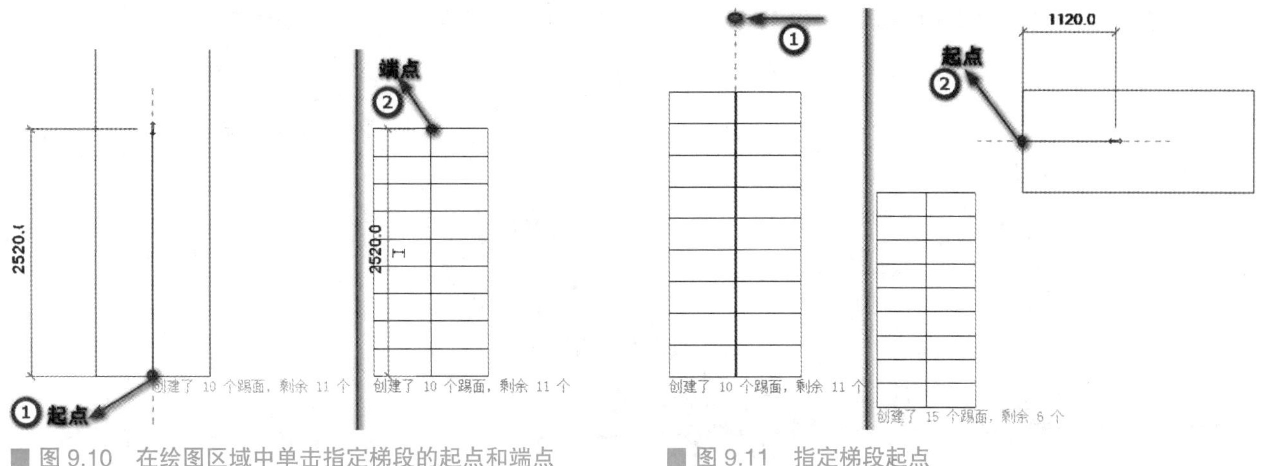

■ 图 9.10　在绘图区域中单击指定梯段的起点和端点

■ 图 9.11　指定梯段起点

向右移动鼠标并单击，指定梯段的终点，完成另一梯段的放置。按 Esc 键，向右移动鼠标并单击，指定另一梯段的起点。向右移动鼠标并单击，指定梯段的终点，完成梯段的放置。单击“模式”面板“√”按钮，楼梯创建结束，如图 9.12 所示。创建梯段的结果，如图 9.13 所示。转换至三维视图，观察梯段的三维样式，如图 9.14 所示。

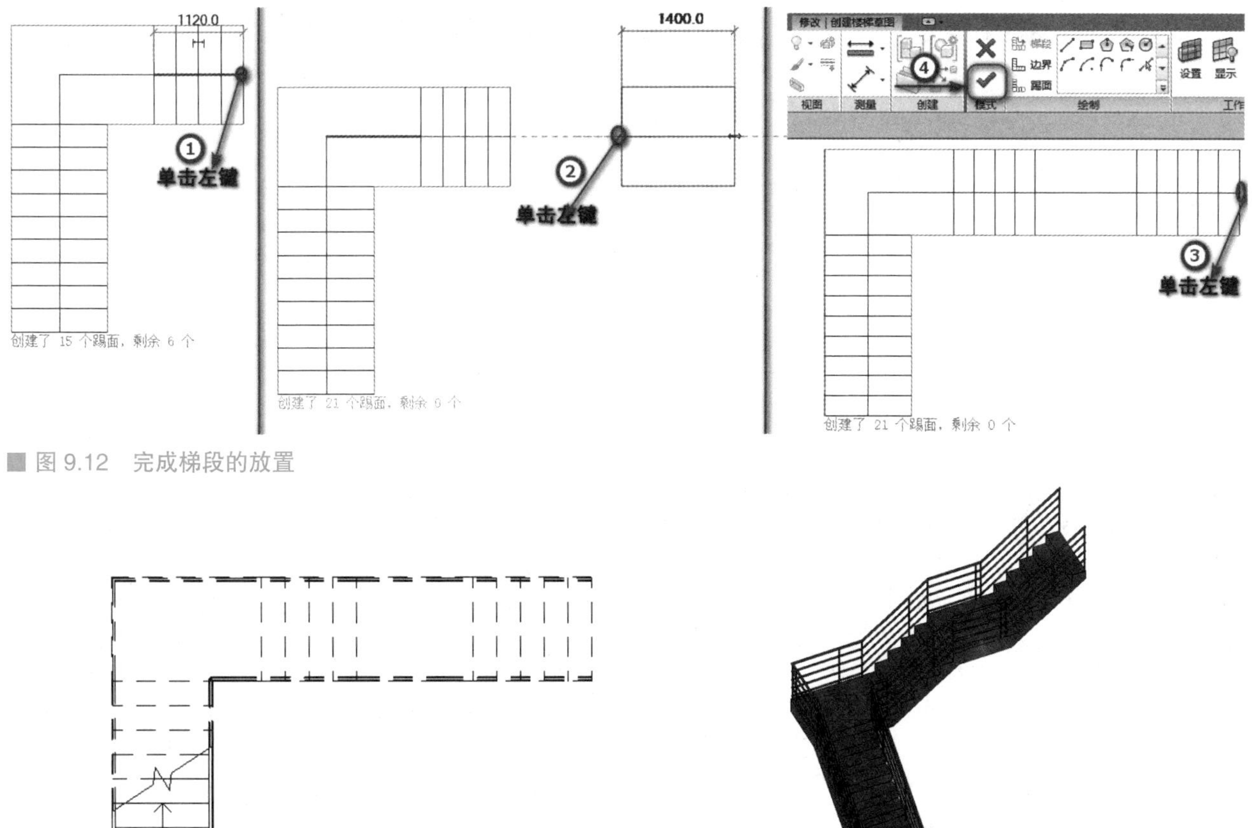

■ 图 9.12　完成梯段的放置

■ 图 9.13　创建梯段的结果

■ 图 9.14　观察梯段的三维样式

选中楼梯，进入“修改 | 楼梯”选项卡，单击“编辑草图”按钮，进入草图模式编辑楼梯，如图 9.15 所示。

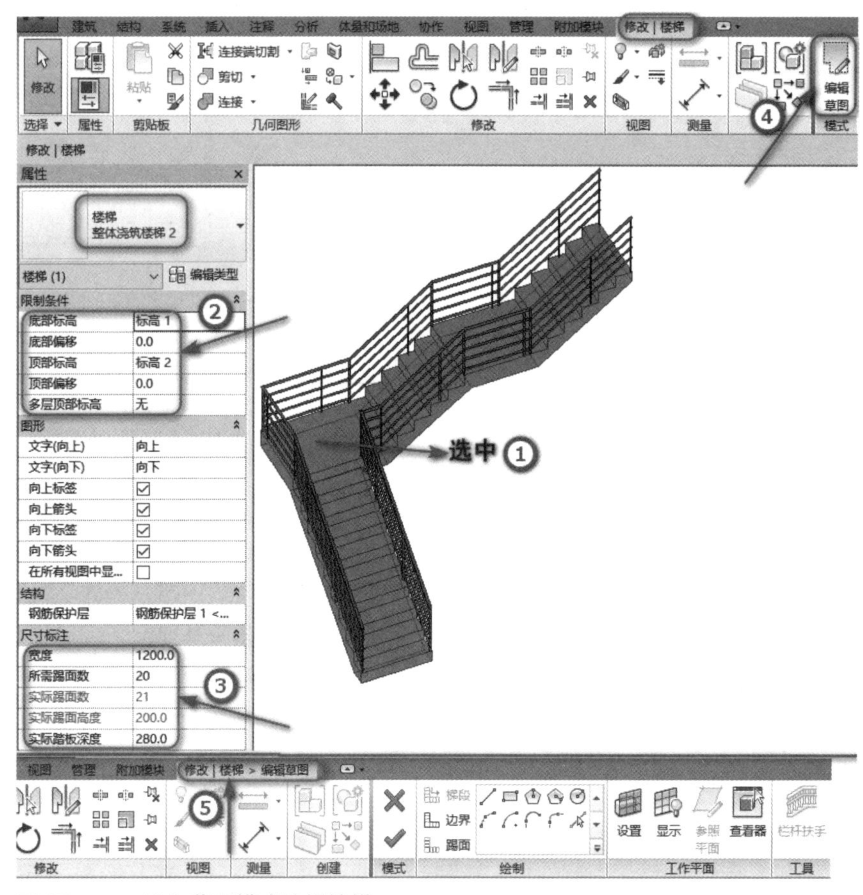

■ 图 9.15　进入草图模式编辑楼梯

二、创建楼梯

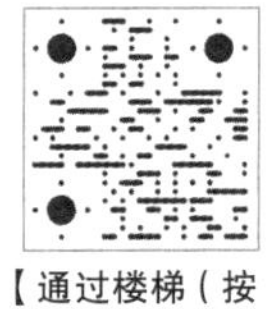

【通过楼梯（按构件）方式创建直线楼梯】

1. 通过楼梯（按构件）方式创建直线楼梯

切换到“建筑”选项卡，如图 9.16 所示；单击“建筑”选项卡→“楼梯坡道”面板→“楼梯”下拉列表→“楼梯（按构件）”按钮，如图 9.17 所示。

■ 图 9.16　“建筑”选项卡

■ 图 9.17　“楼梯（按构件）”按钮

切换至“修改 | 创建楼梯”选项卡，在“构件”面板中选择“梯段”按钮，选择“直梯”绘制方式。设置选项栏“定位线”为“梯段中心”，“偏移量”为“0.0”，“实际梯段宽度”为“1000.0”，选中“自动平台”选项，如图 9.18 所示。

在“属性”对话框中选择楼梯的类型，如“现场浇筑楼梯 整体浇筑楼梯”，单击名称选项，可在下拉列表中更改楼梯类型。单击梯段起点，向右移动鼠标，显示临时尺寸标注，并提示当前的踢面数。在端点单击即可完成创建梯段的操作，如图 9.19 所示。

小贴士 ▶▶▶

在“属性”对话框中的“所需踢面数”选项中设置了踢面数目后，从起点到端点，中间的踢面数与所设数值相对应。

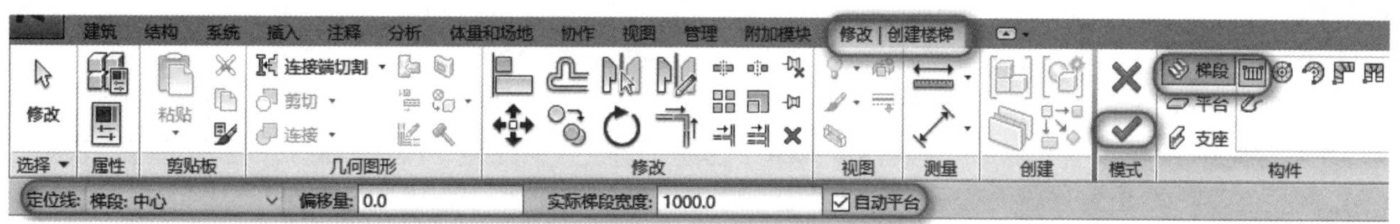

■ 图 9.18 “修改 | 创建楼梯”选项卡

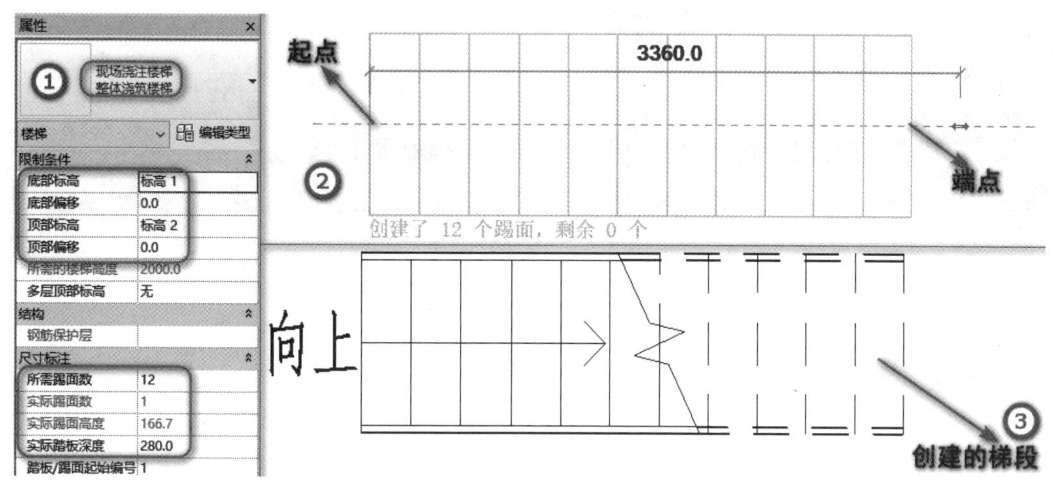

■ 图 9.19 创建梯段

单击梯段，进入“修改 | 楼梯”选项卡，单击“编辑”面板→“编辑楼梯”按钮，进入“修改 | 创建楼梯”选项卡。单击选中梯段，显示造型操纵柄符号及梯段末端符号，如图 9.20 所示。

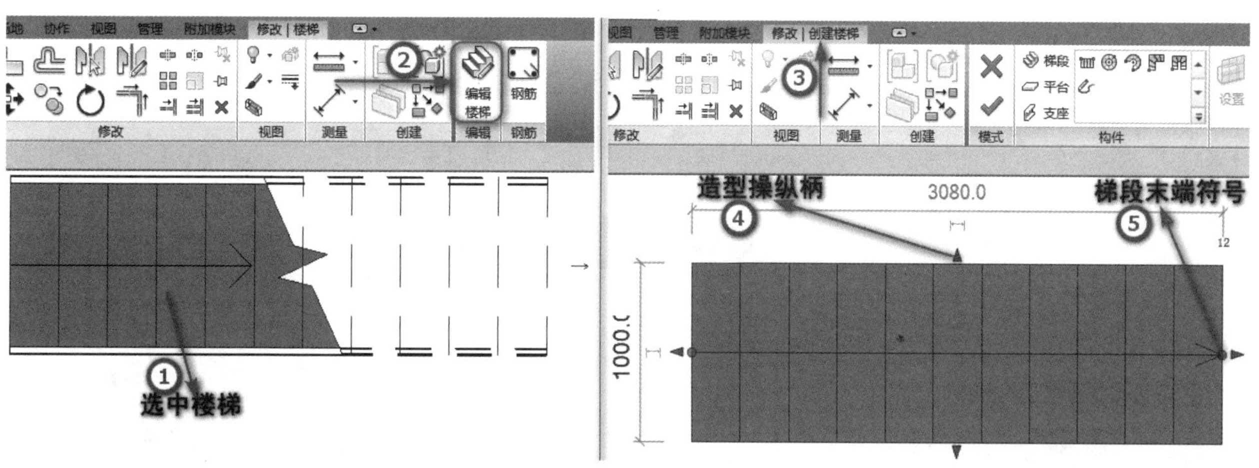

■ 图 9.20 造型操纵柄符号及梯段末端符号

单击激活梯段边线上侧的“造型操纵柄”符号，垂直向上拖曳鼠标，可以调整梯段的宽度，如图 9.21 所示。

单击激活梯段方向指示箭头一侧的“梯段末端”符号，水平向右拖曳鼠标，可以增加梯段的踢面数。单击鼠标左键指定拖曳端点，临时尺寸标注显示当前梯段的长度，并在梯段的右上角显示踢面数位“12+4”，即在 12 踢面数的基础上增加了 4 个踢面，如图 9.22 所示。

单击“模式”面板→“√”按钮，系统在右下角弹出如图 9.23 所示的警告对话框，提醒用户梯段踢面数与梯段的高度不匹配，请用户修改踢面数或者修改相对高度值。

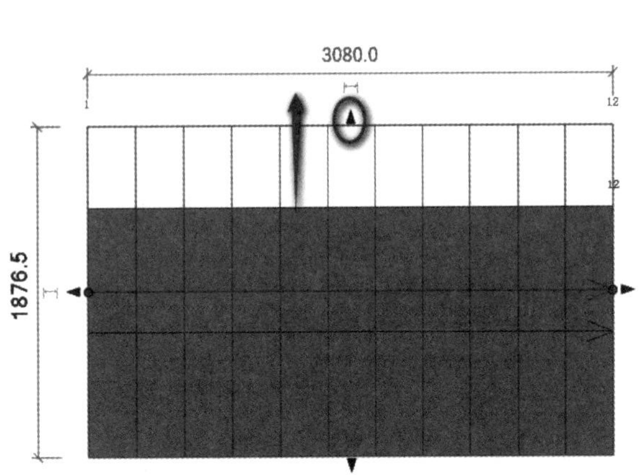

■ 图 9.21　调整梯段的宽度

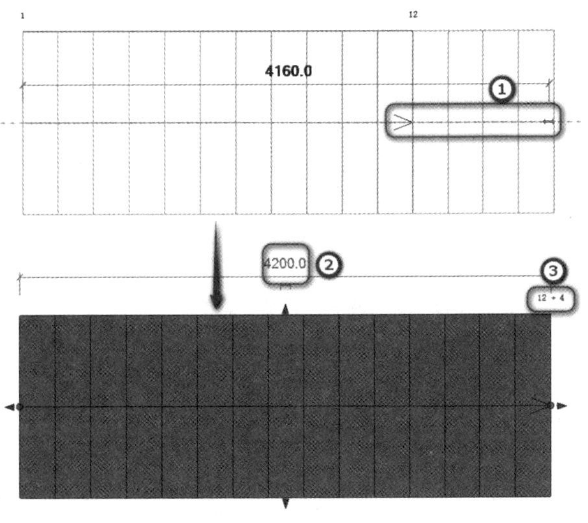

■ 图 9.22　增加梯段的踢面数

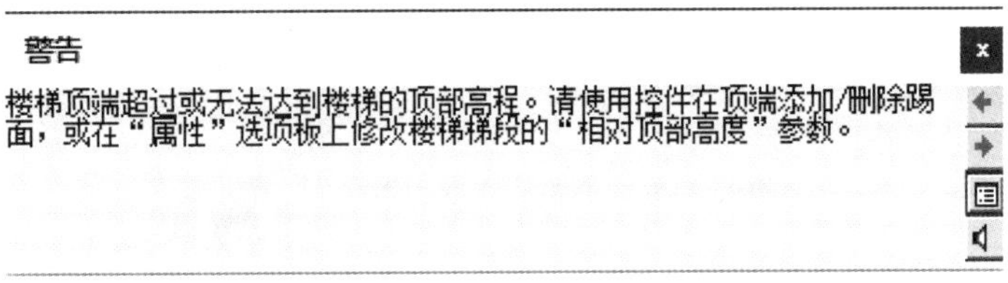

警告

楼梯顶端超过或无法达到楼梯的顶部高程。请使用控件在顶端添加/删除踢面，或在“属性”选项板上修改楼梯梯段的“相对顶部高度”参数。

■ 图 9.23　警告对话框

在“属性”对话框中显示梯段当前的参数，在“所需踢面数”选项中显示在当前标高下所需要的踢面数。在“实际踢面数”选项中显示当前梯段所有的踢面数，选项为灰色，即参数在“属性”对话框中不可修改。在“限制条件”选项组下修改标高参数，以符合踢面所需的高度，如图 9.24 所示。

单击“修改 | 创建楼梯”选项卡→“工具”面板→“翻转”按钮，可以调整楼梯的方向，但是不会更改布局。梯段方向被调整后，箭头指示方向改变，以标明上楼方向，如图 9.25 所示。

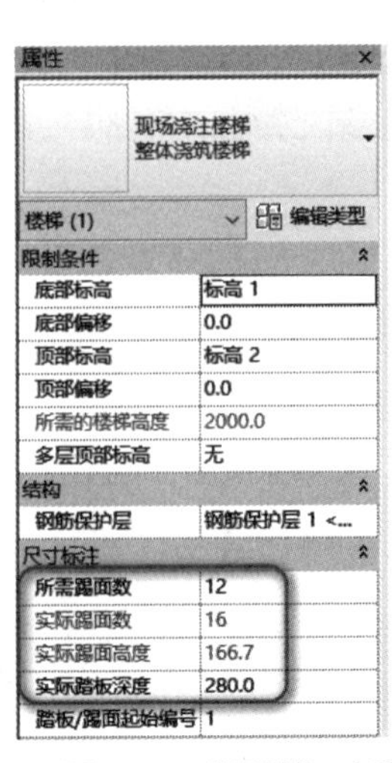

■ 图 9.24　“属性”对话框

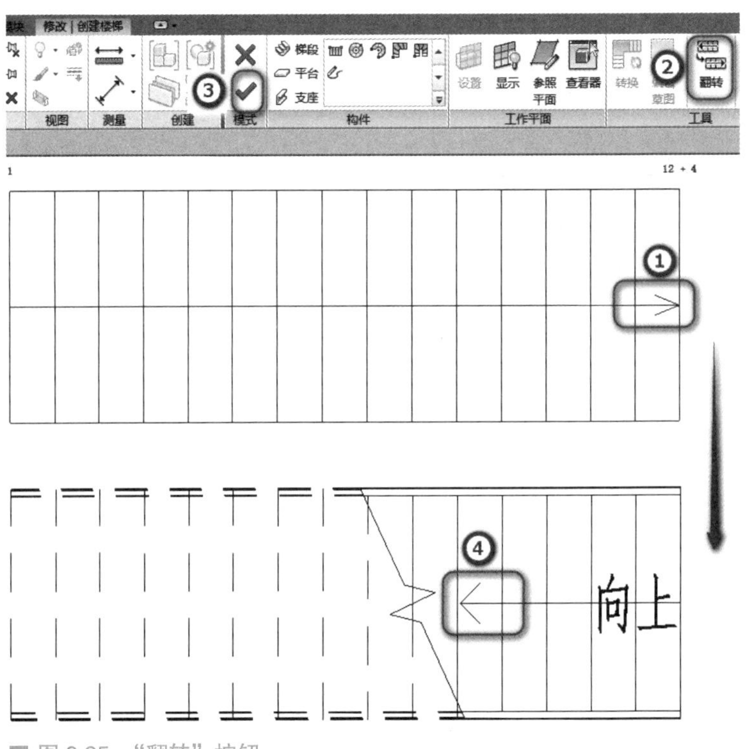

■ 图 9.25　“翻转”按钮

再学一招 ▶▶▶

另一种方法可以重新进入梯段编辑状态，激活“梯段末端”符号，调整符号的端点位置，也可以恢复梯段实际的踢面数。

■ 图 9.26　梯段的三维效果

转换至三维视图，查看梯段的三维效果，如图 9.26 所示。最后，以“通过楼梯（按构件）方式创建直线梯段 .rvt”为文件名保存项目文件。

2. 通过楼梯（按构件）方式创建双跑楼梯

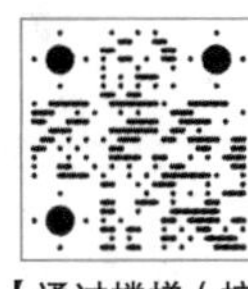

【通过楼梯（按构件）方式创建双跑楼梯】

选择“建筑样板”新建一个项目，切换到“标高 1”楼层平面视图。单击“建筑”选项卡→“楼梯坡道”面板→“楼梯”下拉列表→“楼梯（按构件）”按钮。切换至“修改 | 创建楼梯”选项卡，在“构件”面板中选择“梯段”按钮，选择“直梯”绘制方式。设置选项栏“定位线”为“梯段：左”，“偏移量”为“0.0”，“实际梯段宽度”为“1000.0”，选中“自动平台”复选框。

在“属性”对话框中选择楼梯的类型为“现场浇筑楼梯 整体浇筑楼梯”，设置“属性”对话框中“限制条件”“尺寸标注”选项组下的参数，单击梯段起点，向右移动鼠标。在合适位置单击，指定梯段的端点。向上移动鼠标，输入休息平台的宽度，如图 9.27 所示。

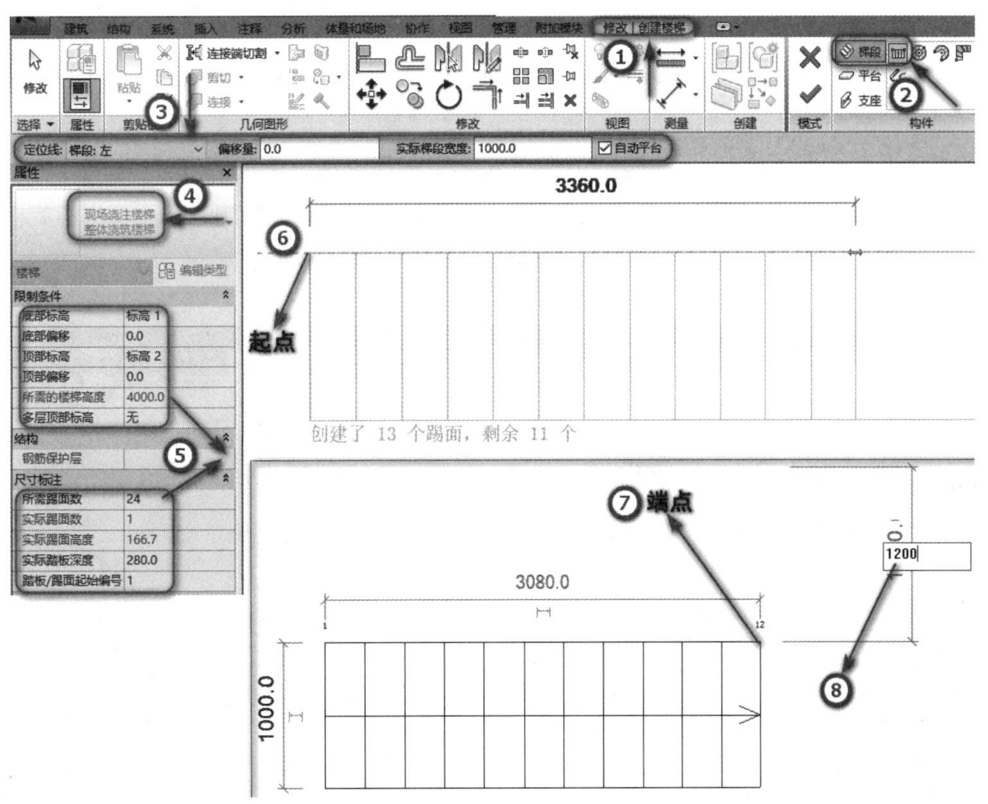

■ 图 9.27　创建梯段

按下鼠标左键，确定休息平台的端点，继续向上移动鼠标绘制剩余的踢面。在实时标注文字指示“创建了 12 个踢面，剩余 0 个”时单击，结束梯段的绘制。单击“模式”面板“√”按钮，完成楼梯的创建。双跑楼梯的创建结果，如图 9.28 所示。

转换至三维视图，查看双跑楼梯的创建效果，如图 9.29 所示。最后，以“通过楼梯（按构件）方式创建双跑楼梯 .rvt”为文件名保存项目文件。

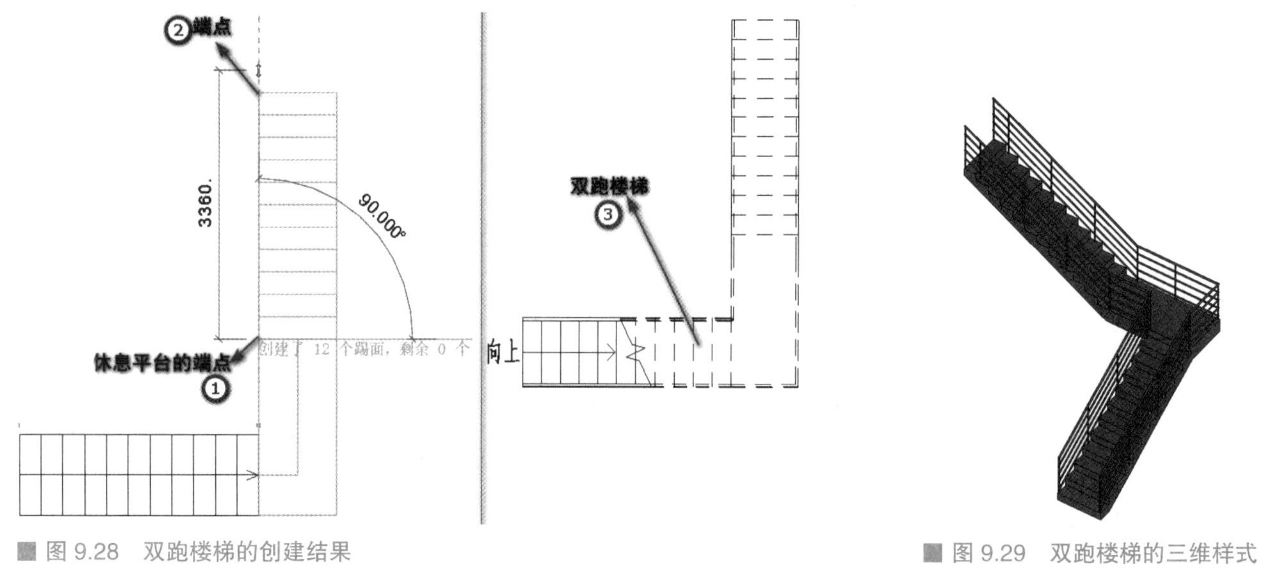

■ 图 9.28　双跑楼梯的创建结果　　■ 图 9.29　双跑楼梯的三维样式

3. 通过楼梯（按构件）方式创建全踏步螺旋楼梯

启用“全踏步螺旋”工具，通过指定起点和半径创建螺旋梯段。所创建的螺旋梯段可大于 360°。创建梯段时采用逆时针方向，旋转方向可以修改。所创建的梯段包括连接“底部标高”和“顶部标高”所需要的全部台阶。

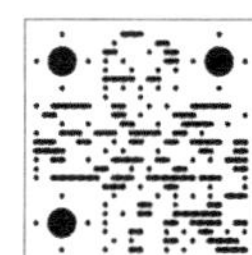
【通过楼梯（按构件）方式创建全踏步螺旋楼梯】

选择“建筑样板”新建一个项目，切换到“标高 1”楼层平面视图。绘制相互垂直的参照平面，其交点作为全踏步螺旋楼梯的中心。在“构件”面板中单击“梯段”按钮，启用“全踏步螺旋”工具。单击指定梯段的中心，同时显示半径值。输入数值以指定半径值，按下 Enter 键，单击“模式”面板→“√”按钮，完成全踏步螺旋楼梯的创建，全踏步螺旋楼梯的平面样式如图 9.30 所示，包含剖切线段、上楼方向箭头及标注文字。

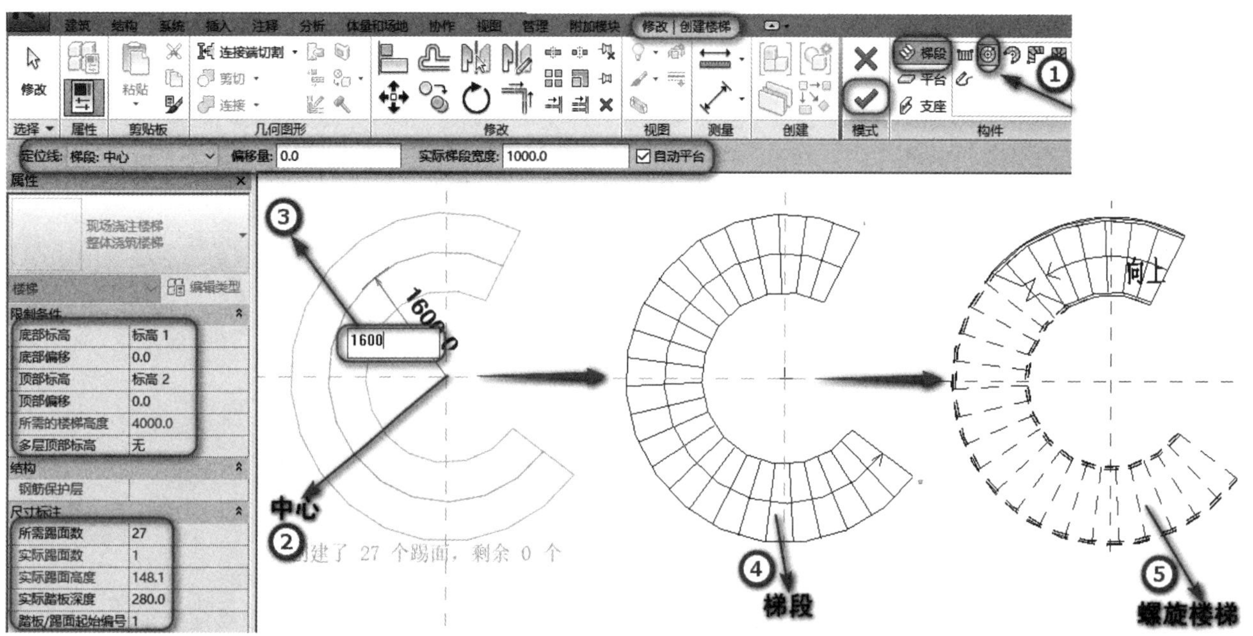

■ 图 9.30　创建全踏步螺旋楼梯

转换至三维视图，查看全踏步螺旋楼梯的三维样式，如图 9.31 所示。

最后，以“通过楼梯（按构件）方式创建全踏步螺旋楼梯 .rvt”为文件名保存项目文件。

■ 图 9.31　全踏步螺旋楼梯的三维样式

特别提示 ▶▶▶

在创建楼梯之前，应该先确定放置楼梯的基点。通过创建参照平面，可以在此基础上放置楼梯。接着设置梯段的属性、指定梯段的起点、端点，完成梯段的创建。移动鼠标，实时显示半径大小，也可以输入参数值来定义半径。

4. 通过楼梯（按构件）方式创建圆心 - 端点螺旋楼梯

启用“圆心 - 端点螺旋”工具，通过指定圆心、起点、端点来创建螺旋楼梯。所创建的梯段可小于 360°，选择圆心及起点后，以顺时针或逆时针的方向移动鼠标以指示旋转方向，单击指定端点，完成创建楼梯的操作。

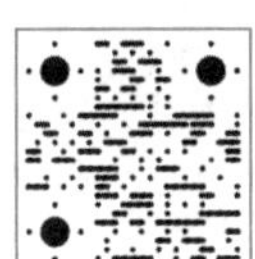

【通过楼梯（按构件）方式创建圆心 – 端点螺旋楼梯】

选择“建筑样板”新建一个项目，切换到“标高 1”楼层平面视图，绘制相互垂直的参照平面，其交点作为圆心 - 端点螺旋楼梯的中心。在“构件”面板中选择“梯段”按钮，启用“圆心 - 端点螺旋”工具。单击指定圆心，向上移动鼠标，指定半径大小，向左下角移动鼠标，单击指定端点，按下 Enter 键，结束圆心 - 端点螺旋楼梯梯段绘制，绘制结果如图 9.32 所示。单击“模式”面板→“√”按钮，完成圆心 - 端点螺旋楼梯的创建，圆心 - 端点螺旋楼梯的平面样式如图 9.33 中①所示。

转换至三维视图，查看圆心 - 端点螺旋楼梯的三维样式，如图 9.33 中②所示。

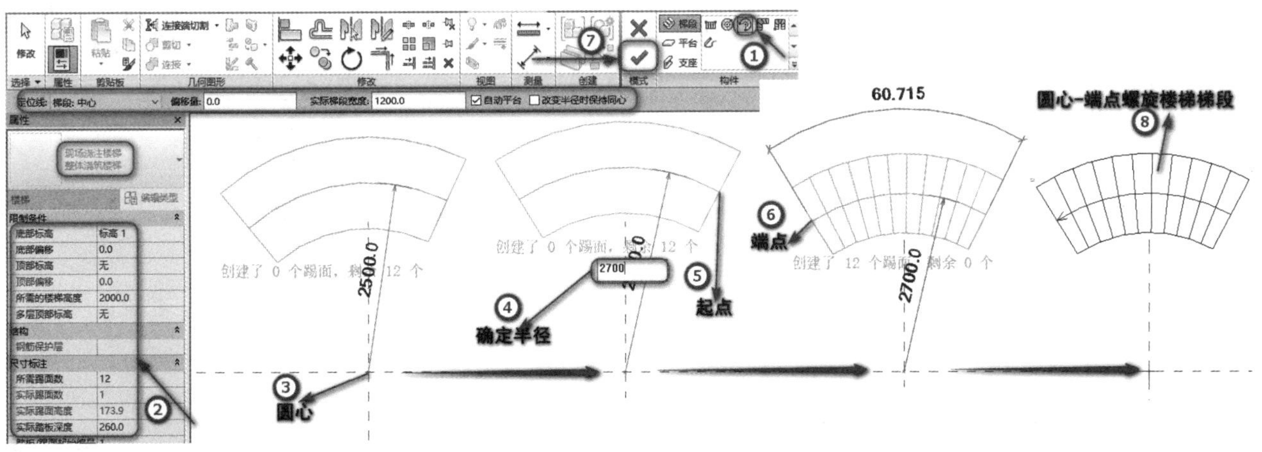

■ 图 9.32　圆心 – 端点螺旋楼梯的创建

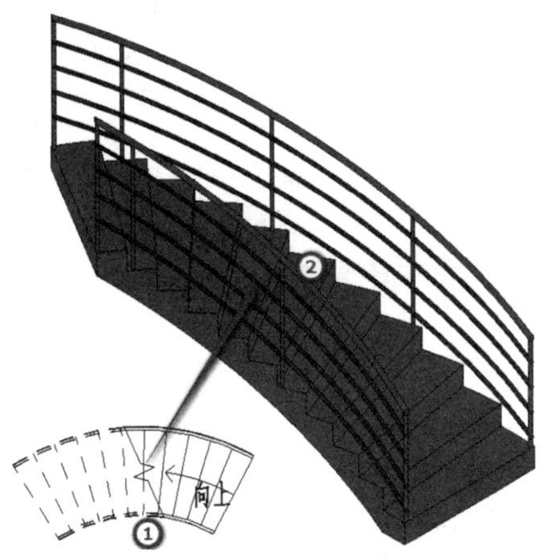

■ 图 9.33　圆心 – 端点螺旋楼梯的三维样式

最后，以“通过楼梯（按构件）方式创建圆心－端点螺旋楼梯.rvt”为文件名保存项目文件。

特别提示 ▶▶▶

绘制旋转楼梯时，中心点到梯段中心点的距离一定要大于或等于楼梯宽度的一半。因为绘制楼梯时都是以梯段中心线开始绘制的，梯段宽度的默认值一般为1000mm。所以旋转楼梯的绘制半径要大于或等于500mm。

5. 通过楼梯（按构件）方式创建L形转角楼梯

启用“L形转角”工具，在视图中指定点来放置L形转角楼梯，按空格键可以旋转梯段。创建完毕的梯段包含平行踢面，并自动连接底部和顶部标高。

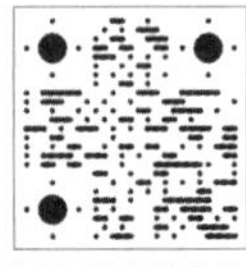

【通过楼梯（按构件）方式创建L形转角楼梯】

在“构件”面板中单击“梯段”按钮，启用“L形转角”工具。在“属性”对话框中设置梯段的底部标高及顶部标高，单击放置梯段。单击“模式”面板→“√”按钮，完成L形转角楼梯的创建，如图9.34所示。L形转角楼梯的平面样式如图9.34中⑦所示。

转换至三维视图，查看L形转角楼梯的三维样式，如图9.34中⑧所示。

最后，以“通过楼梯（按构件）方式创建L形转角楼梯.rvt”为文件名保存项目文件。

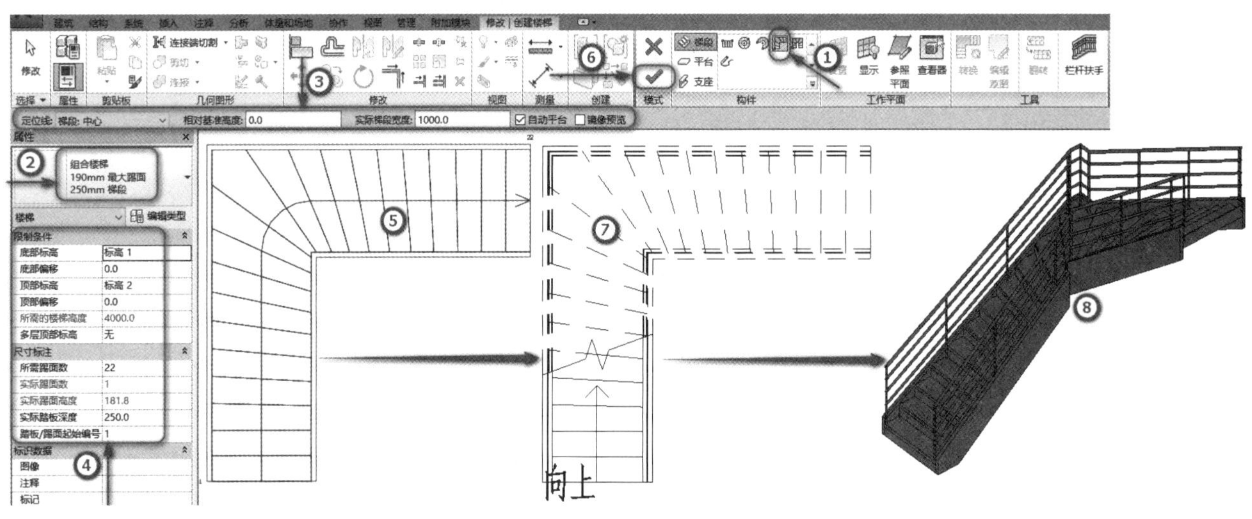

■ 图9.34　L形转角楼梯创建

6. 通过楼梯（按构件）方式创建U形转角楼梯

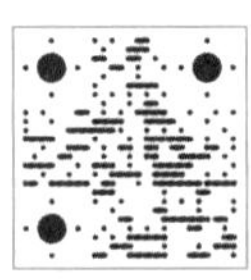

【通过楼梯（按构件）方式创建U形转角楼梯】

创建U形转角楼梯的过程与创建L形转角楼梯的过程相似。参数设置完毕后，通过指定放置点来创建梯段。在三维视图中观察U形转角楼梯的三维效果，如图9.35所示。通过单击View Cube上的角点，转换视图方向，可以全方位观察梯段。

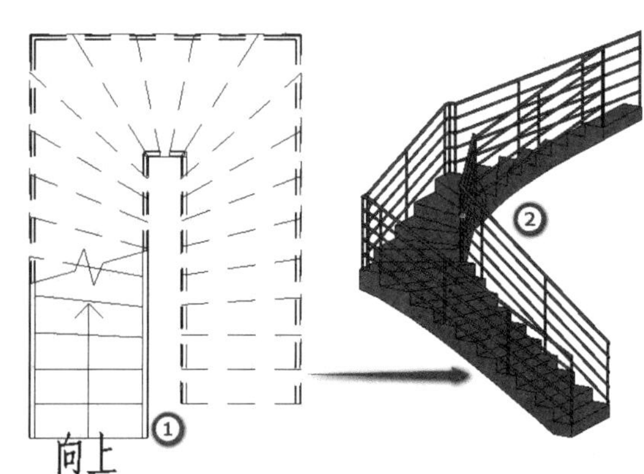

■ 图9.35　U形转角楼梯创建

7. 通过楼梯（按草图）方式绘制边界和踢面线来创建梯段

在Revit中可以通过创建草图的方式来创建梯段。读者可以在草图模式中，自定义形状轮廓线来创建梯段。在分别指定“底部标高”和“顶部标高”后，系统计算出所需踢面数。

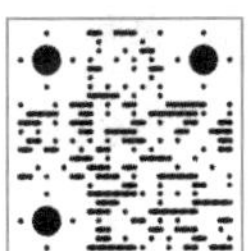
【通过楼梯（按草图）方式绘制边界和踢面线来创建梯段】

启用“楼梯（按草图）”工具，通过依次指定楼梯的边界线以及踢面线，来生成梯段。

在“修改 | 创建楼梯草图”选项卡中，单击“梯段”按钮及“直线”按钮。在“属性”对话框中设置底部标高与顶部标高，系统显示所需的踢面数。单击指定梯段起点，此时可以预览梯段的轮廓线，向下移动鼠标，单击以指定端点，在端点再次单击，完成创建梯段。单击“模式”面板→“√”按钮，完成楼梯的创建，如图 9.36 所示。切换到三维视图，查看创建的楼梯三维效果，如图 9.37 所示。

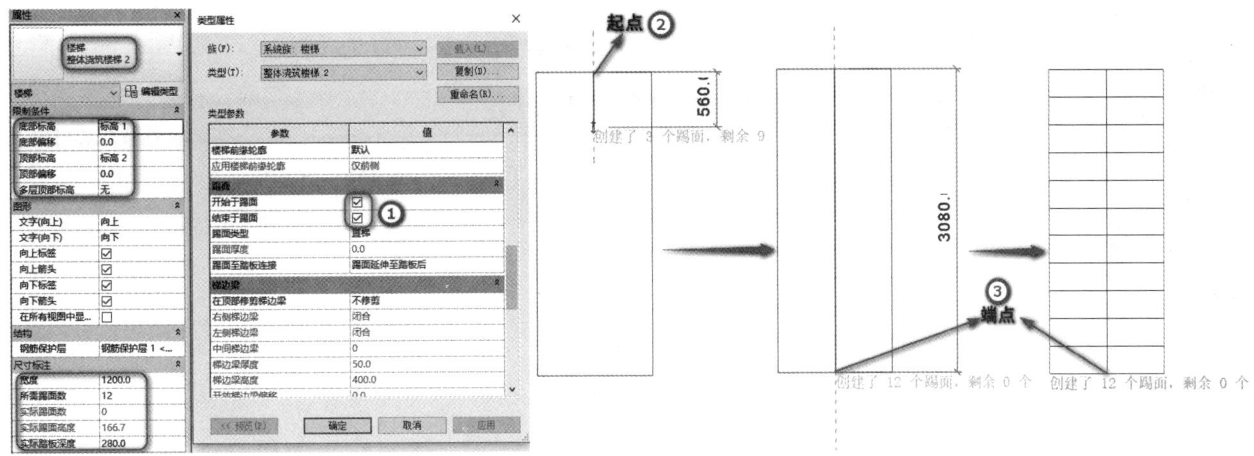

■ 图 9.36　楼梯的创建

在梯段平面视图中，虚线部分表示被剖切的部分，在当前视图中不可见，箭头指示方向为上楼方向，如图 9.37 所示。在楼梯“类型参数”对话框中若选中“结束于踢面”复选框，则最后一个踢面用楼层楼板或者楼层结构梁来表达，即最后一个踏面的标高为“属性”对话框→“限制条件”选项组中的顶部标高扣除踢面高度的差；若不选中“结束于踢面”复选框，则最后一个踏面的标高为“属性”对话框→“限制条件”选项组中的顶部标高。

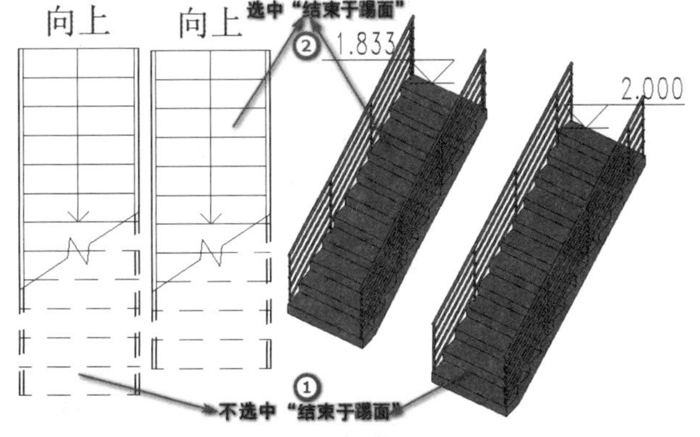

■ 图 9.37　创建的楼梯三维效果

切换到“标高 1”楼层平面视图，启用“楼梯（按草图）”工具，在“修改 | 创建楼梯草图”选项卡中，单击“绘制”面板→“边界”按钮，并选择“起点 - 终点 - 半径弧”绘制方式，其他选项保持默认值。在绘图区域中单击指定起点，向左下角移动鼠标，指定端点，向右上移动鼠标，单击指定中间点，保持当前的绘制方式为“起点 - 终点 - 半径弧”不变，继续指定起点、端点及中间点绘制圆弧。绘制弧形梯段边界线的效果，如图 9.38 所示。

再学一招 ▶▶▶

首先绘制边界线，定义梯段的形状，再绘制踢面线。有些梯段边界线的绘制不能一步到位，有可能需要执行 2～3 步。读者可以自由选用“绘制”面板中提供的工具来绘制边界线。

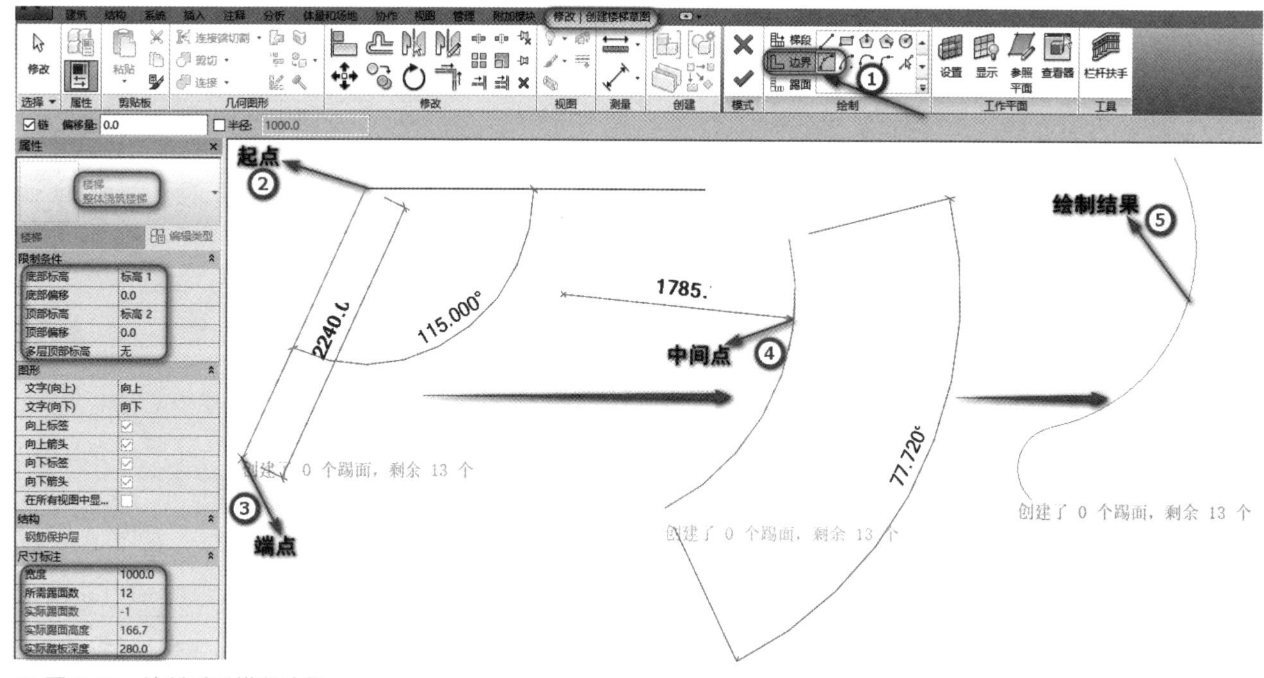

■ 图 9.38 绘制弧形梯段边界

按Esc键，暂时退出绘制边界线的操作。选择绘制完毕的边界线，在“修改”面板中单击“镜像-绘制轴”按钮，镜像复制选中的边界线。在边界线的一侧单击指定镜像轴的起点，向下移动鼠标，单击指定镜像轴的终点。向右镜像复制边界线的效果如图9.39所示。假如两侧边界线的间距不合适，可以选择其中一侧边界线，执行“移动”命令，调整边界线的位置。

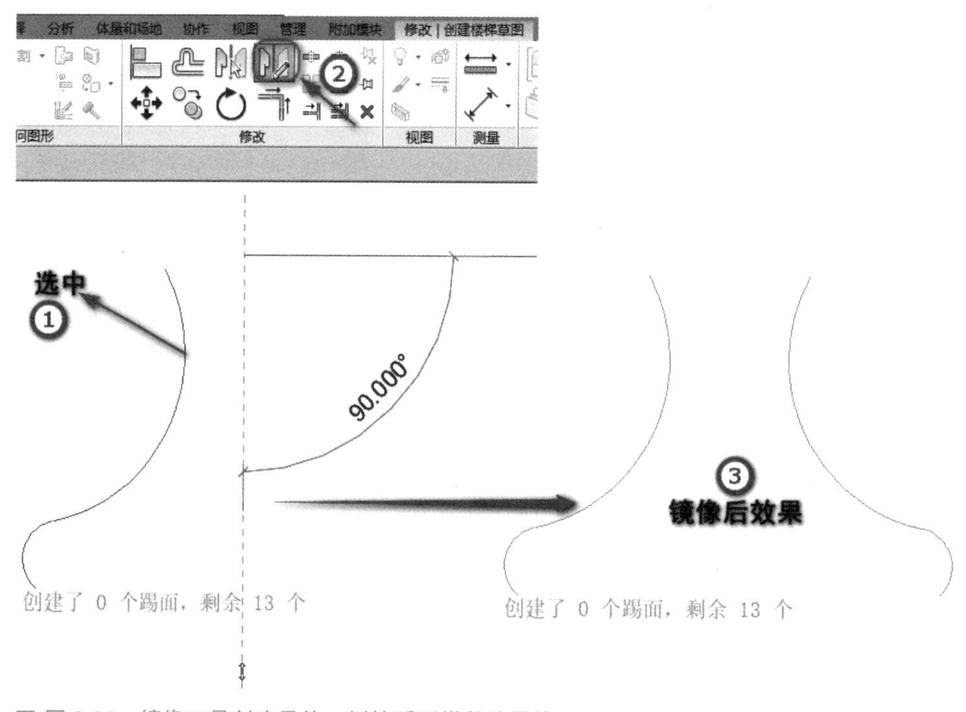

■ 图 9.39 镜像工具创建另外一侧的弧形梯段边界线

小贴士 ▶▶▶

执行镜像复制操作后，左右两侧的边界线与镜像轴的间距相等。

在“绘制”面板中单击“踢面”按钮，选择“线”绘制方式。在边界线内单击起点与终点，绘制踢面线的效果如图 9.40 所示。为了方便区别不同类型的线段，Revit 将边界线显示为绿色，踢面线显示为黑色。

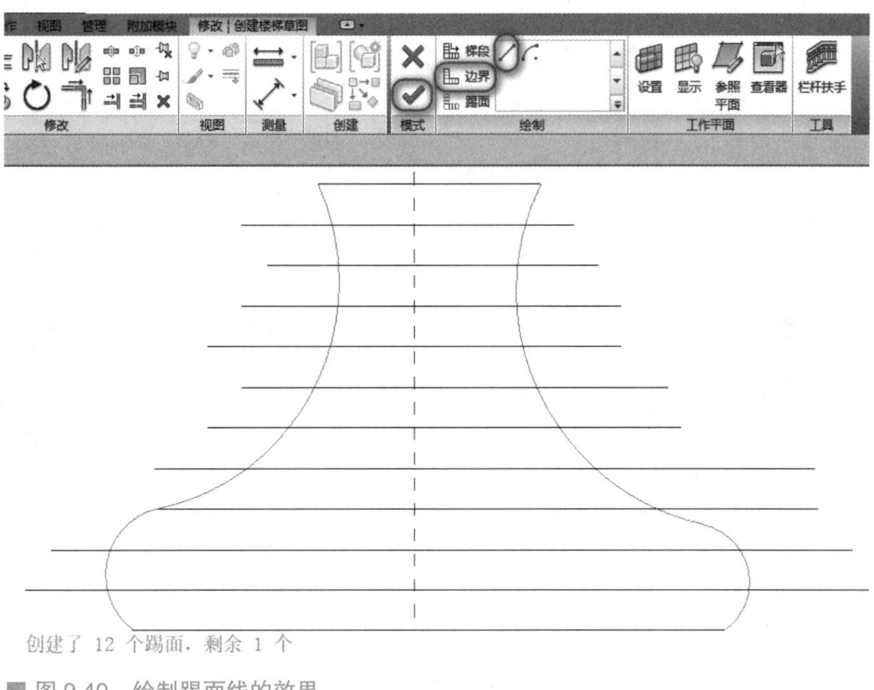

■ 图 9.40　绘制踢面线的效果

小贴士 ▶▶▶

踏步和平台处的边界线需要分段绘制，否则软件将把平台也当成长踏步来处理。

单击“√”按钮，返回到“修改 | 创建楼梯”选项卡，再次单击“√”按钮，退出创建梯段的命令。自定义形状来创建梯段的效果如图 9.41 中①所示。切换至三维视图，观察梯段的三维效果，如图 9.41 中②所示。在创建效果中发现栏杆扶手的样式自动适应梯段的边界线形状。

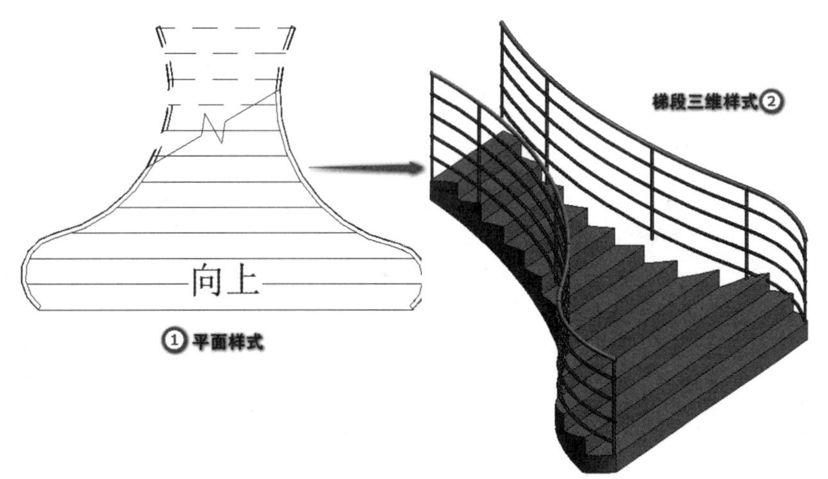

■ 图 9.41　梯段的三维效果

特别提示 ▶▶▶

① 边界线和踢面线可以是直线也可以是弧线，但要保证内、外两条边界线分别连续，且首尾与踢面线闭合。创建平台时，要注意把边界线在梯段与平台相交处打断。而且在草图方式中边界线不能重合，所以要创建有重叠的多跑楼梯只能采用“按构件”方式。

② 若绘制相对比较规则的异型楼梯，如弧形踏步边界、弧形休息平台楼梯等，可先用“梯段”命令绘制常规梯段，选择梯段，先单击“转换”命令，再单击“编辑草图”按钮，然后删除原来的直线边界或踢面线，再用“边界”和“踢面”命令绘制即可，如图 9.42 所示。

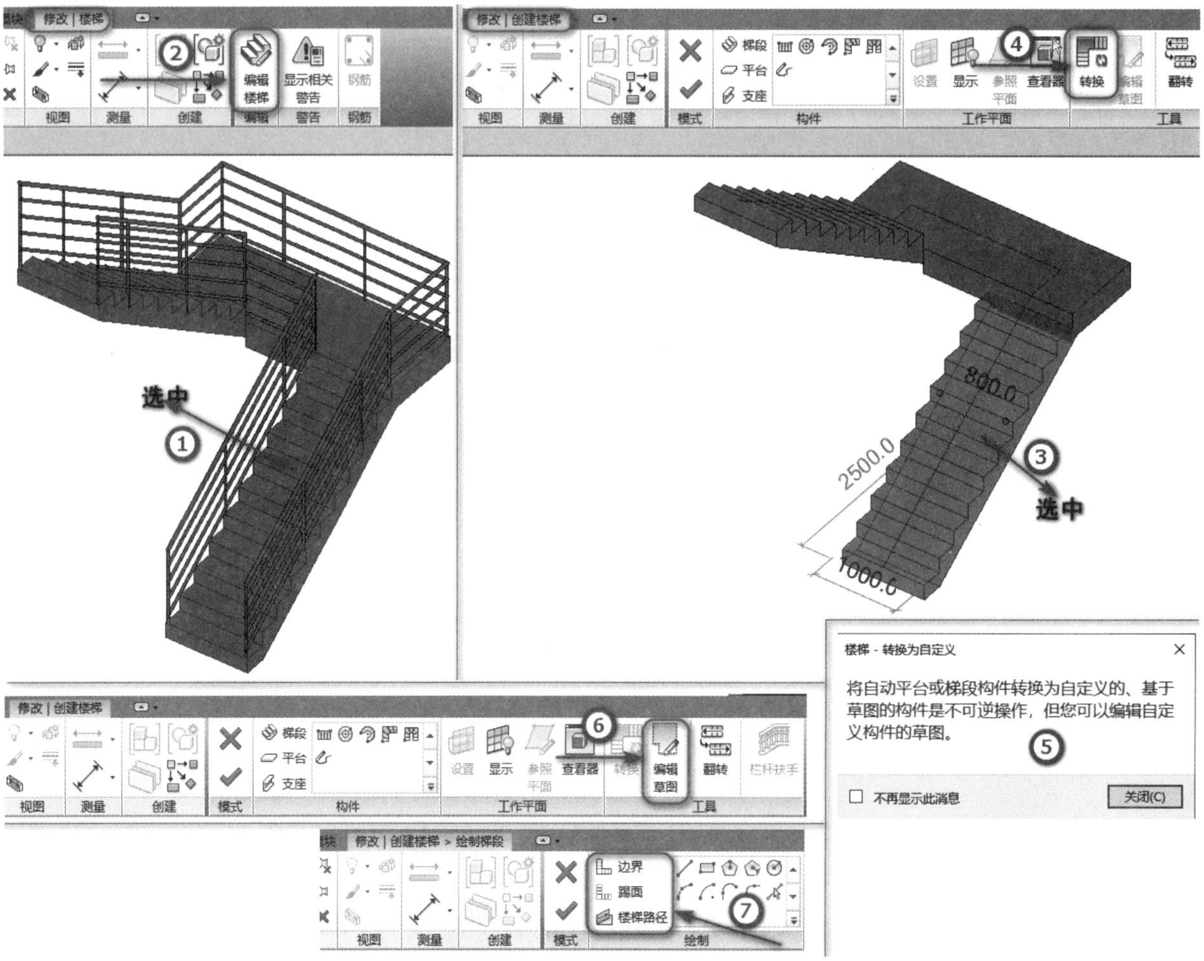

图 9.42 “编辑草图”按钮

三、楼梯平面显示控制

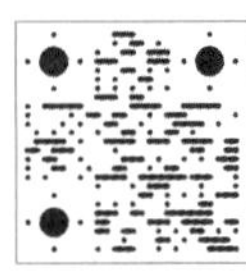

【楼梯平面显示控制】

当绘制首层楼梯完毕，平面显示将如图 9.43 中①所示。按照规范要求，通常要设置它的平面显示。在“属性”对话框中单击“可见性 / 图形替换”之后的“编辑”按钮，弹出“楼层平面：标高 1 的可见性 / 图形替换”对话框，选择“模型类别”选项卡。从列表中单击“栏杆扶手”前的“+”号展开，取消选中所有带有“高于”字样的选项，如图 9.43 所示。单击“确定”按钮，退出“楼层平面：标高 1 的可见性 / 图形替换”对话框，结果如图 9.43 中⑤所示。

根据设计需要可以自由调整视图的投影条件，以满足平面显示要求。在“属性”对话框中单击“范围”下的“视图范围”后的“编辑”按钮，弹出“视图范围”对话框。调整“主要范围”的“剖切面”的值，修改楼梯平面显示。“剖切面”的值不能低于“底”的值，也不能高于“顶”的值，如图 9.44 所示。

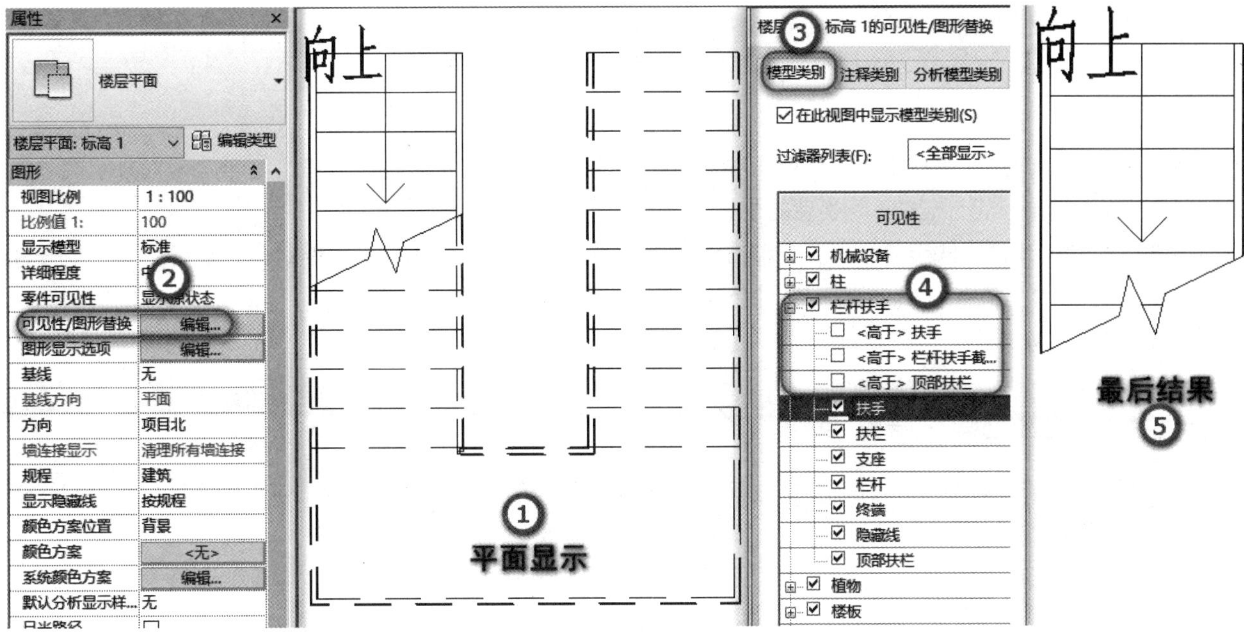

■ 图 9.43 “楼层平面：标高 1 的可见性 / 图形替换”对话框

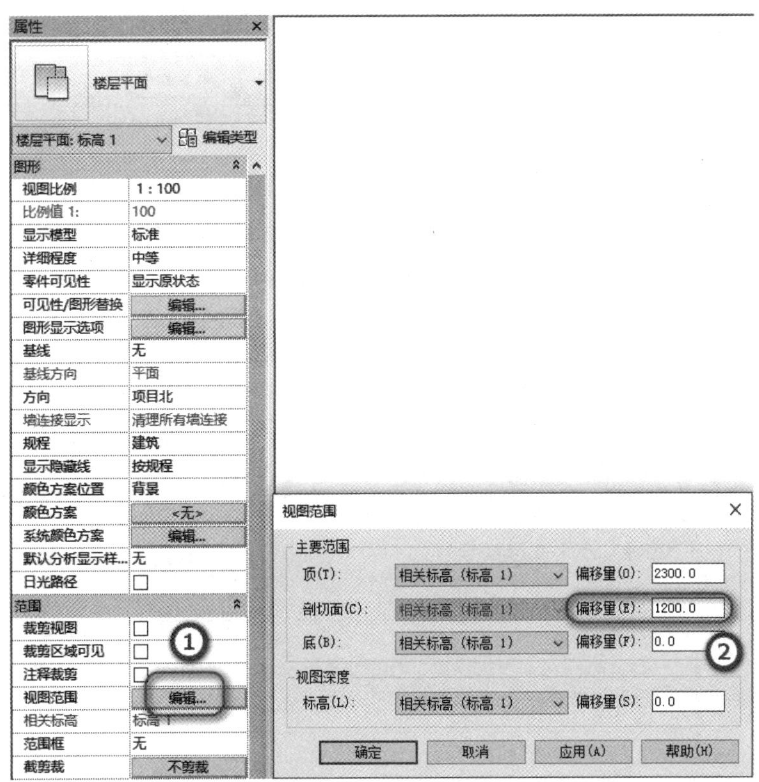

■ 图 9.44 “视图范围”对话框

第二节　栏杆扶手

Revit 提供了专门的栏杆扶手命令，用于绘制栏杆扶手。栏杆扶手由“栏杆”和“扶手”两部分组成，可以分别指定族的类型，从而组成不同类型的栏杆扶手。

Revit 有两种创建栏杆扶手的方式，一种方法是通过绘制栏杆扶手的路径，沿路径创建栏杆扶手；另一种方法是将栏杆扶手放置在楼梯或者坡道上，即直接在主体上创建栏杆扶手。根据不同的情况选择不同的创建方式，可以提高作图效率。

一、绘制路径创建栏杆扶手

启用“绘制路径”方式，通过指定栏杆扶手的走向来创建模型。读者在平面视图中绘制路径，系统按照路径以指定的间距分布栏杆。

打开“绘制路径创建栏杆扶手案例 .rvt”，切换到“F1”楼层平面视图。单击“建筑”选项卡→“楼梯坡道”面板→“栏杆扶手”下拉列表→“绘制路径”按钮，如图 9.45 所示，通过绘制路径来创建栏杆扶手。

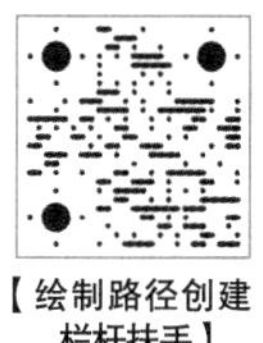

【绘制路径创建栏杆扶手】

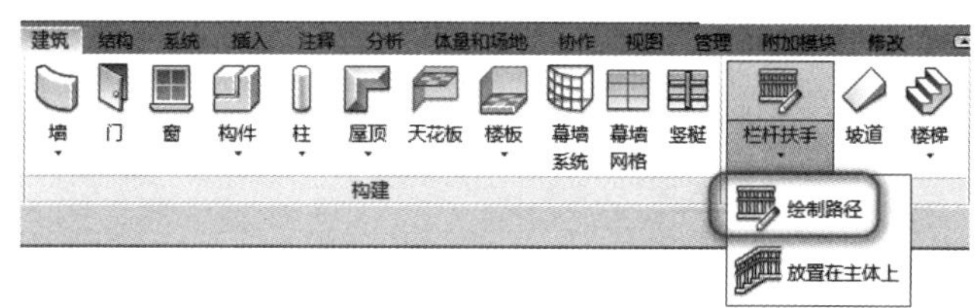

■ 图 9.45 “绘制路径”按钮

系统自动切换到“修改 | 创建栏杆扶手路径”选项卡，在“绘制”面板中单击“直线”按钮，以创建直线路径。选中“选项”面板中的“预览”选项，可以预览栏杆的样式，选中“链”复选框，不选中“半径”复选框，如图 9.46 所示。

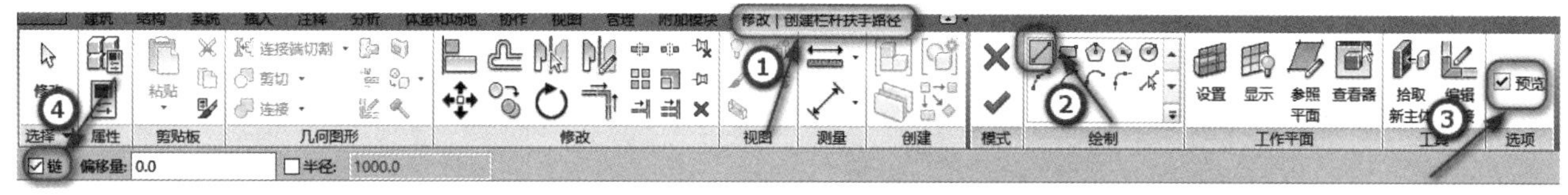

■ 图 9.46 “修改 | 创建栏杆扶手路径”上下文选项卡

再学一招 ▶▶▶

偏移是指输入线与栏杆扶手路径的距离。一般情况下，栏杆扶手沿着主体的边界线来布置。所以在绘制路径时，可以根据主体边界线的样式来选择绘制方式。选中“链”复选框，可以继续绘制下一段路径。

在“属性”对话框中提供了多种栏杆扶手类型，选定类型，设置“底部偏移”值。在绘图区域中单击，指定栏杆的起点，指定终点，绘制完成的栏杆扶手路径。单击“模式”模板“√”按钮，完成栏杆扶手的创建。选择刚刚创建的栏杆扶手，在栏杆扶手上会显示翻转按钮，单击调整栏杆扶手的方向，如图 9.47 所示。

特别提示 ▶▶▶

栏杆扶手的路径可以是一个闭合的环，也可以是一个开放的环。需要注意的是，虽然路径允许是一个开放的环，但是各段路径线必须连续。

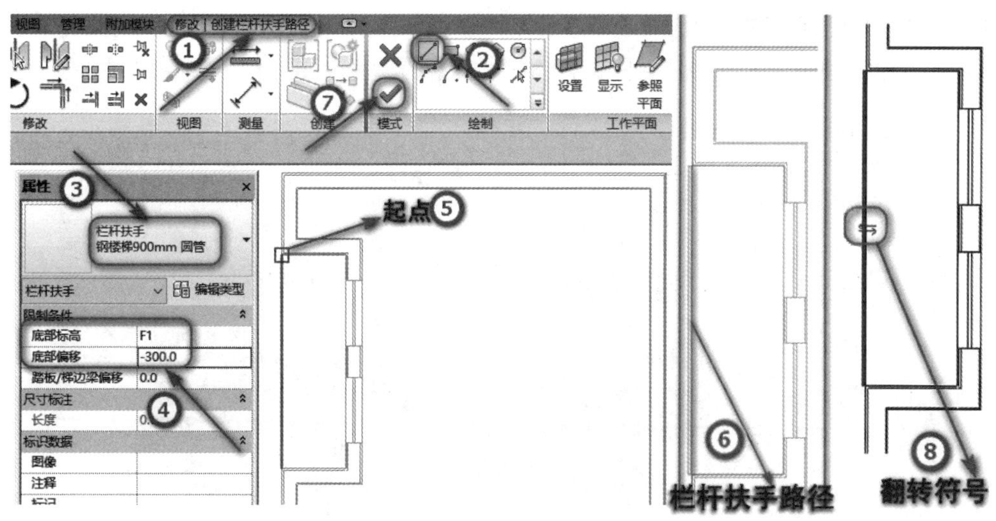

■ 图 9.47　栏杆扶手的创建

切换到西立面视图，查看栏杆扶手的立面效果，如图 9.48 中①所示。将“底部偏移”值设置为“-300.0”，这是因为栏杆被放置在厚度为 150mm 的室外楼板上，室外楼板的板顶标高为“-0.300”，则使栏杆扶手与室外楼板板面平齐。转换至三维视图，观察创建的栏杆扶手的三维模型，如图 9.48 中②所示。最后，以“绘制路径创建栏杆扶手案例效果 .rvt”为文件名保存项目文件。

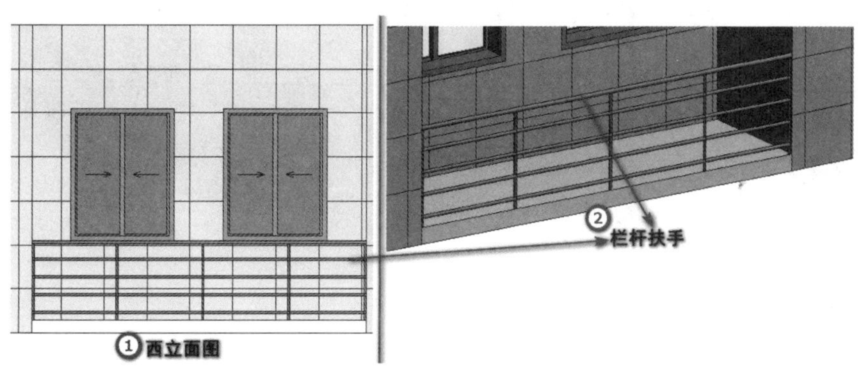

■ 图 9.48　栏杆扶手的立面效果

二、拾取主体创建扶手

启用“放置在主体上”工具，通过拾取楼梯或者坡道，可以将栏杆扶手置于其上。在放置栏杆扶手时，还可选择将栏杆扶手放置在楼梯踏板或梯边梁上。

打开“拾取主体创建扶手案例 .rvt”，切换到三维视图。单击“建筑”选项卡→“楼梯坡道”面板→“栏杆扶手”下拉列表→“放置在主体上”按钮，如图 9.49 所示。

■ 图 9.49　“放置在主体上”按钮

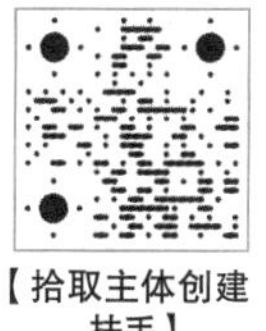

【拾取主体创建扶手】

系统自动切换到“修改 | 创建主体上的栏杆扶手位置”选项卡，在“属性”对话框中选择栏杆扶手的类型。单击“位置”面板→“踏板”按钮，指定放置栏杆扶手的位置，拾取坡道作为放置栏杆扶手的主体，如图 9.50 所示。

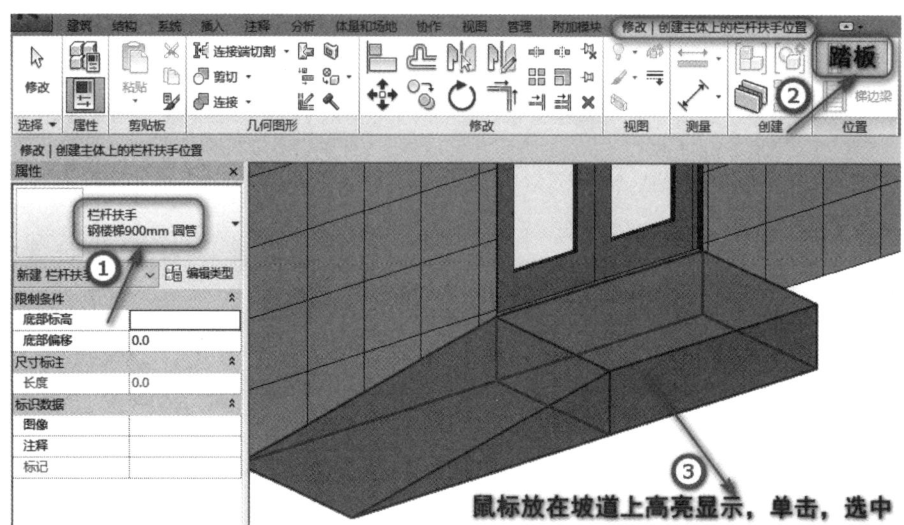

■ 图 9.50　拾取坡道作为放置栏杆扶手的主体

系统默认在主体的两侧创建栏杆扶手，选择靠门一侧的栏杆扶手，在键盘上按下 Delete 键将其删除，如图 9.51 所示。

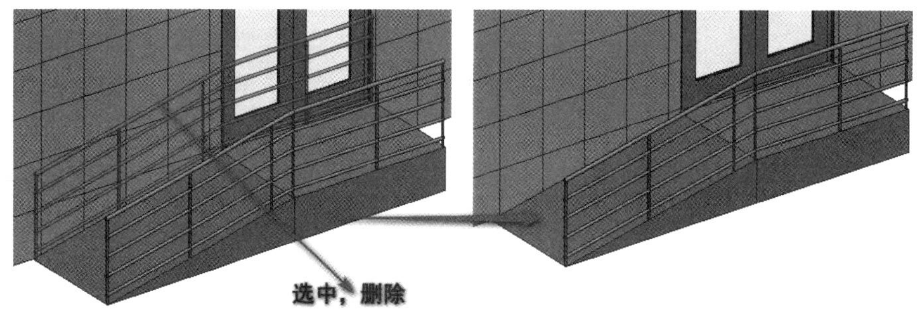

■ 图 9.51　删除靠门一侧的栏杆扶手

小贴士 ▶▶▶

通常情况下，坡道靠墙壁的一侧不需要设置栏杆扶手。

切换到“F1”楼层平面视图，选中栏杆扶手，切换到“修改 | 栏杆扶手”选项卡，单击“模式”面板→“编辑路径”按钮，如图 9.52 所示，进入“修改 | 绘制路径”选项卡。

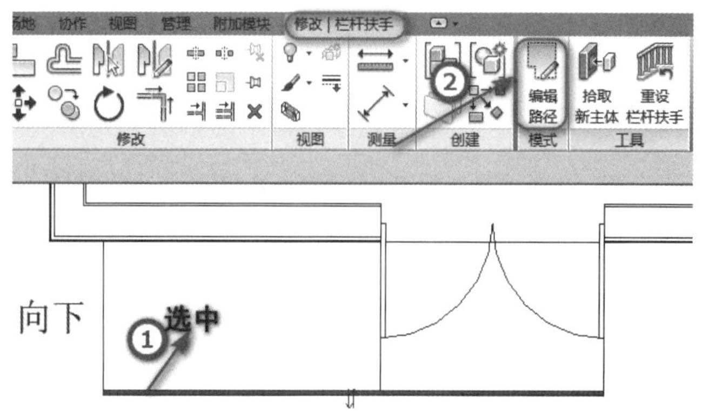

■ 图 9.52　“编辑路径”按钮

选择“修改 | 绘制路径”选项卡→“绘制”面板→“直线”按钮在坡道平台的一侧绘制路径，如图 9.53 所示。单击“模式”面板“√”按钮，完成栏杆扶手的路径编辑。

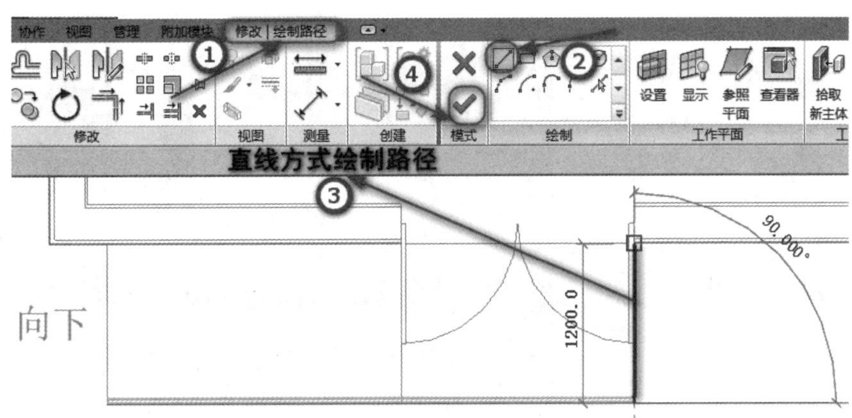

■ 图 9.53 栏杆扶手的路径编辑

创建的栏杆扶手，结果如图 9.54 中①所示。切换到三维视图，观察创建的栏杆扶手的三维模型，如图 9.54 中②所示。最后，以“拾取主体创建扶手案例效果 .rvt”为文件名保存项目文件。

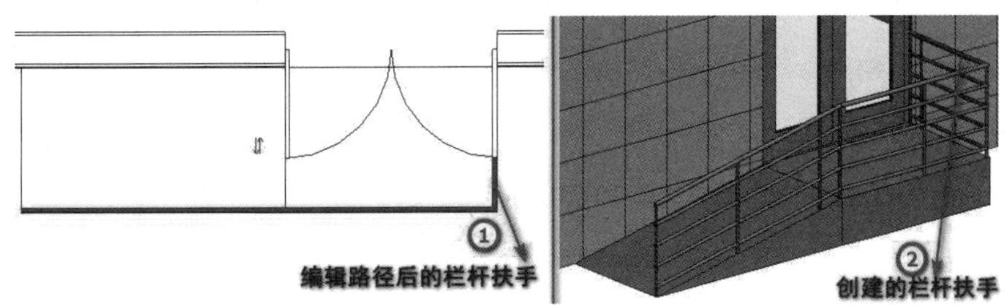

■ 图 9.54 创建的栏杆扶手的三维模型

三、编辑栏杆扶手

1. 编辑栏杆扶手路径

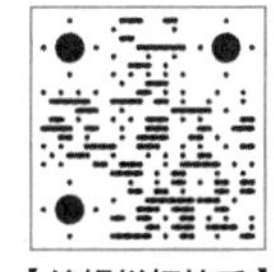

【编辑栏杆扶手】

选中栏杆扶手，进入“修改 | 栏杆扶手”选项卡。单击“修改 | 栏杆扶手”选项卡→“编辑路径”按钮，进入“修改 | 绘制路径”上下文选项卡，在其中修改栏杆扶手的路径。单击“修改 | 栏杆扶手”选项卡→“工具”面板→“拾取新主体”按钮，指定楼板、坡道或者楼梯为主体来创建栏杆扶手。需要删除应用到栏杆扶手的所有实例或类型修改，可以单击“修改 | 栏杆扶手”选项卡→“工具”面板→“重设栏杆扶手”按钮。在“属性”对话框中，修改“踏板 / 梯边梁偏移”选项中的参数值，可以调整栏杆扶手与主体的距离。单击“属性”对话框类型选择器下拉按钮，在下拉列表中选择其他样式的栏杆扶手，可更改选中的栏杆扶手的样式，如图 9.55 所示。

特别提示 ▶▶▶

在“属性”对话框中设置“踏板 / 梯边梁偏移”选项中的参数值，控制栏杆扶手与踏板或者梯边梁的距离。选项中的参数值设置正值，栏杆扶手向内偏移，设置负值，栏杆扶手向外偏移。

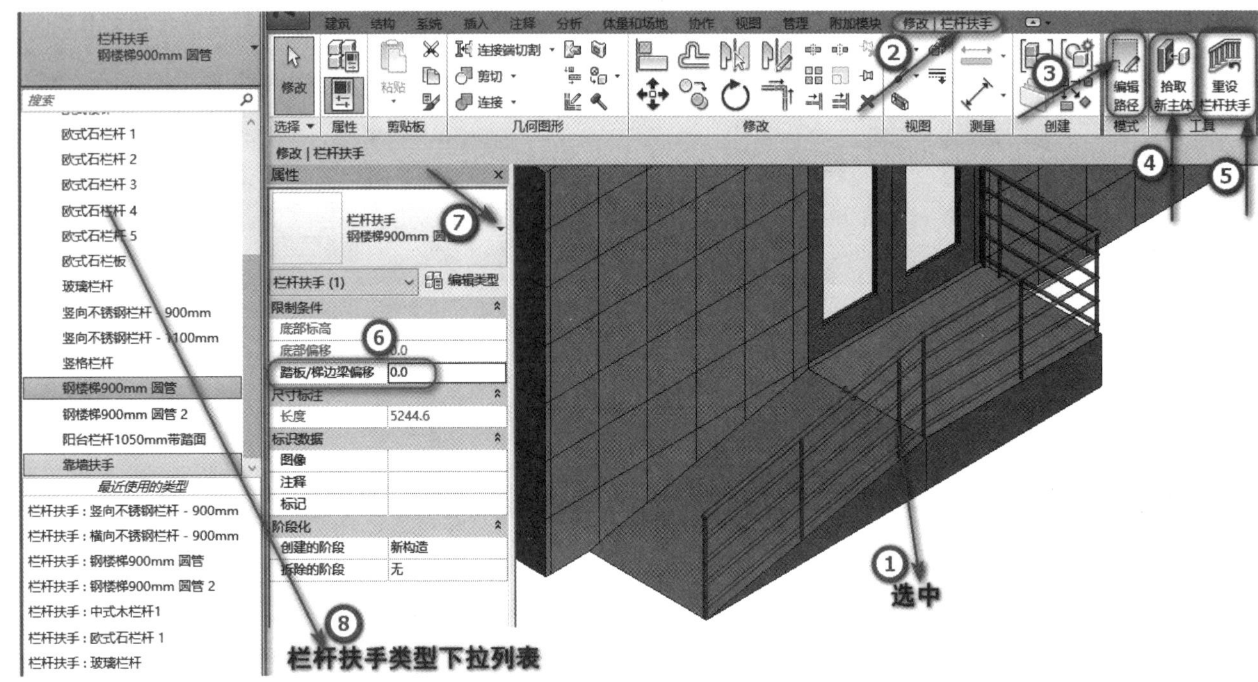

图 9.55　编辑栏杆扶手路径

2. 编辑栏杆扶手类型属性

单击“属性”对话框→“编辑类型”按钮，弹出“类型属性”对话框，如图 9.56 所示。在“类型属性”对话框编辑修改类型参数，影响与选中栏杆扶手类型相同的所有扶手。为了不影响其他栏杆扶手，在“类型属性”对话框中单击“复制”按钮，复制指定栏杆扶手类型的副本，如此所做的修改不会影响同类型的其他栏杆扶手。

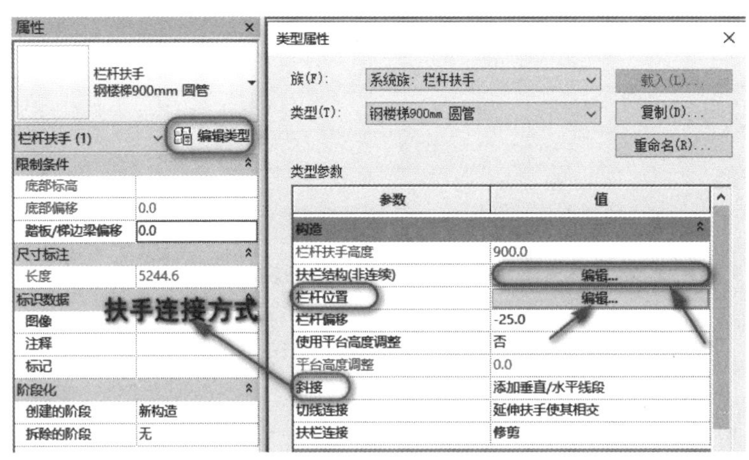

图 9.56　“类型属性”对话框

3. 编辑扶栏结构

单击“类型属性”对话框中的“扶栏结构（非连续）”选项后的“编辑”按钮，弹出“编辑扶手（非连续）”对话框，在其中显示了扶手的名称、高度、偏移、轮廓及材质。单击“插入”按钮，创建扶手新样式，修改选项参数，可以控制扶手的显示样式。选择扶手类型，单击“向上”按钮，可以调整其在列表中的位置，单击“确定”按钮，完成参数的设置，如图 9.57 所示。

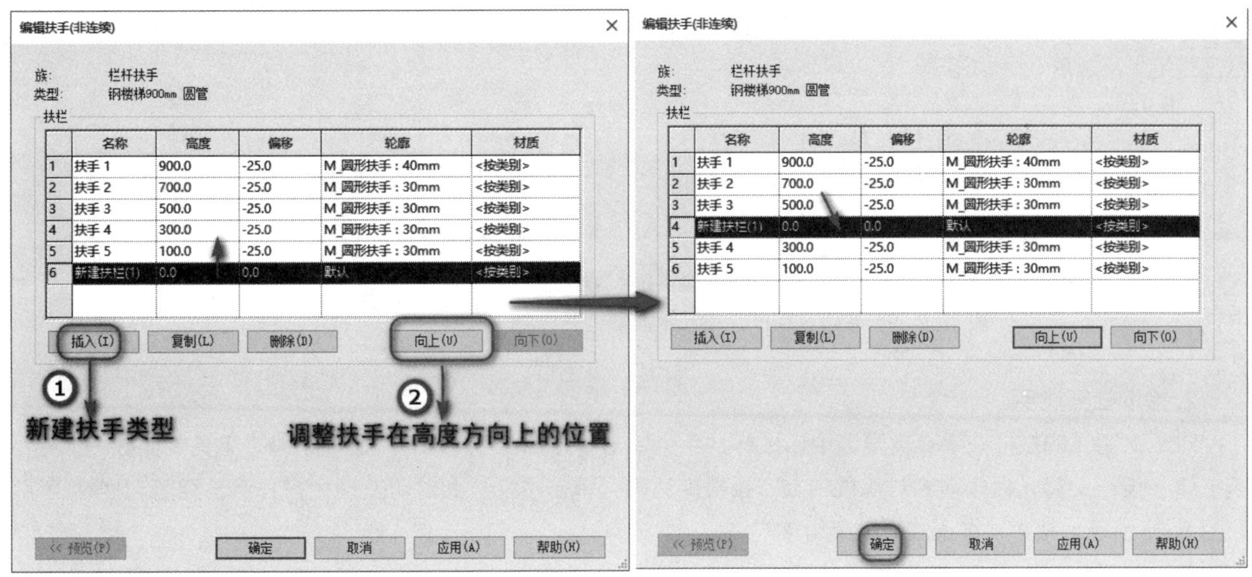

■ 图 9.57　修改扶栏结构

特别提示 ▶▶▶

① 在插入的新扶栏中，扶栏的高度不能超过定义的栏杆扶手高度。

② 扶栏的“偏移”是指扶手轮廓相对于基点偏移中心线左、右的距离。

4. 替换栏杆样式

单击“类型属性”对话框中“栏杆位置”选项后的“结构”按钮，弹出“编辑栏杆位置”对话框，在对话框中显示了所选栏杆的样式参数。选中“楼梯上每个踏板都使用栏杆”复选框，在“每踏板的栏杆数”选项中设置栏杆数目。单击“栏杆族”选项，在列表中显示了多种类型的栏杆样式，单击选择其中一种，可以将该样式赋予所选的栏杆。单击“确定”按钮，完成替换栏杆样式的操作，如图 9.58 所示。

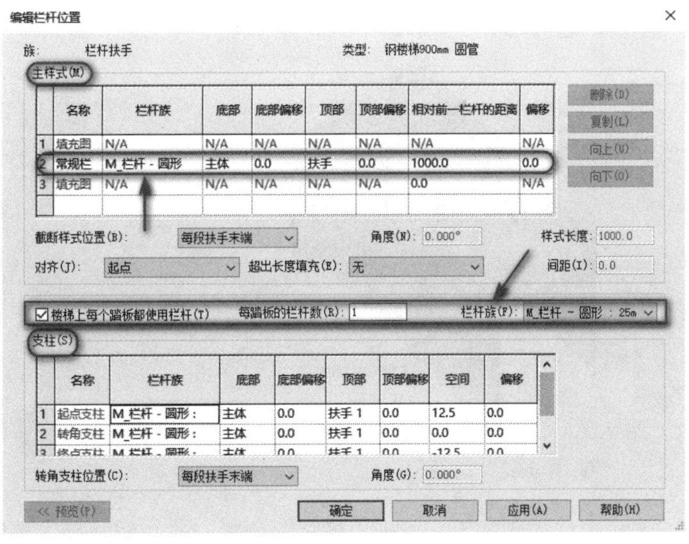

■ 图 9.58　替换栏杆样式

四、关于栏杆扶手的几点补充说明

1. 绘制路径

对于“绘制路径”方式，绘制的路径必须是一条单一且连续的草图，如果要将栏杆扶手分为几个部分，请创建两个或多个单独的栏杆扶手。但是对于楼梯平台处与梯段处的栏杆是要断开的（栏杆扶手的平段和斜段要分开绘制），如图 9.59 所示。

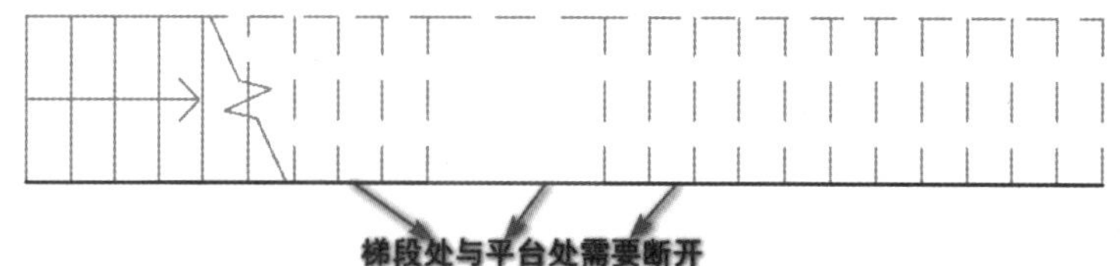

■ 图 9.59　栏杆扶手的平段和斜段要分开绘制

2. 拾取栏杆扶手

对于绘制完的栏杆扶手，需要选中该栏杆扶手，单击“修改 | 栏杆扶手”选项卡→“工具”面板→“拾取新主体”按钮，将光标移动到对应楼梯上，当楼梯高亮，单击楼梯，此时可发现栏杆扶手已经落到楼梯上了，如图 9.60 所示。楼道、坡道均可以采用该方法。

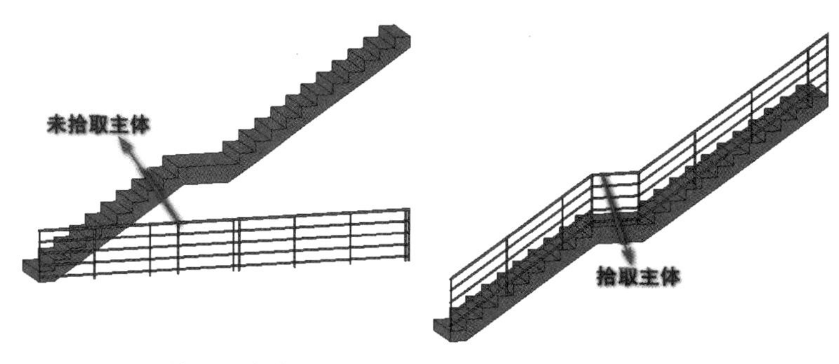

■ 图 9.60　“拾取新主体”

3. 顶层楼梯栏杆扶手（护栏）的绘制与连接

绘制如图 9.61 所示的楼梯，切换到“标高 2”楼层平面视图。

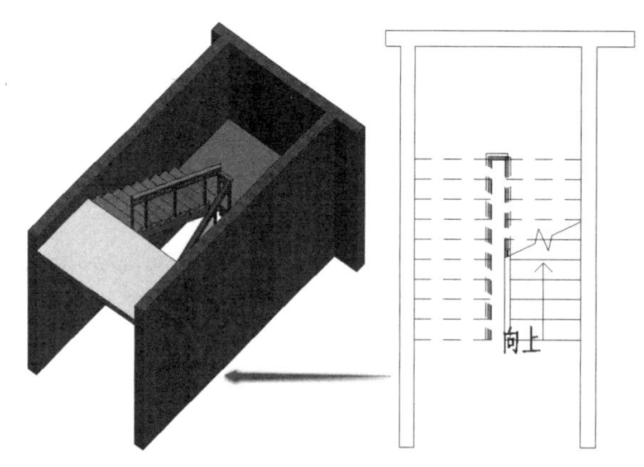

■ 图 9.61　绘制楼梯

通过键盘 Tab 键的切换选中楼梯内侧扶手，单击“模式”面板→“编辑路径”按钮，进入栏杆扶手草图绘制模式。单击“绘制”面板→“直线”工具，分段绘制栏杆扶手路径线，绘制最终结果，如图 9.62 所示。

小贴士 ▶▶▶

路径线一定要单独绘制成段，不能使用“修剪”命令延长原路径线。

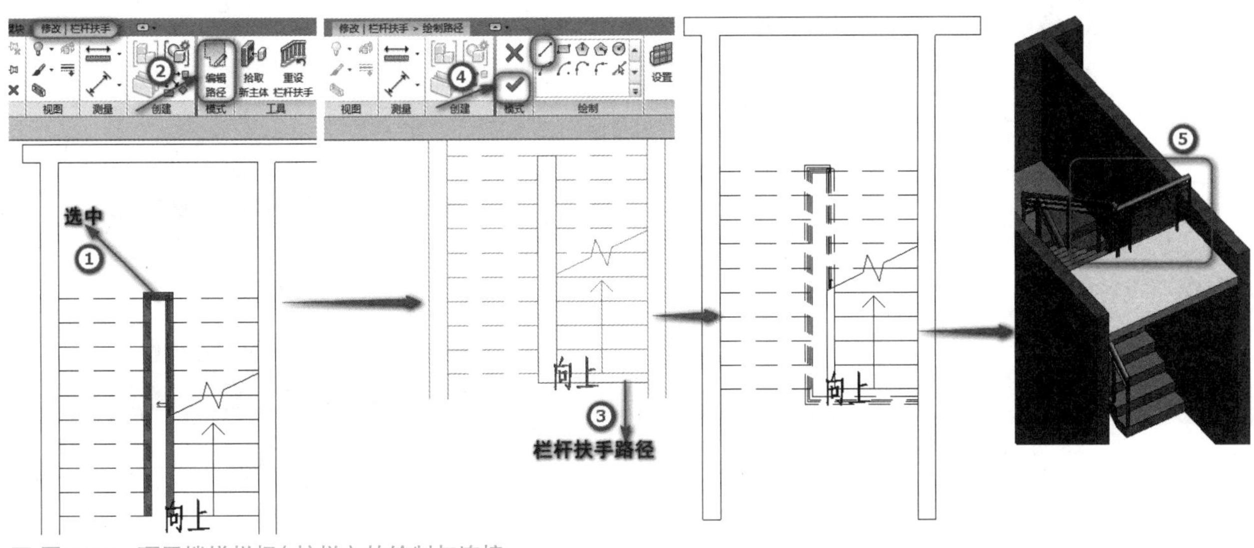

■ 图 9.62　顶层楼梯栏杆（护栏）的绘制与连接

第三节　坡道

一、直坡道

【直坡道】

以“案例一：创建坡道”为基础，绘制一条直坡道，具体操作步骤如下。

步骤一：打开“案例一：创建坡道.rvt”项目文件，切换视图到“F1”楼层平面视图。

步骤二：单击“建筑”选项卡→“楼梯坡道”面板→“坡道”按钮，进入“修改 | 创建坡道草图”选项卡，如图 9.63 所示。

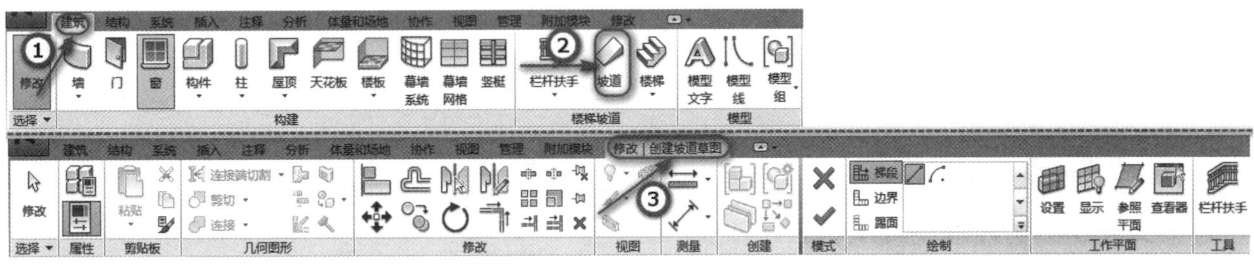

■ 图 9.63　“修改 | 创建坡道草图”上下文选项卡

步骤三：在“属性”对话框中单击“编辑类型”按钮，进入“类型属性”对话框，在弹出的“类型属性”对话框中单击“复制”按钮，在默认坡道类型的基础上复制一个新的坡道类型“坡道 1”，在“造型”选项中选择“实体”选项，更改“坡道最大坡度（1/x）”选项值为“5.000000”，表示坡道高度为长度的 1/5，如图 9.64 所示，单击“确定”按钮关闭“类型属性”对话框。

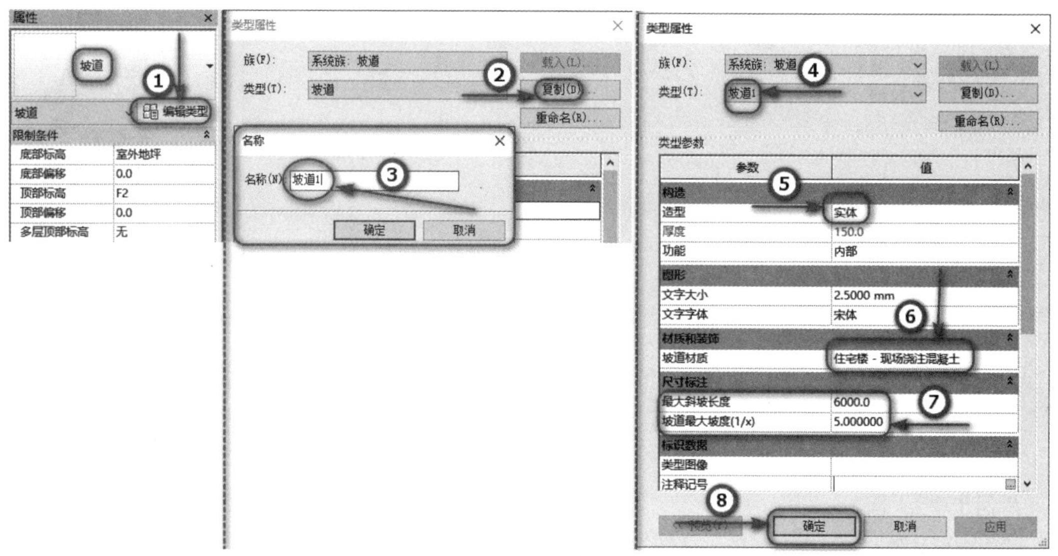

■ 图 9.64　新的坡道类型"坡道 1"

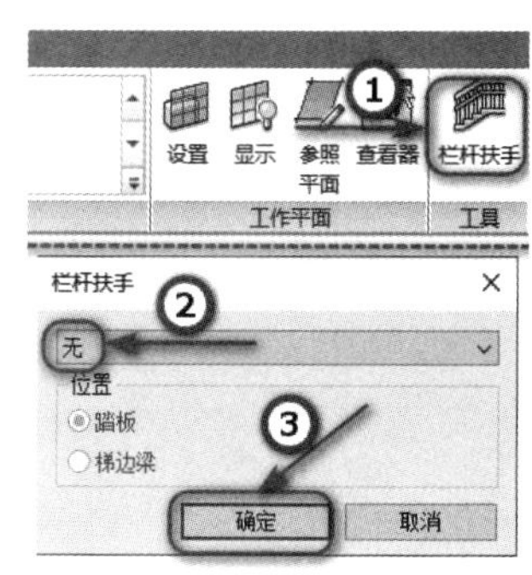

■ 图 9.65　"栏杆扶手"对话框

步骤四：单击"修改 | 创建坡道草图"→选项卡"工具"面板→"栏杆扶手"按钮，弹出"栏杆扶手"对话框，在其中选择"无"选项，如图 9.65 所示。

步骤五：在"属性"对话框中设置"底部标高""顶部标高""宽度"等参数。单击"绘制"面板→"梯段"按钮，选择"直线"绘制方式，在绘图区域中分别指定起点与终点，如图 9.66 所示，开始创建坡道模型。

步骤六：单击"√"按钮，完成坡道的创建，创建的坡道如图 9.67 中①所示。转换至三维视图，查看坡道的三维模型，如图 9.67 中②所示。

步骤七：最后，保存项目文件为"案例一：创建坡道效果 .rvt"。

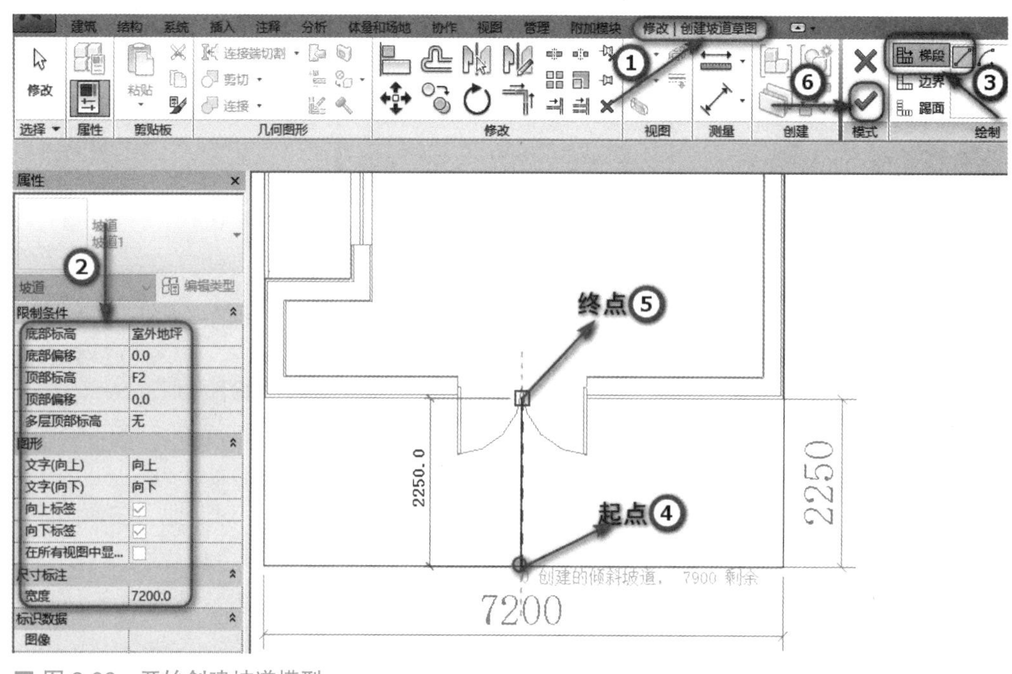

■ 图 9.66　开始创建坡道模型

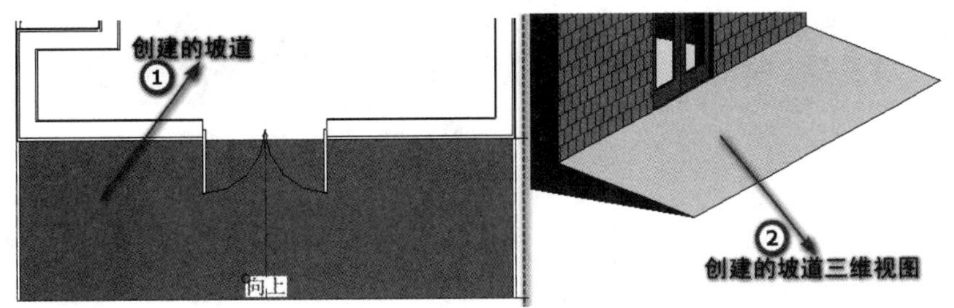

■ 图 9.67 创建的坡道

二、带平台的坡道

在创建坡道的过程中，通过综合运用“边界”工具和“踢面”工具，可以同时创建坡道平台。创建带平台的坡道的操作步骤如下。

步骤一：打开“案例二：创建坡道.rvt”项目文件；切换视图到“F1”楼层平面视图。单击“建筑”选项卡→“楼梯坡道”面板→“坡道”按钮，进入“修改 | 创建坡道草图”选项卡。

步骤二：在“属性”对话框中单击“编辑类型”按钮，进入“类型属性”对话框，在弹出的“类型属性”对话框中单击“复制”按钮，在默认坡道类型的基础上复制一个新的坡道类型“坡道 2”，在“造型”选项中选择“实体”选项，更改“坡道最大坡度（1/x）”选项值为“5.000000”，表示坡道高度为长度的 1/5，如图 9.68 所示。单击“确定”按钮关闭“类型属性”对话框。

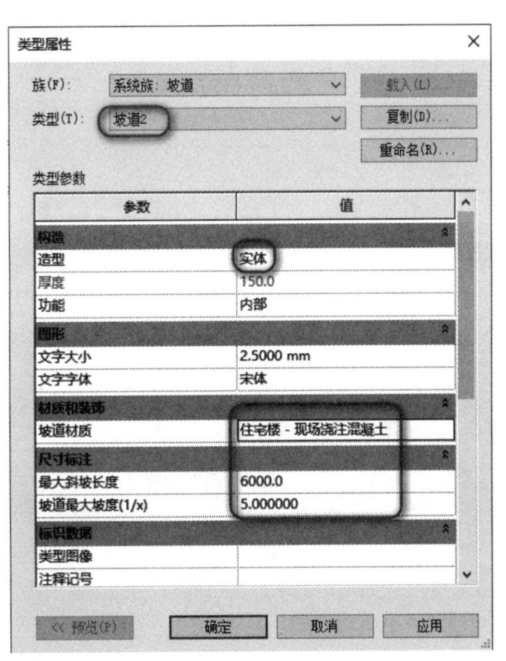

■ 图 9.68 新的坡道类型“坡道 2”

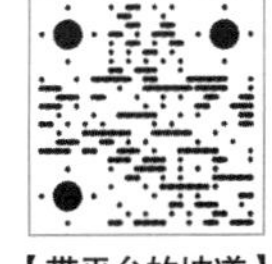

【带平台的坡道】

步骤三：在“属性”对话框中设置“底部标高”“顶部标高”“宽度”等参数。单击“修改 | 创建坡道草图”选项卡→“绘制”面板→“梯段”按钮，选择“直线”绘制方式，在绘图区域中分别指定起点与终点，开始创建坡道模型，如图 9.69 所示。在“绘制”面板中单击“边界”按钮，选择“直线”绘制方式，绘制两段水平边界，如图 9.70 所示。单击“踢面”按钮，选择“直线”绘制方式，绘制垂直踢面线，如图 9.71 所示。

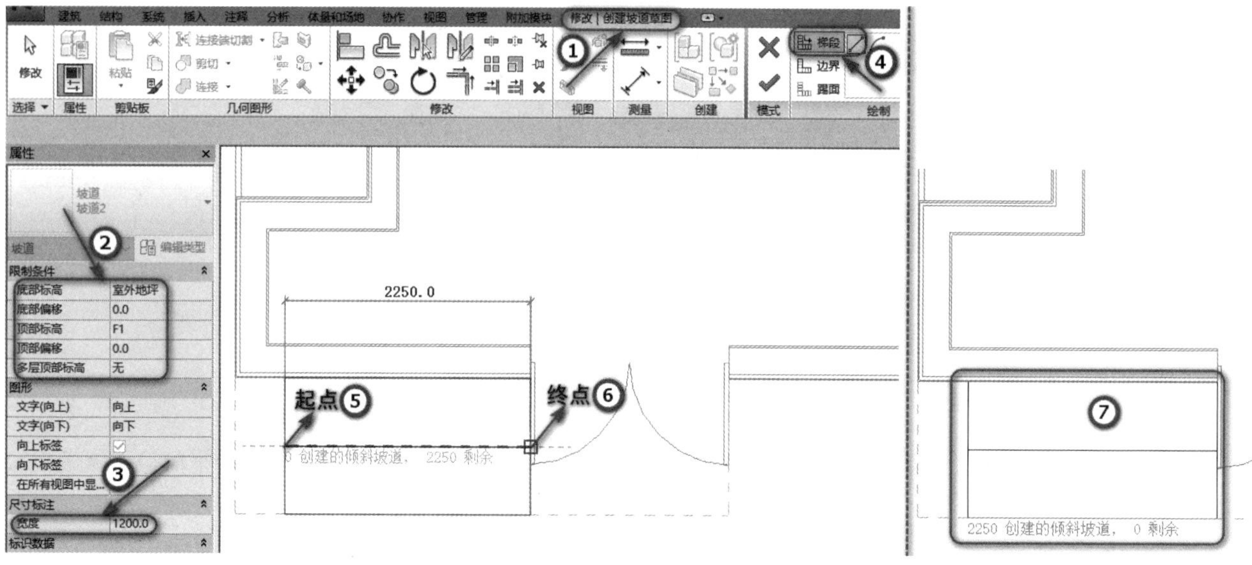

图 9.69　开始创建坡道模型

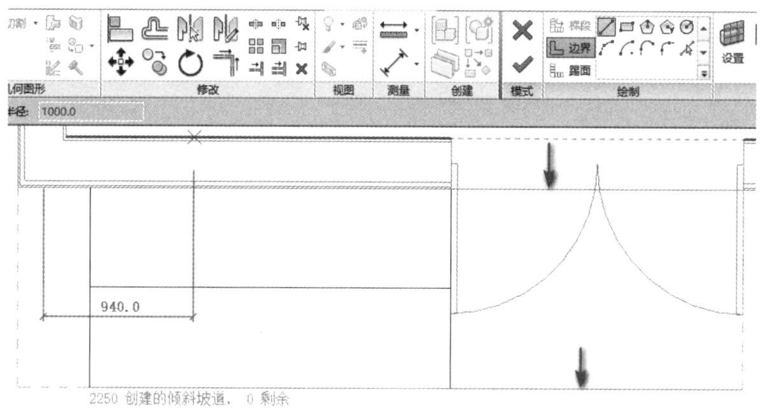

图 9.70　绘制两段水平边界

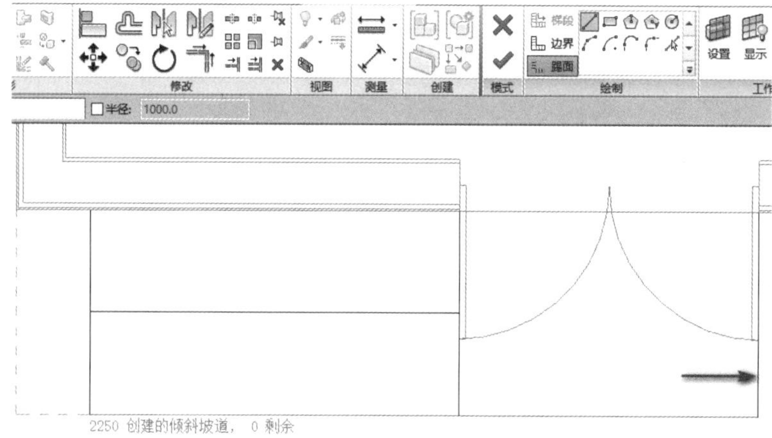

图 9.71　绘制垂直踢面线

步骤四：单击“√”按钮，完成带平台的坡道的创建，如图 9.72 所示。在创建带平台的坡道时同步生成栏杆扶手，选择靠墙的栏杆扶手，将其删除，如图 9.73 所示。在平台的一侧没有自动生成栏杆扶手，转换至三维视图，查看带平台坡道的三维模型，如图 9.74 所示。

步骤五：最后，保存项目文件为“案例二：创建坡道效果 .rvt”。

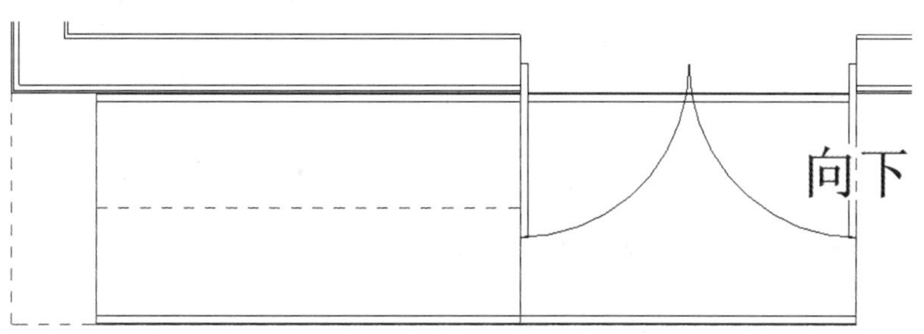

■ 图 9.72 带平台的坡道

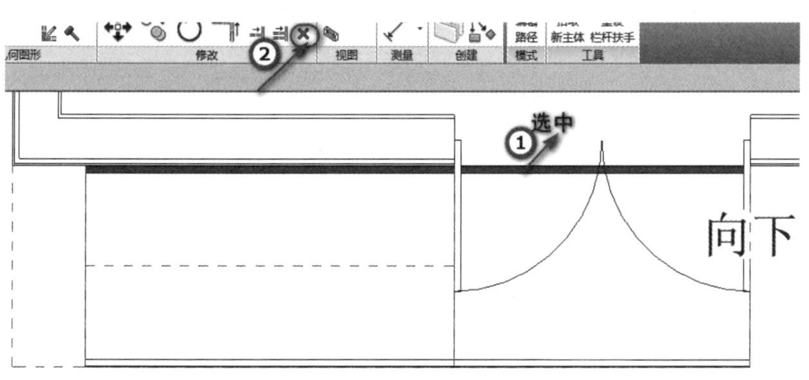

■ 图 9.73 删除靠墙的栏杆扶手

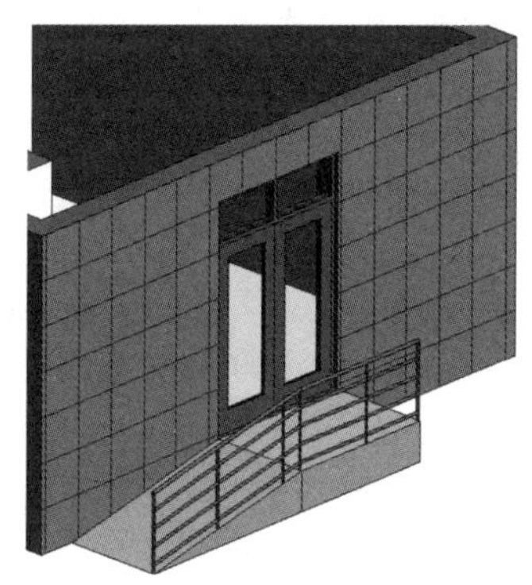

■ 图 9.74 带平台坡道的三维模型

第四节 经典真题解析

笔者根据考试经验，结合考试大纲要求，下面通过经典考试真题的详细解析来介绍楼梯及栏杆扶手等的建模和解题步骤，希望对广大考生朋友有所帮助。

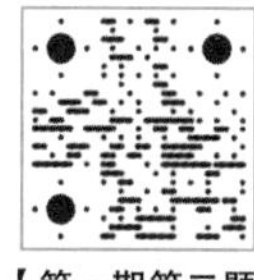

【第一期第二题“弧形楼梯”】

真题：第一期全国 BIM 技能等级考试一级试题第二题“弧形楼梯”

按照图 9.75 给出的弧形楼梯平面图和立面图，创建楼梯模型，其中楼梯宽度为 1200mm，所需踢面数为 21，实际踏板深度为 260mm，扶手高度为 1100mm，楼梯高度参考给定标高，其他建模所需尺寸可参考平、立面图自定。结果以“弧形楼梯 .rvt”为文件名保存在考生文件夹中。

【建模思路】

本题考查弧形楼梯，弧形楼梯与普通楼梯差不多，仅仅楼梯边界为弧形的，根据标高和尺寸参数来绘制。注意角度为 120°，无法直接生成，需要对其进行调整，建立模型前一般需要绘制参照平面来进行定位。本题建模思路如图 9.76 所示。

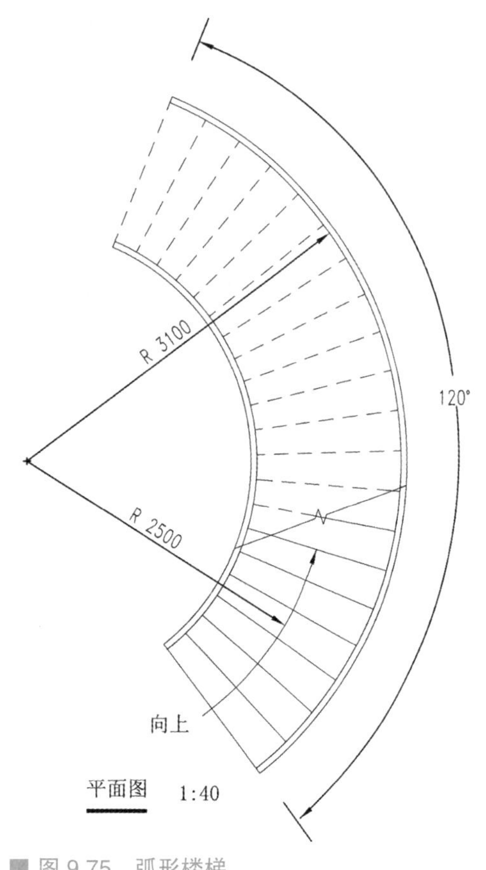

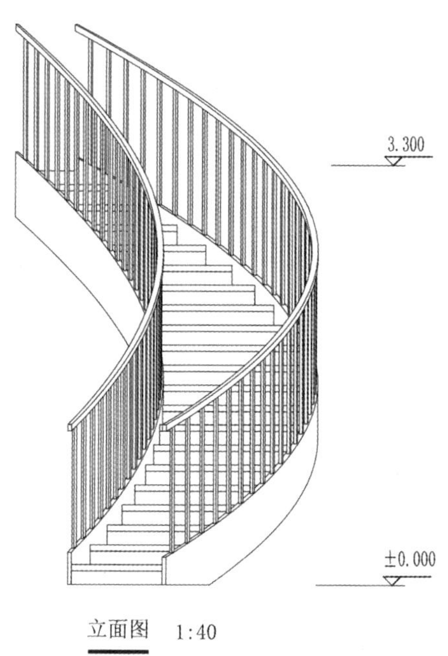

■ 图 9.75　弧形楼梯

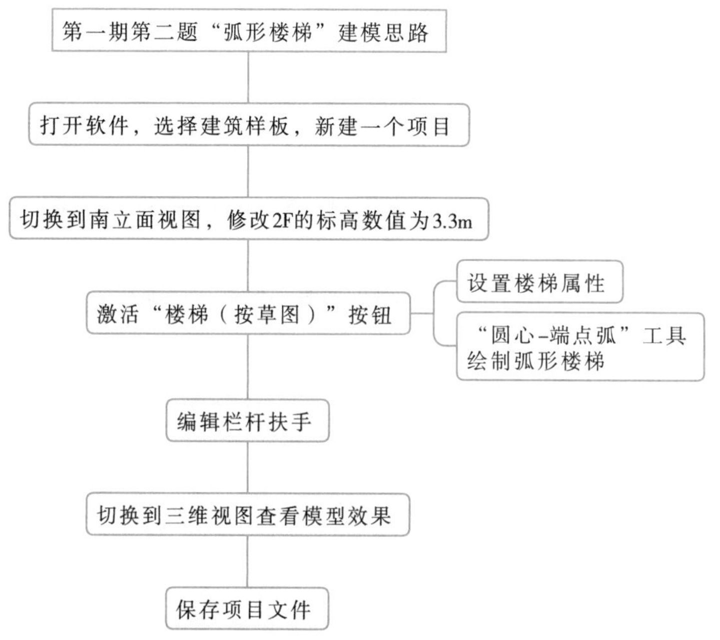

■ 图 9.76　第一期第二题“弧形楼梯”建模思路

【建模步骤】

步骤一：选择“建筑样板”，新建一个项目，切换到南立面视图，修改 2F 的标高数值为 3.3m。

步骤二：切换到“标高 1”楼层平面视图。绘制参照平面。单击“建筑”选项卡→“楼梯坡道”面板→“楼梯”下拉列表→“楼梯（按草图）”按钮，进入“修改 | 创建楼梯草图”选项卡，确认“属性”对话框中楼梯类型为“楼梯 190mm 最大踢面 250mm 梯段”。单击“属性”对话框“编辑类型”按钮，弹出“类型属性”对话框，按照默认不进行修改，直接单击“确定”按钮，退出“类型属性”对话框。设置“属性”对话框中“限制条件”选项组下参数和“尺寸标注”选项组下参数，如图 9.77 所示。

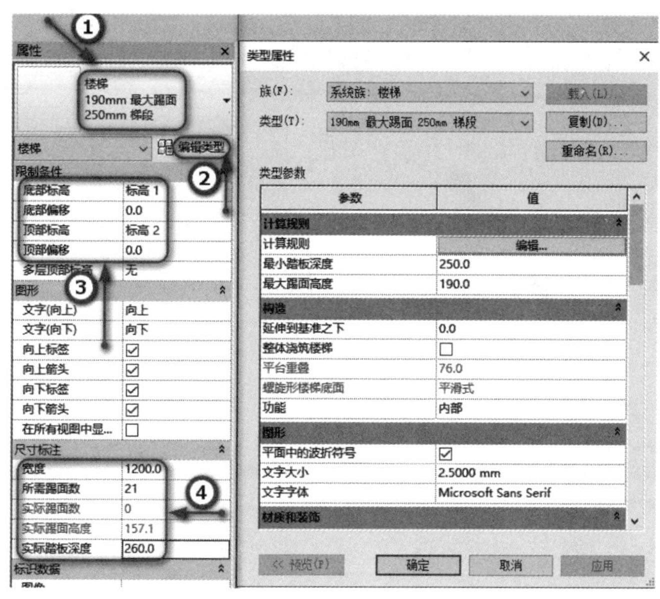

图 9.77 “属性”对话框

步骤三：单击“工具”面板→“栏杆扶手”按钮，在弹出的“栏杆扶手”对话框中选择类型为“1100mm”，位置在“梯边梁”上，单击“确定”按钮，退出“栏杆扶手”对话框。确认“绘制”面板“梯段”显示，选择“圆心 - 端点弧”工具绘制弧形楼梯，确定圆心。在右下角参照平面上移动鼠标，当临时半径数值为“2500.0”时单击作为起点，沿逆时针方向移动鼠标，当提示“创建了 21 个踢面，剩余 0 个”时单击作为终点，选中梯段中心线，修改临时尺寸角度数值为“120”，如图 9.78 所示，按 Enter 键结束。

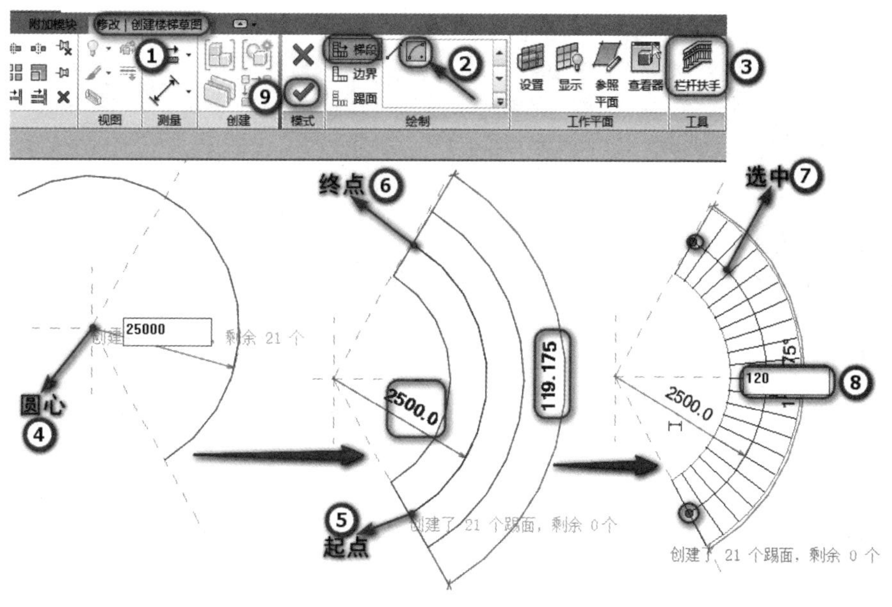

图 9.78 梯段的创建

步骤四：单击“修改”面板→“对齐”按钮，首先选中参照平面 1，再选中最后一个踢面线，则最后一个踢面线就与参照平面对齐了，如图 9.79 所示。单击“模式”面板→“√”按钮，完成梯段的创建。

步骤五：创建的弧形楼梯，如图 9.80 所示。

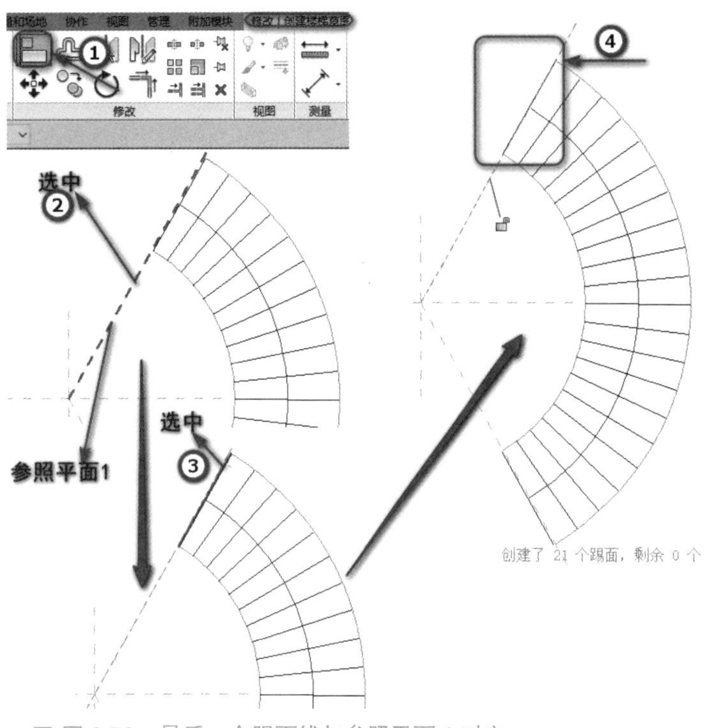

■ 图 9.79　最后一个踢面线与参照平面 1 对齐

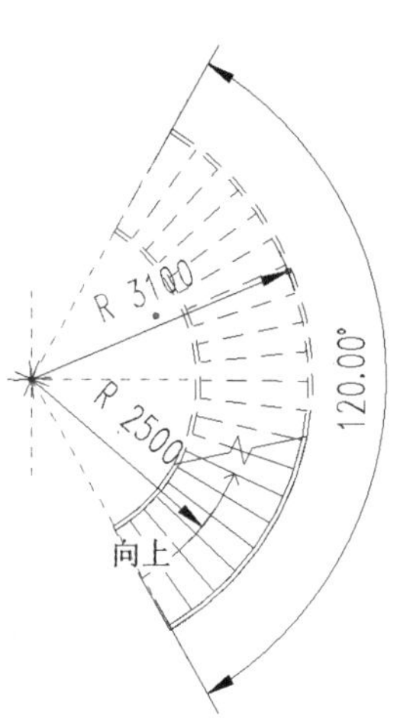

■ 图 9.80　创建的弧形楼梯

步骤六：切换到南立面视图，选择栏杆扶手，单击左侧“属性”对话框中“编辑类型”按钮，在弹出的“类型属性”对话框中，单击“栏杆位置”右侧“编辑”按钮，在弹出的“编辑栏杆位置”对话框中，设置起点支柱和终点支柱的“栏杆族”为“无”，如图 9.81 所示。调整完成的栏杆扶手样式如图 9.82 中①所示，切换到三维视图，查看创建的弧形楼梯三维样式，如图 9.82 中②所示。

步骤七：最后以“弧形楼梯”为文件名保存为项目文件，如图 9.83 所示。

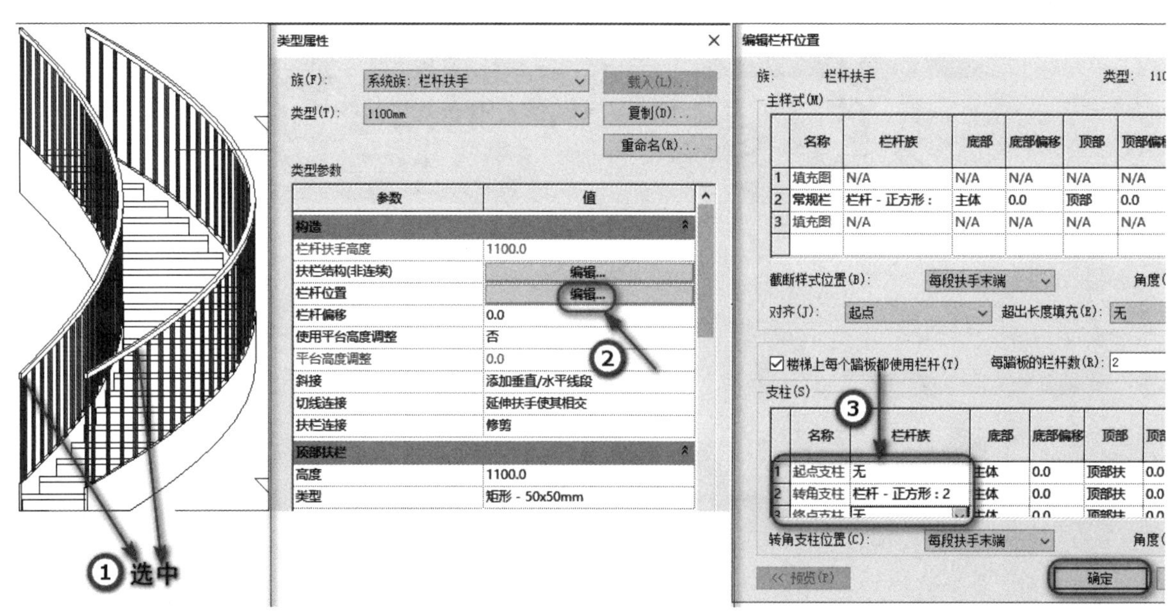

■ 图 9.81　设置起点支柱和终点支柱的“栏杆族”为“无”

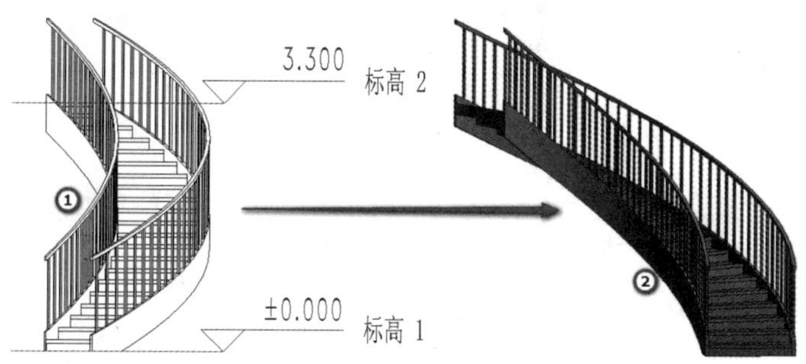

图 9.82　弧形楼梯三维样式

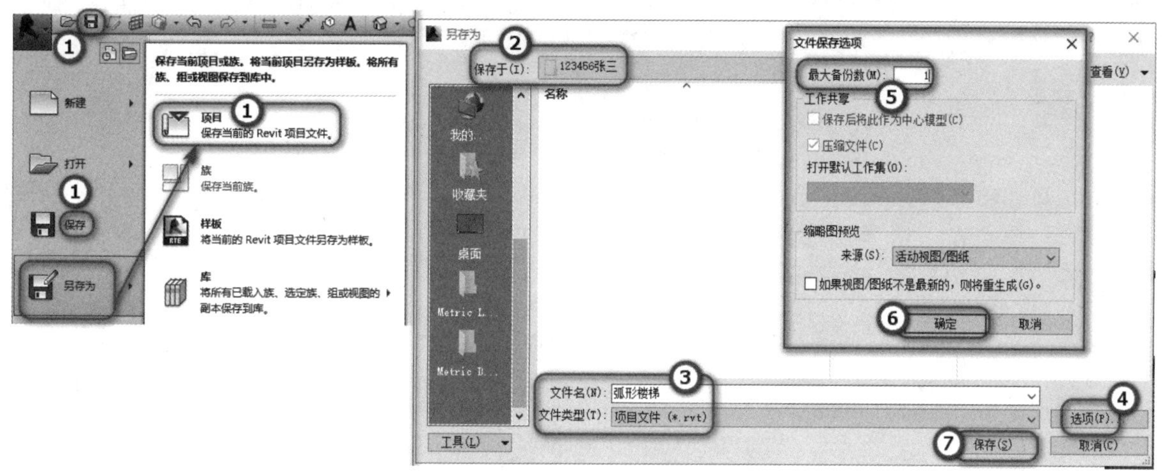

图 9.83　以"弧形楼梯"为文件名保存为项目文件

第五节　真题实战演练

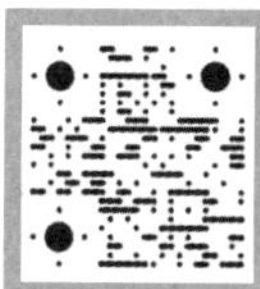

题目一：第二期全国 BIM 技能等级考试一级试题第二题"楼梯"

本题较全面地考察了对 Revit 中楼梯各属性的了解程度，在识读题目提供的剖面图、平面图时需要注意很多楼梯构造方面的细节。在创建楼梯时，需要根据题目要求指定栏杆扶手类型。

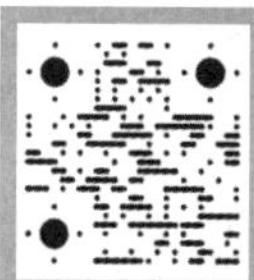

题目二：第七期全国 BIM 技能等级考试一级试题第二题"楼梯扶手"

本题可知绘制楼梯一定是先创建标高。此外结合本题需要熟悉顶部扶栏、栏杆的主样式、扶栏位置及支柱的轮廓。

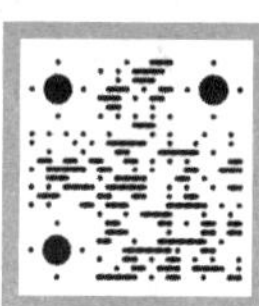

题目三：第九期全国 BIM 技能等级考试一级试题第二题"楼梯扶手"

10

CHAPTER

明 细 表 和 图 纸

思维导图

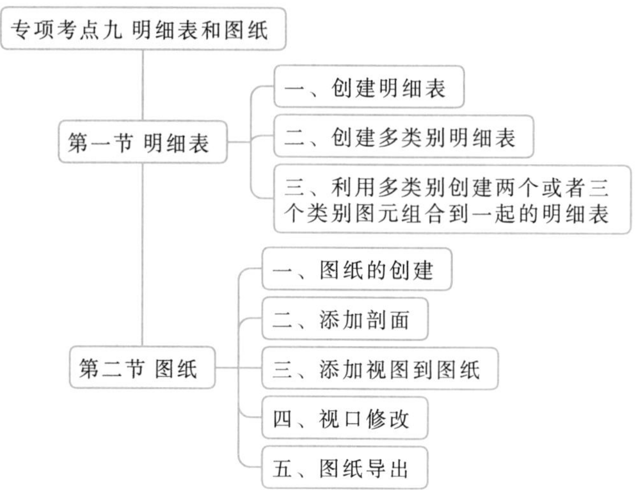

专项考点数据统计

专项考点明细表、图纸数据统计表

期 数	题目	题目数量	难易程度	备注
—	—	0	—	—

说明：明细表、图纸属于重要的二维图表，往往渗透在最后一道综合建模题中进行考查，因此考题不单独出题考查明细表、图纸，请读者注意。

明细表以表格形式显示信息，这些信息是从项目中的图元属性中提取的。要想熟练掌握明细表，需清楚字段、过滤、排序 / 成组、格式、外观中的各个命令需要时可以快速找到。

在完成模型的创建后，可以根据需求，快速地把模型、平立面、剖面明细表呈现在图纸上，对参数进行适当的调节后，添加注释，就可以导出 DWG 格式图纸。

通过本章的学习，需要掌握以下内容。

①明细表的创建及参数调整；②多类别明细表的创建；③图纸的创建；④剖面的添加；⑤添加视图到图纸并修改视口属性；⑥图纸导出。

第一节　明细表

一、创建明细表

单击“视图”选项卡→“创建”面板→“明细表”下拉列表→“明细表 / 数量”按钮，选择要统计的构件类别，例如门，设置明细表名称，单击“确定”按钮退出“新建明细表”对话框，进入“明细表属性”对话框，如图 10.1 所示。

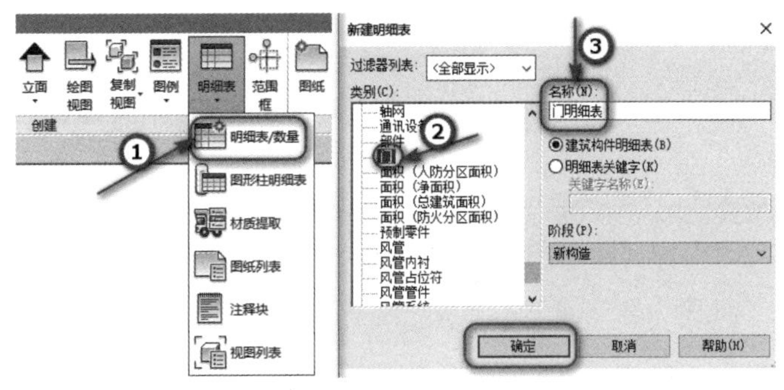

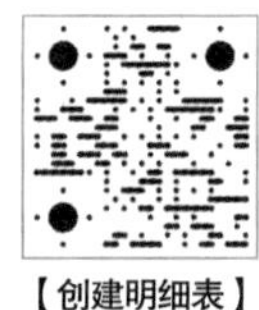

【创建明细表】

■ 图 10.1 “新建明细表”对话框

（1）“字段”选项卡：从“可用的字段”列表中双击要统计的字段，移动到“明细表字段”列表中，“上移”“下移”调整字段顺序，如图 10.2 ②所示。

（2）“过滤器”选项卡：设置过滤器可以统计其中部分构件，不设置则统计全部构件。如图 10.2 所示为仅统计标高 1 中的门。

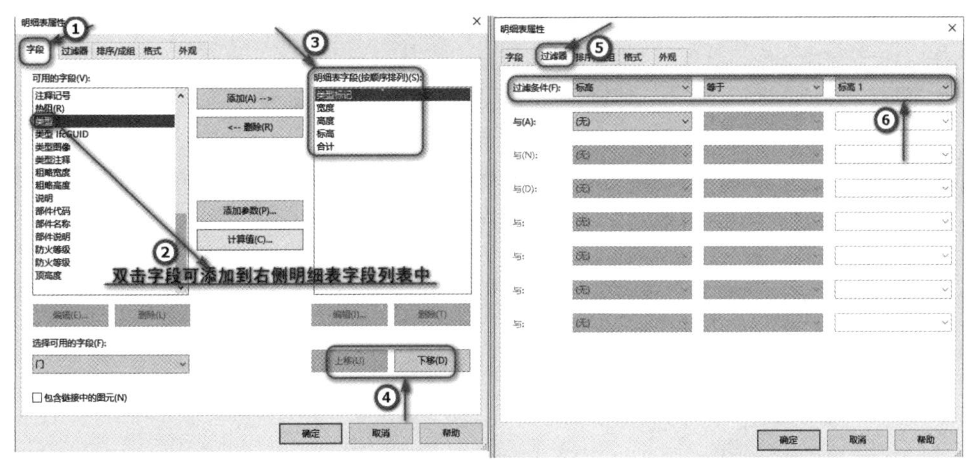

■ 图 10.2 “字段”选项卡、“过滤器”选项卡

（3）“排序 / 成组”选项卡：设置排序方式，选中“总计”、取消选中“逐项列举每个实例”选项，按排序中的选项进行合并，如图 10.3 所示。

（4）“格式”选项卡：需要计算总数时选中“计算总数”选项，如图 10.3 所示。

（5）“外观”选项卡：不选中“数据前的空行”选项，如图 10.3 所示。

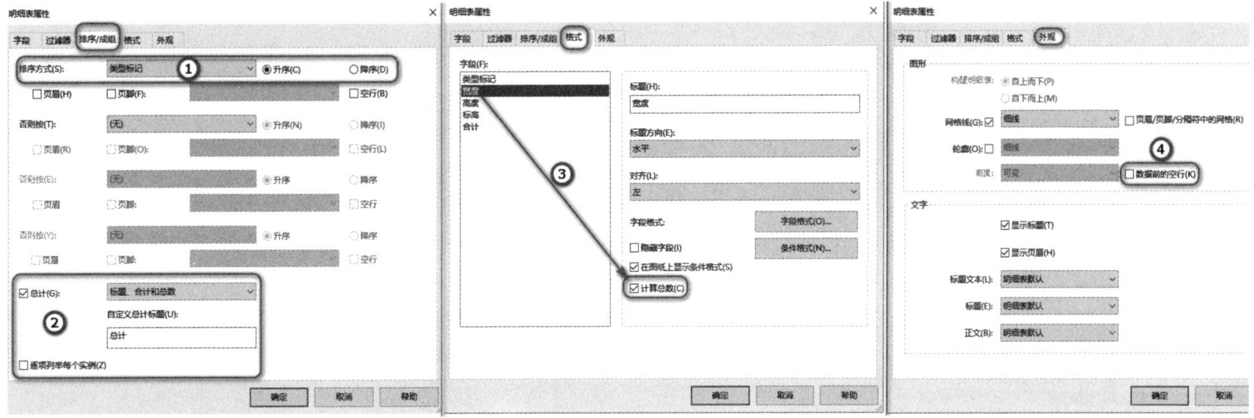

■ 图 10.3 “排序 / 成组”选项卡、“格式”选项卡、“外观”选项卡

二、创建多类别明细表

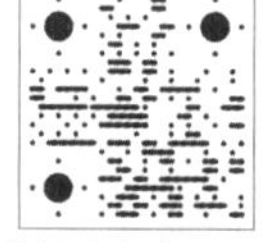
【创建多类别明细表A】

步骤一：打开项目文件“第一期第五题房子”，单击“管理”选项卡→“设置”面板→“项目参数”按钮，弹出“项目参数”对话框，单击“添加”按钮，弹出“参数属性”对话框。在“参数属性”对话框中设置“参数类型”为“项目参数”、“参数数据”名称为“门窗编号”、“参数数据”类型为“文字”、“类别”选择“门和窗”，单击“确定”按钮退出“参数属性”对话框，返回到“项目参数”对话框，此时“名称编号”参数已经显示在对话框中，单击“确定”按钮，退出“项目参数”对话框，如图10.4所示。

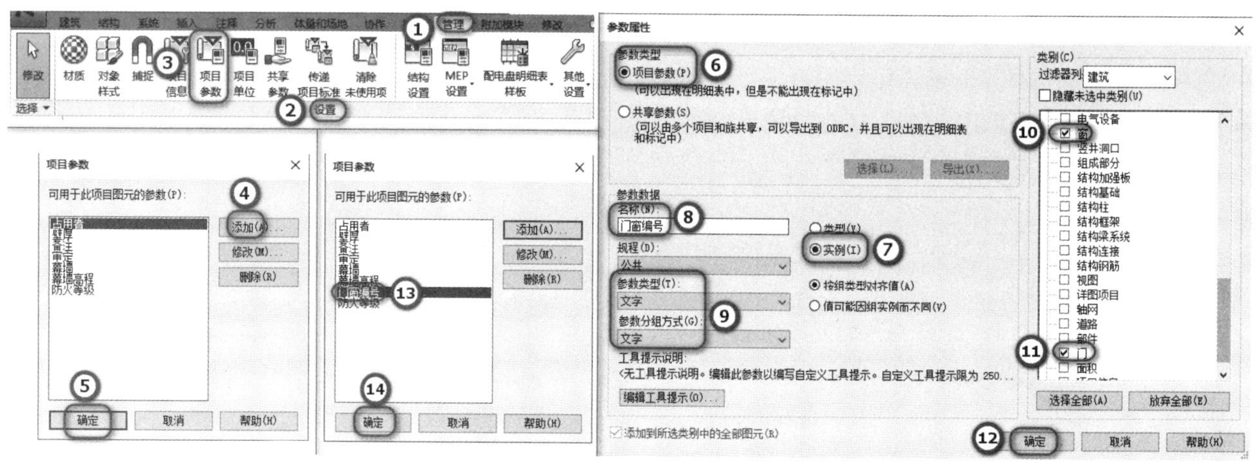

图10.4 添加项目参数

步骤二：切换到三维视图，选择所有门和窗，在左侧“属性”对话框→“文字”选项组→“门窗编号”参数设置为“1”，如图10.5所示。

【创建多类别明细表B】

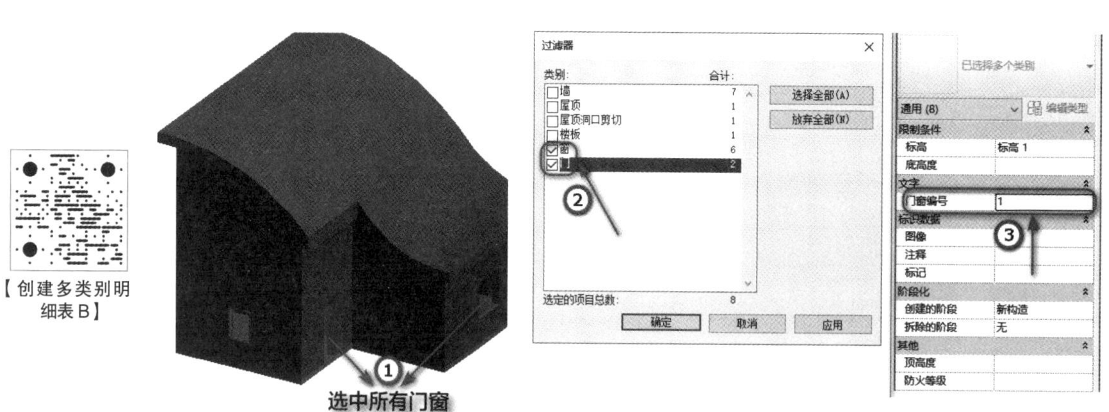

图10.5 “门窗编号”参数设置为“1”

步骤三：单击“视图”选项卡→“创建”面板→“明细表”下拉列表→“明细表/数量”按钮，在“新建明细表”对话框的列表中选择“多类别”，单击“确定”按钮退出“新建明细表”对话框，进入“明细表属性”对话框，如图10.6所示。

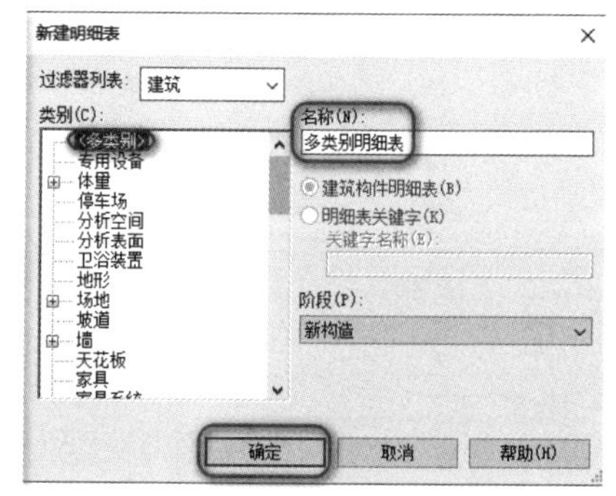

图10.6 创建多类别明细表

①“字段”选项卡中添加字段参数：“类别”“类型”“门窗编号”（新建的项目参数名称）“合计”。“过滤器”选项卡中，添加过滤条件为“门窗编号”值“等于”“1”，如图10.7所示。

② 在“排序/成组”选项卡中，设置排序方式，选择“总计”、取

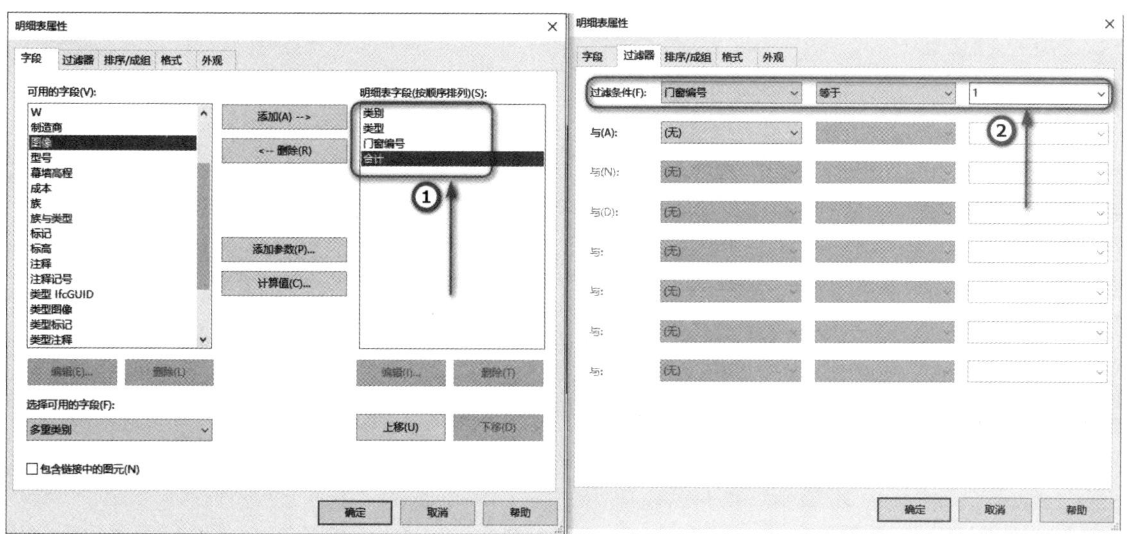

■ 图 10.7 “字段”选项卡、“过滤器”选项卡

消选中“逐项列举每个实例”复选框，按排序中的选项进行合并。在“格式”选项卡中设置字段“类别”“类型”“门窗编号”“合计”的对齐方式为“中心线”。在“格式”选项卡中选中字段“合计”，选中“计算总数”选项，如图 10.8 所示。

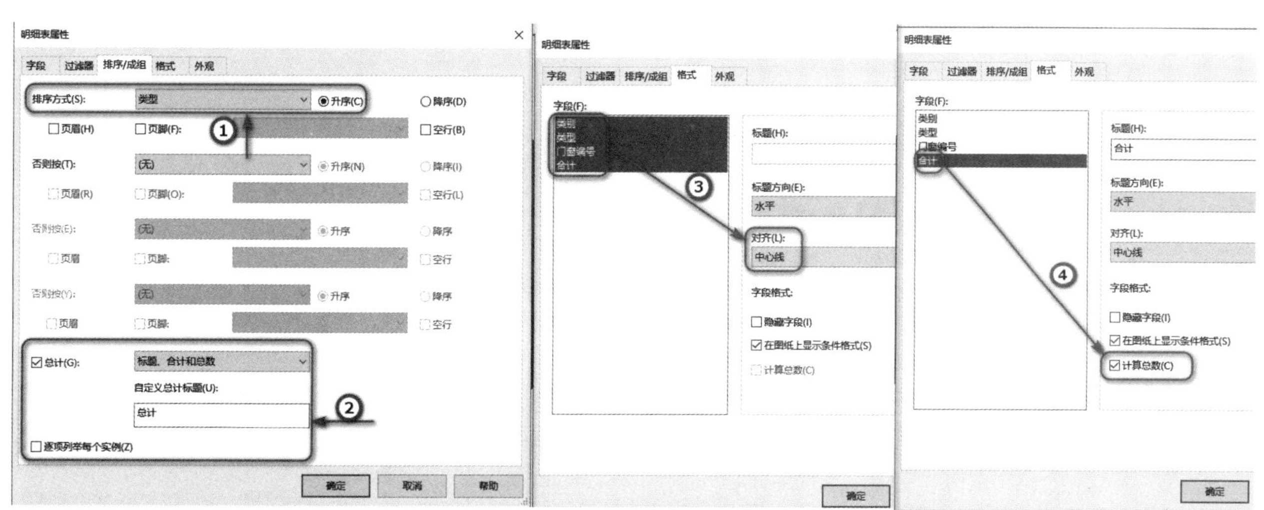

■ 图 10.8 “排序 / 成组”选项卡、“格式”选项卡

③ 在“外观”选项卡中不选中“数据前的空行”选项，如图 10.9 所示。单击“确定”按钮退出“明细表属性”对话框，可以查看明细表效果，并且可以编辑表名，隐藏门窗编号一栏，如图 10.10 所示。

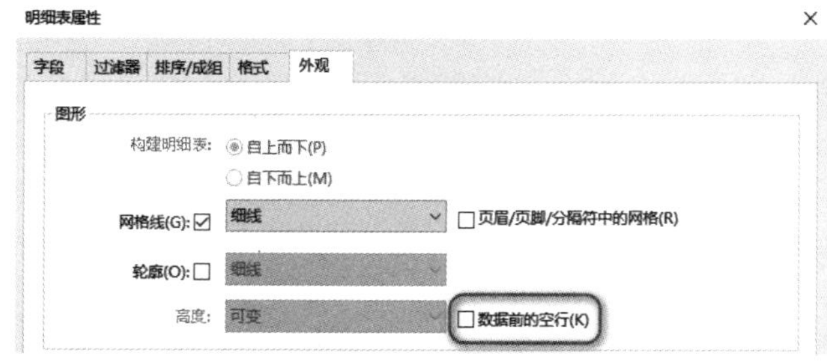

■ 图 10.9 “外观”选项卡

<多类别明细表>			
A	B	C	D
类别	类型	门窗编号	合计
窗	C0912	1	3
窗	C1515	1	3
门	M0618	1	1
门	M0820	1	1
总计: 8			8

■ 图 10.10 多类别明细表

第二节 图纸

一、图纸的创建

创建图纸，首先需要创建图框及标题栏。

单击“视图”选项卡→“图纸组合”→面板“图纸”按钮，或者在项目浏览器中选中“图纸（全部）”，右键单击“新建图纸”选项，在弹出的“新建图纸”对话框中选择对应的图纸，如“A3 公制”，如图 10.11 所示，单击“确定”按钮，退出“新建图纸”对话框。

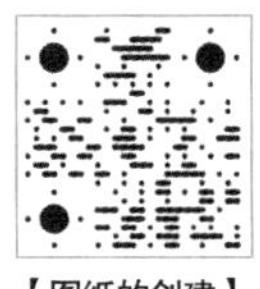

【图纸的创建】

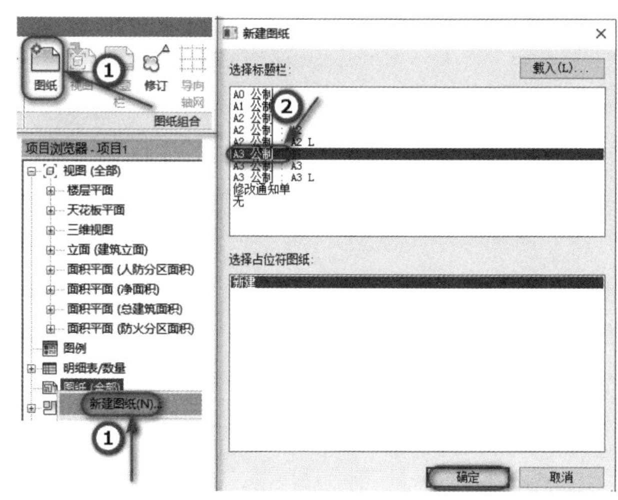

图 10.11 图纸的创建

二、添加剖面

在图纸的创建中，需先创建剖面图。

单击“视图”选项卡→“创建”面板→“剖面”按钮，根据需求在楼层平面中添加剖面，通过蓝色虚线适当调整剖切范围，在“项目浏览器”中会自动添加“剖面”选项，如图 10.12 所示。

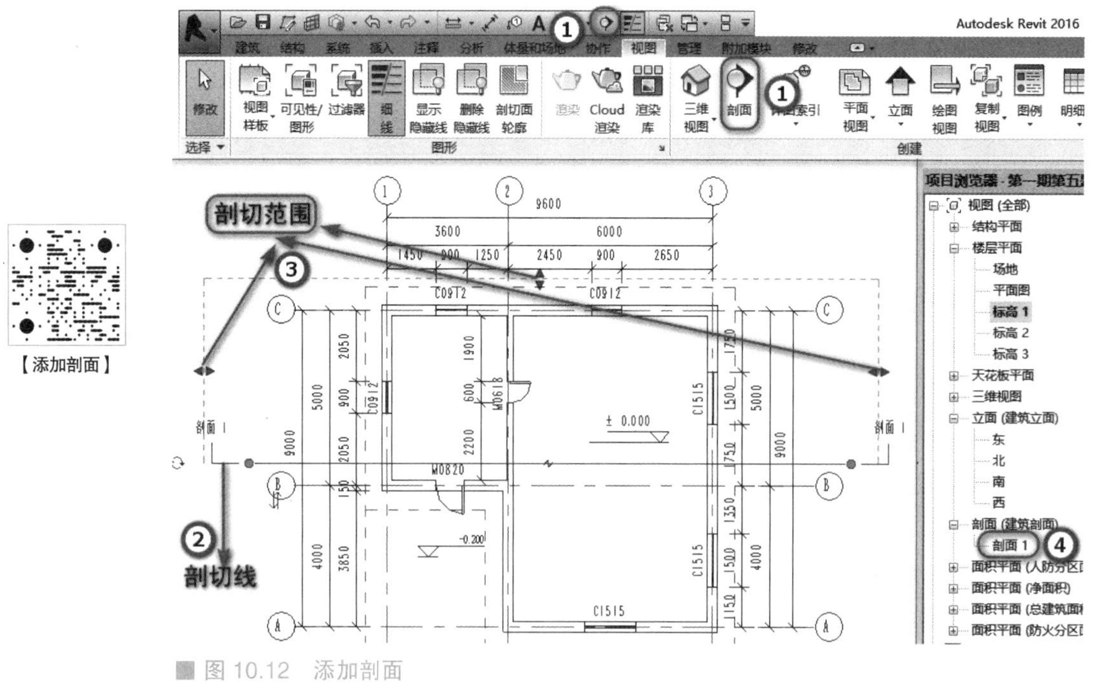

【添加剖面】

图 10.12 添加剖面

三、添加视图到图纸

在“项目浏览器”中双击已建好的图纸，打开图纸视图，单击“视图”选项卡→“图纸组合”面板→“视图”按钮，在弹出的“视图”对话框中选择对应的视图，如“剖面：剖面 1”，单击“在图纸中添加视图”选项，移动视图到图纸合适位置后单击确认，则“剖面：剖面 1”视图添加到图纸中，如图 10.13 所示。

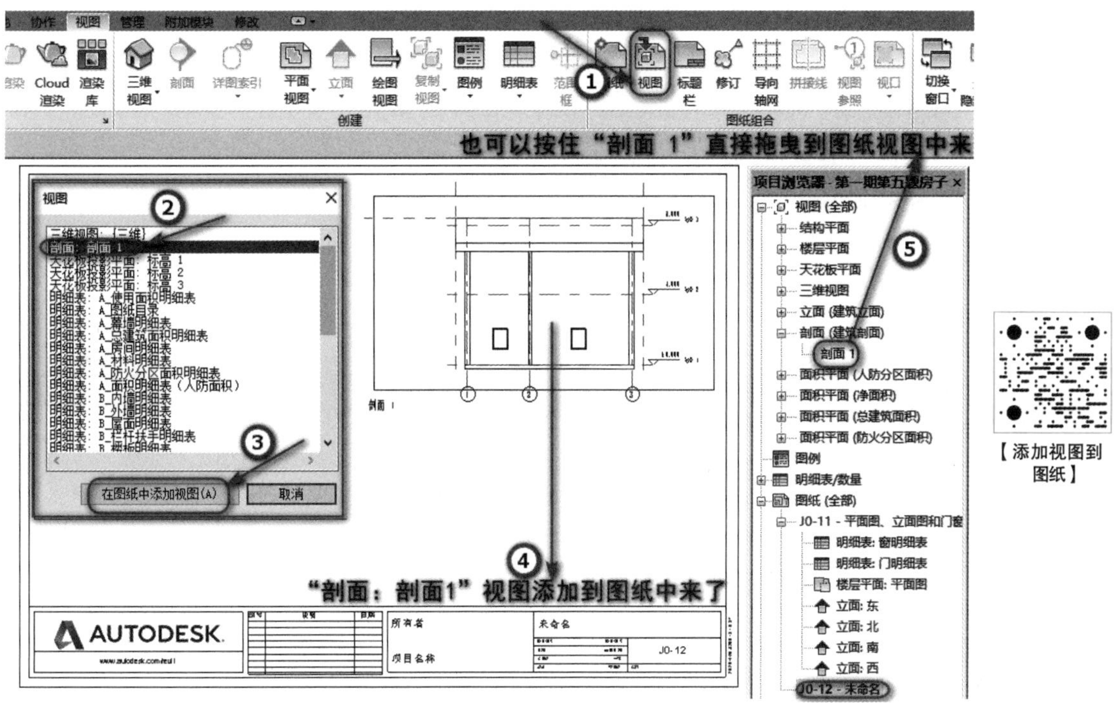

【添加视图到图纸】

■ 图 10.13　添加视图到图纸

四、视口修改

添加完的视口需要进行适当调整。

选择视口，在“属性”对话框→“视图比例”中对视图比例进行调整，在“标识数据”中的“视图名称”修改当前视图的名称，同时，可在“属性”对话框中对“剪裁框”进行调整，如图 10.14 所示，取消选中会隐藏“剪裁框”。

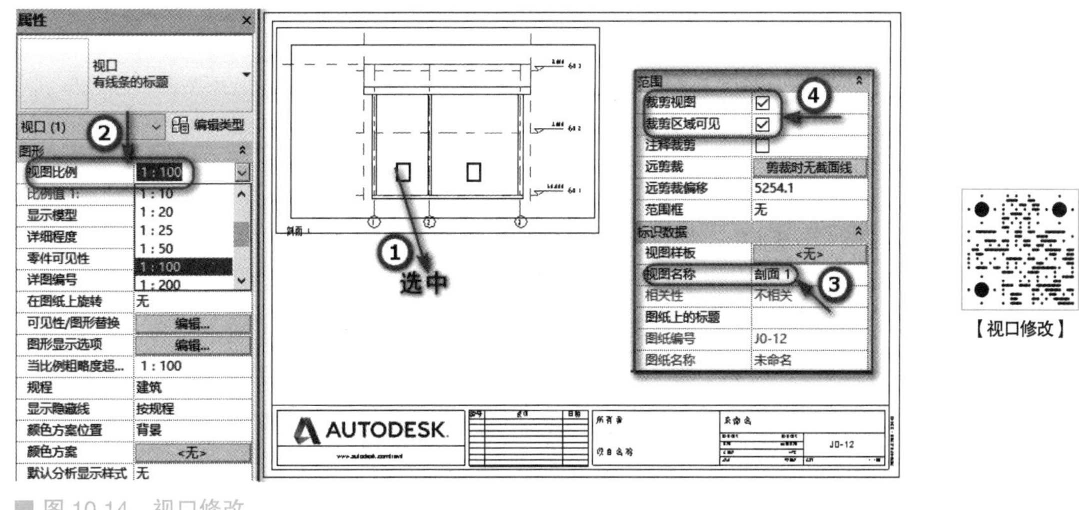

【视口修改】

■ 图 10.14　视口修改

五、图纸导出

图纸调整完成后，需导出为 DWG 文件。

单击左上角“应用程序菜单”→“导出”→“CAD 格式”→“DWG”按钮，在弹出的“DWG 导出”对话框中直接单击“下一步”按钮，弹出“导出 CAD 格式 - 保存到目标文件夹”对话框，在对话框中对 DWG

文件的文件名和文件类型进行修改，取消选中“将图纸上的视图和链接作为外部参照导出”复选框（如图纸明确要求将图纸上的视图和链接作为外部参照导出则选中），单击“确定”按钮，退出“导出 CAD 格式 - 保存到目标文件夹”对话框，完成 DWG 文件的导出，如图 10.15 所示。

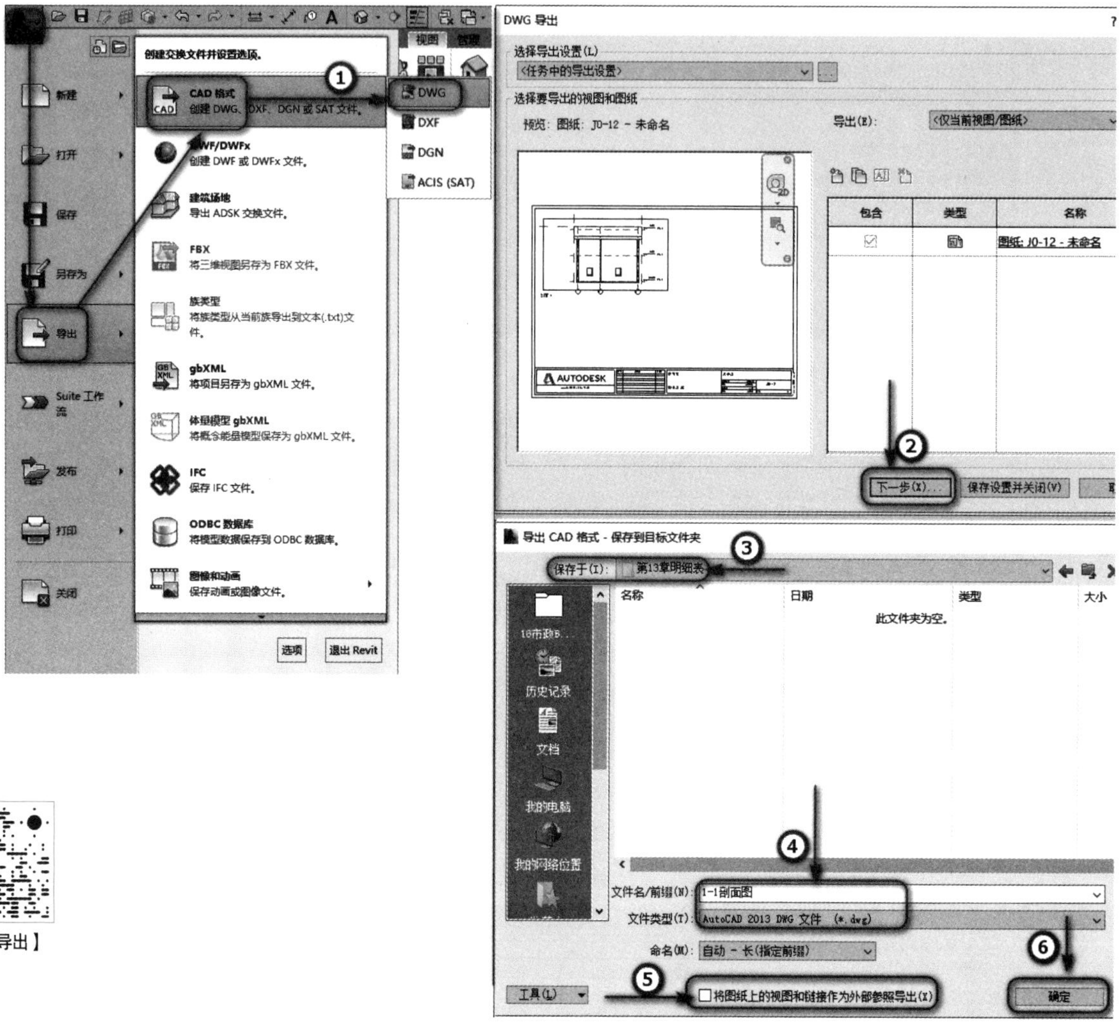

【图纸导出】

■ 图 10.15　图纸导出

第三节　经典真题解析

考题不单独出题考查明细表、图纸。由于明细表、图纸属于重要的二维图表，故往往渗透在最后一道综合建模题中进行考查，故此专项考点涉及的经典真题解析参见专项考点十一综合建模部分。

第四节　真题实战演练

在往期 16 期的考试中，由于明细表、图纸属于重要的二维图表，不会单独出题考查，故此专项考点涉及的真题实战演练参见专项考点十一综合建模部分。

11 CHAPTER 渲 染 和 漫 游

思维导图

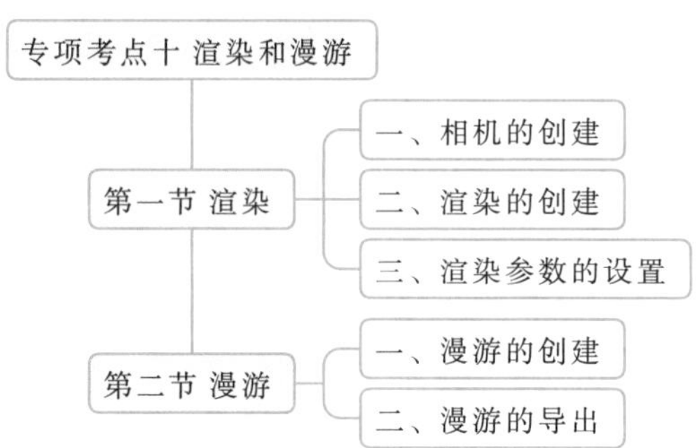

专项考点数据统计

专项考点渲染和漫游数据统计表

期 数	题目	题目数量	难易程度	备注
—	—	0	—	—

说明：渲染和漫游属于重要的模型可视化表现，往往渗透在最后一道综合建模题中进行考查，因此考题不单独出题考查渲染和漫游，请读者注意。

第一节　渲染

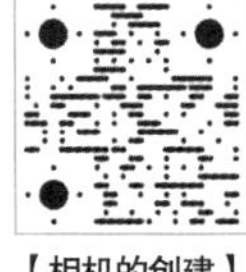
【相机的创建】

一、相机的创建

打开“第一期第五题房子”项目文件，单击“视图”选项卡→“创建”面板→“三维视图”下拉列表→“相机”按钮，创建相机视图，如图 11.1 所示。

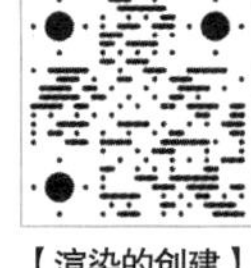
【渲染的创建】

二、渲染的创建

单击“视图”选项卡→“图形”面板→“渲染”按钮，如图 11.2 所示，弹出“渲染”对话框。

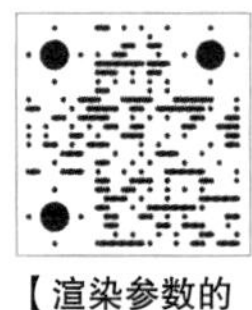
【渲染参数的设置】

三、渲染参数的设置

渲染参数包括：渲染引擎、渲染质量、渲染输出设置、渲染照明设置、渲染背景、渲染图像调整等，如图 11.3 所示。

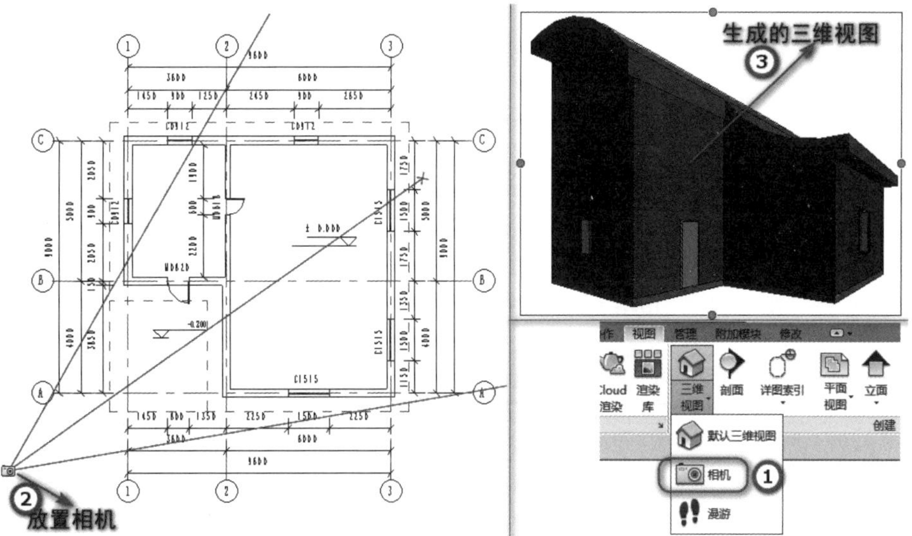

■ 图 11.1 创建相机视图

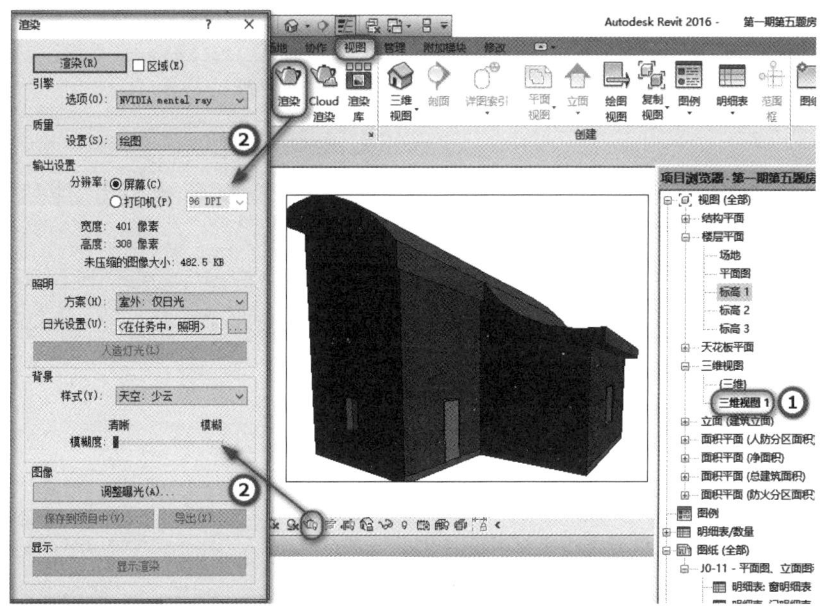

■ 图 11.2 “渲染”对话框

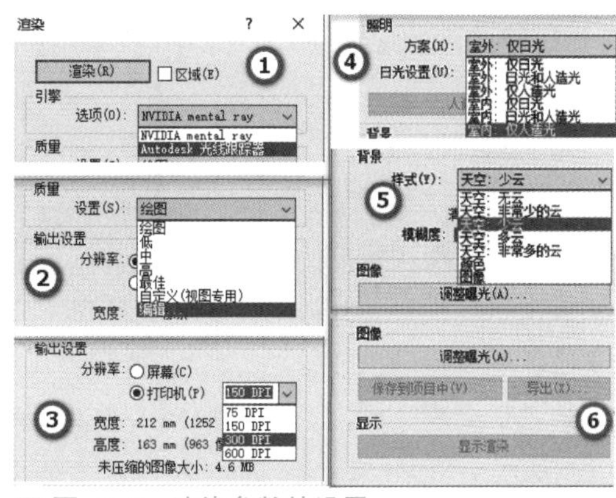

■ 图 11.3 渲染参数的设置

第二节　漫游

创建漫游本质就是在规划路线上创建多个相机视图。

一、漫游的创建

打开“漫游案例”项目文件，切换到“F1”楼层平面视图，单击“视图”选项卡→“创建”面板→“三维视图”下拉列表→“漫游”按钮，进入“修改|漫游”选项卡，选中选项栏中的“透视图”复选框，即生成透视图漫游，否则就生成正交漫游。设置选项栏中的“偏移”为“1750.0”，如果将此值调高，可以做出俯瞰的效果，通过调整“自”后面的标高楼层，可以实现相机“上楼”和“下楼”的效果，如图11.4所示。

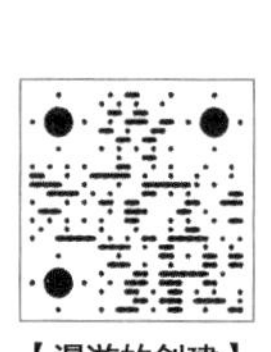

【漫游的创建】

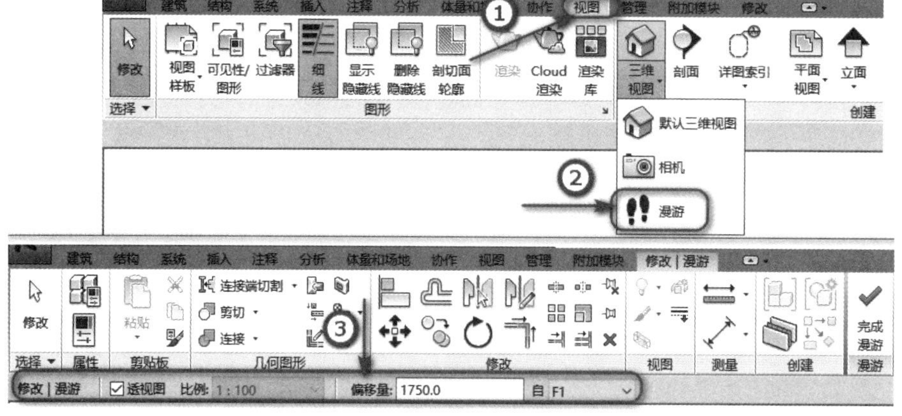

■ 图11.4 “漫游”按钮

从F1视图右下角（东南角）开始放置第一个相机视点，然后逆时针环绕建筑外围放置，相机视点与建筑外墙面距离目测大致相同，不要忽近忽远，相邻相机视点之间的距离目测也要大致相同，主要拐角点要放置相机视点，放置过程可以先不考虑镜头取景方向，这样便于保证规划路线的平滑。最后一个相机视点回到起点附近，便完成建筑外景漫游路线的规划，如图11.5所示。

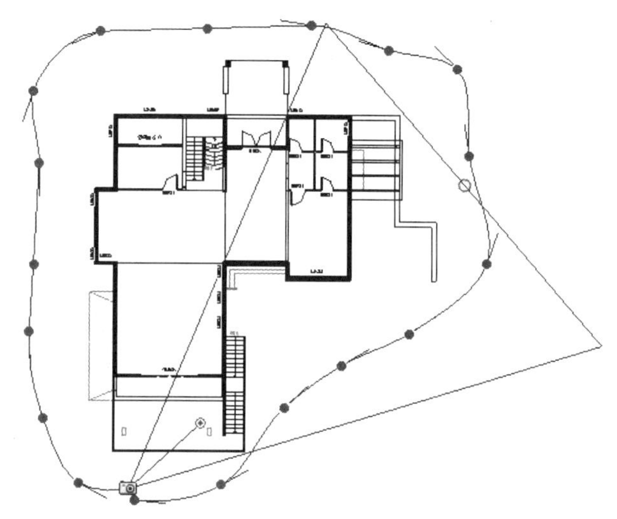

■ 图11.5 漫游路线

单击“修改|漫游”选项卡→“完成漫游”按钮，系统自动切换到“修改|相机”选项卡。单击“编辑漫游”按钮，出现“编辑漫游”选项卡，此时漫游规划路线上出现多个红色点，即刚刚放置相机视点，也是漫游关键帧所在，最后一个关键帧显示取景镜头的控制三角形，单击中间控制柄末端的紫色控制点，即可旋转取景镜头朝向建筑物，如图11.6所示。

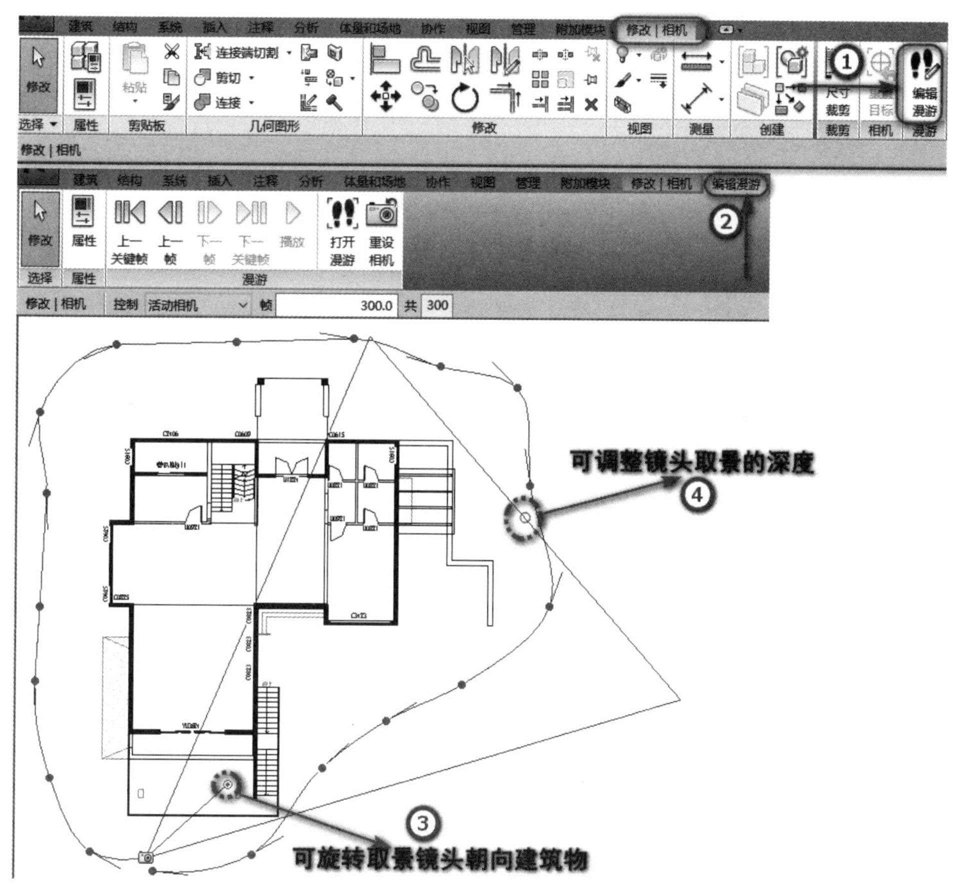

■ 图 11.6 “编辑漫游”上下文选项卡

再学一招 ▶▶▶

①“F1”楼层平面视图中的漫游路径（相机）消失，在项目浏览器中的“漫游→漫游 1”上右键单击，选中“显示相机”选项，则漫游路径（相机）又会在“F1”楼层平面视图中显示出来，如图 11.7 所示。

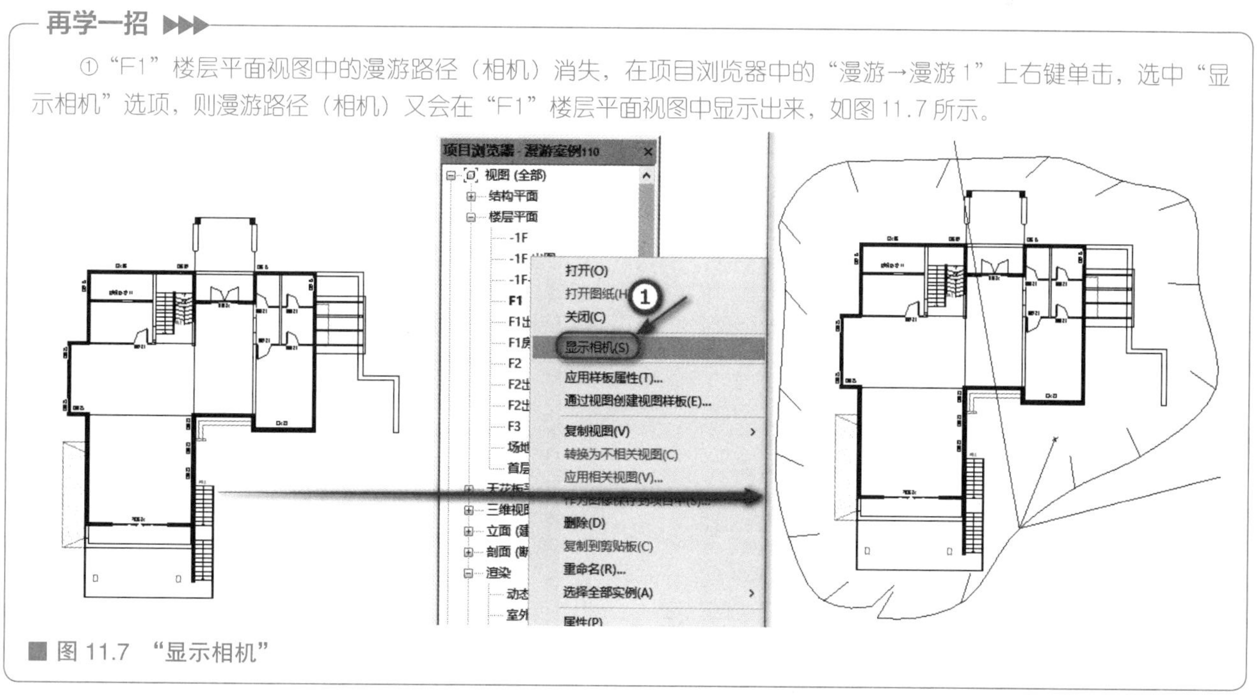

■ 图 11.7 “显示相机”

② 控制命令可以选择对漫游的相机、路径进行修改，同时可以添加或删除关键帧，如图 11.8 所示。

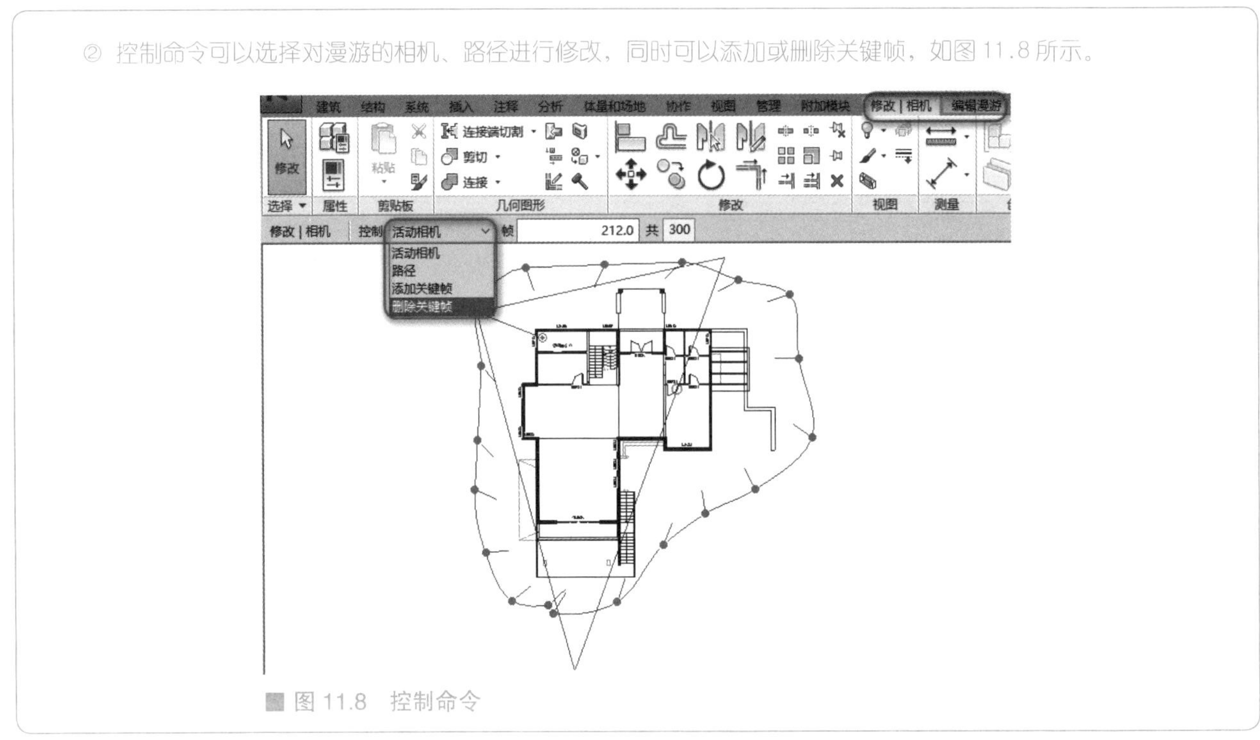

图 11.8　控制命令

单击“编辑漫游”选项卡→“上一关键帧”或“上一帧”指令，顺时针依次编辑每一个关键帧或普通帧的取景镜头朝向建筑物，直到回到第一个相机视点为止，默认有 300 个普通帧，选项栏及“属性”对话框中的漫游帧可以对视频进行调整，通过“总帧数”和“帧/秒”调整总时长及流畅性，进而获得较高质量的漫游视频，如图 11.9 所示。

完成关键帧编辑之后，单击“编辑 | 漫游”选项卡→“播放”按钮，可以看到平面视图中相机在规划路线行走，每一个取景镜头朝向建筑物，如图 11.10 所示。

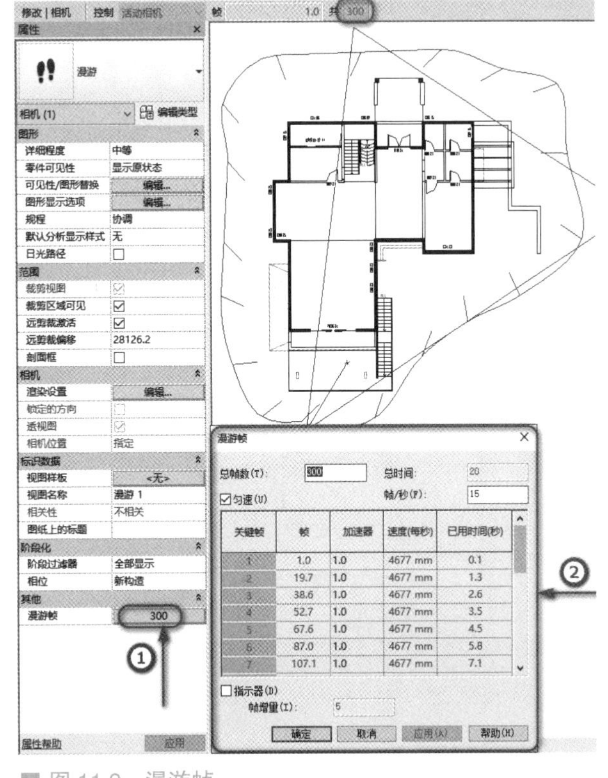

图 11.9　漫游帧

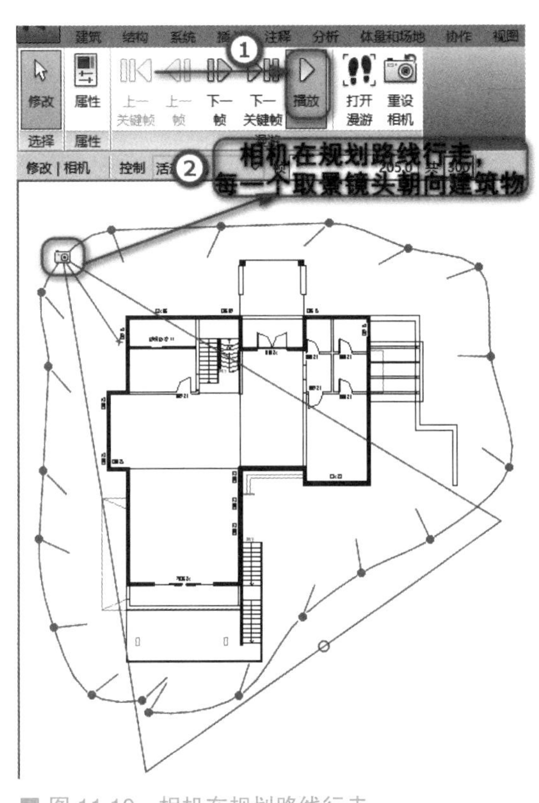

图 11.10　相机在规划路线行走

单击“编辑 | 漫游”选项卡→“打开漫游”按钮，系统返回“修改 | 相机”选项卡，绘图窗口出现第一个相机视点的立面取景框，此时取景框往往看不到建筑立面全貌，转动鼠标滚轮，调整取景框大小，分别单击取景框四周控制点，拖曳调整取景范围，确保看到建筑物立面全貌，视图控制栏“视觉样式”调整为“真实”，如图 11.11 所示。

■ 图 11.11　拖曳调整取景范围

再次单击“修改 | 相机”选项卡→“编辑漫游”按钮，单击“播放”按钮，便可观察立面效果的漫游视频，单击“保存”按钮，项目浏览器漫游目录之下保存“漫游 1”，右键菜单重命名为“小别墅外景漫游”，后续需要重新播放漫游，项目浏览器打开漫游，单击漫游取景框，在“编辑 | 漫游”选项卡中单击“播放”按钮即可。

二、漫游的导出

在漫游视图打开状态下，单击应用程序菜单下“导出”→“图像和动画”→“漫游”按钮，弹出“长度 / 格式”对话框，设置视觉样式和输出长度，单击“确定”按钮，退出“长度 / 格式”对话框。最后指定路径和文件名便可导出 AVI 格式的“小别墅外景漫游”的视频文件，如图 11.12 所示。

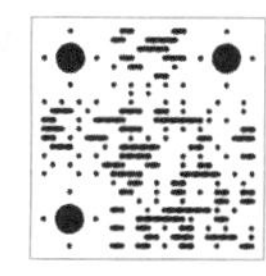

【漫游的导出】

至此完成别墅外景漫游的制作。

■ 图 11.12　导出 AVI 格式的“小别墅外景漫游”的视频文件

第三节　经典真题解析

考题不单独出题考查渲染和漫游。由于渲染和漫游属于重要的模型可视化表现，故往往渗透在最后一道综合建模题中进行考查，故此专项考点涉及的经典真题解析参见专项考点十一综合建模部分。

第四节　真题实战演练

此专项考点涉及的真题实战演练参见专项考点十一综合建模部分。

12 CHAPTER 综合建模

思维导图

专项考点十一 综合建模

- 第一节 经典真题解析
  - 第三期全国BIM技能等级考试一级试题第五题“三层建筑”
  - 第七期全国BIM技能等级考试一级试题第五题“独栋别墅”
- 第二节 真题实战演练
  - 第一期全国BIM技能等级考试一级试题第五题“房子”
  - 第二期全国BIM技能等级考试一级试题第五题“建筑”
  - 第四期全国BIM技能等级考试一级试题第五题“六层建筑”
  - 第五期全国BIM技能等级考试一级试题第五题“办公大楼”
  - 第六期全国BIM技能等级考试一级试题第五题“阶梯教室”
  - 第八期全国BIM技能等级考试一级试题第五题“土木系实验楼”
  - 第九期全国BIM技能等级考试一级试题第五题“污水处理站”
  - 第十期全国BIM技能等级考试一级试题第五题“住宅”
  - 第十一期全国BIM技能等级考试一级试题第四题“别墅”
  - 第十二期全国BIM技能等级考试一级试题第四题“教学楼项目”
  - 第十三期全国BIM技能等级考试一级试题第四题“办公楼”
  - 第十四期全国BIM技能等级考试一级试题第四题“双拼别墅”
  - 第十五期全国BIM技能等级考试一级试题第四题“幼儿园”

专项考点数据统计

专项考点综合建模实战数据统计表

期 数	题目	题目数量	难易程度	备注
第一期	第五题“房子”	1	简单	
第二期	第五题“建筑”	1	中等	
第三期	第五题“三层建筑”	1	中等	
第四期	第五题“六层建筑”	1	中等	
第五期	第五题“办公大楼”	1	中等	
第六期	第五题“阶梯教室”	1	困难	图纸复杂，重点考察内建模型创建楼板和屋顶；16期中最难的综合建模题
第七期	第五题“独栋别墅”	1	中等	
第八期	第五题“土木系实验楼”	1	中等	
第九期	第五题“污水处理站”	1	中等	
第十期	第五题“住宅”	1	中等	
第十一期	第四题“别墅”	1	中等	
第十二期	第四题“教学楼项目”	1	中等	
第十三期	第四题“办公楼”	1	中等	
第十四期	第四题“双拼别墅”	1	困难	图纸复杂，细节很多
第十五期	第四题“幼儿园”	1	困难	图纸复杂，细节很多
第十六期	第四题“接待中心”	1	困难	图纸复杂，楼板错层较多，细节很多

说明：该项考点属于必考题目，考查的知识点很多，图纸复杂，平时必须注意加强训练。某种意义上来说，综合建模题的成绩决定了考试的成败。

在全国 BIM 技能等级考试一级考试中，最后一道综合建模题由实际项目演化而来。一～十六期考试中，前十期，第五题是综合建模题，分值为 40 分；从第十一期开始，考试题目由五道题目变为四道题目，即第四道题变为综合建模题，分值为 50 分。

综合建模题考试内容相对比较固定，考试要求和考试内容如下：① BIM 建模环境设置；② BIM 参数化建模；③创建明细表；④创建图纸并且将剖面图、立面图和平面图放置在图纸中；⑤模型文件管理。

从第十四期开始，综合建模题呈现图纸复杂化的趋势，由于图纸比较复杂，因此在考场上快速审题及快速看懂图纸非常关键，这就需要平时训练时掌握解题技巧和考试规律：①考试题量很大，考察很全面，通常最后一道大题决定考试成败，考生必须在考场上冷静思考，把握好时间；②考试时不一定按照题目顺序去做题，应该把握时间把容易拿到的分拿到，不要太拘泥于建模细节，抓大放小；③考试时按照题目要求根据难易程度和复杂程度去建立模型，建模时需要耐心和细心。

第一节　经典真题解析

笔者根据考试经验，结合考试大纲要求，下面通过精选几期考试真题（综合建模题）的详细解析来介绍综合建模题的建模和解题步骤，希望对广大考生朋友有所帮助。

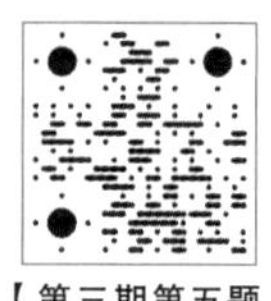
【第三期第五题“三层建筑”】

真题一：第三期全国 BIM 技能等级考试一级试题第五题“三层建筑”

参照二维码中给出的平面、立面图，在考生文件夹中给出的“三层建筑模板”文件的基础上，创建三层建筑模型，具体要求如下。

（1）基本建模。

① 创建墙体模型，其中内墙厚度均为 100mm，外墙厚度均为 240mm。

② 建立各层楼板模型，楼板厚度均为 150mm，顶部与各层标高平齐，楼板在楼梯间处应开洞口，并按图中尺寸创建并放置楼梯模型。楼梯扶手和梯井尺寸取适当值即可。

③ 建立屋顶模型。屋顶为平屋顶，厚度为 200mm，出檐取 240mm。

④ 按平面图要求创建房间，并标注房间名称。

⑤ 三层与二层的平面布置与尺寸完全一样。

（2）放置门窗及家具。

① 按平、立面要求，布置内外门窗和家具。其中外墙门窗布置位置需精确，内部门窗对位置不做精确要求。家具布置位置参考图中取适当位置即可。

② 门构件集共有 4 种型号：M1、M2、M3、M4，尺寸分别为：900mm × 2000mm、1500mm × 2100mm、1500mm × 2000mm、2400mm × 2100mm。同样的，窗构件集共有 3 种型号：C1、C2、C3，尺寸分别为：1200mm × 1500mm、1500mm × 1500mm、1000mm × 1200mm。

③ 家具构件和门构件使用模板文件中给出的构件集即可，不要载入和应用新的构件集。

（3）创建视图与明细表。

① 新建平面视图，并命名为“首层房间布置图”。该视图只显示墙体、门窗、房间和房间名称。视图中房间需着色，着色颜色自行取色即可。同时给出房间图例并计算一层总面积。

② 创建门窗明细表，门窗明细表均应包含构件集类型、型号、高度及合计字段。明细表按构件集类型统计个数。

③ 建筑各层和屋顶标高处均应有对应的平面视图。

④ 创建房间明细表。

（4）最后，请将模型文件以“三层建筑”为文件名保存到考生文件夹中。

特别提示 ▶▶▶

① 题目提供的“三层建筑模板”文件质量问题很大，故本题讲解按照无“样板文件”来进行建模，请读者注意。

② 为了讲解房间和面积知识点，故本题增加了两个问题，即“计算一层总面积”及“创建房间明细表（含一层总面积）”。

【建模思路】

本题为三层平屋顶项目，考题比较简单，唯一比较困难的就是楼梯部分。本题确定标高和轴网之后，直接绘制内外墙体、放置家具及门窗等，主要考查考生软件的熟练程度。①墙体、楼板、门窗、家具等可以通过复制一层的布置，再进行局部修改的方法来加快建模速度，提高做题效率；②三层与二层的平面布置及尺寸等完全一样，则当二层的布置完成之后，使用过滤器功能过滤出需要复制的构件，快速完成三层的创建；③平面需要放置的家具比较多，建议设置快捷键或者按照软件默认的快捷键 CM 快速提取载入的族文件；④绘制的时候需要综合考虑各个平面图和立面图的各种标注，注意尺寸对齐的方式等；⑤注意生成的门窗明细表不要缺失题目要求添加的字段。本题建模思路如图 12.1 所示。

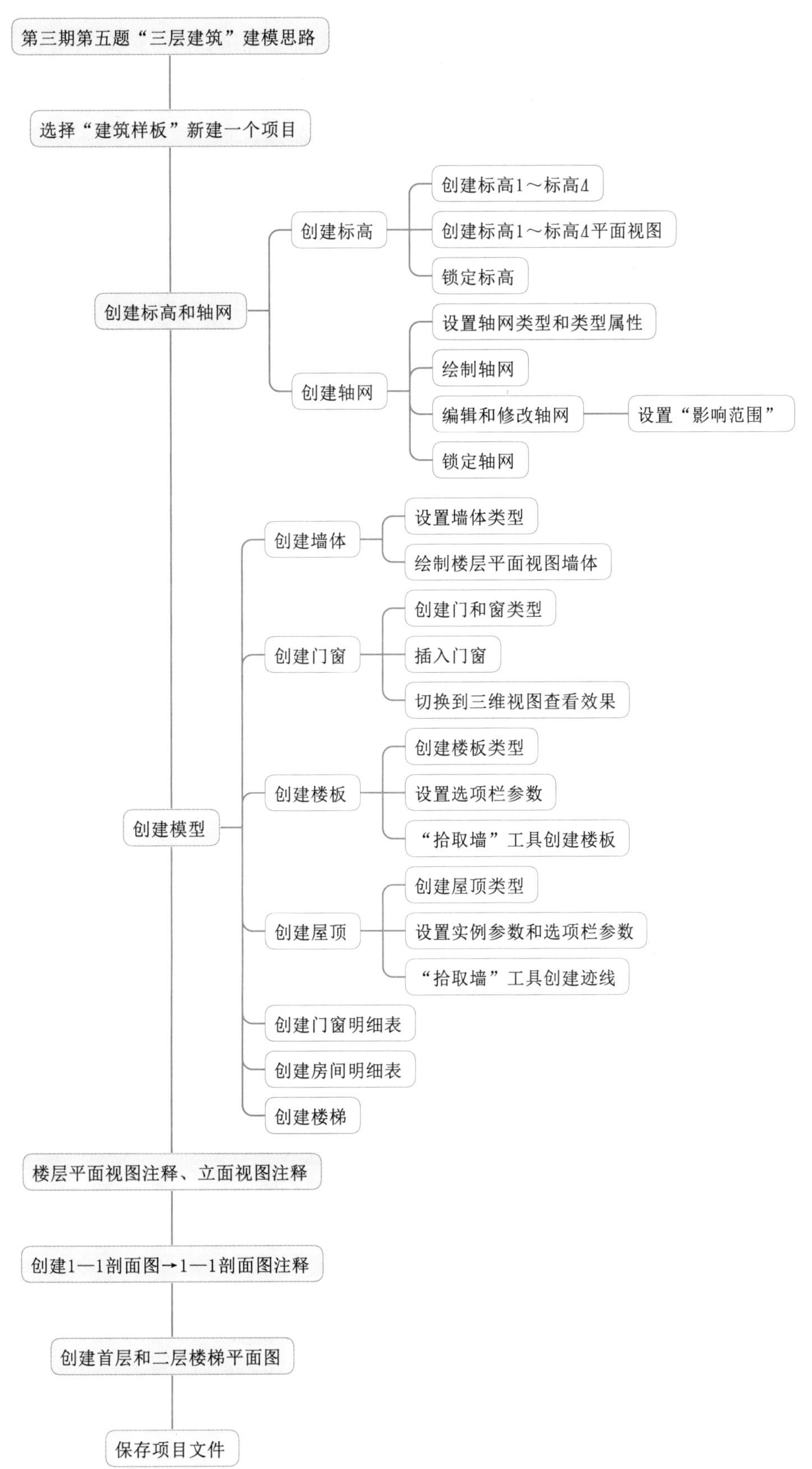

■图 12.1　第三期第五题“三层建筑”建模思路

【建模步骤】

步骤一：选择“建筑样板”新建一个项目，进入南立面视图，创建标高，如图 12.2 所示。创建“标高 1～标高 4”楼层平面视图，选择全部标高进行锁定，如图 12.2 所示。

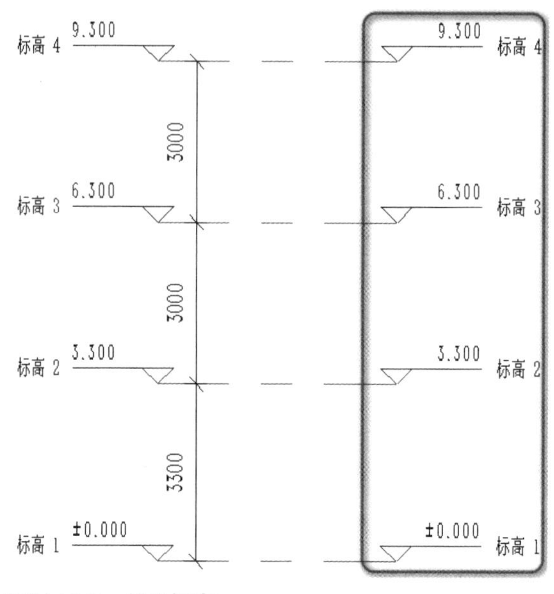

图 12.2　创建标高

再学一招 ▶▶▶

① 通常情况下，绘制墙体时应该创建各个标高和建立各个标高楼层平面视图，这样方便之后各个楼层平面的编辑及门窗的插入等。

② 以复制或者阵列方式创建的标高，系统不会自动生成相应的楼层平面视图，若是单击“建筑”选项卡→“基准”面板→“标高”按钮创建的标高，则系统会自动创建相应的楼层平面视图。

③ 单击“视图”选项卡→“创建”面板→“平面视图”下拉列表→“楼层平面”按钮，在弹出的“新建楼层平面”对话框中按住 Shift/Ctrl 键选中“标高 3”和“标高 4”，单击“确定”按钮，则可以创建标高 3 和标高 4 楼层平面视图了，如图 12.3 所示。

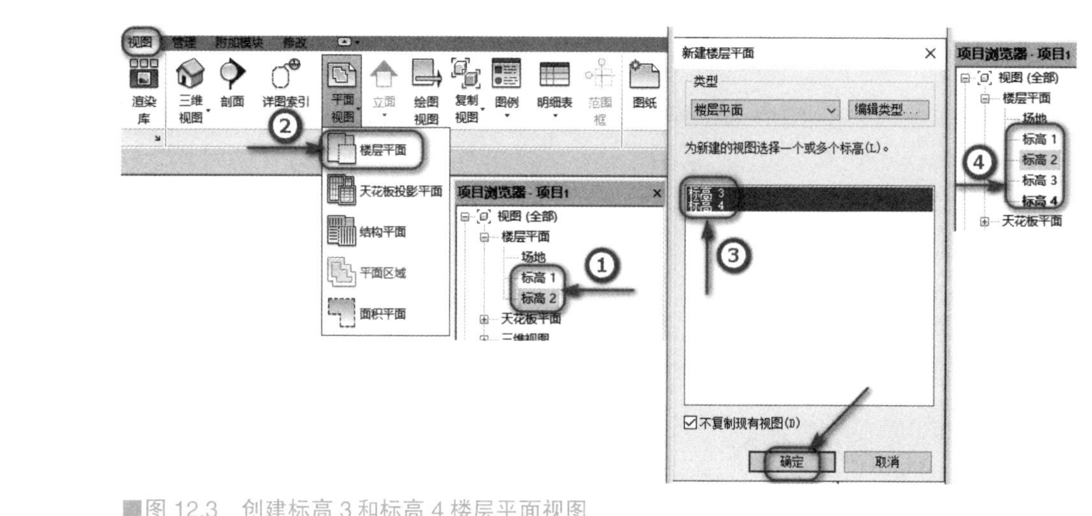

图 12.3　创建标高 3 和标高 4 楼层平面视图

步骤二：切换到“标高 1”楼层平面视图，单击“建筑”选项卡→“基准”面板→“轴网”按钮，左侧类型选择器下拉列表选择“轴网 6.5mm 编号”，单击“编辑类型”按钮，弹出“类型属性”对话框，设置参数，如图 12.4 所示。

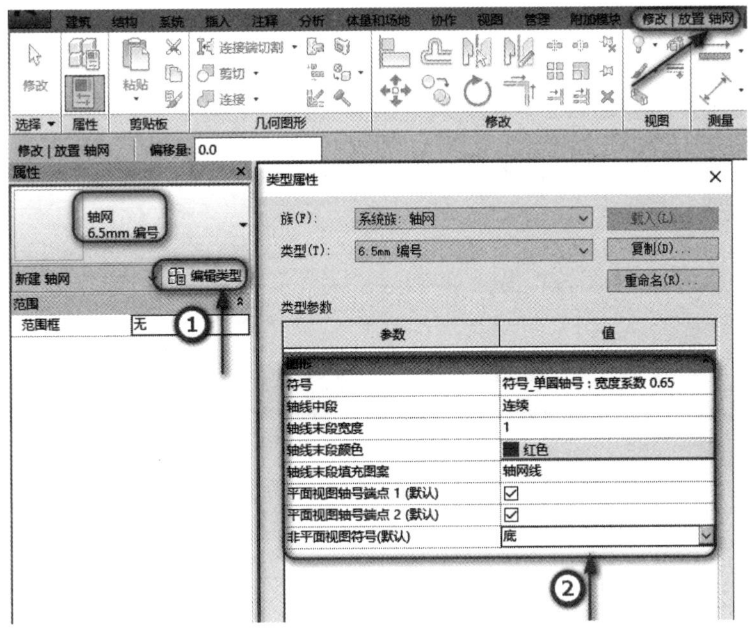

■图 12.4　设置轴网类型参数

步骤三：首先绘制①轴，使用“复制”工具创建②～⑥轴；绘制水平Ⓐ轴，使用“复制”工具创建Ⓑ～Ⓖ轴。根据题目提供的首层平面图对轴网进行局部修改和调整，选择所有轴网，将轴网进行锁定。单击“影响范围”按钮，将局部修改影响到标高 2 ～标高 4 楼层平面视图，如图 12.5 所示。

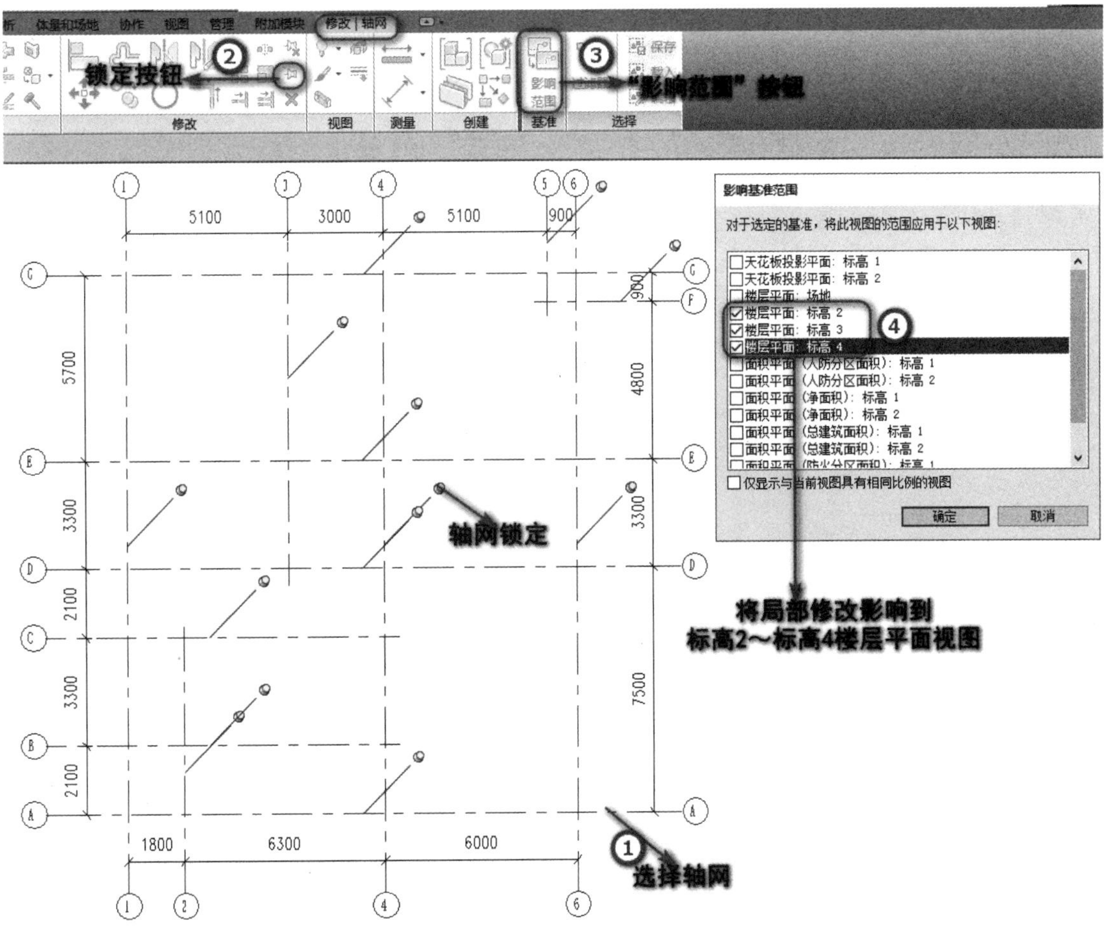

■图 12.5　将轴网局部修改影响到标高 2 ～标高 4 楼层平面视图

步骤四：根据题目要求，外墙厚度为 240mm，内墙厚度为 100mm，复制新的墙体类型“外墙 240mm”且编辑墙体部件，如图 12.6 所示。同理复制新的墙体类型“内墙 -100mm”且编辑墙体部件，如图 12.7 所示。绘制“标高 1”楼层平面视图墙体布置图，如图 12.8 所示。

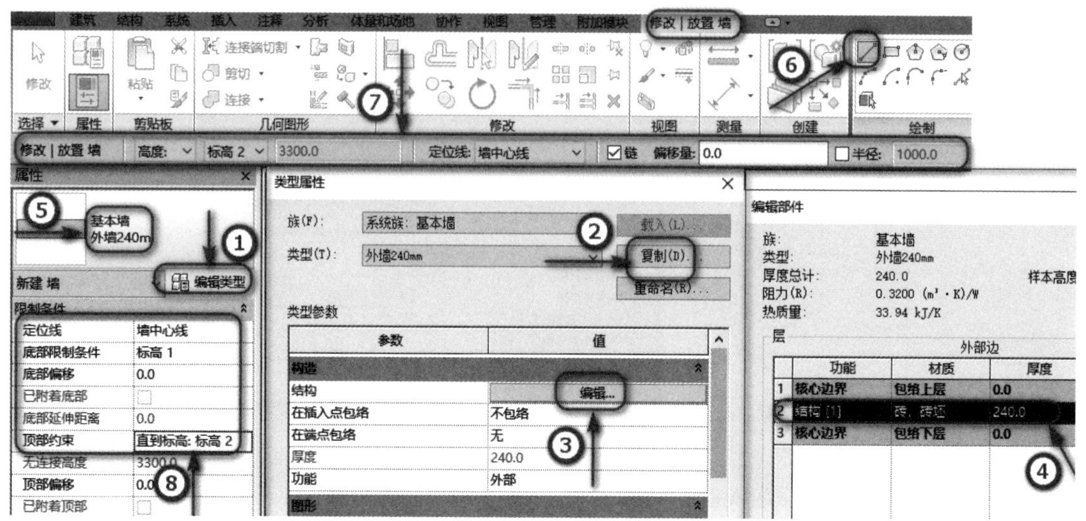

■图 12.6 “外墙 240mm”

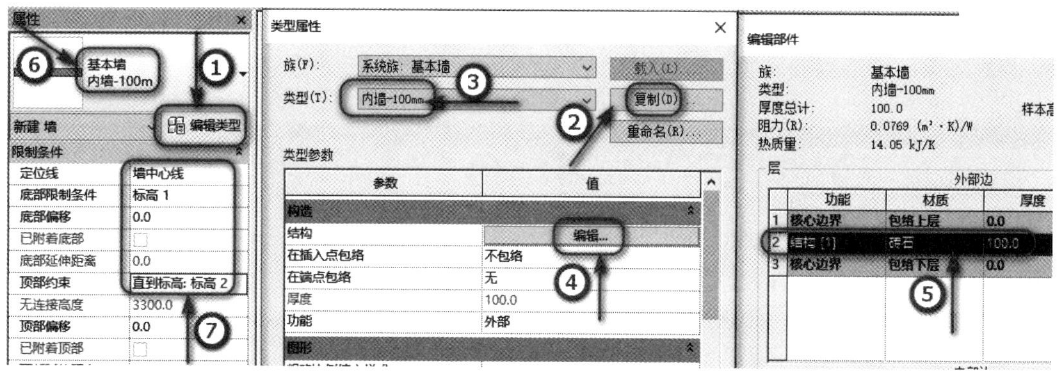

■图 12.7 “内墙 -100mm”

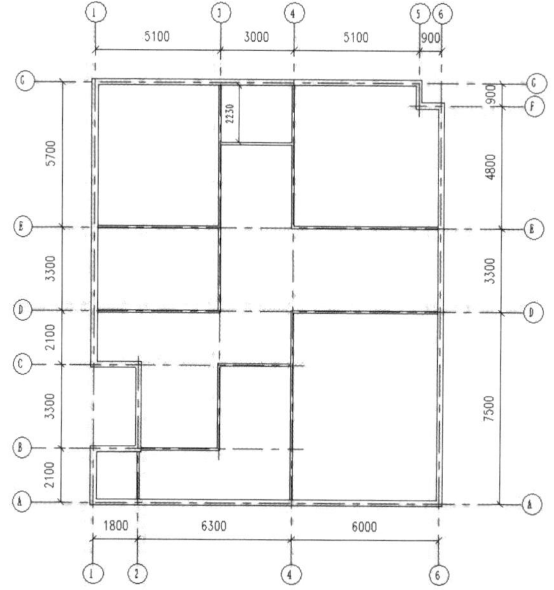

■图 12.8 “标高 1”楼层平面视图墙体布置图

步骤五：单击“插入”选项卡→“从库中载入”面板→“载入库”按钮，载入“建筑 / 窗 / 普通窗 / 固定窗”文件夹中的“固定窗”，创建窗类型 C1、C2 和 C3，如图 12.9 所示。同理载入“建筑 / 门 / 普通门 / 平开门 / 单扇”文件夹中的“单嵌板木门 1”，“建筑 / 门 / 普通门 / 平开门 / 双扇”文件夹中的“双面嵌板镶玻璃门 1”，“建筑 / 门 / 卷帘门”文件夹中的“滑升门”，创建门类型 M1、M2、M3 和 M4，如图 12.10 所示。

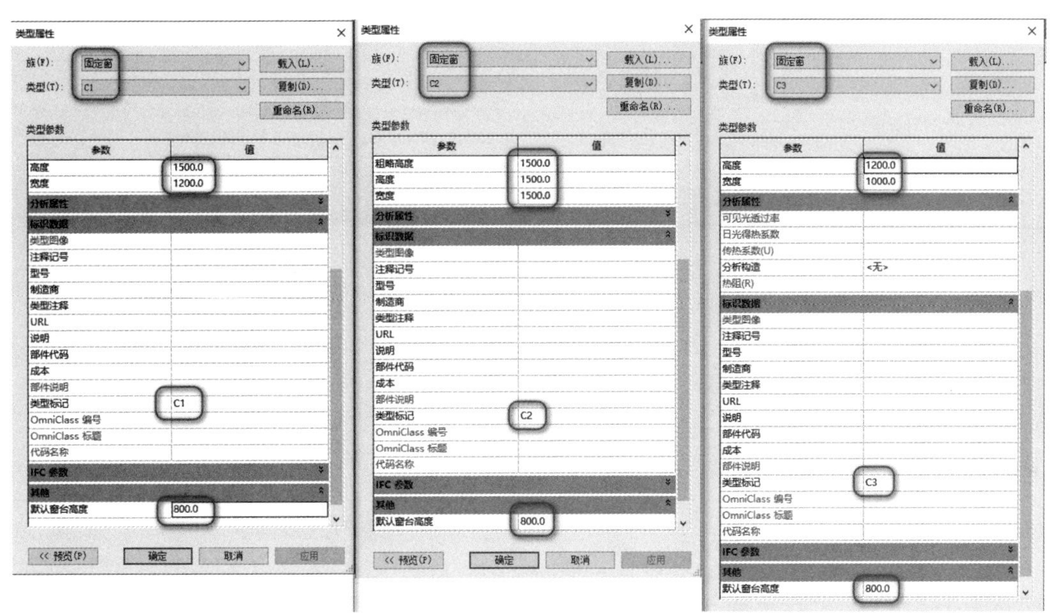

■图 12.9　创建窗类型 C1、C2 和 C3

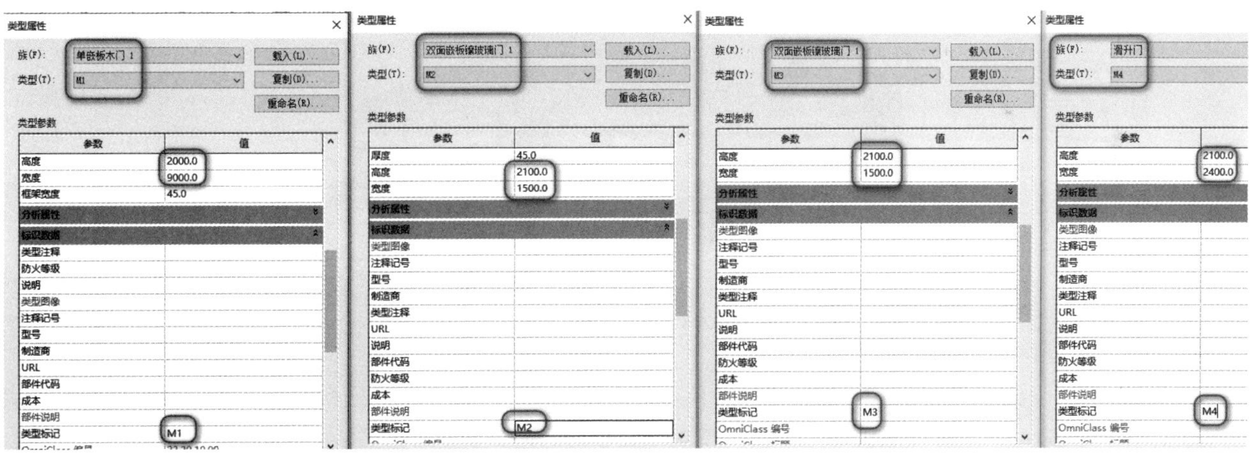

■图 12.10　创建门类型 M1、M2、M3 和 M4

步骤六：分别单击“建筑”选项卡→“构建”面板→“门”和“窗”按钮，放置门和窗。放置完门窗后，通过修改临时尺寸数值来定位门窗的具体位置，如图 12.11 所示。完成“标高 1”楼层平面视图的门窗放置后，切换到三维视图，查看三维效果，如图 12.12 所示。

小贴士 ▶▶▶

放置之前激活“旋转时进行标记”按钮

步骤七：切换到“标高 1”楼层平面视图，单击“建筑”选项卡→“构建”面板→“楼板”下拉列表→“楼板：建筑”按钮，单击“属性”对话框→“编辑类型”按钮，在弹出的“类型属性”对话框中，复制创

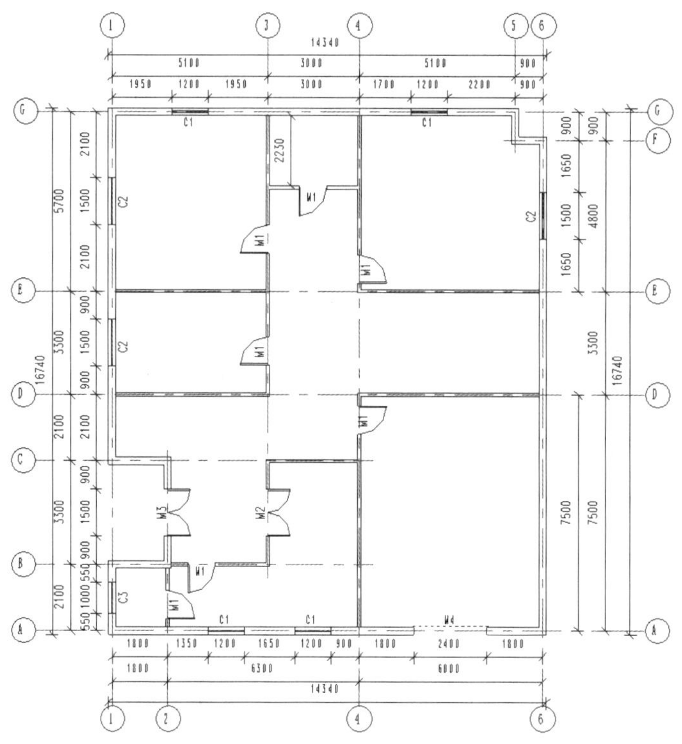

■图 12.11　标高 1 楼层平面视图门窗布置图

■图 12.12　门窗三维模型图

建新的楼板类型"楼板 -150mm"，如图 12.13 所示。设置左侧"属性"对话框实例参数，选择"拾取墙"绘制方式，选中选项栏中"延伸到墙中（至核心层）"复选框，绘制楼板边界，单击"模式"面板"√"按钮，完成"标高 1"楼板的创建，如图 12.14 所示。

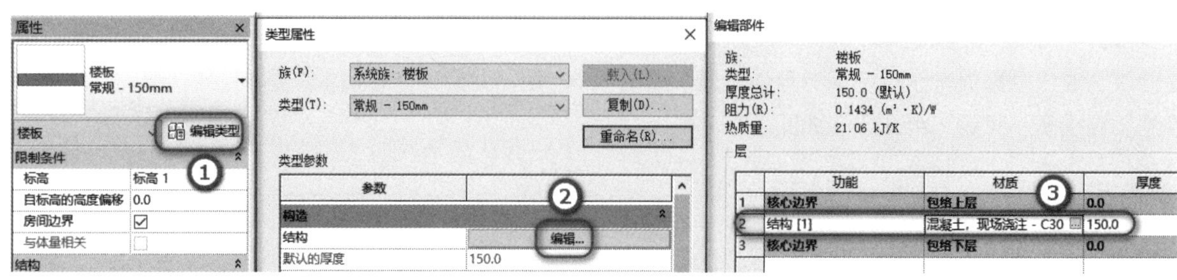

■图 12.13　复制创建新的楼板类型"楼板 –150mm"

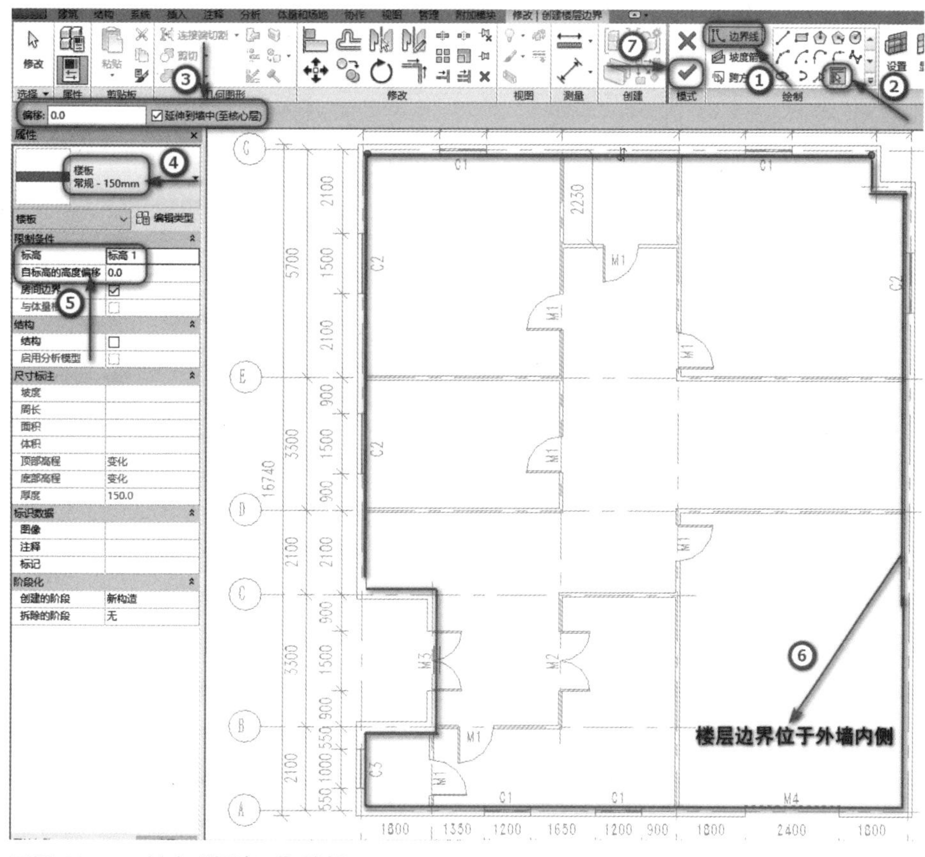

■图 12.14　创建“标高 1”楼板

步骤八：切换到“标高 1”楼层平面视图，框选所有的墙、门、窗、楼板等，单击“过滤器”按钮，在弹出的“过滤器”对话框中不选中“轴网”和“尺寸标注”，单击“确定”按钮，退出“过滤器”对话框，如图 12.15 所示。

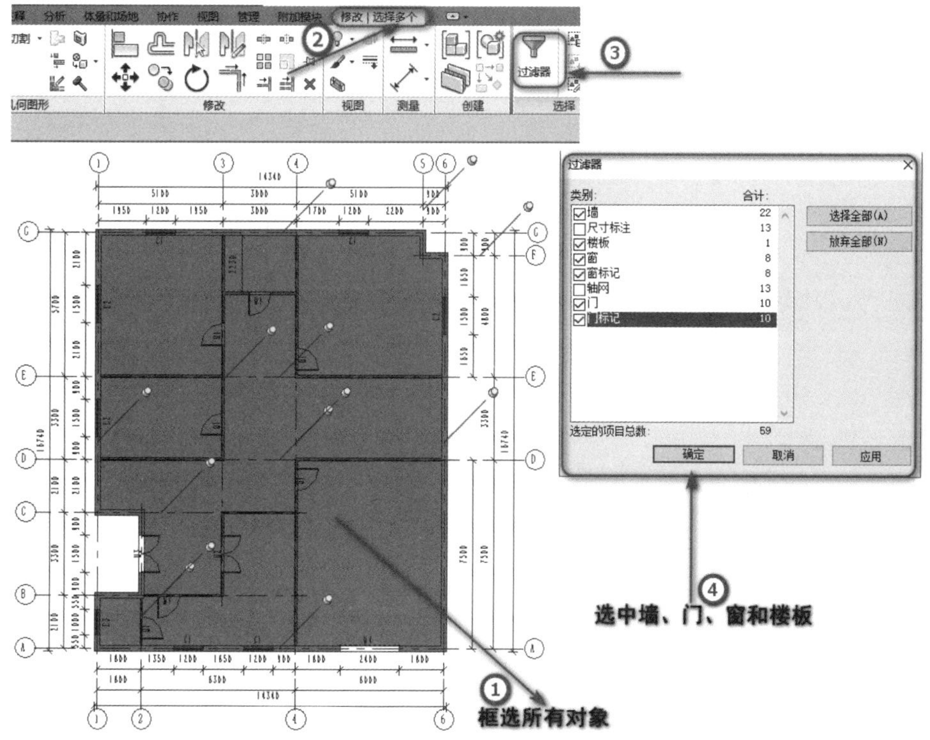

■图 12.15　选中墙、门、窗和楼板

单击“剪贴板”面板→“复制到剪贴板”按钮，再单击“剪贴板”面板→“粘贴”下拉列表→“与选定的视图对齐”按钮，在弹出的“选择视图”对话框中，选择“标高 2”，单击“确定”按钮，如图 12.16 所示。

切换到“标高 2”楼层平面视图，对“标高 2”楼层平面墙、门和窗进行局部修改和调整（应特别注意调整墙体的底部限制条件和顶部的约束条件），如图 12.17 所示。

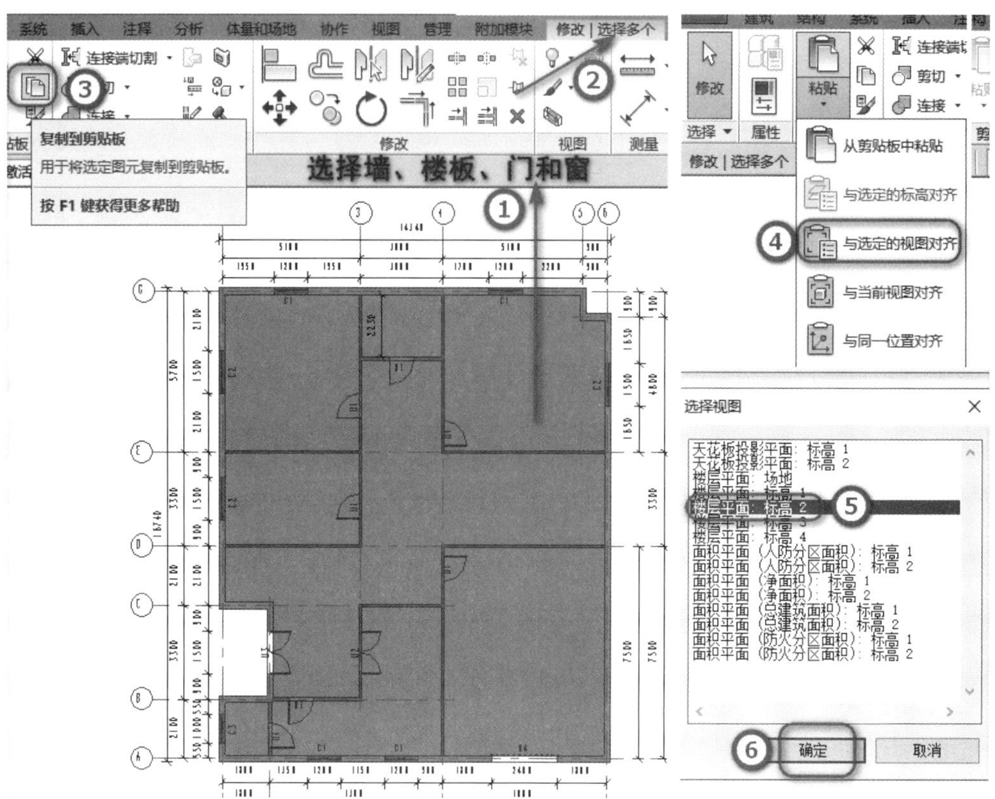

■图 12.16 “选择视图”对话框

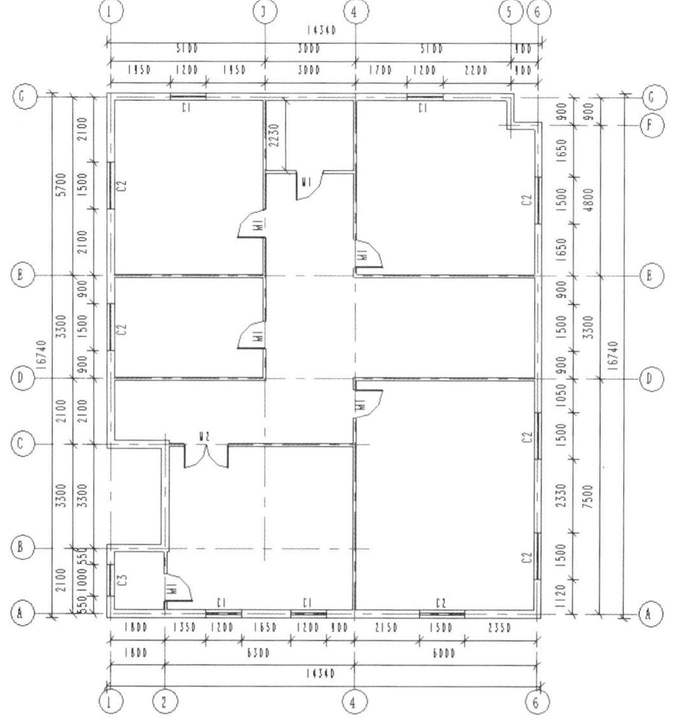

■图 12.17 标高 2 楼层平面视图门窗、墙体和楼板布置图

切换到三维视图，查看创建的门窗、墙体、楼板的三维模型图，如图 12.18 所示。

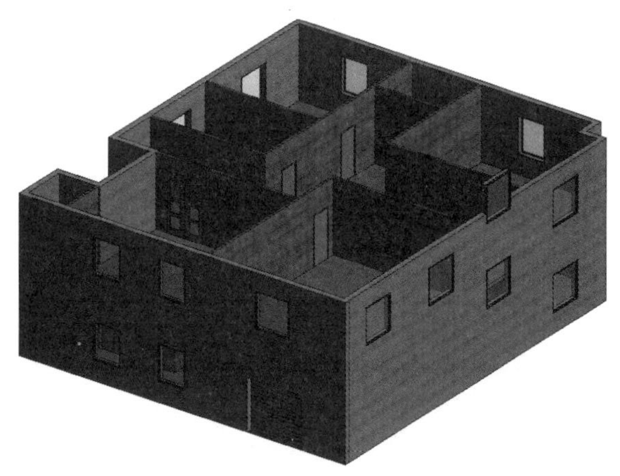

■图 12.18　门窗、墙体、楼板三维模型图

步骤九：由于“标高 3”与“标高 2”楼层平面视图布置与尺寸完全一样，因此“标高 2”楼层平面视图上的墙、门、窗、楼板复制到“标高 3”楼层平面视图上即可。具体操作如下：切换到“标高 2”楼层平面视图，框选所有的对象，单击“过滤器”按钮，在弹出的“过滤器”对话框中不选中“轴网”和“尺寸标注”，单击“确定”按钮退出“过滤器”对话框，如图 12.19 所示。

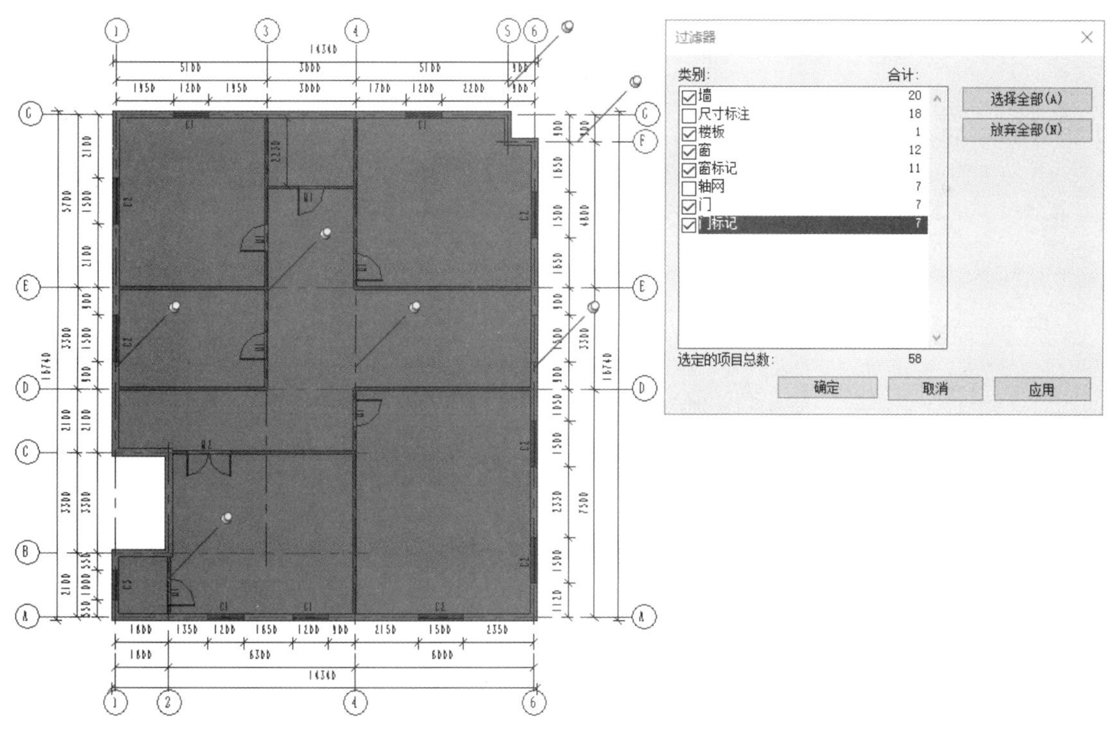

■图 12.19　选中墙、门、窗和楼板

单击“剪贴板”面板→“复制到剪贴板”按钮，再单击“剪贴板”面板→“粘贴”下拉列表→“与选定的视图对齐”按钮，在弹出的“选择视图”对话框中，选择“楼层平面：标高 3”，单击“确定”按钮，如图 12.20 所示。切换到三维视图，查看创建的门窗、墙体、楼板的三维模型图，如图 12.21 所示。

步骤十：切换到“标高 4”楼层平面视图，单击“建筑”选项卡→“构建”面板→“屋顶”下拉列表→“迹线屋顶”按钮，进入“修改 | 创建屋顶迹线”选项卡，创建“屋顶 -200mm”类型，如图 12.22 所示。

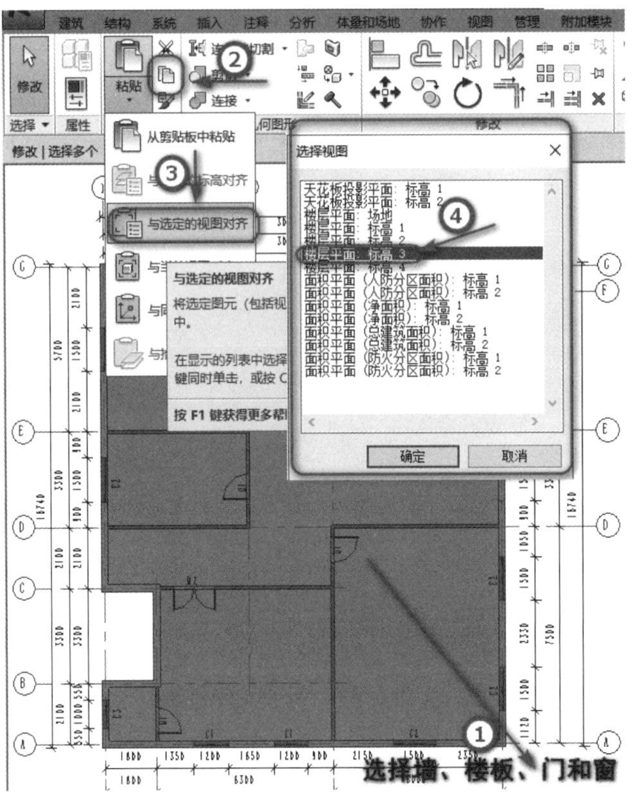

■图 12.20 “选择视图”对话框

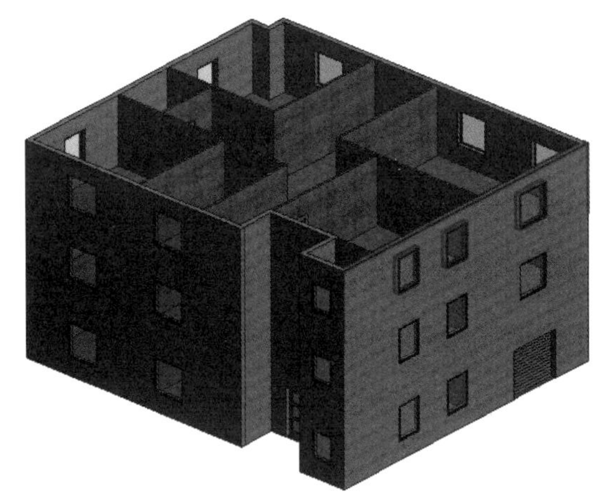

■图 12.21 门窗、墙体、楼板三维模型图

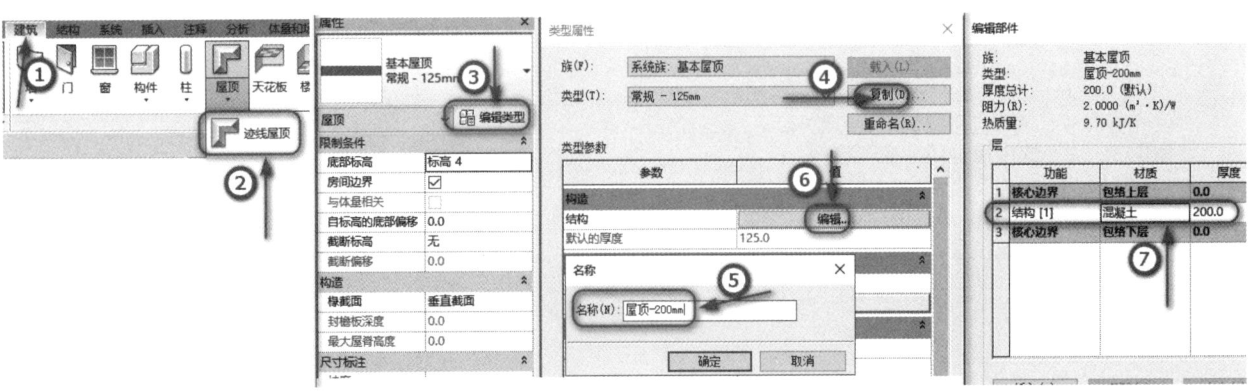

■图 12.22 创建“屋顶 -200mm”类型

左侧“属性”对话框设置“底部标高”为“标高 4”、“自标高的底部偏移”为“0.0”。绘制方式选择“拾取墙”方式，选项栏设置“悬挑 240.0”、不选中“延伸到墙中（至核心层）”复选框，不选中“定义坡度”复选框，绘制屋顶迹线，如图 12.23 所示，完成后单击“模式”面板→“√”按钮，完成迹线屋顶的创建。

步骤十一：创建门窗明细表。单击“视图”选项卡→“创建”面板→“明细表”下拉列表→“明细表 / 数量”按钮，在弹出的“新建明细表”对话框中，“类别”选择“门”。单击“确定”按钮，在弹出的“明细表属性”对话框中将“可用的字段”里面的“类型”“型号”“高度”“合计”添加到“明细表字段（按顺序排列）”，如图 12.24 所示。分别切换到“排序 / 成组”“格式”“外观”选项卡，设置参数，如图 12.25 所示。同理创建窗明细表。

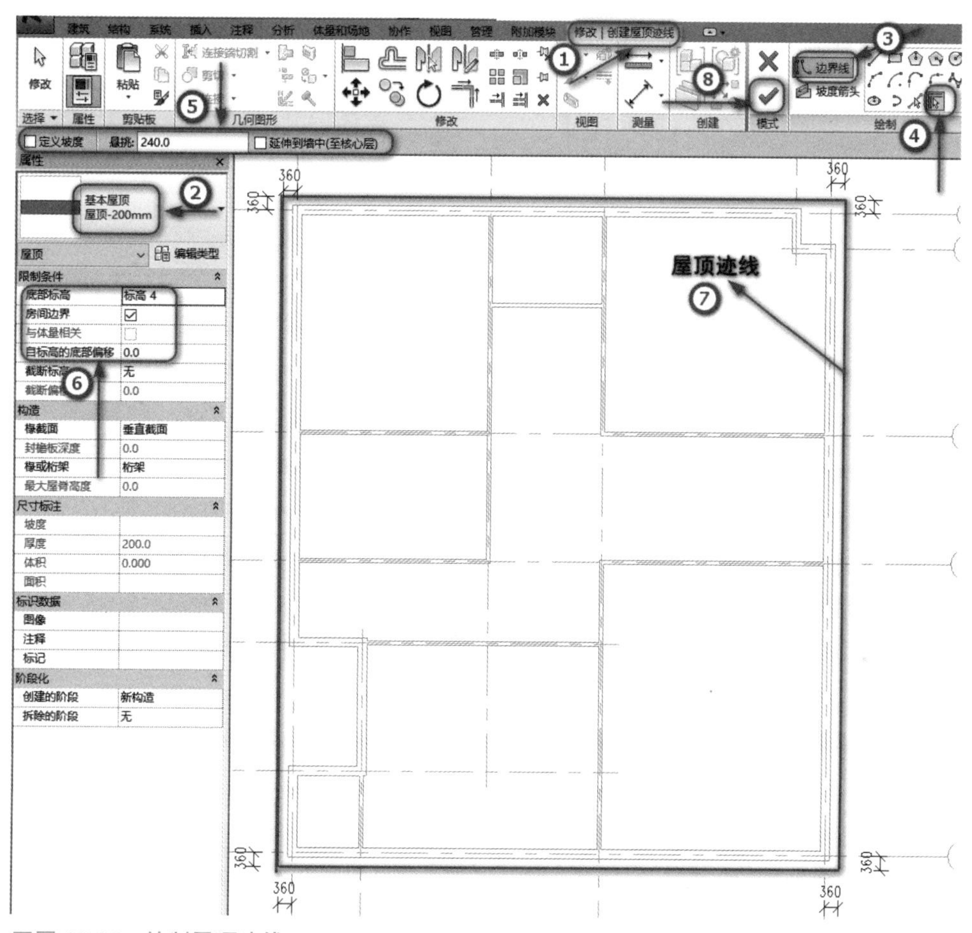

■图 12.23　绘制屋顶迹线

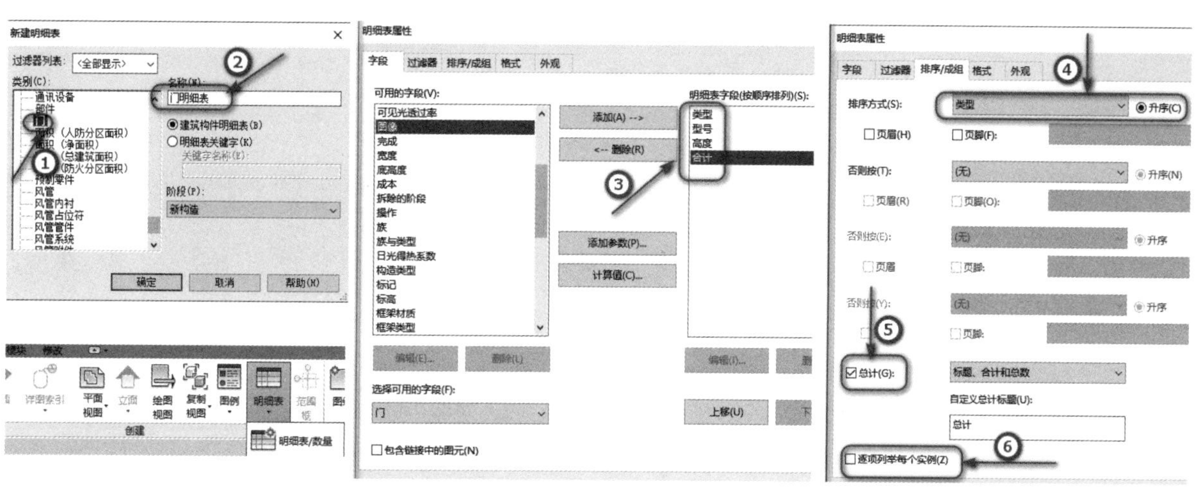

■图 12.24　添加明细表字段

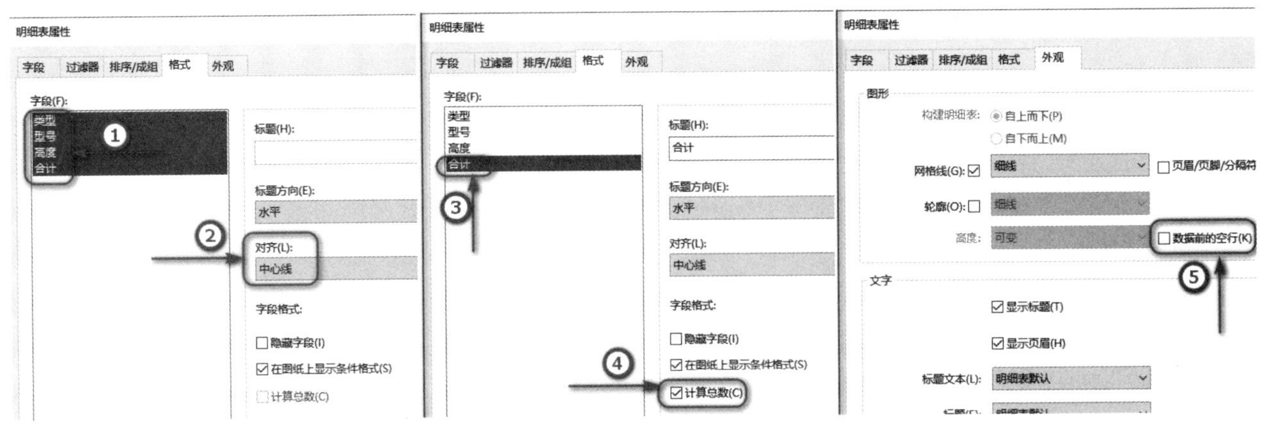

■图 12.25　设置"格式"选项卡、"外观"选项卡参数

创建的门窗明细表如 12.26 所示，此时项目浏览器中就多了门明细表和窗明细表。

步骤十二：布置"标高 1"楼层平面视图家具。切换到"标高 1"楼层平面视图，单击"插入"选项卡→"从库中载入"面板→"载入族"按钮，将家具载入到项目中。单击"建筑"选项卡→"构建"面板→"构件"下拉列表→"放置构件"按钮，选择左侧类型选择器下拉列表家具类型放置到"标高 1"楼层平面视图中去，如图 12.27 所示。结果如图 12.28 所示。同理布置"标高 2"楼层平面和"标高 3"楼层平面家具。

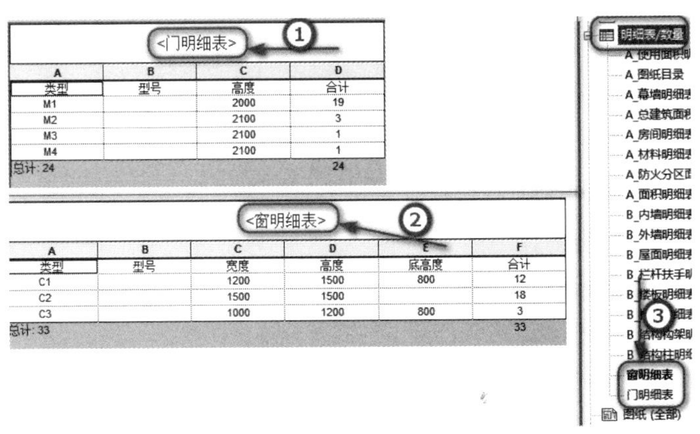

■图 12.26　创建的门窗明细表

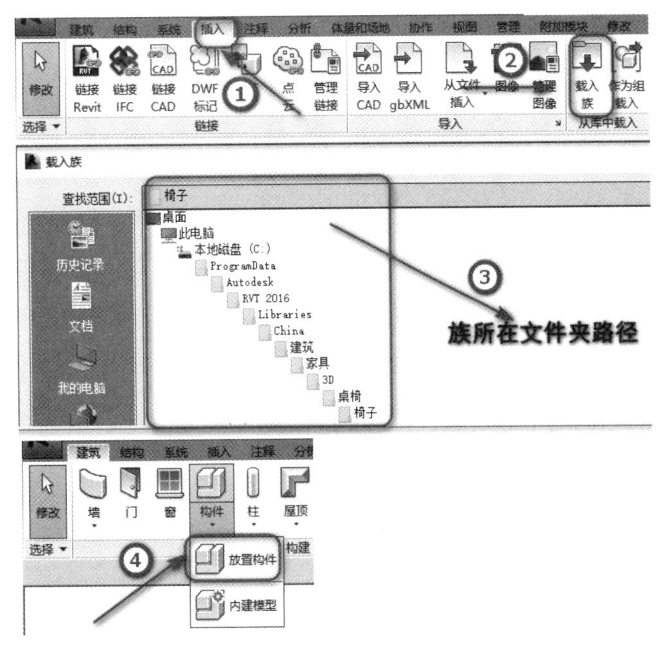

■图 12.27　将家具载入到项目中

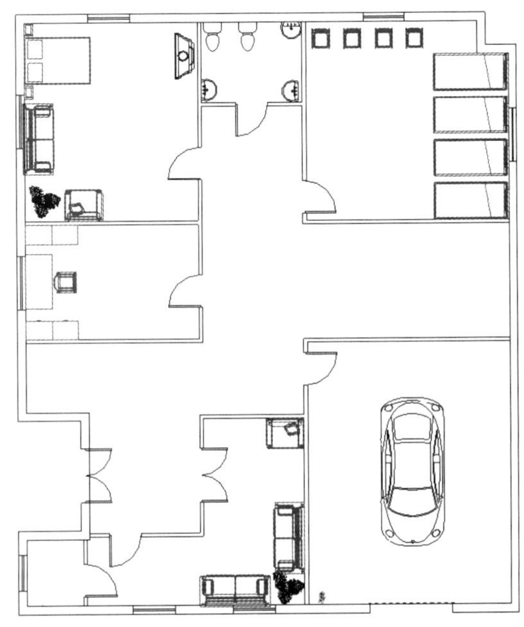

■图 12.28　"标高 1"楼层平面布置的家具

步骤十三：按题目提供的平面图要求创建房间，并标注房间名称。单击"建筑"选项卡→"房间和面积"下拉列表→"面积和体积计算"按钮，弹出"面积和体积计算"对话框，选择"仅按面积（更快）"和"在墙核心层（L）"选项，如图 12.29 所示，单击"确定"按钮退出"面积和体积计算"对话框。

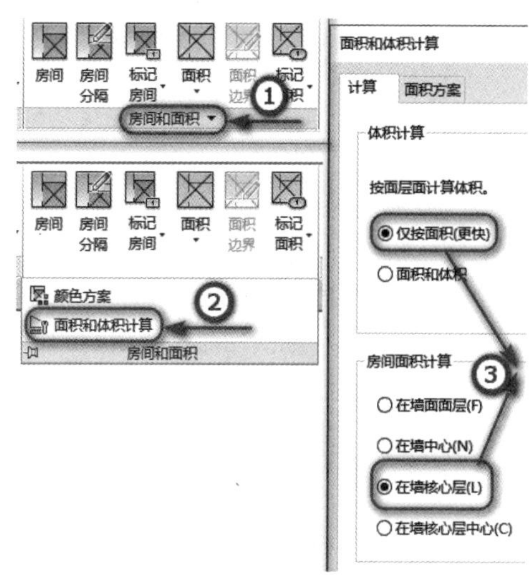

■图 12.29 "面积和体积计算"对话框

步骤十四：创建房间时需要对楼梯间与中间过道进行分隔，故单击"建筑"选项卡→"房间和面积"面板→"房间分隔"按钮，进入"修改 | 放置 房间分隔"选项卡，选择"绘制"方式为"直线"，在楼梯间与中间过道处绘制分隔线，如图 12.30 所示。房间分隔线在平面视图、3D 视图和相机视图中均是可见的。

步骤十五：单击"建筑"选项卡→"房间和面积"面板→"房间"按钮，进入"修改 | 放置 房间"选项卡，同时单击"在放置时进行标记"按钮，在左侧类型选择器下拉列表选择房间类型"标记 – 房间 – 无面积 – 方案 – 黑体 –4-5mm–0-8"类型，然后将鼠标移动到平面视图中，在需要的房间内单击来放置房间及房间标记，如图 12.31 所示。

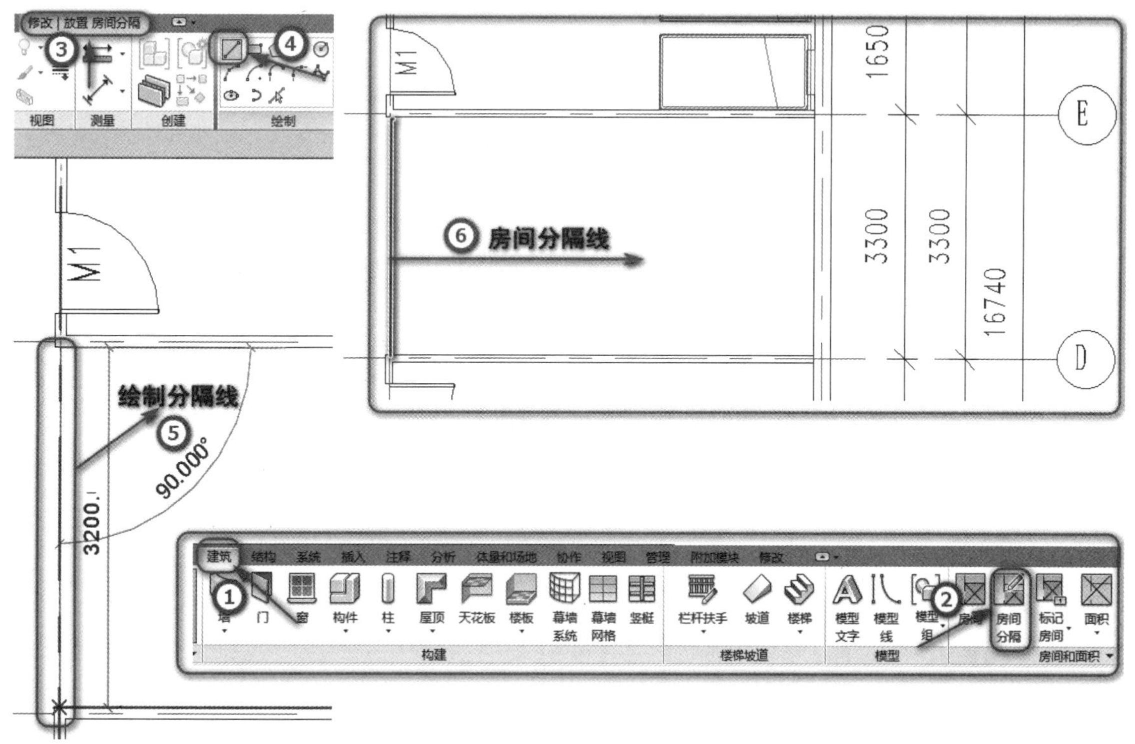

■图 12.30 绘制分隔线

步骤十六：按 Esc 键退出放置房间命令之后，在平面视图中选中并双击一个房间的名称文字，进入房间名称编辑状态，输入新的房间名称，在文字范围以外单击以完成编辑，如图 12.32 所示。同理完成"标高 2"楼层平面和"标高 3"楼层平面房间的创建及标注。

步骤十七：切换到"标高 1"楼层平面视图，右键点击"标高 1"，选择"复制视图"下拉列表下的"带细节复制"复制视图；右键单击"标高 1 副本 1"，选择重命名为"首层房间布置图"，如图 12.33 所示。

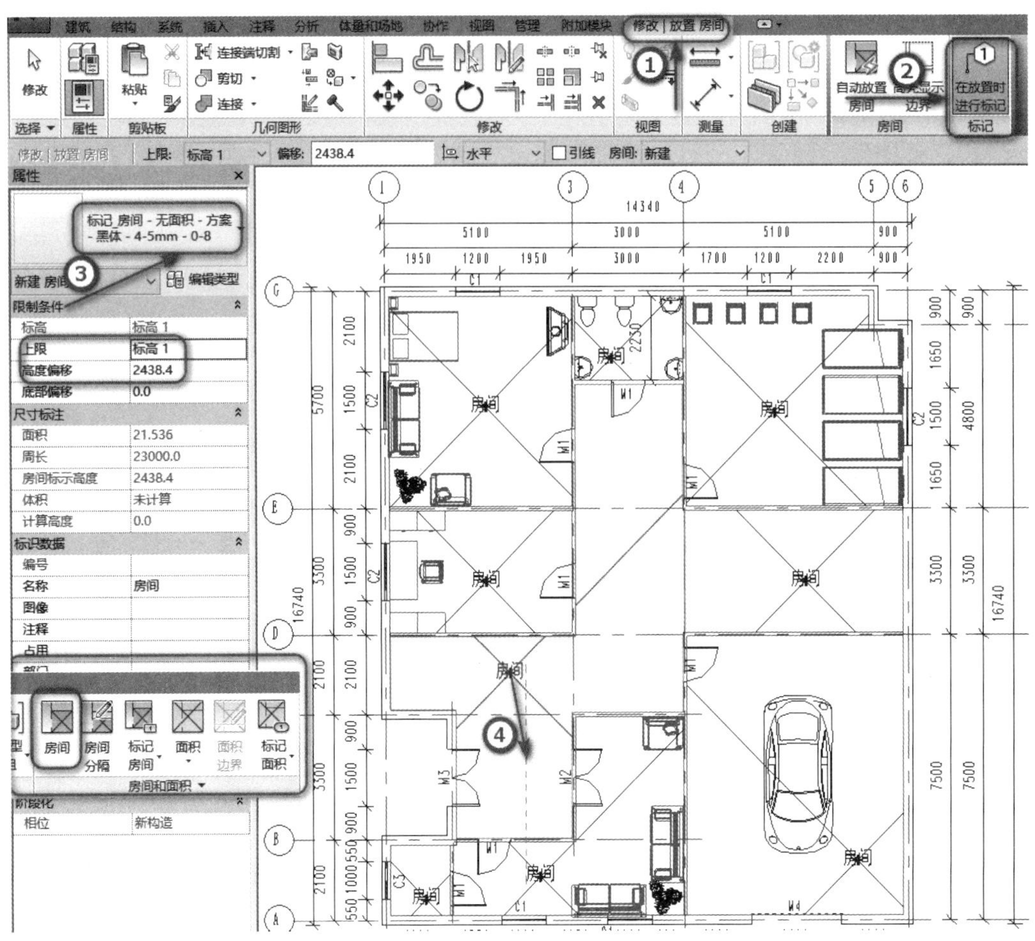

图 12.31 放置房间及房间标记

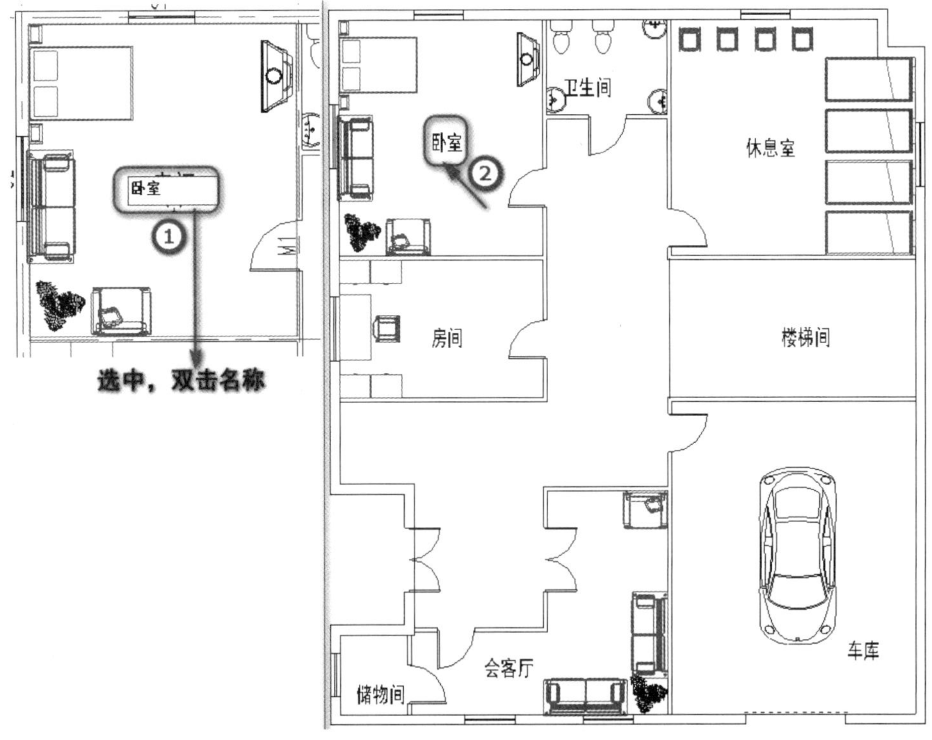

■图 12.32 输入新的房间名称

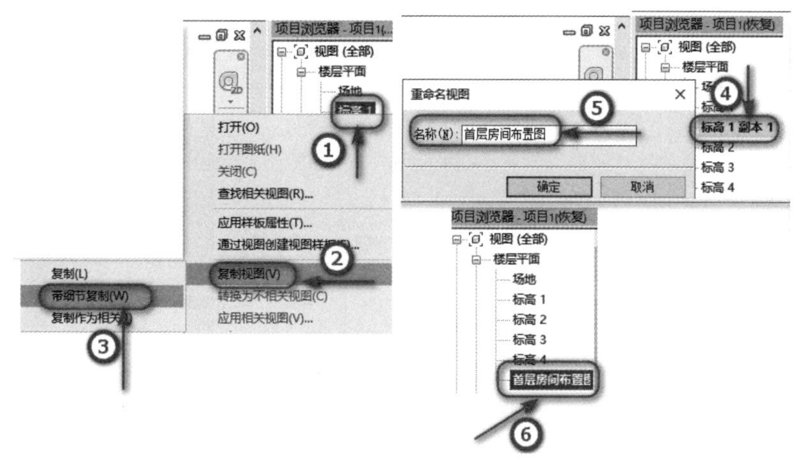

■图 12.33 “带细节复制”复制视图

步骤十八：单击“视图”选项卡→“图形”面板→“可见性 / 图形”按钮，弹出“楼层平面：首层房间布置图的可见性 / 图形替换”对话框。在“模型类别”选项卡中取消选中“场地”“家具”“植物”“专用设备”复选框，同时取消选中“注释类别”选项卡中的“参照点”“参照线”“轴网”“立面”“尺寸标注”“窗标记”“门标记”等，如图 12.34 所示。

步骤十九：单击“注释”选项卡→“颜色填充”面板→“颜色填充图例”按钮，在绘图区域空白处单击，弹出“选择空间类型和颜色方案”对话框，选择空间类型为“房间”，颜色方案为“方案 1”。单击视图中的“□未定义颜色”，进入“修改 | 颜色填充图例”选项卡，单击“方案”面板→“编辑方案”按钮，弹出“编辑颜色方案”对话框，设置参数，如图 12.35 所示，再单击“确定”按钮退出“编辑颜色方案”对话框，结果如图 12.36 所示。

■图 12.34 “楼层平面：首层房间布置图的可见性 / 图形替换”对话框

步骤二十：单击“建筑”选项卡→“房间和面积”下拉列表→“面积和体积计算”按钮，弹出“面积和体积计算”对话框，选择“面积方案”选项卡，单击“新建”按钮，新建一个面积方案。单击“房间和面积”面板→“面积”下拉列表→“面积平面”按钮，弹出“新建面积平面”对话框，选择类型为“一层总面积”，选择“标高 1”。单击“确定”按钮，弹出“是否要自动创建与所有外墙关联的面积边界线”提示框，单击“否”按钮，进入面积平面视图，如图 12.37 所示。

步骤二十一：单击“面积和房间”面板→“面积边界”按钮，进入“修改 | 放置 面积边界”选项卡，单击“绘制”面板→“拾取线”按钮，在选项栏取消选中“应用面积规则”复选框，沿着一层外墙内边界绘制面积边界，如图 12.38 所示。

步骤二十二：单击“房间和面积”面板→“面积”下拉列表→“面积”按钮，放置面积标记。双击面积名称进入修改名称编辑状态，修改面积名称为“一层总面积”，如图 12.39 所示。

步骤二十三：创建“一层总面积”的颜色方案。单击“建筑”选项卡→“房间和面积”面板→“面积”下拉箭头，系统会下拉出两个操作选项，选择“颜色方案”选项，系统弹出“编辑颜色方案”对话框后进行以下设置：“类别”选项下拉列表选择“面积（一层总面积）”，“标题”设置为“方案 1 图例”，“颜色”选项下拉

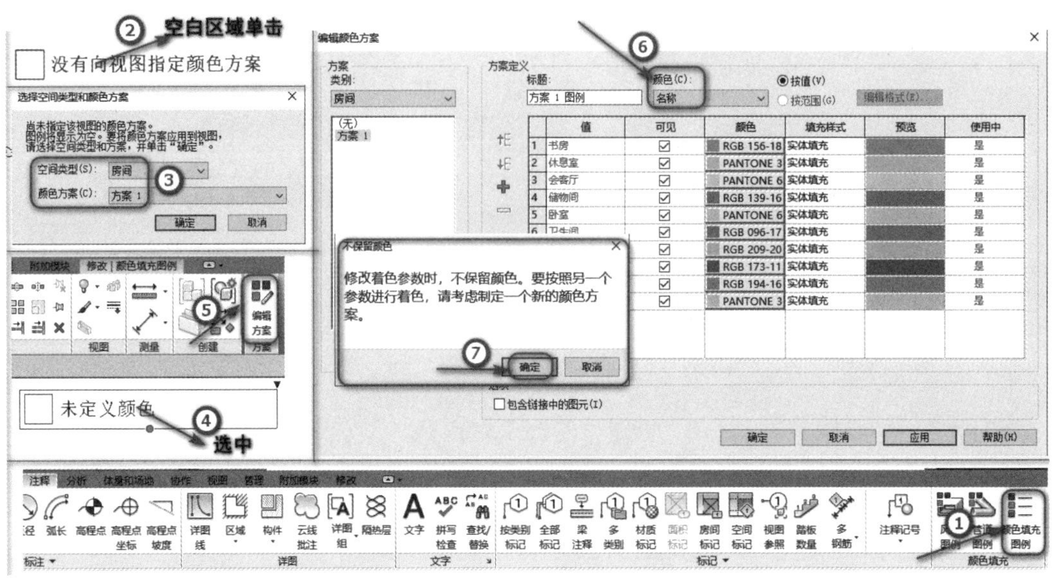

■图 12.35 “编辑颜色方案”对话框

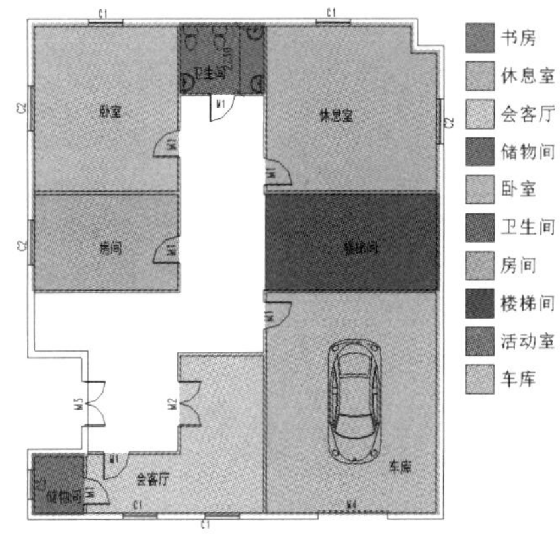

■图 12.36 颜色填充图例

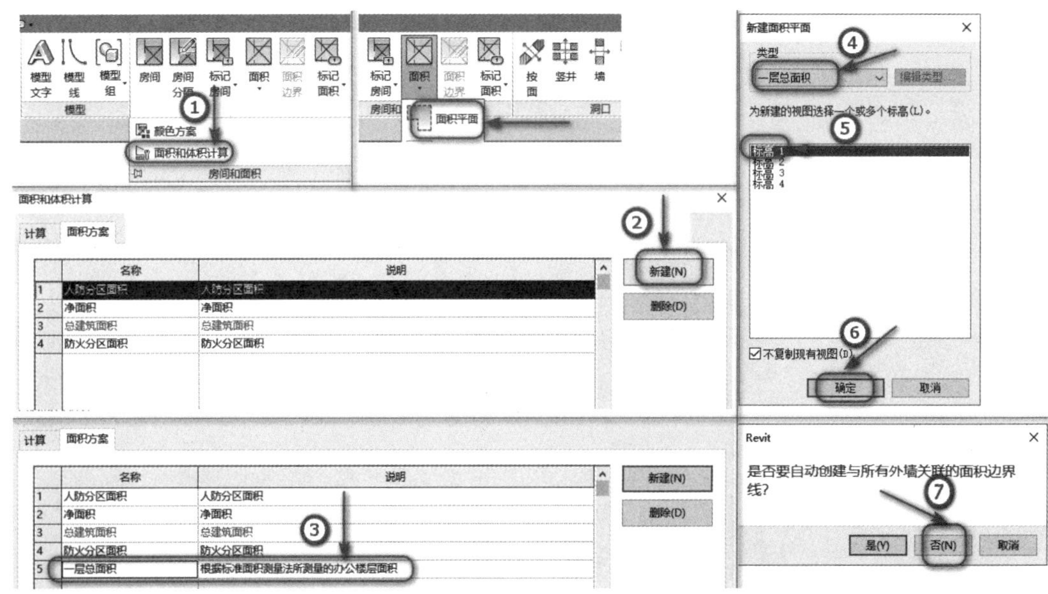

■图 12.37 新建一个面积方案

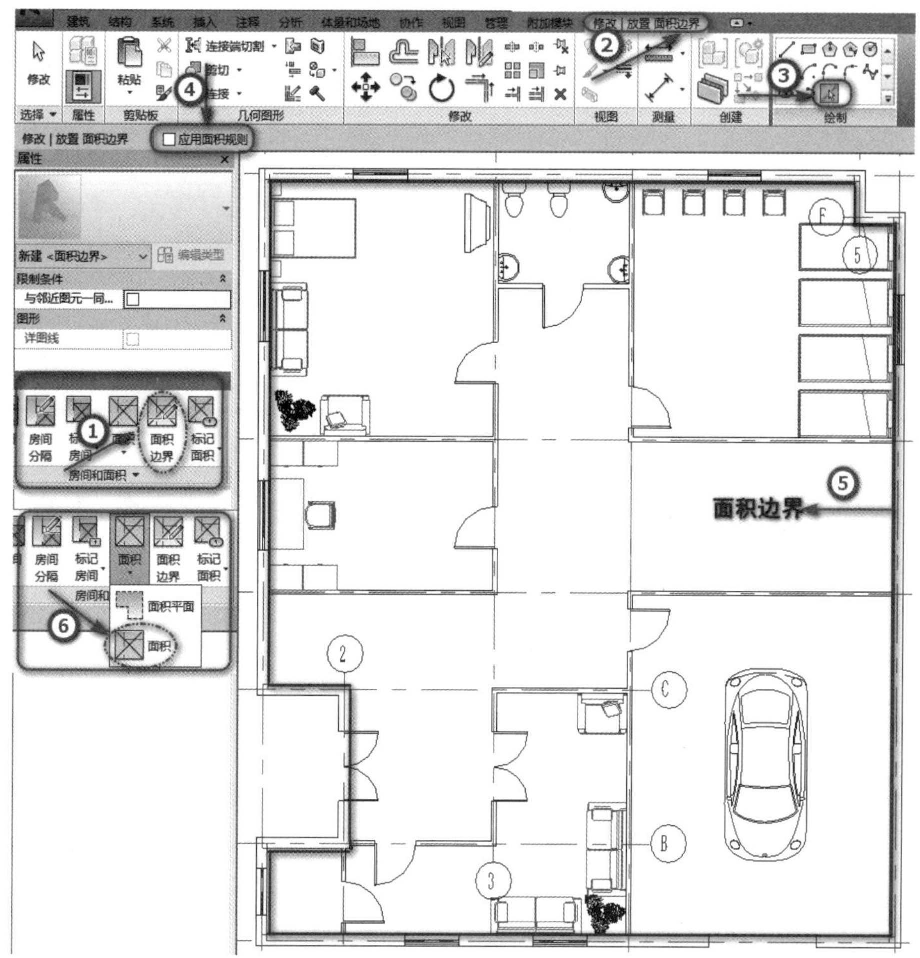

■图 12.38　绘制面积边界

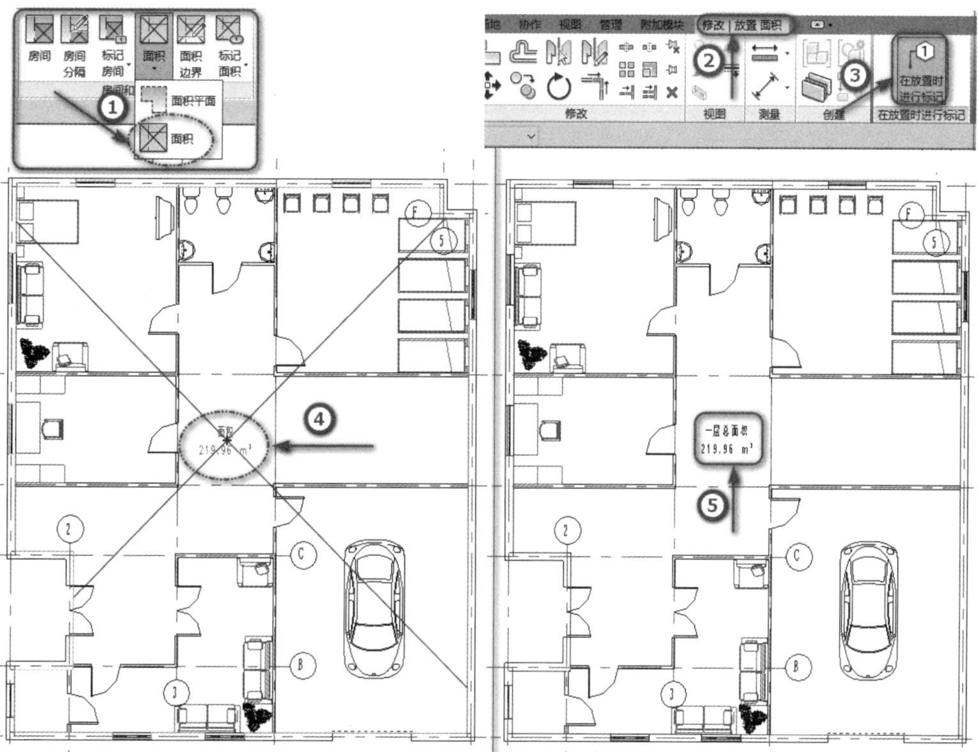

■图 12.39　放置面积标记

列表选择“名称”，系统会自动完成方案的设计，颜色及对应的名称都会列表显示，可以进行颜色的个性化设置，如果默认系统方案，则直接单击“确定”按钮即可。单击“确定”按钮完成设置退出“编辑颜色方案”对话框。设置过程如图 12.40 所示。

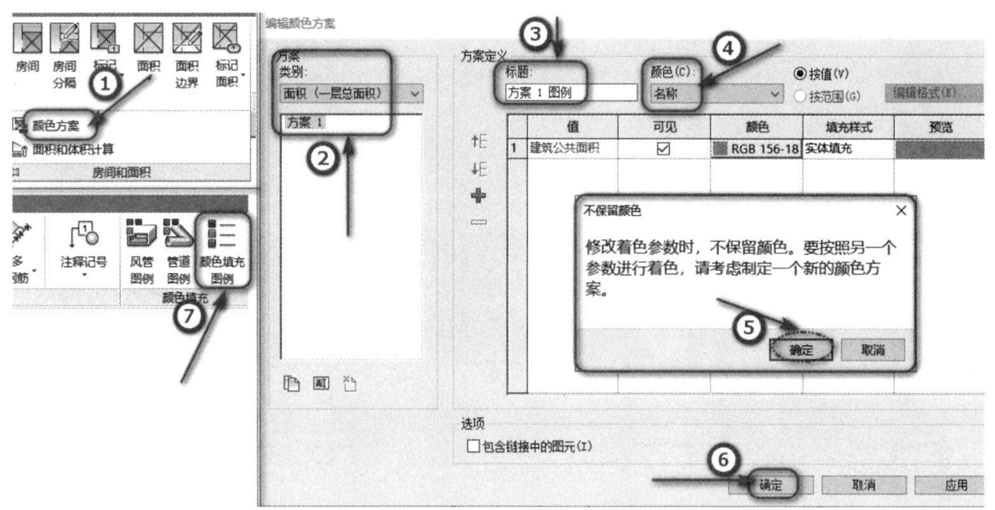

■图 12.40 “编辑颜色方案”对话框

步骤二十四：退出“编辑颜色方案”对话框后，平面图的面积并没有变为设置好的颜色。单击“注释”选项卡→“颜色填充”面板→“颜色填充图例”按钮，进入颜色填充方案的选择，在空白位置点击，在弹出的“选择空间类型和颜色方案”对话框中“空间类型”选择“面积（一层总面积）”，“颜色方案”选择“方案 1”，单击“确定”按钮，回到平面图即可看到平面图按照名称呈现绿色的颜色方案，如图 12.41 所示。

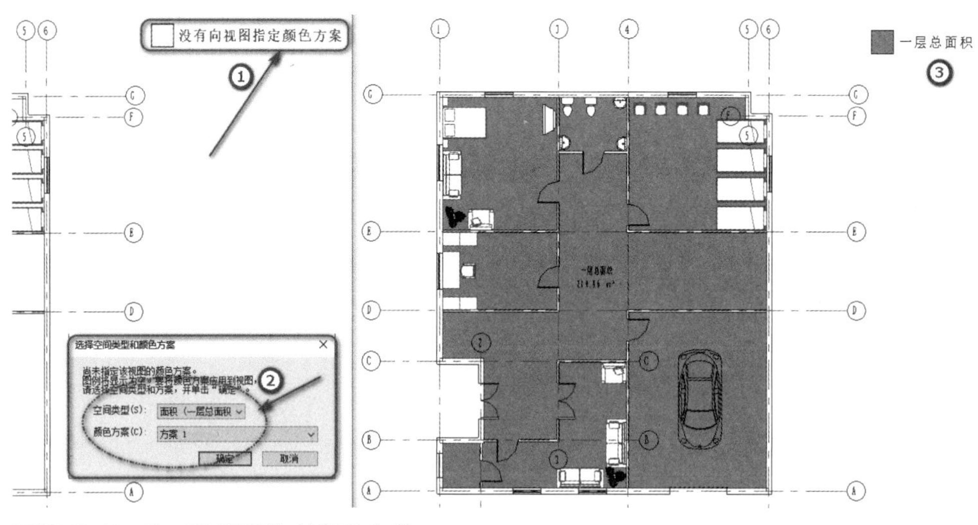

■图 12.41 “一层总面积”的颜色方案

步骤二十五：单击“视图”选项卡→“创建”面板→“明细表”下拉列表→“明细表 / 数量”按钮，弹出“新建明细表”对话框，在“类别”中选择“房间”。单击“确定”按钮，进入“明细表属性”对话框，在“可用字段”中分别选择“名称”“面积”“合计”，单击“添加”按钮，添加到“明细表字段（按顺序排列）”当中。分别切换到“排序 / 成组”“格式”“外观”选项卡，设置参数，如图 12.42 所示。单击“确定”按钮，得到“房间明细表”，如图 12.43 所示。

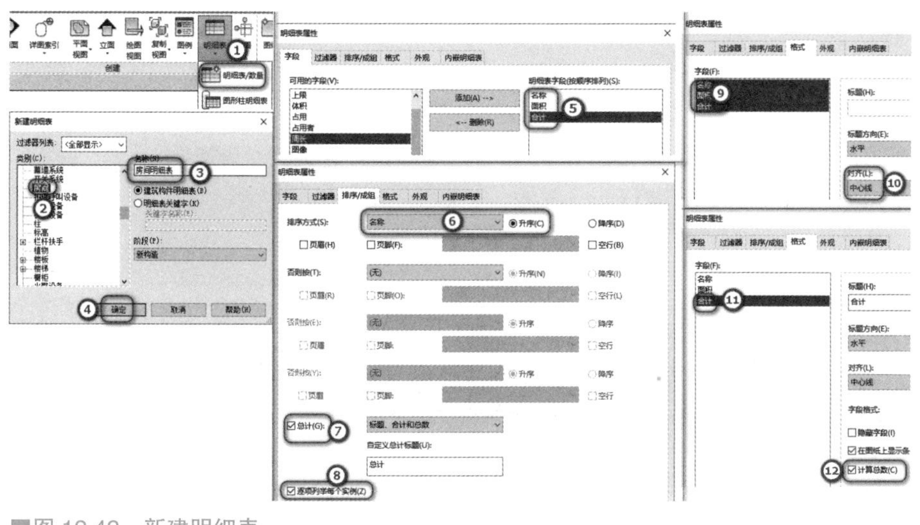

■图 12.42　新建明细表

<房间明细表>

A	B	C
名称	面积	合计
书房	15.78	1
书房	15.78	1
休息室	31.43	1
休息室	31.43	1
休息室	31.43	1
会客厅	21.54	1
会客厅	32.20	1
会客厅	32.20	1
储物间	3.03	1
储物间	3.03	1
储物间	3.03	1
卧室	27.26	1
卧室	27.26	1
卧室	27.26	1
卫生间	6.47	1
卫生间	6.47	1
卫生间	6.47	1
房间	15.78	1
房间	42.73	1
楼梯间	18.82	1
楼梯间	18.82	1
楼梯间	18.82	1
活动室	42.73	1
车库	42.73	1
总计: 24		24

■图 12.43　房间明细表

步骤二十六：切换到“标高 1”楼层平面视图，绘制参照平面且进行对齐尺寸标注，单击“建筑”选项卡→“楼梯坡道”面板→“楼梯”下拉列表→“楼梯（按构件）”按钮，如图 12.44 所示。

步骤二十七：设置楼梯 1 类型参数和实例参数具体步骤如图 12.45 所示。

步骤二十八：绘制楼梯 1 操作步骤如图 12.46 所示。

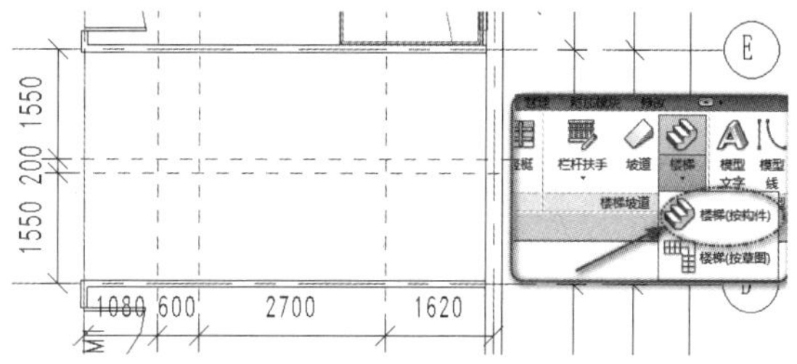

■图 12.44　绘制参照平面

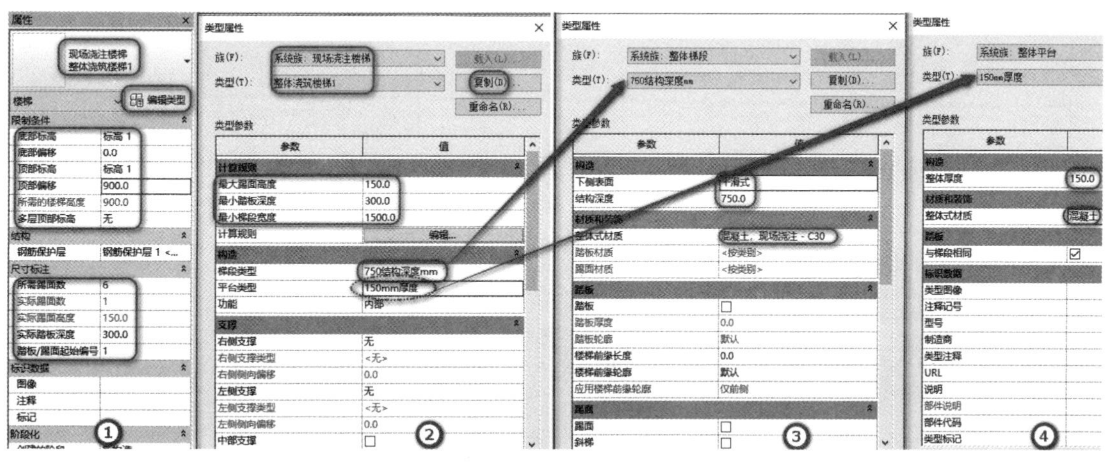

■图 12.45　设置楼梯 1 类型参数和实例参数

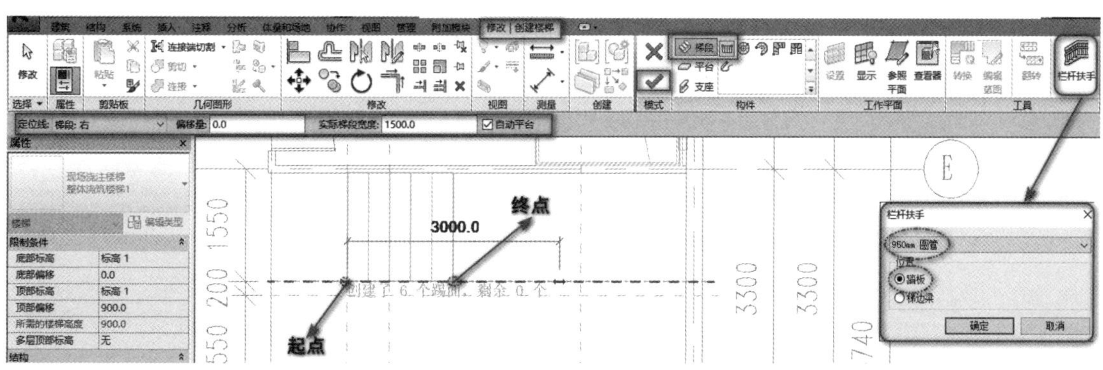

■图 12.46　绘制楼梯 1

步骤二十九：切换到三维视图（剖面框的使用），如图 12.47 所示。选中 950mm 圆管栏杆扶手，设置“栏杆扶手 950mm 圆管”的类型参数，如图 12.48 所示。

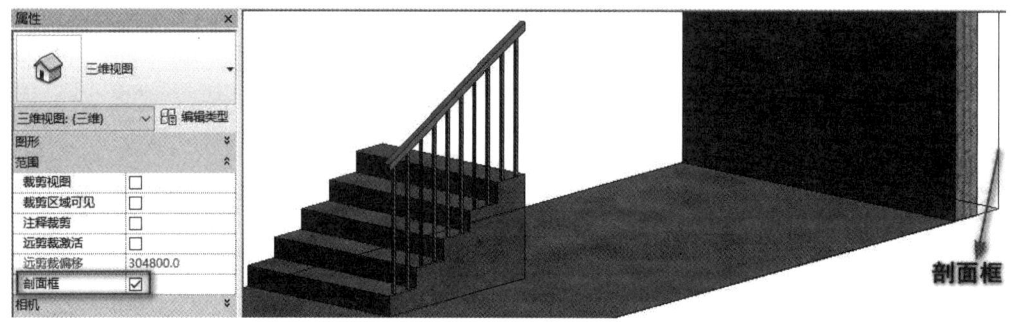

■图 12.47　三维视图（剖面框的使用）

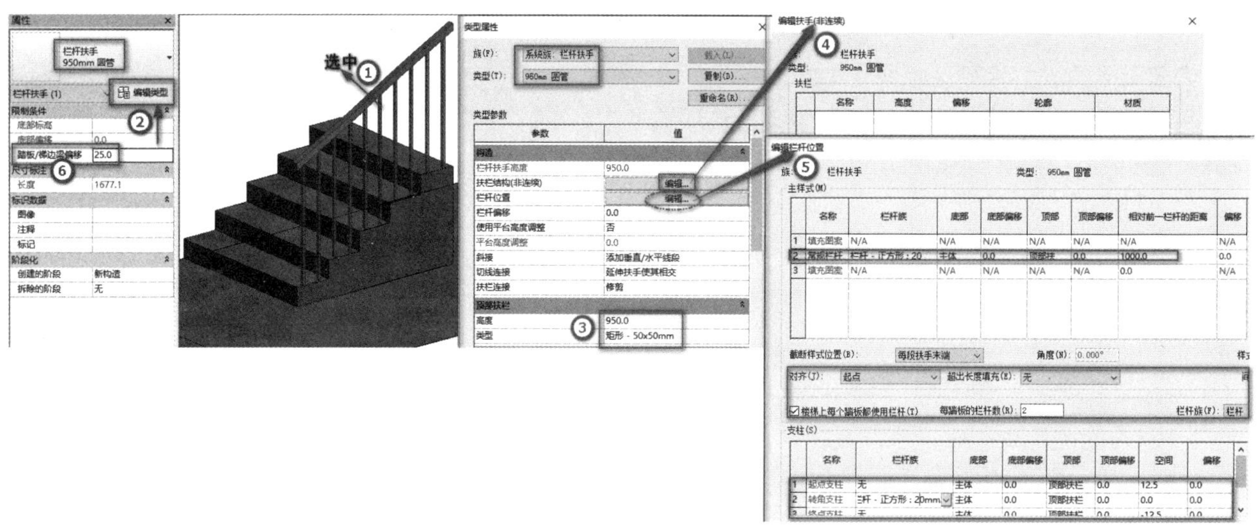

■图 12.48　设置“栏杆扶手 950 圆管”的类型参数

步骤三十：切换到“标高 1”楼层平面视图，设置楼梯 2 类型参数和实例参数，如图 12.49 所示。

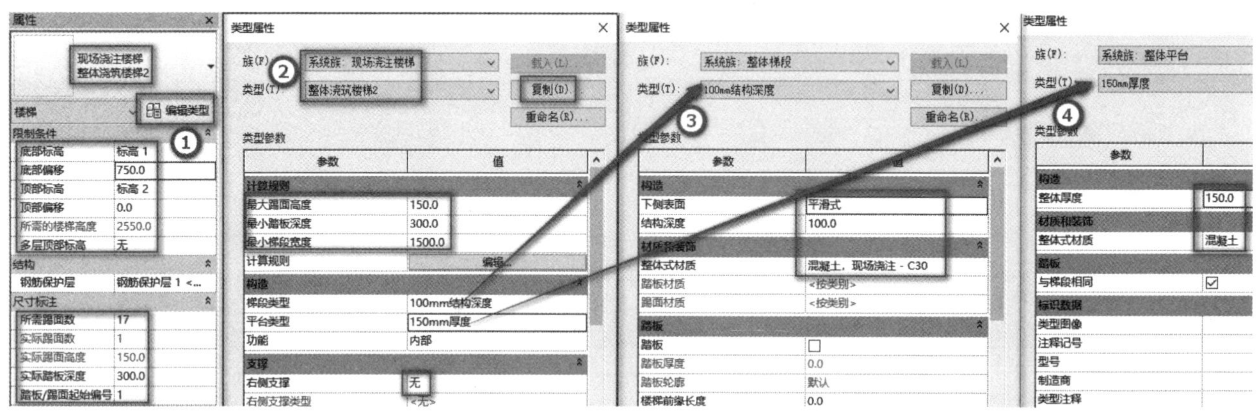

■图 12.49　楼梯 2 类型参数和实例参数

步骤三十一：绘制楼梯 2 梯段操作步骤如图 12.50 所示。绘制完成的楼梯 2 如图 12.51 所示。

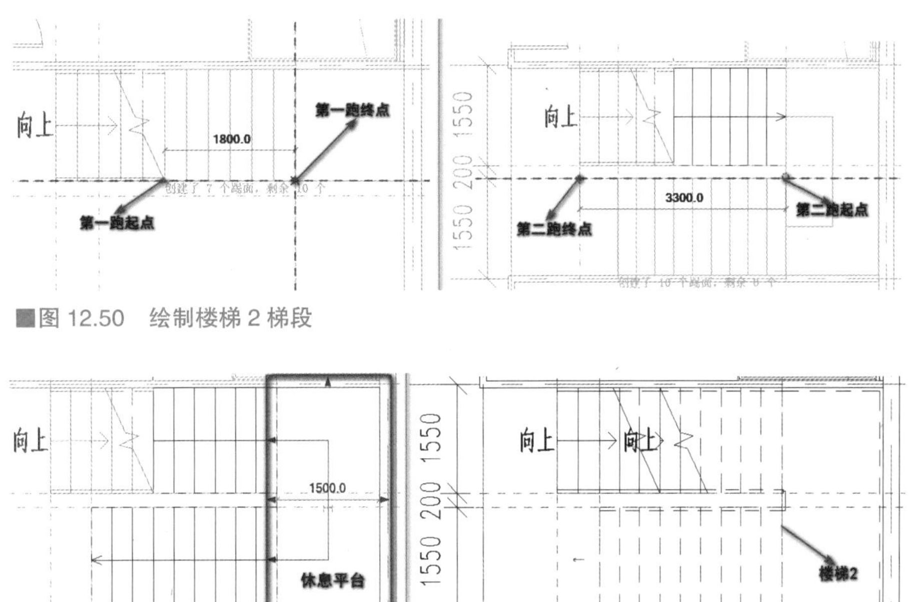

■图 12.50　绘制楼梯 2 梯段

■图 12.51　楼梯 2

步骤三十二：切换到三维视图；选中楼梯 2，单击“修改 | 楼梯”选项卡→“编辑”面板→“编辑楼梯”按钮，系统自动切换到“修改 | 创建楼梯”选项卡，选中梯段，在左侧的“属性”对话框中设置“延伸到踢面底部的距离”为“-200.0”，则楼梯 2 与楼梯 1 完成了连接，如图 12.52 所示。

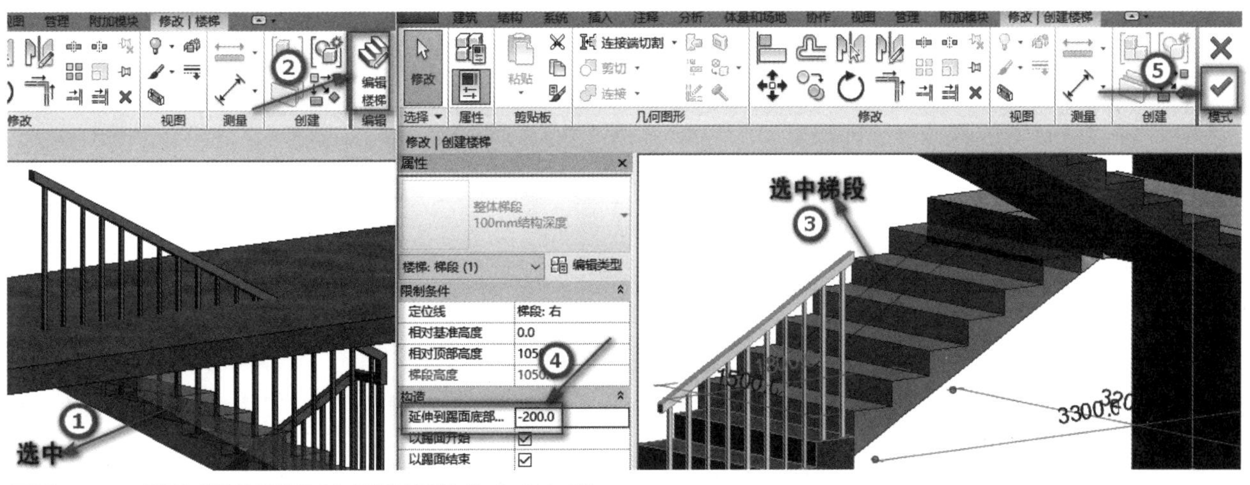

■图 12.52　设置“延伸到踢面底部的距离”为“–200.0”

步骤三十三：激活“线处理”按钮，且选择“线样式”为“不可见线”，处理楼梯 2 与楼梯 1 结合位置竖向踢面线，效果如图 12.53 中①所示。选择靠墙一侧栏杆扶手，进行删除，选中楼梯 2 上栏杆扶手的顶部扶栏，设置“过渡件”和“材质”的类型属性参数，如图 12.53 所示。

步骤三十四：在项目浏览器中找到族选项，选中“族”→“栏杆扶手”→“栏杆 – 正方形”→“20mm”，右键单击，在弹出的选项中单击“类型属性”按钮，弹出“类型属性”对话框。在“类型属性”对话框中设置“栏杆材质”为“柚木”，单击“确定”按钮，则修改完毕的栏杆扶手效果如图 12.54 所示。

步骤三十五：切换到“标高 2”楼层平面视图，设置楼梯 3 类型参数和实例参数，绘制楼梯 3 梯段，如图 12.55 所示。

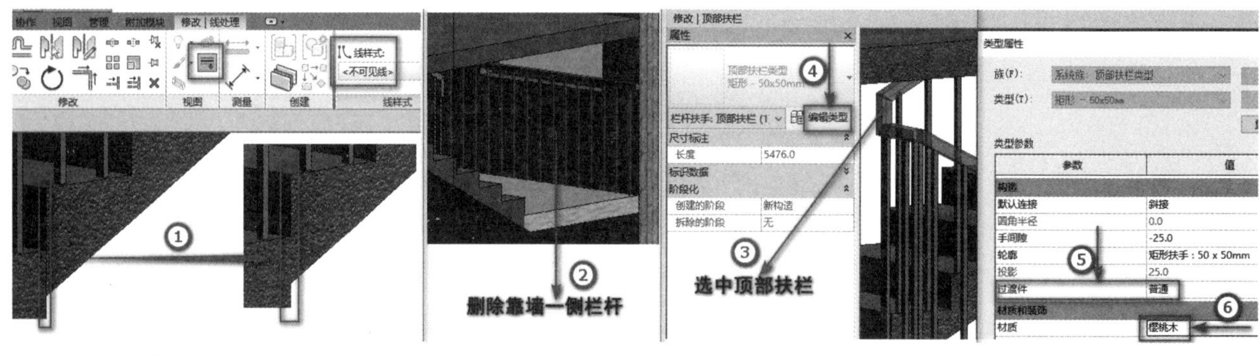

■图 12.53 "线处理"按钮

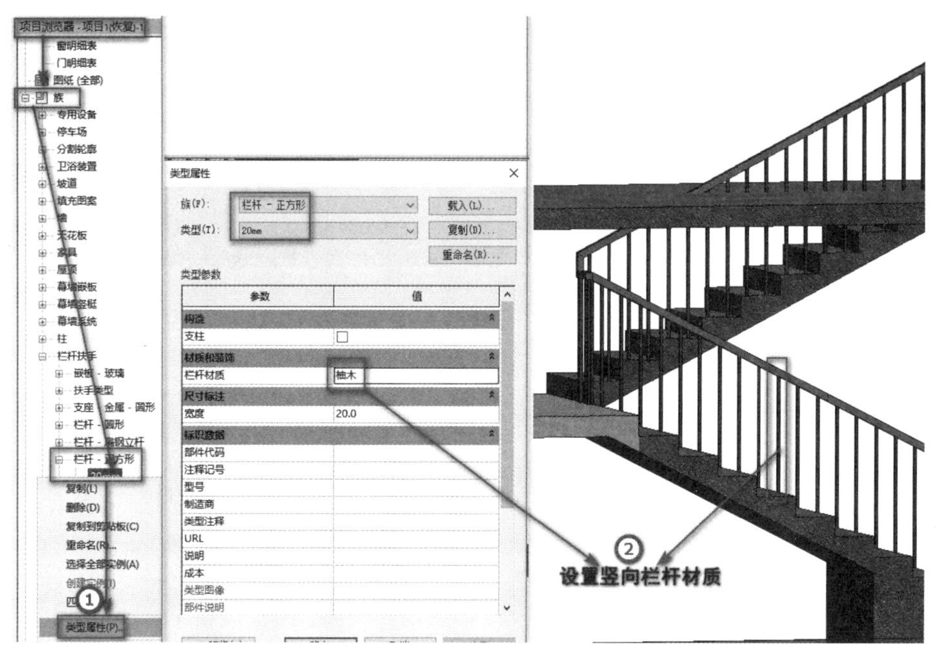

■图 12.54 栏杆扶手效果

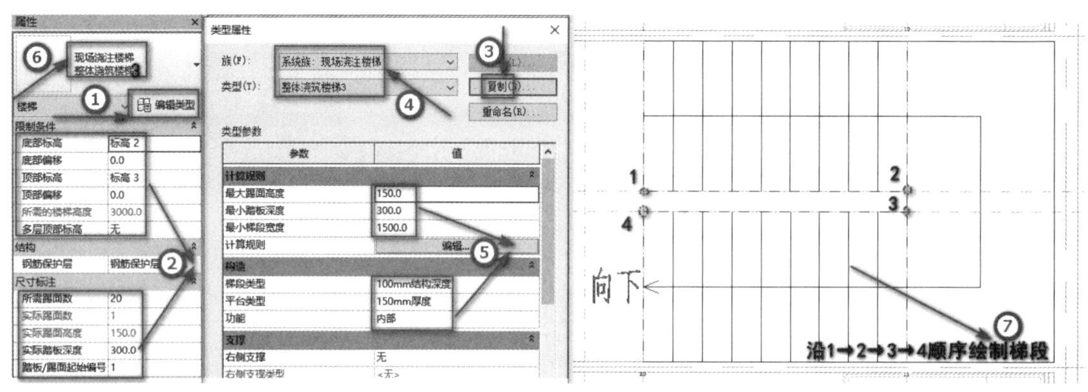

■图 12.55 绘制楼梯 3 梯段

步骤三十六：选中楼梯 3 栏杆扶手靠墙一侧，删除。双击楼梯 3 梯井位置栏杆扶手，直线方式绘制路径，创建楼梯间顶部护栏，过程和结果如图 21.56 所示。

选中楼梯 2 和楼梯 3 栏杆扶手，设置左侧"属性"对话框中"踏板 / 梯边梁偏移"参数为"25.0"，如图 12.57 所示。

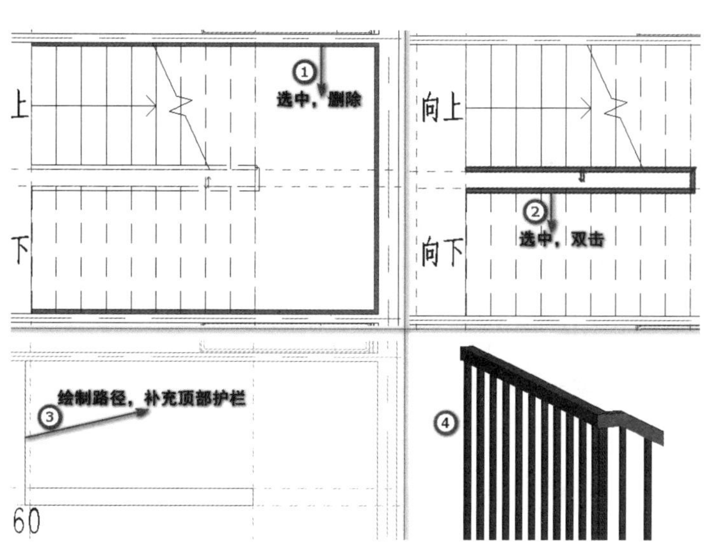

■图 12.56　绘制楼梯 3 梯井位置栏杆扶手

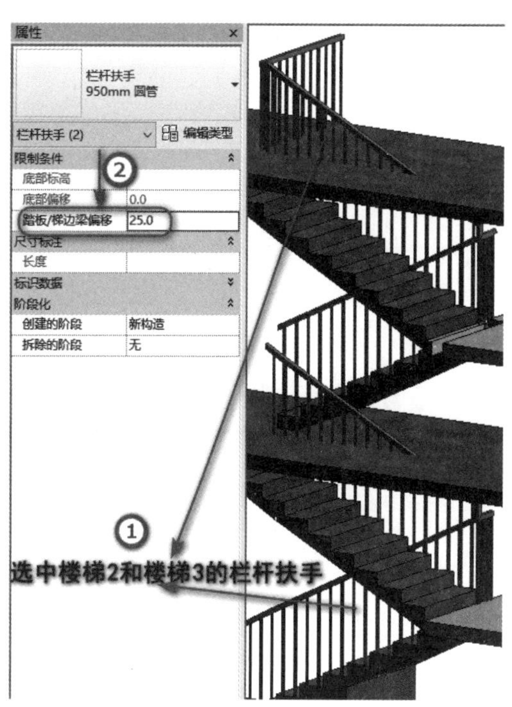

■图 12.57　“踏板 / 梯边梁偏移”参数为“25.0”

步骤三十七：切换到“标高 2”楼层平面视图，单击“建筑”选项卡→“洞口”面板→“竖井”按钮，选择“绘制”面板→“矩形”绘制方式绘制竖井洞口草图，设置左侧“属性”对话框“限制条件”，单击“模式”面板→“√”按钮，完成竖井洞口的创建，如图 12.58 所示。

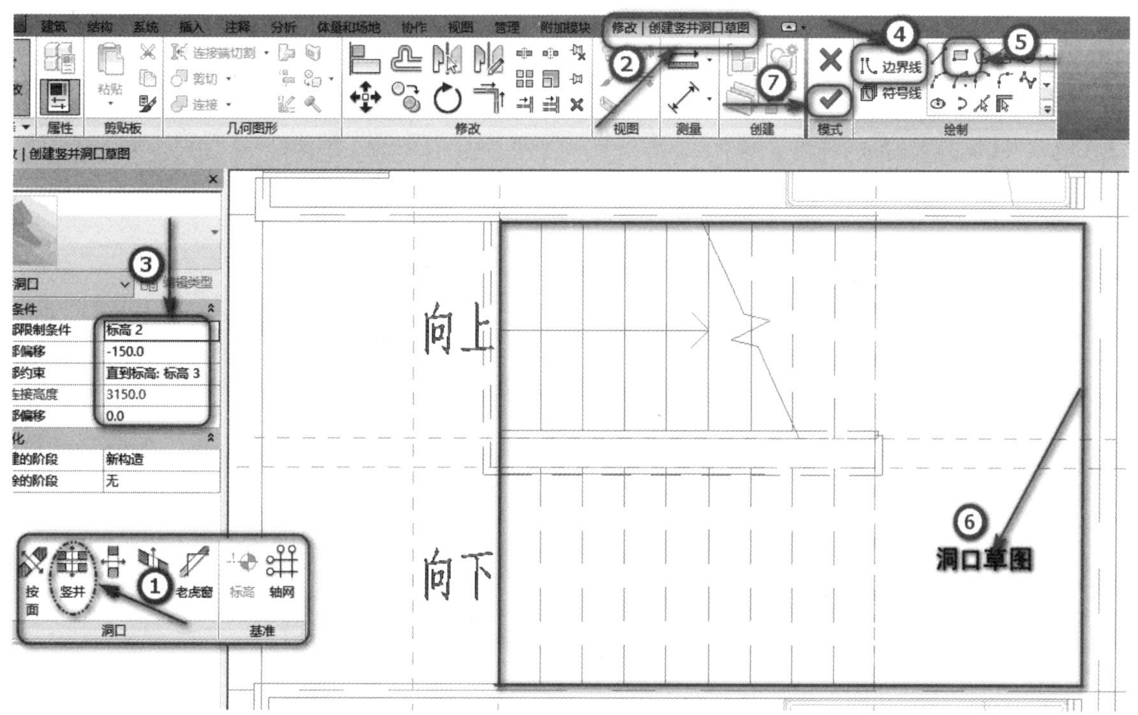

■图 12.58　竖井洞口的创建

步骤三十八：切换到三维视图，查看创建的楼梯样式，如图 12.59 所示。

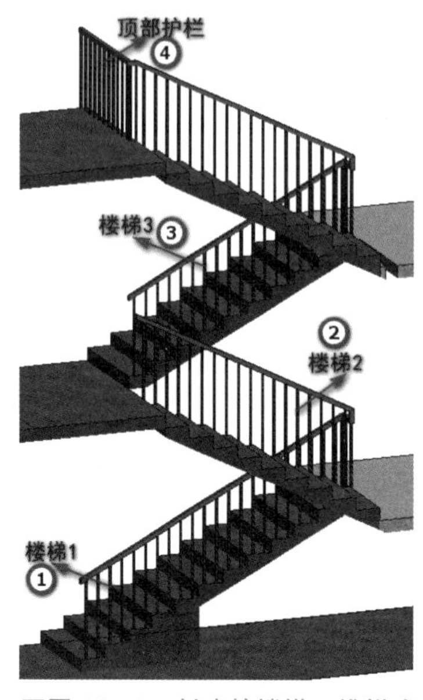

■图 12.59　创建的楼梯三维样式

步骤三十九：绘制标高 1、标高 2 和标高 3 和标高 4 楼层平面图，结果如图 12.60 ～图 12.63 所示。

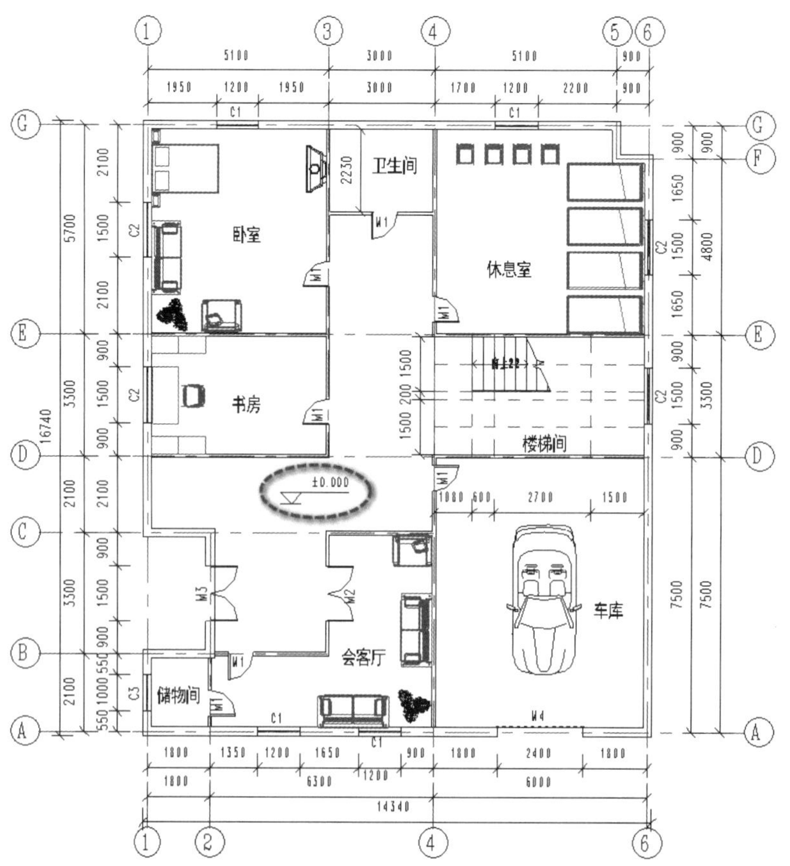

■图 12.60　标高 1 楼层平面视图

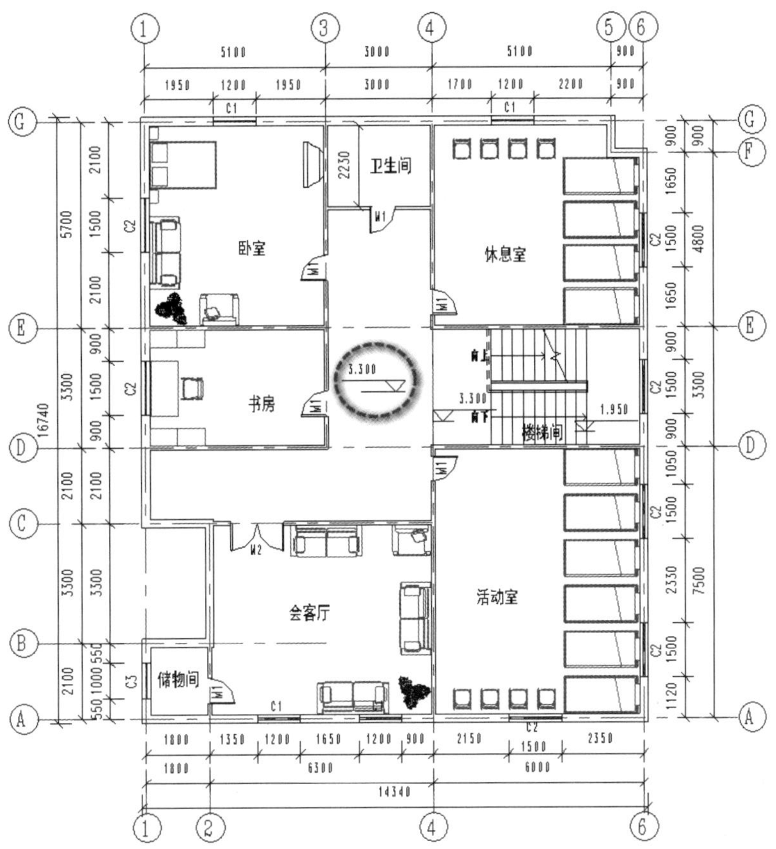

■图 12.61　标高 2 楼层平面视图

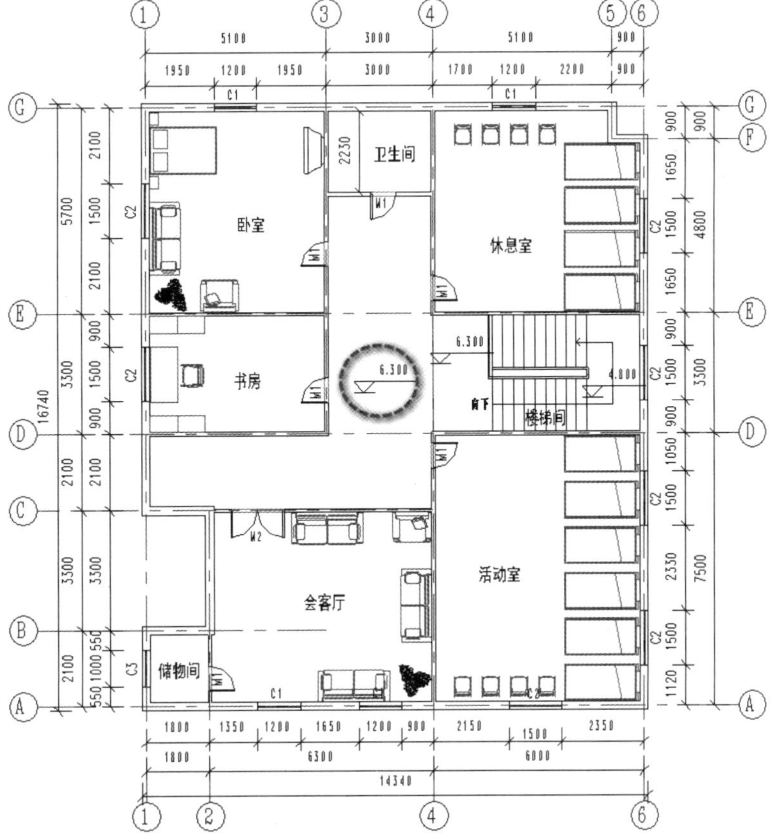

■图 12.62　标高 3 楼层平面视图

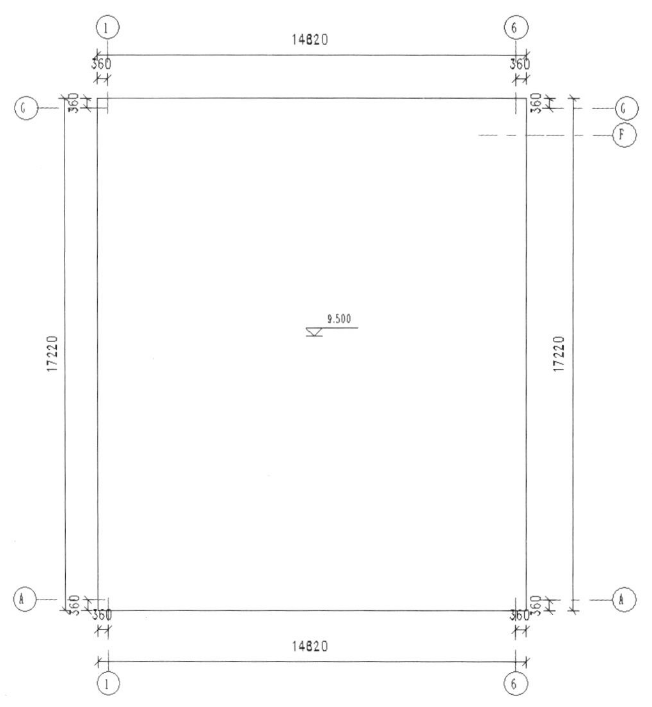

图 12.63　标高 4 楼层平面视图

步骤四十：绘制东西南北立面图，结果如图 12.64～图 12.67 所示。

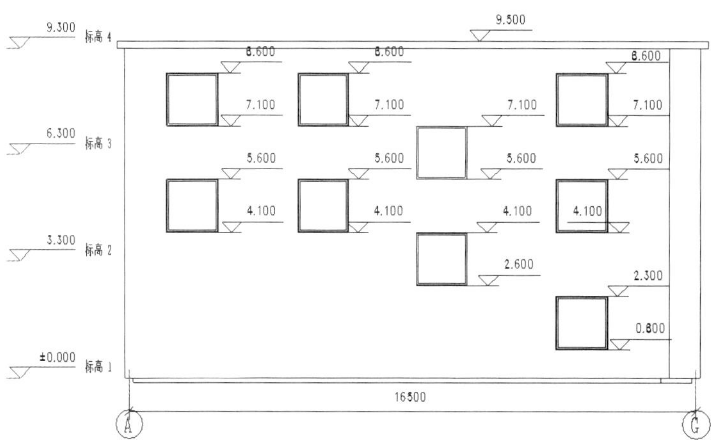

图 12.64　东立面图

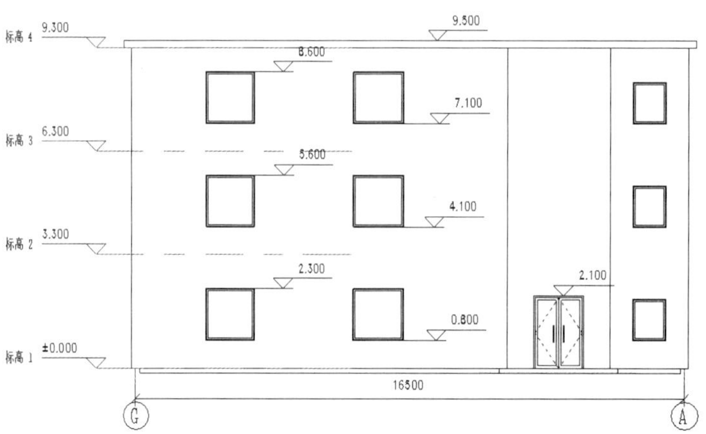

图 12.65　西立面图

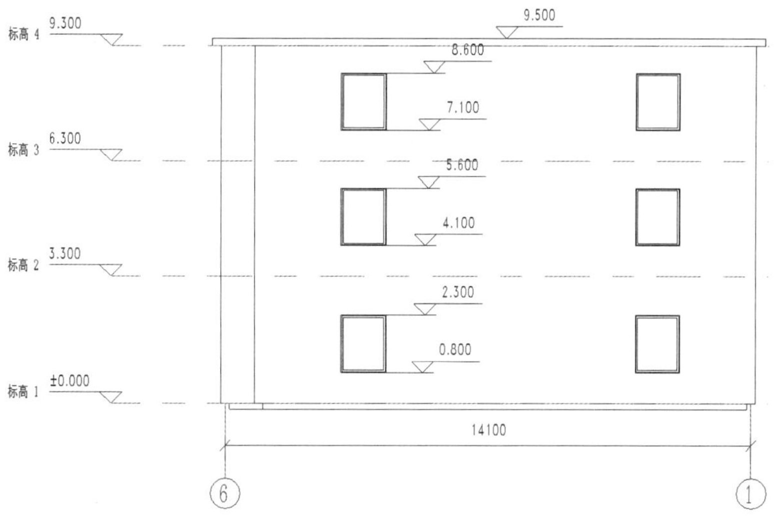

■图 12.66　北立面图

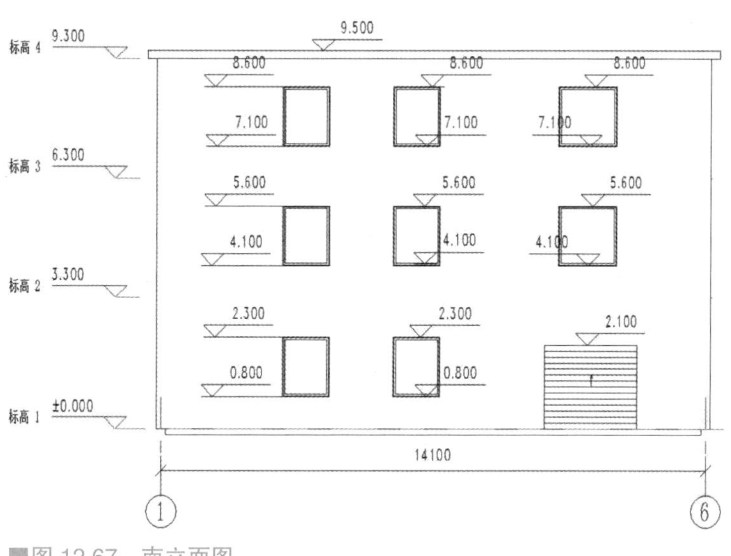

■图 12.67　南立面图

步骤四十一：切换到“标高 1”楼层平面视图，单击“视图”选项卡→“创建”面板→“剖面”按钮，创建 1—1 剖面图。切换到 1—1 剖面视图，如图 12.68 所示。

步骤四十二：创建首层和二层楼梯平面图详图，如图 12.69 和图 12.70 所示。

步骤四十三：最后以“三层建筑”为文件名保存在考生文件夹中。

至此，本题建模结束。

【本题小结】

BIM 考试中最后一题占的分数都比较大，会要求考生创建完成一个比较完整的小建筑项目，并且完成标记、明细表及导出图纸等。大家在考试时需要特别注意标注的字体规范，同时绘制的时候必须注意墙体、门窗等的对齐方式。此外，考生需要掌握房间和面积相关知识，房间是基于项目中主要的空间位置进行细分的，这些图元属性定义为房间边界，Revit 在计算房间周长、面积和体积时会参考这些房间边界图元，房间明细表、房间图例都是经常使用的项目工具。

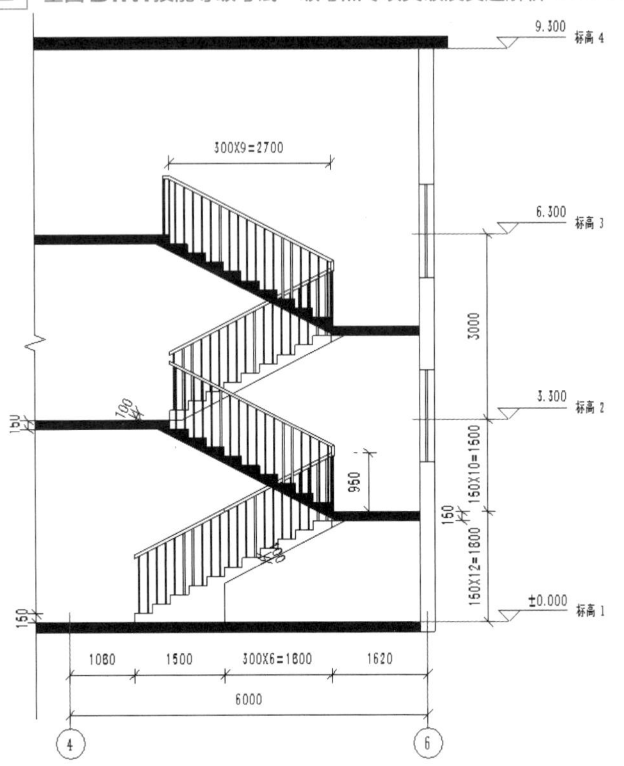

图 12.68　1—1 剖面视图

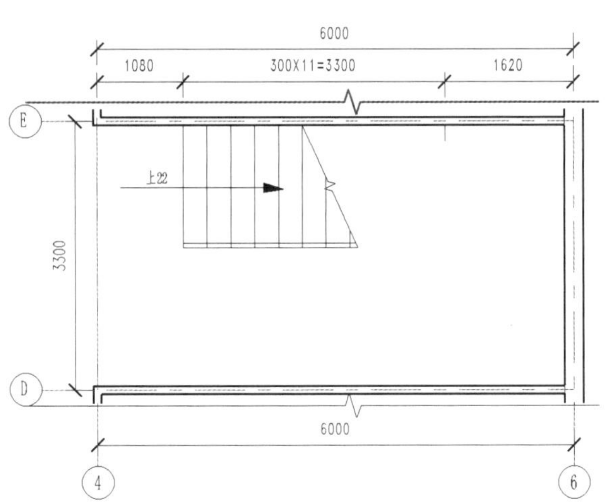

图 12.69　首层楼梯平面图

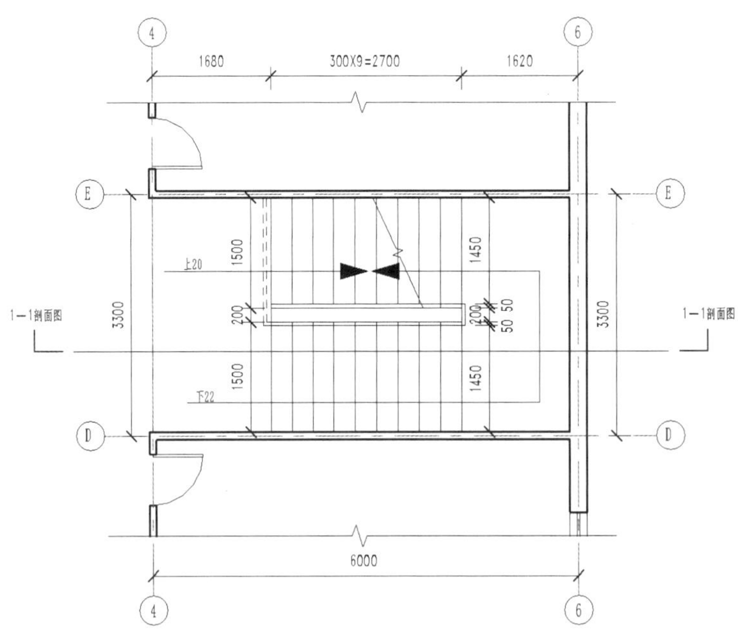

图 12.70　二层楼梯平面图

真题二：第七期全国 BIM 技能等级考试一级试题第五题“独栋别墅”

根据以下要求和给出的图纸，创建模型并进行结果输出。在考生文件夹下新建名为“第五题输出结果”的文件夹，将结果文件存于该文件夹。

（1）BIM 建模环境设置。

① 以试题文件夹中的“第七期第五题样板”作为基准样板，创建项目文件。

② 设置项目信息：①项目发布日期：2015 年 11 月 5 日；②项目名称：独栋别墅；③项目编号：2015001-1。

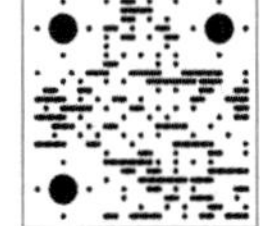
【第七期第五题“独栋别墅”】

（2）BIM 参数化建模。

① 主要建筑构件的参数要求见表 12.1。

表 12.1 主要构件参数要求

构件		参数 / mm	分值	构件	参数 / mm		分值
墙	外墙	5 厚外墙面砖 5 厚玻璃纤维布 20 厚聚苯乙烯保温板 10 厚水泥砂浆 200 厚水泥空心砌块 10 厚水泥砂浆	2 分	柱	Z1	600 × 600	2 分
					Z2	400 × 400	
				屋顶	类型：常规 400 坡度：45° 超出轴线 400		3 分
				楼板	类型：常规 150		1 分
	内墙	10 厚水泥砂浆 200 厚水泥空心砌块 10 厚水泥砂浆	1 分				

② 根据给出的图纸创建建筑形体，包括墙、柱、门、窗、屋顶、楼板、楼梯、栏杆。其中，门窗仅要求尺寸与位置正确，窗台高度均为 900mm。未标明尺寸不做要求。

③ 设置 BIM 属性：①为所有门窗增加属性，名称为“编号”；②根据图纸中的标注，对所有门窗的“编号”属性赋值。

（3）创建图纸。

① 创建门窗明细表，要求包含类型、宽度、高度、底高度及合计字段。

② 建立 A0 尺寸图纸，创建并放置首层平面图、①～⑧立面图、1—1 剖面图。

（4）模型文件管理。

① 用“独栋别墅”为项目文件命名，并保存项目文件。

② 将创建的图纸导出为 DWG 文件，将图纸上的视图和链接作为外部参照导出，命名为“平面图参照”。

为了节省篇幅，本题建模步骤主要详细讲解 BIM 参数化建模中的设置 BIM 属性、屋顶的创建、创建图纸和模型文件管理。其余题目要求的建模内容，可参考第三期第五题的建模思路及配套的本题同步视频进行学习。

【建模思路】

本题建模思路如 12.71 图所示。

【建模步骤】

步骤一：新建“第五题结果输出”文件夹。打开 Revit 软件，新建项目，浏览到“第七期第五题样板”，单击“确定”按钮退出“新建项目”对话框。

步骤二：单击“管理”选项卡→“设置”面板→“项目信息”按钮，弹出“项目属性”对话框，设置参数。

步骤三：切换到“南”立面视图，双击标高 2 将高程值“4.000”改为“3.600”。单击“建筑”选项卡→“基准”面板→“标高”按钮，创建标高 3 同时完成了标高 3 楼层平面视图的创建调整南立面视图轴网线和标高设置。同理调整其余立面视图轴网线和标高设置。

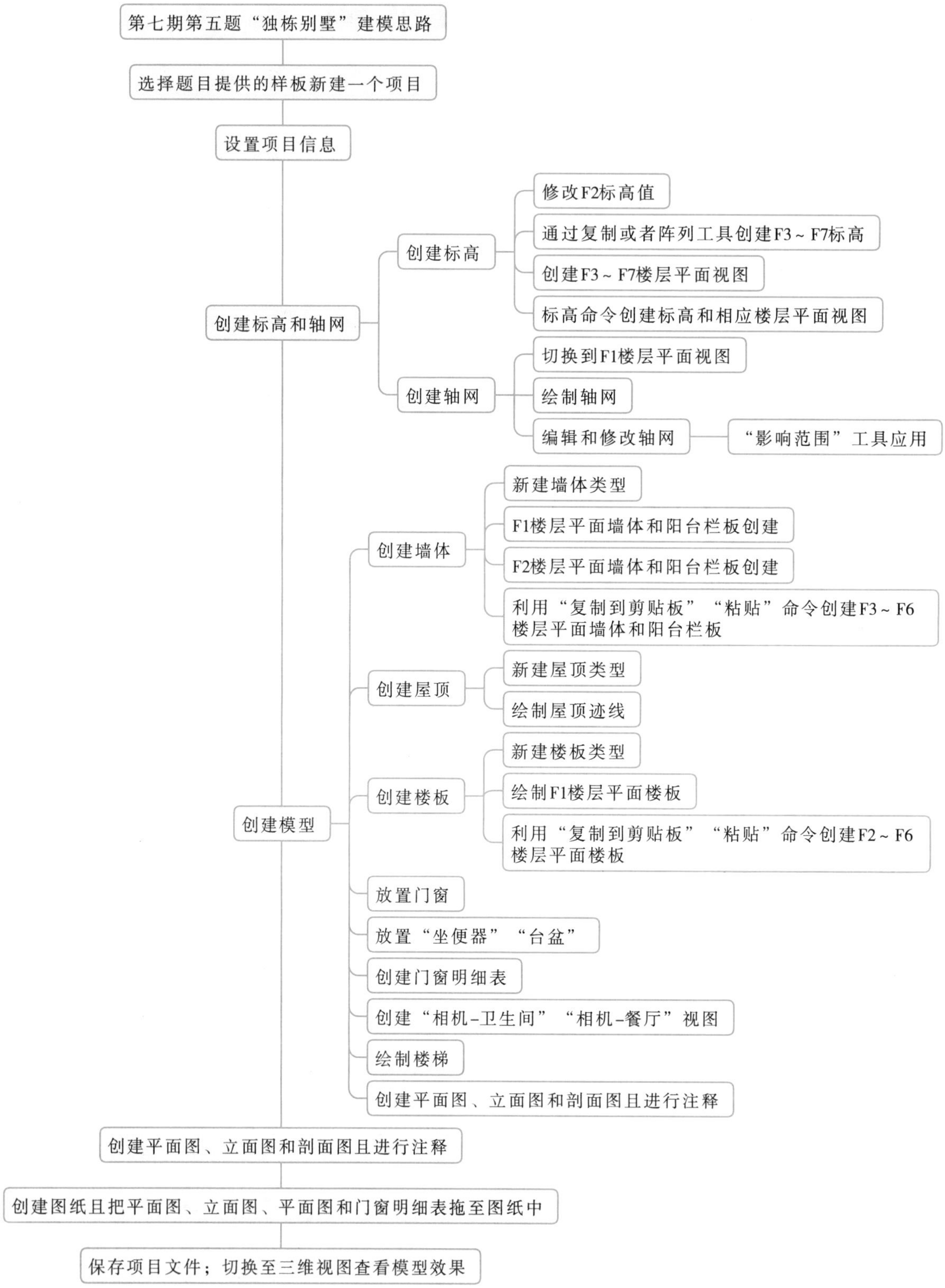

■图 12.71　第七期第五题“独栋别墅”建模思路

步骤四：切换到“标高 1”楼层平面视图，单击任意轴网进入“修改 | 轴网”选项卡，修改轴网的类型属性。选择轴线Ⓑ，单击轴头符号，不选中右侧“隐藏符号”，解锁拖动“模型端点”（小圆圈）至轴线⑧，同理根据题目要求调整其余轴网线布置，并调整“标高 2”楼层平面视图轴网线布置。

步骤五：切换至“标高 1”楼层平面视图，单击“建筑”选项卡→“构建”面板→“墙”下拉列表

→“墙：建筑”按钮，单击类型选择器右侧“编辑类型”按钮，弹出“类型属性”对话框，复制一个名称为“外墙”的新类型，单击“结构”右侧“编辑”按钮，弹出“编辑部件”对话框，设置外墙构造。同理复制新墙体类型“内墙”，设置内墙构造。

步骤六：单击“墙：建筑”按钮，类型选择器下拉列表分别选择“外墙”“内墙”，设置“底部限制条件：标高 1”“底部偏移 0.0”“顶部约束：标高 2”“顶部偏移 0.0”“定位线为墙中心线”，选择“绘制”面板→“直线”方式根据图纸要求顺时针绘制外墙和内墙。单击“柱：建筑”按钮，在柱的“类型属性”对话框中复制一个名称为“Z1”的新类型，修改“尺寸标注”中的“深度”“宽度”均为“600mm”，“类型标记”为“Z1”，同理复制新建“Z2”，完成柱参数设置。设置选项栏上“高度为标高 2”，根据图纸要求放置柱，同理切换到“标高 2”楼层平面视图绘制墙体及放置柱。

步骤七：切换到“标高 1”楼层平面视图，使用门命令，在门的“类型属性”对话框中单击“载入族”按钮，分别载入“建筑 / 门 / 普通门 / 平开门 / 单扇单嵌板木门”“建筑 / 门 / 普通门 / 平开门 / 双扇嵌板木门”，复制一个名称为“M1”的新类型，设置宽度为“750.0”、高度为“2100.0”、类型标记为“M1”，同理复制“M2”的新类型，设置宽度为“900.0”、高度为“2100.0”、类型标记为“M2”。复制“M3”的新类型，设置宽度为“2000.0”、高度为“2100.0”、类型标记为“M3”。

步骤八：使用窗命令，在窗的“类型属性”对话框中单击“载入族”按钮，载入“建筑 / 窗 / 普通窗 / 固定窗 / 固定窗”，复制一个名称为“C1”的新类型，设置宽度为“900.0”、高度为“2100.0”、类型标记为“C1”、窗台高度为“900.0”。同理复制“C2”的新类型，设置宽度为“1800.0”、高度为“2100.0”、类型标记为“C2”、窗台高度为“900.0”。复制“C3”的新类型，设置宽度为“2100.0”、高度为“2100.0”、类型标记为“C3”、窗台高度为“900.0”。

步骤九：切换至“标高 1”楼层平面视图，单击“建筑”选项卡→“构建”面板→“窗”按钮，选择类型选择器下拉列表的“C3”，按照题目给出的首层平面图放置 C3 窗，并通过修改临时尺寸线数值来将窗定位，同理放置其余的门窗。切换到“标高 2”楼层平面视图放置门窗。

再学一招 ▶▶▶

① 放置门窗时需要激活“在放置时进行标记”按钮。
② 单击翻转符号可以切换门窗的内外左右上下方向。

步骤十：切换至“标高 1”楼层平面视图。单击“建筑”选项卡→“构建”面板→“楼板”下拉列表→“楼板：建筑”按钮。在类型选择器下拉列表中选择“楼板 常规 -150mm”，设置楼板的限制条件为“标高：标高 1”“自标高的高度偏移：0.0”。单击“编辑类型”按钮弹出“类型属性”对话框，复制一个新的楼板类型，命名为“常规 -150mm- 独栋别墅”，单击“类型属性”对话框中“构造”下“结构”右侧“编辑”按钮，弹出“编辑部件”对话框，设置构造层，如图 12.72 所示，连续单击两次“确定”按钮退出“类型属性”对话框。

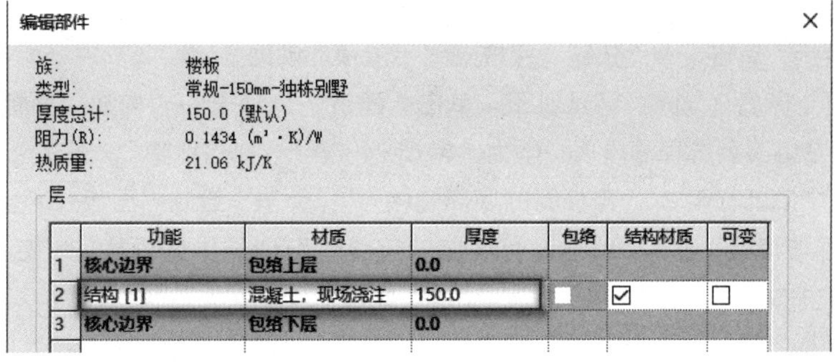

图 12.72 设置构造层

单击“绘制”面板→“直线”绘制方式绘制楼板路径，如图 12.73 所示，最后单击“模式”面板“√”按钮，完成“标高 1”楼层平面楼板的创建。

切换到“标高 2”楼层平面视图，单击“建筑”选项卡→“构建”面板→“楼板”下拉列表→“楼板：建筑”按钮，在类型选择器下拉列表中选择“常规 -150mm- 独栋别墅”，设置楼板的限制条件为“标高：标高 2”“自标高的高度偏移：0.0”，“直线”绘制方式绘制楼板路径，如图 12.74 所示，单击“√”按钮，完成“标高 2”楼层平面楼板的创建。

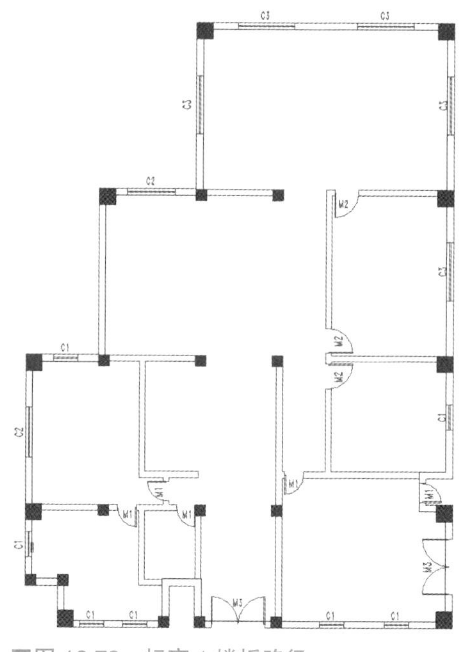
图 12.73　标高 1 楼板路径

步骤十一：切换到“标高 2”楼层平面视图，单击“建筑”选项卡→“构建”面板→“屋顶”下拉列表→“迹线屋顶”按钮，进入“修改 | 创建屋顶迹线”选项卡。默认左侧类型选择器屋顶类型为“基本屋顶：常规 -400mm”，单击“编辑类型”按钮，弹出“类型属性”对话框，复制生成一个新的屋顶类型“常规 -400mm- 独栋别墅”，单击“类型属性”对话框中“构造”下“结构”右侧“编辑”按钮，弹出“编辑部件”对话框，设置构造层如图 12.75 所示，连续单击两次“确定”按钮退出“类型属性”对话框。

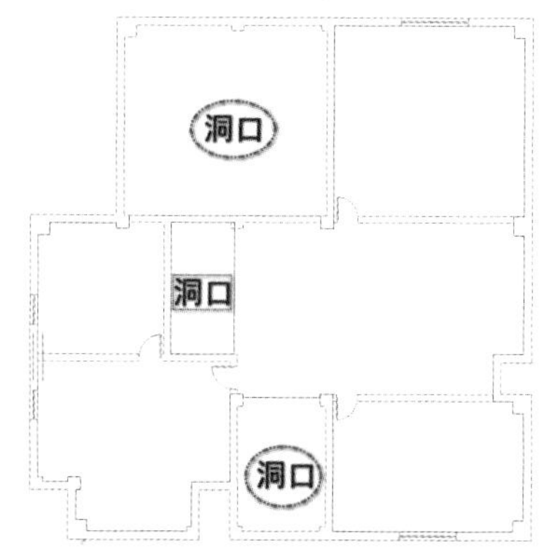

图 12.74　标高 2 楼板路径

编辑部件

族：基本屋顶
类型：常规-400mm-独栋别墅
厚度总计：400.0（默认）
阻力(R)：0.3824 (m²·K)/W
热质量：56.15 kJ/K

层

	功能	材质	厚度
1	核心边界	包络上层	0.0
2	结构 [1]	混凝土，现场浇注	400.0
3	核心边界	包络下层	0.0

图 12.75　设置构造层

选项栏不选中“定义坡度”，左侧“属性”对话框设置“底部标高 2”“自标高的底部偏移 0”，单击“绘制”面板→“直线”绘制方式，绘制屋顶迹线，如图 12.76 所示。最后单击“模式”面板→“√”按钮，完成标高 4.000 屋顶的创建。

步骤十二：切换到“标高 3”楼层平面视图，选择“常规 -400mm- 独栋别墅”屋顶类型，设置“底部标高 3”“自标高的底部偏移 0”，选项栏不选中“定义坡度”，直线方式绘制Ⓔ～Ⓕ轴交③～⑥轴区域平屋顶迹线，如图 12.77 所示，单击“√”按钮，完成迹线平屋顶的创建。

步骤十三：切换到“标高 3”楼层平面视图，单击“建筑”选项卡→“构建”面板→“屋顶”下拉列表→“迹线屋顶”按钮，左侧类型选择器屋顶类型为“常规 -400mm- 独栋别墅”，选项栏选中“定义坡度”，左侧“属性”对话框设置“底部标高 3”“自标高的底部偏移 0”，单击“绘制”面板→“直线”绘制方式绘制屋顶迹线；修改实例属性坡度为 45°，单击没有坡度的迹线，取消选中选项栏的“定义坡度”复选框，如图 12.78 所示，最后单击“模式”面板“√”按钮完成坡屋顶的创建。

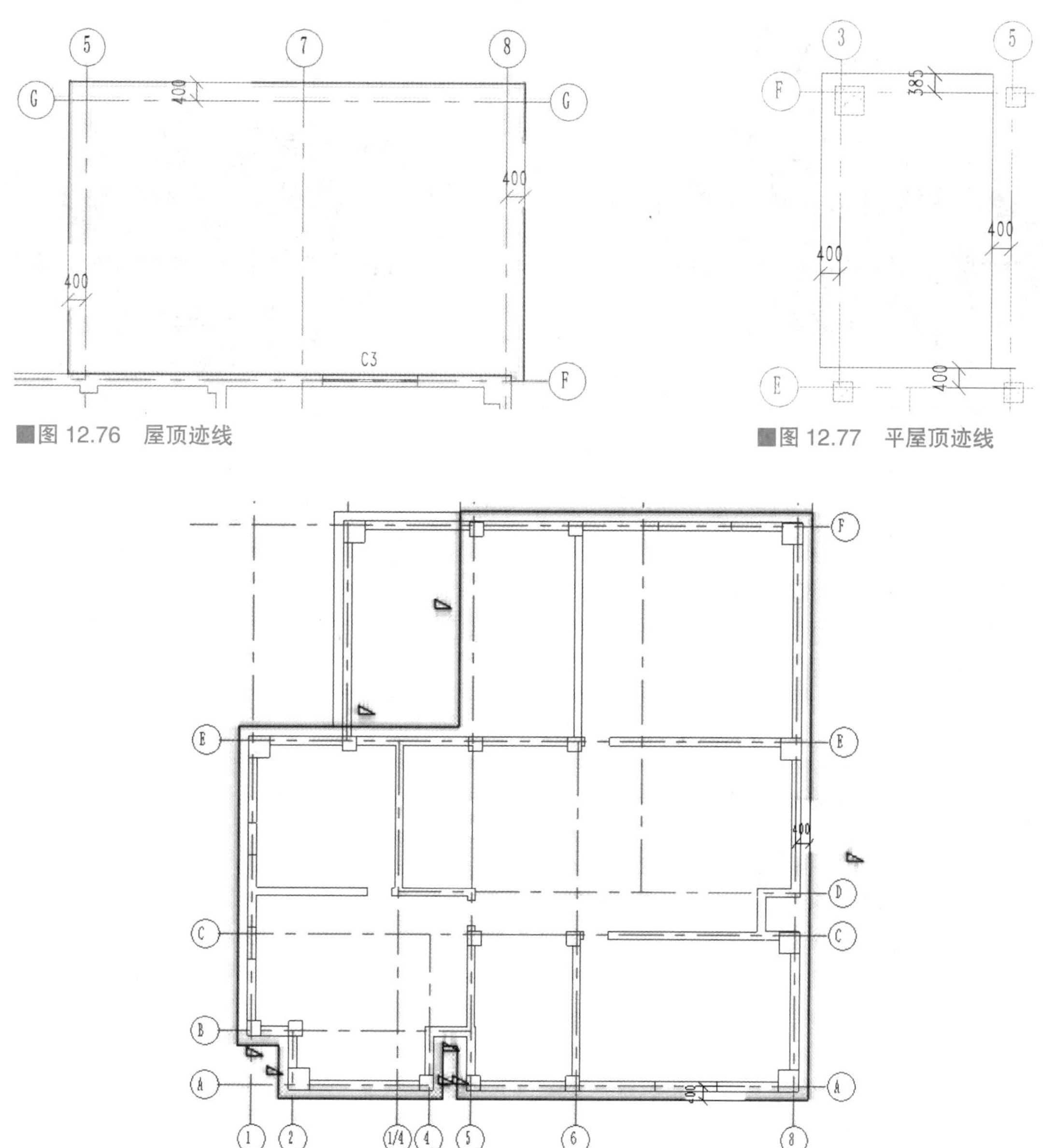

■图 12.76　屋顶迹线

■图 12.77　平屋顶迹线

■图 12.78　坡屋顶迹线

切换到三维视图，如图 12.79 所示。选择“标高 2”楼层平面的所有墙体，单击“修改墙”面板“附着底部 / 顶部”按钮，选项栏设置“附着墙：顶部”，选择坡屋顶，则“标高 2”楼层平面的墙体附着到坡屋顶了。同理选择“标高 2”楼层平面的所有建筑柱，单击“修改柱”面板“附着底部 / 顶部”按钮，选项栏设置“附着柱：顶部”，选择坡屋顶，则“标高 2”楼层平面的建筑柱附着到坡屋顶了，结果如图 12.80 所示。

步骤十四：单击“视图”选项卡→“创建”面板→“明细表”下拉列表→“明细表 / 数量”按钮，在“新建明细表”对话框中，选择“类别”为“窗”，在“可用的字段”选项卡中双击“类型”“宽度”“高度”“底高度”“合计”字段。切换到“排序 / 成组”选项卡，在“排序方式”后，单击“类型”，选中“升序”，选中下方“总计”，不选中下方“逐项列举每个实例”。切换到“格式”选项卡，选择“合计”后选中右下侧“计算总数”，设置字段“类型”“宽度”“高度”“底高度”“合计”右侧的“对齐”方式为“中心线”。切换到“外观”选项卡，不选中“数据前的空行”复选框，单击“确定”按钮退出“明细表属性”对话框。框选“宽度”和“高度”，进入“修改明细表 / 数量”选项卡，单击“标题和页眉”面板→“成组”按钮，在空白的方框中输入“洞口尺寸”，完成窗明细表创建，同理创建门明细表。

图 12.79　三维视图

图 12.80　建筑柱附着到坡屋顶

步骤十五：切换到“标高 1”楼层平面视图，单击“管理”选项卡→“设置”面板→“项目参数”按钮，弹出“项目参数”对话框，单击“添加”按钮，弹出“参数属性”对话框，“参数类型”选择“项目参数”，“参数数据”下“名称”为“编号”，选中“实例”，“参数类型”设置为“文字”，“参数分组方式”设为“文字”，“类别”选中“门”“窗”，连续单击两次“确定”按钮，完成门窗参数的添加，操作过程如图 12.81 所示。选中 C2 窗，在实例属性对“编号”赋值为“C2”，如图 12.82 所示，同理完成所有门窗的赋值。

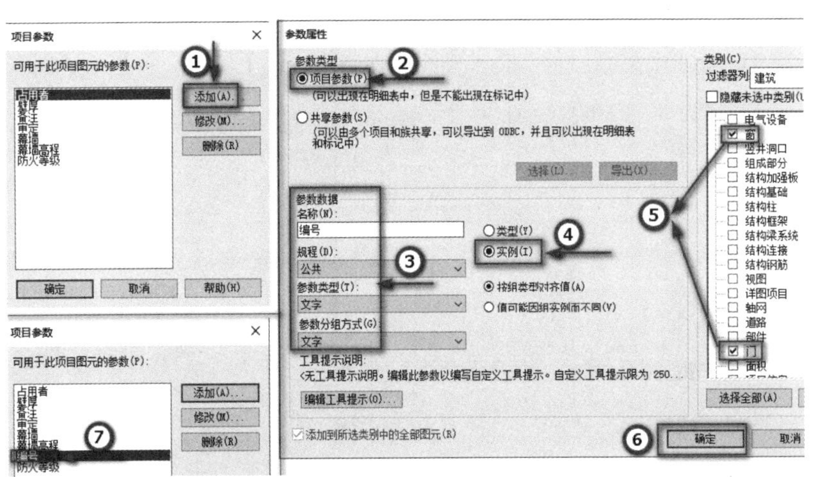
图 12.81　门窗参数的添加

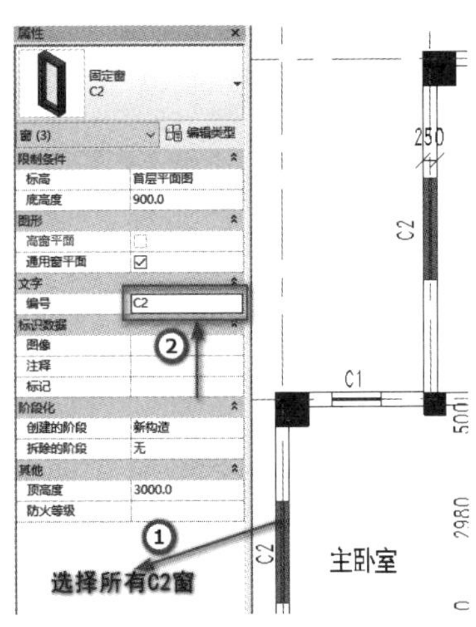

图 12.82　窗的赋值

步骤十六：切换到“标高 1”楼层平面视图，使用“参照平面”命令，在楼梯间绘制“参照平面”且进行对齐尺寸标注，如图 12.83 所示。使用“楼梯（按构件）”命令设置楼梯类型参数和实例参数，如图 12.84 所示。按照 1 ～ 6 顺序绘制楼梯，删除靠近墙体一侧栏杆扶手，结果如图 12.85 所示。

选择栏杆扶手，确认类型为“栏杆扶手 900mm”，单击“编辑类型”按钮，弹出“类型属性”对话框，接着单击“栏杆位置”右侧“编辑”按钮，弹出“编辑栏杆位置”对话框，设置“支柱”参数，如图 12.86 所示。

步骤十七：切换到“标高 2”楼层平面视图，选中楼梯的栏杆扶手，进入“修改 | 栏杆扶手”选项卡，单击“模式”面板→“编辑路径”按钮，“直线”方式绘制路径，如图 12.87 所示，同理绘制Ⓒ轴交⑤～⑥轴位置栏杆。切换到三维视图，查看绘制的楼梯及栏杆扶手效果，如图 12.88 所示。

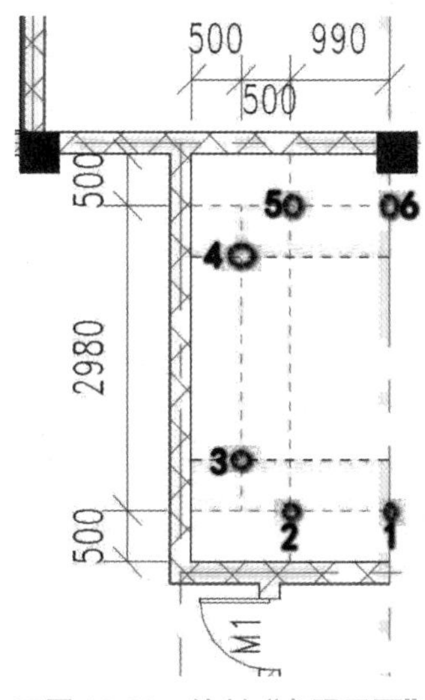

■图 12.83　绘制“参照平面”

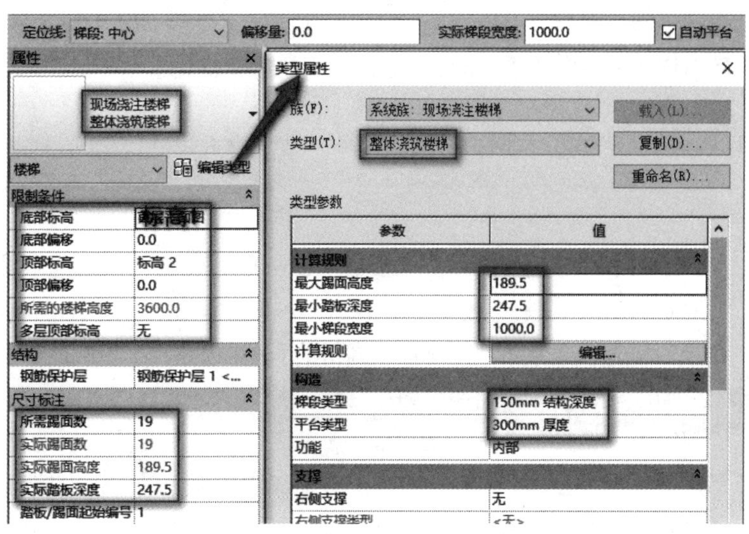

■图 12.84　楼梯类型参数和实例参数

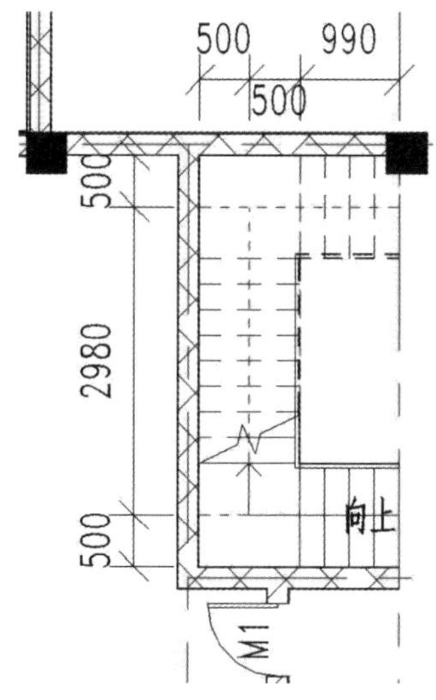

■图 12.85　绘制楼梯

支柱(S)

	名称	栏杆族	底部	底部偏移	顶部	顶部偏移	空间	偏移
1	起点支柱	栏杆 - 正方形 : 2	主体	0.0	顶部扶	0.0	10.0	0.0
2	转角支柱	栏杆 - 正方形 : 2	主体	0.0	顶部扶	0.0	0.0	0.0
3	终点支柱	栏杆 - 正方形 : 2	主体	0.0	顶部扶	0.0	-10.0	0.0

转角支柱位置(C): 每段扶手末端　　角度(G): 0.000°

■图 12.86　设置“支柱”参数

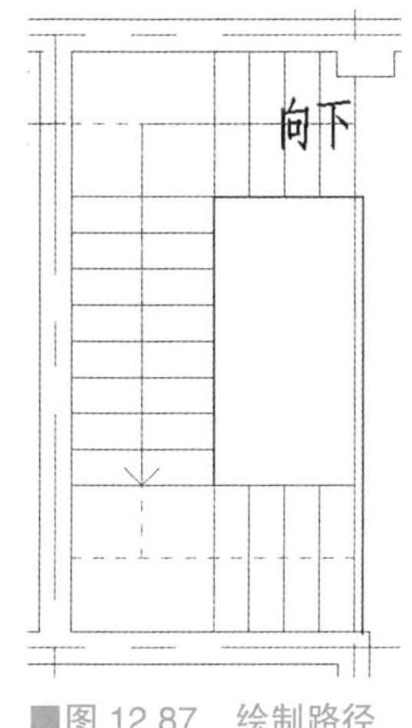

■图 12.87　绘制路径

■图 12.88　楼梯及栏杆扶手效果

步骤十八：切换至“标高 1”楼层平面视图，使用“房间”命令，对所有的房间进行标记；配合 Esc 键修改房间名称，同理完成“标高 2”楼层平面的房间标记。

特别提示 ▶▶▶

有的房间不是闭合的，需要先使用“房间分隔”命令，在房间的洞口位置绘制线，使房间形成封闭状态再进行标记。

步骤十九：切换到“标高 1”楼层平面视图，使用“高程点”命令对楼层进行标注。使用“对齐尺寸标注”命令进行尺寸标注，使用“符号”命令放置指北针。单击“视图”选项卡→“创建”面板→“剖面”按钮，在⑤轴与⑥轴间添加剖面符号，调整剖面视图范围框，并且重命名剖面图名称为“1—1 剖面图”，同理对“标高 2”和“标高 3”楼层平面进行注释，并对南、北、西、东立面图进行注释。

步骤二十：切换到“1—1 剖面图”，单击“注释”选项卡→“尺寸标注”面板→“高程点”按钮，进行高程点标注。单击“注释”选项卡→“尺寸标注”面板→“对齐”按钮，进行对齐尺寸标注。单击“视图”选项卡→“图形”面板→“可见性 / 图形”按钮，弹出“剖面：1—1 剖面图的可见性 / 图形替换”对话框，单击“模型类别”选项卡，接着单击“屋顶”右侧的“截面填充图案”按钮，弹出“填充样式图形”对话框，设置“填充图案”为“实体填充”，如图 12.89 所示。

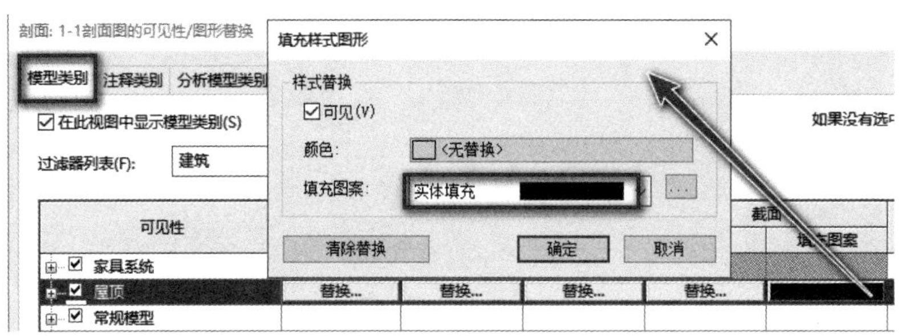

图 12.89　设置屋顶“填充图案”为“实体填充”

步骤二十一：右键单击“标高 1”，重命名为“首层平面图”，修改视图比例为 1 : 150 →（自定义），同理修改南立面为“①～⑧立面图”。单击“视图”选项卡→“图纸组合”面板→“图纸”按钮，弹出“新建图纸”对话框，单击选择“A0 公制”图纸，接着单击“确定”按钮退出“新建图纸”对话框，系统会自动切换至“A0 公制”视图。在项目浏览器中，选择“首层平面图”将其拖动到图纸的合适位置，同理选择“①～⑧立面图”及“1—1 剖面图”将其拖动到图纸的合适位置，左侧“属性”对话框“图纸名称”设置为“独栋别墅图纸”。

步骤二十二：单击“应用程序菜单”→“导出 CAD 格式”→“DWG”按钮，弹出“DWG 导出”对话框，单击“下一步”按钮，弹出“导出 CAD 格式 保存到目标文件夹”对话框，文件名输入“平面图参照”，文件类型设置为“DWG 文件”，选中“将图纸上的视图和链接作为外部参照导出”，最后单击“确定”按钮，退出“导出 CAD 格式 保存到目标文件夹”对话框。

步骤二十三：切换到三维模型查看模型最终效果，最后用“独栋别墅”为项目文件命名，并保存项目文件。

至此，独栋别墅模型建模结束。

【本题小结】

本题主要考查考生 Revit 参数化设置、坡屋顶绘制、图纸创建等知识点，与往年全国 BIM 技能等级考试最后一个题的知识点和难度基本相同。做题的思路就是首先审题及看懂图纸，接着快速浏览一遍题目要求，考试时不一定按照题目要求一步一步做下去，可以先把容易拿分的题目做完，毕竟是在考场上考试，此外做题时需要耐心和细心完成每一步操作；本题添加 BIM 属性是初次考查，一般的考生可能不知道如何下手。考生平时做题过程中，不仅要熟练，而且需要灵活运用、举一反三。

第二节　真题实战演练

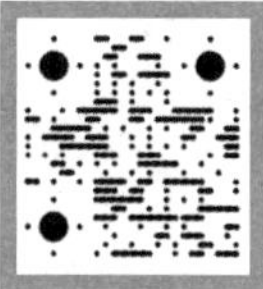

题目一：第一期全国 BIM 技能等级考试一级试题第五题“房子”

题目二：第二期全国 BIM 技能等级考试一级试题第五题“建筑”

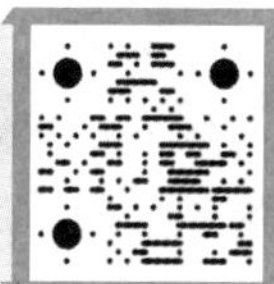

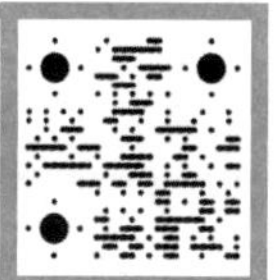

题目三：第四期全国 BIM 技能等级考试一级试题第五题“六层建筑”

题目四：第五期全国 BIM 技能等级考试一级试题第五题“办公大楼”

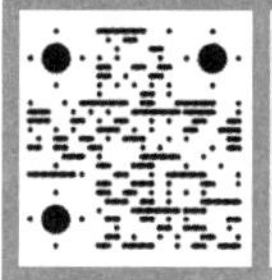

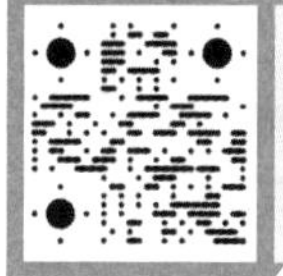

题目五：第六期全国 BIM 技能等级考试一级试题第五题“阶梯教室”

本题主要特点：①创建弧形轴网比较困难；②题目提供的样板有错误，使用系统提供的建筑样板即可；③本题楼板和屋顶部分分常规楼板和阶梯楼板两种情况，建议使用内建模型（放样工具）创建。

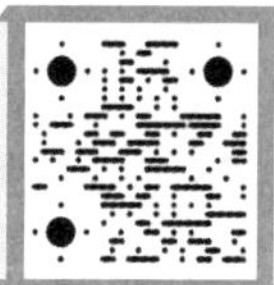

题目六：第八期全国 BIM 技能等级考试一级试题第五题“土木系实验楼”

题目七：第九期全国 BIM 技能等级考试一级试题第五题“污水处理站”

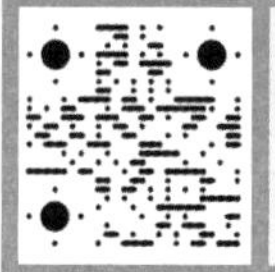

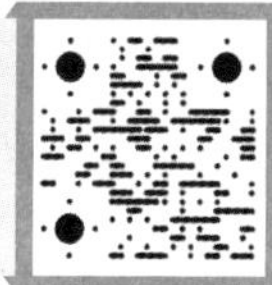

题目八：第十期全国 BIM 技能等级考试一级试题第五题“住宅”

题目九：第十一期全国 BIM 技能等级考试一级试题第四题“别墅”

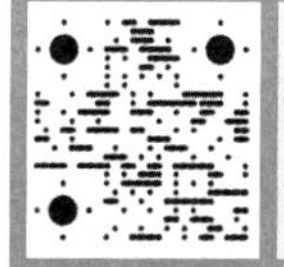

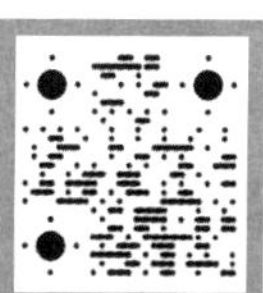

题目十：第十二期全国 BIM 技能等级考试一级试题第四题“教学楼项目”

题目十一：第十三期全国 BIM 技能等级考试一级试题第四题“办公楼”

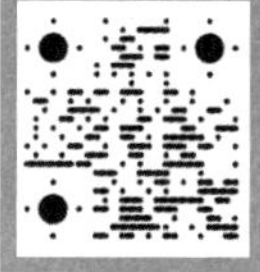

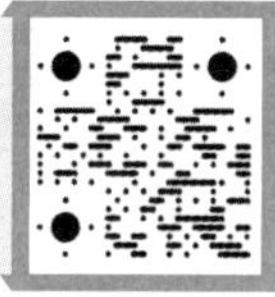

题目十二：第十四期全国 BIM 技能等级考试一级试题第四题“双拼别墅”

题目十三：第十五期全国 BIM 技能等级考试一级试题第四题“幼儿园”

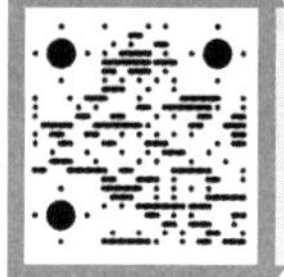

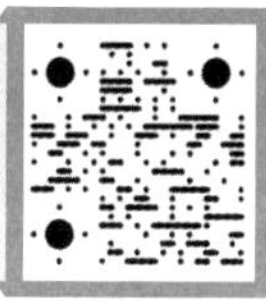

题目十四：第十六期全国 BIM 技能等级考试一级试题第四题“招待中心”

题目十五：第十六期全国 BIM 技能等级考试一级试题第一题“散水”

本专项考点重点讲述了综合建模的建模思路和建模步骤，同时精选了三道比较经典的真题进行了详细的解析，最后把往期考过的综合建模的真题设计成真题实战演练；只要读者认真研读本专题内容，同时加强训练，快速完成最后一道大题，即综合建模是可以做到的。

至此，我们已经完全讲述了 Revit 基础知识，族，概念体量，标高轴网，柱和墙，幕墙和门窗，楼板、屋顶和天花板，室外台阶、散水、女儿墙和洞口，楼梯、栏杆扶手、坡道，明细表和图纸，渲染和漫游，综合建模全部内容。在此，预祝广大读者顺利通过全国 BIM 技能等级考试一级考试！

附录一　常用快捷键及自定义快捷键

一、常用快捷键

在使用修改或编辑图元命令的时候，往往需要进行多步操作，此时掌握快捷键就显得尤为重要。

通过键盘输入快捷键直接访问指定工具。在任何时候，输入快捷键字母即可执行该工具。例如要执行“对齐尺寸标注”命令，可以直接按键盘 DI 键即可激活此命令。只要不是双手使用鼠标，使用键盘快捷键将加快操作速度。

Revit 默认所有快捷键由两个字母组成，敲完两个字母后不用打按 Enter 键，如果不足两个，则由空格键补齐。在 Revit 运行界面中，鼠标移动到某个指令图标上停留，会出现相关提示信息，其中文指令名称之后括号两个英文字母，即为该指令的快捷键。

附表 1 为 Revit 使用频率较高的几类快捷键。

附表 1　Revit 常用快捷键

建模与绘图工具		编辑修改工具		捕捉替代		视图控制	
命令	快捷键	命令	快捷键	命令	快捷键	命令	快捷键
墙	WA	图元属性	PP 或 Ctrl+1	捕捉远距离对象	SR	区域放大	ZR
门	DR	删除	DE	象限点	SQ	缩放配置	ZF
窗	WN	移动	MV	垂足	SP	上一次缩放	ZP
放置构件	CM	复制	CO	最近点	SN	动态视图	F8 或 Shift+W
房间	RM	旋转	RO	中点	SM	线框显示模式	WF
房间标记	RT	定义旋转中心	R3 或空格键	交点	SI	隐藏线显示模式	HL
轴线	GR	阵列	AR	端点	SE	带边框着色显示模式	SD
文字	TX	镜像－拾取轴	MM	中心	SC	细线显示模式	TL
对齐标注	DI	创建组	GP	捕捉到云点	PC	视图图元属性	VP
标高	LL	锁定位置	PN	点	SX	可见性图形	VV/VG
高程点标注	EL	解锁位置	UP	工作平面网络	SW	临时隐藏图元	HH
参照平面	RP	匹配对象类型	MA	切点	ST	临时隔离图元	HI
按类别标记	TG	线处理	LW	关闭替换	SS	临时隐藏类别	HC
模型线	LI	填色	PT	形状闭合	SZ	临时隔离类别	IC
详图线	DL	拆分区域	SF	关闭捕捉	SO	重设临时隐藏	HR

续表

建模与绘图工具		编辑修改工具		捕捉替代		视图控制	
命令	快捷键	命令	快捷键	命令	快捷键	命令	快捷键
		对齐	AL			隐藏图元	EH
		拆分图元	SL			隐藏类别	VH
		修剪 / 延伸	TR			取消隐藏图元	EU
		偏移	OF			取消隐藏类别	VU
		在整个项目中选择全部实例	SA			切换显示隐藏图元模式	RH
		重复上一个命令	RC 或 Enter			渲染	RR
		恢复上一次选择集	Ctrl+ ←			快捷键定义窗口	KS
						视图窗口平铺	WT
						视图窗口层叠	WC

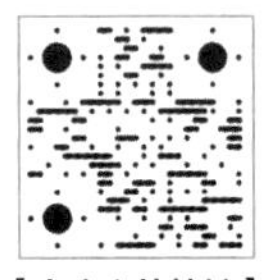
【自定义快捷键】

二、自定义快捷键

除了系统保留的快捷键外，Revit 允许用户根据自己的习惯修改其中的大部分工具的键盘快捷键。

下面以给“参照平面”工具自定义快捷键“21”为例，来说明如何在 Revit 中自定义快捷键。

步骤一：单击“视图”选项卡→“窗口”面板→“用户界面”下拉列表→“快捷键”按钮，或者直接输入快捷键命令 KS，或者单击应用程序菜单下拉列表右下角的“选项”按钮，可以打开“选项”对话框，单击“用户界面”→“快捷键”右侧的“自定义”按钮，可以打开“快捷键”对话框，如附图 1 所示。

步骤二：在“搜索”文本框中，输入要定义快捷键的命令的名称“参照平面”，将列出名称中所有包含“参照平面”的命令，如附图 2 所示。

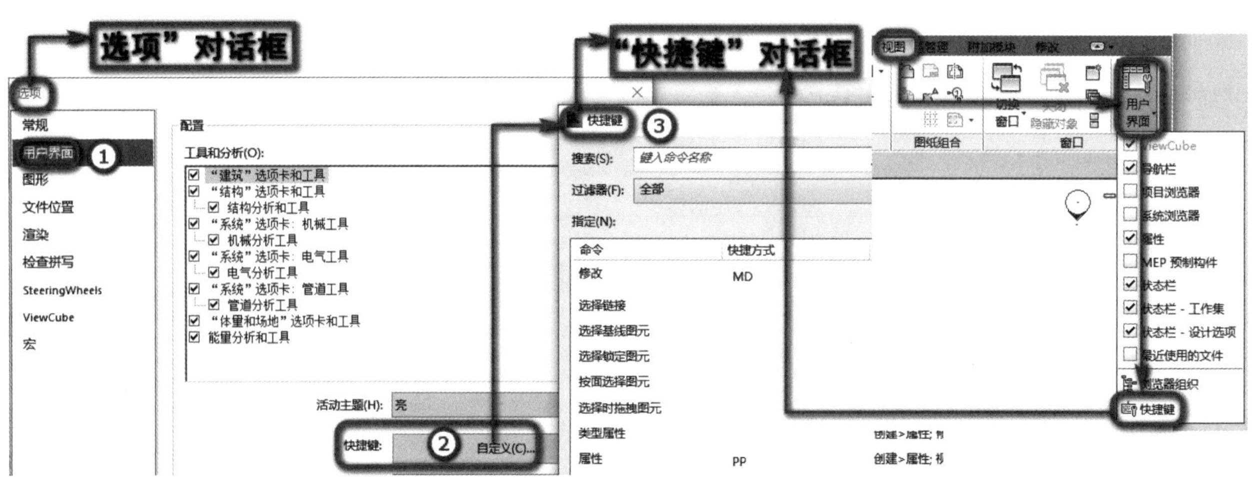

■ 附图 1 “快捷键”对话框

步骤三：在“指定”列表中，选择所需命令“参照平面”，同时，在“按新键”文本框中输入快捷键字符“21”，然后单击“指定”按钮。新定义的快捷键将显示在选定命令的“快捷方式”列，结果如附图 3 所示。

步骤四：如果用户自定义的快捷键已被指定给其他命令，则 Revit 给出“快捷方式重复”对话框，通知用户所指定的快捷键已指定给其他命令。单击“确定”按钮忽略该提示，单击“取消”按钮重新指定所选命令的快捷键，如附图 4 所示。

步骤五：单击“快捷键”对话框底部的“导出”按钮，弹出“导出快捷键”对话框，如附图 5 所示，输入要导出的快捷键文件名称，单击“保存”按钮可以将所有已定义的快捷键保存为“.xml”格式的数据文件。

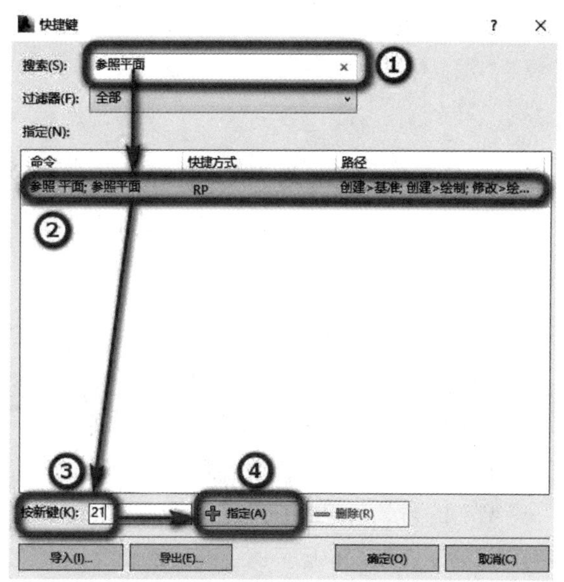

附图 2　指定快捷键

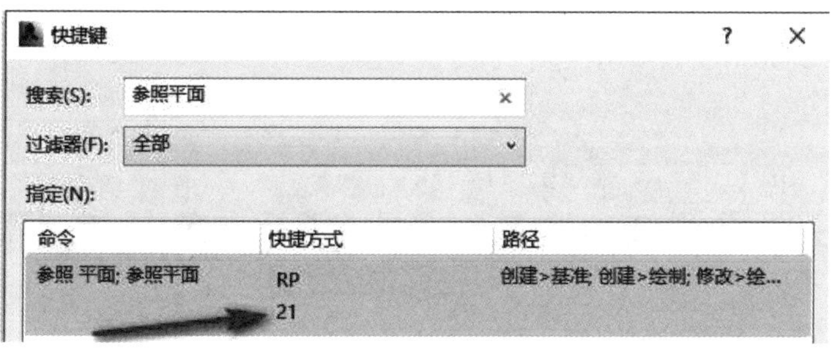

附图 3　成功定义了快捷键“21”

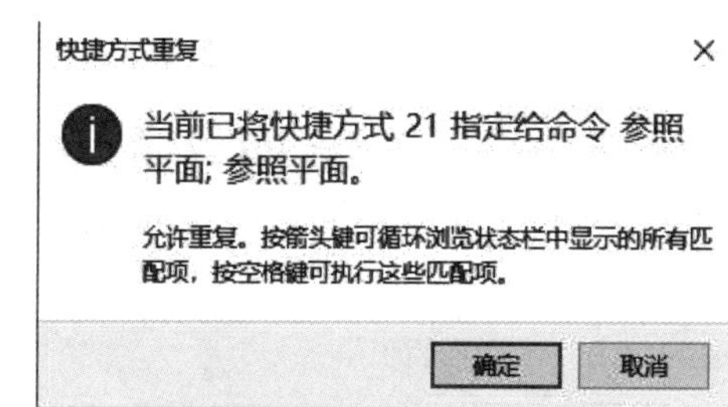

附图 4　“快捷键方式重复”对话框

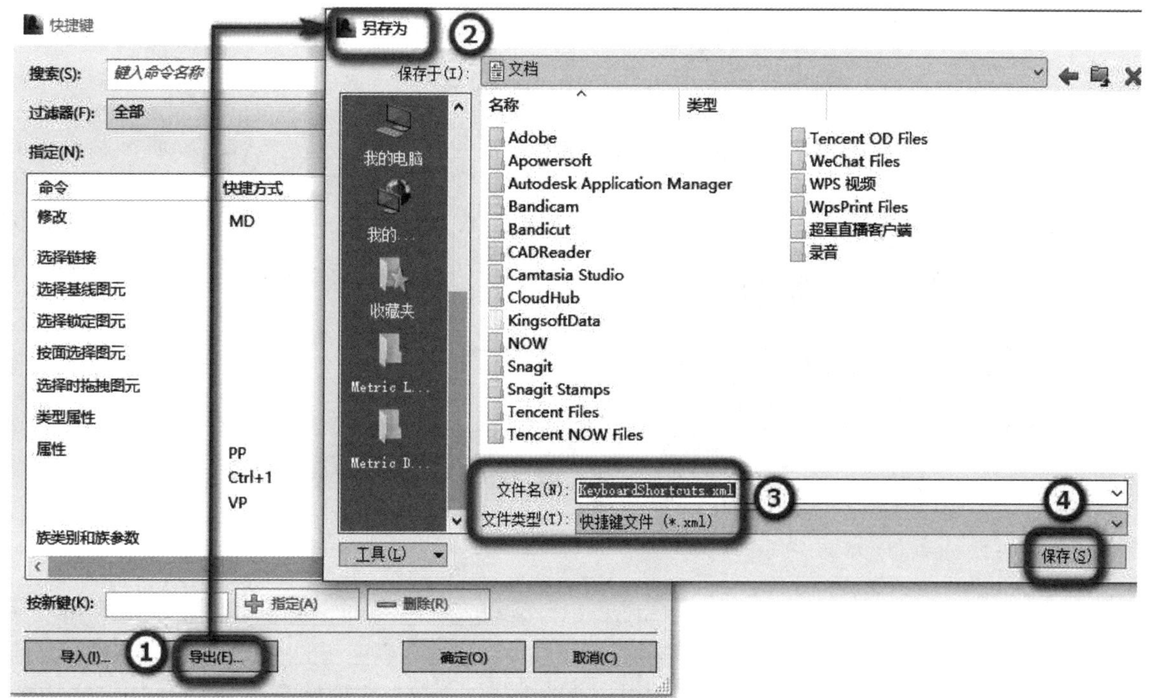

附图 5　“导出快捷键”对话框

附录二　参照平面

参照平面是在视图中创建一个与当前视图垂直的平面，借助创建出来的参照平面，可以作为定位线。如果在绘制图元的过程中需要创建辅助线，那么使用“参照平面”命令来创建是非常合适的。

在功能区上，由于参照平面使用到的效率极高，故可以单击“建筑”“结构”“系统”任意一个选项卡→“工作平面”面板→“参照平面”按钮，即可激活绘制参照平面的工具。

绘制的方式可以是在“绘制”面板上，单击“直线”来定义两个端点，也可以在“绘制”面板中，单击“拾取线”，通过拾取已有的线条，以该线条为交汇线创建与当前视图正交的参照平面。

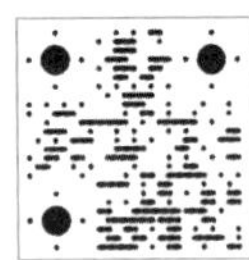

【参照平面】

创建参照平面的具体操作方法如下。

步骤一：单击“建筑”选项卡→“工作平面”面板→“参照平面”按钮，切换到“修改 | 放置 参照平面”选项卡，单击“绘制”面板→“直线”按钮，在选项栏中设置“偏移”值为“0.0”，表示参照平面与绘制起点重合，如附图 6 所示。

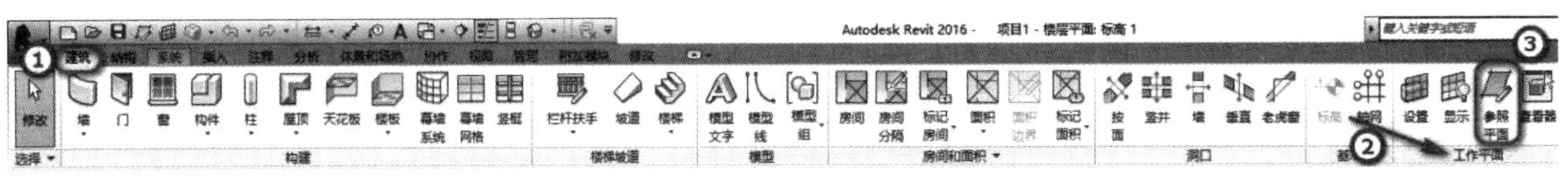

■ 附图 6　参照平面工具

步骤二：在绘图区域中依次指定起点与终点，绘制参照平面的效果如附图 7 所示。默认情况下，参照平面以绿色的虚线显示。

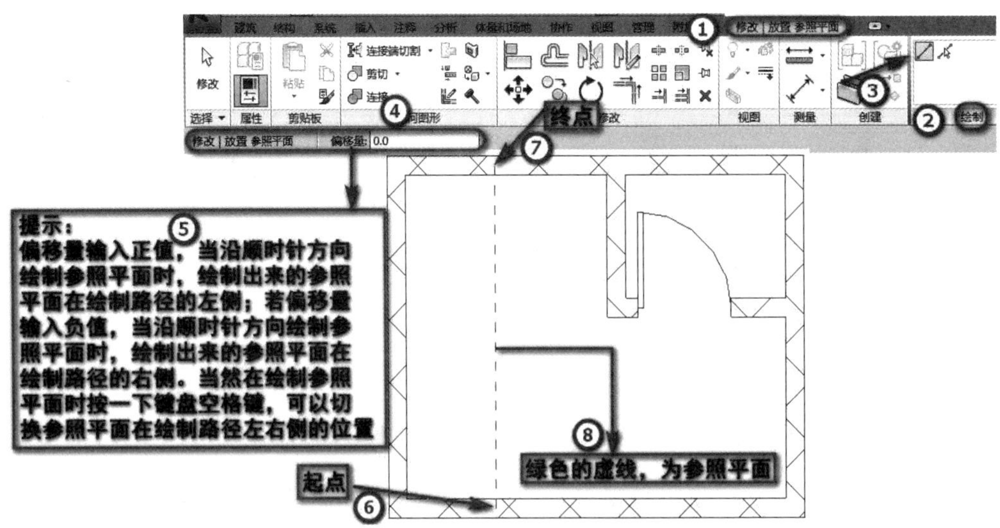

■ 附图 7　绘制参照平面

步骤三：默认情况下，参照平面并没有名称，当视图中有较多的参照平面时，通过为其命名，方便用户识别。

步骤四：选择刚刚创建的参照平面，显示临时尺寸标注，注明与两侧图元的间距，左侧“属性”对话框中的“名称”选项中输入名称“1”，在绘图区域空白位置单击，退出设置名称的操作，为参照平面命名的过程如附图 8 所示。

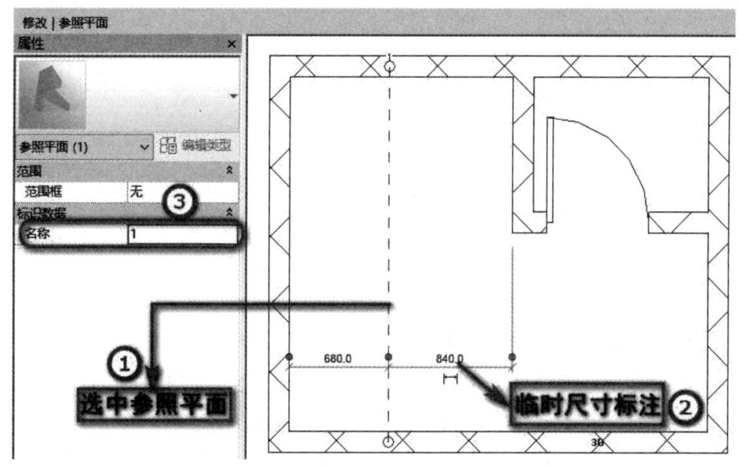

■ 附图 8　参照平面命名

小贴士 ▶▶▶

可以在任意方向绘制参照平面，并不局限于水平方向或者是垂直方向。

步骤五：通过修改尺寸标注，调整参照平面的位置。修改尺寸参数，在空白区域单击，退出修改操作，过程和效果如附图 9 所示。

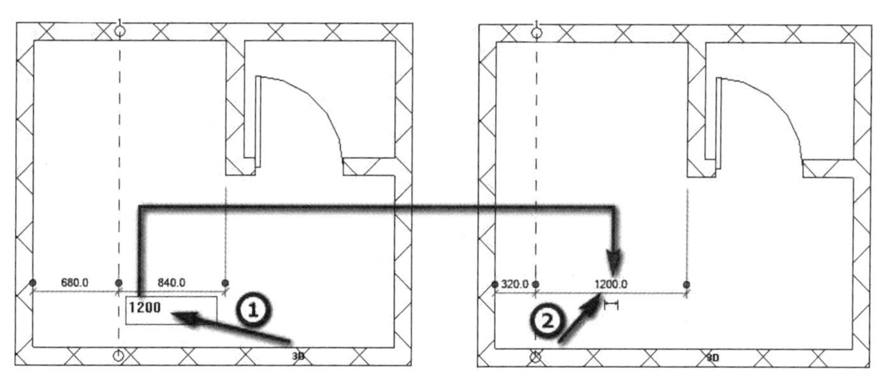

■ 附图 9　修改尺寸标注，调整参照平面的位置

步骤六：在“绘制”面板中还提供了另外一种绘制参照平面的方式，即“拾取线”。在“绘制”面板中单击“拾取线”按钮，拾取视图中已有的线，将选中的线转换为参照平面，过程和效果如附图 10 所示。

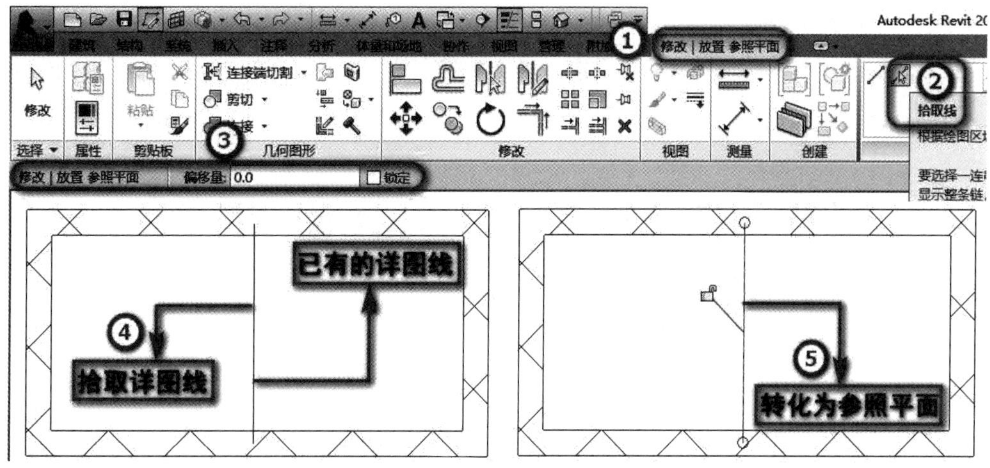

■ 附图 10　“拾取线”方式绘制参照平面

参考文献

陈文香，2018. Revit 2018 中文版建筑设计实战教程 [M]. 北京：清华大学出版社 .

范国辉，骆刚，李杰，2017. Revit 建模零基础快速入门简易教程 [M]. 北京：机械工业出版社 .

郭进保，2016. 中文版 Revit 2016 建筑模型设计 [M]. 北京：清华大学出版社 .

何凤，梁瑛，2017. Revit 2016 中文版建筑设计从入门到精通 [M]. 北京：人民邮电出版社 .

李鑫，2016. 中文版 Revit 2016 完全自学教程 [M]. 北京：人民邮电出版社 .

廖小烽，王君峰，2013. Revit 2013/2014 建筑设计火星课堂 [M]. 北京：人民邮电出版社 .

林标锋，卓海旋，陈凌杰，2018. BIM 应用：Revit 建筑案例教程 [M]. 北京：北京大学出版社 .

天工在线，2019. 中文版 Autodesk Revit Architecture 2018 从入门到精通：实战案例版 [M]. 北京：中国水利水电出版社 .

田婧，2018. 中文版 Revit 2015 基础与案例教程 [M]. 北京：清华大学出版社 .

王婷，应宇垦，2017. 全国 BIM 技能实操系列教程：Revit 2015 初级 [M]. 北京：中国电力出版社 .

王婷，2015. 全国 BIM 技能培训教程：Revi 初级 [M]. 北京：中国电力出版社 .

王鑫，刘晓晨，2018. 全国 BIM 应用技能考试通关宝典 [M]. 北京：中国建筑工业出版社 .

薛菁，2017. 全国 BIM 技能等级考试通关宝典 [M]. 西安：西安交通大学出版社 .

叶雯，2016. 建筑信息模型 [M]. 北京：高等教育出版社 .

益埃毕教育，2017. 全国 BIM 技能一级考试 Revit 教程 [M]. 北京：中国电力出版社 .

优路教育 BIM 教学教研中心，2017. Autodesk Revit Architecture 建筑设计快速实例上手 [M]. 北京：机械工业出版社 .

曾浩，王小梅，唐彩虹，2018. BIM 建模与应用教程 [M]. 北京：北京大学出版社 .

张红霞，2017. Revit 2016 中文版基础教程 [M]. 北京：人民邮电出版社 .

中国建设教育协会，2019. BIM 建模 [M]. 北京：中国建筑工业出版社 .